U0207789

国家卫生健康委员会"十四五"规划教材
全国高等学校药学类专业研究生规划教材
供药学类专业用

现代生物技术制药

主　　编　高向东
副 主 编　王凤山　夏焕章

编　　委　（以姓氏笔画为序）

王凤山 / 山东大学

王晓杰 / 温州医科大学

田　浤 / 中国药科大学

生举正 / 山东大学

吕昌莲 / 上海健康医学院

初文峰 / 哈尔滨医科大学

夏焕章 / 沈阳药科大学

高向东 / 中国药科大学

傅道田 / 丽珠医药集团股份有限公司

曾　浩 / 陆军军医大学

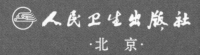
人民卫生出版社
·北 京·

版权所有，侵权必究！

图书在版编目（CIP）数据

现代生物技术制药 / 高向东主编 . —北京：人民
卫生出版社，2021.3
ISBN 978-7-117-30543-3

Ⅰ.①现… Ⅱ.①高… Ⅲ.①生物制品 —医学院校 —
教材 Ⅳ.①TQ464

中国版本图书馆 CIP 数据核字（2020）第 186194 号

人卫智网	www.ipmph.com	医学教育、学术、考试、健康，购书智慧智能综合服务平台
人卫官网	www.pmph.com	人卫官方资讯发布平台

现代生物技术制药
Xiandai Shengwu Jishu Zhiyao

主　　编：高向东
出版发行：人民卫生出版社（中继线 010-59780011）
地　　址：北京市朝阳区潘家园南里 19 号
邮　　编：100021
E - mail：pmph @ pmph.com
购书热线：010-59787592　010-59787584　010-65264830
印　　刷：人卫印务（北京）有限公司
经　　销：新华书店
开　　本：850×1168　1/16　印张：20
字　　数：605 千字
版　　次：2021 年 3 月第 1 版
印　　次：2021 年 5 月第 1 次印刷
标准书号：ISBN 978-7-117-30543-3
定　　价：89.00 元

打击盗版举报电话：010-59787491　E-mail：WQ @ pmph.com
质量问题联系电话：010-59787234　E-mail：zhiliang @ pmph.com

出版说明

研究生教育是高等教育体系的重要组成部分,承担着我国高层次拔尖创新型人才培养的艰巨使命,代表着国家科学研究潜力的发展水平,对于实现创新驱动发展、促进经济提质增效具有重大意义。我国的研究生教育经历了从无到有、从小到大、高速规模化发展的时期,正在逐渐步入"内涵式发展,以提高质量为主线"的全新阶段。为顺应新时期药学类专业研究生教育教学改革需要,深入贯彻习近平总书记关于研究生教育工作的重要指示精神,充分发挥教材在医药人才培养过程中的载体作用,更好地满足教学与科研的需要,人民卫生出版社经过一系列细致、广泛的前期调研工作,启动了国内首套专门定位于研究生层次的药学类专业规划教材编写出版工作。全套教材为国家卫生健康委员会"十四五"规划教材。

针对当前药学类专业研究生教育概况,特别是研究生课程设置与教学情况,本套教材重点突出如下特点:

1. **以科学性为根本,展现学科发展趋势** 科学性是教材建设的根本要求,也是教材实现教学载体功能的必然需求。因此,本套教材原则上不编入学术争议较大、不确定性较高的内容。同时,作为培养高层次创新人才的规划教材,本套教材特别强调反映所属学术领域的发展势态和前沿问题,在本领域内起到指导和引领作用,体现时代特色。

2. **以问题为导向,合理规划教材内容** 与本科生相比,研究生阶段更注重的是培养学生发现、分析和解决问题的能力。从问题出发,以最终解决问题为目标,培养学生形成分析、综合、概括、质疑、发现与创新的思维模式。因此,教材在内容组织上,坚持以问题为导向,强调对理论知识进行评析,帮助学生通过案例进行思考,从而不断提升分析和解决问题的能力。

3. **以适用性为基础,避免教材"本科化"** 本套教材建设特别注重适用性,体现教材适用于研究生层次的定位。知识内容的选择与组织立足于为学生创新性思维的培养提供必要的基础知识与基本技能。区别于本科教材,本套教材强调方法与技术的应用,在做好与本科教材衔接的同时,适当增加理论内容的深度与广度,反映学科发展的最新研究动向与热点。

4. **以实践性为纽带,打造参考书型教材** 当前我国药学类专业研究生阶段人才培养已经能与科研实践紧密对接,研究生阶段的学习与实验过程中的知识需求与实际科研工作中的需求具有相通性。因此,本套教材强化能力培养类内容,由"知识传授为主"向"能力培养为主"转变,强调理论学习与实际应用相结合,使其也可以为科研人员提供日常案头参考。

5. 以信息平台为依托,升级教材使用模式 为适应新时期教学模式数字化、信息化的需要,本套教材倡导以纸质教材内容为核心,借用二维码的方式,突破传统纸质教材的容量限制与内容表现形式的单一,从广度和深度上拓展教材内容,增加相关的数字资源,以满足读者多元化的使用需求。

作为国内首套药学类专业研究生规划教材,编写过程中必然会存在诸多难点与困惑,来自全国相关院校、科研院所、企事业单位的众多学术水平一流、教学经验丰富的专家教授,以高度负责的科学精神、开拓进取的创新思维、求真务实的治学态度积极参与了本套教材的编写工作,从而使教材得以高质量地如期付梓,在此对于有关单位和专家教授表示诚挚的感谢! 教材出版后,各位老师、学生和其他广大读者在使用过程中,如发现问题请反馈给我们(renweiyaoxue2019@163.com),以便及时更正和修订完善。

人民卫生出版社

2021 年 1 月

主编简介

　　高向东,中国药科大学教授,博士生导师,国务院学位委员会第六届、第七届药学学科评议组成员,教育部高等学校生物技术、生物工程类专业教学指导委员会委员,中国生物化学与分子生物学会工业生化与分子生物学分会副理事长,中国生化制药工业协会专家委员会副主任委员,第四届教育部"高校青年教师奖"获得者,国务院政府特殊津贴专家,江苏省教学名师。

　　长期从事生物制药的教学科研工作。主要研究方向为生物新药研制和衰老的分子生物学研究,作为项目负责人主持完成多项国家及省部级课题,实现成果转化3项,获新药临床批件2项。长期为本科生讲授《生物制药工艺学》和《生物药物分析》课程,作为课程负责人主讲的《生物制药工艺学》课程先后获国家精品课程、国家级精品资源共享课程、国家精品在线开放课程、国家一流本科课程(线上线下混合式一流课程),作为团队带头人的"《生物制药工艺学》课程教学团队"被评为国家级教学团队,作为主编或副主编出版教材和著作5部。

前　言

　　21 世纪是生物经济的时代,生命科学的飞速发展给药学学科的发展带来了巨大的变化。以基因工程为核心的现代生物技术虽然只出现了短短几十年的时间,却对药学研究的各个方面,从新药发现、药物研究、药物生产、药物质量控制到药物临床应用,均产生了重要的影响。同时,以现代生物技术手段生产的胰岛素、干扰素、单克隆抗体等上百种生物技术药物成功应用于临床,在肿瘤、代谢性疾病、自身免疫性疾病等重大疾病的治疗中取得突破,使生物技术制药成为现代生物技术领域中最有发展前景的一个应用领域。

　　为了及时反映现代生物技术的原理、技术和方法在制药领域中的应用,顺应生物医药产业的发展趋势,满足国内高等药学人才培养、研究生教育中教学与科研的需要,我们组织了国内多所医药院校从事生物技术制药的教授,以及知名医药企业的研究人员编写了这本《现代生物技术制药》研究生教材。

　　相较于本科教材,本教材减少了特别基础的内容,结合学科发展趋势,增加了主要理论知识的深度,补充了在本科阶段不涉及的一些内容,力求从科研实践出发讲授知识内容,将理论、技术与实验方法相融合,帮助学生在理论学习的过程中构建科研思维。

　　本书由中国药科大学高向东主编,山东大学王凤山、沈阳药科大学夏焕章副主编,温州医科大学王晓杰、丽珠医药集团股份有限公司傅道田、陆军军医大学曾浩、上海健康医学院吕昌莲、哈尔滨医科大学初文峰、山东大学生举正及中国药科大学田泓参编。在编写过程中,各位老师忘我工作,圆满完成了各项编写工作,同时,本书的编写得到了各参编院校和企业的大力支持与帮助,在此一并表示衷心的感谢。

　　由于生物技术的发展及在制药领域的应用日新月异,并且限于作者的知识水平,难免有疏漏、错误和不当之处,热诚欢迎广大同行批评指正。

高向东

2021 年 1 月

目　录

第十三章　基因治疗 276

第一章 绪 论

自 20 世纪 50 年代以来,科学家们对生命秘密的探索从细胞水平延伸到分子水平,基因重组、基因敲除等技术相继被人类所掌握,由此发展出了现代生物技术,并在近年来呈现出暴发性增长的趋势。现代生物技术正在成为推动世界新技术革命的重要力量,在医疗保健、环保及食品领域的应用中,其对改善人类的医疗与生存环境,提高疾病预防、诊断及治疗的技术都产生了深刻的影响。

随着现代生物技术在制药领域的广泛应用,现代生物技术制药成为目前制药领域的发展前沿,无论是新药的设计与发现、大规模工业化生产以及基于精准医疗的个性化药物的开发,都与现代生物技术息息相关。

第一节 生物技术与生物技术制药

一、生物技术的发展历程及现代生物技术体系

生物技术(biotechnology)是利用生物有机体(这些生物有机体包括从微生物至高等动、植物)或其组成部分(包括器官、组织、细胞或细胞器等)发展新产品或新工艺的一种技术体系。

生物技术具有很悠久的历史,最古老的生物技术可以追溯到几千年前的酿酒技术。考古学家在对河南舞阳县贾湖遗址的考古发掘中发现了目前世界上最早酿酒的证据:大约在 9 000 年前,贾湖人已经掌握了目前世界上最古老的酿酒方法,其酒中含有稻米、山楂、蜂蜡等成分,在含有酒石酸的陶器中还发现有野生葡萄籽粒。

根据生物技术的发展时期和技术特点,可以将生物技术的发展历程大致分为三个阶段:传统生物技术阶段、近代生物技术阶段和现代生物技术阶段。

传统生物技术起源于酿造技术,这一阶段的生物技术主要用于食品的生产。但很长一段时期内,人们对于酿造技术的内在原理知之甚少,只是根据经验进行生产。直到 1680 年显微镜的诞生使人们了解到自然界中有微生物的存在,发酵的奥秘才逐渐被揭示出来。随后,人们开始有意识地使用不同的微生物来进行各种工业品的生产。匈牙利的 Károly Ereky 在 1919 年提出了"生物技术"这个词,并指出:生物技术可以为社会危机如食品和能源短缺提供解决方案。从 19 世纪末到 20 世纪 30 年代,生物技术带来乳酸、乙醇、丙酮、丁醇、柠檬酸、淀粉酶等许多工业发酵的产品,开创了工业微生物的新世纪。

近代生物技术始于 20 世纪 40 年代初,这一阶段生物技术的发展与制药工业的发展密不可分,青霉素的大规模生产是这一阶段的标志性成果。由于第二次世界大战的爆发,急需疗效好而毒副作用小的抗细菌感染的药物。1941 年,美国和英国合作研究开发具有卓越疗效和低毒性的青霉素。经过大量研究工作后,终于在 1943 年把要花费大量劳动力和占用大量空间的表面培养法,改造成为生产效率高、产品质量好、通入无菌空气进行搅拌发酵的深层发酵工艺,产品的产量和质量大幅度提高,生产效率明显

提高,成本显著下降。巨大的利润和公众对青霉素的期望引起了制药工业地位的根本转变。从 20 世纪50 年代开始,生物技术进一步推动了制药工业的发展,例如:利用生物技术改进的可的松半合成工艺,将 31 步合成步骤简化为 11 步,使药物成本降低了 70%。直到如今,生物技术仍然在这些化合物的生产中发挥着核心作用。

基因工程技术的诞生推动生物技术进入了现代生物技术阶段。1953 年,美国人 Watson 和英国人Crick 共同提出了生命物质 DNA 的双螺旋结构,这项重大发现揭开了生命科学划时代的一页。1974 年,美国的 Boyer 和 Cohen 首次在实验室中实现了基因转移,为基因工程开启了通向现实的大门,使人们有可能在实验室中组建按人们意志设计出来的新的生命体。生物技术也由此发展成为由基因工程、细胞工程、发酵工程和酶工程构成的现代生物技术体系。

基因工程(genetic engineering)是利用重组技术,在体外通过人工"剪切"和"拼接"等方法,对各种生物的核酸(基因)进行改造和重新组合,然后导入微生物或真核细胞内,使重组基因在细胞内表达,产生出人类需要的基因产物,或者改造、创造新特性的生物类型的技术。基因工程强调了外源 DNA 分子的新组合被引入到一种新的寄主生物中进行繁殖。这种 DNA 分子的新组合是按工程学的方法进行设计和操作的,这就赋予了基因工程跨越天然物种屏障的能力,克服了固有的生物种间限制,带来了定向改造生物的可能性,因此,基因工程也被称为遗传工程,是现代生物技术的核心和主导。

细胞工程(cell engineering)是按照人们的需要和设计,在细胞水平上进行遗传操作,重组细胞结构和内含物以改变生物的结构和功能,快速繁殖和培养出人们所需要的新物种的工程技术。细胞工程与基因工程一起代表着生物技术最新的发展前沿,伴随着试管植物、试管动物、转基因生物反应器等相继问世,细胞工程在生命科学、农业、医药、食品、环境保护等领域发挥着越来越重要的作用。

发酵工程(fermentation engineering)是通过现代技术手段,利用微生物的特殊功能生产有用的物质,或直接将微生物应用于工业生产的一种技术体系。随着生物技术的发展,发酵工程已经进入能够人为控制和改造微生物,使这些微生物为人类生产产品的现代发酵工程阶段。如今,基因工程和发酵工程在生物制药领域中紧密结合,广泛用于生产各种细胞因子、抗体和疫苗等生物技术药物。

酶工程(enzyme engineering)是利用酶或细胞所具有的特异催化功能,或对酶进行修饰改造,并借助生物反应器和工艺过程来生产人类所需产品的一项技术。它主要包括酶的开发和生产、酶的分离和纯化、酶的固定化、反应器的研制及酶的应用等内容。在现代生物技术体系中,酶工程的发展与基因工程、细胞工程都密不可分。基因工程为酶的定向进化提供基础,细胞工程与酶的固定化以及反应器的研究密切相关。

由于生物技术与生命科学的飞速发展和学科之间的相互渗透,现代生物技术体系的概念和内涵都在不断扩展,在传统四大工程的基础上,又衍生出了蛋白质工程、抗体工程、糖链工程等新型技术。

蛋白质工程(protein engineering)是一门从改变基因入手制造新型蛋白质的技术。它与基因工程的区别在于:前者是利用基因拼接技术用生物生产已存在的蛋白质,后者则是通过改变基因顺序来改变蛋白质的结构,生产新的蛋白质。因此,蛋白质工程又被称为"第二代基因工程"。

抗体工程(antibody engineering)是指利用重组 DNA 和蛋白质工程技术,对抗体基因进行加工、改造和重新装配,经转染适当的受体细胞后表达抗体分子,或用细胞融合、化学修饰等方法改造抗体分子的技术体系。

糖链工程(glycotechnology)是利用化学、生物、仪器分析等手段,研究糖蛋白的技术,内容包括糖链的制备、糖链结构的分析、糖链与蛋白质的连接方式研究、糖链对蛋白功能与活性的影响研究以及蛋白质糖基化技术研究等。

生物技术的各个组成部分虽然均可以自成体系,构成独立的完整技术,但在许多情况下又是高度互相渗透和密切相关的。事实上如果没有各种技术的互相渗透和彼此依赖,生物技术无法获得如此快速的发展和广泛的应用。

二、生物技术制药

生物技术制药(biotechnological pharmaceutics)是利用基因工程、细胞工程、发酵工程、酶工程、蛋白质工程等生物技术的原理和方法研究、开发和生产药物的一门科学。它是现代生物技术在制药工业领域中的应用,是伴随着现代生物技术的发展而快速成长起来的制药工程领域中的一个重要分支。

1978 年,美国科学家将人工合成的人胰岛素基因转移到大肠埃希菌中用于生产人胰岛素,为广大糖尿病患者提供了一条可靠、大量而又稳定的药品来源。1982 年,用基因工程制造的胰岛素产品开始投放市场,带来了巨大的经济价值和社会效益。随后,基因工程药物的开发进入了快速发展期。

随着基因工程技术的不断发展成熟,越来越多的天然蛋白质分子开发为药物应用于临床。然而,随着天然蛋白质分子的广泛应用,人们逐渐发现天然蛋白质分子作为药物使用时存在稳定性差、半衰期短等种种不足。于是,研究人员开始借助蛋白质工程对天然蛋白质分子进行结构改造和修饰。随着结构生物学、信息生物学等技术的发展成熟以及对生物大分子构效关系研究的深入,研究人员已经开发出多种与天然分子相比,具有更优良的药效学或药动学性质的蛋白药物分子。如:研究人员利用蛋白质工程对胰岛素分子进行了多种突变、改造,获得了速效、中效、长效等多种胰岛素类似物。1996 年速效胰岛素类似物 Lispro 在欧洲和美国批准上市,它与天然胰岛素不同之处是 B 链 28 位的 Pro 和 29 位的 Lys 调换了位置,结果其自身聚集的倾向大大降低,静脉注射后,15 分钟起效,而原型人胰岛素则 45 分钟起效。

细胞工程在制药领域中具有代表性的应用就是制备单克隆抗体药物。1975 年,杂交瘤技术的诞生使得大量制备单克隆抗体成为可能。随后,哺乳动物细胞大规模发酵技术的成熟,使单克隆抗体药物能够广泛应用于临床。同时,随着人们对抗体结构和功能认识的加深,以及转基因技术、噬菌体展示技术、高通量筛选技术等新技术的成熟应用,嵌合抗体、人源化抗体、纳米抗体等不同结构和功能的抗体药物被设计出来,成为近年来新药开发的热点,并由此衍生出了抗体工程。

基因工程与酶工程的结合提高了人们对酶的利用能力。以往采用化学合成、微生物发酵及生物材料提取等传统技术生产的药品,皆可通过现代酶工程生产,甚至可以获得传统技术不可能得到的昂贵药品。固定化基因工程菌、工程细胞以及固定化技术与连续生物反应器的巧妙结合,使酶工程在制药领域获得越来越广泛的应用。如:固定化酶技术可以生产各种医药中间体,典型的产品有 6- 氨基青霉烷酸(6-APA)、7- 氨基头孢烷酸(7-ACA)及 7- 氨基脱乙酰氧头孢烷酸(7-ADCA)等。

由此可见,基因工程、细胞工程、发酵工程等现代生物技术已经渗透到药品研发与生产的各个环节中,并逐步发展成为一个独立的技术体系。随着现代生物技术的不断发展和完善,生物技术制药将对人类健康提供更多更好的保障。

第二节 生物技术药物

生物技术药物(biotechnological drug,biotech drug)是指采用 DNA 重组技术或其他生物技术生产的用于预防、治疗和诊断疾病的药物,主要是重组蛋白或核酸类药物,如细胞因子、重组血浆因子、生长因子、融合蛋白、单克隆抗体、受体、疫苗、反义核酸、小干扰 RNA 等。

一、生物技术药物的特点

生物技术药物的化学本质一般为通过现代生物技术制备的生物活性大分子及其衍生物,与小分子化学药物相比,生物技术药物在理化性质、药理学、药动学和毒理学等方面都有其特殊性。

1. 分子量大,结构复杂 生物技术药物的分子一般为生物活性大分子,包括:多肽、蛋白质、核酸或它们的衍生物,相对分子质量(Mr)可以达到几万甚至几十万道尔顿。如人胰岛素的 Mr 为 5.734kDa,

人促红细胞生成素(EPO)的 Mr 约为34kDa,而完整的抗体药物的分子量一般在150kDa左右。此外,蛋白质和核酸等生物大分子结构都较为复杂,除一级结构外,还有二、三级结构,有些由两个以上亚基组成的蛋白质还有四级结构。而具有糖基化修饰的糖蛋白药物的结构就更为复杂,糖链的多少、长短及连接位置均影响糖蛋白药物的活性。

2. 稳定性差,血浆半衰期短 多肽、蛋白质类药物稳定性较差,极易受温度、pH、化学试剂、机械应力与超声波、空气氧化、表面吸附、光照等的影响而变性失活。多肽、蛋白质、核酸(特别是 RNA)类药物还易受蛋白酶或核酸酶的作用而发生降解。对于分子质量较大的蛋白质还会遭到免疫系统的清除作用,因此,除了抗体药物和经过长效化改造的药物外,生物技术药物一般在体内的半衰期都较短。

3. 靶点明确,生物活性强 作为生物技术药物的多肽、蛋白质、核酸在生物体内均参与特定的生理生化过程,有其特定的作用靶分子(受体)、靶细胞或靶器官。如多肽与蛋白质类药物是通过与它们的受体结合来发挥其作用的,单克隆抗体则与其特定的抗原结合而发挥作用,疫苗则刺激机体产生特异性抗体来发挥预防和治疗疾病的作用。

4. 有可能产生免疫原性 许多来源于人的生物技术药物对动物有免疫原性,所以重复将这类药物给予动物将会产生抗体,这有可能导致这些药物在动物体内和在人体内的药效学和药动学性质有所不同。有些经过改造的人源性的蛋白质在人体中可能产生抗体,这可能是重组蛋白药物在结构及构型上与人体天然蛋白质有所不同所致。如:人鼠嵌合抗体和某些人源化抗体,在人体内会产生抗药抗体(anti-drug antibody,ADA),ADA 效应一方面会影响药物的体内代谢过程及药效的发挥,另一方面也可能会引起某些不良反应。

由于生物技术药物这些特点,生物技术药物在生产与质量控制等方面也有其特殊性。

在生产工艺开发时需要考虑生物大分子的特性:生物技术药物一般为多肽或蛋白质类物质,易受原料液中一些杂质如酶的作用而发生降解,因此要采取快速的分离纯化方法以除去影响目标产物稳定性的杂质;欲分离的药物分子通常很不稳定,遇热、极端 pH、有机溶剂会引起失活或分解,稍不注意就会引起失活或降解,因此分离纯化过程的操作条件一般较温和,以满足维持生物物质生物活性的要求;生物技术药物的分子及其所存在的环境物质均为营养物质,极易受到微生物的污染而产生一些有害杂质,如热原,另外产品中还易残存具有免疫原性的物质,这些有害杂质必须在制备过程中完全去除。

生物技术药物在质量控制方面也要考虑生物大分子的特性,有其独特要求。生物技术药物是具有特殊生理功能的生物活性物质,因此对其有效成分的检测,不仅要有理化检验指标,而且要根据制品的特异生理效应或专一生化反应拟定生物活性检测方法,通常采用一个国际上法定的标准品或按严格方法制备的参照品作为测定时的参考标准。另外,生物技术药物的生产过程往往比小分子药物的生产过程更为复杂,与小分子药物相比,生物技术药物在质量控制方面更强调对生产的全程、实时的质量控制。生物技术药物的质量标准包括基本要求、制造、检定等内容:在制造项下规定了包括基本要求、工程细胞的控制、生产过程控制、生产工艺变更等技术要求,其中工程细胞的控制涉及表达载体和宿主细胞、细胞库系统、细胞库的质量控制、细胞基质遗传稳定性等内容,生产过程控制涉及细胞培养有限传代水平的生产,连续培养生产,提取和纯化,原液、半成品、成品制剂等内容;在检定项下规定了对原液、半成品和成品的检定内容与方法,包括鉴别、纯度和杂质、效价、含量、安全性试验及其他检测项目等内容。

二、生物技术药物研究现状及发展趋势

(一)生物技术药物研究现状

从 20 世纪 70 年代生物技术进入基因工程时代开始,生物技术制药就一直是生物技术的一个重要应用领域,而生物技术药物也随着生物技术制药的发展不断发展,生物技术药物从传统的蛋白药物发展到复杂的糖蛋白药物、核酸类药物乃至将整体细胞作为药物来使用。生物技术药物的治疗领域也在不断扩展,在肿瘤、自身免疫性疾病等重大疾病领域中取得了令人瞩目的进展。

当代生物技术药物发展的重要事件见表 1-1。

表 1-1 当代生物技术药物发展的重要事件

年份	事件
1982	FDA 批准了第一个基因重组生物药物——胰岛素 Humulin 上市,揭开生物技术制药的序幕
1982	第一个用酵母表达的基因工程产品胰岛素 Novolin 上市
1984	嵌合抗体技术创立
1986	人源化抗体技术创立
1986	第一个治疗性单克隆抗体药物 Orthoclone OKT3 获准上市,用于抑制器官移植中的急性排斥反应
1986	第一个基因重组疫苗上市(乙肝疫苗,Recombivax-HB)
1986	第一个抗肿瘤生物技术药物干扰素 α-2b(IntronA)上市
1987	第一个用动物细胞(CHO 细胞)表达的基因工程产品 t-PA 上市
1989	第一代 CAR-T 细胞免疫治疗技术诞生
1990	噬菌体展示人源抗体制备技术创立
1992	中国第一个基因工程产品——干扰 α-1b 上市
1994	第一个基因重组嵌合抗体 ReoPro 上市
1996	第一个克隆动物"多莉"羊诞生
1997	第一个肿瘤治疗的治疗性抗体 Rituxan 上市
1997	第一个组织工程产品——组织工程软骨 Carticel 上市
1998	第一个反义寡核苷酸药物 Vitravene 上市,用于治疗 AIDS 患者由巨细胞病毒引起的视网膜炎
1998	Neupogen 成为生物技术药物中的第一个"重磅炸弹"(年销售超过 10 亿美元)
1998	第一次分离培养了人胚胎干细胞
2000	人类基因组工作草图绘制完毕
2002	第一个治疗性全人源抗体 Humira 获准上市
2004	中国批准了第一个基因治疗药物——重组人 p53 腺病毒注射液
2005	第二代基因测序技术诞生
2006	第一个宫颈癌疫苗 Gardasil 上市

近年来,生物技术领域取得了一系列的重大进展,推动生物技术制药行业进入了暴发式增长的阶段。另外,生物技术药物在各大治疗领域也均已获得举足轻重的份额。2019 年,全球最畅销的 10 大药物品种中,有 6 个是生物技术药物。从目前全球生物技术药物的数量布局来看,美国生物技术药物数量最多,中国位居第二。

(二)生物技术药物发展趋势

随着各种生物技术的不断完善、发展和更新,生物技术药物的研究也进入了快速发展的时期。目前,生物技术药物的研究热点和发展趋势主要包括以下几个方面。

1. 生物技术药物研究进入了多学科交叉融合发展的时代 近年来生物技术领域屡屡取得重大突破,新技术、新方法层出不穷,多学科的交叉与融合的势头非常明显,如:高通量测序技术的发展带来丰富的生物大数据资源,由此带来数据科学与生物科学的融合,而这一融合又为生物技术药物的研究提供了重要资源,基于生物信息的靶向药物设计不断获得成功;结构生物学的发展推动了蛋白质工程在生物技术药物开发中的应用,计算机辅助设计为生物技术药物的理性设计提供了重要支撑。未来生物技术药物的研究将会成为由数据科学、系统科学等新兴学科与传统生物技术融合构成的系统工程。

2. 治疗性抗体发展迅猛,主导未来市场 抗体药物由于靶向性强、特异性高和毒副作用低等特点已成为生物技术制药领域的主流,受到研究机构、制药企业和投资者的广泛关注。尤其是最近两年

PD-1/PD-L1 抗体在肿瘤治疗中取得了令人瞩目的效果,被称为肿瘤免疫治疗的里程碑,激发了制药企业和研究机构对抗体药物的开发热情。2019 年,全球销量前 10 名的药物中抗体药物占了半壁江山。伴随着人类后基因组学及代谢组学的发展,越来越多的单克隆抗体药物新靶点将被发现和研究,单克隆抗体药物的种类将会继续增多;此外,随着基础研究的深入、临床试验的突破等,单克隆抗体药物对恶性肿瘤和自身免疫疾病以外其他领域的渗透也会越来越多。

3. 治疗性疫苗崭露头角 随着分子生物学、分子免疫学等学科的发展,新型疫苗已成为生物技术药物研究的前沿领域,疫苗研发也由预防性疫苗向治疗性疫苗转变。

治疗性疫苗是指在已感染病原微生物或已患有某些疾病的机体中,通过打破机体的免疫耐受,提高机体的特异性免疫应答,达到治疗或防止疾病恶化目的的新型疫苗。治疗性疫苗包括:基因工程疫苗、合成肽疫苗、重组活载体疫苗、基因工程亚单位疫苗、基因缺失疫苗、核酸疫苗等,其适应证也从传染病扩展到了肿瘤等非传染性疾病。

未来疫苗的研发趋势将集中于治疗性疫苗的开发上。由于疾病的免疫病理机制较为复杂,作为免疫治疗的一种手段,如何有效地发挥免疫调节功能,抑制持续性病毒感染仍是研发治疗性疫苗需要解决的难题。此外,基于肿瘤突变的新抗原定制个性化肿瘤疫苗,继而个性化激活免疫系统,将在一定意义上实现个性化精准医疗。

4. 基因组编辑技术的突破给基因治疗带来新的希望 基因治疗是指将外源正常基因导入靶细胞,以纠正及补偿因基因缺陷或异常导致的疾病,而达到治疗疾病的目的。在部分适应证上,基因治疗比传统治疗方案有明显优势,但基因和疾病的不确定性限制了基因治疗的应用领域,故而基因治疗目前只适用于少数致病机制或治疗方案非常明确的疾病,如单基因遗传病、肿瘤等。

2012 年,美国结构生物学家 Jennifer Doudna 和美籍华人科学家张峰发明了 CRISPR/Cas9 基因编辑技术,这是基因治疗领域革命性的事件。自此,一些其他 CRISPR 编辑系统如 CRISPR/Cas12、CRISPR/Cas13 等相继出现,基因治疗技术上的一些瓶颈得到突破,有效性和安全性都有所提高,行业迎来新一轮的发展高潮。基因编辑的应用场景更广、潜力也更大,行业的发展速度有望得到大幅提升,是未来基因治疗的发展方向。

5. CAR-T 细胞技术的成功推动了细胞治疗在临床中的应用 近年来随着生命科学与医学的快速发展,细胞治疗在炎症、组织再生、抗衰老等多个领域取得了重大的进展,尤其是在癌症治疗、免疫调节、器官退行性损伤修复等医学难题上取得了多项研究突破,相应疾病发生的具体分子机制也得到了更为深入的阐释,为人类健康及疾病治疗作出重大贡献。2018 年 9 月 13 日,国际知名咨询公司 Technavio 发布的《全球细胞治疗市场 2017—2021》报告指出,在 2017—2021 年期间,全球细胞治疗市场预计以 23.27% 的复合年增长率增长。市场上现有的细胞治疗产品基于自体细胞和异体细胞,可以用于个性化治疗,因而临床需求不断上升。

Novartis 公司的嵌合抗原受体 T 细胞(chimeric antigen receptor T-cell,CAR-T 细胞)Kymriah 于 2017 年 8 月获美国 FDA 批准上市,用于治疗 25 岁以下急性淋巴细胞白血病的复发或难治性患者,成为全球首个上市的自体细胞CAR-T 细胞疗法,是CAR-T 细胞疗法发展史的里程碑。基于不同作用机制,可将细胞治疗分为几大类:CAR-T 细胞治疗、T 细胞受体(TCR)T 细胞治疗、靶向非特异肿瘤相关抗原(TAA)或肿瘤特异抗原(TSA)的自体循环 T 细胞治疗、基于新技术的 T 细胞治疗、CRISPR 或 γδT 细胞治疗、NK 或 NKT 细胞及其他类型细胞(如巨噬细胞或干细胞)治疗。

目前 CAR-T 细胞治疗依然存在诸多挑战,如血液系统肿瘤患者体内的 CAR-T 细胞持续存在时间短、实体瘤患者体内 CAR-T 细胞渗透能力差、局部免疫抑制微环境造成肿瘤杀伤效果有限等。未来细胞工程和细胞生产等技术的进步会缓解这一现状。随着科学家们不断创新,CAR-T 细胞疗法将越来越完善,治疗效果越来越好。

(三) 结语

目前,前沿生物技术与许多重大疾病的相关基础研究正在取得重大突破,如基因组学、蛋白质组学、信号通路、结构生物学、基因敲除小鼠、干细胞与发育，以及疾病的分子机制研究等。这些基础研究和关键技术的突破有力推动了生物技术药物的研发和产业化，将生物技术药物的研究推向一个新的高潮，生物技术制药产业不仅将成为未来发展的支柱产业，也将为人类健康提供更多更好的保障。

（高向东）

参 考 文 献

［1］李莹.制药工艺中生物制药技术的应用分析.世界最新医学信息文摘，2016 (87): 186.

［2］谢韵艳.生物制药技术在制药工业中的研究进展及前景展望.生物化工，2018, 4 (1): 113-115.

［3］陈劼.细胞工程在生物制药工业中的地位.中国高新区，2018 (3): 45.

［4］高倩，江洪，叶茂，等.全球单克隆抗体药物研发现状及发展趋势.中国生物工程杂志，2019, 39 (3): 111-119.

［5］冯丽亚，李扬，孙文正，等.单克隆抗体药物研究新进展.细胞与分子免疫学杂志，2016, 32 (3): 418-422.

［6］MORIHIRO K, KASAHARA Y, OBIKA S. Biological applications of xeno nucleic acids. Mol Biosyst, 2017, 13 (2): 235-245.

［7］XING P, WANG H, YANG S, et al. Therapeutic cancer vaccine: phase I clinical tolerance study of Hu-rhEGF-rP64k/Mont in patients with newly diagnosed advanced non-small cell lung cancer. BMC Immunol, 2018, 19 (1): 14.

［8］BLONDE L, JENDLE J, GROSS J, et al. Once-weekly dulaglutide versus bedtime insulin glargine, both in combination with prandial insulin lispro, in patients with type 2 diabetes (AWARD-4): a randomized, open-label, phase 3, non-inferiority study. Lancet, 2015, 385 (9982): 2057-2066.

［9］杜海洲.国际治疗性肿瘤疫苗的开发与研究进展.药学进展，2018, 42 (9): 685-696.

［10］FRIEDLAND A E, TZUR Y B, ESVELT K M, et al. Heritable genome editing in C. elegans via a CRISPR-Cas9 system. Nat Methods, 2013, 10 (8): 741-743.

［11］MEMI F, NTOKOU A, PAPANGELI I. CRISPR/Cas9 gene-editing: Research technologies, clinical applications and ethical considerations. Semin Perinatol. 2018, 42 (8): 487-500.

［12］LABANIEH L, MAJZNER R G, MACKALL C L. Programming CAR-T cells to kill cancer. Nat Biomed Eng, 2018, 2 (6): 377-391.

［13］HETTING R, RUSSELL-JONES D D L. Lessons for modern insulin development. Diabet Med, 2018, 35 (10): 1320-1328.

［14］NEELAPU S S, TUMMALA S, KEBRIAEI P, et al. Chimeric antigen receptor T-cell therapy-assessment and management of toxicities. Nat Rev Clin Oncol, 2018, 15 (1): 47.

［15］ELGUNDI Z, RESLAN M, CRUZ E, et al. The state-of-play and future of antibody therapeutics. Adv Drug Deliv Rev, 2017, 122: 2-19.

［16］BORLAK J, LÄNGER F, SPANEL R, et al. Immune-mediated liver injury of the cancer therapeutic antibody catumaxomab targeting EpCAM, CD3 and Fc γ receptors. Oncotarget, 2016, 7 (19): 28059-28074.

［17］饶春明，王军志.2015 年版《中国药典》生物技术药质量控制相关内容介绍.中国药学杂志，2015, 50 (20): 1776-1781.

第二章 基因工程技术

基因工程（genetic engineering）技术是基因结构和功能研究的技术基础，也是生物技术药物研究与开发的有力手段。基因工程又称为 DNA 重组技术，是以分子遗传学为理论基础，以分子生物学和微生物学的现代方法为手段，将不同来源的基因按预先设计的蓝图，在体外构建重组 DNA 分子，然后导入宿主细胞，以改变该生物原有的遗传特性，获得新品种，生产特定活性产品。基因工程最突出的优势是可以使原核生物与真核生物之间，动物与植物之间，包括人与其他生物之间的遗传信息进行重组和转移。

为了实现在 DNA 上进行分子水平的设计与施工，"基因剪刀""基因针线"和"基因载体"等工具被发明并广泛应用，不仅使生命科学的研究产生了前所未有的变化，而且在生物技术制药领域也发挥着技术体系核心的作用。

第一节 分子克隆技术概述

分子克隆（molecular cloning）是指由一个遗传分子复制扩增生成与其遗传信息完全相同的很多子代分子。其中，发生在 DNA 水平上的分子克隆称为基因克隆，其基本内涵是指将编码某一多肽或蛋白质的外源基因组装到载体分子中，再将这种重组载体转入大肠埃希菌（*Escherichia coli*）等细胞内，实现载体与外源基因随细胞的增殖而复制，并使含有该重组载体的宿主细胞表达出外源基因的编码蛋白质。如图 2-1 所示，一般的分子克隆过程主要包括基因组及载体的制备、目的基因的获得、重组载体的构建与导入、目标克隆的筛选与鉴定等若干步骤。

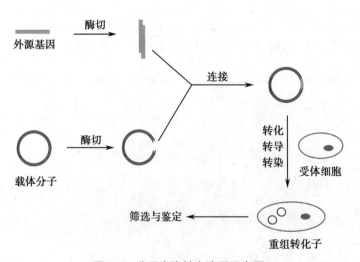

图 2-1 分子克隆基本流程示意图

能携带外源性 DNA 片段,并能在细胞内自主复制的 DNA 分子称为载体(vector)。载体的功能不但是携带外源基因转入受体细胞,为外源基因提供游离于或整合进入细胞染色体而复制自身的能力,并且为外源基因的表达提供启动子等必要的基因组件。所以,作为基因克隆的载体基本要求包括:①至少有一个复制子(replicon);②至少应有一个选择标记基因(selective marker gene),以实现含有载体的重组细胞的筛选;③具备多克隆位点(multiple cloning site,MCS),便于外源基因整合插入载体。目前常用的载体根据来源不同分为质粒(plasmid)和噬菌体(phage)载体。

质粒是细菌细胞携带的染色体外的共价闭合环状 DNA,具有自主复制的能力。细菌的质粒是基因克隆中最常采用的载体,其制备的质量直接影响着后续基因工程操作的效率。经过多年的发展,已发展出多种成熟的质粒制备方法,如碱裂解法、氯化铯 - 溴化乙锭(CsCl-ethidium bromide,CsCl-EtBr)密度梯度离心法、酚 - 三氯甲烷抽提法、煮沸法、柱层析法等。质粒 DNA 制备的方法基本上都包括细菌的培养与收集、细胞破碎与其内容物的释放、质粒的提取及与其他细胞内容物的分离、质粒的浓缩与收集四个步骤。其中,细胞的裂解和将质粒与染色体 DNA、RNA、蛋白质等其他细胞内容物的有效分离是制备质粒 DNA 的关键步骤。

噬菌体载体是构建基因组文库、获得表面展示系统等分子生物学经典技术的首选载体。与制备细菌质粒或基因组 DNA 不同,噬菌体载体 DNA 的制备来源不是细胞破碎液,而是噬菌体颗粒,噬菌体颗粒可以通过侵染人工培养的宿主细胞而大量获得。离心技术可以有效实现噬菌体颗粒与宿主细胞及其碎片的分离,进而可以通过收集悬浮于离心上清液的噬菌体,并通过物理或化学手段实现衣壳蛋白与 DNA 的分离。所以,噬菌体载体 DNA 的制备一般分为噬菌体颗粒的收集和自噬菌体颗粒中制备载体 DNA 两个步骤,而前者主要是从侵染了噬菌体的大肠埃希菌培养液中分离。

基因组(genome)包含一个生物体全部的遗传信息,是指某一生物细胞内的所有 DNA 或 RNA(病毒仅有 RNA),一般包括编码基因和非编码基因。利用基因组 DNA 链较长的特性,可以将其与细胞器或质粒等小分子 DNA 分离。例如,随着在细胞破碎后的内容物中加入一定量的有机溶剂(如异丙醇或乙醇),大分子 DNA(基因组 DNA)会沉淀形成絮状纤维状团,而质粒等小分子 DNA 则以颗粒状沉淀附于容器内壁,从而实现两者的分离。同时,由于染色体核酸链长,为避免染色体链断裂影响获得的基因组的质量,与质粒提取方法相比,一般采用较温和的方法来破碎细胞和沉淀蛋白质。

第二节　DNA 分析的基本技术

一、DNA 电泳

DNA 电泳(DNA electrophoresis)是基因工程中 DNA 大小分析及不同大小 DNA 片段分离、回收的一种基本技术,其原理是利用凝胶的分子筛效应和电荷效应的共同作用,实现不同分子量的 DNA 的分离。DNA 在高于其等电点的溶液中带负电,其在含电泳缓冲液的凝胶介质中向阳极移动,而且其迁移速率与相对分子质量(Mr)成反比。根据分离 DNA 的大小及类型的不同,常用的 DNA 电泳技术有琼脂糖凝胶电泳(agarose gel electrophoresis)和聚丙烯酰胺凝胶电泳(polyacrylamide gel electrophoresis,PAGE)两种。

(一)琼脂糖凝胶电泳

琼脂糖凝胶电泳是分子克隆实验中使用最广泛的 DNA 分析手段之一。其电泳介质琼脂糖是由 β -D- 半乳糖和 3,6- 脱水吡喃型 - α -L- 半乳糖连接而成。琼脂糖在加热溶解后呈随机线团状分布;当温度降低时,不同糖链通过羟基之间的氢键连接聚合,形成孔径结构,从而获得凝胶电泳介质。根据琼脂糖浓度的不同,可以制备形成不同孔径大小的电泳介质,适合不同分子质量范围的 DNA 的分离(表 2-1)。电泳结束后,含有分离后 DNA 片段的凝胶使用溴化乙锭等核酸染料染色后可于紫外灯下观察。

与 PAGE 相比,琼脂糖凝胶机械强度较差、分子筛作用相对较小,对 DNA 分子的分离效果不如 PAGE 显著。但该方法优点是操作简单、成本低、分析速度快。

表 2-1　DNA 在琼脂糖凝胶中的有效分离范围

琼脂糖浓度(w/v)/%	DNA 分子的有效分离范围 /kb
0.3	1~50
0.5	0.7~25
0.7	0.8~10
0.9	0.5~7
1.2	0.4~6
1.5	0.2~3
2.0	0.1~2

DNA 迁移速率受 DNA 分子大小、构象、凝胶浓度、电泳电压、缓冲液离子强度等因素的影响:① DNA 分子越大,在通过胶孔时受到的阻滞力越大,泳动速度越慢;②双链线状 DNA 分子迁移的速度与其碱基对数值近似成反比,超螺旋环状 DNA 比线状 DNA 迁移速度快;③琼脂糖浓度越低,凝胶孔径越大,核酸分子迁移速度越快;④在低电压条件下,线性 DNA 片段的迁移速度与电压成正相关,但是 DNA 片段迁移速度随电泳电压的增加与其 Mr 并不是线性等比的关系,随着电压的增加,琼脂糖凝胶的有效分离范围随之变小,因此琼脂糖凝胶电泳的电场强度一般不高于 5V/cm;⑤电泳缓冲液的导电性影响 DNA 分子的迁移速度,无离子时,DNA 分子的迁移速度几乎为零。

（二）聚丙烯酰胺凝胶电泳

聚丙烯酰胺凝胶是由丙烯酰胺单体与甲叉双丙烯酰胺在过硫酸铵和四甲基乙二胺（TEMED）的催化作用下交联形成的具有三维空间网状的高聚物,有分子筛效应,可以作为 DNA 电泳的分离介质。聚丙烯酰胺凝胶的孔径的大小可通过控制交联剂的比例来调节,从而满足不同分子质量 DNA 的分离要求（表 2-2）。与琼脂糖凝胶电泳相比,PAGE 的分离效果更好,最高分辨率可达 1bp,可以用于分离引物等寡核苷酸;缺点是制备操作比较烦琐,耗时较长。

表 2-2　DNA 在聚丙烯酰胺凝胶中的有效分离范围

丙烯酰胺浓度(w/v)/%	DNA 分子的有效分离范围 /bp
3.5	100~2 000
5.0	80~500
8.0	60~400
12.0	40~200
15.0	25~150
20.0	10~100

二、DNA 测序

DNA 测序（DNA sequencing）是指解析特定 DNA 片段碱基序列（腺嘌呤、鸟嘌呤、胸腺嘧啶、胞嘧啶）的排列方式。生物的 DNA 碱基序列蕴藏着全部遗传信息,DNA 测序技术是分子生物学研究中不可或缺的技术体系之一,在基因的分离、定位、结构与功能的研究,基因工程中载体的组建,基因表达与调控,基因片段的合成和探针的制备,基因与疾病的关系等方面都有十分重要的作用。

（一）第一代 DNA 测序技术

双脱氧链终止法、化学降解法以及在它们的基础上发展来的各种 DNA 测序技术统称为第一代 DNA 测序技术。双脱氧链终止法（Sanger 法）：1975 年由桑格（Sanger）和考尔森（Coulson）开创，核酸模板在 DNA 聚合酶、引物、4 种单脱氧核苷三磷酸（dNTP，其中的一种用放射性 ^{32}P 标记）存在条件下复制，在四管反应系统中分别按比例引入 4 种双脱氧核苷三磷酸（ddNTP）。ddNTP 没有 3'-OH，只要其掺入链的末端，DNA 链就停止延长。每管测序反应体系中便合成一系列长短不等的核酸片段。反应终止后，进行凝胶电泳，分离长短不一的核酸片段，长度相邻的片段相差一个碱基。经过放射自显影后，根据片段 3' 端的双脱氧核苷，可依此阅读合成片段的碱基排列顺序（图 2-2）。此方法操作简单、成本低，同时也保证了测序的效率和准确度。

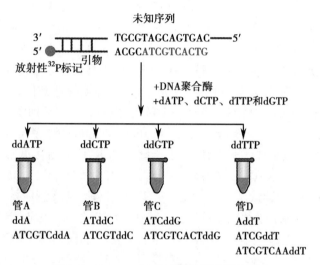

图 2-2　Sanger 法 DNA 测序原理示意图

1976—1977 年，马克萨姆（Maxam）和吉尔伯特（Gilbert）发明了化学降解法，该法先对 DNA 末端进行放射性标记，再使用特殊的化学试剂进行降解，这些化学试剂均能使 1 个或者 2 个碱基发生专一性断裂，最后通过 PAGE、放射性自显影技术读取待测的 DNA 片段。

此后，基于 Sanger 原理，用荧光标记代替同位素标记，产物经过平板电泳分离，荧光分子在激光的激发下可以发射出不同波长的荧光，根据荧光信号来确定 DNA 序列，该方法称为荧光自动测序法。此技术已发展应用荧光信号接收器和计算机信号分析系统代替放射性自显影的自动测序仪来测序，提高了测序的速度。20 世纪 80 年代初在此基础上又相继出现了毛细管电泳技术和阵列毛细管电泳技术，并采用激光聚焦荧光扫描检测装置，极大地提高了测序的通量。

（二）第二代 DNA 测序技术

随着生命科学的发展，对 DNA 测序的通量和效率日益提高，该领域又发展出包括 Solexa 测序、454 测序以及 SOLiD 测序等第二代技术体系。

1. Solexa 测序技术　该技术体系最早由 Solexa 公司研发的新一代测序仪，利用边合成边测序（sequencing by synthesis）原理进行 DNA 测序。其测序流程包括①待测 DNA 文库的构建：将基因组 DNA 打碎成约 100~200 个碱基小片段，在片段的两个末端加上接头。②桥式扩增：将 DNA 片段解链成单链后通过接头与芯片表面的引物碱基互补而使一端被固定在芯片上，另外一端随机与附近的另外一个引物互补也被固定住，形成桥状结构，通过 30 轮扩增反应，每个单分子被扩增大约 1 000 倍，成为单克隆的 DNA 簇，随后将 DNA 簇线性化。③测序：在下一步合成反应中，加入改造过的 DNA 聚合酶和带有 4 种荧光标记的 dNTP；在 DNA 合成时，每一个核苷酸加到引物末端时都会释放出焦磷酸盐，激发生物发光蛋白发出荧光，且不同碱基发出不同的荧光，用激光扫描反应板表面；在读取每条模板序列第一轮反应所聚合上去的核苷酸种类后，将这些荧光基团化学切割，恢复 3' 端黏性，随后添加第二个核苷酸;如此重复,直到每条模板序列都完全被聚合为双链,这样,统计每轮收集到的荧光信号结果,就可以得知每个模板 DNA 片段的序列。特点:通量大且可扩展,成本低,序列短,灵活性差,对小数据量测序不适用。

2. 454 测序技术　454 测序技术是第一个商业化运营的第二代 DNA 测序技术,这种技术的基本流程包括①待测 DNA 文库的构建:用喷雾法将待测 DNA 样品打断成 300~800bp 的小片段并在其两端加上不同的接头,或将待测序列变形后用杂交引物进行聚合酶链式反应(polymerase chain reaction,PCR)扩增,连接载体,构建单链 DNA 文库。②乳液 PCR 扩增:将单链 DNA 文库模板及必要的 PCR 化合物与固化引物的微球混合,使每个微球携带一个特定的单链 DNA 片段,微球结合的文库被扩增试剂乳化,这样就形成了只包含一个微球和一个特定片段的微乳滴,每个微乳滴都是一个进行后续 PCR 的微型化学反应器,经过孵育和退火、整个片段文库平行扩增多个循环后,磁珠表面被打破,扩增产生的成千上万个拷贝仍然在磁珠表面,从而达到下一步测序反应所需的模板量。③测序:将携带 DNA 的捕获磁珠放入 PTP 板中进行测序(PTP 孔的直径只能容纳一个磁珠),放置在 4 个单独的试剂瓶里的 4 种碱基以 T、A、C、G 的顺序依次循环进入 PTP 板,每次只进入一个碱基,如果发生碱基配对就会释放一个焦磷酸,这个焦磷酸在 ATP 硫酸化酶和荧光素酶的作用下释放光信号,并实时地被仪器配置的高灵敏度感光耦合元件(charge-coupled device,CCD)捕获到,这样一一对应,模板的碱基序列由此获得。

3. SOLiD 测序技术　SOLiD(supported oligo ligation detection)测序技术的独特之处在于以四色荧光标记寡核苷酸的连续连接合成为基础,取代了传统的 PCR,可对单拷贝 DNA 片段进行大规模扩增和高通量并行测序。该技术由美国应用生物系统公司(ABI)2007 年推出,其测序流程是:①将基因组 DNA 打断,在两头加上接头,构建成文库。②磁珠富集,此过程与 454 测序技术类似,不过 SOLiD 的微珠只有 1μm。③微珠沉淀。④连接测序,混合的 8 碱基单链荧光探针为连接反应的底物,探针的 5′ 端用 4 色荧光标记;探针 3′ 端第 1、2 位碱基是 ATCG 4 种碱基中的任何两种碱基组成的碱基对,共 16 种碱基对,因此每种颜色对应着 4 种碱基对;3~5 位是随机的 3 个碱基,6~8 位是可以和任何碱基配对的特殊碱基;单次测序由 5 轮测序反应组成,反应后得到的为原始颜色序列。⑤数据分析,测序错误经 SOLiD 序列分析软件自动校正,最后生成原始序列。

第二代 DNA 测序技术已经得到了广泛应用,但是其必须基于 PCR 扩增,在成本及准确性等方面仍然存在一些问题,因此相关科研人员仍在努力寻找着新的技术。目前正处于研究阶段的技术是以单分子测序为主要特征的第三代 DNA 测序技术。

(三) 第三代 DNA 测序技术

与前两代 DNA 测序技术相比,第三代 DNA 测序技术最大特点就是测序过程无须进行 PCR 扩增。目前,Helicos 公司的 Heliscope 单分子测序仪、Pacific Biosciences 公司的 SMRT 技术和 Oxford Nanopore Technologies 公司正在研究的纳米孔单分子测序技术是第三代 DNA 测序技术的典型代表。

Heliscope 单分子测序(Heliscope single molecular sequencing)的原理仍遵守边合成边测序原理。先将 DNA 文库的单链片段密集固定排列在平面基板上形成阵列,在每个测序循环中,DNA 聚合酶和一种荧光标记dNTP流入,按照模板序列延伸DNA链,阵列中发生了碱基延伸反应的DNA链就会发出荧光,通过 CCD 记录并转化为相应的碱基序列信息。经过洗涤,延伸了的 DNA 链上的荧光物质被切除并被移走,进行下一轮反应。此技术也可将 DNA 聚合酶用逆转录酶代替进行 RNA 直接测序。

SMRT 技术遵守边合成边测序原理。将 4 种 dNTP 的 γ - 磷酸上标记有不同发射光谱的荧光基团,在 DNA 聚合酶催化下,dNTP 掺入到合成链中,使用显微镜可以检测到每个掺入 dNTP 所携带的荧光信号,最后通过计算机分析转化成碱基序列信息。单分子的荧光探测通过零模式波导孔(zero-mode waveguides,ZMW)来实现,ZMW 是一种直径只有几十个纳米的孔,其底部上的小孔短于激光的单个波长,导致激光无法直接穿过小孔而会在小孔处发生光的衍射,形成局部发光的区域,即为荧光信号检测区。测序时,将基因组的 DNA 打断成许多小的片段,制成液滴后将其分散到不同的 ZMW 中。根据荧光的种类就可以判断 dNTP 的种类(图 2-3)。

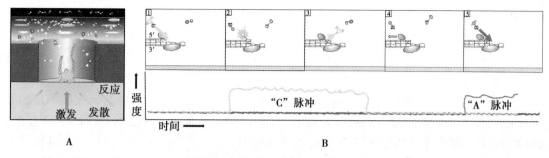

图 2-3 SMRT 技术测序原理图

纳米孔单分子测序技术是由 Oxford Nanopore Technologies 公司研究,其原理是利用电信号进行测序。此技术采用一种新的纳米孔,以 α-溶血素为材料,在孔内共价结合有分子接头环糊精。用核酸外切酶切割 ssDNA,被切下来的单个碱基会落入纳米孔,并和纳米孔内的环糊精相互作用,影响流过纳米孔的电流强度,这种电流强度变化幅度成为每种碱基的特征。此技术目前正处于研发阶段,目前面临的两大问题是寻找合适的外切酶载体以及承载纳米孔平台的材料。

需要特别指出的是,第三代 DNA 测序技术具有第二代 DNA 测序技术所不具备的优势,其可以直接测 RNA 序列,大大降低体外逆转录产生的系统误差;该技术还可直接测甲基化的 DNA 序列。同时,其低成本、高通量的特点将有力地推动基因组学及其相关学科,如生物信息学、系统生物学和合成生物学的创立与发展。

三、生物信息学

生物信息学(bioinformatics)是采用计算机技术和信息论方法研究蛋白质及核酸序列等各种生物信息的采集、储存、传递、检索、分析和解读的科学,是现代生命科学与信息科学、计算机科学、数学、统计学、物理学、化学等学科相互渗透而形成的交叉学科。其研究内容主要分为基因组学和蛋白质组学这两方面,具体包括基因组、转录组、蛋白组、疾病表型组、表观遗传组及进化组等,随着计算机的发展,又延伸到对各组学中组件间的网络研究,比如蛋白质相互作用网络、转录调控网络以及双色网络等。

(一)基因组学研究内容

基因组表示一个生物体所有遗传信息的总和。一个生物体的基因组包含了生物体生长、发育、繁殖和死亡的所有遗传信息。根据研究目的的不同,将基因组学分为结构基因组学、功能基因组学和比较基因组学。

1. 结构基因组学 是以全基因组测序为目标的基因结构研究,分析基因组中全部基因的位置和结构,为基因功能的研究奠定基础。其目的是建立高分辨的遗传图谱、物理图谱、转录图谱和序列图谱。

2. 功能基因组学 是利用结构基因组学所提供的信息及产物,系统地研究基因的功能及调控机制的一门科学,属于后基因组学的范畴。其研究目标是采用高通量、大规模、自动化的方法加速遗传分析进程,避开传统遗传分析的局限,采用系统化的途径及数据采集方法阐明复杂的生物学现象。

3. 比较基因组学 是在基因组图谱及测序的基础上,对已知的基因和基因组结构进行比较,了解基因的功能、表达机制及物种进化的学科。

(二)蛋白质组学研究内容

蛋白质组(proteome)源于蛋白质(protein)与基因组(genome)两个词的组合,是指一个基因组、一种生物或一个组织/细胞所表达的全套蛋白质。蛋白质组学是以蛋白质组为研究对象的新的研究领域,主要研究细胞内蛋白质的组成及其活动规律,建立完整的蛋白质文库。由于生物功能的主要体现者是蛋白质,而蛋白质的修饰加工、转运定位、结构变化、蛋白质与蛋白质的相互作用、蛋白质与其他生物分子的相互作用无法在基因组水平上获得,故为了弥补基因组学的不足,国际上产生了在整体水平上研究细胞内蛋白质的组成及活动规律的学科——蛋白质组学。

蛋白质组学又大致分为结构蛋白质组学和功能蛋白质组学。

1. 结构蛋白质组学　其研究方向包括蛋白质氨基酸残基序列及三维结构的解析、种类分析及数量确定。主要的研究技术有：①蛋白质结构测定技术，以 X- 光衍射为主要研究手段；②蛋白质种类及数量的分析技术；③蛋白质鉴定技术——质谱。

2. 功能蛋白质组学　是以蛋白质功能和相互作用为主要研究目标。主要的研究技术是酵母双杂交技术（及衍生出的单杂交系统、三杂交系统）和反向杂交系统、免疫共沉淀技术、表面等离子技术、荧光能量转移技术，以及蛋白质芯片质谱、生物传感芯片质谱等。

生物信息学引领了生命科学研究的新方向，推动了多个学科（如医学、神经生物学、遗传学、生物化学等）的发展，为生命科学研究与医疗诊断提供了科学指导。

四、基因芯片

基因芯片（gene chip）又称 DNA 芯片（DNA chip）、DNA 微阵列（DNA microarray），指以大量人工合成的或应用常规分子生物学技术获得的核酸片段作为探针，按照特定的排列方式和特定的手段固定在硅片、载玻片或塑料片上，一个指甲盖大小的芯片上能排列的探针多达上万个。基因芯片是生物芯片技术中发展最成熟和最先实现商品化的产品，其检测技术具有高通量、多参数同步分析、快速全自动分析、高精确度和高灵敏度等特征。

基因芯片种类较多，制备方法也各不相同，基本上分为原位合成法和直接点样法两大类。原位合成法是在固相支持物（玻璃、瓷片、聚丙烯膜等）表面原位合成寡核苷酸探针，主要通过光刻法和压电打印法两种途径。直接点样法是将预先制备好的寡核苷酸或 cDNA 通过自动点样装置点于固相支持物上，多用于制备大片段 DNA。

（一）基因芯片分析的基本流程

基因芯片操作的基本过程包括扩增标记分离纯化得到的生物样品，与芯片上的探针阵列杂交，对杂交信号进行检测与分析，得到待测样品的遗传信息。其中，生物样品的制备步骤包括：首先从血液或组织中分离纯化出生物样品（DNA 或 mRNA），然后对样品中的靶序列进行高效特异的扩增；然后采用荧光标记法（如采用生物素、放射性同位素等）标记靶分子，该过程一般在 PCR、RT-PCR 扩增或逆转录过程中进行；此后，进行靶标样品核酸分子与芯片上探针之间的选择性分子杂交，此步骤是芯片检测关键性的一步，探针的浓度、长度、杂交的温度、时间、离子强度等因素都会影响杂交的效果，因此要根据探针的类型、长度及芯片的应用来优化杂交条件；最后，进行信息的检测与分析。此过程的一般流程是：将待测样品与基因芯片上的探针阵列杂交后，漂洗未杂交分子，携带荧光标记的分子结合在芯片特定的位置上，在激发光的激发下含荧光标记的 DNA 片段发射荧光，不能杂交的双链分子检测不到荧光信号，不完全杂交的双链分子荧光信号弱，荧光强度与样品中的靶分子含量呈线性关系。荧光信号被荧光共聚焦显微镜、激光扫描仪等检测到，通过计算机记录下来，最后通过特定的软件对荧光信号的强度进行定量分析、处理，并结合探针阵列的位点得到待测样品的遗传信息。

（二）基因芯片的应用

基因芯片的应用主要包括基因表达水平检测、DNA 测序、基因突变及多态性检测、寻找可能致病的基因和疾病相关基因、药物研究和开发等。

1. 基因表达水平检测　利用基因芯片的高度敏感性和特异性，监测细胞中几个至几千个 mRNA 的转录情况，并能敏感地反映基因表达中的微小变化。目前，此技术已在部分植物、细菌、真菌的整个基因组范围内对基因表达水平进行了快速检测。

2. DNA 测序　是利用杂交测序的原理，将被测靶 DNA 与芯片杂交，通过对杂交的探针进行序列重叠区的组合排列分析，推测出靶 DNA 序列。但是，由于靶 DNA 空间结构及重复序列的存在，会影响计算机对杂交及杂交结果的处理。

3. 基因突变及多态性检测　根据已知基因的序列信息设计出含有成千上万个不同寡核苷酸探针

的基因芯片,再用荧光标记待测 DNA,不完全匹配则荧光弱或无,由此可判断点突变的存在与否及部位个数。

4. 寻找可能致病的基因和疾病相关基因 通过 cDNA 微阵列技术比较组织细胞基因的表达谱差异,可以发现可能致病的基因或疾病相关基因,实现对疾病快速、简便、高效的诊断。

5. 药物研究和开发 基因芯片可以通过检测药物作用对生物体内基因表达水平的影响,获得药物作用的分子机制。目前,基因芯片技术正逐步成为药物研发的一个重要手段。

基因芯片技术发展历史很短,已在基因表达分析、基因测序、基因突变与多态性检测及药物开发等领域呈现了广阔的应用前景。但是,基因芯片技术仍然存在一些问题,如:技术成本昂贵;易发生引物合成错误而导致的杂交背景升高;可查的 DNA 片段序列只是少数,仍有大量的基因片段未被准确测序或尚未公开,使基因芯片技术难以在更大的范围内使用。随着基因芯片技术的迅速发展及大量人力物力的投入,相信基因芯片技术的应用将会更加完善和广泛。

第三节　基因工程技术的应用

一、基因敲入

基因敲入(gene knock-in)是指将外源基因导入宿主细胞并整合于基因组或重组载体上进行稳定表达,从而改变生物体本来的遗传性状的技术。目前,已经有多种手段能使外源基因在宿主内进行正常稳定的表达。

(一) 外源基因被整合于基因组上

1. 原位敲入 由于基因组中的基因数量众多,所以存在着大量的无用基因,这些基因的丧失对生物体的生命活动不会造成影响。原位敲入(in situ knock-in)是利用基因重组的原理,使新基因取代基因组中一些无意义基因的位置,从而使新基因随基因组的复制而复制,并在生物体内得以稳定表达的技术。原位敲入的原理类似于基因敲除(gene knock-out),即利用两次同源重组便可实现新基因的敲入。同样的,基因敲除中的 Rec A 系统、Red 系统可用于基因敲入。不同的是,基因敲除时上下同源臂之间插入的是筛选标记,但是在基因敲入时上下同源臂之间往往插入的是新基因片段。

2. ΦC31 整合酶系统定点敲入 ΦC31 整合酶来源于链霉菌噬菌体 ΦC31,属于丝氨酸重组酶家族,此酶可介导噬菌体基因组中 39bp 的 attP 位点(phage attachment site)与细菌基因组中 34bp 的 attB 位点(bacterial attachment site)之间发生重组。ΦC31 整合酶是基因进行有效整合的最佳选择,被广泛地应用于生物工程。主要过程包括(图 2-4):ΦC31 整合酶识别剪切 attP 与 attB 位点中 TTG 之后的序列,DNA 旋转之后,末端再重新连接,形成新的 36bp attL 和 37bp attR 位点,而 ΦC31 整合酶不会识别 attL 和 attR 位点,无法再次发生重组,即整合是单向性的,所以这样的整合比较稳定。

从 ΦC31 整合酶系统的作用原理来看,该系统只需要 ΦC31 整合酶与特异的位点,不需要其他的辅因子,所以近年来被越来越多地应用于外源基因在基因组上的特异性整合。

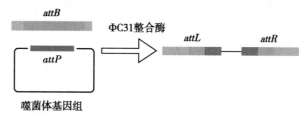

图 2-4　ΦC31 整合酶系统的作用原理图

3. Cre/*loxP* 系统定点敲入　　Cre/*loxP* 系统结构组成是由 Cre 重组酶与单个 *loxP* 识别位点组成,其中,Cre 重组酶来源于噬菌体 P1,能够识别特异的 DNA 序列并介导其进行同源重组;而 Cre/*loxP* 系统应用于基因敲除时,该系统由 Cre 重组酶与两个同向排列的 *loxP* 识别位点组成。在自然状态下,*loxP* 序列存在的概率极低,因此,若要使用该操作工具,首先需要将带有 *loxP* 序列的同源片段通过重组整合进宿主的基因组,然后激活 Cre 重组酶,使其识别切割含单个 *loxP* 序列的环状质粒与基因组上的 *loxP* 序列,同时进行精确的重组,这样含外源片段的环状质粒便整合到基因组上。因为 Cre 重组酶会介导定点敲入的逆反应,即会将已整合进基因组的外源基因进行切除,因此,相对于 Cre/*loxP* 系统,ΦC31 整合酶系统实现的是单向插入,所以后者是比较理想的基因敲入工具。

（二）外源基因游离于染色体

1. 外源基因的游离表达　　外源基因被整合于基因组上时,虽然整合过程的特异性高,并且比较稳定地存在于基因组上,但是拷贝数和表达量比较低。游离型载体具有自主复制序列,能够独立于宿主细胞本身的复制周期而实现扩增,因此外源基因在胞内对基因组的影响比较小,同时可实现较高的拷贝数。

2. 游离型载体类型　　虽然游离型载体能够利用宿主的 DNA 复制系统进行自主复制,但是其自主复制也受到自身和宿主细胞双重的控制。根据在宿主细胞的拷贝数,游离型载体被分为严谨型载体和松弛型载体,前者的拷贝数低,为 1~5 个拷贝;后者的拷贝数比较高,可有 30 多个拷贝。在基因工程中为了实现目的产物的高效表达,往往采用松弛型质粒作为高拷贝表达外源基因。

3. 质粒的不相容性　　质粒的不相容性(plasmid incompatibility)是指在没有选择压力的情况下,同种或者亲缘关系较近的质粒不能在同一宿主中稳定共存的现象。在向宿主细胞引入多个游离型载体时要注意质粒的不相容性,避免敏感质粒的丢失。

4. 游离型载体的稳定遗传　　游离型载体在使用中要保持选择压力以使其稳定地存在于宿主细胞中,一般使用抗生素。但是,在食品安全级菌株中是不能使用抗生素为选择压力的,因此研究者们开发了非抗生素选择压力系统,包括细菌素显性选择标记、糖类营养缺陷互补型选择标记等系统。

二、基因敲除

基因敲除(gene knock-out)是研究某个基因功能以及永久改变细胞表型的关键技术。基因敲除的目的主要有两种:一种是在已知基因功能的情况下,对靶基因进行失活,常被应用于微生物育种、构建动物模型;另一种是当某个基因的功能未知时,可以对其进行基因敲除,然后观察生物体的变化来研究其编码蛋白的功能。

（一）基因敲除原理

基因敲除技术的基础是同源重组,同源重组需要一系列的蛋白质催化,如原核生物细胞内的 RecA、RecBCD 等,以及真核生物细胞内的 Rad51、Mre11-Rad50 等,所设计的同源片段是靶基因的上下游片段。基因敲除一般需要进行两次同源重组,如图 2-5 所示,主要过程是:首先是外源基因中的同源片段与基因组进行第一次同源重组,被称为单交换,此时携带外源基因的整个载体将存在于基因组中;接着同源片段会进行第二次同源重组,被称为双交换,此时会存在两种情况,一种是发生单交换的同源片段继续进行同源重组,这种情况下产生的是原本的基因型,被称为回复突变,另一种是未发生单交换的同源片

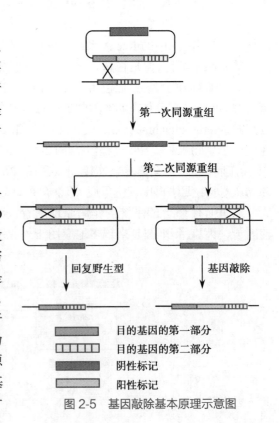

第一次同源重组

第二次同源重组

回复野生型　　基因敲除

▬ 目的基因的第一部分

▯ 目的基因的第二部分

▬ 阴性标记

▬ 阳性标记

图 2-5　基因敲除基本原理示意图

段进行同源重组,这种情况下会产生基因敲除。

有时运用单交换进行基因敲除,但是必须要构建重组载体,这样载体上除同源序列之外的基因也会通过单交换整合在基因组上,为生物体的生命活动带来负担;而进行双交换时,虽然有时也需要构建载体,但是载体会在第二次同源重组时从基因组上分离下来,因此,在进行基因敲除时,多采用双交换。

目前,为了更好地区别单交换与双交换造成的重组,通常使用两个抗性标记。在发生单交换时,阴性和阳性抗性标记都会整合至基因组,而发生双交换时,在回复突变时两种标记都不存在,在成功敲除后,基因组上只有阳性标记,因此这样的敲除子可以通过正负筛选鉴别出来。

（二）基因敲除策略

随着分子生物学技术的发展,用于基因敲除的操作工具也在不断的更迭,下面主要介绍具有代表性的基因敲除系统,这几种基因敲除系统的不同主要是其同源重组所需要的酶不同,基因敲除效率也存在差异。

1. RecA 系统　　RecA 系统是原核生物中研究最早的基因敲除系统,其中以大肠埃希菌中的 RecA 系统最具代表性。其同源重组的过程如图 2-6 所示:大肠埃希菌自带 RecA 和 RecBCD 蛋白,其中 RecBCD 蛋白为核酸酶,具有核酸外切酶和解旋酶的活性,在外源双链 DNA 转入大肠埃希菌后,RecBCD 蛋白快速与其结合,形成单链 DNA,单链结合蛋白(SSB)对其进行保护,防止被降解;RecA 蛋白形如纤维,其可以与 SSB 竞争,从而替换掉 SSB 与 DNA 单链结合形成复合体,此时 RecA 蛋白的解旋酶活性被激活,会将基因组上的双链 DNA 进行解旋形成 D-loop 环,同时 RecA 蛋白在解旋的单链上寻找同源序列,并完成链交换。

该系统的缺陷是,一方面,由于本身有内切酶的功能,会将转入菌株的靶片段降解掉;另一方面,所需要的同源臂比较多,往往需要几百个碱基,增加了碱基之间的错误配对,重组效率比较低。

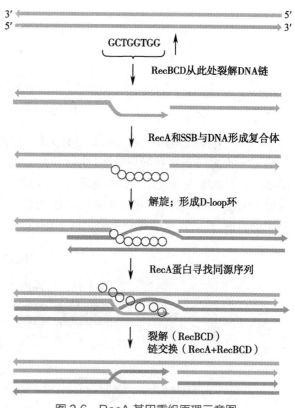

图 2-6　RecA 基因重组原理示意图

2. Red 系统　　该系统是基于噬菌体的自身重组系统所开发,主要包括 *exo*、*beta*、*gam* 3 个基因。其中 *exo* 编码核酸外切酶,*beta* 所编码的蛋白质有两个主要作用,包括保护单链核苷酸和介导重组,*gam* 编码的蛋白主要防止外源 DNA 被内源核酸酶降解。Red 系统主要过程如图 2-7 所示:当外源 DNA 进入到宿主内,*exo* 结合到 DNA 的末端,从 5′ 到 3′ 进行降解形成黏性末端;*beta* 结合到黏性末端后,一方面防止被核酸酶降解,另一方面发挥其蛋白退火的作用,介导同源片段与基因组发生重组。

Red 系统中的 Beta 蛋白的重组效率要远高于 RecA 系统中的 RecA 蛋白,但是此系统还主要应用于大肠埃希菌的基因敲除,在其他菌株中获得成功的实例较少。

3. Cre/*loxP* 系统　　Cre/*loxP* 系统是由 Cre 重组酶与两个同向排列的 *loxP* 识别位点组成,其中,Cre 重组酶来源于噬菌体 P1,能够识别特异的 DNA 序列并介导其进行同源重组。与之前 RecA 与 Red 系统不同,Cre 重组酶的效率比较高,因此不需要辅因子和 ATP 的协助;*loxP* 识别位点的序列为 5′-ATAACTTCGTATA ATGTATGC TATACGAAGTTAT-3′(其中两端为 13bp 的反向重复序列),能被 Cre 重组酶特异性识别。

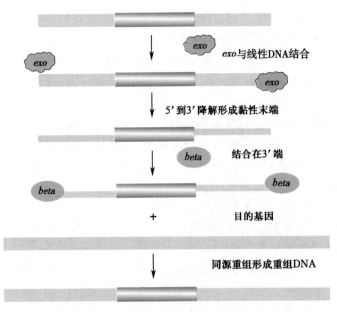

图 2-7 Red 系统基因重组示意图

Cre/*loxP* 系统基因敲除的主要过程包括：首先带有 *loxP* 序列的同源片段通过重组整合进基因组，然后 Cre 重组酶识别特异的 *loxP* 序列并介导其进行同源重组，将两个 *loxP* 序列之间的序列敲掉（如图 2-8）。该系统主要应用于筛选标记比较少的宿主，在标记的两端加入 *loxP* 序列，当基因敲除成功后，诱导 Cre 重组酶的表达，使其识别 *loxP* 序列并发挥重组作用，将标记除去，这样就能达到筛选标记反复利用的目的，同时也可避免对生物体的生命活动造成负担。

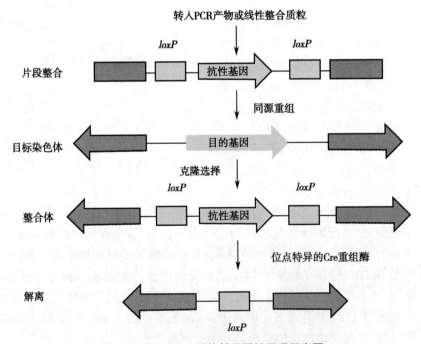

图 2-8 Cre/*loxP* 系统基因重组原理示意图

（三）应用

1. 优化发酵微生物的代谢途径 在重组蛋白肿瘤坏死因子（TNF）表达生产中，为了提高产物产量，往往需要阻碍旁支途径减少副产物的产生，基因敲除技术能够通过使分支酶失活达到优化代谢途径的目的。例如，副产物乙酸积累在发酵过程中不利于菌体的生长和产物的生成，为了减少乙酸积累，敲除负责

葡萄糖转运的 *ptsG* 基因。主要过程包括:①运用融合 PCR 技术扩增出 *ptsG* 基因的上下同源片段,中间序列替换为氯霉素抗性标记基因;②经电转化,将外源 DNA 片段分别转入大肠埃希菌 DH5α、JM109 中,菌株中包含质粒 pKD46(温敏型复制子,含有受 *paraB* 启动子调控的 *exo*、*beta*、*gam* 基因,在高温下无法复制);③在 Red 系统下发生同源重组,对重组菌株进行鉴定;④提高培养温度使 pKD46 质粒丢失,由此构建 *ptsG* 基因缺陷株 DH5αP、JM109P。在含有葡萄糖的 LB 培养基中,DH5αP、JM109P 的最高菌密度分别是对照菌株 DH5α、JM109 的 3.47 倍、4.25 倍,重组 TNF 在 DH5αP、JM109P 中的表达量分别占全菌蛋白的 24.3%、20.8%,OD_{600} 分别为 8.28、7.62,TNF 在缺陷株中单位体积的表达量明显高于对照菌株。

2. 构建动物模型　基因敲除的靶细胞目前最常用的是小鼠胚胎干细胞(ES 细胞)。基因敲除的技术路线虽不复杂,但由于高等真核细胞内外源 DNA 与靶细胞 DNA 序列自然发生同源重组的概率非常低,约为百万分之一,要把基因敲除成功的细胞筛选出来是一件非常困难的工作。因此,同源重组的筛选和检测就成了基因敲除技术所要解决的关键问题。构建基因敲除动物模型的技术路线为:①构建重组基因载体;②用电穿孔、显微注射等方法把重组 DNA 转入受体细胞核内;③用选择培养基筛选已成功转入重组基因载体的细胞;④将重组细胞转入胚胎使其生长成为转基因动物,对转基因动物进行形态观察及分子生物学检测。

3. 研究未知蛋白功能　如肠炎沙门菌因应答各种应激环境而导致一种损伤亚致死状态菌的存在,一段时间后恢复其生物活性,留下极大的食品安全隐患。用 λ-Red 同源重组技术构建肠炎沙门菌 *rpoS* 基因缺陷株,主要过程与 *ptsG* 基因的敲除过程相似。结果发现,*rpoS* 基因在胁迫环境下的应激应答中发挥了作用,且影响了肠炎沙门菌的修复能力。

三、基因表达调控

在严格的调控系统下,生物体内的基因表达(基因经转录、翻译形成有生物活性 RNA 或蛋白质的过程)在时间和空间上呈现出有序性和特异性,一方面保障了生物体有条不紊地进行生命活动,另一方面使生物体适应复杂多变的外界环境。在胞内严格的基因表达调控下,生物体仅仅会生产自身生命活动所需的代谢产物,而这些物质的含量水平是达不到生产要求的,所以人们为了利用生物体大量生产某种代谢产物时,往往需要改变其胞内严格的调控系统。虽然通过诱变与控制生产条件可以有效改变生物体内的基因表达,但是基因工程技术能更加理性地使目的基因高效表达(如目的蛋白在大肠埃希菌的诱导表达)或者减弱表达(如使菌株丧失有关的表达调控基因,大量生产氨基酸、核苷酸等物质)。

下面将介绍利用基因表达调控手段来提升目的产物常用的方法,包括不同类型启动子元件的应用、翻译起始区 mRNA 的优化、密码子的优化,以及转录因子的应用。

(一)不同类型启动子元件的应用

启动子(promoter)是 RNA 聚合酶特异性结合的 DNA 序列,能够起始转录。因为其强度决定了转录的效率,所以在基因工程中可采用不同类型的启动子来调控关键基因的表达,改变胞内的代谢流,从而高效生产相关代谢产物。根据启动子的功能和来源不同,可将启动子分为组成型启动子(constitutive promoter)、诱导型启动子(inducible promoter)和人工合成启动子(synthetic promoter)。

1. 组成型启动子　该类启动子是指一类不需要诱导剂即可稳定表达的启动子。根据启动子强弱和组成不同,常用的启动子又分为组成型的强启动子、串联启动子和不同强度的启动子组合。

(1)组成型的强启动子:在基因工程中通过使用组成型的强启动子来过表达目的基因。如 Zhang 等将组成型的强启动子 P*tac* 插入到 L-赖氨酸转运蛋白基因 *lysE* 的上游,使 *lysE* 的 mRNA 水平增加了 3.22 倍,同时 L-鸟氨酸的产量进一步增加了 24.1%。

(2)串联启动子:为了进一步增强目的基因的表达,研究者们会把多个启动子进行串联使用,如在枯草芽孢杆菌中使用双启动子 P*hpaII*-P*gsiB* 表达氨肽酶要比单个启动子 P*hpaII* 和 P*gsiB* 单独表达高出 2 倍多。

(3)不同强度的启动子组合:当多个目的基因同时高强度表达时,会对菌体生长造成负担。因此,为了更高效的基因表达,往往采用不同强度的启动子表达不同的基因。如 Lu 等采用多基因启动子改组

（multiple-gene-promoter shuffling, MGPS）将不同强度的启动子与特定的基因组合,分别使用强启动子 *hxk2* 和弱启动子 *gnd2* 与转醛缩酶基因(*tal1*)、转酮醇酶基因(*tkl1*)和丙酮酸激酶基因(*pyk1*)组合,最终发现 *gnd2-tal1-hxk2-tkl1-hxk2-pyk1* 的组合方式使乙醇产量在酿酒酵母菌株 FPL-YSX3 中增加了 8 倍。

2. 诱导型启动子 诱导型启动子是指一类在特定的信号诱导后促进目的基因进行转录的一类启动子。组成型启动子在表达外源蛋白时,会使外源蛋白在细胞内持续表达,往往与细胞生长之间存在竞争关系,因此,研究者们开发了按需开启或关闭的诱导型启动子。

(1)利用诱导型启动子高效表达外源蛋白:研究者们利用诱导剂协调菌体生长与蛋白质生产的竞争关系,使重组蛋白得以高效表达。在外源蛋白表达系统中,常用的乳糖启动子是受 *lacI*(编码阻遏蛋白)所调控的杂合启动子,木糖诱导型启动子是受 *xylR*(编码阻遏蛋白)所调控的杂合启动子。Li 在重组大肠埃希菌高密度发酵中,利用乳糖诱导表达重组人 B 淋巴细胞刺激因子(hBLyS),通过优化培养与诱导条件,使外源蛋白的表达量约占菌体总蛋白的 20.9%。Jin 将透明质酸合酶基因 *hasA* 置于木糖诱导型启动子 P_{xylA} 控制下,利用整合型载体将该表达系统整合于枯草芽孢杆菌的基因组上,发酵 2 小时加入 2% 的木糖,使透明质酸的产量提高至 1.01g/L。

利用诱导型启动子高效表达外源蛋白的发酵方式采用两步培养法:首先是高密度培养阶段,此时菌体不生产外源重组蛋白,营养物质用于菌体的生长;待菌体达到一定浓度后,加入诱导剂,该系统则专一表达起始目的蛋白。

(2)解除诱导型启动子提高发酵目的产物产量:并不是所有的诱导型启动子都利于产物的合成,如有研究者基于色氨酸操纵子模型,解除色氨酸启动子对色氨酸合成的调节作用,获得高产色氨酸菌株。Guo 等通过敲除色氨酸的弱化子区并将色氨酸启动子换成组成型启动子,使色氨酸的产量在 5L 发酵罐上达到 10.15g/L。

3. 人工合成启动子 在进行基因工程改造时,需要对多个基因进行操作,但是过度地干扰胞内代谢会使生物体自身有胞内负担,反而适得其反。因此,运用一系列表达强度有明显差异的启动子,使多个基因的表达强度相协调,实现更为精密的调控。随着生物信息学和合成生物学的发展,已经开发了多种人工合成功能元件,而人工合成启动子是重要的功能元件。采用非保守序列随机进化与易错 PCR 等技术可实现对人工合成启动子文库(synthetic promoter library, SPL)的构建,研究者们可从中筛选出不同强度的启动子用于基因表达调控。

(二) 翻译起始区 mRNA 的优化

翻译起始区(translation initiation region, TIR)位于 mRNA 的 5′ 端,包括核糖体结合位点、起始密码子及附近区域。TIR 在转录为 mRNA 时,其中的碱基配对形成二级结构,决定了翻译起始效率,如茎环结构的单链环将有利于核糖体和 N- 甲酰甲硫氨酸 -tRNA(fMet-tRNA)的识别与结合从而促进翻译。因此,优化 TIR 的序列以及二级结构有利于目的基因的表达调控。下面介绍通过改变核糖体结合序列与起始密码子来优化 mRNA 的翻译起始效率。

1. 核糖体结合序列的优化 当核糖体结合序列(ribosome binding site, RBS)转录为 mRNA 序列后,核糖体与其结合并启动翻译,利用 RBS 文库(RBS library)调控基因的表达水平是一种新的技术手段。

目前出现了多种技术来构建 RBS 文库,如结合核糖体位点选择相关生物信息学软件来设计 RBS 文库、随机合成 RBS 的非保守序列、引入突变碱基进行快速定向进化(rapidly efficient combinatorial oligonucleotides for directed evolution, RECODE),研究者们可从中筛选出不同的 RBS 用于基因表达调控。Bo 等通过随机合成 RBS 的非保守序列,利用增强型绿色荧光蛋白(eGFP)的表达,筛选出了不同强度的 RBS,将不同强度的 RBS 与莽草酸途径上的 4 个催化酶基因进行组合表达,使莽草酸的产量提升了 6.8 倍。

2. 起始密码子的优化 起始密码子(initiation codon)是多肽链合成的起始信号。在原核生物中 mRNA 的翻译大多数是以 AUG 为起始密码子,但是也存在以 GUG 和 UUG 为起始密码子的情况。因为后者与 fMet-tRNA 的结合能力较前者弱,造成不同的起始密码子有不同的翻译强度。

糖酵解途径和磷酸戊糖途径是透明质酸合成途径的竞争途径,在枯草芽孢杆菌中,发现磷酸戊糖途径中关键酶 Zwf(编码磷酸葡萄糖酸脱氢酶)的起始密码子为 GTG,说明该途径在宿主中受到了调控,但是糖酵解途径中的关键限速酶 PkfA(编码果糖 -6- 磷酸激酶)的起始密码子为 ATG,为了下调糖酵解途径,Jin 等将起始密码子 ATG 替换为翻译能力较弱的 TTG,结果表明在不影响菌体正常生长的情况下,透明质酸的产量提高了 18%。

（三）密码子的优化

1. 密码子的同义突变 不同生物体进行基因表达时,在密码子使用上具有偏好性,即使是同一物种在表达不同的基因时也表现出密码子偏好性。偏好密码子体现了生物体内特定 tRNA 的数量优势,即胞内有充足的 tRNA 用来翻译,而稀有密码子的存在会使 tRNA 的供应不足,从而导致翻译停滞。因此,在进行外源基因的高表达时,应合理利用偏好密码子,避免使用稀有密码子。一种氨基酸可由多个密码子进行编码,如 CGU、CGA、CGC、CGG、AGA、AGG 都编码精氨酸,这些密码子被称为同义密码子。基因工程中,将供体的密码子替换为宿主的偏好密码子会提高目的基因的表达。

进行同义替换密码子时,对 GC 含量、mRNA 结构以及稳定性要进行综合考虑。优化后的基因序列可以通过商业公司进行全合成,或者通过定点突变技术得到。内切菊粉酶(原始序列来源于黑曲霉)在毕赤酵母中进行表达,经过密码子优化后,相比原始序列而言其表达量提高了约 5 倍。

2. 密码子的添加 为了提高异源基因的高效表达,通常采用分泌表达的方式,然而并不是所有的目的蛋白都能高效分泌到胞外。信号肽位于分泌蛋白的 N 端,对于外分泌蛋白的分泌起主导作用。信号肽没有严格的专一性,许多原核和真核细胞甚至不同物种间的信号肽在功能上是通用的,因此通过添加一段合适的信号肽序列可引导外源蛋白质的分泌表达。

（四）转录因子的应用

转录因子(transcription factor,TF)是指一类能够结合在特异的 DNA 序列上来抑制或者激活特定基因转录的调控蛋白。数量众多的 TF 组成了精密的调控网络,来调节生物体复杂的生命活动。基因工程中可过表达正 TF 或者失活负 TF,实现目的基因的高效表达。但是,由于生物体的调控网络庞大且复杂,TF 的应用需要基于调控机制的解析。以通过 TF 提高链霉菌中抗生素的产量为例,因特异性 TF 直接调控抗生素合成基因簇中的结构基因,所以对特异性 TF 的基因工程改造对抗生素的产量有明显的效果。另外,基于 TF 的调控机制,通过基因工程改造相关靶基因,或者共同改造 TF 与靶基因,能够明显提高相关代谢产物的水平。

四、基因编辑

基因编辑(gene editing,genome editing)也称为基因打靶,是指在基因组水平上定点改造 DNA 序列的技术。该技术主要通过构建人工核酸内切酶在特定的位置切割 DNA 双链形成双链断裂缺口(double-strand break,DSB),进一步通过生物体内的修复系统[包括非同源末端连接(non-homologous end joining,NHEJ)与同源重组(homologous recombination,HR)]对 DSB 实现修复,在修复过程中会产生突变,从而实现 DNA 片段的敲除、插入、突变等(图 2-9)。

随着对基因编辑要求的精确度不断提高,该技术先后出现了基于锌指核酸酶、类转录激活因子效应物核酸酶和成簇规律间隔短回文重复(clustered regularly interspaced short palindromic repeat,CRISPR)序列相关蛋白这三种人工核酸酶的基因编辑技术。

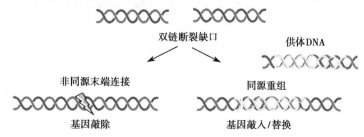

图 2-9 基因编辑原理示意图

（一）第一代基因编辑技术——锌指核酸酶

1. 结构及作用原理　锌指核酸酶（zinc finger nuclease，ZFN）由锌指蛋白 DNA 结合域与非特异性核酸内切酶两部分构成。前者识别特异的 DNA 序列，后者在该序列附近切割 DNA 双链（图 2-10）。

（1）锌指蛋白 DNA 结合域：由 3~4 个锌指蛋白串联而成，每个锌指蛋白识别并结合到 3′ 到 5′ 方向 DNA 链上一个三联子碱基以及 5′ 到 3′ 方向的一个碱基上。

（2）非特异性核酸内切酶：该酶是来源于海岸黄杆菌的限制性内切酶 *Fok* I，以二聚体的形式发挥剪切作用。基于此，一个 ZFN 单体需要由一个锌指蛋白 DNA 结合域 C 端连接一个 *Fok* I 构成。当两个 ZFN 特异性结合的位置间隔 5~7bp，两个单体中的 *Fok* I 形成二聚体状态，从而进行切割。

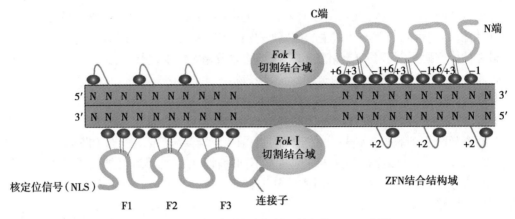

图 2-10　ZFN 的结构和参与基因编辑的原理示意图

2. ZFN 进行基因编辑的主要过程　首先，选择合适的靶位点；然后，根据靶位点设计高效特异的锌指蛋白，并将其与 *Fok* I 连接形成 ZFN；在体外或者细菌、酵母中进行活性验证；最后，导入细胞或者生物体内。

对 ZFN 的设计主要集中于对高效特异的锌指蛋白的研究，对此主要有两种思路：其一，是简单地将能够识别三个连续碱基的锌指作为一个"模块"，再根据目标序列把不同的"模块"拼接在一起，这种方法被称为"模块组装法"；其二，是建立锌指库，每个锌指库中针对一个特异的三联碱基包含了大量的不同氨基酸序列的锌指识别结构域，通过将不同的库组合在一起可以得到成百上千种 ZFN 的组合。

3. 应用　ZFN 技术已在模式生物或经济物种的细胞或胚胎中实现了基因编辑，其中果蝇、斑马鱼、大鼠等物种还获得了可以稳定遗传的突变体。但是，该技术会产生非特异性切割，使得操作的精确度降低，并且会产生较强的细胞毒性；对任意一段 DNA 序列，目前无法设计出高效特异的 ZFN，这也成为 ZFN 技术发展的主要瓶颈。

（二）第二代基因编辑技术——类转录激活因子效应物核酸酶

1. 结构及作用原理　如图 2-11 所示，类转录激活因子效应物核酸酶（transcription activator-like effector nuclease，TALEN）是由 N 端的类转录激活因子效应物（TALE）与 C 端的非限制性核酸内切酶构成。前者识别特异的 DNA 序列，后者在该序列附近切割 DNA 双链。

（1）类转录激活因子效应物（TALE）：TALE 来源于植物病原菌黄单胞菌，主要由 3 部分组成，分别是 N 端的转运信号、C 端的核定位信号和转录激活结构域以及中间部分的 DNA 结合域，TALEN 的中间部分由一系列的 TALE 的 DNA 结合域串联而成。每个 TALE 的 DNA 结合域中包含了 34 个氨基酸残基，其中有 32 个氨基酸残基是高度保守的，但是第 12、13 位的氨基酸残基为可变残基，这造成了 TALE 的 DNA 结合域与核苷酸序列之间的结合有一定的规律，当可变残基为 NG、HD、NI、NN 时可分别结合 T、C、A、G。基于此，根据靶点的 DNA 序列可将带有不同可变残基的 TALE 的 DNA 结合域进行组装来实现对 DNA 序列的精确定位。

（2）非特异性核酸内切酶：与 ZFN 的 *Fok* I 相同，由于其发挥作用是以二聚体的形式，所以一个 TALEN 单体需要由一个 TALE 的 C 端连接一个 *Fok* I 构成。

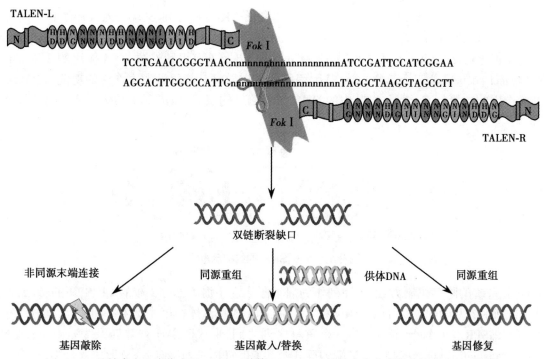

TALEN-L 是结合在左半位点的 TALEN 单体，TALEN-R 是结合在右半位点的 TALEN 单体。

图 2-11　TALENs 的结构及其参与基因编辑原理示意图

2. 技术发展　TALE 的 DNA 结合域与核苷酸序列之间的结合有一定的规律，相对于 ZFN 来说，该技术更能精确识别靶点，基于此规律研究者们能设计高效特异的 TALE。但是，为了保证基因编辑效率的准确性，靶点会选择大于 10bp 的 DNA 序列，造成了一个 TALEN 需要包含多个重复单元，这成为研究者们在构建 TALEN 时遇到的瓶颈。目前已开发了多种技术来人工合成 TALEN，如 Golden Gate（GG）克隆、连续克隆组装、基于固相合成的高通量方法、基于长黏末端的不依赖连接酶克隆（ligation-independent cloning，LIC）的组装方法等。

"一个重复单位一个碱基"——TALE 简单得令人难以置信，TALEN 已经迅速在多个物种中进行了应用。相对于先驱技术 ZFN，TALEN 显示出比 ZFN 明显的优势：TALEN 结合 DNA 的方式更便于预测和设计；TALEN 的构建更加方便、快捷，甚至能够实现大规模、高通量的组装；TALEN 的特异性比 ZFN 高，而毒性和脱靶（off-target）效应则比 ZFN 低。

3. 应用　TALE 已经被成功地应用于包括芽殖酵母、果蝇、斑马鱼、线虫、大鼠、水稻、拟南芥在内的多个物种，以及体外培养的哺乳动物细胞。TALEN 既能够像 ZFN 一样精确地修饰复杂的基因组，又具有比 ZFN 更容易设计的优点，对于遗传学的基础理论研究和应用研究来说，无疑都是一个重大的飞跃。

（三）基因编辑新时代——CRISPR/Cas9 系统

1. 结构及作用原理　CRISPR/Cas9 系统由一个靶向特定的 gRNA 和核酸内切酶 Cas9 蛋白组成。前者识别特异的 DNA 序列，后者在该序列附近切割 DNA 双链。

（1）CRISPR/Cas 系统的天然存在形式和作用机制：CRISPR/Cas 系统是细菌的一种获得性免疫系统，简单来说，这种系统能通过将病毒 DNA 中的短重复片段整合到细菌基因组中，当细菌第二次感染病毒的时候，这些重复序列就能通过一种核酸酶靶向侵入互补的 DNA，并摧毁它，防止外源 DNA 或病毒再次入侵。目前已经发现了三种类型的 CRISPR/Cas 系统，分别是 Type Ⅰ、Type Ⅱ、Type Ⅲ。因为

Type Ⅰ与Type Ⅲ系统需要多个Cas蛋白识别和剪切核酸,而Type Ⅱ系统发挥作用的主要是Cas9,所以Type Ⅱ CRISPR/Cas系统为最简单的系统,目前商业化的CRISPR/Cas9系统就是基于Type Ⅱ系统开发的。

如图2-12所示,CRISPR位点包括5′端的反式激活CRISPR序列、3′端CRISPR簇和中间部分的cas基因。3′端CRISPR簇包括启动转录的300~500bp且富含AT碱基的前导序列(leader sequence)、多个短而高度保守的21~47bp重复序列(repeat sequence)以及具有识别外源DNA作用的26~72bp的间隔序列(spacer sequence)三个部分。cas基因编码的蛋白质具有与核酸发生作用的功能,在Type Ⅱ系统中发挥作用的主要是Cas9蛋白,其中的HNH核酸酶结构域和RuvC-like结构域拥有内切核酸酶的活性。

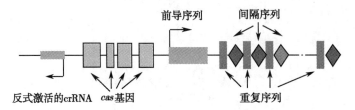

图2-12　CRISPR的结构示意图

Type Ⅱ系统的防御机制为:前导序列作为启动子启动下游CRISPR簇的CRISPR的转录,产生的非编码RNA称之为CRISPR RNA(crRNA)。外源DNA或噬菌体在第一次入侵细菌后,其核酸序列信息整合到CRISPR位点前导序列与第一个重复序列之间,形成间隔序列并转录为crRNA;crRNA与tracrRNA(trans-activating crRNA,由5′端的反式激活CRISPR序列编码形成)形成复合物,这个复合体在核糖核酸酶Ⅲ(RNase Ⅲ)的作用下剪切加工,形成成熟的crRNA-tracrRNA复合体;当宿主再次受到入侵时,复合体引导Cas蛋白对外源的DNA或噬菌体进行切割从而摧毁外源DNA。

(2)CRISPR/Cas9系统的结构:基于Type Ⅱ系统的防御机制,CRISPR/Cas9系统中通过表达Cas9蛋白和转录一个靶向特定的gRNA实现基因编辑。如图2-13所示,在Type Ⅱ系统中,crRNA-tracrRNA复合体介导Cas9蛋白进行识别靶位点;但是在CRISPR/Cas9系统中是人工设计的嵌合单链引导RNA(single guide RNA,sgRNA)代替crRNA-tracrRNA复合体。sgRNA是由一个固定的支架部分和一个自定义的20个核苷酸序列组成,根据靶位点的序列设计这20个核苷酸序列,可实现sgRNA对靶位点的特异性识别。

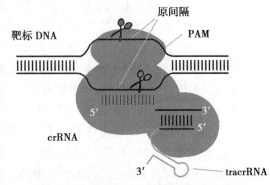

图2-13　crRNA-tracrRNA复合体介导Cas9蛋白的定位与切割示意图

2. CRISPR/Cas9系统存在的缺陷及发展

(1)脱靶效应:CRISPR/Cas9系统的特异性主要取决于sgRNA的识别序列,由于设计的sgRNA可能会与靶DNA相类似的DNA序列形成错配,导致Cas9有时会切割这些DNA序列,从而产生非特异性切割。可以从以下几个方面降低脱靶率。

1)靶位点的选择:一般靶位点要挨在识别区前间区序列邻近基序(protospacer adjacent motif,PAM)上游(5′-NGG-3′),因为Cas9蛋白介导的DSB发生在PAM序列的前面大概3~4个碱基的位置。为了降低脱靶率,可以通过相应的在线软件寻找基因组上潜在的靶位点,应尽量保证靶位点在整个宿主的基因组是唯一的。

2)sgRNA的设计:sgRNA中与靶位点配对区域的GC含量、碱基组成和长度都会影响特异性。有研究表明,当sgRNA与靶位点配对区域GC含量在40%~60%时sgRNA的基因编辑效率会提高;sgRNA中的PAM远端第15个碱基选为胞嘧啶时,PAM近端第1个碱基优选鸟嘌呤且避免选择胞嘧啶,可增加 sgRNA 的特异性。为了优化 sgRNA 的设计,研究者们开发了在线的设计和评估软件,如 CRISPR design tool(https://zlab.bio/guide-design-resources)、Cas-OFFinder(http://www.rgenome.net/cas-offinder/)。根据需要设定参数,就可以在任意给定的基因组或者序列里设计 sgRNA。

3)Cas 蛋白的改造:sgRNA 的错配会导致 Cas 蛋白的错误切割,因此研究者们从另外一个角度,即通过改变 Cas 蛋白的活性提高切割的特异性。例如,将 Cas9 蛋白突变为仅能切割单链的切口酶,所以需要 2 个 sgRNA 共同引导,在基因组上形成 2 个邻近的切口才能产生 DSB,由于 2 个 sgRNA 的错配概率会降低,所以提高了特异性。

(2)原核单细胞生物的修复效率低:CRISPR/Cas9 系统应用于真核生物中通常借助 NHEJ 修复系统进行定点突变,但原核细菌中往往缺乏完善的 NHEJ 修复系统,因此需要借助增加的同源修复供体序列进行同源定向修复(homology directed repair,HDR),另外也可引入外源的 NHEJ 系统修复 DSB。

3. CRISPR/Cas9 系统的具体应用

(1)用于敲除:一般流程包括确定靶点—设计 sgRNA—构建表达 Cas9、sgRNA 的表达系统(已有商业化的系统)—导入宿主—单克隆鉴定。CRISPR/Cas9 系统已在植物、动物、微生物基因功能研究领域得到广泛应用。

(2)用于基因调控:随着对 Cas9 蛋白的深入研究,将 Cas9 蛋白的第 10 位氨基酸残基和第 840 位氨基酸残基失活后,得到了保留结合 DNA 功能丧失核酸内切酶活性的 dCas9 蛋白,其与 sgRNA 共表达形成 DNA 识别复合体,阻碍了正常转录,实现基因沉默,而该系统被称为 CRISPR 干扰(CRISPRi)。

CRISPR/Cas9 系统作为一种新型的基因靶向编辑技术,因其操作简单、高效等优势,已发展成为最具前景的基因组定点修饰技术,将会在基因组筛查、药物靶点的鉴定以及肿瘤治疗等临床应用推广方面大放异彩。相信在不久的将来,CRISPR/Cas9 系统终将以精准医疗的方式应用于临床,造福人类。

(王凤山 生举正)

参 考 文 献

[1] ANSORGE W J. Next-generation DNA sequencing techniques. N Biotechnol, 2009, 25 (4): 195-203.

[2] ZHANG B, ZHOU N, LIU Y M, et al. Ribosome binding site libraries and pathway modules for shikimic acid synthesis with *Corynebacterium glutamicum*. Microb Cell Fact, 2015, 14 (1): 1-14.

[3] GU P, YANG F, KANG J, et al. One-step of tryptophan attenuator inactivation and promoter swapping to improve the production of L-tryptophan in *Escherichia coli*. Microb Cell Fact, 2012, 11 (1): 30.

[4] GUAN C, CUI W, CHENG J, et al. Construction of a highly active secretory expression system via an engineered dual promoter and a highly efficient signal peptide in *Bacillus subtilis*. N Biotechnol, 2016, 33 (3): 372-379.

[5] HE M, WU D, CHEN J, et al. Enhanced expression of endoinulinase from Aspergillus niger by codon optimization in Pichia pastoris and its application in inulooligosaccharide production. J Ind Microbiol Biotech, 2014, 41 (1): 105.

[6] JAIN E. Current trends in bioinformatics. Trends Biotechnol, 2002, 20 (8): 317-319.

[7] JIN P, KANG Z, YUAN P, et al. Production of specific-molecular-weight hyaluronan by metabolically engineered Bacillus subtilis 168. Metab Eng, 2016, 35: 21-30.

[8] LEVENE S D. Analysis of DNA topoisomers, knots, and catenanes by agarose gel electrophoresis. Methods Mol Biol, 2009, 582: 11.

[9] LU C, JEFFRIES T. Shuffling of promoters for multiple genes to optimize xylose fermentation in an engineered Saccharomyces cerevisiae strain. Appl Environ Microbiol, 2007, 73 (19): 6072-6077.

[10] MAXAM A M, GILBERT W. A new method for sequencing DNA. Biotechnology, 1992, 24: 99-103.

[11] METZKER M L. Sequencing technologies-the next generation. Nat Rev Genet, 2010, 11 (1): 31-46.

[12] ROTHBERG J M, HINZ W, REARICK T M, et al. An integrated semiconductor device enabling non-optical genome sequencing. Nature, 2011, 475 (7356): 348.

[13] ZHANG B, REN L Q, YU M, et al. Enhanced l-ornithine production by systematic manipulation of l-ornithine metabo-

lism in engineered Corynebacterium glutamicum S9114. Bioresour Technol, 2018, 250: 60-68.

［14］陈力学，曾照芳，康格非．生物信息学在基因组研究中的应用．国际检验医学杂志，2003, 24 (6): 339-340.

［15］段民孝．基因组学研究概述．农业新技术，2001, 19 (2): 6-10.

［16］李伟，印莉萍．基因组学相关概念及其研究进展．生物学通报，2000, 35 (11): 1-3.

［17］潘阳，吴丹，吴敬．利用游离型表达质粒强化毕赤酵母表达木聚糖酶．生物工程学报，2018, 34 (5): 712-721.

［18］吴明煜，郭晓红，王万贤，等．生物芯片研究现状及应用前景．科学技术与工程，2005, 5 (7): 421-426.

［19］余君涵，马雯雯，王智文，等．人工合成启动子文库研究进展．微生物学通报，2016, 43 (1): 198-204.

［20］邹清华，张建中．蛋白质组学的相关技术及应用．生物技术通讯，2003, 14 (3): 210-213.

第三章　蛋白质工程技术

　　20世纪五六十年代分子生物学的创立,把生物大分子的结构和功能联系起来,使人们对蛋白质的生物学作用有了更深一步的了解,尤其是中心法则指明了蛋白质与DNA之间的关系,随后编码氨基酸的三联体密码得到破译,这些理论为蛋白质的生物合成奠定了基础。与此同时,蛋白质的人工合成和化学修饰也取得了初步成功。胰岛素氨基酸序列的测定、肌红蛋白三维立体结构的建立以及DNA重组技术的问世,是蛋白质工程诞生的三大理论基石。蛋白质是生命活动的主要执行者和承担者,几乎参与了所有生命现象和生理过程,对蛋白质的研究、开发和利用,不论过去、现代和将来都是生物制药领域中非常重要的研究课题。

　　在研究蛋白质结构与功能关系时,人们希望通过对天然蛋白质结构进行改造,进而提高蛋白质对热、pH、水解或氧化的稳定性,或改进生物活性,或降低毒性,或制成具有生物靶向作用的非天然的蛋白质,从而创造出与天然蛋白质有所不同且更加符合人们需要的蛋白质或多肽类药物。1978年美国Hutchison使用寡聚脱氧核糖核苷酸作为体外诱变剂,成功地实现了定点突变实验,培育出了多种具有生物学特性的突变株。1981年,美国Gene公司Ulmer则将此定点突变实验冠以"蛋白质工程"的名称。随着分子生物学、晶体学及计算机技术的迅速发展,人们对蛋白质结构与功能之间关系的理解更加深入,蛋白质工程在最近几十年里取得了长足的进步,成为研究蛋白质结构和功能的重要手段,同时也已广泛地运用于新药设计及其他领域中。

　　以蛋白质工程为基础的药物分子设计是通过研究蛋白质结构-功能间的相互关系,并以蛋白质分子的结构规律及其与生物功能的关系为基础,通过有控制的基因合成和/或基因修饰,对现有蛋白质加以定向改造、设计、构建,然后通过高通量筛选技术等策略筛选出具有新药开发价值的生物分子。在此基础上进行设计包括疫苗、酶、抗体、治疗肽及其他一些生物分子等新型蛋白质、多肽或其他分子,并最终生产出性能更优、更加符合人类社会需要的新型蛋白质。

　　蛋白质工程开创了按人类意愿设计创造蛋白的新时期。作为先进的研发手段,它的不断发展大大加快了研究开发蛋白药物的步伐,带来更大的经济效益和社会效益。下面主要介绍几种在蛋白药物设计中重要的蛋白质工程技术。

第一节　蛋白质定向进化技术

(一) 概念

　　蛋白质定向进化(directed evolution of protein)是蛋白质分子改造的一种新策略,属于蛋白质的非理性设计的范畴,其不需要事先了解蛋白质空间结构和构效关系,而是在体外模拟突变、重组和选择的自然进化过程,从而在较短时间内定向选择出所需性质或功能的蛋白质。

(二) 基本原理

蛋白质定向进化是在实验室条件下模拟自然进化的过程,主要原理是由某一靶基因或一族相关的家族基因起始,通过对编码基因进行突变或重组,创建分子多样性文库;筛选文库获得能够编码改进性状的基因,作为下一轮进化的模板;在短时间内完成自然界中需要成千上万年的进化,从而获得具有改进功能或全新功能的蛋白质。通常一个典型的定向进化技术包括三步:①通过随机突变或基因体外重组创造基因多样性,即将编码目的蛋白的基因进行突变或随机重组产生一个含有多个基因的突变体库;②导入适当载体后构建突变文库;③通过高通量筛选的方法选择阳性突变子。这个过程可重复循环,直至得到预期的蛋白质。蛋白质定向进化的一般流程和几种定向进化技术原理见图 3-1。

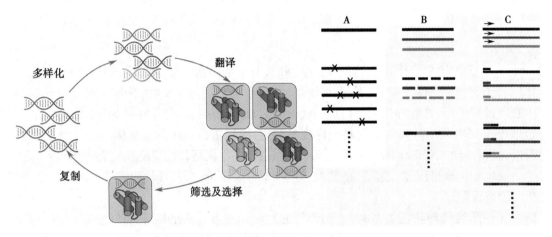

图 3-1　蛋白质定向进化的一般流程和几种定向进化技术原理
A. 易错 PCR　B. DNA 改组　C. 交错延伸

(三) 文库构建

蛋白质定向进化的本质是构建分子多样性文库以及从文库中筛选到性状有改进的突变体,根据文库构建原理的不同,可分为随机进化、半理性进化和理性进化三种策略。

1. 随机进化

(1) 易错 PCR:易错 PCR(error-prone PCR,epPCR)是应用最早、最成熟的一种定向进化方法,其原理是在体外扩增基因时使用适当的条件使扩增的基因出现少量碱基误配而引起突变。如增加 Mg^{2+} 浓度、使用低保真度的 Taq 酶、改变反应体系中 4 种 dNTP 的浓度、加入 Mn^{2+}、采用突变酶等。也可以改变多个条件,增大碱基误配的概率。epPCR 只能使原始蛋白质中很少的序列发生突变,因而一般适用于较小的基因片段(<2 000bp)。为了克服 epPCR 只能点突变、突变效率低的缺陷,目前有技术通过改进产生了连续 epPCR,其原理是将第一次 PCR 产生的有益突变作为下一次 PCR 扩增的模板,这样连续反复随机诱变,使每次获得的少量突变进行积累而得到更重要的有益突变。

(2) DNA 改组:DNA 改组(DNA shuffling)又称为有性 PCR 技术,它是将单个基因或同源性较高的多个基因通过 DNA 核酸酶Ⅰ(DNaseⅠ)随机片段化,由于这些小片段之间有一定的同源性,所以互为模板、互为引物重新组装成大片段。然后,加入特异性引物进行有引物 PCR 从而扩增全长嵌合体基因,结合高通量筛选方法选择具有功能改进或全新功能的突变体。与 epPCR 相比,DNA 改组可被用来进行多个同源基因的重组,且由于该法在片段组装过程中有可能引入点突变,因此也可用以指导单一序列的进化。目前,DNA 改组技术已成功应用于蛋白质工程、生物制药等领域,是基因定向进化的最有效的方式,在蛋白质生产和研究中是应用最成功的技术之一。

(3) 交错延伸 PCR:基于 DNA 改组的原理提出了交错延伸(staggered extension process,StEP) PCR 技术,该技术是一种简化的 DNA 改组技术。与 DNA 改组不同的是,交错延伸 PCR 将含不同点突变的模板混合进行 PCR,同时将常规的退火和延伸合并为一步,并大大缩短其反应时间,从而只能合成出非常短的新生链,随之进行多轮变性、短暂复性/延伸反应,此过程反复进行直至获得全长基因。重组的程度可以通过调整反应时间和温度来控制。在每一轮 PCR 循环中,部分延伸的片段可以随机杂交到含有不同突变的模板上继续延伸,由于模板转换而实现不同模板间的重组。交错延伸 PCR 改进了DNA 改组实验周期长、有益突变率低等问题。

(4)随机引物体外重组:随机引物体外重组(random-priming in vitro recombination,RPR)的原理是用随机序列的引物来产生互补于模板序列不同部分的大量的 DNA 小片段。由于碱基的错误掺入和错误引导,这些 DNA 的小片段中也因而含有少量的点突变,DNA 小片段之间可以相互同源引导和重组。在 DNA 聚合酶作用下,经反复的热循环可重新组装成全长的基因,克隆到表达载体上,随后筛选。与DNA 改组相比,RPR 具有的优点包括:①可以单链 DNA 或 mRNA 为模板;②模板量要求少,大大降低了亲本组分,筛选便利;③随机片段不是由亲本基因切割获得,大大降低了亲本 DNA 的制备量;④克服了 DNA 改组中 DNase Ⅰ所具有的序列偏爱性,保证了子代全长基因中突变和交叉的随机性;⑤片段组装体系与片段合成体系缓冲系统可兼容,组装前无须纯化操作;⑥合成的随机引物具有同样长度,无序列倾向性,在理论上 PCR 扩增时模板上每个碱基都应被复制或以相似的频率发生突变;⑦随机引发合成的 DNA 不受模板 DNA 长度的限制。

(5)串联重复插入:串联重复插入(tandem repeat insertions,TRINS)是一种通过滚环复制将原始基因以串联重复序列的形式插入到目的基因中的方法。该方法将一组基因用单链 DNA 环化连接酶消化,再使用连接酶将其连接成环,并以此作为模板进行 PCR 反应,不同的串联重复序列发生随机连接,从而得到目的文库。尽管 TRINS 局限于使用特定的短序列片段,但它能够鉴定蛋白质中的特定区域,并且TRINS 通过模拟自然进化中的复制插入(insertion-by-duplication)机制,避免了文库的过分膨胀,当高通量筛选条件受限时,TRINS 将发挥十分重要的作用。

(6)随机链交换突变法:随机链交换突变法(random insertional-deletional strand exchange mutagenesis,RAISE)是在 DNA 改组的基础上提出的,主要包括基因序列的片段化、添加随机序列、无引物 PCR 和有引物 PCR 四个步骤。其具体过程为:首先,PCR 扩增待突变的基因,回收后用 DNase Ⅰ片段化,获得大小为 100~300bp 的小片段,再用末端脱氧转移酶(TdT)在 DNA 小片段的 3′末端随机加一个至几个碱基,一般在每个小片段的 3′端增加约 5 个碱基的长度;然后,用无校正性的 DNA 聚合酶催化这些小片段互为引物进行 PCR 重新组装,在这一过程中会出现随机片段插入、删除和碱基替换三种序列变化方式;最后,加入两端引物扩增出全长基因,这样可以引入大量的突变,结合高通量筛选的方法获得有益突变。与 DNA 改组相比,RAISE 不需要一组含点突变的基因或基因家族,可直接以单个基因为父本,而且它产生的突变强度大于 DNA 改组,除包含点突变、区域交换外,还可以产生随机序列的插入或删除等,从而提高突变文库的多样性。

(7)临时模板随机嵌合生长技术:临时模板随机嵌合生长技术(random chimeragenesis on transient templates,RACHITT)是将随机切割的基因片段杂交到一个临时 DNA 模板上,进行排序、修剪、空隙填补和连接的过程。过渡模板是一条以一定间隔插入尿嘧啶的单链 DNA 分子,其中的悬垂切割步骤使短片段(比 DNase Ⅰ消化片段还短)得以重组,明显提高了重组频率和密度。亲本基因库中有较少的同源基因掺入是家族 DNA 改组的常见问题,通过选择一个基因作为特定的模板,RACHITT 即使在低同源性时也能够强制结合特定基因,特别是当一个亲本的背景对于文库筛选有问题时,RACHITT 可以选择该亲本作为片段化供体,从而避免在文库中出现野生型基因。

(8)递增截短法:DNA 改组的建立源于同源序列间的重排,通常不能用于重组同源性低于 70%~80%的序列,Lutz 等对此进行了改进,建立了递增截短法。本法的扩展形式是递增截短法产生杂合酶(incremental truncation for creation of hybrid enzymes,ITCHY),常用于产生种间杂合酶,从而使非同源序列间也可发生重组。ITCHY 是不依赖 DNA 序列间的同源性而创造杂合酶的一种新技术,其基本原理是控制核酸外切酶Ⅲ(Exonuclease Ⅲ,Exo Ⅲ)的切割速度,间隔很短时间连续取样终止反应,从而获得一组依次有一个碱基缺失的片段库;然后将两组随机长度的 5′端片段与 3′端片段随机融合产生杂合基因文库。递增截短法的特点为：①在蛋白质的结构域中常可允许某个结构域的插入、融合与交换，但通常很难精确地预见在何处融合才能产生具有活性的杂合酶，而本技术的应用有效地解决了这个问题，本法既不要求酶基因序列的同源性，也不要求对酶结构的了解，从理论上讲，若有合适的选择和筛选模型，两种酶的所有可能的组合均可产生。②为化学方法合成蛋白质遇到障碍时提供了一种解决方法，即对于那些因分子量过大而不能合成的酶，可采用本技术生成 DNA 片段，再随机融合成杂合基因文库，用于酶的进化研究及探索蛋白质的折叠对功能的影响。

(9)非同源随机重组：非同源随机重组(non-homologous random recombination，NRR)利用 DNase I 使 DNA 片段化，然后进行平末端连接以产生不同的拓扑重排(缺失、插入和结构域重排序)。该方法在调节片段大小和交叉频率以及亲本基因的数量方面有更高的灵活性，其存在的缺陷是对于蛋白质序列的非依赖性重组，产生的文库中存在大量的非功能性后代，例如由移码和 / 或反向 DNA 片段定向引起的无义突变，阻碍了对功能性突变体的研究。几种定向进化技术流程见图 3-2。

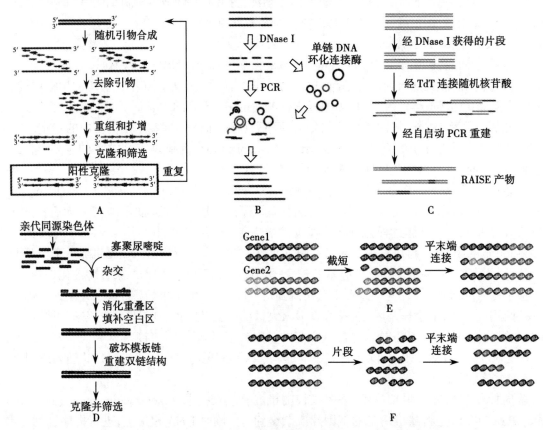

图 3-2 几种定向进化技术流程图
A. RPR B. TRINS C. RAISE D. RACHITT E. ITCHY F. NRR

2. 半理性进化 尽管随机进化策略十分有效，但仍存在突变文库大、阳性突变少、难以筛选等问题，半理性进化(semi-rational evolution)策略则借助了生物信息学方法，在分析大量的蛋白质序列比对信息、二级结构数据或是在同源建模得到目的蛋白三维空间构象的基础上更有针对性地对蛋白质进行改造，不但提高了阳性突变率，而且大大缩小了突变文库容量，更易于筛选。半理性进化中的突变方式不仅仅是停留在实验方面，更大程度上的半理性进化的突变是在计算机模拟下进行的，在已知蛋白质结构、功能信息的基础上设计，以前期计算模拟的方式排除明显达不到实验目的的突变型，大大节约了实验成本和时间。

(1)基于蛋白质结构信息：蛋白质的结构信息对于我们定位蛋白质的活性位点具有重要的指导作用，如果我们能够标记活性中心位点及其附近关联的氨基酸，可以大大缩小突变范围，还能预测评估突变结果。目前获取蛋白质结构信息的方法主要有两种：实验法和模拟法。实验法主要是利用 X 射线衍射和核磁共振法进行蛋白质结构解析,这两种方法已经用于解析了大量的蛋白质结构信息;所谓模拟法就是利用计算机进行模拟计算,得到目标蛋白质的结构,包括同源建模、折叠识别和从头建模。常用的三维结构分析或同源建模分析的计算机算法包括 SCHEMA 和 SCOPE,它们的原理是利用蛋白质结构数据库来识别蛋白质二级结构单元,通过偏向重组的进化策略,使得仅在这些单元之间而不是在它们之内发生重组,这样所得嵌合蛋白折叠正确的可能性更高,从而增加其功能性。另外,SCHEMA 和 SCOPE 策略具有使低同源序列的亲本蛋白质进行改组的功能,能够设计出更多的有益突变。这些计算机算法能够帮助我们从更小的突变文库中筛选到更多的有利突变,然后我们通过定点饱和突变(GSSM)、重复饱和突变(ISM)、组合活性中心饱和测试(CASTing)等方法建立文库。

(2)基于蛋白质序列同源性:多重序列对比(multiple sequence alignment,MSA)是一种应用较广泛的寻找和确定蛋白质功能区域的方法,其中的蛋白质序列来源于大量的天然序列以及实验中所提取的序列,这些数据都可以用作分析蛋白质的功能位点,指导蛋白质的改构。目前能够运行 MSA 的软件大多是在线服务器,在线数据库可以与蛋白质数据库直接相连,可以方便快捷地查找比对,常用的服务器有 HotSpot Wizard server、3DM database 等,这些数据库可以产生比较全面的比对结果,然后通过相似的 GSSM、ISM、CASTing 方法建立突变文库。还可以将基于序列分析的信息和蛋白质建模工具结合起来,可进一步提高蛋白质改造设计的水平。

3. 理性进化　理性进化主要是通过计算机完成的,对蛋白质进行合理设计和模拟筛选。从头设计是理性进化常用的方法,是指设计一条全新的氨基酸序列来形成指定的结构,又可称之为全新蛋白质设计。从头设计的基础是大量的蛋白质序列与其结构及功能的关系,不断提高的计算机运算水平也为蛋白质设计提供了有利的支撑。然而蛋白质中含有大量的氨基酸,其可能的序列条数将会是个庞大的数字,这里面只有极少的氨基酸序列能折叠成所需的目标结构,因此不仅需要对氨基酸类型进行搜索,还要考虑氨基酸的侧链构象,对于如此庞大的序列空间,需要对空间搜索及采样方法进行优化。目前可用的搜索或采样方法有:死端消除法、遗传算法、蒙特卡洛采样及模拟退火等。

(四) 文库筛选

蛋白质定向进化成功的关键在于突变体文库的质量以及筛选方法的高效性。随着各种突变方法的建立与发展,文库的多样性已逐渐丰富,相比之下,我们所需的蛋白质突变体的数量相对于库容量是极少的。因此,能否选择一个灵敏的、高通量的目标筛选方法,是定向进化成败的关键。

传统的筛选策略是根据表型观察进行筛选,通过对细胞的生长率、生存率或底物消耗、产物生成速率等的观测筛选出目的菌株。例如,对抗生素抗性基因的筛选,只需在提高抗生素浓度的平板上即可进行高效筛选;在改造编码耐热酶基因的过程中,通过提高培养温度就可以筛选耐热性提高的酶。然而,表型观察筛选法不能定量且对微小变化不灵敏,因此传统筛选方法在很大程度上限制了突变文库大小以及筛选通量。近年来,为了应对越来越复杂的突变体文库和性状筛选需求,发展了很多高通量的筛选方法,包括噬菌体展示技术、酵母表面展示技术、体外区室(in vitro compartmentalization,IVC)等,达到了高效、高灵敏度、高通量的要求。

1. 平板筛选　琼脂平板是蛋白重组表达筛选的经典工具,它根据细胞表型的多样性,可以将含有随机突变基因的重组细胞从平板培养基上筛选出来。通过向培养基中添加或去除特定成分(如抗生素、生色底物、待降解的有毒物质、必需氨基酸等)或控制培养条件(如高温、酸碱等),使仅表达单个突变基因的转化子表现出生长、颜色或荧光等可被直接观测的特征而被鉴别,具有简便、快速、直观等特点。但平板筛选也有一些不足,主要是菌落过于密集影响判断;可溶性产物容易扩散影响灵敏度而不溶性产物应用范围又较窄;通量虽然能达到 10^4 数量级但与整个突变体库相比依然过小;很多目的活性无法通过平板展现等等。因此,可以将平板作为初筛手段,然后将分离的单克隆转移到带有指示或筛选功能的多孔液体培养板中,通过自动微量滴定板读数器测量荧光或比色分子的强度。另外,还可以使用液相色谱、质谱或者核磁共振技术直接检测物质消耗或者产物生成。

2. 噬菌体展示技术　噬菌体展示技术基于噬菌体载体系统,将蛋白质的编码基因或目的基因片段克隆进噬菌体外壳蛋白结构基因的适当位置,在阅读框正确且不影响其他外壳蛋白正常功能的情况下,使外源蛋白与外壳蛋白融合表达,融合蛋白随子代噬菌体的重新组装而展示在噬菌体表面。被展示的蛋白可以保持相对独立的空间结构和生物活性,以利于靶分子的识别和结合。将噬菌体库与固相载体上的靶蛋白进行孵育,洗去未结合的游离噬菌体,然后使用竞争性受体或在酸洗脱下与靶蛋白结合的噬菌体,洗脱下的噬菌体感染宿主细胞后经繁殖扩增,进行下一轮洗脱,经过3~5轮的"吸附—洗脱—扩增"后,与靶分子特异性结合的噬菌体得到高度富集。

3. 酵母表面展示技术　酵母表面展示技术应用的是酿酒酵母表面的 α - 凝集素,使外源蛋白得以在细胞表面展示。α - 凝集素由核心亚单位(Aga1)和结合亚单位(Aga2)两部分组成,Aga1 共有 725 个氨基酸残基,它与酵母细胞壁的 β - 葡聚糖共价连接;Aga2 共有 69 个氨基酸残基,它通过两个二硫键与 Aga1 结合,表达于酵母细胞表面。Aga2 的 N 端部分参与二硫键的形成,外源蛋白通过与 Aga2 的 C 端融合可展示于酵母细胞表面。酵母表面展示技术不仅可以用传统的平板筛选法进行筛选,由于酵母本身体积较大,还可以利用荧光激活细胞分选法(fluorescence-activated cell sorting,FACS)也就是流式细胞术进行分选。将酵母表面展示文库与靶分子一起孵育,表面表达有靶分子配体的酵母细胞就会与靶分子结合,洗去未结合的靶分子。随后加入荧光标记的抗体,识别目标蛋白和结合的靶分子,洗去游离的抗体分子。将洗胞悬液用 FACS 分选,可以得到表达目的蛋白的酵母,运用 FACS 能大大提高阳性克隆富集率和灵敏度。

4. 体外区室　当细胞荧光检测器难以或不可能对特定基因和表型的细胞进行检测时,体外区室(IVC)提供了一种实现高通量筛选的方法。IVC 是一种"仿细胞"的无细胞翻译和筛选系统,它采用"油包水"体系,即将水相分散到油相中,形成只能容纳一个基因进行转录、翻译和活性检测的微液滴。通过惰性的油相限制了基因的扩散,整个体系易于制备并具有很好的稳定性。IVC 可以使蛋白质以两种形式进化:一种是表达文库的单个细胞的进化,另一种是单个 DNA 分子以及体外转录翻译机制的进化。因为流式细胞术只能对水溶液中的细胞进行分类,所以需要创建"水包油"为基础的乳滴进行筛选,而且使用荧光基质扩大了流式细胞术筛选的灵活性。

蛋白质定向进化的筛选技术见图 3-3。

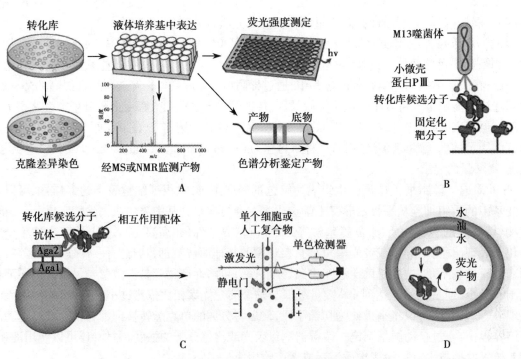

图 3-3　蛋白质定向进化的筛选技术
A. 平板筛选　B. 噬菌体展示技术　C. 酵母表面展示技术　D. 体外区室

（五）蛋白质定向进化技术的应用

蛋白质定向进化技术极大地推进了酶工程、代谢工程以及蛋白药物等领域的发展,在增强蛋白质的稳定性及特性、改变或增强蛋白质的活性等方面都取得了巨大的成果。

1. 酶工程领域

(1)提高酶的催化活性:酶活力的高低反映了一个生物催化过程反应速率的快慢,提高酶活力一直是实验室以及生产企业追求的模板,而蛋白质定向进化技术可以有效地提高酶活性、解除抑制作用。Liao 等利用 epPCR 对植酸酶进行进化后,与原始酶相比,突变酶的酶活力增强了 61%,酶与底物亲和力增加了 53%,催化效率提高了 84%。刘敏等通过 epPCR 对纤维素酶系进行改造,将定向改造后的 CbhA 突变体 G10 和 CenA-BGL 突变体 A12-H1 整合到质粒 pET30a 中,获得了突变的纤维素酶,产生葡萄糖的比活(356.9mU/mg)是野生型的 2.7 倍,其粗酶的相对活性(145.7mU/ml)是野生型的 8.2 倍。

(2)提高酶稳定性:酶的稳定性主要体现在 pH 的稳定性和热稳定性两方面,其对生物催化效率有着重要影响,酶稳定性的提高是蛋白质定向进化的重要应用之一。Liu 等为获得耐酸性的地衣芽孢杆菌 α-淀粉酶(BLA),利用 epPCR 对 BLA 进行了定向进化,与野生菌株相比较,单一位点突变株 Thr353Ile、His400Arg 以及双位点突变株 Thr353Ile/His400Arg 在 pH 4.5 的条件下的 K_{cat}/K_m 值分别提高了 3.5 倍、6.0 倍和 11.3 倍,且 Thr353Ile/His400Arg 突变株更耐受低 pH 条件,同时其热稳定性没有明显改变。Mchunu 等采用 epPCR 来提高真菌木聚糖酶的碱耐受性,最佳突变株在 pH 10、温度 60℃ 的极端条件下存在 90 分钟后,仍能保持 84% 的活性,而野生型菌株在 60 分钟后只能保持 22% 的活性。

(3)提高酶立体选择性:Reetz 等采用迭代饱和突变法突变了黑曲霉的环氧化物水解酶,经过 5 次累积突变,最终获得一个最佳突变体 LW202。该突变体与野生型相比获得了 9 个点突变,选择因子达到了 $E=115$,而野生型的选择因子仅为 $E=4.6$,突变体的选择因子得到了较大提高。

2. 蛋白药物领域

(1)提高蛋白质产量:启动子对外源基因的表达水平影响很大,其强弱直接影响到外源基因表达的有效性,因此筛选强启动子对于增强蛋白质产量具有一定的促进作用。Alper 等采用 epPCR 结合核苷酸类似物诱变的技术对 TEF1 启动子进行改造获得一个长度不同的启动子突变体库,从中筛选出不同特性的启动子突变体以提高特定产物的表达量。对基因本身进行改造,使其更适于在相应宿主内表达,也是提高蛋白质产量的一种方式。Egloff 等采用 epPCR 技术,结合适当的选择压力对神经降压素(NTR1)进行改造,使得其在大肠埃希菌内的表达量提高,同时提高了蛋白质的稳定性。Li 等为了解除代谢产物对芳香族氨基酸生物合成途径中关键酶的反馈抑制作用,利用 DNA 改组技术对 *aroG* 基因进行改造,在一定程度上解除了氟苯丙氨酸对关键酶的抑制作用,从而使得目的产物得到积累。

(2)改善蛋白质功能:目前,大部分定向进化的研究集中于对蛋白质现有功能的改善,但是如何对天然蛋白质进行改造以获得新功能仍是研究的一大难题。蛋白质新功能的产生往往需要对原始序列进行一系列突变、重组的大幅度改造,所得的突变体库常含有大量的无活性蛋白,增加了筛选难度。Li 等通过人工设计并结合 DNA 改组技术对 IFN-α 进行改造,获得了具有抗肿瘤活性的新型抗生素 Novaferon。Louis Jeune 等通过 epPCR、DNA 改组和 StEP 技术对 AAV 壳体蛋白质进行改造,获得对中和抗体抗性增强的突变体。

运用定向进化技术获得人们期望催化功能和活性的蛋白质,对于加速蛋白质工业化生产、蛋白药物研发及蛋白质基础研究具有重要的作用。除了上述几个方面以外,定向进化技术在研究蛋白质的结构与功能关系、生物反应机制、合成生物学等方面也具有广泛的应用。随着科技产业的发展,人们要求的不断提高,蛋白质理性设计手段已难以满足人们的实际需求。而现有的定向进化技术往往存在操作复杂、突变效率低等缺陷。因此,开发快捷、方便、高效的定向进化技术,对于蛋白质的开发应用具有促进作用。

第二节　蛋白质融合表达技术

一、融合蛋白的概念和优势

(一) 融合蛋白的概念

融合蛋白(fusion protein)是利用基因工程技术有目的地将两段或多段编码功能蛋白的基因连接在一起,经表达后得到的由不同的功能蛋白拼合在一起而形成的新型多结构域的人工蛋白。

构建融合蛋白的基本过程:首先,根据基因序列互补原则,设计合适的引物序列,以 cDNA 为模板,利用 PCR 技术扩增不同的目的 DNA 片段;然后,在载体中进行重组,即通过限制性内切酶将两个 DNA 片段进行酶切并回收,通过连接酶将两个具有相同末端酶切位点的基因片段进行体外连接,并克隆到高表达质粒载体中,构建重组质粒,接着将重组表达载体转化宿主细胞并利用选择标志进行筛选及测序;最后,将融合蛋白进行诱导表达及纯化。

(二) 融合蛋白的优势

1. 制备工艺简单、蛋白产量高　融合表达将外源基因连接到融合蛋白的 C 端,不必另外设计 SD 序列,同时 N 端的存在使得外源基因的表达更容易;外源基因的表达产物常被宿主细胞的蛋白酶降解,当外源基因与宿主本身的蛋白的部分序列构成融合基因,以融合蛋白的形式表达时,会降低宿主对产物的降解,从而提高产量。另外,融合蛋白将两个具有特定功能的分子合并到单个分子实体上,两个蛋白分子的分离纯化简化为一个分子,可以大大降低时间和成本。

2. 半衰期长　除一些抗体类药物外,大多数的蛋白药物分子质量均小于 50kDa,导致其易被肾小球的滤过作用所清除,所以半衰期较短。为了达到治疗效果,患者必须频繁或高剂量给药,严重降低了患者的依从性。通过融合蛋白技术提高了蛋白质的分子量,从而使其不易被肾小球滤过,具有延长药物半衰期的作用。另外,一些融合蛋白通过与抗酶解的片段融合表达,使其不受酶解,提高了蛋白质分子的稳定性。

3. 特异性强　抗体与功能性蛋白融合是融合蛋白技术的重要策略,结合了抗体可变区的抗体融合蛋白药物可根据抗体可变区对靶细胞特异性地识别,将功能蛋白的生物活性引导到靶细胞上,从而更精准、有效地杀伤抗原相关细胞,对其他无关细胞影响较少。将抗体与细胞因子、毒素等效应分子融合表达制备特异性的靶向药物,可用于肿瘤的导向治疗。

4. 具有双功能　单一蛋白质用药只能激活或阻断单一的信号通路,通常疗效有限而且容易形成耐药性。因此,开发能够结合或阻断两个不同靶点的双功能融合蛋白非常重要。目前研究最热的是双功能抗体的开发,其广泛用于肿瘤、自身免疫病、抑制血管生成和抗感染等方面的治疗。

二、蛋白质融合表达技术的常用方法

(一) Fc 融合蛋白技术

Fc 融合蛋白是指利用基因工程等技术将某种具有生物学活性的功能蛋白分子与 Fc 片段融合而产生的新型蛋白质,功能蛋白可以是能结合内源性受体(或配体)的可溶性配体(或受体)分子或其他需要延长半衰期的活性物质。Fc 融合蛋白不仅保留了功能蛋白分子的生物学活性,还大大增加蛋白质和多肽类药物的分子量,降低肾小球的滤过率。同时,Fc 片段可与 Fc 受体(FcRn)结合,避免融合蛋白进入溶酶体中被降解,从而显著延长融合蛋白的血浆半衰期。另外,人源的 Fc 片段降低了融合蛋白的免疫原性,防止人体自身免疫系统对药物的消除作用。

Fc 融合蛋白的重要特点在于 Fc 片段,同时也是影响其理化性质和生物学活性的关键因素。天然 IgG 具有较长的半衰期,其体内半衰期长达 2~4 周,IgG 的超长半衰期源于新生儿 Fc 受体(FcRn)介导的再循环机制,Fc 融合蛋白也能够通过类似的原理延长其半衰期。Fc 融合蛋白通过胞饮作用内化并在酸性内体中与 FcRn 相互作用,Fc 片段通过—CH$_2$—CH$_3$ 与 FcRn 结合并呈 pH 依赖性:在 pH 7.4 的生理条件下,FcRn 与 Fc 不结合;在细胞内涵体 pH 6.0~6.5 的酸性条件下,两者结合从而避免融合分子在细胞内被溶酶体等快速降解。

除了长效性,Fc 片段还能提高分子的稳定性。Fc 融合蛋白可以通过 Fc 铰链区的二硫键连接形成稳定的二聚体,进一步通过对二硫键的基因工程改造和修饰,还可以使 Fc 融合蛋白聚集成六聚体复合物。Fc 区域可以独立折叠,保证伴侣分子体内外的稳定性。研究发现,与 Fc 片段进行融合能够提高蛋白在哺乳动物细胞内的表达,另外,由于 Fc 片段能与蛋白 A 特异性结合,可利用蛋白 A 亲和色谱对融合蛋白进行分离,使其后期纯化工艺变得简便易行。

然而,目前 Fc 融合蛋白技术也存在一些问题。首先,Fc 片段介导的依赖抗体的细胞毒性(antibody-dependent cellular cytotoxicity,ADCC)和补体依赖的细胞毒性(complement-dependent cytotoxicity,CDC)作用可能会对机体造成一定的伤害,可以通过 Fc 片段的点突变降低其毒副作用;其次,Fc 片段一定程度上会影响活性分子的疗效,可以通过选择不同 Fc 亚型进行改善;另外,Fc 融合蛋白的生产相对昂贵,因为需要真核表达系统保证 Fc 二聚体中的二硫键能够正确形成,而且二聚体融合蛋白的大分子量可能会降低黏膜黏液的扩散速率,这可以通过构建单体 Fc 融合蛋白来改善。

(二)人血清白蛋白融合蛋白技术

人血清白蛋白(human serum albumin,HSA)融合蛋白技术是指利用基因工程技术,将目的蛋白基因与 HSA 基因融合后,再转染到真核表达系统进行表达。HSA 是由 585 个氨基酸残基组成的蛋白质,是血浆中的主要成分,占血浆蛋白质的 60%,由于正常情况下不易透过肾小球,在血浆中的半衰期较长,可达 19 天。HSA 是在肝脏中合成并分泌的非糖基化蛋白质,它将营养物质传递给细胞并将其代谢物带回肝脏以进行清除。它还能与多种药物结合并改变其在血液中的保留时间,从而影响药物在体内的分布和血清稳定性。肿瘤细胞通常会增加 HSA 的摄取率,利用药物 -HSA 融合的策略能增加药物在癌细胞内的分布。HSA 因其水溶性好、生物相容性高、低毒性和极小的免疫原性,可作为理想的药物载体。

HSA 具有独特和稳定的结构,非常适合作为基因工程的蛋白质支架。随着对白蛋白结构与功能的深入研究,研究者发现其结构域Ⅲ中含有 FcRn 结合区,其长效机制同样是由 FcRn 介导的再循环所致。HSA 和 FcRn 的结合方式与 IgG 和 FcRn 的结合方式极为相似,同样是 pH 依赖性的,区别仅在于结合部位不同。

DNA 重组是构建 HSA 融合蛋白最直接的方法,但为了获得具有高活性和低毒性的 HSA 融合蛋白药物,我们需要仔细考虑目的蛋白与 HSA 融合的结构与功能的关系,然后优化融合蛋白的连接方向、连接肽的选择和 HAS 单体的数目。一般地,可以将目的基因直接添加到 HSA 的 N 端、C 端或者两端,但是所表达融合蛋白的均一性、稳定性、生物活性甚至表达水平也都会呈现差异。究其原因,可能是 HSA 融合会封闭 N 端或者 C 端的活性,而且可能会影响目的蛋白的正确折叠,从而影响融合蛋白的活性。有研究表明,HSA 两端都融合蛋白时表达有异常的情况,因为当 HSA 分子的两端都连接上蛋白之后,融合蛋白的折叠加工过程和分泌表达都受到了影响。鉴于药物分子与 HSA 直接融合会导致折叠、表达和活性降低等问题,研究者们试图在 HSA 和目的蛋白之间引入连接肽来缓解蛋白的结构对彼此功能造成的影响。连接肽的选择与设计一般从两方面考虑:①连接肽的长度应适宜,因为引入的连接肽序列对于人体是异源物质,肽链越长越容易产生免疫原性,且会造成两个蛋白的协同作用减弱,而肽链太短则会形成空间位阻,影响融合蛋白的活性;②连接肽应具备一定的稳定性,其需对蛋白水解酶有较高耐受度。目前常用的是以无规卷曲形式存在的柔性连接肽和以螺旋形式存在的刚性连接肽。柔性连接肽的典型特征是富含甘氨酸,这种连接肽能够提供目标药物作用过程中所需的柔性,使各个结构域不相互干扰,(GGGGS)$_n$ 为最通用的柔性连接肽;以螺旋形式存在的连接肽主要是[A(EAAAK)$_n$A]序列,它能形成相对稳定的二级结构,给两个相连的结构域提供相对稳定且可控的隔离效果。

目前 HSA 融合蛋白技术已经广泛用于激素、生长因子、细胞因子等治疗性蛋白中,该技术不仅可以增加目的蛋白的生物利用度和半衰期,还可以实现单体融合,故较少发生因分子质量过大而影响药物吸收的问题。另外,药物分子与 HSA 的融合蛋白可在酵母中大量表达,生产成本较低,且可用与 HSA 特异性结合的蓝色琼脂糖凝胶进行亲和色谱纯化,实现高效生产。HSA 是一种性质稳定的"惰性蛋白",与其融合后可以提高目的蛋白的稳定性,同时还能增加目的蛋白的溶解性。然而,HSA 融合蛋白技术也存在一些问题,比如融合蛋白的体外生物学活性有不同程度的降低、表达产物不均一、易降解、表达水平低等,也需要我们进一步探索解决。

(三)聚多肽融合蛋白技术

除抗体外,大多数蛋白药物通常通过肾小球滤过作用迅速从循环中清除,使得蛋白药物在体内的半衰期较短,限制了其临床应用。因此,增加分子的流体力学半径,减少肾小球滤过是延长蛋白药物半衰期的有效策略之一。增加分子的流体力学半径最成熟的技术是聚乙二醇化(PEGylation,也称 PEG 修饰),PEG 修饰能增加药物溶解性、降低免疫原性、减少蛋白酶降解,但其也存在着生产工艺复杂、成本高、易产生 PEG 抗体、肾脏中易聚集等问题。因此,为了模拟 PEG 修饰技术,我们开发了聚多肽融合技术。其原理是通过一条人工设计的亲水、无规卷曲构象的特异性氨基酸链,并利用重组 DNA 技术与蛋白药物融合表达达到显著延长药物血浆半衰期的目的。聚多肽融合蛋白技术的长效化原理与 PEG 修饰技术相同,两者都是显著增加药用蛋白的流体动力学体积,但前者通过基因工程技术将聚多肽与蛋白融合表达,避免了体外化学偶联和修饰后的纯化步骤,通过调整多肽链的长度和数量可以调节融合蛋白的半衰期。此外,聚多肽具有生物可降解性,避免在器官或细胞中蓄积,提高了药物的安全性。

聚多肽融合蛋白技术的核心环节是聚多肽链的设计,由最初天然来源的聚多肽、明胶样蛋白聚多肽、弹性蛋白样聚多肽、多聚谷氨酸、多聚甘氨酸到近几年的 XTEN、PAS,人工设计的聚多肽链已经可以解决原有聚多肽免疫原性高、易聚集、不能显著增加半衰期等问题。

最新发展的 XTEN 是由美国 Amunix 公司开发的一种亲水性、非结构化、低免疫原性、具有较大流体动力学半径的多肽,由 6 种氨基酸(Pro、Glu、Ser、Thr、Ala 和 Gly)构成,比含有相同氨基酸数目的任何其他球状蛋白体积大得多。在设计过程中,筛除了易导致蛋白聚集沉淀以及易引起由主要组织相容性复合体(major histocompatibility complex,MHC)Ⅱ类分子介导的免疫应答的疏水氨基酸 Phe、Ile、Leu、Met、Val、Trp 和 Tyr,易水解的 Asn 和 Gln,带正电与细胞膜相互作用的 His、Lys 和 Arg,以及易形成异源二硫键的 Cys。Schellenberger 等首先构建了编码 36 个氨基酸的非重复基因库,筛选出高表达的 100 条基因;将这些基因随机连接并从中选择高表达基因,从而表达一系列含 864 个氨基酸残基的聚多肽,随后考察 5 种高表达肽链的基因稳定性、可溶性、热稳定性和聚集倾向等,获得一条含 864 个氨基酸残基的聚多肽链,其中有 144 个 Glu,为 XTEN 融合蛋白提供了负电性和低等电点。连接了 XTEN 的药物,除了增加融合蛋白的流体动力学体积减缓肾脏清除率之外,还利用肾小球基底膜的负电荷排斥作用来增加血浆半衰期、降低配体对受体的亲和力、抑制受体介导的清除作用,这种效果是其他半衰期延长技术,如 HSA 融合蛋白技术和 Fc 融合蛋白技术所不能达到的。由于 XTEN 肽链中缺乏与 MHC Ⅱ类分子相互识别的疏水性氨基酸,故 XTEN 融合蛋白在机体内诱发抗体的水平极低,可有效延长药物的血浆半衰期。

为了获得完全模拟 PEG 修饰的聚多肽,Schlapschy 团队在 XTEN 氨基酸筛选原则的基础上,进一步去除了带负电荷的 Glu、易形成 β 片层的 Thr 和易聚集的 Gly,最终使用 Pro、Ala 和 Ser 进行排列得到了无二级结构、具有亲水性且不带电荷的聚多肽 PAS。由于 PAS 融合蛋白是生物可降解的,从而避免了其在肾脏中的积累。动物实验表明,PAS 融合蛋白半衰期有效延长 10~100 倍,并且半衰期延长程度与 PAS 序列长度正相关,所以可以通过调节 PAS 的长度来控制药物半衰期,而且 PAS 未检测出免疫原性。

目前,聚多肽融合蛋白技术仍处于发展初期,但是其在临床前显示出的长半衰期、低免疫原性的结果是非常喜人的,随着研究的不断深入,蛋白融合技术将为多肽和蛋白药物的长效化提供更好的选择。

（四）免疫毒素融合蛋白技术

免疫毒素融合蛋白是由生物来源的毒素分子和抗体或某些细胞表面受体的配基偶联而成,以抗体或配基为载体,将毒素效应分子定向地带至病灶部位,针对性杀死肿瘤细胞或病变细胞的导向治疗药物。

免疫毒素主要由毒素部分与载体部分组成,毒素主要有细菌外毒素、植物来源的毒素、真菌来源的毒素等几类。细菌外毒素应用较为广泛的主要是白喉类毒素(DT)、绿脓杆菌外毒素(PE)。DT 是一种由 535 个氨基酸残基组成的单链蛋白,含有催化结构域 A 和结合结构域 B;PE 是由 613 个氨基酸残基组成的大小为 66kDa 的单肽链,具有三个结构功能域:结合结构域、易位结构域和催化结构域。DT 和 PE 均是通过使二磷酸腺苷核糖化导致翻译延长因子-2失活以阻碍蛋白质的合成。但 DT 和 PE 的氨基酸序列不同,PE 的催化结构域在羧基端,DT 则在氨基端;相反,PE 的结合结构域在氨基端,DT 则在羧基端。植物来源的毒素又分为两类:一类是完整毒素,如蓖麻子毒素、相思子毒素等,这类毒素亦由 A、B 两条链通过二硫键连接组成,其中 A 链具有酶活性,进入胞浆后能使真核细胞核糖体中的糖苷键水解断裂,从而使真核细胞 60S 亚基失活;另一类是单链毒素,如肥皂草毒素、苦瓜毒素、天花粉蛋白等,这类毒素一般都是分子量 30kDa 左右、呈强碱性的单链糖蛋白,它不仅结构上与蓖麻毒素 A 链具有同源性,而且作用机制也相同,所以这类毒素也称"A 链类似物"。由于缺乏 B 链,这类毒素对完整的细胞几乎没有毒性,而对单细胞系统中的蛋白生物合成表现出较强的抑制活性,故可以直接用于制备免疫毒素。真菌来源的毒素主要是从不同霉菌中分离的 a-Sarcin、Restrictocin(Res)、Mitogillin(Mit)等几种蛋白毒素,这类毒素均来源于曲霉菌种,仅由一条分子量为 16~18kDa 的多肽链组成,属于单链核糖体失活蛋白。

载体部分可以是单克隆抗体,也可以是细胞膜表面受体的天然配体,如细胞因子、生长因子或肽类激素等。单克隆抗体具有与肿瘤细胞特异性结合的特点,可作为免疫毒素靶向结合部分。根据不同靶点,常见单抗药物大致可分为:①以血管内皮生长因子(VEGF)为靶点的单克隆抗体,如贝伐单抗,多用于治疗结肠癌和胃癌;②以白细胞分化抗原 CD 分子为靶点的单克隆抗体,如抗 CD20、CD3、CD52 等单克隆抗体,多用于治疗白血病和淋巴瘤;③以表皮生长因子受体(EGFR)家族为靶点的单克隆抗体,如抗 EGFR 单克隆抗体、抗表皮生长因子受体 2(HER2)单克隆抗体,多用于治疗实体肿瘤。理想的单克隆抗体或抗体片段能高效率地识别、结合绝大部分肿瘤表面的抗原或受体并且在细胞表面上有效地被肿瘤细胞吞噬,进入前溶酶体并破坏肿瘤细胞。细胞因子与其细胞表面的受体结合可有效介导毒素的内吞。在许多肿瘤细胞表面存在大量细胞因子和生长因子受体,如人多发性骨髓瘤细胞和肝癌细胞表面存在大量 IL-6 受体;急性髓系白血病细胞表面存在丰富的高亲和力粒细胞-单核细胞系集落刺激因子受体;T 细胞和部分 B 细胞相关的肿瘤高度表达 CD25 分子。目前常用的作为载体的细胞因子主要有 IL-4、IL-6、IL-7、IL-9、IL-15、TGF-α 和表皮生长因子(EGF)等。

免疫毒素融合蛋白是将毒素部分与载体部分通过连接子(linker)进行基因串联并表达的产物,完整的单克隆抗体作为载体时分子量较大、穿透力弱、免疫原性强,限制了其在临床上的应用,这可通过设计不同种类的小片段抗体来进行优化设计。小分子抗体包括 Fab、scFv、dsFv、骆驼抗体等,其中单链抗体 scFv 应用最为广泛。以 scFv 作为载体,PE 作为毒素为例阐述免疫毒素融合蛋白的一般制备过程:将 scFv 的羧基端与去除细胞结合部位后的 PE 的氨基端融合,这种连接顺序保留了天然 PE 的结合域序列,即 N 端的细胞结合部位后面接以中间的膜转位结构域,再接以 C 端的 ADP 核糖基化活性基因,然后将构建好的重组免疫毒素基因片段克隆进高表达载体进行表达纯化。

免疫毒素融合蛋白主要的优势就在于其特异性和细胞毒性。理想的免疫毒素应该是针对肿瘤细胞特异的靶标抗原,并且与靶标分子结合,但实际上肿瘤特异的抗原非常少。尽管免疫毒素融合蛋白技术在血液系统肿瘤治疗方面取得一定效果,但是对实体瘤的研究进展缓慢,主要原因是免疫毒素分子的穿透能力有限并且有一定的免疫原性,使机体抗抗体和抗毒素免疫应答,加快了药物的消除。尽管免疫毒素靶向治疗肿瘤尚存在一些问题,但随着蛋白质及基因工程技术的深入研究,免疫毒素靶向治疗恶性肿瘤具有良好的应用前景。

几种融合蛋白技术示意图见图 3-4。

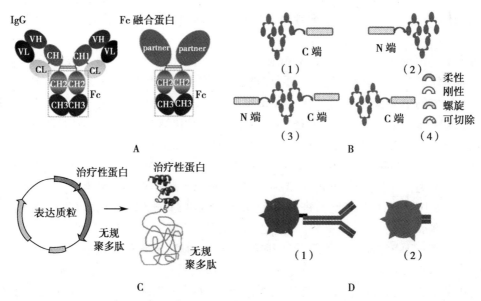

图 3-4 几种融合蛋白技术示意图

A. Fc 融合蛋白技术　B. HAS 融合蛋白技术[(1)C 端融合;(2)N 端融合;(3)两端融合;(4)通过连接肽融合]
C. 聚多肽融合蛋白技术　D. 免疫毒素融合蛋白技术[(1)完整抗体融合;(2)小分子抗体融合]

三、蛋白质融合表达技术在蛋白药物研究中的应用

(一)构建双功能药物分子

细胞因子类融合蛋白药物是基于细胞因子具有相同或相关的功能活性而各自作用靶点不同,利用基因工程技术将两种或多种细胞因子、细胞因子与其受体、细胞因子与毒素等融合在一起,表达产物或具有独特活性,或生物活性显著提高,或具备双功能。

目前研究较多的是 IL-2 和 IFN-α。IL-2 是一种广泛使用的 T 细胞亚群的细胞因子,可提高机体的细胞免疫应答,并可诱导细胞毒性 T 淋巴细胞(cytotoxic T lymphocyte,CTL)和自然杀伤细胞(natural killer cell,NK 细胞)等多种细胞的分化和效应功能。白喉类毒素具有高效的细胞毒性,Attia 等利用白喉类毒素 -IL-2 融合蛋白对 12 例转移性黑色素瘤和 1 例转移性肾细胞癌进行研究,证明了白喉类毒素 -IL-2 融合蛋白能够减弱调节性 T 淋巴细胞(基于高亲和力 IL-2 受体表达)的作用。IL-2 也可以和其他细胞因子融合成具有双功能的免疫调节因子,甄洪花等重组表达了猪 IL-2 与 IL-6 的融合蛋白,研究了该蛋白作为高效免疫增强剂的可行性。抗体 -IL-2 融合蛋白可将 IL-2 靶向肿瘤部位,提高肿瘤局部 IL-2 的浓度,从而达到更好的抗肿瘤效应,同时也有助于减轻 IL-2 的毒性。Heuser 等构建了抗黏蛋白的 scFv-Fc-IL-2 融合蛋白,实验表明此融合蛋白能同时特异性地结合肿瘤细胞和 CD25+ 的免疫效应细胞。体外试验还发现,该融合蛋白能刺激活化的 T 细胞增殖,介导静息的 NK 细胞对肿瘤细胞的杀伤。HGS 公司研发的 HSA 与 IFNα-2b 的融合蛋白(商品名 Albuferon)正处于临床Ⅲ期,融合后比融合前半衰期增长了 17 倍,比已经上市的 PEG 修饰的 IFN-α 显示出更强的抗病毒活性和更低的免疫原性。另外,由美国 Immunex 公司研发生产的重组 TNFR-Fc 作为 TNFα 拮抗剂,可用于治疗银屑病、青少年特发性关节炎等病,是全球首个全人源化重组抗体药物。

(二)构建长效药物分子

胰高血糖素样肽 -1(GLP-1)是由肠黏膜内的 L 细胞释放的促胰岛素激素,其具有促进胰岛素分泌、改善胰岛 B 细胞功能、抑制食欲等多种生物学功能,是治疗糖尿病的理想药物。但是内源性 GLP-1 极易被体内的二肽基肽酶 -Ⅳ(DPP-Ⅳ)降解,血浆半衰期不足 2 分钟,必须持续静脉滴注或皮下注射才能产生疗效,大大限制了其临床应用。礼来公司研发的 GLP-1-Fc 融合蛋白——度拉鲁肽,其通过 hIgG4-Fc 与 GLP-1(7-37)进行融合,避免被 DPP-Ⅳ水解,提高了分子的稳定性,另外 Fc 融合蛋白还可以达到降低免疫原性、减少肾清除率和延长半衰期的目的。度拉鲁肽的半衰期长达 90 小时,只需每周给药 1 次,大大提高了患者的依从性。临床试验表明,度拉鲁肽可显著降低血浆葡萄糖和血脂,还可增加胰岛素和 C 肽的分泌水平。

葛兰素史克公司(GSK)开发的 GLP-1 受体激动剂阿必鲁肽也是将一种 GLP-1 突变体与 HSA 融合研制而成,与体内半衰期不足 2 分钟的 GLP-1 相比,阿必鲁肽的半衰期显著延长至 6~8 天,每周仅需注射给药 1 次。相比其他的 GLP-1 受体激动剂阿必鲁肽具有较少的胃肠道副作用,并且肾衰竭患者也可以安全使用。

(三)构建靶向药物分子

激素与毒素相融合是近些年来发展起来的一类新颖的抗癌药物,特异性强、不良反应低,具有良好的临床应用前景。我国长春基因工程药物研究所制备了一个由绿脓杆菌外毒素 A(PE40)和人促黄体素释放素(LHRH)偶联而成的融合蛋白,该蛋白通过与肿瘤细胞表面 I 型 LHRH 受体结合,将绿脓杆菌外毒素的酶活性区域带到肿瘤细胞内,阻断肿瘤细胞的蛋白质合成而导致细胞死亡。一些研究显示,在某些肿瘤表面分布的 LHRH 受体量远远超出正常器官组织的受体量,并多表现高亲和力的受体,这就能很好地诱导 LHRH-PE40 靶向肿瘤细胞,但对正常组织损伤较小。另外,也有人将肠出血性大肠埃希菌产生的志贺毒素与 LHRH 融合,形成的融合蛋白同样可以靶向子宫颈瘤,进而杀伤肿瘤细胞。

除 LHRH 相关的融合蛋白之外,其他的激素类融合蛋白,如甲状旁腺激素(PTH)与人血清白蛋白(HAS)重组后形成的长效蛋白,在酵母中表达后具有一定的 PTH 生物活性,显著延长半衰期;还有生长抑素(SS)-CTB 融合蛋白、HAS-hGH(人生长激素)等激素类融合蛋白。

第三节　遗传密码扩充技术

一、遗传密码扩充技术的来源

生物体内所有蛋白质都是由三联密码子编码的 20 种天然氨基酸所组成的,这些天然的氨基酸只含有一些有限的功能基团,如羟基、羧基、氨基、烷基、芳香基团等,因此无法满足化学、生物科学研究和应用中对蛋白质结构和功能的需求。虽然通过化学修饰、基因定点突变和计算机辅助蛋白质设计,对蛋白质的结构改造赋予了天然蛋白质新的功能,但这些方法都依赖于 20 种天然氨基酸,本身功能化方式十分有限,必须寻求一种系统扩展遗传密码的方法使蛋白质乃至整个生物体得以进化,从而赋予蛋白质新的物理、化学或生物学特性,便于人们更好地操控蛋白质的结构与功能,由此人们提出了"非天然氨基酸(UAA)"替代技术。这些 UAA 含有酮基、醛基、叠氮、炔基、烯基、酰胺基、硝基、磷酸基、磺酸基等多样性功能基团,可进行多种修饰反应,如点击化学、光化学、糖基化、荧光显色等反应。通过 UAA 对蛋白质进行修饰给其结构和功能的理论研究与应用带来了新的契机。

早期非天然氨基酸替代技术包括化学合成法、体外生物合成法、显微注射法、营养缺陷型细胞培养法等。

1. 化学合成法　固相肽合成方法和半合成方法相结合能合成出含 UAA 的大片段蛋白质,其主要思想是将目的蛋白划分为两部分,利用分步固相肽合成方法(SPPS)合成出含有非天然氨基酸的部分,而目的蛋白的另外一部分则是通过重组方法得到,然后利用化学交联的手段将两部分连接起来,从而获得一条带有 UAA 的全长半合成蛋白。如 Schnolzer 和 Kent 首先利用这种方法合成出了带有修饰骨架的 HIV-1 蛋白酶类似物。然而这项技术的应用受所需要保护基团的化学性质、连接位点、蛋白质折叠等限制,且费用高。

2. 体外生物合成法　基于 mRNA 的同 tRNA 之间密码子和反密码子的特异性识别,采用一种截短的 tRNA(3'- 末端一个或者两个核苷酸被剪掉),将其连接到用化学方法氨基酰化的单或者双核苷酸上,从而实现 UAA 与 tRNA 的偶联。如 Hecht 等用 N- 保护的氨基酸来合成氨基酰化二核苷酸(pCpA),然后用 RNA 连接酶将 pCpA 与 3'- 末端缺失 pCpA 的 tRNA 连接起来,从而在二肽的第一个位置上引入了 UAA。然而氨基酰化反应产物收率很低,氨基酸的 N 端保护基团也很难被除掉,而且会进一步限制下一个氨基酸的引入以及被内源氨酰 -tRNA 合成酶识别,那么 UAA 氨酰 -tRNA 就有可能被校正,即 UAA 脱落,而连接上天然氨基酸。

3. 显微注射法　通过显微注射法对蛋白质进行位点特异性修饰来自于体外生物合成方法的拓展。如在非洲爪蟾蜍卵母细胞被显微注射进两种 RNA:一种是编码蛋白质的 mRNA,其目标位点含有 UAG 终止密码子;另一种是合成的氨酰化校正 tRNA(suppressor tRNA),它能装载相应的 UAA 在体内通过 UAG 终止密码子对蛋白质进行位点特异性修饰,其中 UAA 有酪氨酸同系物、α- 羟基氨基酸等,但它继承了体外生物合成方法的缺点,即校正 tRNA 必须在体外化学氨酰化带上 UAA,氨酰化的 tRNA 不能被重复利用,且可被内源氨酰 -tRNA 合成酶识别、校正,而连接上天然氨基酸,只能应用于能进行显微注射的细胞。

4. 营养缺陷型细胞培养法　运用基因突变获得营养缺陷型菌株,这种菌株有一个特点就是自身缺乏合成某种天然氨基酸的能力。在诱导某种蛋白质表达过程中,如果培养基中缺少细菌自身不能合成的氨基酸,而添加这种氨基酸的类似物,那么就会在目的蛋白中插入这种氨基酸的类似物。如利用苯丙氨酸缺陷型菌株,在蛋白质中引入了苯丙氨酸(Phe)的类似物氟苯丙氨酸(p-F-Phe),而且发现部分酪氨酸位置上也被氟苯丙氨酸替换。利用这种方法已有超过 60 种天然氨基酸的类似物被引入到蛋白质中,如用刀豆氨酸替代精氨酸、己氨酸替代甲硫氨酸、三氟醚亮氨酸替代亮氨酸。但运用营养缺陷型菌株来进行 UAA 对蛋白质的修饰,没有位点特异性、细胞不能持续生长,并且 UAA 仅是天然氨基酸的同系物,也有可能被内源氨酰 -tRNA 合成酶识别、校正。

总之,这些传统技术都存在各种缺点,找到一种能弥补上述各方法缺点的方法进而得到纯净的突变蛋白,成为生物化学家们研究的热点。2000 年美国斯克利普斯研究所从事化学生物学研究的 Schultz 教授等率先在前人研究的基础上提出"遗传密码扩充技术",开发出了一种新的 UAA 取代蛋白质方法。

二、遗传密码扩充技术的原理

(一) 遗传密码扩充技术的基本原理

遗传密码扩充技术是指将 UAA 通过特殊密码子添加到蛋白质链中的技术。在生命体的蛋白质表达过程中,首先由氨酰 tRNA 合成酶(aaRS)使对应的 tRNA 氨酰化,携带上其对应的氨基酸,然后由氨酰化的 tRNA 对应于 mRNA 上特定的密码子,把氨基酸送入到核糖体内,从而可以添加到正在增长的肽链中。遗传密码扩充技术就是模拟上述过程,只要突变出特殊的密码子,并且制备出针对此特殊密码子及目标 UAA 的 tRNA/aaRS 分子对,就可以实现将 UAA 插入到蛋白质链中的目的。

遗传密码扩充技术的基本原理如图 3-5 所示,该系统包括三个关键组成部分:①正交氨酰 tRNA 合成酶;②正交 tRNA;③含特殊密码子的 mRNA。正交性是指抑制性 tRNA 能够被相应的正交性氨酰 tRNA 合成酶所识别,而不会被宿主细胞内源性氨酰 tRNA 合成酶所识别。同时,正交氨酰 tRNA 合成酶只能特异性地将 UAA 酰化到该 tRNA 上,而不会催化内源性 tRNA 发生氨酰化反应。

(二) 遗传密码扩充技术建立的方法

遗传密码扩充技术可以分为两大步骤:特殊密码子的生成和针对特殊密码子及目标氨基酸的正交 tRNA/aaRS 分子对的制备。UAA、UGA 和 UAG 是生物体通用的三种终止密码子,但在生命体系的表达过程中,任意一个都能够起到停止蛋白质合成的作用,所以剩余的另外两个终止密码子就可以有其他意义。1986 年有人研究得出,UGA 编码了第 21 种天然氨基酸(硒半胱氨酸);2002 年发现,UAG 编码了第 22 种天然氨基酸(吡咯赖氨酸),这就启示我们可以选用抑制性终止密码子作为特殊密码子。而在遗传密码扩充技术常用的大肠埃希菌（*E.coli*）中，终止密码子 UAG 的使用频率最小，并且在 *E.coli* 中已经发现能够抑制 UAG 的天然 tRNA，因此为了减少对宿主造成的干扰，一般选用 UAG 来作为引入 UAA 的特殊密码子。

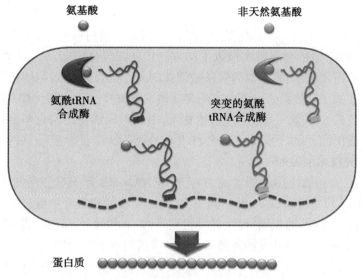

图 3-5 遗传密码扩充技术的基本原理示意图

　　鉴于特殊密码子已经选定，遗传密码扩充技术的另一操作 tRNA/aaRS 分子对系统的建立便是整个技术的关键所在。需要注意的是：引入的 tRNA、tRNA 合成酶在功能上与内源 tRNA 及其合成酶必须是正交的关系，即引入的 tRNA 只能被引入的 tRNA 合成酶氨酰化；引入的 tRNA 合成酶只能催化引入的 tRNA 与 UAA 的氨酰化反应。这样的正交 tRNA/aaRS 分子对将是引入 UAA 的纽带，是遗传密码扩充技术的主要研究步骤。

　　大肠埃希菌中有 21 个氨酰 tRNA 合成酶和 86 个 tRNA。它们之间的相互作用进化得如此之精细，每个氨基酸对应的 tRNA/aaRS 分子对都高度专一地识别自己的对应物，不同氨基酸之间的组分则互不干扰。因而从头开始设计一对正交于所有内源对应物的 tRNA/aaRS 分子对几乎是不可能的。利用物种之间的差异巧妙地解决了这个难题。交叉测试不同生物界（如原核与真核生物）的 tRNA/aaRS 分子对，如用酵母的酪氨酸合成酶来氨酰化大肠埃希菌的酪氨酸 tRNA，发现活性通常都很低，因而引入其他生物的 tRNA/aaRS 分子对到大肠埃希菌中或可构成这样的正交 tRNA/aaRS 分子对。古细菌 *Methanococcus jannaschii*（Mj）的酪氨酸 tRNA 的反密码子被突变为 CUA 以解码琥珀终止子 TAG，经测试表明这个突变后的琥珀抑制 tRNA（MjtRNA$_{CUA}^{Tyr}$）与其同源的酪氨酸 tRNA 合成酶（MjTyrRS）可以在大肠埃希菌中高效表达并构成了一对正交分子对，但 MjtRNA$_{CUA}^{Tyr}$ 还能在很低程度上被某些大肠埃希菌内源合成酶识别。这种即使是非常微小的错误识别都有可能导致少量普通氨基酸被掺入到 TAG 指定的位置，从而造成不纯的蛋白质混合物。为进一步降低 MjtRNA$_{CUA}^{Tyr}$ 对大肠埃希菌内源合成酶的活性，同时保持其对 MjTyrRS 的活性，它的 11 个核苷被饱和突变构建出一个 tRNA 文库。通过精心设计的负向选择和正向选择，从此文库中找到一个突变体 mutRNA$_{CUA}^{Tyr}$，此突变体不再被大肠埃希菌的内源合成酶识别，而 MjTyrRS 仍高活性地识别它。因而，mutRNA$_{CUA}^{Tyr}$/MjTyrRS 在大肠埃希菌中构成了一对完美的正交 tRNA/aaRS 分子对。

　　MjTyrRS 加载酪氨酸到 MjmutRNA$_{CUA}^{Tyr}$ 上，为使正交的合成酶选择地加载一个 UAA 到正交的 MjmutRNA$_{CUA}^{Tyr}$ 上，MjTyrRS 的底物特异性必须改变。合成酶对其对应的氨基酸和 tRNA 都具有高度的专一性以确保翻译的忠实性，在试图改变 MjTyrRS 的氨基酸特异性的同时不能削弱它的 tRNA 特异性。基于以上思路，一个系统的组合方法被创建出来解决此问题：在野生型合成酶中的氨基酸结合位点引入突变以构建一个合成酶文库,并依次通过正负向选择来筛选此文库,以寻找那些对 UAA 具有高特异性但不识别普通氨基酸的突变体合成酶。更多的突变可以用无规则诱变或 DNA 改组引入到初始选择的合成酶中以构建第二代文库。这个过程可以被重复直到具有所需性质的合成酶被定向进化出来。

MjTyrRS 的酪氨酸结合位点的 5 个氨基酸残基被饱和突变用来构建一个"MjTyrRS 对位文库"。经过两轮筛选从此文库找到了一个合成酶突变体,这个突变体和 MjmutRNA$_{CUA}^{Tyr}$ 被表达在大肠埃希菌中后,高度选择地掺入一个 UAA(O-甲基酪氨酸)到 TAG 指定的蛋白质位点,其掺入效率和忠实性均可与普通氨基酸媲美。这样,遗传密码首次被人工的方法扩充到包含第 21 个氨基酸。O-甲基酪氨酸在结构上接近酪氨酸与苯丙氨酸,如此相似的氨基酸能被定向进化的合成酶准确地识别和区分,证明上述组合方法是强大而有效的。紧接着另一个合成酶突变体也很快被找到,它能同 MjmutRNA$_{CUA}^{Tyr}$ 一起掺入第二个 UAA(萘基丙氨酸)。与第一个 UAA 恰恰相反,萘基丙氨酸在结构上与酪氨酸非常不同。此结果证明了上述方法的通用性,可被运用于引入各种不同的氨基酸。

(三) 遗传密码扩充技术的发展

1. 合成酶对发展 在过去十多年的发展中,正交 tRNA/aaRS 分子对已在大肠埃希菌、酿酒酵母和哺乳动物中相继报道,其种类已超过 20 种。其中,在大肠埃希菌和酵母中通过定向进化的方法改进外源氨酰 tRNA 合成酶对于 UAA 的识别特性,已经得到了约 70 种具有不同生理功能的 UAA。但需要注意的是,许多以前在大肠埃希菌中开发的氨酰 tRNA 合成酶对哺乳动物细胞不兼容,或者能够适用于哺乳动物细胞的 UAA 表达体系又无法与大肠埃希菌兼容,从而无法在细菌中进行进化。总之,建立一个可以在大肠埃希菌和哺乳动物细胞间自由穿梭的体系是十分必要的。从 2008 年起,一种基于吡咯赖氨酸的穿梭系统逐步发展、成熟起来,这一体系能够使大肠埃希菌中开发的 tRNA/aaRS 分子对可以直接导入哺乳动物细胞,并能够在原核、真核中同时编码 UAA。

2. 突变密码子发展

(1) 三联体密码子:在蛋白质翻译中,UAG 终止密码子指导蛋白质合成的终止,但大肠埃希菌和酿酒酵母很少用其做终止密码子。基于这一现象,将校正 tRNA 的反义密码子突变为 CUA,再利用校正 tRNA/aaRS 分子对通读 UAG 密码子,完成 UAA 对蛋白质的修饰。

(2) 四联体密码子:和通过 UAG 密码子修饰蛋白质一样,Anderson 等从古细菌 *Pyrococcus horikoshii* 中得到一正交 PhttRNA^{Lys}/LysRS 分子对,它能够识别四联体密码子 AGGA,优化校正 PhttRNA$_{CCU}^{Lys}$/LysRS 分子对,同时向培养基中添加 L-高谷氨酰胺(L-homoglutamine),当核糖体读到含有 AGGA 的 mRNA 时,带有氨酰化 L-高谷氨酰胺的 PhttRNA$_{UCCU}^{Lys}$ 与之结合,翻译出含 L-高谷氨酰胺的肌红蛋白。

(3) 五联体密码子:通过拓展遗传密码子来进行 UAA 对蛋白质的修饰是一个重要方法。Hohsaka 等的研究中,一个链霉亲和素 mRNA 在 Tyr54 处含有一个 CGGUA 密码子,一个被化学氨酰化上对硝基苯丙氨酸(*p*-Ni-trophenylalanine)的 tRNA$_{UACCG}^{Lys}$ 被添加到体外大肠埃希菌翻译系统中。蛋白免疫印迹显示,CGGUA 密码子被含有 UACCG 反义密码子的氨酰 tRNA 解码,同时 HPLC 分析转录产物的胰蛋白酶片段显示,对硝基苯丙氨酸在相应 tRNA$_{UACCG}^{Lys}$ 下完成了对链霉亲和素的修饰。

三、遗传密码扩充技术在蛋白药物研究中的应用

(一) 提高酶催化活性

在生物技术领域,酶经过化学修饰后能够在有机溶剂中高效地发挥催化作用,并表现出新颖的催化性能。现在研究者也引入许多催化基团到蛋白质中,细菌磷酸三酯酶(phosphotriesterase,PTE)以非常快的转化效率催化农药对氧磷水解,其活性已接近进化限制。Ugwumba 等利用 tRNA$_{CUA}^{Tyr}$/TyrRS 分子对,用 L-(7-羟基香豆素-4-基)乙基甘氨酸或 L-(7-甲基香豆素-4-基)乙基甘氨酸对 PTE 进行修饰,其 PTE 的催化效率提高了 8~11 倍,这为酶的分子改造提高其活性提供了一条新的思路。

(二) 用于蛋白质结构和功能探针

一些具有光化学活性的 UAA 可被用作探针在体外和体内的蛋白质功能研究中发挥作用,将蛋白

质"光笼"化可以实现用光来调节蛋白质的活性。这种"光笼"化的蛋白质是一种被"光笼"基团修饰的蛋白质，引入了"光笼"基团后蛋白质的活性通常会减弱甚至丧失，而脱"光笼"化后能够恢复蛋白质的活性。"光笼"基团易于除去，在 365nm 波长光照下即可脱"光笼"化，这样通过光解反应可调节蛋白质在活性和非活性形式之间转变。最常用的"光笼"基团包括偶氮苯基和硝基苄基，它们可以和羟基、羧基、巯基反应，因此，半胱氨酸、丝氨酸、赖氨酸、色氨酸都可以通过化学合成带上"光笼"基团。如利用特殊基团光致异构化的性质可以实现体内和体外监测一系列生物学过程，偶氮苯具有可转化的顺式和反式两种光学异构体，并且这两种异构体可经光致异构化，由于这两种异构体的空间构象和偶极性不同，导致了含有不同异构体的蛋白质活性有差别。在大肠埃希菌中将含有偶氮苯基的非天然氨基酸引入到分解代谢物基因激活蛋白（catabolite gene activator protein，CAP）中，偶氮苯化的 CAP 由于其顺式和反式活性的差别，造成了与 DNA 亲和能力的差别，从而调节了转录过程。

（三）蛋白质交联反应

蛋白质交联在疫苗开发、药物传递、功能型水合胶方面发挥着重要作用。Ayyadurai 等通过 3,4- 二羟 -L- 苯丙氨酸，对绿色荧光蛋白（green fluorescent protein，GFP）进行修饰，从而实现了蛋白质与多聚糖的生物交联，这给蛋白质交联和合成生物学的发展带来了新的希望。Bundy 等用对炔丙基氧苯丙氨酸（pPa）完成了二氢叶酸还原酶和超折叠绿色荧光蛋白的修饰，由于 pPa 含有酮基，它能在一价铜离子介导下使炔基与叠氮基发生交联反应，同时 pPa 对 UV 不敏感，这使异源蛋白质间的交联也成为了可能。

（四）蛋白药物改造

科学家们也已经开始尝试将遗传密码扩充技术应用于治疗性蛋白的研究中。目前这类研究有三个热点方向：其一是利用具有免疫原性的氨基酸来阻断免疫耐受并生成可用于治疗癌症和炎症的疫苗。将对硝基苯丙氨酸引至目的蛋白的抗原表位可以延长其寿命，并产生可以与天然蛋白质有交联作用的抗体。如将小鼠 TNFα 的第 11 或 86 位氨基酸替换成对硝基苯丙氨酸所形成的新抗体可以与小鼠体内天然的 TNFα 产生交联作用从而防止脂多糖介导的死亡的发生。其二是生成抗凝血蛋白磺基水蛭素。水蛭素是临床应用最有效的天然抗凝血剂，然而由于机体内缺乏必需的硫基转移酶，在大肠埃希菌和酵母体内重组表达的水蛭素都是非磺化水蛭素。研究表明，将第 63 位酪氨酸磺化后的水蛭素与人凝血酶的亲和力比非磺化水蛭素增加了 10 倍，磺化水蛭素比其非磺化形式显示出更好的临床应用前景。其三是得到一系列蛋白缀合物，使它们的特定位点含有毒素、放射性同位素、聚乙二醇，甚至另一种蛋白质（以实现双治疗功能）。要实现这一目的就要定点引入一个包含 UAA 的生物正交反应功能基团，这个基团随后在体外被其他小分子或大分子官能化，这一方法可以有效克服常规亲电子试剂的非特异性标记和半胱氨酸残基标记的非特异性或残基参与蛋白质折叠的困难。如含有对乙酰基苯丙氨酸的人生长激素（hGH）在定点 PEG 修饰后，hGH 在保持生物活性的前提下其血浆半衰期大大延长。

第四节　蛋白质糖基化工程技术

蛋白质翻译后修饰是蛋白质结构及功能成熟过程中的重要组成部分，其中的一种重要的翻译后修饰为蛋白质糖基化。许多影响细胞、组织、器官乃至生命的蛋白质分子，在细胞内成熟过程中几乎均会发生糖基化修饰，而糖基化修饰的质和量的差异，可能会影响相关蛋白的表达水平、结构及功能。随着治疗性重组蛋白药物的不断发展，出现了通过对蛋白质表面糖链进行改造从而改良蛋白质性质的糖基化工程技术。

一、蛋白质糖基化的类型与功能

（一）蛋白质糖基化的类型

蛋白质糖基化修饰是蛋白质翻译的同时或翻译后的一系列糖修饰过程的总称，主要包括经不同糖基转移酶、糖苷酶的作用,分别在内质网和/或高尔基复合体上,将单个糖基或寡糖连接至目的蛋白多肽链的特定氨基酸残基上,或是对已连接的未成熟糖链上的糖基进行剪切或替换,并最终形成不同糖结构或糖基化水平的糖蛋白过程。根据糖蛋白中糖基或糖链与蛋白质的连接方式,蛋白质糖基化修饰主要分为 4 种,即 N- 糖基化、O- 糖基化、C- 糖基化和 GPI 介导的糖基化,其中研究较为深入并且对蛋白质的生物学活性影响较大的是 N- 糖基化和 O- 糖基化。

N- 糖基化修饰是指发生在蛋白质多肽链天冬酰胺(Asn)残基上的糖基化修饰,是最常见的一种糖基化修饰。中国仓鼠卵巢(Chinese hamster ovary,CHO)细胞内 N- 糖基化修饰过程可分为 4 步:①在寡糖基转移酶(oligosaccharyltransferase,OST)的作用下,将已合成的寡糖前体从焦磷酸长醇糖脂载体上转移至目的蛋白多肽序列 Asn-X-Ser/Thr(X 是除脯氨酸和 Asn 外的任何氨基酸残基)中的 Asn 残基上;②通过内质网 α- 葡糖苷酶 Ⅰ 及 Ⅱ、内质网 α- 甘露糖苷酶的切糖修饰形成 $Man_8(GlcNAc)_2$- 蛋白的形式;③上一步形成的糖链在高尔基体 α- 甘露糖苷酶作用下进一步切糖修饰;④再经一系列的糖基转移酶的修饰,形成不同支链的 N- 糖基化修饰。N- 连接型糖蛋白分 3 种类型:复合型、杂合型、高甘露糖型。

O- 糖基化多发生在临近脯氨酸的丝氨酸或苏氨酸残基上,糖基化位点处的蛋白质多为 β 构型。O- 糖基化的发生无特定的氨基酸序列模式。在 N- 乙酰半乳糖转移酶作用下,将 UDP-GalNAc 中的 GalNAc 基转移至多肽链的丝氨酸(或苏氨酸)的羟基上,形成 O- 连接,然后逐个加上糖基,每一种糖基均有相应的专一性糖基转移酶,整个过程从内质网开始至高尔基体内完成。由于 O- 糖基化较为复杂,因此,目前对 O- 糖基化的研究较 N- 糖基化少。

C- 甘露糖化是将 α- 甘露糖残基(α-mannopyranosyl)通过 C-C 键连接至色氨酸吲哚环 C-2 上,这种糖基化方式多发生在模体 W-X-X-W、W-XX-C 或 W-X-X-F 的第一个色氨酸残基上。

糖基磷脂酰肌醇(glycosylphosphatidylinositol,GPI)介导的糖基化指的是磷脂酰 - 纤维糖组在靠近蛋白 C 端部位结合所表现的糖基化形式。许多与细胞膜相关的酶、受体、分化抗原及其他生物活性蛋白均是通过 GPI 连接在质膜上。该类糖基化的目的是将修饰后的糖蛋白连接至细胞膜上,用于酶、受体、抗原等在细胞膜上发挥生物学效应。

(二)蛋白质糖基化的功能

蛋白质糖基化是沟通蛋白质和糖类生物大分子的桥梁,经糖基化后,蛋白质分子表面的糖链可对蛋白质分子的结构及功能产生重要影响。糖基化修饰是绝大多数药用重组蛋白维持一定的理化性质及发挥相应的生物学作用的基础。

二、蛋白质糖基化工程的常用策略

蛋白质糖基化工程是通过对蛋白质表面的糖链进行改造,从而改变蛋白质结构及功能的一种技术。目前常用的糖基化工程策略包括:①通过改变细胞培养基中的糖分、激素及氨离子浓度,或改变培养的温度、培养瓶转速等条件,改变相关蛋白质的糖基化;②在体外通过化学或酶法对糖链进行修饰;③通过定点突变技术增加或减少蛋白质糖基化位点相关的氨基酸序列,从而增加或减少蛋白质表面的糖链;④通过基因工程手段改变宿主细胞内糖基化途径中糖苷酶或糖基转移酶的表达,从而通过改变宿主表达系统特定类型糖基化的功能或水平,影响重组蛋白糖基化的质和量。

糖基化工程策略大致可分为非基因修饰策略和基因修饰策略。随着基因操作技术和编辑技术的不断提高,基因修饰策略近年来应用越来越广泛。

(一)基于蛋白质氨基酸改造的糖基化工程策略

利用基因工程定点突变策略改造重组蛋白(主要是非抗体类的治疗性重组蛋白)与糖基化相关的氨基酸序列,改变蛋白质糖基化位点的数量和序列特征,从而改变蛋白质表面糖链的数量或种类,最终达到改造蛋白质结构、性质、功能及靶向性的目的。

1. 利用糖基化工程延长蛋白药物的半衰期　如重组人促红细胞生成素(rhEPO)由 165 个氨基酸残基组成,其 N- 糖基化位点为 Asn24、Asn38 和 Asn83,O- 糖基化位点为 Ser126。通过定点突变获得的高度糖基化 rhEPO 类似物,即一种新型的促红细胞生成蛋白(novel erythropoiesis stimulating protein, NESP),具有与 rhEPO 类似的结构和稳定性。NESP 较 rhEPO 的不同之处是其在原糖基化位点基础上,又在 33 和 88 位点处各增加了 1 个 N- 糖基化位点,明显延长了半衰期,提高了活性,同时不引起明显的抗原反应。NESP 在鼠和犬体内的半衰期延长了 3 倍,从而达到了减少用药次数的目的。

2. 利用糖基化工程提高蛋白药物的药效　来普汀(Leptin)是一种用于减肥的重组蛋白药物,该药物对因氧 - 糖剥夺和短暂脑缺血所诱导的缺血性神经损害有保护作用。未经糖基化工程改造的来普汀生产成本较高,而通过基因突变技术人为地在 N23、N47、N69、N92 和 N102 处增加 N- 糖基化位点,使修饰后的蛋白质增加了 5 个 N- 糖链,溶解度增加了 15 倍,明显提高了药效,降低了药物使用量及成本。粒细胞集落刺激因子(granulocyte colony stimulating factor,G-CSF)是由 174 个氨基酸残基组成的糖蛋白,具有促进粒系造血干细胞增殖分化及增强成熟细胞功能的作用。G-CSF 突变体 G-CSF(N28D)具有比野生型 G-CSF 更高的活性,但 G-CSF(N28D)第 8 和 144 位氨基酸残基易被各种蛋白酶降解而失活。通过基因突变技术在其第 6 和 145 位氨基酸残基处引入 N- 糖基化位点后发现,糖基化改造后的 G-CSF(N28D)明显提高了对蛋白酶抗性,从而增加药物疗效。

3. 利用糖基化工程改变蛋白药物的靶向性　葡糖脑苷脂酶基因是一种存在于溶酶体内与溶酶体膜结合的糖蛋白,其作用是降解由细胞代谢产生的底物葡糖脑苷脂。由于葡糖脑苷脂酶的缺陷,可导致细胞(主要是巨噬细胞)中葡糖脑苷脂的堆积,形成溶酶体积蓄病。通过向机体内输注重组的葡糖脑苷脂酶可缓解病症。但葡糖脑苷脂酶缺乏针对巨噬细胞的靶向性,导致 90% 的酶蛋白被肝细胞吸收降解。经研究发现,巨噬细胞表面的一种甘露糖受体膜蛋白,可特异性地结合糖链末端为甘露糖的糖蛋白。通过基因修饰技术可将葡糖脑苷脂酶的第 495 位精氨酸替换为组氨酸,使其末端糖基为高甘露糖,而高露糖端可被巨噬细胞表面膜蛋白特异性识别并进入细胞内,从而实现该重组药物的靶向性药效作用。

(二) 基于宿主细胞基因改造的糖基化工程策略

细胞内糖基化过程是由一系列糖苷酶和糖基转移酶共同参与协调完成的过程。在相关宿主细胞特定蛋白糖基化过程和特性研究的基础上,通过不同的基因改造或编辑技术,改变宿主细胞中特定糖苷酶或糖基转移酶的结构或表达水平,建立有利于特定类型重组蛋白糖基化修饰的新的宿主细胞系统,用于影响同类重组蛋白药物的糖基化修饰。就基因改造或编辑影响糖基化相关蛋白表达水平的目标而言,可将该策略分为基因过表达策略和基因沉默策略。

1. 基因过表达策略　基因过表达策略是通过将强启动子驱动表达的糖基化相关酶蛋白基因转染入宿主细胞,以获得相关基因稳定高表达的宿主细胞的策略。由该策略所获得的宿主细胞可显著提高特定酶蛋白表达水平,进而提高负责特定糖基化步骤的蛋白酶的活性。

重组蛋白末端唾液酸化修饰极其重要,其唾液酸残基能够保护糖蛋白中的半乳糖成分免受肝细胞表面半乳糖受体识别而被肝细胞内吞,从而避免糖蛋白被肝细胞清除,增加糖蛋白在循环中停留时间。通过糖基化工程技术可最大限度地强化糖蛋白末端唾液酸化,最大化地提高抗体类药物的疗效。

唾液酸化修饰部分过程为:蛋白分子上的糖链先经半乳糖修饰后,在 SiaT 的作用下,将底物胞苷一磷酸 - 唾液酸(cytidine monophosphate-sialic acid,CMP-SA)中的唾液酸残基连接至半乳糖上,形成末端唾液酸的糖基化修饰。但在唾液酸酶的作用下,也能将唾液酸残基从糖链上移除。其中底物 CMP-SA 在细胞核内由 CMP-SA 合成酶合成,经过 CMP-SA 转运体从细胞核转运至高尔基体参与唾液酸的合成。同时甘露糖基(β-1,4)糖蛋白 β-1,4-N- 乙酰葡糖胺基转移酶(MGAT3,又称 GnT Ⅲ)能够增加半乳糖糖基化修饰,增加唾液酸糖基化修饰的前体物质,从而增加唾液酸化修饰。由于人源细胞可同时表达 α-2,3 及 α-2,6 唾液酸转移酶,而 CHO 细胞仅表达 α-2,3 唾液酸转移酶,因此,在 CHO 细胞中过表达 α-2,6 唾液酸转移酶可明显地改变唾液酸糖基化修饰活性。如在 CHO 细胞内同时过表达 α-2,3 及 α-2,6 唾液酸转移酶,能够增加重组 IFN-γ 的唾液酸的数量,其中由 α2-,6 连接酶所增加的唾液酸含量可增加 40%,因此增强了重组 IFN-γ 的药效。在 CHO 细胞中过表达 α-2,6 唾液酸转移酶还有另一重要作用,就是 α-2,6 唾液酸(较 α-2,3 唾液酸)能够增强人体内 IgG Fcg 受体(FcgR)Ⅰ 对抗体类重组蛋白的识别能力，即增强了 ADCC 作用。如 α-2,6 唾液酸转移酶被引入 CHO 细胞中后，能够增强 IgG3 类抗体的治疗活性。

糖链在进行唾液酸化修饰前，糖链末端糖基化修饰是半乳糖，因此，增加半乳糖修饰的比例能够在一定程度上增加唾液酸化修饰。有文献报道，CHO 细胞内过表达 GnT Ⅲ（非 CHO 内源性的）能够增强糖链的半乳糖糖基化，从而增加唾液酸转移酶的作用底物和增强唾液酸糖基化修饰。如在表达重组抗 CD20 抗体 IgG1 的细胞内过表达 GnT Ⅲ，能够增强该抗体的 ADCC 作用，使其杀死 CD20 阳性细胞的活性增加 10~20 倍。

除糖基转移酶外，还可过表达唾液酸合成酶以增加唾液酸残基供体 CMP-SA 的总量，或过表达 CMP-SA 转运体增加 CMP-SA 从细胞核转运到高尔基体的比例。这些策略均可增强唾液酸化修饰。如过表达 CMP-SA 转运体后 INF-γ 唾液酸化程度可提高 1.8~2.8 倍。有文献报道，同时过表达多基因比过表达单基因能够更有效地增强唾液酸化修饰。如同时过表达唾液酸转移酶与 GnT Ⅲ，较单独过表达任何单一基因更为有效，可使重组蛋白替奈普酶（Tenecteplase，TNK-tPA）与肿瘤坏死因子受体免疫黏附素（TNFR-IgG）的唾液酸糖基化修饰超过 90%。过表达 CMP-SA 合成酶及人 α-2,6 唾液酸转移酶能同样地增强 rhEPO 唾液酸化程度。

2. 基因敲除策略　基因敲除策略是通过敲除宿主细胞中特定糖基化酶或转运载体的基因，达到调控目标蛋白糖基化修饰的目的。例如：敲除岩藻糖可明显增强抗体的 ADCC 作用，其内在分子机制是由于岩藻糖的敲除引起抗体 Fc 端恒定区构象发生改变，导致 Fc 与 NK 细胞上的 FcγR Ⅲ a 结合作用增强，避免血清 IgG 蛋白与抗体竞争结合 NK 细胞上的活化 Fc 受体，从而抑制抗体的 ADCC 作用。研究表明，α-1,6 岩藻糖基转移酶（α-1,6 fucosyltransferase，FUT8）可催化 GDP-岩藻糖上的岩藻糖转运到 GlcNAc 内部，通过 α-1,6 糖苷键连接，形成 Fc 段寡糖的核心岩藻糖。FUT8 可能是催化岩藻糖 α-1,6 连接的唯一关键酶。因此，可通过构建内源性 FUT8 基因完全敲除的特异性细胞株来实现无岩藻糖修饰的抗体。

通过序列同源重组技术可以靶向破坏 CHO/DG44 细胞系中的 FUT8 等位基因，产生的 FUT8$^{-/-}$ CHO/DG44 细胞株可表达完全无岩藻糖修饰的抗体。研究表明，FUT8$^{-/-}$ 细胞系产生的抗 CD20 IgG1 与人类 FcγⅢa 受体具有很强的结合能力，并显著增强 ADCC 作用，使 ADCC 增加到正常 CHO/DG44 细胞株产生抗体的大约 100 倍。

小干扰 RNA（siRNA）也可以在产生抗体的 CHO/DG44 细胞系中靶向敲除 FUT8，选择凝集素（LCA）进行筛选后，分离得到的细胞系中有 60% 可稳定表达无岩藻糖修饰的抗体。与正常 CHO/DG44 细胞株相比，ADCC 作用提高 100 倍以上。此外，该细胞系非常稳定，即使在无血清分批补料培养中也可产生去糖基化抗体。

最近基因编辑技术快速发展，成为定点基因敲除的有力工具。基于 RNA 引导识别 DNA 的 CRISPR/Cas 系统具有同时编辑多个位点、编辑效率高、设计过程简单易操作等优点，被广泛应用于糖基化工程中。

Rond 等通过破坏编码寡糖中 FUT8 的特殊位点基因，首次证实了 CRISPR/Cas9 系统可有效用于 CHO 细胞的基因编辑。此外，以 LCA 进行筛选测试的结果表明靶向 FUT8 基因的 sgRNA 引起的缺失频率高达 99.7%。Sun 等使用 CRISPR/Cas9 系统对 CHO 细胞进行基因改造，3 周内 FUT8$^{-/-}$ CHO 细胞株的成功率为 9%~25%，当使用 LCA 进行筛选后，成功率可增强至 52%。通过基因编辑产生的 FUT8$^{-/-}$ CHO 细胞株可产生无岩藻糖修饰的治疗性单克隆抗体，而此基因敲除对细胞生长、存活力以及产品质量均未产生不利影响。此外，Grav 等使用 CRISPR/Cas9 系统对 FUT8、BAK 和 BAX 进行三重靶向敲除后，得到一个可稳定表达无岩藻糖修饰抗体且表达量明显提高的细胞系。

三、糖基化工程在蛋白药物研究中的应用

糖基化工程对蛋白药物的修饰，可以改变药物的稳定性、溶解性、药效学与药动学、蛋白质生物活性

及靶向性等。

1. 稳定性与溶解性　糖基化可增加蛋白质对于各种变性条件（如变性剂、热等）的稳定性，防止蛋白质的相互聚集。同时，蛋白质表面的糖链还可覆盖蛋白质分子中的某些蛋白酶降解位点，从而增加蛋白质对于蛋白酶的抗性。如糖基化的 INF-β 和 IL-5 与未糖基化形式相比，对热变性作用的抗性显著增强。研究结果表明，蛋白质表面的糖链可增加蛋白质分子的溶解性。当天然的来普汀通过糖基化工程连接上 5 个 N- 连接糖链时，其溶解度增加了 15 倍。

2. 药效学与药动学　蛋白质的糖基化作用可增加蛋白药物的分子质量，减少肾小球滤过率，从而降低药物的清除率，延长其半衰期，最终提高蛋白质在体内的活性。如 rhEPO 的高度糖基化类似物，具有与 rhEPO 类似的结构和稳定性，但是由于其 33 位和 88 位各增加了一个 N- 糖基化位点，所以该药物在鼠和犬体内的半衰期延长了 3 倍。

3. 蛋白质生物活性　糖蛋白的生物学功能是通过糖链对蛋白质的修饰、糖缀合物糖链与蛋白质的识别来实现的，对于某些蛋白质分子（如人绒毛膜促性腺激素），糖基化是其发挥生物学活性所必需的。来普汀是一种非糖基化蛋白质，与体重控制有关，利用糖基化工程制备来普汀 5 个糖链的类似物，与非糖基化重组来普汀（rHuLeptin）相比，一方面含 5 个糖链的糖基化瘦素显著降低了肥胖小鼠的体重，并且维持更长时间；另一方而，糖基化瘦素使正常小鼠体重减轻的效果提高了 10 倍。

4. 靶向性　如在治疗戈谢病（Gaucher disease）的研究中，1965 年，Braddy 提出戈谢病的"酶替代疗法"，即向患者体内补充葡糖脑苷脂酶，降解戈谢细胞内堆积的葡糖脑苷脂，就有可能使以上症状得到控制或消除。但初步的临床试验结果表明，葡糖脑苷脂酶缺乏良好的针对巨噬细胞的靶向性，静脉注射葡糖脑苷脂酶后，90% 的酶都被肝细胞摄取疗效有限。1980 年 Stahl 发现巨噬细胞表面有一种被称为甘露糖受体的膜蛋白，为了使葡糖脑苷脂酶能够有效地被巨噬细胞通过其表面的甘露糖受体摄取，Genzyme 公司依次用唾液酸苷酶、β- 半乳糖苷酶、β-N- 乙酰氨基己糖苷酶来处理人葡糖脑苷脂酶，使其暴露出甘露糖残基，从而增加了人葡糖脑苷脂酶针对巨噬细胞的靶向性，使得戈谢病的酶替代疗法取得了良好的疗效。

5. 蛋白质免疫原性及机体免疫反应　蛋白质的糖基化修饰与机体免疫密切相关，糖基化的研究在疾病诊断治疗和药物研制等方面具有重要意义：①蛋白质表面的糖链可诱发特定的免疫反应，如 IgA 通过其 N- 聚糖结合病原体并介导清除，IgD 的 N- 聚糖是合成、分泌 IgD 所必需的，IgD 和 IgA 的 O- 聚糖则能保护扩展铰链区不被蛋白酶水解并能结合病原体，IgG 的 N- 聚糖不仅辅助 IgG 维持四级结构和 Fc 的稳定性，也是 Fc 与 Fc 受体实现最佳结合所必需的；②糖链也可通过遮盖蛋白质表面的某些表位从而降低其免疫原性，如应用致死性细菌恶性疟原虫感染接种了 MSP-1 疫苗的猴子时，未糖基化 MSP-1 比糖基化 MSP-1 诱导了更为有效的免疫应答，其中部分原因可能是未糖基化的蛋白质形成聚集物和沉淀，从而提高了免疫系统的应答反应，或者糖链掩盖了蛋白质抗原位点而不被免疫系统发现所致。

（田　浵）

参考文献

［1］ CHEN Z, ZENG A P. Protein design in systems metabolic engineering for industrial strain development. Biotechnol J, 2013, 8 (5): 523-533.

［2］ PACKER M S, LIU D R. Methods for the directed evolution of proteins. Nat Rev Genet, 2015, 16 (7): 379-394.

［3］ COBB R E, CHAO R, ZHAO H. Directed evolution: Past, present, and future. AICHE J, 2013, 59 (5): 1432-1440.

［4］ KIPNIS Y, DELLUSGUR E, TAWFIK D S. TRINS: a method for gene modification by randomized tandem repeat insertions. Protein Eng Des Sel, 2012, 25 (9): 437-444.

［5］ YOU L, ARNOLD F H. Directed evolution of subtilisin E in Bacillus subtilis to enhance total activity in aqueous dimethylformamide. Protein Eng, 1996, 9 (1): 77-83.

［6］ STEMMER W P C. Rapid evolution of a protein in vitro by DNA shuffling. Nature, 1994, 370 (6488): 389-391.

［7］ 王晓玥，王白云，王智文，等. 蛋白质定向进化的研究进展. 生物化学与生物物理进展，2015, 42 (2): 123-131.

［8］ EGLOFF P, HILLENBRAND M, KLENK C, et al. Structure of signaling-competent neurotensin receptor 1 obtained by directed evolution in *Escherichia coli*. Proc Natl Acad Sci U S A, 2014, 111 (6): 655-662.

［9］ XIAO-PING L I, BIAN Y N, HAO R X, et al. Using DNA Shuffling to Construct the aroG Mutant Relieved the Feedback-Inhibition of para-fluoro-phenylalanine. Journal of Fudan Uni(Natural Science), 2010, 49 (5): 568-574.

［10］ 张志来，陈建华. 定向进化技术在蛋白质开发中的应用进展. 中国医药生物技术，2014, 9 (6): 464-466.

［11］ 张梅，邹敏辰，金坚. PTH 融合蛋白研究进展. 生物技术通报，2009 (3): 25-28.

［12］ BINGBING W, TAOYAN Y, RUILI Q, et al. Effect of immunization with a recombinant cholera toxin B subunit/ somatostatin fusion protein on immune response and growth hormone levels in mice. Biotechnol Lett, 2012, 34 (12): 2199-2203.

［13］ WU M, LIU W H, YANG G H, et al. Engineering of a *Pichia pastoris* expression system for high-level secretion of HSA/GH fusion protein. Appl Biochem and Biotechnol, 2014, 172 (5): 2400-2411.

［14］ 翟婵婵，苏忠亮，程江峰. 酶化学修饰的研究进展. 山东化工，2014, 43 (1): 52-53.

［15］ 周小菊，纳涛. 糖基化基因修饰对重组蛋白表达及活性的影响. 中国生物制品学杂志，2018, 31 (9): 1029-1035.

［16］ KOERBER J T, MAHESHRI N, KASPAR B K, et al. Construction of diverse adeno-associated viral libraries for directed evolution of enhanced gene delivery vehicles. Nat Protoc, 2006, 1 (2): 701-706.

［17］ SHAO Z, ZHAO H, GIVER L, et al. Random-priming in vitro recombination: an effective tool for directed evolution. Nucleic Acids Res, 1998, 26 (2): 681-683.

［18］ KATO-INUI T, TAKAHASHI G, HSU S, et al. Clustered regularly interspaced short palindromic repeats (CRISPR)/ CRISPR-associated protein 9 with improved proof-reading enhances homology-directed repair. Nucleic Acids Res, 2018, 46 (9): 4677-4688.

［19］ FEI J F, LOU WPK, KNAPP D, et al. Application and optimization of CRISPR-Cas9-mediated genome engineering in axolotl (*Ambystoma mexicanum*). Nat Protoc, 2018, 13 (12): 2908.

［20］ SIDOLI S, KORI Y, LOPES M, et al. One minute analysis of 200 histone posttranslational modifications by direct injection mass spectrometry. Genome Res, 2019, 29 (6): 978-987.

［21］ JZA C, ASM B, TJ A, et al. Multi-faceted strategy based on enzyme immobilization with reactant adsorption and membrane technology for biocatalytic removal of pollutants: A critical review. Biotechnol Adv, 2019, 37 (7): 107401.

［22］ ALVARES D S, VIEGAS T G, NETO J R. The effect of pH on the lytic activity of a synthetic mastoparan-like peptide in anionic model membranes. Chem Phys Lipids, 2018, 216: 54-64.

［23］ 雷莎莎，朱红雨，张国华，等. 无岩藻糖修饰曲妥珠单抗的研究进展. 生物技术通报，2019, 35 (6): 187-195.

第四章　动物细胞工程技术

动物细胞工程(animal cell engineering)是以动物细胞为单位,按照人们的意志,应用细胞生物学、分子生物学等理论和技术,有目的地进行设计,改变动物细胞的某些遗传特性,达到改良或产生新品种的目的,以及使细胞增加或重新获得产生某种特定产物的能力,从而可以在离体条件下进行大量培养增殖,生产对人类有用的产品的一门应用科学和工程技术。当前细胞工程所涉及的主要技术包括真核细胞基因工程技术、细胞融合技术、细胞核移植技术、染色体改造技术、转基因动物技术,以及大规模细胞培养技术等。本章主要探讨其中几个技术的原理以及在制药工业方面的应用。

利用哺乳动物表达系统进行药用蛋白的生产是当今生物制药工业的主要发展方向,需要以下几部分工作:先是将具有药物作用活性的目的蛋白的基因与表达载体重组,转入合适的动物细胞中,筛选出稳定高效表达目的蛋白的工程细胞,最后进行工程动物细胞大规模培养,目标产品的分离纯化、质量控制等。相比于利用大肠埃希菌表达基因工程药用蛋白(原核表达系统),哺乳动物表达系统可以对表达的蛋白进行正确折叠,并进行复杂糖基化修饰,产品蛋白活性更接近于天然蛋白,然而,又由于哺乳动物细胞表达水平较低,细胞大规模培养成本高,其在制药工业中广泛应用仍然面临很多挑战。因此建立哺乳动物细胞高效表达系统,获得高表达工程细胞株,发展生物反应器无血清高密度培养工艺等,对提高药用蛋白产量,降低生产成本非常重要。

第一节　动物细胞的培养特性

相比于酵母、细菌和植物细胞,动物细胞的生理和生长特点有很大的不同,这些特点决定了动物细胞的培养和利用动物细胞大量生产生物制品有其独特的优势和难度,总结起来大致有如下一些特点:

1. 动物细胞分裂周期比细菌、酵母长,一般为12~48小时,易污染,培养需用抗生素。

2. 根据细胞的传代次数和寿命,可分为有限细胞系(finite cell line)和无限细胞系(infinite cell line)。当细胞离体培养开始,我们称为原代培养。经过多次传代后,就会逐渐失去增殖能力而老化死亡,该时间的长短取决于细胞来源的物种、年龄和器官,这一类细胞被称为有限细胞系。当细胞经自然的或人为的因素转化为异倍体后,失去了正常细胞的特点,获得了无限增殖的能力,该细胞即成为无限细胞系,此时的细胞的寿命是无限的,而且常常倍增时间较短,对培养条件要求低,因此更适合制药工业化生产的需要。

3. 当细胞离体培养时形态经常会发生变化,根据离体培养时动物细胞对生长基质的依赖性,可将动物细胞分为贴壁依赖性细胞(anchorage-dependent cell)、非贴壁依赖性细胞(anchorage-independent cell)和兼性贴壁细胞(anchorage-compatible cell)三种类型。这三种类型的细胞特点见表4-1。贴壁依赖性细胞都需在一定的基质上贴附,伸展后才能生长增殖,并有接触抑制现象。一旦细胞转化为异倍体后,该接触抑制现象消失,细胞可多层生长,细胞密度也可大大增加。

表 4-1　离体培养时动物细胞类型特点

类型	培养时是否 需要支持物	是否需要 贴附因子	常见细胞	常见细胞形态
贴壁依赖性细胞	需要,支持物多为带适量正电荷的固体或半固体表面	需要,细胞自身分泌或培养基中提供	大多数动物细胞,包括非淋巴组织细胞和许多异倍体细胞	一般呈成纤维细胞型或上皮细胞型两种形态
非贴壁依赖性细胞	不需要	不需要	来源于血液、淋巴组织的细胞和杂交瘤细胞	一般呈圆球形
兼性贴壁细胞,也被称为悬浮细胞(suspension cell)	对固体支持物的依赖性不严格,可以贴壁生长,但在一定条件下也可以悬浮生长	贴壁生长时需要	CHO 细胞、小鼠 L929 细胞、BHK 细胞	当它们贴壁培养时呈上皮或成纤维形态,悬浮培养时则呈圆球形

4. 动物细胞在细胞膜外没有细胞壁保护,仅仅有一层很薄的黏多糖蛋白。细胞膜是由脂质双分子层镶嵌着一些蛋白分子构成的膜,一切能导致脂质和蛋白质分子变性的因素都会影响动物细胞的存活。因此动物细胞对周围环境非常敏感,对各种物理化学因素,如 pH、温度、渗透压、离子浓度、微量元素、剪切力等的变化耐受力很弱。由此,与细菌和植物细胞相比,动物细胞培养的难度要大得多。

5. 动物细胞对营养的要求非常高。它们需要葡萄糖作为主要碳源,还需要 12 种必需的氨基酸、8 种以上的维生素、多种无机盐和微量元素等,除此之外,还需要多种细胞生长因子、黏附和伸展因子等才能生长。可以说,动物细胞对培养基的要求是非常苛刻的,而且不同品系的细胞对培养基的要求也不尽相同。动物培养基的研究从发展历史来看,可以大致分成三大类,天然培养基、合成培养基和无血清培养基。天然培养基由于其成分复杂,组分不稳定,来源有限,因此不适用于大规模培养和生产。目前使用得最为广泛的是合成培养基,因其成分明确,组分稳定,可大量生产。合成培养基中包含了动物细胞所需要的糖类、各种维生素、氨基酸等,还需添加一定量的动物血清,一般为 5%~ 10% 的小牛血清,来提供各种生长因子、黏附和伸展因子等。但是由于血清批次存在差异,导致细胞培养重复性差,而且血清可能带来病毒、真菌和支原体等微生物污染,甚至血清中有些因素对细胞存在毒性,由此,无血清培养基的研究和采用已经成为一种趋势。无血清培养基是在合成培养基内加入不同种类的添加剂而成。添加剂包括激素和生长因子、铁传递蛋白、黏附和伸展因子等。至此,我们可以看到,利用动物细胞进行药用蛋白的生产,其成本之所以高,培养基复杂而昂贵是其主要的原因之一。

6. 动物细胞的蛋白质合成途径和修饰功能与细菌不同。动物细胞可对蛋白质进行完善的翻译后修饰,特别是糖基化。蛋白质的糖基化与细胞的许多生理功能密切相关,如细胞识别、表面受体、胞内消化和外排分泌物等。原核生物由于缺少糙面内质网结构,因此无法对蛋白质进行糖基化和其他一系列翻译后修饰。这就决定了有些蛋白药物不能用原核细胞表达。

综上,与采用原核细胞相比,采用动物细胞作为宿主细胞生产药物有不足的一面,如培养条件要求高、成本贵、产量低等;但也有优越的一面,即它们具有较完善的翻译后修饰特别是糖基化修饰功能,因此与天然的产物更一致,更适于临床使用。

第二节　生产用动物细胞

用动物细胞来生产生物制品有其独特的优势,但在早期,什么样的细胞可以用来生产人用的生物制品却一直存在争议。由于担心异倍体细胞的核酸会影响到人的正常染色体,存在致瘤的风险,早期的生物制品法规规定,只有从正常组织分离的原代细胞才能用来生产生物制品,如鸡胚细胞、兔肾细胞等。后来,1961 年建立的第一个二倍体细胞系(WI-38)获准用于生产人用疫苗,但由于其增殖能力有限,难以进行大规模生产,其广泛应用受到限制。直到 20 世纪 80 年代,随着分子生物学及基因工程的大量实践,转化细胞系致瘤的可能性被排除。在 1988 年之后,一大批转化细胞生产的生物制品被批准上市用于人体。如今,转化细胞系已被广泛接受,且由于其无限增殖能力、低营养需求等优点而广泛用于人用生物制品的生产中。但是,在使用转化细胞系时我们仍应该保持谨慎,各个国家都制定了相应的法规进行严格的监管,如疫苗生产使用致瘤性和肿瘤来源的细胞时,要求必须进行致瘤性研究。

一、生产用动物细胞的种类

生产用动物细胞不外乎有以下几种,原代细胞、已建立的二倍体细胞系、可无限传代的转化细胞系和工程细胞系(即利用细胞工程获得的融合细胞系和基因工程技术获得的基因重组细胞系)。

(一)原代细胞

直接将动物组织或器官经过粉碎、消化而制得的悬浮细胞称为原代细胞(primary cell)。动物细胞生产生物制品的早期,一般用原代培养的细胞来生产疫苗,如鸡胚细胞、兔肾或鼠肾细胞、淋巴细胞等。原代细胞增殖能力有限,因此用原代细胞生产生物制品需要大量的动物组织原料,费钱、费力,限制了它的应用。目前有些产品的生产仍沿用原代细胞,如利用鸡胚细胞生产狂犬病疫苗。

(二)二倍体细胞系

原代细胞经过传代、筛选、克隆等步骤,从多种细胞中纯化得到的某种具有一定特征的细胞系,细胞经传代后,分裂增殖旺盛,能保持一致的二倍体核型,所以称为二倍体细胞系(diploid cell line)。二倍体细胞系具备如下特点:染色体组型仍然是 $2n$ 的核型;具有明显的贴壁依赖和接触抑制特性;只有有限的增殖能力,人细胞最高传代次数为 50~60 代,鸡胚传代 30 代,小鼠传代 8 代;无致瘤性。WI-38(正常人胚肺组织)是第一个用于生产脊髓灰质炎灭活疫苗的二倍体细胞系,MRC-5(正常男性胚肺组织)和2BS(人胚肺二倍体成纤维细胞)等曾经应用于生产。现在二倍体细胞系已被广泛用于生物制品的生产,但由于其有限的增殖能力,仍不是最理想的生产细胞系。

(三)转化细胞系

转化细胞系是正常细胞经过某个转化过程形成的,常常是由于染色体的断裂而变成了异倍体,失去正常细胞的特点而获得无限增殖的能力,称为转化细胞系(transformant cell line)。细胞转化的方式包括:①细胞自发转化,体外培养的细胞在无任何诱变剂存在的条件下,细胞自发出现的转化现象;②人工诱发转化(人工诱变),在体外培养的细胞中,常因化学、物理和生物等各种致癌因素的影响,而使细胞发生转化,转化周期大大缩短,转化率高。另外,直接从动物肿瘤组织中建立的细胞系也属于转化细胞,可见,转化细胞系的标志之一是细胞的永生性(immortality),因此称这样的细胞群体为无限细胞系或连续细胞系(continuous cell line)。由于转化细胞系具有无限的生命力、较短的倍增时间,以及较低的培养条件要求,所以更适合于大规模工业化的生产需求。

常见的转化细胞系有:CHO 细胞系,该细胞系是最为常用的生产载体,CHO-K1 是从中国仓鼠卵巢中分离的上皮样细胞,用于分泌表达外源蛋白,其糖基化产物是不均一的混合物,还有一株缺乏二氢叶酸还原酶的营养缺陷突变株 CHO-*dhfr*⁻ 当前被广泛用于构建工程细胞;BHK-21 细胞(幼鼠肾细胞)系,是 1961 年从 5 只生长一天的地鼠幼鼠的肾脏中分离出来的成纤维样细胞,过去常用于增殖病毒,包括多瘤病毒、口蹄疫病毒、狂犬病病毒等并制作疫苗,现在也已被用于工程细胞的构建,是第二常用的细胞系;Vero 细胞(正常成年非洲绿猴肾细胞)系,该细胞系是 1961 年日本 Chiba 大学 Yasumura 等从正常成年非洲绿猴肾中分离获得的贴壁依赖性成纤维细胞,Vero 细胞支持多种病毒增殖并制成疫苗,其中包括脊髓灰质炎病毒疫苗、狂犬病毒疫苗和乙脑病毒疫苗,已被获准用于人体。

(四)工程细胞系

工程细胞系(engineering cell line)是指采用基因工程技术(具体见第二章)或细胞融合技术(具体见本章第三节)对宿主细胞的遗传物质进行修饰改造或重组,获得具有稳定遗传的独特性状的细胞系。用于构建工程细胞的动物细胞有 BHK-21 细胞、CHO 细胞、Namalwa 细胞(淋巴瘤细胞)、Vero 细胞、SP2/0

细胞(小鼠骨髓瘤细胞),Sf-9 细胞(昆虫卵巢癌细胞)等细胞系。

二、建立细胞库

由于生物工程技术的飞速发展,一大批动物细胞已被用于生物制品的生产。表 4-2 和表 4-3 分别列出了工业生产中常用的人源细胞系和哺乳动物细胞系。除原代细胞外,其他的细胞株或细胞系一旦建立并作为产品的生物来源后,都必须建立细胞冻存库进行保存。细胞库(cell banking facility)的建立可为生物制品的生产提供检定合格、质量相同、能持续稳定的细胞。细胞库分为三级管理,即初级细胞库、主细胞库和工作细胞库。所有进库的细胞都必须建立档案,进行无菌性、无交叉污染和各种有害因子的检查。

表 4-2　几种工业生产中常用的人源细胞系

细胞名称	来源	生长类型	核型	常用培养基	用途
WI-38 细胞系	正常女性高加索人胚肺组织	贴壁生长	$2n=46$	BME(basal medium eagle),添加 10% 小牛血清,pH 控制在 7.2	第一个被用于生产疫苗
MRC-5 细胞系	正常男性胚肺组织	贴壁生长	$2n=46$	BME,添加 10% 小牛血清	生产疫苗
Namalwa 细胞系	肯尼亚淋巴瘤患者	表达 IgM 时悬浮生长	$2n=12\sim14$, 单 X 染色体,无 Y 染色体	RPMI-1640, 添加 7% 胎牛血清,也可用无血清培养基高密度培养	rhEPO、rhG-CSF、tPA、α 干扰素等

注:rhEPO,重组人促红细胞生成素;rhG-CSF,重组人粒细胞集落刺激因子;tPA,组织型纤溶酶原激活物。

表 4-3　几种工业生产中常用的哺乳动物细胞系

细胞名称	来源	生长类型	核型	常用培养基	用途
CHO-K1	中国仓鼠卵巢	贴壁生长,也可悬浮培养	$2n=20\sim22$	DMEM,0.1mmol/L 次黄嘌呤,0.01mmol/L 胸苷,10% 小牛血清,脯氨酸	分泌表达外源蛋白,如干扰素、rhEPO、rhG-CSF、tPA 等
BHK-21	地鼠幼鼠肾脏	贴壁生长	$2n=44$	DMEM,添加 7% 胎牛血清	过去用于增殖病毒,并制备疫苗,生产凝血因子
C127	R Ⅲ 小鼠乳腺肿瘤细胞	贴壁生长	N.D.	DMEM,10% 胎牛血清	表达外源蛋白,如人生长激素
Vero	正常成年非洲绿猴肾脏	贴壁生长	$2n=60$	199 培养基,5% 胎牛血清	增殖病毒,制备疫苗,表达外源蛋白
SP2/0-Ag14	小鼠脾细胞和骨髓瘤细胞的融合细胞	悬浮培养	$2n=62\sim68$	DMEM,10% 胎牛血清	生产抗体

注:DMEM,Dulbecco's modified Eagle's medium,达尔伯克改良的伊格尔培养基;N.D.,no detected,未检出。

1. 初级细胞库(pre-master cell bank)　又名细胞种子(cell seed)和原始细胞库(primary cell bank,PCB),由一个原始细胞群体发展成为传代稳定的细胞群体,或经过克隆培养形成的均一细胞群体,通过检定证明适用于生物制品生产或检定。

2. 主细胞库(master cell bank,MCB)　初级细胞库细胞传代增殖后均匀混合成一批,定量分装,保存于液氮或 −130℃以下。这些细胞须按其特定的质控要求进行全面检定,全部合格后即为主细胞库,供建立工作细胞库用。主细胞库的质量标准应高于初级细胞库。

3. 工作细胞库(working cell bank,WCB)　经主细胞库细胞传代增殖,达到一定代次水平的细胞,合

并后制成一批均质细胞悬液,定量分装于一定数量的安瓿或适宜的细胞冻存管,保存于液氮或 –130℃
以下备用,即为工作细胞库。冻存时细胞的传代水平须确保细胞复苏后传代增殖的细胞数量能满足生
产一批或一个亚批制品。

三、动物细胞的大规模培养

动物细胞大规模培养技术(large-scale culture technology)是指在人工条件下(设定 pH、温度、溶氧
等),在细胞生物反应器(bioreactor)中高密度大量培养动物细胞来用于生产生物制品的技术。为了培养
规模进一步扩大、优化细胞培养环境、提高产品的产出率与质量,动物细胞大规模培养技术已成为各生
产企业发展至关重要的环节。

(一)动物细胞大规模培养的方法

动物细胞大规模培养的方法可分为悬浮培养法、贴壁培养法和固定化培养法三种,在实际生产中一
些转化细胞系如 CHO 细胞、BHK-21 细胞、杂交瘤细胞等往往采用悬浮培养法,而一些正常细胞(如人
二倍体细胞等)和传代细胞(如 Vero 细胞、CL27 细胞等)则常常利用各种载体作为细胞贴附的支撑进行
贴壁方式生长或贴壁 - 悬浮生长,这种方式也叫固定化培养法。

1. 悬浮培养法　悬浮培养法(suspension culture)是细胞在培养液中呈悬浮状态生长繁殖的培养方
法。它适用于一切种类的非贴壁依赖性细胞,如杂交瘤,也适用于兼性贴壁细胞。其优点是操作简便,
培养条件比较均一,容易扩大规模培养,可连续测定细胞浓度,连续收集部分细胞进行继代培养,也无须
消化分散,细胞收率高,是在微生物发酵的基础上发展起来的。

2. 贴壁培养法　贴壁培养法(attachment culture)是指细胞贴附在一定的固相表面进行的培养。贴
壁培养法的优点有:①易于更换培养液;②容易采用灌注培养的方式而达到提高细胞密度的目的。缺点
有:①扩大培养比较困难,投资大;②总占地面积大;③培养条件不易均一,传质和传氧较差。

贴壁培养法主要有转瓶培养法和反应器贴壁培养法。培养贴壁细胞最初采用转瓶培养法。转瓶培
养法一般用于小量培养到大规模培养的过渡阶段,或作为生物反应器接种细胞准备的一条途径。

3. 固定化培养法　固定化培养法(immobilization culture)是将动物细胞与水不溶性载体结合起来
再进行培养的方式。对贴壁细胞和悬浮细胞都适用,具有细胞生长密度高、抗剪切力和抗污染能力强等
优点,细胞易与产物分开,有利于产物分离纯化。包括①中空纤维细胞培养法(hollow fiber cell culture):
就是模拟生物体循环系统中毛细血管的结构和功能,将数百或数千根直径只有 200μm 的两端开口的天
然亲水聚合物中空纤维装入柱状的塑胶容器中,就像光纤排列在电缆中一样,把细胞接种在中空纤维的
外腔,利用中空纤维膜模拟人工毛细血管供给营养,可以
使细胞高密度地生长(图 4-1)。②微载体培养法:微载体
是直径 60~250μm 的颗粒,作为载体,可使贴壁依赖性和
兼性贴壁细胞在微载体表面附着生长,同时通过持续搅
拌使微载体在培养液中处于悬浮状态。由于动物细胞对
剪切力敏感,因此微载体培养在操作过程中对搅拌速度
以及搅拌方式要求十分严格。微载体培养法克服了常规
贴壁培养法的缺点,使贴壁细胞的培养同时具有了悬浮
培养法的优点。③多孔微载体培养法:多孔微载体内部

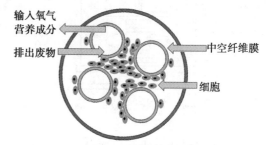

图 4-1　中空纤维细胞培养法模式图

为网状结构,细胞可以在里面生长。它既可以用于悬浮细胞的固定化连续灌流培养,又可用于细胞的
贴壁培养。由于细胞在载体内部生长,因此可以免受搅拌等造成的机械损伤,并且增大了细胞培养密
度。④微囊化培养法:微囊化培养法是借鉴了酶的固定化技术,它把细胞包裹在微囊里进行悬浮培养,
大分子不能从微囊里透出,小分子可以自由出入微囊。由于细胞受到微囊外壳的保护,从而减少了搅拌
对细胞的剪切力影响,同时培养细胞的密度增高,产物的浓度增加,纯度提高。因此微囊化培养法已被
应用于生产单克隆抗体、乙肝表面抗原、干扰素等生物药物。

4. 无血清培养法　近年来,动物细胞无血清培养法已成为动物细胞大规模培养研究的新趋势。无血清培养法与传统的培养基添加血清培养的方法相比,有着许多优势:①避免了血清所带来的血源性污染问题,减少血清未知成分对细胞的损伤;②无血清培养基的成分明确,能提高蛋白产品质量,并有利于产物的分离纯化。当然目前,多数无血清培养基的制作成本较高,应用不广泛。但由于它安全性好、工艺容易放大等诸多优点,得到众多生物制药同行的青睐,无血清培养动物细胞生产生物制品将成为一种趋势。

(二) 动物细胞生物反应器

动物细胞大规模培养技术是生产生物制品的关键技术,而目前动物细胞大规模培养的最主要设备就是生物反应器。动物细胞生物反应器在设计上要根据动物细胞的生长要求,具有低剪切力效应以及优良的传质传热效果,给动物细胞的生长代谢提供一个优良的环境,使其在生长代谢过程中产生出最大量、最优质的所需产物。近年来,动物细胞生物反应器的研究与开发进展迅速,目前国内外生物反应器种类较多,主要包括:搅拌式生物反应器、气升式生物反应器、中空纤维式生物反应器、透析袋式或膜式生物反应器、固定床或流化床式生物反应器,以及一次性生物反应器等。

1. 搅拌式生物反应器　这是最经典、最早被采用的一种生物反应器。它是根据微生物发酵罐改造的。针对动物细胞培养的特点,采用了不同的搅拌器及通气方式。通过搅拌器使细胞和养分在培养液中均匀分布,使养分充分被细胞利用,并增大气液接触面,有利于氧的传递(图 4-2)。这种反应器主要用于悬浮细胞培养、微载体培养、微囊培养等。

2. 气升式生物反应器　该类反应器的特点是没有搅拌,气体通过装在罐底的喷管进入反应器的导流管,这样使罐底部液体的密度小于导流管外部的液体密度从而使液体形成循环流(图 4-3)。罐内液体流动温和均匀,产生剪切力小,对细胞损伤少,并且结构简单,利于密封,成本较低。它主要用于悬浮细胞的分批培养,也可用于微载体培养。

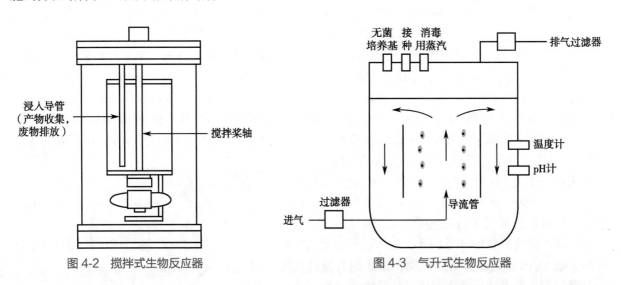

图 4-2　搅拌式生物反应器　　　　　　图 4-3　气升式生物反应器

3. 中空纤维式生物反应器　用途较广,既可用于悬浮细胞的培养,又可用于贴壁细胞的培养。该类反应器是由数百或数千根直径只有 200μm 左右的中空纤维束组成,提供细胞近似生理条件的体外生长微环境,使细胞不断生长。中空纤维是一种细微的管状结构,管壁为极薄的半透膜,呈多孔性,氧气和二氧化碳等小分子可以自由透过,而蛋白质这样的大分子不能通过。如果需要细胞因子等,可以选择中空纤维的孔径或者截留分子量来控制不同因素对细胞生长的影响。培养时纤维管内灌流培养基,管外壁则供细胞黏附生长,营养物质通过半透膜从管内渗透出来供细胞生长;细胞的代谢废物也可通过半透膜渗入管内,避免了过量代谢物对细胞的毒害作用(图 4-4)。

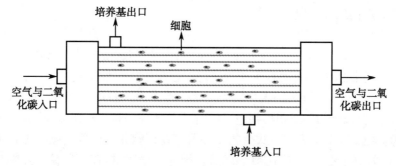

图 4-4 中空纤维式生物反应器

4. 透析袋式或膜式生物反应器 为了避免动物细胞培养过程中产生的一些代谢产物对细胞的生长和产物的生成有抑制作用,因此有学者设计了透析袋式或膜式生物反应器。将反应器内设置为双室(培养基和细胞)或三室(培养基、细胞、产物)系统(图 4-5),根据需要,室与室之间装有滤膜,这样可以达到保留和浓缩产品或分离提纯产品的目的。

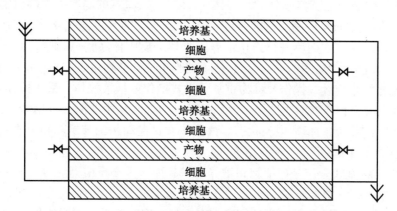

图 4-5 三室系统的 Membroferms 生物反应器示意图

5. 固定床或流化床式生物反应器 它是在反应器内装填了一定材质的填充物,如有孔玻璃、陶瓷、塑料等,对细胞生长无害,还有利于细胞贴壁生长。培养基通过循环灌流的方式提供,并且可在循环过程中不断补充。此类反应器剪切力小,适合细胞高密度生长。

6. 一次性生物反应器 一次性生物反应器(single-use bioreactor)或用后可弃生物反应器(disposable bioreactor)是使用一次性袋的生物反应器,代替由不锈钢或玻璃制成的培养容器,由于其使用方便、交叉污染小、容易扩大培养等优点受到市场欢迎。目前市场上主要有波浪式生物反应器和搅拌式生物反应器两种一次性生物反应器。

在波浪式生物反应器中,细胞及培养基被置于一个预先消过毒的无菌塑料袋中。袋子是一次性使用的,是独立无菌包装(经由 25~40kGy γ 射线辐射消毒),这样就避免了传统罐体所常见的污染、交叉污染等状况。袋子被置于一个摇床上,培养基随摇床在袋中形成波浪式的运动,起到良好混合的作用(图 4-6)。此种混合方式所产生的剪切力很小,远远小于传统罐体中用搅拌或者气升式方法所产生的剪切力,并且不断地和通入袋内的空气反复接触混合,为细胞生长提供足够的氧气。待培养周期结束后,细胞和培养基可以分别被收获,袋子可以作为"生物垃圾"处理。

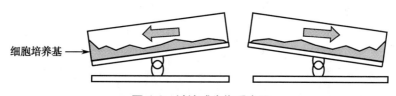

图 4-6 波浪式生物反应器

（三）动物细胞大规模培养的操作模式

动物细胞大规模培养的操作模式与培养细菌一样,一般可分为分批式(batch)、补料 - 分批式(fed-batch)、半连续式(semi-continuous)、灌流式(perfusion)和连续式(continuous)操作五种模式。

1. 分批式操作　分批式操作是动物细胞规模培养进程中较早期采用的方式,也是其他操作方式的基础。该操作是将细胞扩大培养后,一次性加入生物反应器内进行培养,此后细胞不断增长,产物不断形成和积累,待细胞增长和产物形成积累到适当的时间,最后将细胞、产物、培养基一并取出,培养结束。该方式采用搅拌式生物反应器或者气升式生物反应器。在细胞分批培养过程中,除了控制温度、pH 和通气外,与外界环境没有物料交换,属于封闭式系统,因此操作简单,容易掌握。但是细胞所处的生长环境随着营养物质的消耗和产物、副产物的积累时刻都在发生变化,不能使细胞自始至终处于最优的条件下,因而分批培养并不是一种理想的培养方式。

2. 补料 - 分批式操作　补料 - 分批式操作是在分批式操作的基础上,采用机械搅拌式生物反应器系统,悬浮培养细胞或以悬浮微载体培养贴壁细胞,细胞初始接种的培养基体积一般为终体积的1/3~1/2,在培养过程中根据细胞对营养物质的不断消耗和需求,一般在细胞的指数生长后期和进入衰退期前向培养系统补加必要的营养成分,如葡萄糖、谷氨酰胺、氨基酸与维生素等以维持营养物质的浓度不变,从而使细胞持续生长至较高的密度,目标产品达到较高的水平,整个培养过程没有流出或回收,通常在细胞进入衰亡期或衰亡期后进行终止培养回收整个反应体系,分离细胞,浓缩、纯化目的蛋白。由于补料 - 分批式操作能控制更多的环境参数,使得细胞生长和产物生成容易维持在优化状态。

3. 半连续式操作　半连续式操作又称为重复分批式操作或换液操作。采用搅拌式生物反应器,悬浮培养细胞。在细胞增长和产物形成过程中,每间隔一段时间,从中取出部分培养物,再用新的培养液补足到原有体积,以维持细胞的指数生长状态。该操作方式在动物细胞培养和生物制品生产中被广泛应用。操作简便,生产效率高,可维持反复培养,而无须生物反应器的清洗、消毒等一系列复杂的操作。

4. 灌流式操作　灌流式操作是把细胞和培养基一起加入生物反应器后,培养一段时间后,不断将部分培养基取出并加入新鲜的培养基,可以提供充分的营养成分,并可带走代谢产物,而细胞截流系统可使细胞或酶保留在反应器内,维持较高的细胞密度。与半连续式操作不同的是,灌流式操作不取出细胞,而半连续式操作在取出培养物的同时也取出了部分细胞。因此灌流式操作能大幅提高产品的产量。

5. 连续式操作　连续式操作是一种常见的悬浮培养模式,采用机械搅拌式生物反应器。该模式是将细胞接种于一定体积的培养基后,为了防止衰退期的出现,在细胞达最大密度之前,以一定速度向生物反应器连续添加新鲜培养基。同时,含有细胞的培养物以相同的速度连续从生物反应器流出,以保持培养体积的恒定。连续式操作的优点为:①细胞培养状态恒定,细胞维持持续指数增长;②产物不断稀释,体积不断增长;③可控制衰退期和下降期。连续式操作缺点为:①由于是开放式操作,加上培养周期较长,容易造成污染;②在长周期的连续培养中,细胞的生长特性以及分泌产物容易变异;③对设备、仪器的控制技术要求较高。

第三节　动物细胞融合技术

一、细胞融合技术

早在 19 世纪,科学家就发现在自然条件下生物界中的细胞融合现象。大量研究发现,细胞融合(cell fusion)是受到高度调控、程序化的过程。在自然条件下,哺乳动物的生命就是从细胞间的融合——卵子 - 精子融合,开始胚胎发育。哺乳动物中基本的细胞融合现象包括卵子 - 精子融合、胎盘形成、成肌细胞融合、巨噬细胞融合、肿瘤细胞融合以及干细胞融合等。细胞融合技术作为细胞工程的核心基础技术之一,不仅在农业、工业的应用领域不断扩大,而且在医药领域也取得了开创性的研究成果,如单克隆抗体、疫苗等生物制品的生产。

细胞融合技术是指在离体条件下，人工诱导下，两个或两个以上的同源/异源（种、属间）细胞或原生质体相互接触，从而发生膜融合、胞质融合和核融合并形成单核的、具有新遗传特性杂种细胞或原生质体的现象，也称细胞杂交（cell hybridization）、原生质体融合（protoplast fusion）。这种细胞也称为杂交细胞（hybrid cell）。

在细胞融合全过程中会发生下列主要变化：呈致密状态的体细胞在促融剂的作用下细胞膜的性质发生变化，首先出现细胞凝集现象，然后一部分凝集细胞之间的膜发生粘连，继而融合成为多核细胞，在培养过程中多核细胞又进行核的融合而成为单核的杂种细胞；而那些不能形成单核的融合细胞在培养过程中逐渐死亡。

一般来说，融合细胞的构建主要包括细胞融合和杂交细胞筛选两个过程。

1. 细胞融合　细胞融合的基础是细胞膜融合，即两个或两个以上的独立的脂质双分子层融合成一个完整的膜结构。细胞融合可以大致包括细胞的接触、细胞质膜的融合、细胞质的重组和遗传物质的选择等过程。目前，用于诱导动物细胞融合的方法主要有病毒诱导法、化学诱导法、电诱导法和激光诱导法等。

（1）病毒诱导法：包括冠状病毒、仙台病毒、疱疹病毒等。病毒膜片作为黏附剂，作用于细胞膜上，能使细胞间产生黏附，并且破坏细胞膜，促使细胞间的膜连接形成杂合细胞。该方法的问题主要在于病毒制备比较困难，操作复杂，灭活病毒的效价差异又比较大，实验的重复性差，融合率比较低等。这种方法适用于动物细胞融合，主要用于实验室研究。

（2）化学诱导法：包括硝酸钠、钙离子、溶血卵磷脂、聚乙二醇（polyethylene glycol，PEG）等。其中PEG法以其低廉的实验成本和相对较高的融合率（较病毒诱导法可提高1 000倍以上），即使到了细胞电融合技术业已成熟的今天，依然在许多实验中被大量应用。PEG法在融合过程中不仅起着稳定和诱导凝集作用，同时能增加类脂膜的流动性，也使细胞核、细胞器的融合成为可能。另外，PEG法的好处是没有品种种间、属间、科间的特异性或专一性，动植物间的限制也被打破。不过PEG法对细胞毒性大，这极大地影响了融合率和融合后细胞的存活率。

（3）电诱导法：细胞电融合（cell electrofusion）是80年代发展起来的一门新兴的细胞工程技术。在弱电场作用下，细胞膜表面电位改变，发生极化，促使细胞紧密排列。之后给予高频直流电脉冲刺激，使细胞膜瞬间破裂，进而发生融合。与PEG法相比，电融合技术操作简单、免去细胞融合后的洗涤程序、电参数（如脉冲强弱、长短等）容易精确调节、可控性强、重复率高、无化学毒性、对细胞损伤小、融合率高。故这种方法得以在短期内被广泛采用，成为细胞融合的主要技术手段。

（4）其他诱导法：如激光诱导法（整个过程仅几秒钟）、基于微流控芯片的细胞融合技术、高通量细胞融合芯片、微重力下的空间细胞融合技术、离子束细胞融合技术、非对称细胞融合技术等。现在新的细胞融合方法一般将化学法和物理法结合起来进行，如将激光、电、磁、超声等与化学诱导剂相结合，以进一步简便操作方法，提高融合率，便于量化研究。

2. 杂交细胞筛选　动物细胞经过细胞融合后，除了我们想要的目的杂交细胞之外，还有大量的同核体细胞和未融合亲本细胞，因此，需要对融合后的杂交细胞进行筛选。如果不进行筛选，目的杂交细胞往往因数量较少且生长缓慢，其生长很容易受到亲本细胞优势生长的抑制。

杂交细胞筛选的方法主要有三种：①利用各种营养缺陷型细胞系或抗性细胞系作为参与细胞融合的亲本细胞，通过选择性培养基将互补的杂交细胞筛选出来；②利用或人为地造成两个或几个亲本细胞之间的物理特性差异，如大小、颜色或漂浮密度等方面的不同，从中筛选出杂交细胞；③利用或人为地造成杂种细胞与未融合细胞之间生长或分化能力等方面的差异进行筛选。在具体应用过程中，上述的几种方法视具体实验对象可互相配合使用。

细胞融合技术打破有性杂交中种属的局限和地域限制，可实现不同种属间生物体细胞的融合，使远缘杂交成为可能，产生具有新遗传特性的细胞或物种，是改造细胞遗传物质的有力手段。细胞融合技术在遗传学、动植物远缘杂交育种、免疫医学以及医药、食品、农业等方面都有广泛的应用价值,特别是在单克隆抗体的制备、哺乳动物的克隆等技术中,细胞融合技术已成为关键技术。

二、杂交瘤技术

1976 年,英国科学家 Georges J.F.Köhler 和 César Milstein 成功地将骨髓瘤细胞与免疫后的动物脾细胞融合,形成的杂交细胞既可以分泌抗体,又可以无限增殖,从而建立了跨时代意义的杂交瘤技术,因此获得了 1984 年诺贝尔生理学或医学奖。杂交瘤技术(hybridization technique),通常是指 B 淋巴细胞杂交瘤细胞,是指将人工诱导免疫后的效应 B 淋巴细胞与骨髓瘤细胞(骨髓中异常的效应 B 细胞)相融合,形成能分泌只针对某一抗原决定簇的高度纯抗体(称单克隆抗体,monoclonal antibody)的杂交细胞的技术。这种杂交细胞被称为杂交瘤(hybridoma)细胞。

杂交瘤技术的通用操作方法简要如下:

1. 免疫(immunization) 是单克隆抗体制备过程中重要环节之一,其目的在于使 B 淋巴细胞在特异抗原刺激下表达相应抗体,并大量增殖、分化。制备单克隆抗体时应根据所使用的骨髓瘤细胞的种属来源及动物品系选用免疫动物。通常通过腹腔或静脉注射,将抗原注射小鼠体内,采取持续(数周)、间断(间隔数天)注射的体内免疫法,一般注射 4 次,基础免疫 2~3 次,最后静脉加强免疫 1 次,最后一次注射 3 天后取脾,提取脾细胞。也可采取一次性脾内免疫的方法,提高免疫反应,节省时间。亦有其他免疫法,如短程免疫法、体外免疫法等。

2. 细胞融合(cell fusion) 通过细胞融合技术将提取好的免疫后的脾细胞和培养好的骨髓瘤细胞融合。细胞融合是一个随机的物理学过程。在混合后的细胞悬液中,经融合后细胞将以多种形式出现,如融合的脾细胞和瘤细胞、融合的脾细胞和脾细胞、融合的瘤细胞和瘤细胞、未融合的脾细胞、未融合的瘤细胞以及细胞的多聚体(多核)形式等。所以,这些细胞需要筛选和鉴别,来得到我们想要的杂交瘤细胞。

3. 饲养细胞(feeder cell)的准备 细胞融合选择性培养过程中,会有大量的细胞死亡,此时单个或少数分散的杂交瘤细胞不易存活,需要加入其他活细胞增加其生存、繁殖能力,这种被加入的活细胞成为饲养细胞。饲养细胞的机制尚不明确,一般认为该饲养细胞可能释放一些促生长因子。常用的饲养细胞有胸腺细胞、正常脾细胞和腹腔巨噬细胞。其中小鼠的腹腔巨噬细胞使用最为普遍,原因是其制备便宜、方便,且具有吞噬死细胞及碎片的能力。

4. 筛选(screening) 是制备过程中的关键步骤。以上的几种细胞中,正常的脾细胞在体外培养中仅存活 5~7 天,无须特别筛选;细胞的多聚体形式也容易死去;而未融合的瘤细胞则需进行特别的筛选去除。这时就需要细胞融合的选择培养基——HAT 培养基。培养基中有 3 种关键成分:次黄嘌呤(hypoxanthine,H)、甲氨蝶呤(aminopterin,A)和胸腺嘧啶核苷(thymidine,T)。原理如下:细胞 DNA 合成一般有两条途径。主要途径是由糖和氨基酸合成核苷酸,进而合成 DNA,叶酸作为重要的辅酶参与这一合成过程。另一辅助途径是在 H 和 T 存在的情况下,经次黄嘌呤磷酸核糖转化酶(hypoxanthine-guanine-phosphoribosyl transferase,HGPRT))和胸腺嘧啶核苷激酶(TK)的催化作用合成 DNA。A 是叶酸的拮抗剂,可拮抗细胞利用正常途径合成 DNA,细胞只能利用辅助途径合成 DNA,而融合所用的骨髓瘤细胞是经毒性培养基选出的 HGPRT 阴性或 TK 阴性细胞株,所以未融合的瘤细胞不能在该培养基中生长。只有骨髓瘤细胞和脾细胞融合的杂交细胞具有亲代双方的遗传性能,可在 HAT 培养基中长期存活与繁殖。

5. 克隆化(cloning) 筛选只能选出杂交瘤细胞,虽然每一个被免疫的淋巴细胞只能对某个单一的抗原决定簇产生特异性抗体,但是由于抗原纯度,以及一种抗原有多种决定簇,所以会产生针对同一抗原不同决定簇的效应 B 细胞,并且杂交瘤细胞中因融合、重组等会导致基因片段丢失、不表达抗体等错误,所以需要进一步鉴别杂交瘤细胞产生的抗体亚型。在鉴别之前,先要进行克隆培养,是指通过一定方法使单个细胞无性繁殖形成菌落。原因是筛选后一个培养孔内不只存在一种杂交瘤细胞系,并且分泌抗体的杂交瘤细胞一般生长较慢,因此要尽早克隆化,防止目标细胞被竞争淘汰。一般需要3~5次克隆化,才能获得稳定分泌抗体的杂交瘤细胞株。克隆化的方法主要有:有限稀释法、软琼脂平板法、单细胞显微操作法、流式细胞荧光分类法等。其中较常用的是有限稀释法(limiting dilution):用HT培养液稀释,使细胞浓度为50~60个/ml,于96孔培养板中每孔加0.1ml(5、6个细胞/孔)。接种2排,剩余细胞悬液用HT培养液作倍比稀释,再接种2排,如此类推,直至使每孔含0.5~1个细胞。培养7~10天后,选择单个克隆生长的阳性孔再一次进行克隆。一般需要如此重复3~5次,直至达100%阳性孔率时即可,以确保抗体由单个克隆所产生。

6. 抗体鉴别(determination) 不仅要筛查抗体亚型,同时也能检测抗体的亲和力等。选择鉴定方法以简便、特意、敏感和便于一次性大量处理样品为原则。常用方法:酶联免疫吸附法、放射免疫法、间接免疫荧光法和流式细胞法。其中酶联免疫吸附实验(enzyme-linked immunosorbent assay,ELISA)最为常用。市面上有多种基于ELISA的抗体亚型选择试剂盒。抗体阳性的杂交瘤细胞也可继续克隆化扩大培养。

7. 抗体大量生产(production) 主要方法有两种:一种是动物腹腔接种法,小鼠腹腔内接种稳定分泌抗体的杂交瘤细胞株,从而获得含有大量单克隆抗体的腹水,此为常用方法,产量大,每毫升腹水可提取毫克级的抗体;另一种是体外大量克隆法,利用微载体、微囊、旋转瓶等培养系统进行大规模克隆化,从培养液上清获取单克隆抗体,但此方法产量低、耗时长、费用高。

8. 抗体的纯化(purification) 确定单克隆抗体的类和亚类后,根据抗体的用途综合选定纯化方法。

第四节　转基因动物

采用基因工程技术把外源目的基因导入动物生殖细胞、胚胎干细胞和早期胚胎,并在受体动物的染色体上稳定整合,再经过发育途径把外源目的基因稳定地传给子代,通过这项技术所获得的动物即为转基因动物(transgenic animal)。转基因动物技术和转基因动物制药是近年来的研究热点,许多大的生物技术公司都给予其极大的关注,相继投入巨资进行研究。利用转基因动物生产药物是一种全新的生产模式,转基因动物分泌的蛋白经过动物体内充分修饰和加工,其结构和生物活性与人体天然蛋白非常相似,而且产量高,这是其他表达系统所无法比拟的。

一、转基因动物的制作方法

目前在转基因动物的操作中,主要的方法有基因显微注射法、反转录病毒介导的基因导入法、胚胎干细胞法、精子载体介导的基因导入法、基因打靶法和酵母人工染色体法以及其他一些新兴的转基因技术。

1. 基因显微注射(gene microinjection)法 即通过显微操作技术将外源基因直接注入受精卵,利用受精卵繁殖过程中DNA的复制将外源基因整合到受体细胞的染色体DNA中,发育成转基因动物。基因显微注射法是发展最早、使用最为广泛的转基因方法之一。通过这种方法已获得转基因小鼠、兔、羊、猪等。基因显微注射法的优点在于:①转移率高,整合率可达30%;②实验周期短,可导入的目的基因长;③基因导入的速度快。但其缺点也十分突出:①操作复杂,设备昂贵;②整合具有较大的随机性,这种位置效应会造成表达效果的不确定性、动物利用率低等,在反刍动物中还存在着繁殖周期长、有较强的时间限制、需要大量的供体和受体动物等特点。

2. 反转录病毒介导的基因导入(retrovirus-mediated gene transfer)法 即利用反转录病毒作为载体,把重组的反转录病毒载体DNA包装成高滴度病毒颗粒,感染发育早期的胚胎,将外源基因整合到受体细胞核基因组中。在各种动物基因转移操作中,反转录病毒介导的基因导入法是一种最有效的方法。

反转录病毒介导的基因导入法的优点是:①重组反转录病毒可同时感染大量胚胎;②感染后的整合

率高,可达 100%;③不需要昂贵的显微注射设备;④前病毒以单拷贝形式插入整合位点,整合位点宿主 DNA 片段易于被分离纯化,有利于对插入位点的宿主基因进行鉴定。缺点是:①由于选用的受体是早期胚胎,不是受精卵,致使外源 DNA 在动物各种组织中的分布不均,不易整合到生殖细胞中;②反转录病毒载体容量有限,病毒衣壳大小有限,限制了被导入外源 DNA 片段的大小(只能转移 DNA ≤ 10kb 的小片段),因此,转入的基因很容易缺少其邻近的调控序列。

3. **胚胎干细胞(embryo stem cell)法** 胚胎干细胞简称 ES 细胞,是指从囊胚期的内细胞团中分离出来的尚未分化的胚胎细胞,具有发育上的全能性。将外源基因导入 ES 细胞,然后注射到正常动物的胚腔内,携带外源基因的 ES 细胞就能参与宿主胚腔内细胞团的发育,广泛地分化成各种组织,形成嵌合体,直至达到种系嵌合。

4. **精子载体介导的基因导入(sperm-mediated gene transfer)法** 利用精子作为外源性基因的载体,借助受精作用把外源基因导入受精卵,整合到受精卵的基因组中,这样在母畜的后代中就会产生一定比例的整合了外源基因的动物,这种方法称为精子载体介导的基因导入法,是制作转基因动物的一种新的方法。该法简单、方便,与基因显微注射法相比,其成本较低,同时不涉及对动物进行手术处理。

5. **基因打靶(gene targeting)法** 基于同源重组的原理使导入的外源基因定点整合于特定的部位,这种方法叫做基因打靶法。基因打靶法避免了外源基因随机整合对内源基因的影响;同时,人们还可以利用基因打靶技术定点灭活一个内源基因,亦称为基因敲除(gene knockout)。基因打靶法为在动物水平研究某一基因的功能以及基因治疗方面开辟了新的途径。近年来更是涌现了不少如 RNA 干扰(RNAi)技术、锌指核酸酶(ZFN)技术、TALEN 技术、CRISPR 干扰(CRISPRi)技术等重要的新技术,使转基因动物的研究产生了历史性的飞跃。

6. **酵母人工染色体(yeast artificial chromosome,YAC)法** 是近年来发展起来的新型载体,具有克隆百万碱基对级的大片段外源 DNA 的能力。此法具有以下优点:保证巨大基因的完整性,保证所有顺式作用因子的完整并与结构基因的位置关系不变,保证较长的外源片段在转基因动物研究中整合率的提高,鉴于基因的完整性,目的基因上下游的侧翼序列可以消除或减弱基因整合的位置效应。

二、转基因动物的应用

转基因动物就像一个生产活性蛋白的药物工厂,动物的蛋清、乳汁、血液、精液或尿液等可以源源不断地为我们提供廉价的具有活性的目的基因产品。转基因动物生物反应器又可无限繁殖,使得投资成本降低,药物开发周期缩短。因此,转基因动物生物反应器生产的稀有功能蛋白是当前极具发展前景的蛋白药物生产方式。可以说,转基因动物的问世为利用基因工程手段获得低成本、高活性和高表达的药物开辟了一条重要途径。目前其应用前景广泛,可用于大规模生产人类蛋白药物、疫苗、细胞因子等产品。

1. **转基因动物乳腺生物反应器** 利用转基因动物乳腺生物反应器(mammary gland bioreactor)生产药用蛋白是一种全新的生产模式。转基因动物乳腺生物反应器是基于转基因技术平台,将外源基因导入动物基因组中,利用乳腺特异性启动子控制目的基因的表达,最终在动物乳汁中获得目的蛋白的一种制药方式。

转基因动物乳腺生物反应器的优越性如下:①动物乳腺组织表达的蛋白质绝大部分不会流到血液循环系统,从而避免外源性蛋白质的大量表达对受体动物健康的危害;②乳腺生产药用重组蛋白产量高、成本低,哺乳动物的乳腺是高度分化的腺体,具有超强的蛋白质合成能力,而且乳汁中蛋白质种类相对较少,因此易于药用重组蛋白分离纯化,且生产工艺简单;③动物乳腺表达的外源基因可以遗传,这样一旦获得一个生产某种有药用价值蛋白质的动物个体,就可以利用常规畜牧技术大量繁殖生产群体;④无环境污染,转基因动物乳腺生物反应器在产品的生产和纯化过程中没有毒性物质或有害物质释放;⑤缩短新药上市周期。为此,转基因动物乳腺生物反应器的研究受到各国科学家的青睐,许多制药公司也纷纷投入资金进行资助,并取得了可喜的成果。

2. **转基因动物血液生物反应器** 外源基因在血液中表达的转基因动物叫做血液生物反应器,外源基因表达的产物可以直接从血清中分离出来。大型家畜血液容量大,可作为转基因家畜专一表达的组织,该生物反应器适合生产人血红蛋白、抗体或非活性状态的融合蛋白,不能在血液中表达有可能会影响动物健康的,如细胞分裂素、组织血纤维溶酶因子等外源产物。目前该生物反应器主要用来生产人血红蛋白、血清蛋白、人免疫球蛋白、抗体、干扰素和胰蛋白酶等重组蛋白。

3. 转基因动物尿液生物反应器　也称膀胱生物反应器,与乳腺生物反应器相比,尿液更加容易收集,并且周期较短,不受转基因动物的性别限制,转基因动物出生后不久就可以从雌雄动物尿中收获表达产物,获得外源蛋白。而且外源基因表达的产物不进入血液循环,不影响转基因动物的健康。

4. 转基因家禽生物反应器　目前,转基因家禽生物反应器主要是对禽蛋进行研究。因为禽蛋产量高、周期短,卵清蛋白启动子是最强的组织特异性启动子之一;蛋白成分简单,易分离提纯,且外源基因表达的产物直接进入蛋中,不参与机体的代谢活动。理论上来说,转基因家禽是比较理想的生物反应器。目前已经应用来生产免疫球蛋白和干扰素等,但是还需要寻找一种相对更有效的方法来制备转基因家禽,以充分利用其潜在的巨大经济价值。

第五节　细胞治疗技术

近年来,随着基因工程技术、免疫学、干细胞生物学及组织工程学等学科的快速发展,细胞治疗技术也日趋完善,成为一种安全有效的治疗手段。利用细胞进行难治性疾病的治疗也是生物技术药物发展的重要方向。细胞治疗是将体外培养的正常细胞,或者是经生物工程改造过的细胞移植或输入患者体内以替代受损细胞,或者增强其免疫杀伤功能,从而达到治疗疾病的目的。细胞治疗按照细胞种类可以分为免疫细胞治疗和干细胞治疗。

一、免疫细胞治疗技术

人体免疫系统是人体的健康卫士,具有免疫防御、免疫监视、免疫自稳的作用。我们将免疫系统分为固有免疫(又称非特异性免疫)和适应免疫(又称特异性免疫),其中又将适应免疫分为体液免疫和细胞免疫。免疫系统主要由免疫器官、免疫细胞、免疫活性物质组成。其中,免疫细胞种类繁多,主要有T淋巴细胞、B淋巴细胞、天然杀伤细胞、单核吞噬细胞、树突状细胞、颗粒细胞等,它们和免疫系统的其他组成部分一起,构成复杂的免疫系统调节网络。

在免疫功能正常的个体中,免疫细胞具有高度的活性,但是当机体发生病原体感染或肿瘤细胞增殖时,会出现免疫逃避、免疫耐受等现象,干扰免疫系统对目标的识别效果。因此,免疫细胞治疗技术可以通过人为地激活免疫细胞来加强机体对特定目标的识别,起到治疗疾病的作用。目前肿瘤细胞免疫疗法是当前药物研发的焦点,是继传统"手术、化疗、放疗"之后的第四种肿瘤治疗模式。其包括四大类:过继细胞免疫治疗、肿瘤疫苗、免疫检验点单克隆抗体、非特异性免疫刺激。

(一) 过继细胞免疫治疗

过继细胞免疫治疗(adoptive cell transfer therapy, ACT)是肿瘤免疫治疗的主要方式之一,是指从肿瘤患者体内分离免疫活性细胞进行体外激活和扩增,再将其重新回输到患者体内,并辅以合适的生长因子,促使其发挥杀伤杀死肿瘤细胞功能。

1. 肿瘤浸润淋巴细胞法　从肿瘤组织或恶性胸腹水中分离获得的、具有抗肿瘤活性的T淋巴细胞,在体外用IL-2处理促其大量扩增,然后回输到患者体内。肿瘤浸润淋巴细胞(tumor infiltrate lymphocyte, TIL)法治疗效果较好,副作用小,有较高的选择性,对非自体的其他肿瘤或正常细胞没有杀伤作用。据研究,发挥抗瘤效应的主要是T_C细胞。

2. 细胞因子诱导的杀伤细胞法　从外周血、骨髓或脐带血中分离单核细胞,用多种细胞因子如IL-1、IL-2、IFN-α 或CD3单克隆抗体等共同培养单核细胞,可以获得细胞因子诱导的杀伤细胞(cytokine

induced killer cell,CIK 细胞)。CIK 细胞具有增殖速度快、杀瘤活性高、抗凋亡特性及杀瘤效应不受癌细胞多重耐药性的影响等独特优势。

3. 嵌合抗原受体 T 细胞免疫疗法　T 细胞是人体内特异性抗肿瘤的效应细胞,对肿瘤细胞有极强的杀伤作用,但其发挥作用具有主要组织相容性复合体(major histocompatibility complex,MHC)限制性。而且,有些肿瘤尤其是非实体瘤,免疫原性较弱,或者很难收集到肿瘤特异性较强的 T 细胞。1989年,以色列学者 Zelig Eshhar 等首次提出构建嵌合抗原受体 T 细胞(chimeric antigen receptor T-cell,CAR-T 细胞),将肿瘤抗原单克隆抗体的单链可变区与 T 细胞受体(T cell receptor,TCR)的亚基相结合,再通过基因工程手段将编码 CAR 的基因插入 T 细胞,修饰后的 T 细胞在体外扩增和纯化后回输到患者体内,构建的 CAR-T 细胞在体内既能特异性识别并结合肿瘤抗原,又具有 T 细胞杀伤能力。CAR-T 细胞是应用基因修饰患者自体的 T 细胞,利用肿瘤抗原单克隆抗体可变区与肿瘤抗原结合的机制,不受 MHC 的限制,因此能克服肿瘤细胞通过下调 MHC 分子表达以及降低抗原递呈等导致的免疫逃逸,从而打破宿主的免疫耐受状态,使 T 细胞以非 MHC 限制性的方式特异性杀伤肿瘤细胞。CAR-T 细胞免疫疗法最成功的应用是以抗原 CD19 作为靶标进行 B 细胞恶性肿瘤临床治疗,在 CD19 阳性的血液肿瘤治疗中取得了显著的疗效。目前临床应用的 CAR-T 细胞主要是第二代 CAR-T 细胞,其在第一代 CAR-T 细胞结构上进行改造,加入了促进 T 细胞增殖与活化的基因序列,使 CAR-T 细胞增殖能力明显提高,T 细胞毒性增强,抗肿瘤效果更持久。

对于 CAR-T 细胞结构改造的尝试仍在不断进行当中,目前第四代 CAR-T 细胞尚处于实验室研究阶段。虽然这些初步结果令人鼓舞,但是 CAR-T 细胞免疫疗法还有许多方面有待研究,如独特的副作用、细胞因子释放综合征等。

4. 基于自然杀伤细胞的免疫治疗　自然杀伤细胞(natural killer cell,NK 细胞)是骨髓来源的大颗粒淋巴细胞,在人体内分布广泛。NK 细胞是人体天然免疫的重要组成部分,在早期免疫监视中发挥重要作用,是机体抵抗病毒感染及肿瘤的第一道防线,其作用迅速,不需抗原激活和抗体的协助。NK 细胞表面带有 MHC Ⅰ类分子的抑制性受体,优先杀伤缺乏 MHC Ⅰ类分子的靶细胞。由于许多肿瘤细胞表面 MHC Ⅰ类分子表达较少,因此其是 NK 细胞的作用对象。NK 细胞除了能杀伤靶细胞外,还能释放干扰素(interferon,IFN)和粒细胞巨噬细胞集落刺激因子(granulocyte-macrophage colony stimulating factor,GM-CSF)等细胞因子,促进包括 T 细胞反应在内的获得性免疫反应发挥抗肿瘤作用。

淋巴因子激活的杀伤细胞(lymphokine-activated killer cell,LAK 细胞)是最早用于细胞免疫治疗的一类细胞。此类细胞是从人外周血细胞分离单个核细胞,以 IL-2 诱导增殖后所得到的细胞,是 NK 细胞和 T 细胞的混合群体。这类细胞在体外和动物模型中表现出较好的治疗肿瘤的效果,但在实际临床试验中效果并不明显,这可能是 LAK 细胞中 NK 细胞的比例不高的缘故。进一步在体外分离更纯的 NK 细胞,或用 IL-15 或 IL-21 代替 IL-2 刺激,以增加 NK 细胞的比例,可以改善临床治疗效果。

5. 基于树突状细胞的免疫治疗　免疫系统只能识别经过抗原呈递细胞(antigen presenting cell,APC)加工并呈递的抗原,因此抗原呈递是免疫识别和免疫应答的关键步骤。具有抗原呈递功能的细胞有很多种,包括 B 淋巴细胞、巨噬细胞、树突状细胞(dendritic cell,DC)等。其中 DC 是目前发现的功能最为强大的专职抗原递呈细胞,也是唯一能激活幼稚 T 细胞的抗原递呈细胞,在免疫应答的诱导中具有独特地位。DC 与单核/巨噬细胞有共同的前体,来源于骨髓 CD34$^+$ 造血干细胞。在体内,除大脑外的各脏器均有 DC 分布,但数量极少。可以通过从脐血、骨髓及外周血中分离 CD34$^+$ 造血干细胞或 CD14$^+$ 单核细胞,用 GM-CSF、IL-4 等处理,诱导它们分化为 DC,从而在体外大量制备所需的 DC。

由于 DC 强大的抗原提呈功能,人们设计通过负载肿瘤抗原的 DC 与 CIK 细胞有机结合(即 DC-CIK 细胞),能产生特异性和非特异性的双重抗肿瘤效应,两者具有一定的互补作用。DC-CIK 细胞不仅能激发、增强肿瘤患者特异性抗肿瘤免疫应答,有效清除体内残留病灶,而且能在患者体内诱发免疫记忆,从而获得长期的抗瘤效应。

（二）肿瘤疫苗

根据功效不同，肿瘤疫苗（tumor vaccine）可分为预防性疫苗与治疗性疫苗两大类：预防性疫苗可用来预防健康人群内肿瘤的发生，目前市场上有人乳头状瘤病毒（HPV）疫苗和乙型肝炎病毒（HBV）疫苗两种；治疗性肿瘤疫苗通过特异性的、具有免疫原性的肿瘤抗原，在佐剂的辅助下，激活或加强患者机体自身抗肿瘤免疫，从而达到控制或清除肿瘤的目的。目前，治疗性肿瘤疫苗已成为肿瘤治疗领域的研究热点。

在治疗性肿瘤疫苗的开发过程中，最受关注的问题就是肿瘤抗原的选择。肿瘤抗原按其特异性可分为两大类，肿瘤相关抗原（tumor associated antigen，TAA）和肿瘤特异性抗原（tumor specific antigen，TSA）。TAA 是指非肿瘤细胞所特有的抗原成分，正常细胞也会少量表达，但是在肿瘤细胞中过表达。由于正常组织也表达该类抗原，人体可能会对其产生免疫耐受，或者触发的免疫反应会损伤正常细胞，所以 TAA 并非理想的抗原。TSA 是肿瘤细胞特有的或只存在于某种肿瘤细胞而不存在于正常细胞的新抗原（neo-antigen）。由于仅有肿瘤细胞表达 TSA，因此基于 TSA 的肿瘤疫苗能够有效激发强免疫反应，又能避免损伤正常细胞。因此，基于新抗原的精准免疫治疗技术正在不断升温。

（三）免疫检查点单克隆抗体

正常情况下，T 细胞的激活依靠"双信号"精密地调控。一个激活信号是 MHC 与 TCR 的结合，另一个是共刺激分子（OX40、4-1BB）和共抑制分子（CTLA4、PD-1/PD-L1）的信号传递。细胞毒性 T 淋巴细胞相关抗原 4（cytotoxic T lymphocyte-associated antigen 4，CTLA4）、程序性细胞死亡蛋白 1（programmed cell death protein 1，PD-1）/ 程序性细胞死亡配体 1（programmed cell death-ligand 1，PD-L1）是经典的免疫检查点（immune checkpoint）。目前，阻断免疫检查点的抑制作用是当今临床上激活抗肿瘤免疫应答和控制多种肿瘤的免疫逃逸最具前景的手段。以抗 CTLA4 单克隆抗体为例，CTLA4 表达于大部分活化的 T 细胞表面，CTLA4 与 CD80 结合传导抑制信号，抑制 T 细胞的免疫反应，封闭后，活化 T 细胞可以持久发挥抗肿瘤免疫效应。来自美国的詹姆斯·艾利森（James P Allison）教授和来自日本的本庶佑（Tasuku Honjo）教授因为发现了抑制负面免疫调节的癌症疗法而获得 2018 年诺贝尔生理学或医学奖。

（四）非特异性免疫刺激

非特异性免疫又称先天性免疫，是机体在长期的发育与进化过程中逐渐建立起来的天然防御功能，具有反应迅速、作用无特异性等特点。非特异性免疫刺激利用刺激剂诱导非特异性免疫反应，激活巨噬细胞，提高 T 细胞、NK 细胞活性，或者激活抗原呈递细胞来加强抗原呈递过程，从而起到抗肿瘤的作用。

二、基于干细胞的治疗技术

干细胞（stem cell）是一类具有自我更新能力和多向分化潜能的细胞。在一定信号刺激下，它们可以分化成特定类型的细胞。由于具有分化潜能，干细胞研究受到全世界范围内极大的关注。多年来，干细胞研究取得了许多成果，在干细胞的分离、体外培养扩增、定向诱导分化、功能激活与调控等技术方面实现了许多突破。利用干细胞可以构建各种细胞、组织、器官作为移植的来源，干细胞还可以作为疾病基因治疗的载体，甚至可以建立药物筛选平台，进行药理研究与新药开发。

根据干细胞所处的发育阶段可分为胚胎干细胞（embryonic stem cell，ES 细胞）和成体干细胞（adult stem cell）；根据干细胞的分化潜能可分为全能干细胞、多能干细胞和单能干细胞。最原始的干细胞是早期胚胎中的细胞，称为胚胎干细胞，受精卵分裂初期的早期胚胎干细胞是全能干细胞，可以分化成各种类型的细胞；囊胚期及以后的胚胎细胞是多能干细胞，可以分化成大多数类型的细胞，但失去了发育成完整个体的能力。随着胚胎发育的继续，细胞分化的潜能逐渐丢失，但仍然有部分细胞保留了干细胞的一些特性，如脐带干细胞也可以分化成多种类型的细胞。在发育成熟的个体中，一些组织器官如神经、骨髓、肌肉、皮肤等中都保留了一些干细胞，称为成体干细胞。这些干细胞缺乏全能分化的能力，而只能定向分化为一类或某个特定的组织细胞，为单能干细胞，如骨髓中的造血干细胞就属于成体干细胞，它会不断地分化形成各种血细胞、淋巴细胞等。

（一）胚胎干细胞

胚胎干细胞来源于受精卵发育形成的囊胚内细胞团以及受精卵发育至桑椹胚之前的早期胚胎细胞，或者从胎儿生殖嵴分离得到的原生殖细胞。胚胎干细胞可在体外培养条件下建立稳定的细胞系，并保持其高度未分化状态和发育潜能；在一些特殊的化合物和生长因子诱导下，胚胎干细胞可定向分化成特定类型的细胞、组织，在合适的条件下甚至可能发育为完整的器官，胚胎干细胞技术的发展将有可能解决器官移植供体来源短缺的难题。但目前，胚胎干细胞培养和定向诱导分化为特定类型细胞的技术还有待成熟。由于宗教、伦理和观念的原因，目前许多研究工作都是以小鼠胚胎干细胞为研究对象展开的，人类胚胎干细胞的研究工作在全世界范围内引起很大的争议，有些国家甚至明令禁止进行人类胚胎干细胞研究。总之，胚胎干细胞技术还有很长的路要走。

（二）成体干细胞

成体干细胞是存在于已经分化组织中的未分化细胞，具有自我更新的能力，在一定条件下可以分化。来源相对广泛，可从自体获得，能避免异体免疫排斥反应的问题，且所受伦理学争议较少，因此成体干细胞用于移植治疗发展较快，也较为成熟。但成体干细胞的研究也存在一些问题，包括细胞数量少、分离较难，而且并非所有组织器官都有成体干细胞存在。目前具有应用前景的成体干细胞有骨髓干细胞、上皮干细胞、神经干细胞、胰腺干细胞、表皮干细胞、角膜缘干细胞、毛囊干细胞等。

（三）肿瘤干细胞

随着对肿瘤发病机制的深入研究，肿瘤的诊断和治疗取得了很大的进展。但目前的临床治疗手段依然不能彻底解决肿瘤复发与转移的难题，近年来，越来越多的研究提示肿瘤的起源、进展、复发和转移可能是由于肿瘤中存在着一小部分具有类似干细胞特性的细胞，即肿瘤干细胞（tumor stem cell，TSC）。TSC 具有引起肿瘤发生、维持肿瘤生长、保持肿瘤异质性的能力。由于传统的肿瘤治疗方案不能针对TSC 治疗，所以不能从根本上解决肿瘤转移复发的问题。近 10 年来，研究人员先后在急性髓性白血病、乳腺癌、中枢神经系统肿瘤、结肠癌、前列腺癌、胰腺癌、肝癌等中鉴定出了 TSC 的存在。但目前对于TSC 的起源问题仍存在争议，总的来说有三种 TSC 起源假说，包括起源自成体干细胞、祖细胞、成熟终末分化细胞，这三种假说都有相应的实验证据支持。

TSC 与机体正常干细胞具有很多相似的特点：两者都具有干细胞的特性，即自我更新和分化潜能；两者拥有一些共同的细胞表面标记物。不同的是，机体正常干细胞在有序的调控下发挥自己的功能，可分化为机体成熟的、有生理功能的细胞。而肿瘤干细胞分裂与分化是失控的，通过不断无限制的自我更新与分化，最终产生大量的肿瘤细胞，维持着肿瘤的生长与异质性，是导致肿瘤转移和复发的主要原因之一。

目前肿瘤干细胞的鉴定主要是通过检测分子标记物的方法完成的。在实际应用中，通过制备单克隆抗体、RNAi、治疗性疫苗等手段有可能阻断肿瘤干细胞自我更新信号通路，直接杀伤具有表面标记物的肿瘤干细胞。

（四）诱导多能干细胞

2006 年，日本科学家山中伸弥（Shinya Yamanaka）团队利用逆转录病毒将 4 个转录因子（Oct4，Sox2，Klf4，c-Myc）转入成体细胞，将其转变为诱导多能干细胞（induced pluripotent stem cell，iPSC）。iPSC 具有与胚胎干细胞类似的功能，但同时又避免了胚胎干细胞的道德伦理问题和免疫排斥问题，有助于解决干细胞的来源问题，一直以来是再生学领域研究的热点，但也有部分学者考虑到 iPSC 的重编程及高度自我更新、多向分化的特征使其增加突变及致瘤风险，iPSC 是否可以在基础与临床研究中安全使用仍需要进一步深入研究。

（初文峰 董兴丽）

参 考 文 献

［1］ 王凤山, 邹全明. 生物技术制药. 3 版. 北京: 人民卫生出版社, 2017.

［2］ 李德山. 生物技术制药. 北京: 中国农业出版社, 2018.

［3］ 夏焕章, 熊宗贵. 生物技术制药. 2 版. 北京: 高等教育出版社, 2008.

［4］ 姚文兵. 生物技术制药概论. 北京: 中国医药科技出版社, 2010.

［5］ 何军邀. 生物技术制药. 浙江: 浙江大学出版社, 2012.

［6］ 国家药典委员会. 中华人民共和国药典 (2020 年版). 北京: 中国医药科技出版社, 2020.

［7］ MONZANI P S, ADONA P R, OHASHI O M, et al. Transgenic bovine as bioreactors: challenges and perspectives. Bioengineered, 2016, 7 (3): 123-131.

［8］ JUNE C H, SADELAIN M. Chimeric antigen receptor therapy. N Engl J. Med, 2018, 379 (1): 64-73.

［9］ JUNE C H, O'CONNOR R S, KAWALEKAR O U. CAR-T cell immunotherapy for human cancer. Science, 2018, 359 (6382): 1361-1365.

［10］ HU Z, OTT P A, WU C J. Towards personalized, tumour-specific, therapeutic vaccines for cancer. Nat Rev Immunol, 2018, 18 (3): 168-182.

［11］ CLARKE M F. Clinical and therapeutic implications of cancer stem cells. N Engl J Med, 2019, 380 (23): 2237-2245.

第五章　抗体工程技术

抗体工程（antibody engineering）是指利用 DNA 重组技术和蛋白质工程技术，对抗体基因进行加工改造和重新装配，经转染适当的受体细胞后，表达抗体分子或用细胞融合、化学修饰等方法改造抗体分子的工程。抗体工程技术随着现代生物技术的发展而不断完善，是生物技术产业化的主力军，在生物技术制药领域占有重要地位。抗体作为疾病预防、诊断和治疗的制剂已有上百年的发展历史。早在 19 世纪后期，von Behring 与 Kitasato 就发现白喉和破伤风毒素免疫动物后可产生具有中和毒素作用的物质，称为抗毒素（antitoxin），实质是多克隆抗体。1975 年 Köhler 和 Milstein 首次用 B 淋巴细胞杂交瘤技术（hybridoma technique）制备出单克隆抗体。杂交瘤技术制备的单克隆抗体又称细胞工程抗体。杂交瘤技术的诞生是抗体工程发展的重要里程碑。1984 年，Morrison 等人利用 DNA 重组技术，构建出人-鼠嵌合抗体，进入基因工程抗体时代。随后，抗体工程技术进入快速发展阶段，出现了抗体人源化技术、抗体库技术、转基因小鼠技术、全人源抗体技术，与此同时发展了多种小型化抗体技术，并随之产生了抗体偶联药物、抗体融合蛋白等功能性抗体用于疾病的治疗，使得抗体工程向功能化抗体药物方向发展。

第一节　抗体工程概述

一、抗体的结构、功能、多样性

抗体（antibody，Ab）是介导体液免疫的重要效应分子，是 B 细胞接受抗原刺激后增殖分化为浆细胞所产生的糖蛋白，主要存在于血清等体液中，通过与相应抗原特异性地结合发挥体液免疫功能。将具有抗体活性或化学结构与抗体相似的球蛋白统一命名为免疫球蛋白（immunoglobulin，Ig）。抗体分子量约为 150~900kDa，主要分布在机体的血清中，也分布于组织液及外分泌液中，是重要的疾病防御物质。当有外源性物质抗原（antigen）入侵机体时，机体会通过多种防御措施使这些外源性物质被消除或破坏，产生抗体是主要防御措施之一。

（一）抗体的结构

典型的免疫球蛋白单体由两条重链（heavy chain，H 链）和两条轻链（light chain，L 链）通过疏水作用结合在一起，并由二硫键连接形成 Y 型结构（见图 5-1）。由于等位基因排斥，一个抗体形成细胞通常只表达一种轻链和一种重链，即只产生一种抗体。轻链分子量为 25kDa，重链分子量为 50~70kDa。轻链有两种不同的形式，即 kappa（κ）链和 lambda（λ）链，κ 链和 λ 链属于同种型，存在于所有个体中。重链决定抗体分子的类和亚类，根据抗体重链恒定区分子结构的不同，将 Ig 分为 5 类，分别是 IgG、IgA、IgM、IgD 和 IgE，与其对应的重链分别为 γ 链、α 链、μ 链、δ 链和 ε 链。不同类型的免疫球蛋白具有不同的特征，如链内二硫键的数目和位置、连接寡糖的数量、结构域的数目以及铰链区的长度等均不完全相同。即使是同一类 Ig,其铰链区氨基酸残基组成和重链二硫键的数目、位置也不同,据此又可将同一类 Ig 分为不同的亚类(subclass)。人类 IgG 分子根据重链可分为四种亚类,分别是 IgG1、IgG2、IgG3、IgG4,重链分别为 γ1、γ2、γ3 和 γ4。小鼠 IgG 分子也有四种亚类,重链分别为 γ1、γ2a、γ2b 和 γ3。人类 IgA 分子有两种亚类,分别是 IgA1、IgA2,重链分别为 α1 和 α2。IgM、IgD 和 IgE 尚未发现有亚类。

抗体分子中,由一个外显子编码的 110 个左右的氨基酸残基的链,形成紧密并能耐受蛋白酶作用的结构,从而成为免疫球蛋白结构的基本单位,称为结构域。抗体分子中,位于 N 端的氨基酸序列变异较大,决定抗体分子所针对的抗原特异性,称为可变区(variable region,V)。位于 C 端的氨基酸序列变异较小,与抗体多方面功能有关,这一区域称为恒定区(constant region,C)(图 5-1)。抗体轻链由两个结构域组成,分别是轻链可变区(V$_L$)和轻链恒定区(C$_L$)。重链则由一个可变区(V$_H$)和几个恒定区组成(C$_H$)。IgG、IgA、IgD 重链有三个恒定区,IgM 和 IgE 重链有四个恒定区。IgG 重链和轻链的可变区各有 3 个氨基酸残基组成和排列顺序高度可变的区域,称为高变区或互补决定区(complementarity determining region,CDR),分别用 CDR1、CDR2 和 CDR3 表示(图 5-2),其中 CDR3 变化程度最高。重链 CDR 和轻链 CDR 共同组成 IgG 的抗原结合部位(antigen-binding site),决定着抗体的特异性,负责识别及结合抗原发挥免疫效应。可变区中 CDR 之外的区域称为骨架区(framework region,FR),其氨基酸残基组成和排列顺序相对稳定,重链和轻链各有四个骨架区。

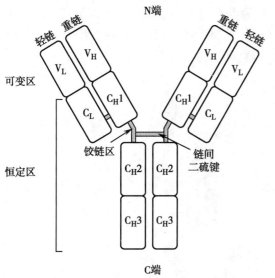

图 5-1 抗体分子基本结构示意图

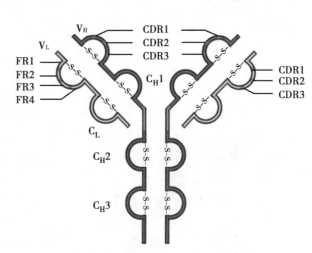

图 5-2 抗体 V 区和 C 区结构示意图

(二) 抗体的功能

抗体最基本的生物学活性就是识别特异性的抗原决定簇。除此之外,分泌性抗体能激活补体的经典途径和旁路途径,穿过上皮细胞层及黏膜表面对病原体形成屏障,穿过胎盘使胎儿和新生儿获得母体的体液免疫,通过巨噬细胞和粒细胞的调理过程诱导吞噬作用,促进淋巴细胞和 NK 细胞引起的抗体依赖细胞介导的细胞毒作用,促进嗜酸粒细胞引起的脱颗粒作用。膜表面免疫球蛋白还具有诱导激活、诱导分化、诱导无反应性和诱导 B 淋巴细胞凋亡的作用。B 记忆细胞的膜表面免疫球蛋白具有识别、内化、降解和将特异性抗原提呈给 T 细胞高亲和力受体的功能。

抗体的功能由其结构域实现,通过对分子结构的分析,可确定其不同的功能特点。抗体分子中可变区(V 区)的基本功能是结合抗原。重链和轻链的 V 区(V$_H$/V$_\lambda$ 或 V$_H$/V$_\kappa$)共同形成抗体的可变区,结合在一起的两个 V 区能提供高亲和力和高特异性的结合位点,提供免疫应答的特异性。大分子蛋白质抗原与抗体的结合是两个蛋白质表面的相互靠近,V 区与抗原的结合位点绝大多数位于 CDR 的氨基酸残基和抗原的主要表位之间,因此 V 区 CDR 在抗原抗体结合中起到主要作用,但是骨架区也提供一些结合位点,在抗原抗体结合中也起到一定作用。一条轻链和一条重链可形成一个抗原结合位点,两条轻链和两条重链组成的完整抗体分子可形成两个抗原结合位点。抗体分子中恒定区分轻链恒定区和重链恒定区,轻链恒定区没有特定效应,重链恒定区主要负责激活补体和效应细胞发挥免疫效应功能。不同类型免疫球蛋白的重链恒定区的结构是不同的,重链恒定区的结构异质性决定不同类型免疫球蛋白具有不同的功能。

血清和细胞外液中含量最高的免疫球蛋白是 IgG,约占血清 Ig 总含量的 75%~80%,体内分布广泛,在机体抗感染中起主要作用。IgG 是医学诊断和治疗中最常用的类型。IgG 分子 C_H2 的铰链区富含脯氨酸,易被木瓜蛋白酶裂解为 2 个完全相同的 Fab 段和 1 个 Fc 段(图 5-3)。Fab 段即抗原结合片段(fragment of antigen binding,Fab),相当于抗体分子的两个臂,由一条完整的轻链和重链的 V_H 和 C_H1 结构域组成。Fc 段无抗原结合活性,是 IgG 与效应分子或细胞相互作用的部位。Fc 段功能主要是介导效应功能,包括依赖抗体的细胞毒性(antibody-dependent cellular cytotoxicity,ADCC)、补体依赖的细胞毒性(complement-dependent cytotoxicity,CDC)。在 ADCC 中,抗体与效应细胞如自然杀伤(NK)细胞和巨噬细胞的表面 Fc 受体结合,激发对靶细胞的吞噬和溶解作用。在 CDC 中,抗体通过激发补体系统杀伤靶细胞。

胃蛋白酶作用于铰链区二硫键所连接的两条重链的近 C 端,水解 Ig 后可获得 1 个 F(ab')₂ 片段和多个小片段 pFc'(图 5-3)。F(ab')₂ 是由 2 个 Fab 及铰链区组成,由于 Ig 分子的两个臂仍由二硫键连接,因此 F(ab')₂ 片段为双价,可同时结合两个抗原表位,故与抗原结合可发生凝集反应和沉淀反应。由于 F(ab')₂ 片段保留了结合相应抗原的生物学活性,又避免了 Fc 段抗原性可能引起的副作用,因而被广泛用作生物制品。胃蛋白酶水解 Ig 后所产生的 pFc' 最终被降解,无生物学作用。

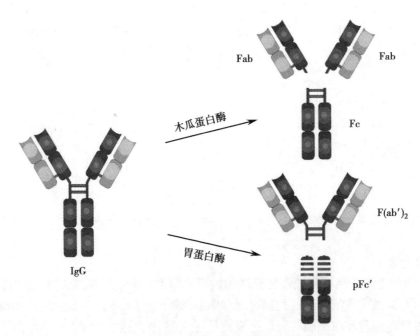

Fab

Fab

Fc

木瓜蛋白酶

F(ab')₂

胃蛋白酶

IgG

pFc'

图 5-3　抗体水解片段示意图

(三) 抗体的多样性

自然界存在的外源性抗原数目众多,每一种抗原分子含有多种不同的抗原表位。含多种不同抗原表位的抗原刺激机体免疫系统,导致免疫细胞的活化,产生多种不同特异性的抗体。理论上,每一种抗原表位可诱导产生一种特异性抗体,因此,这些抗原可刺激机体产生的抗体的总数是巨大的,包含针对各种抗原表位的许多不同抗原特异性的抗体,以及针对同一抗原表位的不同类型的抗体。抗体多样性的产生主要来源于 V、D、J 基因重排导致的抗体多样性、连接造成的多样性和体细胞高频突变造成的多样性。

1. V、D、J 基因重排导致的抗体多样性 编码一条免疫球蛋白多肽链的基因是由胚系中分隔开的基因片段重排而形成的,即免疫球蛋白的可变区和恒定区是由分隔存在的基因所编码,在淋巴细胞的发育过程中,这两个基因因为发生易位而重排在一起形成编码完整免疫球蛋分子的基因。人抗体重链(H 链)基因位于第 14 号染色体长臂,由编码可变区的 V 基因片段(variable gene segment)、D 基因片段(diversity gene segment)和 J 基因片段(joining gene segment)以及编码恒定区的 C 基因片段组成(图 5-4)。人抗体轻链(L 链)基因分为 κ 链基因和 λ 链基因,分别定位于第 2 号染色体长臂和第 22 号染色体短臂。轻链 V 区基因只有 V、J 基因片段。V、D、J 基因均以多拷贝的形式存在,其中重链 V、D、J 基因片段数分别为 40 个、25 个、6 个;κ 链 V 和 J 基因片段数分别为 40 个和 5 个;λ 链 V 和 J 基因片段数分别为 30 个和 4 个;重链 C 基因片段有 9 个。重链可变区基因是由 V、D、J 三种基因片段重排后形成的,轻链可变区基因是由 V、J 两种基因片段重排后形成的。在重链基因重排开始时,在重组酶的作用下,两条染色体上都发生 D 基因片段移位到 J 基因片段而发生 D-J 基因连接,此后,其中一条染色体上的 V 基因片段与 D-J 基因片段连接,通过基因重排形成重链抗体可变区基因(图 5-5),轻链则由 V-J 基因片段连接。重链恒定区含有多个结构域,而一个结构域由一个外显子编码,因而重链恒定区基因(C_H)由多个外显子组成。轻、重链可变区基因分别与恒定区基因连接,编码产生完整的 Ig 多肽链轻、重链,进一步加工、组装成有功能的抗体。

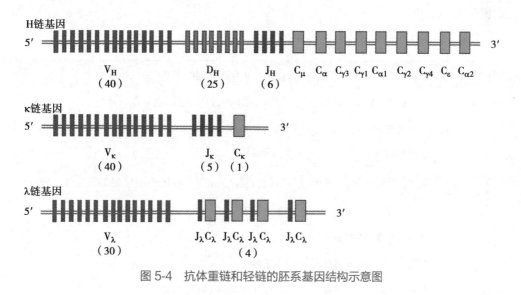

图 5-4 抗体重链和轻链的胚系基因结构示意图

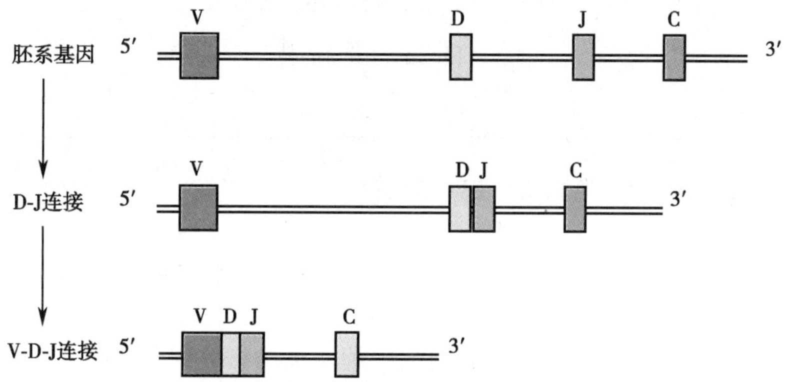

图 5-5 抗体重链可变区 V、D、J 基因重排示意图

2. 连接造成的多样性　抗体各基因片段之间的连接往往并不准确,片段连接时有核苷酸插入、替换或缺失的情况发生,从而产生新的序列,称为连接多样性。在抗体 V 区基因重排过程中,V、D、J 基因片段的连接处可以丢失或加入数个核苷酸,如末端脱氧核苷酸转移酶能将 N 个核苷酸加到 V、D、J 基因片段重排中出现的 DNA 断端,从而多种不同的抗体氨基酸序列,显著增加抗体的多样性。

3. 体细胞高频突变造成的多样性　体细胞高频突变(somatic hypermutation)是已完成 V、D、J 基因重排的成熟 B 细胞在抗原刺激后,在外周淋巴器官生发中心发生高频突变,主要是点突变,常发生在 V 区的 CDR 区,不仅能增加抗体的多样性,而且可导致抗体的亲和力成熟(详见本章第二节)。

二、抗体工程的关键技术发展过程

目前,抗体的应用主要包括两方面:检测和治疗。在检测方面,抗体作为诊断用试剂或检测用试剂,常用于免疫印迹、免疫沉淀、酶联免疫吸附、定量免疫荧光、免疫组织化学、流式细胞仪检测等,应用于科学研究和临床。抗体作为治疗剂,用于治疗各种疾病,尤其是应用于治疗癌症、自身免疫疾病和病毒感染,显示出巨大的潜力和应用前景,抗体药物(antibody-based drug)已成为生物医药发展的一个重要领域。随着生物技术的发展,已有许多不同类型的抗体药物被陆续研发出来,例如鼠源性抗体、人 - 鼠嵌合抗体、人源化抗体、全人源抗体等单克隆抗体,此外还有免疫偶联物、融合蛋白、细胞内抗体等类型(见表 5-1)。人源化抗体和全人源抗体中极少包含甚至不包含鼠源成分,这种抗体不仅避免了人抗鼠抗体反应,而且抗体的特异性、亲和力均不受影响,在疾病的治疗中将发挥巨大作用,具有广阔的应用前景。

表 5-1　目前治疗性抗体种类

抗体分类	亚类
单克隆抗体	完整抗体(鼠源性抗体、人 - 鼠嵌合抗体、人源化抗体、全人源抗体)
	双特异性抗体(靶向两种不同抗原的抗体)
	酶降解抗体片段[F(ab′)₂、Fab′、Fab 片段]
	基因工程抗体片段(单链抗体、双链抗体、三链抗体、微型抗体、轻链可变区、重链可变区)
免疫偶联物	放射免疫偶联物(抗体与同位素偶联)
	化学免疫偶联物(抗体与药物偶联)
	免疫毒素(抗体与植物或细菌毒素偶联)
融合蛋白	多肽类融合蛋白(抗体片段与多肽类药物的融合)
	毒素片段融合蛋白(抗体片段与毒素片段的融合)
	细胞因子融合蛋白(抗体片段与细胞因子的融合)
细胞内抗体	基于抗体的基因治疗

抗体治疗(antibody therapy)的源头可以追溯到几千年前。早在公元前 200 年,抗感染性疾病的疫苗就已经在中国开始使用。然而,真正的抗体治疗大约出现在 1 个世纪前,医学家们首次提出了基于抗体的疾病治疗,即血清治疗。他们发现用毒素(如白喉类毒素或病毒等)免疫的动物血清是一种有效的治疗剂,可以用于治疗该毒素导致的人类疾病。1880 年,德国医学家冯·贝林(von Behring)开发了一种抗毒素制剂,它不能直接杀灭细菌,但能中和从细菌释放到人体中的毒素。1901 年,冯·贝林教授由于发现和发展了白喉的血清治疗而获得诺贝尔生理学或医学奖。随后,来自人类或动物的含有抗体的血清被广泛用于病毒和细菌性疾病的预防和治疗。这些来源于动物的多价抗血清就是第

一代抗体药物,实质上是多克隆抗体。多克隆抗体是外源性抗原刺激机体,产生免疫学反应,由机体的浆细胞合成并分泌的与抗原有特异性结合能力的一组球蛋白,这些球蛋白就是免疫球蛋白,而这种与抗原有特异性结合能力的免疫球蛋白就是抗体。抗原通常是由多个抗原决定簇组成的,由一种抗原决定簇刺激机体并由一个 B 淋巴细胞(单克隆细胞)接受该抗原所产生的抗体称为单克隆抗体(monoclonal antibody),该抗体能够与抗原的独特表型特异性结合。由多种抗原决定簇刺激机体,就会产生各种各样的单克隆抗体,这些单克隆抗体混杂在一起就是多克隆抗体(polyclonal antibody),机体内所产生的抗体就是一些多克隆抗体。抗病毒血清等多克隆抗体虽然具有一定的疗效,但异源性蛋白能引起较强的人体免疫反应,该副作用限制了这类药物的应用。尽管血清多克隆抗体在许多临床治疗中是有效的,但存在一些相关的毒性问题,包括免疫反应,以及不确定的剂量限制等。此外,多克隆抗体中活性抗原特异性的抗体仅占总抗体的小部分(约 1%),其余的抗体不但没有疗效,而且还有毒性和免疫原性。

1975 年 Köhler 和 Milstein 首次用 B 细胞杂交瘤技术制备出单克隆抗体。利用这种技术制备的单克隆抗体在疾病诊断、治疗和科学研究中得到广泛的应用。20 世纪 80 年代后期,随着新兴的分子生物学的迅速发展,使得人们可以通过基因工程手段对天然的分子进行人为的改造,围绕着抗体药物临床应用所面临的亲和力不高、功能单一等药效学问题,体内排出快、难以到达靶部位等药动学问题,异源性强等毒理学问题,研究者开展了多项有益的尝试。随着对抗体结构及各功能区的研究,现在已经能够通过修改各功能区的序列、结构来研制出各种功能性抗体。

抗体工程技术的快速发展推动了抗体药物的研发和应用。抗体工程关键技术的发展过程可以概括为以下几个阶段:

(一) 杂交瘤技术的建立和应用——制备鼠源性抗体

1975 年,英国剑桥大学的科学家乔治斯·科勒(Georges J.F. Köhler)和赛瑟·米尔斯坦(Cesar Milstein)发表的一篇研究论文,描述了能够提供大量生产单克隆抗体的杂交瘤技术。杂交瘤技术制备鼠源性抗体的基本过程是:给动物注射抗原或抗原 / 佐剂混合物,然后从脾脏或淋巴结收集 B 细胞,将B 细胞与骨髓瘤细胞进行融合成为杂交瘤细胞,在补充次黄嘌呤、氨基蝶呤、胸腺嘧啶(HAT)的细胞培养基中进行选择性培养,通过有限稀释技术和免疫分析对特异的杂交瘤细胞进行克隆和选择。杂交瘤细胞就像一个抗体加工厂,可以不断产生性质相同的单克隆抗体。通过杂交瘤技术制备的抗体为只针对一种抗原决定簇的鼠源性单克隆抗体。由于发现了单克隆抗体生产技术和相关理论,1984 年 Köhler 和 Milstein 获得了诺贝尔生理学或医学奖。单克隆抗体作为生物科学和医学各研究领域中强有力的工具,主要用于医学诊断和生物免疫检测等。

随着使用单克隆抗体治疗的病例数的增加,鼠源性抗体用于人体的毒副作用也越来越明显,同时一些抗肿瘤单克隆抗体都没有获得显著的效果。20 世纪 90 年代初抗内毒素单克隆抗体用于脓毒症的治疗不仅没有取得预期效果,反而增加了患者的病死率,这使得单克隆抗体治疗研究和应用进入了低谷。单克隆抗体分子的半衰期较短,需重复应用。而由于人鼠之间遗传背景的差异,在人体内重复使用小鼠抗体会产生人抗鼠抗体(human anti-mouse antibody,HAMA)免疫应答,这极大限制了单克隆抗体在疾病治疗上的应用和发展。这些问题在很大程度上已经被 DNA 重组技术的利用所克服,以避免人体免疫反应,同时保留抗体的特异性。

(二) DNA 重组技术的应用——制备重组单克隆抗体

利用 DNA 重组技术可以修饰抗体或制备各种模式的重组单克隆抗体。由于鼠源性抗体在人体可引起 HAMA 免疫应答,对于治疗过程较长、需反复多次给药的抗体,利用基因工程 DNA 重组技术改造鼠源性抗体,使其向人源化抗体方向发展是抗体药物研发的主要发展方向。20 世纪 80 年代,研究者探索以人 - 鼠嵌合抗体技术、人源化抗体技术逐步改造鼠源性抗体,使其鼠源性成分逐渐降低,人源性成分逐渐增加(见图 5-6)。

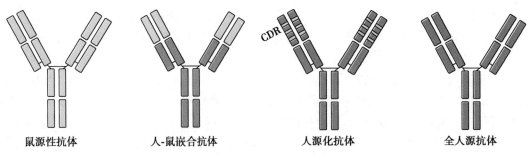

| 鼠源性抗体 | 人-鼠嵌合抗体 | 人源化抗体 | 全人源抗体 |

图 5-6　抗体结构人源化改造示意图

　　1. 人 - 鼠嵌合抗体　人 - 鼠嵌合抗体(human-mouse chimeric antibody)是将鼠源 Ig 的可变区与人源 Ig 的恒定区拼接而成的,是第一代重组单克隆抗体(图 5-6)。1984 年,第一个嵌合抗体被研发出来,它是利用 DNA 重组技术,将编码带有鼠重链可变区的人重链恒定区[mV$_H$-h(C$_H$1-CD$_H$2-C$_H$3)]和带有鼠轻链可变区的人轻链恒定区(mV$_L$-hC$_L$)构建于表达载体中来制备的。将鼠源性抗体可变区与人抗体恒定区的融合,因为抗体恒定区是最强的免疫源区域,而抗体的抗原结合位点在抗体可变区,因此人抗体恒定区取代小鼠抗体恒定区将保留抗体的抗原结合能力,并在很大程度上减弱了人抗鼠抗体的免疫反应。嵌合抗体既具有鼠源性抗体的靶向结合能力,又因为这些抗体包含人 Fc 段而具有人抗体的免疫系统性能,它们在人体内具有抗体的所有生物学活性。人抗体恒定区的存在使得抗体在人 ADCC 和 CDC 中作用更有效。1994 年第一个嵌合抗体阿昔单抗(abciximab,ReoPro®)批准上市。其他的嵌合抗体药物有抗 CD20 的利妥昔单抗(rituximab,Rituxan®)和抗表皮生长因子受体(epidermal growth factor receptor,EGFR)的西妥昔单抗(cetuximab,Erbitux®)。然而,嵌合抗体还有大约 30% 的鼠源性和 70% 的人蛋白序列,鼠源性部分还能够引起 HAMA 应答。为解决潜在的人抗嵌合抗体(human anti-chimera antibody,HACA)应答,科学家们寻求研发比嵌合抗体更好的人源化抗体。

　　2. 人源化抗体　人源化抗体(humanized antibody)是将鼠抗体进行人源化改造,即将鼠源性抗体可变区的互补决定区 CDR 置换成人 Ig 的 CDR 区,获得改形抗体(reshaping antibody),或以人抗体为参照,改造替换鼠源性抗体的表面氨基酸残基,得到镶面抗体(resurfacing antibody)。最佳的人源化抗体不仅含有鼠源性抗体特异性抗原结合强度所需的最少的氨基酸数量(占总量 5%~10%),还具有人免疫系统的能力。人源化抗体降低 HAMA 反应,在血中半衰期也相对较长。改形抗体也称 CDR 移植抗体(CDR grafting antibody),是将鼠源性抗体的 CDR 移植到人抗体的骨架区,使人抗体获得与鼠源性抗体一样的抗原特异性,并能最大限度地降低鼠源性抗体的异源性(图 5-6)。与嵌合抗体相比,改形抗体进一步减少了抗体中鼠源性部分的比例,降低了 HAMA 反应。已有超过 100 多种鼠源性抗体通过 CDR 移植得到了人源化抗体,其中超过 60 余种已经进行或正在进行临床试验。研究还显示,已经在全球上市的和在临床试验的人源化抗体是有效的、安全的。

　　抗体抗原结合的特异性主要取决于其 CDR 的表面构型和特性,如每个 CDR 构象及其氨基酸侧链的性质。因此,移植鼠源性 CDR 到一个人抗体的可变区,可显著降低抗体的免疫原性。然而,CDR 的移植可能导致抗原结合特性不能完整保留。独特的人和小鼠免疫球蛋白重链和轻链可变区比较分析显示,人抗体与小鼠抗体暴露残基骨架的精确模式是不同的。如果想要保留重要的抗原结合亲和力,一些来自小鼠抗体的残基骨架必须在人源化抗体中保留。为了达到最佳的人抗体骨架,就要从数据库中选择合适的人抗体可变区,该可变区与小鼠抗体可变区有最大的序列同源性。这种研究方法使得人源化抗体保留了原有的关联残基,该残基直接影响其抗原结合特性。该方法包括计算机模拟设计、聚合酶链反应技术以及定点突变。该过程的 CDR 移植已被成功地用于许多人源化抗体,包括使用曲妥珠单抗(trastuzumab,Herceptin®)和阿仑单抗(alemtuzumab,Campath®)。

　　针对小鼠 T 辅助细胞表位的脱免疫技术(deimmunization technology)是另一种降低鼠源性抗体免疫原性的途径。辅助性 T 细胞表位含有抗体的序列,它与主要组织相容性复合体(MHC)Ⅱ类分子结合,可以被辅助性 T 细胞识别,启动 T 细胞激活和分化,从而诱导人抗鼠免疫反应。脱免疫技术程序包括确定并消除来自抗体的小鼠 T 辅助细胞结合表位,用计算机辅助预测序列和突变。

(三) 转基因小鼠技术——制备全人源抗体

尽管人源化抗体的鼠源性成分含量已减少到 10%,但人源化抗体的免疫原性并不能达到令人满意的结果,其免疫原性还不能够被完全忽视,有的仍能引起严重的反应。因此,全人源抗体的研究自然成为当前的发展趋势,全人源抗体可以通过使用人杂交瘤细胞、转基因动物以及噬菌体抗体库等途径得以实现。噬菌体展示(phage display)技术、转基因小鼠(transgenic mouse)以及其他分子生物学技术的利用,使得全人源抗体的研究得到快速发展。

1994 年,Lonberg 等建立了表达人抗体的转基因小鼠,使得由动物制备全人源抗体成为可能。产生全人源抗体的转基因小鼠是基因工程、转基因动物和杂交瘤技术的有机结合。首先是用人 Ig 基因取代小鼠 Ig 基因,继而将含人抗体轻链和重链基因组的小鼠与 SCID 小鼠杂交,从中筛选出双转基因 / 双缺失的纯合小鼠。目前所用的主要方法有 ES 细胞法、原核显微注射法、逆转录病毒感染法、体细胞核移植法、精子载体法、酵母人工染色体(YAC)法和细菌人工染色体(BAC)法、微细胞介导的转染色体技术等方法。转基因小鼠含有人抗体基因谱,当接受免疫抗原的注射后,受到靶抗原刺激的小鼠体内 B 细胞可产生免疫应答反应,分泌针对该免疫原的全人源抗体。在一些小鼠品系中,他们的鼠源性免疫球蛋白基因位点已被人免疫球蛋白基因取代,这些转基因小鼠能够生产结构和功能正常的人抗体。全人源抗体也可以通过使用常规的杂交瘤技术进行克隆和生产。由转基因小鼠 B 细胞制备的杂交瘤也能够分泌全人源抗体,可以用杂交瘤技术进行克隆和生产,这为人抗体及基因工程抗体的制备开辟了一条新的途径。

(四) 抗体库技术——制备全人源抗体

Winter 等在 1994 年创建了噬菌体抗体库技术,克服了人体不能随意免疫的缺点,而且不用人工免疫动物和细胞融合技术,完全用基因工程技术制备全人源抗体。抗体库技术是一项新的全人源抗体制备技术,可简便、快速地生产全人源抗体,可生产针对几乎所有靶抗原的全人源抗体。用于制备能结合细胞表面受体并能够内化的抗体,这些抗体可以运载细胞毒性物质进入细胞内,达到治疗效果。抗体库的构建过程,首先从不同来源的 B 细胞中分离得到人抗体重链和轻链 mRNA,反转录为 cDNA,经过 PCR 扩增、克隆和在丝状噬菌体表面进行表达。这些表达特异性抗体的单克隆菌株可以被抗原混合和噬菌体库的克隆筛选技术鉴别出来。从噬菌体抗体库中选择内化的抗体,用高通量流式细胞仪检测筛选结合到肿瘤细胞株的噬菌体抗体,然后用免疫沉淀和质谱分析确定抗原与噬菌体抗体的结合能力,最后检验和量化噬菌体抗体的内化。噬菌体抗体库可直接选择肿瘤细胞株,产生能结合细胞表面受体并迅速内化的抗体。噬菌体抗体库的特点和优势包括:①噬菌体人抗体库可以模拟天然抗体库,不需要免疫人和动物;②抗体工程菌株比杂交瘤细胞稳定、易保存,适应于大规模工业化生产;③能够模拟抗体亲和力成熟过程,获得不同亲和力的抗体。理论上,人们可以用基因工程的方法研制任何一种具有高度特异性的抗体,使抗体工程的设想成为现实。越来越多的科学家投入噬菌体抗体库研究,使其得以快速发展,由此开创了一条简便、快速的基因工程抗体生产途径。2002 年第一个噬菌体展示技术生产的全人源抗体阿达木单抗(adalimumab,Humira®)获批上市。

(五) 抗体小型化技术及融合蛋白、偶联药物的研制

随着对抗体结构和功能认识的深入,以及分子生物技术和抗体工程技术的不断发展,单克隆抗体的研发一方面向人源化方向发展,另一方面向小型化抗体方向,以及偶联药物、融合蛋白等功能性抗体方向发展。小分子抗体及抗体片段的优势在于:由于分子量较小,可以部分降低抗体的鼠源性,容易穿透血管壁,进入病灶的核心部位;抗体片段能够在原核细胞中大量表达,可以大大降低生产的成本;并且由于分子量小,可以制成融合蛋白和偶联药物,发挥更强的治疗作用。抗体药物偶联物(antibody-drug conjugate,ADC)包括抗体及其片段与药物的化学偶联物、抗体同位素偶联物,可增强药物的靶向性和疗效,同时全身毒性作用减小。将抗体与细胞因子(包括受体、配体和蛋白激酶等)表达成融合蛋白(fusion protein),增强靶向性和疗效。

抗体工程技术的出现解决了抗体药物在以往的临床应用所面临的多种问题,使得新型的基因工程抗体药物在药效学、药动学、毒理学方面具有更为优良或是更为适宜临床应用的新的特性,为目前抗体药物的兴起奠定了重要的基础。

第二节　抗体人源化技术

抗体药物出现于一百多年前,人们已经开始使用可以中和毒素的抗毒血清,实际上是多克隆抗体。但多克隆抗体由于副作用大疗效差,长时间以来只能对有限的几种急性传染病进行救治,而不能进行更广泛的临床应用。与多克隆抗体相比,由杂交瘤技术生产的鼠单克隆抗体能特异识别结合抗原单一表位,可以更为有效地发挥药效并具有更小的毒副作用。鼠单克隆抗体通过结合肿瘤细胞表面的受体、中和可溶性配体和诱导肿瘤细胞凋亡来发挥作用。但是,鼠单克隆抗体的 Fc 区限制了其与人效应细胞或人补体结合的能力,因此其治疗潜能受到限制。此外,鼠单克隆抗体对人体来说具有异源性,反复使用会引起患者强烈的人抗鼠抗体(HAMA)反应,该反应可中和鼠单克隆抗体,使其快速清除,并且还可能导致严重的过敏反应,因此需要对鼠单克隆抗体进行人源化改造。

一、抗体人源化技术的概念和基本原理

20 世纪 80 年代,随着分子生物学的快速发展,通过基因工程方法对鼠单克隆抗体分子进行人源化改造,以降低抗体分子中的鼠源性氨基酸组分,提高人源性氨基酸组分,即抗体人源化,其目的是减少或避免患者反复使用鼠单克隆抗体出现 HAMA 反应。

鼠源性抗体的人源化改造经历了三个发展阶段。

第一阶段是制备人 - 鼠嵌合抗体,抗体中保留了小鼠的 V 区结构,C 区为人源序列,人源化程度达到 75% 左右,既减少免疫原性,又保留了在人体内的所有生物学功能。由于 HAMA 反应中最主要的免疫原性成分来自小鼠抗体的恒定区(C 区),因此抗体人源化改造首先将鼠源性抗体恒定区替换为人抗体恒定区,即通过基因工程方法将鼠源性抗体可变区(V 区)基因与人 IgG 的 C 区基因进行基因重组(cDNA 水平的拼接),构建完整的人 - 鼠嵌合抗体表达载体,转入哺乳动物细胞中表达出的抗体,称为人 - 鼠嵌合抗体。构建表达载体时,抗体轻链 cDNA 和重链 cDNA 可以克隆入同一表达载体,也可以分别克隆入不同表达载体分别进行表达。人 - 鼠嵌合抗体其氨基酸组成中人源性组分约占 75%,是初步的抗体人源化改造。抗体 V 区负责对抗原进行特异性识别和结合,人 - 鼠嵌合抗体的 V 区没有改变,因此人 - 鼠嵌合抗体对抗原的特异性识别能力和亲和力一般也不会发生变化。同时人 Fc 段能更好地与人体内效应细胞上的 Fc 受体相结合,诱导 ADCC 等作用,因此与鼠源性抗体相比较,人 - 鼠嵌合抗体在临床治疗中具有更明显的优势。考虑到灵长类动物与人类基因组相似度更高,采用非人灵长类动物抗体改造成人 - 灵长类嵌合抗体,可进一步增加抗体人源化程度。

第二阶段是在人 - 鼠嵌合抗体基础上,采用抗体人源化技术对抗体 V 区结构进行改造,制备人源化程度更高的单克隆抗体——人源化抗体(humanized antibody)。虽然人 - 鼠嵌合抗体通过 C 区替换将抗体的鼠源性程度大大降低,但保留的抗体 V 区的骨架区(FR)和互补决定区(CDR)鼠源性成分(V 区约占抗体氨基酸组成的 30%~40%),仍有可能诱导 HAMA 反应。通过对 V 区进行改造,提高抗体的人源化程度,氨基酸序列的人源化程度达到 90% 以上,进一步降低抗体药物发生 HAMA 反应的可能性。目前,抗体人源化技术主要是指抗体人源化改造过程的第二阶段所用到的技术。

第三阶段是采用全人源抗体技术,构建的抗体其氨基酸序列人源化程度达到 100%,称为全人源抗体,这种技术将在本章第三节予以详细介绍。

二、抗体人源化技术的种类

目前,抗体人源化技术主要有四种,分别是 CDR 移植抗体技术、表面重塑抗体技术、链替换抗体技术以及去免疫化抗体技术。

(一) CDR 移植抗体技术

IgG 型抗体轻、重链 V 区各由 4 个骨架区(FR)和 3 个互补决定区(CDR)组成,其中轻链的 CDR 和重链的 CDR 在空间结构上紧邻,构成与抗原表位结合的位点,抗原抗体结合的特异性主要取决于 CDR 的表面构型和特性,移植鼠源性 CDR 到人抗体的可变区,可显著降低抗体的免疫原性。FR 作为骨架起支撑作用,因而将鼠源性 FR 中相对保守的氨基酸序列替换为人的 FR 序列一般不会显著影响抗原的结合特性,同时又能进一步降低 HAMA 反应。将人 - 鼠嵌合抗体中鼠源性 FR 替换为人的 FR 序列,这种抗体称为改形抗体(reshaping antibody),也可以理解为将鼠源性抗体的 CDR 移植到人抗体中,因此又常被称为 CDR 移植抗体(CDR grafting antibody),这种抗体人源化技术称为 CDR 移植抗体技术。

构建 CDR 移植抗体的技术路线:通过克隆分析鼠源性抗体的 V 区基因确定 CDR 和 FR,利用数据库进行检索和比对初步确定人 FR 序列,采用计算机分子模拟找出有最大同源性的人 FR 序列,综合考虑确定需要保留或改造的关键的鼠源性氨基酸残基,然后进行分子克隆、DNA 重组、转染细胞、表达抗体等,检测实际效果,进行 CDR 修正,最终制成既保有鼠源性抗体抗原结合表位又具有高亲和力的人源化抗体。其中前三个步骤是整个过程的关键步骤,即确定鼠源性 CDR 和 FR、确定人 FR、确定需要保留和改变的关键氨基酸残基。改型后的单克隆抗体人源化程度可以达到 90%~95%,与人 - 鼠嵌合抗体相比,免疫原性进一步降低,人体内生物半衰期明显提高,但存在的缺点是抗原亲和力下降,因此需要进行亲和力成熟的过程以提高其亲和力(详见本章第三节)。目前 CDR 移植技术已成为制备人源化抗体药物的主要技术方法。

进一步研究鼠源性抗体免疫原性,发现鼠源性 CDR 的某些部分也具有诱导人产生抗独特型抗体的免疫原性。对 CDR 三维结构进行分析,发现 CDR 序列中只有 30% 的氨基酸残基直接参与抗原 - 抗体结合,这部分氨基酸残基称为特异性决定残基(specificity determining residue,SDR),而 CDR 中剩余的 70% 氨基酸残基与抗原结合关系不大。因此设想构建仅保留鼠源性 SDR 的人源化抗体,将会进一步提高抗体的人源化程度,减小抗体的免疫原性,减少抗抗体反应,但同时可能会出现抗原亲和力进一步下降的问题。为避免或减小亲和力下降的程度,因此适当放宽氨基酸残基移植范围,将 CDR 内部 SDR 之间的氨基酸序列也纳入移植的范围。

(二) 表面重塑抗体技术

与 CDR 移植抗体人源化尽可能多地替换 V 区的鼠源性成分的技术方法不同,表面重塑抗体(resurfacing antibody)技术是将位于三维空间结构抗体 V 区表面的氨基酸残基进行人源化替换的技术。表面重塑抗体技术是建立在对人、鼠抗体结构的大量分析比对,发现暴露在抗体分子表面位置的氨基酸残基种类、数量和位置都具有各自的规律,这种规律性的不同可能正好与抗体在不同种属显现的免疫原性有关,因此对鼠源性抗体的人源化改造并非一定需要完全替换抗体分子的鼠源性部分,可以只将位于抗体分子表面的氨基酸残基按人抗体的表面氨基酸结构规律进行替换,即仅在抗体分子表面重塑抗体。

构建表面重塑抗体的技术路线:首先在抗体结构数据库中寻找鼠源的最大同源性蛋白序列,利用计算机软件分析抗体分子的三维结构,确定表面氨基酸残基;然后从数据库中找出最大同源性的人抗体序列,尝试将鼠源性抗体表面氨基酸残基替换为对应的人抗体氨基酸残基,替换中要考虑被替换残基的侧链匹配情况,是否与 CDR 在空间上紧邻,尽量避免对 CDR 的空间结构的影响;最后通过定点突变等方法获得表面抗体人源化基因序列,连接进入表达载体,转染宿主细胞,表达得到人源化抗体。

由于表面重塑抗体仅有少数的表面氨基酸残基发生人源化,尽可能多地保留了鼠源性抗体 CDR 的序列,因此这种改造对抗体的亲和力影响很小,不存在 CDR 移植抗体亲和力降低的问题。随着计算机辅助技术和抗体库技术的发展,需要更全面、更细致地分析抗体分子结构,选择性保留对维持抗体结构和亲和力起关键作用的氨基酸残基,尽可能在提高抗体人源化程度的同时避免影响抗体的特异性和亲和力。

(三) 链替换抗体技术

链替换抗体(chain shuffling antibody)技术是将鼠源性抗体中非人源的轻链和重链逐步替换为人抗体序列,最后得到全人源抗体的技术。链替换抗体严格意义上说属于全人源抗体,但由于是在鼠源性抗体的结构基础上进行的人源化改造,所以习惯归在人源化抗体之中。此前的抗体人源化技术,包括嵌合抗体技术、CDR 移植抗体技术和表面重塑抗体技术,都是在异源抗体中引入不同程度的人抗体序列,而链替换抗体技术则是通过抗体库定向选择(guided selection),逐步将异源抗体的轻、重链完全替换为人抗体序列,最终获得对抗原具有特异识别结合能力的全人源抗体。

构建链替换抗体的技术路线:首先克隆鼠源性抗体的 V 区基因,构建嵌合的 Fab 或可变区单链抗体(详见本章第四节),再构建含人抗体轻链的杂合型轻链替换库,经筛选获取含鼠源性抗体重链和人抗体轻链的杂合型抗体,然后以同样方法替换鼠源性抗体的重链,构建全人源抗体库,最终筛选出与鼠源性抗体具有相同抗原识别特异性的全人源抗体基因。抗体轻链和重链的替换顺序可以根据具体情况调整,一般考虑先替换对抗体亲和力影响不大的链。与前面介绍的两种抗体人源化技术相比,链替换抗体技术采用了抗体库技术,因此会具有由抗体库技术制备的抗体的优越性,抗体的多样性明显增加,并且能够筛选出高亲和力的抗体。

(四) 去免疫化抗体技术

对鼠源性抗体进行人源化改造的目的是要避免 HAMA 反应,因此理论上直接将鼠源性抗体中的人 T 细胞识别表位去除,阻断 HLA Ⅱ类分子介导的抗原呈递过程,从而避免 HAMA 反应。去除鼠源性抗体中人 T 细胞识别表位的抗体,称为去免疫化抗体(deimmunization antibody),该技术称为去免疫化抗体技术。

制备去免疫化抗体的技术路线:首先需要建立亲本鼠源性抗体的三维结构分子模型,利用相关的公用数据库查找鼠源性抗体可能的人 T 细胞识别表位,同时可通过体外实验确定可能的人 T 细胞识别表位,然后与人胚系 V 区基因比对确定需要替换的氨基酸残基,进行分子模拟检验被替换的氨基酸残基,最后进行分子水平实验克隆表达出抗体并进行验证。去免疫化抗体技术是上述其他三种抗体人源化技术的有益补充,目前处于研究起步阶段,随着对人类免疫系统认识的深入会有进一步的发展。

三、抗体亲和力成熟

抗体亲和力(affinity of antibody)是指抗体与抗原结合能力的大小。抗体亲和力的高低影响抗体在体内的存留时间,一般来说,亲和力高的抗体比亲和力低的抗体在体内的半衰期要长。对治疗性抗体来说,亲和力的高低对治疗性抗体的疗效是一个极为重要的影响因素。经典的杂交瘤技术制备单克隆抗体需耗费大量的时间和精力去获得高亲和力的抗体。为避免鼠源性抗体应用时产生 HAMA 反应,对抗体进行人源化改造,尽量减少抗体结构中鼠源性氨基酸残基组分,但这些氨基酸残基的改变可能会影响到抗体的亲和力,使抗体亲和力下降,从而影响抗体的疗效。抗体亲和力的提高有助于改善抗体的特异性和效力,减少抗体用药剂量,降低毒副作用。

在机体免疫系统中,抗体亲和力得到提高。首先,胚系 V 区基因发生 V、(D)、J 基因组合性重排,产生具有多样性的原始抗体,经抗原结合后从中选择出特异性抗体,然后经过大量突变和进一步的选择,抗体的亲和力得到提高。抗体亲和力的分子基础在于抗体可变区,体外抗体亲和力成熟主要是在抗体 V 区引入大量突变。噬菌体展示技术已成功用于抗体亲和力的提高。下面分别予以介绍。

(一) 体内 B 细胞抗体亲和力成熟机制

在体液免疫中,B 细胞再次免疫应答所产生抗体的平均亲和力高于初次免疫应答抗体的亲和力,这种抗体亲和力的提高现象称为抗体亲和力成熟（antibody affinity maturation）。B 细胞抗体亲和力成熟是由于抗体基因高频突变和抗原对 B 细胞克隆的选择性激活。机体再次受到抗原刺激后，在二级淋巴器官的生发中心（germinal center）B 细胞抗体轻链和重链 V 基因尤其是 CDR 可发生高频率的点突变，称为体细胞高频突变（somatic hypermutation）。体细胞高频突变可导致体液免疫应答中产生各种不同亲和力的 B 细胞克隆，滤泡树突状细胞呈递抗原，只有抗原亲和力最高的 B 细胞克隆被刺激而扩增，进一步分化为浆细胞和记忆细胞，使得后代 B 细胞及其产生的抗体对抗原的平均亲和力得到了提升，即完成抗体亲和力的成熟。B 细胞抗体 V 区基因存在着高频突变，B 细胞抗体 V 区基因尤其是 CDR 的突变频率可高达 1/1 000，而一般体细胞的自发突变频率仅为 $1/10^{10} \sim 1/10^7$，因此 B 细胞的突变频率远远高于一般体细胞基因的突变频率。有研究发现 B 细胞活化诱导的胞嘧啶核苷脱氨酶（activation-induced cytidine deaminase，AICD）将胞嘧啶脱氨基转变为尿嘧啶，突变后的尿嘧啶引发错配和碱基剪切并引发 DNA 修复，而不正确修复进一步加剧突变产生，导致抗体基因高频突变。这种体细胞高频突变属于二次免疫应答，可使抗体进一步成熟，有助于机体有效抵抗外来抗原的再次入侵。抗体亲和力成熟是经过长期进化和对外界环境不断适应的结果，是机体一种正常免疫功能状态，对机体防御和维持自身免疫监控有着十分重要的意义。

（二）常用的抗体亲和力成熟策略

体内抗体亲和力成熟主要是由于体细胞高频突变所导致的。根据体内抗体亲和力成熟的机制，采用突变手段在体外提高抗体亲和力。目前的突变方法主要有四种，分别是易错 PCR 随机突变、链置换、CDR 定点突变、DNA 改组。

1. 易错 PCR 随机突变 易错 PCR（error-prone PCR）是目前最常用的抗体突变技术，可以在抗体基因的全长或部分区域随机引入突变。在聚合酶对目的基因扩增时，通过应用错配率高的聚合酶或调整反应条件等，以一定的频率向目的基因中随机引入突变，并通过多轮 PCR 反复进行随机诱变，累计突变效应，最终获得目的蛋白的随机突变体。随机突变的缺点：突变不一定位于影响亲和力的位点，而且随机突变如果发生在骨架区内，则可能影响免疫原性。

2. 链置换 链置换是通过固定抗体两条链中的一条链（重链或轻链），对另一条链构建具有足够多样性的置换文库，进行随机组合增加抗体的多样性，提高筛选到高亲和力抗体的机会，重复进行链替换和亲和力筛选将产生高亲和力的抗体。由于抗体重链在结合活性和结构方面比较重要，所以链置换策略常采用轻链替换，以尽量避免链替换后抗体结合特异性发生变化。

3. CDR 定点突变 由于天然抗体在亲和力成熟过程中体细胞高频突变发生区域并非均匀分布，而是主要集中在与抗原直接接触的 CDR，CDR 的氨基酸残基尤其是 V_H CDR3 和 V_L CDR3 的残基在与抗原的相互结合中起关键作用，在这些位置的突变会使抗体失去结合抗原的能力。在抗体的亲和力体外成熟过程中，CDR 是最常选用的定点突变区域，这样既可以获得足够的序列多样性，又不会破坏蛋白质结构。对 CDR 进行定点突变时，可以对多个 CDR 进行平行突变或进行逐步优化。通过进一步试验鉴定结构和功能保守的残基以及调控亲和力的残基，为后续的进一步突变以提高亲和力提供有益信息。

4. DNA 改组 1994 年，Stemmer 等提出了运用 DNA 改组的技术方法，用于快速实现功能蛋白质的体外进化。DNA 改组（DNA shuffling）技术是对同源的抗体基因，采用脱氧核糖核酸酶 I 将其切割成不超过 50bp 的片段，再随机组合后进行 PCR 扩增，获得较大容量的功能蛋白质突变体库，然后再结合运用相应的快速富集筛选方法（主要是以噬菌体表面展示为主的各种表面展示技术）对突变体进行筛选，最终得到进化的功能蛋白质分子。它包含了抗体片段随机化切割、重组和筛选的过程，一定程度上模拟了天然抗体的亲和力成熟过程，并加快了体外定向进化速度。目前这项技术已经广泛用于抗体的体外亲和力成熟。

抗体亲和力成熟采用的抗体表达系统多采用噬菌体表面展示技术。噬菌体表面展示技术不需要经过免疫和人源化改造步骤，而是通过将人源抗体基因与噬菌体外壳蛋白基因融合表达以及富集筛选，可以在短期内筛选到较高亲和力的全人源抗体。在体外试验中，噬菌体表面展示技术已成功用于抗体亲和力的提高,有报道称可以将抗体亲和力提高 1 000 倍以上。也有采用使噬菌体在大肠埃希菌高突变的菌株中进行扩增以获得高亲和力的抗体。

第三节　全人源抗体技术

尽管人源化抗体的小鼠成分含量明显减少,但人源化抗体仍然存在一定的免疫原性,不能被完全忽视,因此全人源抗体的研制是必然趋势。目前,人们已经能够制备可完全消除鼠源性抗体免疫原性的全人源抗体。全人源抗体的制备可以通过以下技术途径实现:抗体库展示技术、转基因小鼠技术、EB 病毒介导的人 B 细胞永生化方法、单细胞 PCR 方法、人 - 人杂交瘤技术以及计算机辅助设计等,其中抗体库展示技术的应用最为广泛。2002 年被 FDA 批准上市的第一个全人源抗体阿达木单抗(Humira®)就是利用抗体库展示技术制备的。

一、抗体库展示技术

抗体库展示技术将人的所有抗体可变区基因克隆在质粒或噬菌体中进行表达,利用不同的抗原筛选出携带特异抗体基因的克隆从而获得相应的特异性抗体。从理论上讲,当抗体库的多样性达到 $10^{13}\sim10^{14}$,在合适的筛选条件下,几乎可以从中快速筛选到所有的全人源抗体。抗体库技术已经成为最重要的获得高亲和力、高特异性的基因工程抗体的通用手段。抗体库展示技术与传统的单克隆抗体技术相比优势明显,其库容量大,可筛选上百万的单克隆抗体,更易获得针对特定抗原表位的高性能单克隆抗体,在筛选与特定抗原结合的抗体的过程中,可以更为省时、省力、高效、经济地完成大量抗体克隆的筛选。

抗体库构建过程为:采用分子生物学方法克隆出抗体全套可变区基因,分别与载体连接,导入受体菌系统,利用受体菌蛋白合成分泌等条件,将抗体展示在细菌、噬菌体等表面,进行筛选与扩增,即获得所需要的抗体。

下面分别就抗体库分类、用于抗体库构建的展示技术、噬菌体抗体库进行介绍。

(一)抗体库分类

按照获取抗体基因的来源不同,抗体库分为以下四种类型:

1. 天然抗体库　天然抗体库来自未经特定抗原免疫的宿主,或是随机合成的不针对特定抗原的宿主,通常至少含有 10^9 个以上的抗体克隆。初级免疫反应产生的识别不同抗原的抗体分子,可以作为抗体基因的“天然”来源而被克隆。标本可来源于非免疫人体的外周血淋巴细胞、骨髓、脾细胞。例如取非免疫人体的 B 细胞,提取总 RNA 逆转录获得 cDNA,以 V 基因骨架区 FR1 和 FR4 之间的寡核苷酸序列为模板,经 PCR 扩增获得产物,连接到表达载体进行表达和展示。这些抗体的平均亲和力为 $10^{-7}\sim10^{-6}$mol/L,相当于体内初次免疫反应中天然抗体的亲和力。从理论上计算,如果抗体库的库容达到 $10^9\sim10^{10}$,就能够筛选得到高亲和力的抗体,其亲和力相当于二次免疫。虽然理论上从天然抗体库中可以筛选获得可特异结合任何抗原的抗体,但实际上由于这些天然抗体基因缺乏体内重排与突变,因而很难从中获得高亲和力的抗体,所筛选获得的抗体需要进行进一步的亲和力成熟改造,才能获得高亲和力的抗体,并且筛选背景高,某些特定抗原的抗体丰度低,因此如果筛选这些抗体则筛选难度较大。

大容量天然库的优点和用途有:①可用于针对所有抗原,但常用于构建人类特定的、无法人为进行免疫的抗原;②对于某些免疫原性极弱,无法在宿主中激发有效免疫反应的抗原;③可获得人源化抗体;④只需 2~4 轮筛选约 2 周时间即可获得抗体;⑤如果库容足够大,可直接筛出高亲和力抗体。不足之处在于:①一般库容较小,抗体亲和力低;②这种库的大量未知及不可控因素的影响,特别是 IgM 库中潜在的多样性局限(倾向于 V 基因家族的单一性表达)和无法获知 B 细胞供体的免疫史背景,使得对库的内容、质量以及库容量有影响。

2. 抗原倾向性抗体库（免疫抗体库） 抗原倾向性抗体库中，抗体基因来源于经过免疫的动物或人的淋巴细胞、组织等。这类抗体库含有丰度较高的抗原特异性抗体，与杂交瘤制备抗体途径相比，能够产生更多甚至更好的抗体，而且这些抗体经过了免疫系统的亲和力成熟过程，因此可从这种免疫抗体库中筛选到高亲和力的抗体。对于构建抗肿瘤人源化抗体库而言，可以应用肿瘤引流区淋巴结、肿瘤浸润淋巴细胞和肿瘤转移淋巴结来源的淋巴细胞。例如 Pereira 等用一个病情缓解 7 年、定期用异体瘤细胞疫苗免疫的黑色素瘤患者的外周血淋巴细胞，构建抗体库筛选获得了一个特异性结合黑色素瘤细胞的 Fab 抗体。对于一些新发现的分子，特别是人类基因组计划中发现的越来越多的新基因，可以用噬菌体或者真核载体进行表达，然后免疫动物构建抗体库。对于不能对人体直接进行免疫的抗原可以考虑体外免疫，如 Andersson 等用 MUC1 核心表位肽先后两次在体外免疫人外周血淋巴细胞，第二次免疫后，用 ELISA 鉴定培养上清中特异性抗 MUC1 抗体，取阳性孔中的淋巴细胞建库，筛选出高亲和力 IgG Fab 抗体。

抗原倾向性抗体库的主要用途和优点是：①可以作为研究生物体对某种抗原体液免疫的很好的工具，如自身免疫性疾病、病毒感染等；②抗原倾向性抗体库含有丰度较高的抗原特异性抗体，因此从库容量较小、10^5 的抗体库中就能筛选到针对免疫原的功能性抗体及其基因；③这种方法与杂交瘤途径相比能够产生更多甚至更好的抗体，甚至亲和力高于用传统技术获得的抗体。

这种抗体库具有明显的缺点，包括：①免疫动物费时，而且对目的抗原免疫反应存在不可预见性，例如对某些抗原（如自身抗原或毒性分子）缺乏反应性，因而得不到特异性抗体；②对任何一个新的抗原都必须构建一个新的噬菌体抗体库，需要多用 1~3 个月的时间，加大了工作量，而采用大库容量的天然库或合成库能够更快获得同样亲和力的抗体；③由于涉及伦理问题，不能对人进行任意的主动免疫制备全人源抗体，使得这种抗体库的使用受到限制。

3. 半合成抗体库 半合成抗体库是由人工合成的一部分可变区序列与另一部分天然序列组合构建的抗体库。构建半合成抗体库的主要目的是对抗体分子进行优化。抗体结合抗原的关键部位存在于抗体重链和轻链可变区的 6 个 CDR。通过 V、D、J 基因重排，抗体分子的 6 个 CDR 都发生随机化重排，从而产生大量不同的抗体分子，抗体 CDR3 随机化尤为重要，主要满足抗体特异性的需要。随后，如果一个抗体结合了入侵的抗原，相应的 B 细胞就会发生增殖，抗体基因发生高频突变，CDR1、CDR2 及 CDR3 突变导致抗体基因的多样性和不同亲和力的 B 细胞克隆，而最高亲和力的克隆被筛选出来进行扩增，最终获得高特异性、高亲和力抗体。构建半合成抗体库需要在胚系可变区基因片段的基础上引入具有倾向性的随机 CDR，组装成新的可变区基因。抗体的 CDR 可用寡核苷酸直接突变或基于 PCR 的方法进行部分或完全随机化。

4. 全合成人抗体库 全合成人抗体库的抗体可变区基因完全由人工合成。在建库过程中，一方面，要借助人抗体胚系基因作为引入随机突变的基础骨架，在保留"人源性"方面尽量保守，以避免将来应用于人体时产生异质性。另一方面，在抗体的 CDR 引入尽可能多的突变，使所建的抗体库有最大的多样性。

合成抗体库不需要免疫动物，而且库的内容、位点变异性及库的整体多样性均可控制。由于不受克隆选择及自身免疫耐受等因素的影响，从合成库中可筛选到一些在生物来源抗体库中不易得到的抗体。合成抗体库技术已经比较成熟，对于筛选人抗体有重要的应用前景。

（二）用于抗体库构建的展示技术

1. 噬菌体表面展示系统 噬菌体表面展示系统可以利用细胞、组织、动物筛选抗体，对抗体进行工程改造。抗体基因库与噬菌体外壳蛋白的编码基因重组，构建重组噬菌体并在大肠埃希菌中表达增殖，抗体展示在噬菌体的表面。通过筛选过程，针对特异性靶抗原的噬菌体展示单克隆抗体片段从该库中分离出来。该基因编码从抗体库选定的所需抗体片段，包装到噬菌体颗粒内，这些与基因型和表现型相关。

2. 细菌展示系统 细菌展示系统中利用大肠埃希菌、葡萄球菌等的细胞壁展示或者某些杆菌的孢子展示等已经成功筛选到了功能多肽和酶。不过这一展示系统还存在不足,表现在抗体的匹配性不良,不能进行正确的表达和折叠,蛋白酶水解以及与抗原结合能力较差等,因此在抗体研制领域应用有限。近些年出现了一种改良的筛选平台,将抗体片段锚定在细菌的细胞膜上,面向周质腔,破坏外膜后,通过与荧光标记的抗原作用筛选阳性原生质体。这种方法与(丝状)噬菌体展示方法类似,结合了细菌展示系统的灵活以及流式细胞分选的简便,具有良好的应用前景。

3. 酵母表面展示系统　酵母表面展示系统利用随机突变方法获得多样性 V_H 和 V_L 基因,使抗体表达在酵母表面,能够获得高亲和力的抗体,并且可以利用流式细胞术筛选阳性克隆,从而使得这种方法简便可行。

4. 核糖体展示技术　核糖体展示技术中,抗体片段与编码抗体的 mRNA 相互作用,选择出的 mRNA 被扩增。在实际应用中由于逆转录和扩增中存在错配倾向,导致基因突变,从而实现对抗体的亲和力成熟改造。

5. 哺乳动物细胞展示系统　哺乳动物细胞是表达具有天然活性蛋白的重要宿主,利用哺乳动物细胞进行抗体的展示及筛选,从中获得特异性抗体。CHO 细胞是用于真核基因表达的最成功的哺乳动物细胞,是目前在生物工程上广泛使用的哺乳动物细胞。与噬菌体展示系统相比,外源蛋白更易在 CHO 细胞中合成并分泌到培养基,重组蛋白能够正确折叠、修饰、组装多亚基蛋白,并且其理化性质、生物学性质几乎与天然蛋白相似。缺点是外源基因在 CHO 细胞展示系统中比在酵母表面展示系统中的表达效率低,并且重组蛋白的生产成本高,故通过改进 CHO 细胞展示技术,如调控表达技术、优化载体和基因、改造宿主细胞等,从而提高外源基因的表达效率。

其他展示系统如逆转录酶病毒、蛋白 -DNA、微珠体外分选、体内基于蛋白片段互补试验的生长筛选、单细胞分选等,尽管从理论上来说它们各有优点,但是在抗体筛选领域还没有确切的成功先例,需要进一步证实其优点。

(三) 噬菌体抗体库

1. 噬菌体抗体库构建　分为噬菌体天然抗体库、半合成抗体库以及人工合成抗体库。天然抗体库是从 B 淋巴细胞中扩增全套抗体的轻链和重链基因文库,经噬菌体表面展示系统表达后形成的噬菌体文库即为噬菌体抗体库。

天然抗体库基本构建过程:分离 B 淋巴细胞(来自骨髓、切除的脾脏、外周血、病灶局部引流淋巴结、扁桃体等部位),提取总 RNA,进行 RT-PCR 扩增可变区基因,对纯化的轻链 PCR 产物及表达载体分别进行酶切、对产物进行纯化及连接形成重组载体,电击转化感受态细菌并扩大培养,提取质粒,即为轻链库;再分别对经纯化的重链可变区 PCR 产物和轻链库进行双酶切,纯化回收后按一定比例连接,电击转化感受态细菌,加入辅助噬菌体进行培养,离心收取上清,上清中加入 PEG 沉淀噬菌体颗粒,即得到单链抗体噬菌体抗体库。单链抗体是由轻链可变区与重链可变区连接形成的单链抗体,是一种小分子抗体,详见第四节。

除天然抗体库以外,由于抗体的 CDR3 往往是其特异性和亲和力的决定区域,因此基于天然抗体库的骨架区以及 CDR1 和 CDR2,通过随机合成扩增 CDR3 的 DNA 序列获得半合成抗体库。而人工合成抗体库则是通过抗体基因信息设计并合成的纯人工抗体库,多样性可以达到 $10^{13} \sim 10^{14}$,因此,在适宜的筛选条件下几乎可以筛选出针对所有靶抗原(肿瘤、感染性疾病等)的特异性抗体。

2. 噬菌体抗体库多样性及库容量　天然抗体库采用正常健康人体抗体胚系基因扩增而来,所有抗体基因都经过体内的 V、D、J 重排和克隆选择,生成的 V 基因均具有活性,但其多样性受到多种因素影响,包括供体 B 细胞总数、每个克隆细胞数目、克隆选择及自身免疫耐受、PCR 引物设计及扩增效率,因此抗体库实际的多样性远低于以克隆技术为基础的库容量。理论上,天然抗体库的多样性最多可以达到 10^{12},但由于载体系统以及克隆、转化效率的限制,欲得到 10^9 以上的抗体库需通过增加转化次数来累积库容,工作量很大。但是,反复的"酶切—连接—转化"过程,虽然能增大库容量,但同时会使一些在大肠埃希菌中优势表达的基因表达丰度进一步增加,这会抑制某些非优势表达的抗体基因的表达,使其丰度处于低水平,不利于这些抗体的筛选。

当抗体库的库容达到 10^8 时,理论上就有可能得到针对任意抗原的特异性抗体。但是,获得的抗体亲和力可能较低。因此,为了得到高亲和力的抗体,构建的抗体库应该有尽量大的库容量和良好的多样性。抗体库容量越大,针对任意抗原筛选获得抗体的概率也就越大,筛选高亲和力抗体的可能性也就有所增加。在实践中抗体库的容量平均为 10^7,个别能达到 10^8 以上。如果库容量小,最佳的轻重链之间的配组就可能丢失,所以组合文库中的许多配组是低亲和力的。构建大容量抗体库的最大限制因素是细菌的转化效率。

3. 增加库容量的方法 ①选择适当的限制性内切酶的酶切位点,载体中的酶切位点应该是可变区基因内没有或很少见到的酶切位点,以保证抗体基因的可变区不受影响;②增加细菌的转化率,以电穿孔法转化大肠埃希菌效率在各种转化方法中效率最高,但是当培养基中加入抗生素后转化率明显降低,氨苄西林、四环素可使转化效率降低到 $10^{-3}\sim10^{-5}$,再考虑到无效克隆和重复克隆的存在,抗体库库容量一般只能达到 $10^6\sim10^8$;③增加噬菌体的包装效率,对于未经免疫的天然抗体库或者不占优势的抗体来说,提高噬菌粒的包装滴度很关键,只有滴度提高才能将针对所有表位的抗体筛选出来;④采用抗体轻链、重链细胞内组合法;⑤提高功能性抗体及高亲和力抗体的比例、提高抗体分子的表达水平、促进多肽链的折叠、降低表达产物对宿主细胞的毒性等;⑥采用 Cre-*loxP* 定向重组。Winter 实验室创建的 Cre-*loxP* 位点特异性重组方法,该系统载体插入的抗体基因两侧带有 *loxP* 位点,表达系统中 Cre 重组酶可以剪切 *loxP* 位点,使得带有 *loxP* 位点的不同噬菌体载体之间的外源抗体基因发生定向重组,不同的 V_H 和 V_L 之间可以自由组合,增加抗体基因的多样性和库容量,理论上最终库容量可以达到 10^{14}。

4. 噬菌体抗体库筛选 噬菌体抗体库筛选可以利用固化的抗原,根据目标筛选抗体,比如利用包被的抗原经 ELISA 法筛选。此外还可以利用卵白素-生物素化(avidin-biotin)的抗原、免疫黏合素、磁化脂质体、细菌表面呈现的抗原、亚细胞或膜成分浓缩抗原、转染细胞或者肿瘤细胞表面抗原阴性/阳性细胞联合筛选、负性筛选(FACS)、组织切片等进行筛选。

在噬菌体表面的抗体能够在体外用固相化抗原进行筛选,经典的筛选方法是用固相或液相的抗原与抗体库孵育,通过数次"吸附—洗脱—扩增",使特异性结合的克隆得以富集,具有简便、快速和高效的优点(图 5-7)。以固相化抗原为例,筛选的基本过程可分为 3 个步骤。①吸附:噬菌体抗体库与固相化或液相的靶抗原相互作用,反复洗涤去除非特异结合的噬菌体;②洗脱:洗脱并收集与抗原特异结合的噬菌体;③扩增:将洗脱得到的噬菌体再次感染大肠埃希菌,使特异的噬菌体得到富集。经过一轮"吸附—洗脱—扩增"的淘筛,可使特异性抗体的噬菌体富集 20~1 000 倍,经过 3~4 轮的筛选可获得特异性的抗体。利用噬菌体抗体库技术的高效筛选系统,能够方便地对库容在 10^6 以上的抗体库进行筛选。根据抗原纯度及性质的不同选用的不同筛选方式。

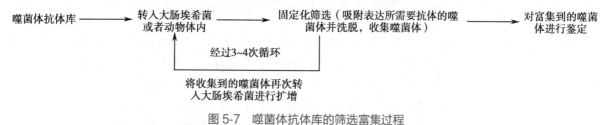

图 5-7 噬菌体抗体库的筛选富集过程

外源性多肽和蛋白噬菌体表面展示技术的发展是重组抗体技术在最近几年得以快速发展的重要推动力,抗体噬菌体展示作为重组抗体技术的重要组成部分,已更多地应用于治疗性抗体的研发当中,促进抗体药物的发展。

二、转基因小鼠技术

目前已被批准的抗体在临床主要用于微生物感染、自身免疫疾病及癌症治疗,多数抗体的生产通过哺乳细胞体外培养来实现,然而细胞生物反应器的生产成本高,培养过程耗时长,很大程度上难以满足市场对抗体的需求。为突破当前抗体工业生产的瓶颈,寻找低成本、高效率的抗体生产体系已成为当前的研究热点。转基因动物的建立为大规模生产安全、廉价的抗体产品提供了可能。转基因小鼠制备全人源抗体技术是目前全人源抗体研制的主流。人的抗体基因片段在小鼠体内必须进行较为有效的重排和表达,并且这些片段能与小鼠细胞的免疫系统信号相互作用,使得小鼠在受抗原刺激后,这些人的抗体基因片段能被选择性表达,并活化 B 细胞分泌相应的全人源抗体。

转基因小鼠制备全人源抗体首先要解决的问题是利用同源重组等基因灭活技术灭活小鼠内源性抗体重链基因和轻链基因,消除内源性抗体基因对转入的人的抗体基因的竞争,使人的抗体基因在小鼠体内能够重排,达到抗体的多样性。另外一个需要解决的问题是如何将大片段的抗体基因转入小鼠的染色体,由于抗体基因结构巨大,需要能够携带长度大于 100kb 的载体或者转入方法将抗体基因转入小鼠的基因组。

将人的抗体基因转入小鼠的方法主要有:①原核显微注射法。又称为 DNA 显微注射法,即通过显微操作仪将外源基因直接用注射器注入受精卵,利用外源基因整合到 DNA 中,发育成转基因动物,这种方法外源基因的导入整合效率较高,不需要载体,直接转移目的基因,目的基因的长度可达 100kb,可直接获得纯系,所以实验周期短。②逆转录病毒感染法。将目的基因重组到逆转录病毒载体上,制成高浓度的病毒颗粒,感染着床前或着床后的胚胎,也可以直接将胚胎与能释放逆转录病毒的单层培养细胞共孵育以达到感染的目的,通过病毒将外源目的基因整合到宿主基因组,这种逆转录病毒被重组 DNA 技术修饰后作为基因载体,在应用中优于显微注射法,无须重排,可在整合点整合转移基因的单个拷贝;将胚胎置于高浓度病毒容器中,或者与被感染的细胞体外共同培养,或显微注射进胚盘里,整合有逆转录病毒的 DNA 的胚胎率高。③精子介导法。将成熟的精子与外源 DNA 进行预培养,使精子有能力携带外源 DNA 进入卵子使之受精,并使外源 DNA 整合于染色体中,精子携带 DNA 主要是通过三种途径来完成,即将外源 DNA 与精子共孵育、电穿孔导入法和脂质体传染法。该方法简单、方便,依靠生理受精过程,免去了原核的损伤。④酵母人工染色体(YAC)法。去掉含有 YAC 的酵母细胞壁,使其球状原生质与小鼠胚胎干(ES)细胞融合,然后把整合有目的基因的 ES 细胞导入小鼠囊胚,使之发育为嵌合体小鼠,再通过转基因小鼠间反复交配筛选,最终可获得分泌完全人抗体的小鼠,再取其脾细胞与人骨髓瘤细胞融合,经筛选获得分泌高效价人抗体的杂交瘤细胞株,抗体的亲和力显著提高。⑤微胞介导的转染色体技术。先把 G418 抗性基因(该抗性基因的启动子在胚胎干细胞内是处于活化状态)转入人纤维细胞,获得抗 G418 的人纤维细胞,再把抗 G418 的人纤维细胞与小鼠的 A9 细胞融合,筛选出抗 G418 的融合细胞,再通过 PCR 或 FISH 方法筛选出含人源 2 号(κ 链)、14 号(H 链)或 22 号(λ 链)染色体的小鼠 A9 细胞,先后用秋水仙素和细胞松弛素 B(cytochalasin B)处理后高速离心,分离出含 2 号、14 号或 22 号染色体的微胞,把微胞注入小鼠 ES 细胞后再注入 8 个细胞的囊胚,最后移入假孕母鼠,获得含有人 2 号、14 号或 22 号染色体的小鼠。

通过以上这些方法,将人的 Ig 基因转入小鼠的 ES 细胞,制成转基因小鼠。可将此转基因小鼠与严重联合免疫缺陷(severe combined immune defficiency,SCID)小鼠杂交,从中筛选出双转基因/双缺失的纯合小鼠,使得鼠源性免疫球蛋白基因位点被人免疫球蛋白基因取代。或者先采用基因敲除技术使小鼠自身的抗体基因失活,再将人的抗体基因嵌入小鼠基因组内使其携带并表达人抗体基因簇,然后用抗原免疫这样的转基因小鼠就能获得人源化抗体。由于转基因小鼠含有人抗体基因谱,注射免疫抗原以后,受到靶抗原刺激的小鼠体内 B 细胞可产生免疫应答反应,分泌针对该免疫原的全人源抗体。因此,由转基因小鼠 B 细胞制备的杂交瘤,可以用来克隆和生产全人源抗体。

目前,转基因小鼠制备全人源抗体技术已经形成了若干技术平台,下面介绍两个主要技术平台:XenoMouse 平台和 UltiMAb 平台。

XenoMouse 平台是使用转基因小鼠研制全人源抗体的技术平台。XenoMouse 是将鼠源性抗体基因被人源化抗体基因所替代的转基因小鼠。XenoMouse 含有大约 80% 的人抗体重链基因,以及绝大部分的人抗体轻链基因,小鼠内源性抗体轻链和重链基因已被灭活,而小鼠免疫系统的剩余部分则被全部保留下来。该转基因小鼠的 B 细胞能够通过体细胞超突变和人抗体的亲和性成熟产生多克隆人抗体。通过杂交瘤技术,可从这些小鼠获得针对所需人抗原的高亲和性全人源抗体,大多数为 IgG$_2$,也有部分 IgG$_1$ 和少量 IgG$_4$。

UltiMAb 平台包括 3 个关键的全人源抗体技术,分别是 Medarex′s HuMAb-Mouse 技术、Kirin Brewery′s TC Mouse 技术和 KM-Mouse 技术(是前两种技术特性的组合)。在 Medarex′s HuMAb-Mouse 技术的转基因小鼠中,鼠源性抗体编码基因失活,并经 YAC 转基因技术操作后,被人类抗体的胚系重链和轻链编码基因所取代,但仅转入部分人胚系基因,且其中部分被转入的人胚系基因还不能正常地被选择和重排,然而该品系小鼠约含 50% 人 IgV$_κ$ 基因且比较稳定。Kirin Brewery′s TC Mouse 技术则为转基因小鼠经转染色体技术转入人染色体片段(human chromosome fragment,HCF)HCF2、HCF22 和 HCF144 后,含有全套人免疫球蛋白的可变区和恒定区基因,并且小鼠自身的核糖体已失活,被人源的核糖体的编码基因所取代,因此 Kirin Brewery′s TC Mouse 技术理论上能制备所有抗体亚型的全人源抗体,包括 IgG$_1$~IgG$_4$,但是 Kirin Brewery′s TC Mouse 技术由于 HCF2 不稳定,而 2 号染色体片段上正好携带 V$_κ$ 基因座位,因此形成杂交瘤的能力仅为正常小鼠的 1/10。为了克服 HuMAb-Mouse 和 TC Mouse 这两种转基因小鼠的显著缺陷,将两者杂交后产生了 KM-Mouse,拥有较为完整、能正常选择和重排人类所有胚系的抗体基因,免疫反应能力和杂交瘤生产能力与普通小鼠相同。

随着转基因小鼠系统的不断成熟以及抗原选择的进一步多样化,越来越多的人抗体已通过该平台得到研制开发。这些抗体针对的抗原包括小分子、病原编码蛋白、多糖抗原、细胞表面蛋白和人肿瘤相关糖基化变异体等。大多数由转基因小鼠得到的单克隆抗体与正常小鼠来源的抗体具有相似的抗原亲和力。

转基因小鼠制备全人源抗体的效能、经济性等显著优于其他生产全人源抗体的技术。但是转基因小鼠制备全人源抗体技术还未完全成熟,目前存在的缺陷有以下几点:①转基因小鼠通常有体细胞突变,导致全人源抗体的基因序列发生变化,可能会影响全人源抗体的产生;②转基因小鼠表达的人抗体多样性相对较少;③在同一只小鼠中难以同时产生 IgG 各亚类抗体;④转基因小鼠的转基因片段较小,且相邻基因片段高度同源,重组过程复杂,在面对抗原多样性时无法完全产生相应的抗体。以上这些问题希望随着免疫学知识和分子生物学技术的发展逐步得到解决。

三、其他全人源抗体技术

(一) EB 病毒介导的人 B 细胞永生化方法

采用杂交瘤技术可以制备永生化鼠源性 B 细胞,但是人 B 细胞难以通过杂交瘤技术达到永生化。采用 EB 病毒(Epstein-Barr virus)介导的转化使人记忆 B 细胞永生化,但是效率低,难以获得大量的抗原特异性 B 细胞。用 Toll 样受体 9(Toll-like receptor 9,TLR9)激动剂激活 EB 病毒,再用 EB 病毒感染抗原特异性 B 细胞,使其转化为不会衰老、持续分裂增殖的永生化细胞。这种方法目前已广泛用于制备全人源抗体。典型的人 B 细胞永生化过程包括:分离和培养外周血淋巴细胞或分选出来的 IgG$^+$ 记忆 B 细胞,感染 EB 病毒,并加入 TLR9 的配体和 / 或经照射的异基因单核细胞来提供共刺激信号,使 B 细胞增殖并分泌抗体,7~14 天后在培养细胞的上清中检测抗原结合和 / 或病毒中和,产生目的抗体的 B 细胞经过克隆并进行进一步筛选,得到在单细胞水平有最优活性的 B 细胞,然后进行免疫球蛋白基因的克隆和测序。由于记忆 B 细胞的永生化和高通量筛选抗原特异性 B 细胞技术的出现,使得研究者可以筛选稀有的 B 细胞,即使抗原接触发生在很久以前,也可以筛选得到其抗体。例如,研究者从年长者的血液中分离并永生化了几十年前形成的记忆 B 细胞,从而筛选出了针对早已不流行的流感病毒抗体。采用 B 细胞永生化方法制备单克隆抗体,存在的主要问题是需要筛选大量的 B 细胞才能得到产生所需要的特异性抗体的 B 细胞,一般情况下,培养和筛选超过 1 0000 个记忆 B 细胞才能获得不到 10 个特异性的 B 细胞。

(二) 单细胞逆转录 PCR 方法

一般来说,用抗体库技术筛选到的抗体大部分亲和力不高,主要是因为轻重链基因不是原始匹配。利用单细胞逆转录 PCR 方法,解决了抗体库技术中抗体轻重链序列原始匹配的问题,有利于筛选高亲和力、高特异性抗体。单细胞逆转录 PCR 方法的应用极大地促进了人源化抗体的发展,采用该技术可以从流式细胞仪分选得到的一种 B 细胞中分离同源免疫球蛋白的重链和轻链可变区基因,然后将这些基因克隆到真核细胞中进行表达。单细胞逆转录 PCR 方法的优点是,无论特异性的 B 细胞多么稀有,只要能被流式细胞仪所识别分离出来,即可用其获得该 B 细胞抗体基因序列,并进一步制备单克隆抗体。流式细胞仪分选表达特异性抗体的 B 细胞,常采用荧光标记的抗原来"诱捕"带有特异性抗体的 B 细胞从而使其被分离出来,并进一步逆转录 PCR 制备全人源抗体。研究者采用 HIV-1 表面的刺突蛋白作为探针,已经成功从患者的 IgG^+ 记忆 B 细胞中分离到 HIV-1 特异性的人源化抗体。使用流式细胞仪检测抗原特异性的单克隆抗体主要受限于以下因素:首先,只有细胞表面表达免疫球蛋白的 B 细胞类型才能检测得到;其次,需要有高度特异性并且非常稳定的抗原作为探针。

虽然全人源抗体在保持亲和力、中和性及减少免疫源性方面与人源化抗体相比有明显的优越性,但人们对于抗体效应机制和机体免疫系统调节机制还有待进一步了解,全人源抗体的生产也还有待进一步提升。随着相关研究的深入和技术的发展,全人源抗体的生产必将更加丰富多样,在人类疾病诊断和治疗领域必将发挥越来越重要的作用。

第四节 抗体药物的结构改造与优化技术

目前,抗体的人源化、小型化、功能化正成为基因工程抗体药物的三大主要发展趋势。由两条相同重链和两条相同轻链构成的典型的完整的抗体分子,其分子量较大,经过血管壁进行扩散和血流清除速度比较慢,用于肿瘤治疗的抗体分子难以穿透组织间隙到达肿瘤组织及进入肿瘤组织内部,是抗体分子用于实体瘤治疗疗效不理想的原因之一。采用基因工程方法可以使抗体分子小型化,目前小分子抗体种类比较多,包括:除去部分或全部 Fc 恒定区来制备的 $(Fab')_2$ 抗体、Fab 抗体、可变区单链抗体、轻链可变区、重链可变区,以及双链抗体、三链抗体、微型抗体等。

双特异性抗体作为癌症治疗药物使用,是在 20 世纪 80 年代中期提出的构想。随着基因操作、蛋白工程技术的进展和对正常与恶性细胞抗原及受体表达的深入了解,人们利用以抗体和受体为基础的平台技术设计和生产双特异性抗体。制备双特异性抗体的一般策略是将所需单克隆抗体可变区与单—双功能结构(single bispecific structure)进行组合,目前该类抗体的研究已经有了显著的进展。

单克隆抗体能够与肿瘤细胞表面抗原特异性结合,并通过多种生物学作用机制发挥作用,这一特点使其成为开发新型、高效靶向药物输送载体的有力工具。抗体药物偶联物是目前以单克隆抗体为载体的新型靶向药物的研究热点之一。近年来,由于对抗体功能作用的深入了解,以及重组 DNA 技术的快速发展,使得诊断和治疗性抗体或抗体片段的改造得以实现。

下面对小分子抗体、双特异性抗体、抗体药物偶联物以及抗体结构修饰分别进行介绍。

一、小分子抗体

采用完整抗体分子中的抗原结合位点序列,可构建成分子量较小且具有抗原结合活性的新型分子或片段,均可统称为小分子抗体,也称为小型化抗体。小分子抗体具有免疫原性低、分子量小、穿透性强、易于渗入组织、半衰期短、易于清除、不与 Fc 受体阳性细胞相结合、靶向性好、易于基因工程操作赋予其新功能、可在原核细胞表达、生产成本低等优点。从抗原结合位点结构区分,可分为单链抗体、Fab 及 $F(ab')_2$ 抗体和单域抗体 3 大类(图 5-8)。在单链抗体结构基础上,利用基因工程方法进行优化,衍生出多种小型化基因工程抗体。下面我们将介绍这些小分子抗体的结构、制备和特性。

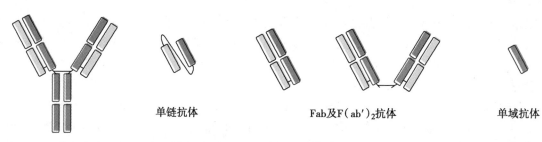

图 5-8　小分子抗体种类

（一）单链抗体及其衍生物

1. 单链抗体　单链抗体（single chain Fv，scFv）是抗体分子中保留完整抗原结合位点的最小功能片段。scFv 是用基因工程方法将抗体 V_H 和 V_L 通过一段连接肽连接而成的重组蛋白。scFv 中 V_H 和 V_L 继续交叠形成抗原结合位点，可基本保留原抗体的单价结合活性，但分子量仅约完整抗体分子的 1/6，仅约 28kDa，与完整抗体由轻、重链分别构成不同，scFv 为 1 条单链多肽，故名单链抗体（图 5-8）。

scFv 的制备过程：通常是采用目标抗体的 V 区基因，通过 PCR 等常规基因工程手段合成 scFv 的基因片段，并在适当的宿主，通常是在大肠埃希菌中表达并纯化，最终得到 scFv。在 scFv 的分子设计上 V_H 或 V_L 均可放在肽链 N 端，目前尚未发现两者放在 N 端还是 C 端会对 scFv 产生显著影响。但一旦发现特定的 scFv 结合活性大大下降，则应首先考虑更换 V_H 和 V_L 的位置。在 scFv 构建中，连接肽的设计往往是成功构建 scFv 的关键。一般要求连接肽既不能干扰 V_H 和 V_L 折叠形成空间结构较好的抗原结合位点，又必须能促进 V_H 和 V_L 折叠的发生，这就要求连接肽具有适宜的长度和柔性。一般连接肽长度选用 15~18 个残基比较适宜；连接肽保持较好的柔性可以避免影响抗原结合位点的空间结构，连接肽常用的结构是 $(Gly_4Ser)_3$；而在 N 端融合则应该更为注意间隔序列的设计，因为 N 端的空间位置更为接近抗原结合位点。scFv 的 C 端可融合其他肽段，如生物毒素等，往往需要在融合肽段和 scFv 之间设计一段长度和柔性合适的间隔序列，以防止融合肽段对抗原结合位点活性的影响，C 端还可以设计用于纯化、示踪或偶联的标签。

scFv 最常用的表达体系是原核细胞大肠埃希菌。scFv 在大肠埃希菌中可形成可溶性表达和不可溶的包涵体两种形式。在多数情况下，高产量表达的 scFv 多以包涵体形式表达，因此需要恢复活性；与其他外源蛋白的表达相似，也可在 Mel、OmpA、PelB、phoA 等引导肽的作用下实现分泌表达，甚至可直接分泌表达有活性的蛋白。另外，除原核细胞大肠埃希菌的表达系统，scFv 亦可在现有其他蛋白表达体系中正常表达。scFv 的表达产量不仅受到密码子偏好的影响，有时也受到 V_H 和 V_L 相对位置的影响。

scFv 在药动学上表现出更好的组织穿透力，用于显像诊断或治疗时可进入一般完整分子抗体不能达到的组织内部。同时由于抗原结合位点不变，scFv 具有结合抗原特异性和相当的亲和性。scFv 还可以在末端的多肽接头上设计具有特殊功能的位点，如金属整合、毒素或药物连接等。因此，scFv 可用于影像诊断和部分临床治疗，尤其是肿瘤的诊断和治疗。scFv 还是构建免疫毒素和双特异性抗体的理想元件之一。另外通过构建双价或多价 scFv，可增强 scFv 的亲和性，扩大其应用范围。虽然 scFv 本身具有一定的应用价值，但更重要的用途是作为构建其他结构的抗体样分子的基础，以及作为基因工程抗体研究中的重要工具。

2. 二硫键稳定的单链抗体　二硫键稳定的单链抗体（disulfide stabilized Fv，dsFv）是在 scFv 的基础上发展起来的一类新型基因工程抗体，它是通过链内或链间二硫键联结 V_H 和 V_L 中固定的骨架区，使 V_H 和 V_L 成为结构稳定的一体。dsFv 通常是将抗体 V_H 和 V_L 的各 1 个氨基酸残基突变为半胱氨酸，通用的突变位点是 V_H 的 44 位和 V_L 的 100 位或是 V_H 的 105 位和 V_L 的 43 位，从而在 V_H 和 V_L 之间形成稳定的二硫键。dsFv 最显著的优点是生化性质稳定，能够耐受环境条件的剧烈作用，且用于连接二硫键的残基均位于结构上固定的骨架区内，形成的二硫键远离 CDR，不干扰抗体与抗原结合，因此与

scFv 相比,dsFv 稳定性和亲和性更强。scFv 免疫毒素在人血清和不同缓冲液中 37℃温育 2~8 小时,经常出现凝集或失去大部分甚至全部细胞毒活性,而 dsFv 在人血清中 37℃温育两周仍具有稳定性并保持 90% 以上的生物学活性。在动物模型上,dsFv 免疫毒素常表现出更好的抗肿瘤活性,因此具有很好的应用前景。

3. 双链抗体　双链抗体是由两个 scFv 通过非共价结合而形成的二聚体。在基因操作上主要是将 V_H 与 V_L 之间的连接肽缩短为 5 个氨基酸残基时,分子内的 V_H 和 V_L 无法配对,分子间 V_H 和 V_L 相互配对形成双价小分子抗体,形成刚性、稳定、非共价结合的二聚体,并具有两个抗原结合位点,称为双链抗体(diabody)。由于抗原结合价数的增加,双链抗体的抗原结合性能优于单价的 scFv 分子,并且其体内清除速度会有所降低,相对 scFv 来说更适合于作为药物或示踪分子的运载载体。

双链抗体也可以是双特异性的。将一抗体的重链与另一抗体的轻链通过短的连接子连接起来构建成杂合 scFv,同理构建另一杂合 scFv,当两种杂合 scFv 在同一细胞内表达时,由于短的连接肽的限制,位于同一 scFv 链的 V_H 和 V_L 难以匹配,被迫与另一 scFv 来源相同的 V 区进行交叉匹配,巧妙地形成有两个抗原结合位点的双功能抗体。这样,双链抗体就集中了双功能抗体和单链抗体的双重优势,无论是作为药物导向载体还是用于免疫成像诊断都有着强大的潜力。

双链抗体比 scFv 具有更好的亲和性,同时又略微降低了其血液清除速率和组织穿透力,但总的来说,双链抗体在靶组织中的分布可比 scFv 提高数倍。有研究表明,双链抗体的两个抗原结合位点之间的距离仅约为完整抗体分子的二分之一,对起细胞桥联作用的抗体药物来说,桥联距离的缩短可能具有更为积极的作用,因此双链抗体在免疫治疗和免疫诊断方面可能有着更为广阔的应用前景。另外,还可以通过在两个相同或不同的 scFv 之间设计更长的连接子,将其成为共价键连接的单链双价抗体或单链双特异性抗体。

4. 三链抗体和四链抗体　将 scFv 中的连接子缩短到 3 个残基以下,scFv 分子间的 V_H 和 V_L 相互配对,形成 3 价或 4 价的小分子抗体,分别称为三链抗体(triabody)和四链抗体(tetrabody),两者抗原结合能力上升,体内清除速率降低,但同时组织穿透力也下降,所以需要综合考虑。

5. 微型抗体　在天然 IgG 分子中,两个重链的 C_H3 有密切的相互作用,形成紧密的球状结构,其亲和力达到 $10^{-12}~10^{-10}$mol/L,是重链形成二聚体的关键部位。将 scFv 的 C 端与人 IgG 的 C_H3 连接,表达的融合蛋白可在细胞内自动形成稳定的共价键结合的双价抗体,结构上看起来更像是完整抗体分子的"缩短"版,因此被称为微型抗体(minibody)。微型抗体可通过两种方式实现两条肽链的聚合,一种是采用短的连接肽段,这种微型抗体将完全依靠 C_H3 自聚合作用聚合为一个分子;另外一种则采用柔性长肽链,且在中间引入多个二硫键来稳定微型抗体的二聚体结构。两种形式的差异在于微型抗体内的两个 scFv 相距差别约 1 倍,其中短肽连接会相距更远一些。这种结合位点间距的差别在临床上也相应地观察到了药动学方面的差异,短肽连接形式的微型抗体血液清除速率会更快一些,但也同时影响其在靶组织的生物分布。总而言之,微型抗体具有较好的结合活性、更好的组织靶向性和生物分布,以及较为适宜的血液清除速率,与其他形式的小分子抗体相比,微型抗体在肿瘤的免疫靶向诊断和治疗中有更好的应用前景,临床应用的价值更大。

6. scFv-Fc 抗体　在 scFv 的 C 端融合了整个 Fc 段恒定区。这类分子往往是从调节适宜的分子量大小的考虑出发而构建的,因为分子量越小,穿透力则越强,但也会大大加快其血液清除速率,导致靶组织的生物分布比例下降,因此在特定应用领域往往需要小心平衡穿透力和分布比例的关系。

(二) Fab 及 F(ab')$_2$ 抗体

Fab 抗体是一种完整抗体的片段,由重链 V_H 及 C_H1 与一条完整的轻链(V_L+C_L)组成,两者之间由 1 个链间二硫键连接,形成异二聚体,有一个完整的抗原结合位点(图 5-8)。Fab 抗体具有弱于完整抗体分子但通常强于 scFv 的抗原结合活性,但其大小为完整 IgG 分子的 1/3,约 55kDa,要略大于 scFv。Fab 的构建比较简单,通常采用 PCR 扩增目的抗体 V 区基因,加入合适接头后,正确地克隆到相应的表达载体上即可。如果采用异源的 V 区基因和 C 区基因,将成为嵌合的 Fab。与 scFv 一样,Fab 也可在现有的所有蛋白表达体系中正常表达,最常用的表达体系是原核细胞大肠埃希菌。通过在两条链的 5'-端接上细菌的分泌信号序列,所表达的蛋白在细菌信号肽的引导下可分泌到周质腔,生成的重链片段和轻链片段在周质腔中折叠产生有活性的 Fab 抗体。

Fab 抗体的一般特性与 scFv 相同,区别在于 Fab 分子量略大,穿透力有所下降,且由于含有抗体恒定区,其免疫原性将上升,另外 Fab 更不稳定,轻重链容易解离,造成结合活性丧失,因此 Fab 抗体并不多见。Fab 多用于构建多特异性抗体,通过在重链 C 端融合适宜的自聚集肽段可能将 2 个或 3 个 Fab 偶联到一起形成一个分子,具有双特异性或三特异性,增强对抗原的亲和力。

F(ab')$_2$ 抗体结构参见图 5-8。

(三) 单域抗体

骆驼血液中含有一种仅仅具有重链的抗体分子,并且这些重链抗体对抗原的亲和力与传统抗体分子相当。另外传统抗体分子中抗原与抗体的结合并非需要整个抗体分子各部分的参与,在一些情况下,仅仅需要 1 条重链或是 1 条轻链即可。因此,上述这些单独存在即能具有相当的抗原结合能力的 V_H 或 V_L 单功能结构域分子称为单域抗体(single domain antibody,sdAb),也叫单区抗体。单域抗体的结构参见图 5-8。因其大小约为直径 2.2nm,高 4nm,也被称为纳米抗体(nanobody)。与传统抗体相比,单域抗体的优越性在于:①分子量小、穿透力更强、免疫原性低、具有相当强的抗原亲和力;②可识别传统抗体不能识别的小表位;③仅具重链且属于同一亚家族,因此构建抗体库时易于克隆且多样性增加;④以天然单链状态存在,稳定性强、可溶性强。基于这些优点,单域抗体已成为抗体研发的热点。构建单域抗体通常以建立免疫骆驼的免疫抗体库并从中富集筛选的方式进行。与常规的建库工作相比,建立和筛选单域抗体库更为简单,通常仅用一对简并引物扩增就足以获得单域抗体的全套重链基因,经过 3~4 轮富集筛选后,即可分析单个克隆以获得目的重链可变区抗体。

(四) 最小识别单位

抗原抗体的结合是由抗体上的抗原结合位点来完成的,通常抗原结合位点包含 V_H 的 3 个 CDR 和 V_L 的 3 个 CDR。但是,在特定抗原与抗体的结合中,各 CDR 作用并不相同,有的单个 CDR 即具有抗原结合能力,这种最小的抗原结合单位被称为最小识别单位(minimal recognition unit,MRU)。MRU 分子量极小,在药动学及生物分布方面具有优势,具备很强的组织穿透力并迅速地从血液中清除,适合于小分子导向显像诊断及治疗。但是,MRU 缺乏适当的支撑结构,构象与活性均不稳定,并且由于仅含部分抗原抗体结合位点,因此其结合抗原的能力也不完全、不稳定,非特异吸附更为明显。有研究者构建了 V_HCDR1-V_HFR2-V_LCDR3 这种更准确地模拟抗原结合位点的分子,并已在免疫毒素融合蛋白中取得了成功。另外,将 MRU 从单独的 CDR 扩展至 CDR-FR 肽段,可能将有助于促进该类抗体分子的临床应用。

二、双特异性抗体

双特异性抗体(bispecific antibody,bsAb)的抗体分子上具有两条不同的重链和两条不同的轻链,从而使其两条臂可以特异识别结合不同的抗原分子(见图 5-9)。由于一个 bsAb 分子上的两条轻链可变区可分别同抗原 A 和抗原 B 特异性结合,其重链恒定区的 Fc 受体还可同巨噬细胞、自然杀伤细胞或树突状细胞结合,因此 bsAb 又可称为三功能抗体(trifunctional antibody)。例如一个结合靶细胞上的特异性抗原,另一个结合淋巴细胞或吞噬细胞等效应细胞,从而导致效应细胞可以靶向杀灭肿瘤细胞。所介导的特殊功能效应分子还可以是毒素、酶、细胞因子、放

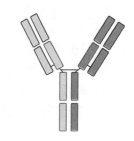

图 5-9　双特异性抗体的结构示意图

射核素等。bsAb 的两条臂可分别来自完整的单克隆抗体,也可以来自 Fab、Fv、scFv 或 dsFv 等。bsAb 一般为双价,但也有构建为四价或六价。

四细胞杂交瘤(quadroma)技术可用于制备 bsAb。制备原理如下:将产生抗原 A 的单克隆抗体杂

交瘤细胞同产生抗原 B 的单克隆抗体杂交瘤细胞融合成杂交杂交瘤(hybrid hybridoma)或四细胞杂交瘤,经次黄嘌呤、氨基蝶呤、胸腺嘧啶(HAT)选择性培养筛选出分泌 bsAb 的杂交杂交瘤,经连续两次以上的单细胞培养后,即可产生和提纯大量 bsAb。但该技术存在操作困难、融合后的杂交瘤极不稳定、产物产率低且分离困难、人源杂交瘤来源少等缺陷。

除了四细胞杂交瘤技术之外,bsAb 的制备还可以采用化学交联法、蛋白酶水解法和基因工程等方法。化学交联法因批间差异大,某些修饰或连接不当可能影响特异性等,不适合体内应用。蛋白酶水解法制备的 F(ab')₂ 和 F(ab)₂ 双特异交联分子,虽成分均一,但已切掉 Fc 段,不能称之为三功能抗体。有研究者尝试采用基因工程进行改造,增加目的 bsAb 的组装效率,提高产量。在抗体 C 端融合异源自组装的肽段是最常用的办法,如融合亮氨酸拉链肽段。

由于 bsAb 可以采用预靶向的治疗模式,即首先注射 bsAb,待 bsAb 预靶向浓聚于靶组织和细胞,并且正常组织或细胞清除了多余的 bsAb 之后,再应用效应分子,效应分子将借助于已预靶向的 bsAb,迅速浓聚到靶组织或细胞,发挥治疗作用,从而减少效应分子对正常组织细胞的损害,起到减少用药量和效应分子毒副作用的良好效果。因此,bsAb 具有特异性高、靶向性强、用量少、毒副作用小等优点,在肿瘤临床治疗中有着重要的意义。

三、抗体药物偶联物

迄今为止,细胞毒药物化学治疗仍然是药物治疗肿瘤的主要方式。但在全身用药的情况下,化疗药物不仅对肿瘤细胞具有杀伤作用,还会对正常细胞造成损伤并引起一系列严重的不良反应。很多化疗药物只有在最大耐受剂量下使用才能获得有限的治疗效果。另外,由于缺乏对肿瘤细胞的选择性,化疗药物也容易产生多药耐药性(multidrug resistance,MDR)。因此,让化疗药物对肿瘤细胞具有靶向性,成为降低其非特异性毒性、提高其治疗效果的有力手段。利用单克隆抗体对肿瘤细胞表面特异性抗原的高亲和力,将化疗药物或其他可杀伤肿瘤细胞的药物靶向输送至肿瘤病灶部位。当抗体与肿瘤细胞表面抗原结合或被肿瘤细胞内吞后,化疗药物在肿瘤细胞周围或肿瘤细胞内部以活性形式被释放并发挥杀伤肿瘤的作用。抗体药物本身已为大分子物质,而抗体与药物的偶联物的分子量更大。庞大的偶联物分子难以通过毛细管内皮层和细胞外组织间隙到达实体瘤深部的肿瘤细胞,因此,采用小分子抗体,如 Fab 抗体、单链抗体、双链抗体,以及最小识别单位等,与药物偶联制成抗体药物偶联物,或称抗体药物偶合物,使抗体药物较易穿透细胞外间隙到达肿瘤深部,对提高疗效有重要意义。

抗体药物偶联物(antibody-drug conjugate,ADC)是将具有高效细胞毒活性的药物通过化学、生物学等方法偶联到单克隆抗体上,利用抗体与抗原的特异性亲和作用将连接的药物靶向输送至肿瘤细胞部位以增强抗体治疗活性、提高细胞毒药物杀伤肿瘤细胞的靶向性,并降低其对正常组织毒副作用的一种新型主动靶向药物。ADC 对肿瘤细胞的杀伤活性比常规化疗药物大约强 1 000 倍,对裸鼠移植性肿瘤有显著疗效。

1. ADC 抗体的选择　肿瘤细胞与正常组织细胞相比其细胞膜表面会高表达或专一性表达某些特异性蛋白分子,用于维持肿瘤细胞快速增殖。适合 ADC 研发的理想抗体应当具备以下特点:①仅与肿瘤细胞表面抗原结合而与正常组织无交叉反应;②与肿瘤细胞表面抗原具有高亲和力;③对与抗体结合的抗原已经有比较深入的研究,明确其肿瘤生物学功能;④使用人源化抗体。

2. ADC 偶联药物的选择　ADC 偶联药物主要有三类,即化学药物、放射性核素和毒素。目前,常用的有抗肿瘤抗生素(calicheamicin)、力达霉素(lidamycin,LDM)、美登素(maytansine)衍生物等。

3. 连接肽技术　连接肽是用于偶联抗体与药物之间的连接结构。合理设计连接肽可以改善 ADC 在血液循环中的稳定性、优化药动学特性、提高游离药物在肿瘤部位的有效释放。目前常用的连接肽主要有 3 种。①化学裂解连接肽:二硫键在血液中处于稳定状态,而肿瘤的乏氧环境中还原性谷胱甘肽升高,ADC 二硫键断裂。ADC 是目前的研究热点之一,已经取得重大进展,如 ADC(吉妥单抗)同抗体或片段标记毒素(利妥昔单抗/肥皂草素等)和放射免疫偶联物(托西莫单抗)已经发展为效果更好的细胞毒性肿瘤治疗剂。②酶裂解连接肽:以酶特异性降解的肽键偶联抗体和药物,可以发挥更好的控释作用,明显提高 ADC 在体循环中的稳定性,靶向输送后 ADC 在肿瘤细胞溶酶体内蛋白酶(如组织蛋白酶和血浆酶等)的作用下释放游离药物,并使游离药物在肿瘤部位达到一定浓度水平。③非裂解连接肽:必须经过抗体细胞内吞并被溶酶体降解才能发挥生物活性,减少 ADC 偶联的高效细胞毒药物对非靶向组织的损伤,但是非裂解连接肽缺乏对肿瘤细胞杀伤的旁观者效应和细胞外释放作用。针对不同抗体和药物进行连接肽的优化,选择最佳偶联方式。

4. 连接肽的交联剂　由于单克隆抗体的生物活性容易丢失,因此制备 ADC 过程中,细胞毒药物与抗体偶联多采用在单克隆抗体蛋白空间结构三级或四级结构表面游离的氨基、巯基、羧基作为反应基团,反应在温和、可控的条件(如合适的 pH 缓冲体系、低温反应体系)下进行。参与抗体表面活性基团化学反应的交联剂多选择中等反应活性的交联剂。交联剂是一类小分子化合物,相对分子质量一般为 200~600Da,分子两端或分子结构中具有 2 个或者更多的针对特殊基团(氨基、羧基、巯基等)的反应性末端,可以与 2 个或者多个分子进行偶联,参与反应的各种分子以共价键的方式与交联剂连接形成一个新的分子。ADC 常使用交联剂有:①氨基 - 氨基交联剂,如琥珀酰亚胺类的 DSG、DSP 等,亚胺酸酯类的 DMP、DTBP 等;②氨基 - 巯基交联剂,如 N - 羟基琥珀酰亚胺 - 马来酰亚胺类的 SMCC、GMBS、MBS 等;③羧基 - 氨基交联剂,如 DCC、EDC 等。另外,在抗体轻链和重链引入可供反应的活性巯基,作为与药物交联特异性位点,该位点的引入不影响抗体活性和空间构象,不影响抗体与抗原的结合。体内试验结果表明,位点特异性偶联物与常规偶联物具有相同的抗肿瘤活性,实验动物(大鼠、猴)可以耐受更高剂量的位点特异性偶联物,位点特异性偶联物的治疗窗明显优于常规偶联物。

5. 分离、纯化　单克隆抗体与药物经偶联反应后获得的产物中包括许多非特异性副产物,需要经各种分离、纯化手段才能得到目标产物。根据 ADC 性质的不同及分离目的不同所采用的分离、纯化方法也不尽相同。常规方法有凝胶色谱、亲和色谱、离子交换色谱、高效液相色谱。根据需要也可采用其他分离手段,如 SDS- 聚丙烯酰胺胶凝胶电泳、超速离心、透析等。总之,纯化方法的合理使用可直接影响 ADC 产品的质量。

理想的 ADC 在经过血液循环到达肿瘤部位之前,偶联在抗体表面的细胞毒药物不应与抗体解离、释放;游离药物在血液循环中的浓度应该极低,这样才能最大限度地减少 ADC 对非靶部位的损伤;另外,经过结构修饰后,单克隆抗体与肿瘤细胞抗原的亲和力与"裸"抗体相比不应明显降低,以保证药物被主动、有效地输送至肿瘤部位;偶联物到达肿瘤细胞内部后细胞毒药物要以活性形式有效释放。优化影响 ADC 活性的参数会促进具有高活性的新型 ADC 研发。

ADC 作为药物具有以下四方面优点。①特异性:抗体对特定的抗原具有高度特异性,这是抗体药物突出的基本特征,是抗体药物用于靶向治疗的基础;②多样性:包括靶抗原多样性、抗体结构多样性、作用机制多样性等方面,对于 ADC 还具有"弹头"分子多样性,可以利用各式各样的"弹头"分子制备偶联物;③可以定向制备:针对特定的靶分子,进行"量体裁衣"定向制备抗体药物,在研制 ADC 时还可根据需要选择不同的"弹头"药物分子;④可以利用不同的分子(模块)进行组装:借助 DNA 重组技术可以将抗体片段与各种活性蛋白制备融合蛋白;也可以借助化学偶联技术将抗体片段与各种小分子"弹头"物质制成 ADC。由于存在上述优点,ADC 已成为研究开发新型分子靶向药物的有效途径与丰富资源。

四、抗体结构修饰

这里主要介绍抗体融合蛋白。抗体融合蛋白是将具有靶向性的抗体或抗体片段与对肿瘤细胞等具有功能的细胞因子等通过基因重组技术进行表达的蛋白。采用完整的抗体分子制备的抗体融合蛋白分子量大,影响其进入实体肿瘤组织,因此,抗体融合蛋白通常采用的是小分子抗体与细胞因子等进行融合。

完整的 IgG 抗体具有 ADCC 和 CDC 作用,需要有抗体的 Fc 片段的存在才能发挥作用。但是 Fc 片段的保留对于细胞因子失活、受体阻断或病毒中和是非必需的,并且可能由于 Fc 片段的存在导致不良后果。因此,当制备细胞因子失活、受体阻断或病毒中和性抗体时,大多数抗体中的 Fc 片段通常被去除掉。通常采用蛋白降解或重组工程技术生产不含 Fc 片段的 Fab 抗体,以及更小分子的抗体片段。抗体结合抗原的最小功能片段是 V_H 和 V_L。采用重组技术,V_H 和 V_L 可以通过柔性肽连接形成 scFv。利用微生物表达系统,scFv 可以在原核生物中得到更好的表达,这些抗体片段的药动学特别是在组织穿透力上更好。基于小分子的优点,通过基因工程技术将抗体片段与具有不同效应功能的蛋白分子,如细胞因子、毒素、酶等融合构建各种抗体融合蛋白,它们兼顾了抗体的靶向作用与融合蛋白的效应功能,在动物实验中表现出良好的抗肿瘤活性,有些已进入临床试验阶段。

细胞因子如 IL-2、IL-12 和 GM-CSF 为免疫调控剂,具有抗肿瘤效果并能够提高一些肿瘤的免疫原性,这些细胞因子血液清除速率快,并缺少肿瘤特异性,为了达到肿瘤微环境中能够活化免疫反应的浓度,需要大剂量全身给药。而大剂量全身给药常造成心血管和呼吸系统的严重副作用。虽然局部注射给药可减轻这些副作用,但是受肿瘤大小和解剖学定位的局限,大多数肿瘤很难进行局部给药,即使有些肿瘤可以在肿瘤组织局部注射细胞因子,但是局部注射点的细胞因子浓度仅能维持很短的时间,因此细胞因子局部给药很难达到治疗效果。用识别肿瘤相关抗原的抗体将细胞因子靶向输送到肿瘤微环境,可使细胞因子局部浓度升高而避免全身毒性。

利用 DNA 重组技术制备具有治疗性抗体功能的融合蛋白,是抗体药物研究的发展趋势。构建细胞因子与完整抗体或抗体片段的重组分子,表达细胞因子与抗体的融合蛋白,这种融合蛋白同时具有细胞因子和抗体的生物活性,通过抗体的肿瘤靶向性将细胞因子运输到肿瘤细胞,细胞因子促进表达特异性细胞因子受体的抗原呈递细胞(APC)对其进行加工和呈递,因此增强抗肿瘤免疫反应。而且,融合蛋白将细胞因子靶向输送到肿瘤微环境,可使细胞因子在肿瘤局部浓度升高而避免全身毒性。

根据细胞因子和抗体的结构,将细胞因子融合在完整抗体或者小分子抗体片段的氨基末端或羧基末端以保持两者的生物学活性(图 5-10)。融合蛋白常用的细胞因子有 IL-2、IL-12、TNF、IFN、GM-CSF 等。而抗体则需要选用针对肿瘤表面抗原具有特异性的抗体。

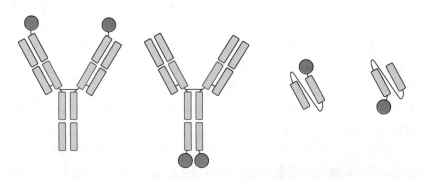

图 5-10 细胞因子 - 抗体融合蛋白结构示意图
(圆球代表细胞因子)

抗体用于治疗各种疾病,特别在治疗癌症、自身免疫疾病和病毒感染中显示了巨大的潜力和应用前景。抗体或抗体片段可以直接作为治疗分子,在体内发挥对疾病的治疗作用,也可以间接作为化学药物或蛋白药物的靶向成分治疗疾病。在过去几十年里,治疗性抗体药物研发取得了很大的进展,将来会有更多不同构型的治疗性抗体药物应用于临床。人源化抗体、新的抗体靶向分子、抗体药物偶联物、抗体融合蛋白、小分子抗体和双特异性抗体等是目前及未来治疗性抗体的发展方向。

(吕昌莲)

参 考 文 献

［1］邵荣光, 甄永苏. 生物药物研究与应用研究丛书——抗体药物研究与应用. 北京：人民卫生出版社, 2013.

［2］曹雪涛. 医学免疫学. 7 版. 北京：人民卫生出版社, 2018.

［3］金伯泉. 医学免疫学. 5 版. 北京：人民卫生出版社, 2008.

［4］LEAL M, SAPRA P, HURVITZ S A, et al. Antibody-drug conjugates: an emerging modality for the treatment of cancer. Ann N Y Acad Sci, 2014, 1321 (1): 41-54.

［5］EZAN E, BECHER F, FENAILLE F. Assessment of the metabolism of therapeutic proteins and antibodies. Expert Opin Drug Metab Toxicol, 2014, 10 (8): 1079-1091.

［6］DEONARAIN M P, YAHIOGLU G, STAMATI I, et al. Emerging formats for next-generation antibody drug conjugates. Expert Opin Drug Discov, 2015, 10 (5): 463-481.

［7］MAHLANGU J, OLDENBURG J, PAZ-PRIEL I, et al. Emicizumab prophylaxis in patients who have hemophilia A without inhibitors. N Engl J Med, 2018, 379 (9): 811-822.

［8］DODICK D W, SILBERSTEIN S D, BIGAL M E, et al. Effect of fremanezumab compared with placebo for prevention of episodic migraine: a randomized clinical trial. JAMA, 2018, 319 (19): 1999-2008.

［9］MANIKWAR P, MULAGAPATI S H R, KASTURIRANGAN S, et al. Characterization of a novel bispecific antibody with improved conformational and chemical stability. J Pharm Sci, 2020, 109 (1): 220-232.

［10］SIOUD M. Phage display libraries: From binders to targeted drug delivery and human therapeutics. Mol Biotechnol, 2019, 61 (4): 286-303.

第六章　疫苗工程技术

疫苗（vaccine）是指以病原微生物或其组成成分、代谢产物为起始材料，采用生物技术制备而成，用于预防、治疗人类疾病的生物制品。近 30 年来，随着生命科学的飞速发展，集微生物学、免疫学、分子生物学及生物信息学等学科于一体的现代疫苗学，在研究理论、技术方法和制造工艺等方面均取得了重大的革新。新型疫苗的蓬勃发展和传统疫苗的发扬光大，正是当今疫苗工程技术发展的时代特征。

第一节　基因工程亚单位疫苗及其制备技术

一、概述

20 世纪 70 年代以来，得益于分子生物学、分子免疫学以及蛋白质化学等学科领域的迅猛发展，疫苗的研究与运用得到了诸多新理论的支持，进入了以现代生物技术为基础的新型疫苗发展时期。此前的一段时期为传统疫苗发展时期，自 1796 年爱德华·詹纳（Edward Jenner）医生首次科学地证明了接种牛痘（cowpox）病毒可以有效地预防天花（smallpox）病毒感染，开创了疫苗学领域，此后伴随着微生物学、免疫学以及生物化学的发展，众多疫苗相继被开发出来，取得了包括消灭天花病毒在内的一系列辉煌成就。传统发展时期的疫苗按照其抗原的特点可以分为减毒活疫苗（如卡介苗）、灭活疫苗（如脊灰灭活疫苗）、用病原微生物某些成分制成的亚单位疫苗（如肺炎球菌多糖疫苗）和几种疫苗混合在一起使用的联合疫苗（如百白破疫苗）。

传统发展期疫苗制备的核心是大量培养获取相应的病原体，利用驯化减毒或者灭活的手段直接将病原体作为疫苗的抗原成分，或是加工提取病原体的蛋白或是将多糖等成分作为抗原。利用这些技术手段研发疫苗在取得了诸多成果的同时也遇到了诸多瓶颈，如某些病原体无法在体外培养繁殖、某些完整的病原体具有潜在的致癌性或是免疫病理作用等情况，此时利用传统的技术手段很难开发出安全、有效、经济的疫苗产品。

新型发展期疫苗以基因工程亚单位疫苗为主体，是在分子生物学、分子免疫学、蛋白质化学以及相关现代生物技术基础上发展起来的。现代分子生物学技术，包括基因的克隆表达、DNA 测序及合成、基因组学和生物信息学技术等，大大加快了抗原的分离与鉴定、病原微生物的修饰改造，促进了疫苗研发技术的发展；分子免疫学揭示了机体对病原的免疫保护机制，加速了保护性抗原的定位；蛋白质化学包括多肽合成及蛋白结构分析等，阐明了抗原的线性与立体结构，使得计算机预测抗原表位成为可能。这些技术的进步大大促进了疫苗学的发展，使得人们对疫苗的认识产生了深刻的变化。

包括基因工程亚单位疫苗在内的新型疫苗目前还处于初始发展阶段，目前疫苗在种类和数量上仍然以传统疫苗为主，但基因工程亚单位疫苗已显示出了强大的竞争力，人们利用其正在解决众多传统疫苗技术长期以来无法解决或难以解决的问题。例如，基因工程乙肝疫苗解决了传统血源性乙型肝炎疫苗存在的血源污染、质控困难、成本高昂且难以大规模生产的困难；而基因工程人乳头状瘤病毒（human papilloma virus，HPV）的成功开发则显示了新技术有能力成功研制出传统技术无法开发的疫苗品种。本章节将从基因工程亚单位疫苗的优势和特点、制备的关键技术以及目前应用的案例对其进行介绍。

二、基因工程亚单位疫苗的特点

基因工程亚单位疫苗（gene engineered subunit vaccine）主要指利用基因工程表达的蛋白抗原经纯化后，配合相应的佐剂制备而成的疫苗。与传统疫苗相比较，基因工程亚单位疫苗产能大，抗原纯度较高，不但可以作为传统疫苗产品的替代，还可以用于一些体外难以培养、具有潜在致癌性或是存在免疫病理作用病原体疫苗的研究开发。与传统亚单位疫苗一样，基因工程亚单位疫苗具有良好的安全性，针对性强，可以反复使用，对其他疫苗干扰小，易组成多联多价，经济效益较好，免疫原性一般较弱。本节就将从基因工程亚单位疫苗的几个重要特点进行论述。

（一）安全性高

基因工程亚单位疫苗的安全性高主要体现在生产环节的安全性、亚单位抗原本身的安全性，以及减少抗原本身或杂质的免疫病理作用所提高的安全性。

用传统的方法生产疫苗，必定要和病原微生物接触，因此对从事疫苗生产的人员有严格的安全保护措施。尤其对于那些致病性强、产毒素和需要减毒，但是又难以操作和处理的细菌和病毒，如果能用基因工程的方法来制备疫苗，则从根本上解决了疫苗生产人员面临的安全风险。例如，基因工程乙型肝炎疫苗就是一个典型的例子，将编码乙型肝炎表面抗原（HBsAg）的基因克隆到酵母或真核细胞中去进行表达，继而从经过发酵培养的酵母中，可以很安全地抽提和纯化到大量 HBsAg，但又不会有来自乙型肝炎病毒感染的直接危险。然而早期的乙型肝炎疫苗是用 HBsAg 携带者的血浆作为原料，经过超速离心等纯化步骤来制备的。为了保证乙型肝炎疫苗的产品中没有完整和具感染性的病毒颗粒，需要制定严格和细致的安全检测措施。

传统减毒活疫苗的制备方法大多数是通过将致病微生物在鸡胚或非生理性的条件下（如细胞体外培养）进行培养传代来扩增病原微生物，继而制备相应的减毒或灭活疫苗。这样生产出的疫苗包含了病原微生物的全部抗原成分，但同时也包含了诸多其他成分，如难以避免的热原、变应原、免疫抑制原和其他有害的反应原。基因工程亚单位疫苗通过相应的表达载体高效表达后，再经抗原蛋白产物抽提、纯化，大大增加了抗原成分的纯度，同时提高了疫苗产品的稳定性，便于进行质量控制。

此外，一些病原微生物具有潜在的致癌性，如人乳头状瘤病毒（HPV），由于基因组中存在癌基因，传统的减毒或是灭活方式均不能保证疫苗的安全性。因此目前商业化的 HPV 疫苗都是基于病毒样颗粒（VLPs）的疫苗，主要是通过基因工程技术制备其衣壳蛋白 L1，而 L1 的五聚体可自行组装成 VLPs。

（二）经济效益好

一些病原微生物无法在体外培养扩增，因此采用传统的疫苗生产技术成本高昂。例如，前述的乙型肝炎病毒，第一代乙型肝炎疫苗为血源疫苗，需要从乙型肝炎病毒携带者的血浆中提取 HBsAg，由于这种特殊血浆来源的限制，造成乙型肝炎疫苗的产量低而成本高，在基因工程亚单位乙型肝炎疫苗研发成功以前，虽然美国和我国都成功研发出了血源性的乙型肝炎疫苗，但受制于上述问题，均没有大规模应用。而采用重组 DNA 技术制备的基因工程亚单位疫苗在解决血源疫苗安全问题的同时，也解决了乙型肝炎疫苗的产能及成本问题，使得乙型肝炎疫苗的大规模应用成为可能。

传统的流感疫苗采用鸡胚培养流感病毒后制备成灭活疫苗、裂解疫苗以及亚单位疫苗，这3种疫苗是目前世界范围内使用最为广泛的季节性流感疫苗。但是其最大的不足是在生产过程中病毒株的制备和鉴定以及疫苗生产工艺复杂、周期较长，同时在流感暴发期间大量鸡胚需求的来源受限（尤其是禽流感暴发流行时期），这些问题一直是限制全球流感疫苗产能扩大、品质提高和应急生产的瓶颈。流感基因工程亚单位疫苗是通过选择合适的表达系统(如大肠埃希菌、酵母、哺乳细胞或杆状病毒等)表达流感病毒抗原蛋白(或其表位),如 HA、NA、NP、M1 等蛋白,将表达产物经纯化后按照一定工艺制备成为疫苗。由于其易于大规模生产、可快速生产且成本低廉等特点,受到了很多疫苗研发人员的青睐,特别是在流感大流行期间,借助成熟的分子生物技术和生物发酵技术,即可在短时间内研制并生产出大量的流感疫苗以满足大规模接种之需。目前,基于不同靶抗原的流感基因工程亚单位疫苗的有效性已经在多项研究中得以证实。

此外,由于选择用于制备亚单位蛋白质疫苗的大肠埃希菌和酵母等工程菌都比较容易培养,通过技术和工艺的改进能够有效地提高产量,同时相应的加工处理方法较为成熟,因此基因工程亚单位疫苗的经济效益相对较高。

(三) 免疫原性较弱

基因工程亚单位疫苗的免疫原性通常较弱,可能是由于可溶性蛋白质的分子量较小,同时缺少了全菌或全病毒疫苗中的脂多糖、病原体核酸等具有免疫增强作用的成分。为了增强其免疫原性,一种方法是调整基因组合使之表达成颗粒性结构;另一种方法是在体外加以聚团化,包入脂质体或胶囊微球中,或加入有免疫增强作用的化合物作为佐剂(adjuvant)。

颗粒的免疫原性通常优于多肽。并且颗粒(包括 VLPs)可以诱导产生针对颗粒(及其他病毒)构象表位的抗体,但分离到的颗粒表面多肽则不可能诱导产生这类抗体。采用颗粒免疫原制备的疫苗有 HAV 病毒颗粒(50ng 剂量在人体即具有免疫原性)和 HBsAg 颗粒。另一个为人乳头状瘤病毒(HPV)VLPs。HPV VLPs 是一个高度有序的结构,主要蛋白为 L1。大肠埃希菌表达的 L1 不能形成颗粒,但真核细胞表达的 L1 可形成 VLPs,从而诱导产生 HPV 中和抗体。这类疫苗被证明可以诱导保护性免疫,并获准上市。

重组亚单位疫苗的免疫原性可以通过剂型改变而得到提高,剂型指用于疫苗接种的最终形态。疫苗剂型除了抗原、DNA 等有效成分外,还包括佐剂和 / 或投递系统。佐剂是一种可以刺激机体产生针对与其一同接种的抗原更强烈体液和 / 或细胞免疫应答的物质。递送系统是一种可以保证疫苗在体内提呈至免疫细胞、稳定和长时间缓慢释放抗原的工具。佐剂和递送系统可能在结构和功能上有所重叠。已有很多关于实验型佐剂和递送系统研究的文献综述发表。一些佐剂主要刺激产生体液免疫应答,另一些则主要刺激产生包括 CTL 在内的细胞免疫应答。佐剂和递送系统的运用可以减少给药量及接种次数,能够明显增加抗体水平以及抗体质量;某些佐剂和递送系统还能增加 T 细胞应答强度;同时,也可以增加免疫功能不全者的免疫应答,或者增加疫苗接种后的黏膜免疫应答。预计将来很多疫苗可能会包含新的佐剂和递送系统。

三、基因工程亚单位疫苗的制备技术

应用重组 DNA 的生物技术,通过酶的作用,在体外进行基因的剪接,并将重组的 DNA 转化到新的细胞中去重新表达的操作过程称为遗传工程或基因工程。基因工程亚单位疫苗即采用重组 DNA 技术表达抗原蛋白制备的亚单位疫苗。体外重组 DNA 的技术主要包括 3 个基本环节:基因的分离扩增、基因的重组、基因的转化和表达。表达出的亚单位蛋白再经纯化,通过适宜的制剂工艺添加佐剂,即可制备出基因工程亚单位疫苗。

(一) 基因的分离扩增

重组 DNA 技术的关键是要有足够和纯化的特定基因。目的基因的分离主要以生物体作为材料来源。将动物、植物和微生物的细胞破碎之后,就可以分离到染色体 DNA,并可用限制性内切酶来进行切割。由于大部分酶的切点是交错的,所以能产生具有"黏性末端"的 DNA 片段。用同一种限制性内切酶作用于含目的基因的 DNA 分子和载体,能使两者产生相同的黏性末端,再由连接酶结合组成一个新的 DNA 分子,这就是基因拼接技术的基础。

1985 年,美国 PE-Cetus 公司的人类遗传研究室 Mullis 等人发明了具有划时代意义的聚合酶链

反应(polymerase chain reaction,PCR),使得人们梦寐以求的体外无限扩增核酸片段的愿望得以实现。PCR 是一种在体外模拟自然 DNA 在体内复制过程的核酸扩增技术,它以双链 DNA 片段,甚至完整染色体分子为模板,用与待扩增基因两翼互补的寡核苷酸为引物,通过耐热的 DNA 聚合酶的催化作用,合成新的 DNA 分子,并可在数小时内将目的 DNA 扩增数百万倍。由于近几年来 DNA 测序技术的革新和改进,许多动物、植物和微生物的基因图谱已完全清楚,人类的全部基因序列也已经于 2000 年完成测定。加上生物信息学的迅猛发展,科学家们现在很容易找到所需要的基因序列,然后再用 PCR 技术将目的基因扩增出来,使得基因的分离变得十分容易。

(二) 基因的重组

基因的重组需要具备一些基本的技术条件,如限制性内切酶、连接酶和 DNA 聚合酶等一系列工具酶。在重组 DNA 技术中常用的载体有两种,即细菌的质粒和病毒。作为体外 DNA 重组的载体必须具备以下条件:有多种限制性内切酶的位点,便于目的基因的插入,并且在酶切重组后,仍能保持复制子的功能;有选择性标记,如耐抗生素特性,最好为具双重标记的质粒,当外源 DNA 插入其中一种标记时产生插入失活,有效地帮助鉴别重组质粒;能在大肠埃希菌中复制,便于重组 DNA 分子的制备;具有能在原核或真核细胞中表达的基因转录和翻译的特异核酸序列;非感染性;除少数逆转录病毒以外,不与宿主细胞染色体发生整合。

(三) 基因的转化和表达

载体 DNA 和目的基因在体外重组以后,接下去的工作是将它们转入到能让它们自由复制和表达其基因产物的活细胞中去。将重组 DNA 分子引入活细胞内的方法很多,凡能将 DNA 转入细胞内的技术都可以使用。最常采用的方法是转化、转染、转导、体外包装、脂质体介导和电转法等。用于表达基因产物的表达载体主要分为 3 类。

1. 原核细胞 这一类表达载体的典型代表是大肠埃希菌,这是因为对大肠埃希菌的基因背景研究得最清楚,细菌生长快速,培养条件简单,有许多质粒或病毒载体可以用来克隆各种外源 DNA,并能十分有效地转化到大肠埃希菌中去而获得高效表达。其缺点是缺乏蛋白质翻译后的折叠加工过程,并且不能使蛋白质糖基化,然而糖蛋白的糖部分往往和抗原性、蛋白质的立体结构和抵抗蛋白酶的降解有关,因此大肠埃希菌主要用于表达来源于原核细胞的基因产物。此外,在下游提纯过程中须彻底去除细菌的内毒素,造成较复杂的制备程序。

2. 低等真核细胞 酵母是这一类表达载体的典型代表,因为对酵母的基因结构研究得比较彻底,并可用发酵的方法来大量制备基因工程的产物,而且几乎每一个人都接触过和酵母有关的食品或饮料,因此如果基因产物中污染一些酵母的成分也不会有安全性的问题。此外,酵母具有真核细胞糖基化的功能,适合表达真核细胞的基因产物。

3. 哺乳类细胞 这类表达载体又可分成 3 类,即原代细胞、细胞株和细胞系。脊髓灰质炎病毒的减毒活疫苗是用猴肾原代细胞培养的,风疹疫苗是用细胞株来制备的,狂犬疫苗是用细胞系来制备的。细胞株在体外的培养有代次的限制,但是给动物接种不会产生肿瘤;细胞系则可以无限制地进行传代,给动物接种有可能产生肿瘤。细胞株和细胞系是常用的基因工程表达载体,但哺乳类细胞摄取 DNA 的能力很差,即便在最合适的条件下,也只有不到 10% 的 DNA 能被转化进入细胞内。

(四) 蛋白的提取与纯化

在基因工程亚单位疫苗制备过程中,需要将所需的目的产物从培养物中分离出来,并行进一步的纯化,去除不需要的杂质成分,使最终的目标疫苗成分纯度能够达到 90%~95%。疫苗制备的纯化工艺技术包括初步纯化和精制纯化两大步骤。以下描述的是常见的流程步骤。

初步纯化一般包括:细胞破碎处理,此过程可以使用裂解液、超声波破碎、超高压细胞破碎等技术,此步骤的目的是将表达载体破碎,使得表达产物能够充分释放。其后为澄清处理,目的是去除细胞碎片、非目的菌体碎片、培养基成分等,此过程可以使用过滤、离心沉降等技术。

精制纯化可包括:目的产物的浓缩,这一步可以采用透析袋外加强吸水物、超过滤、速率区带离心等技术。进一步纯化,可以采用速率区带离心、液相色谱层析、等密度区带离心法等。其后就是再次进行目的产物浓缩,或者是这些步骤的重复应用。精制纯化的目的在于进一步去除初纯工艺中不能完全去除的杂质成分,并且将目的蛋白进行富集,便于疫苗的制备生产。

在纯化过程中,有些技术并不是单独使用的,例如,在超声波破碎细胞时,缓冲液内就含有细胞裂解液成分。

(五) 疫苗的后加工

基因工程亚单位疫苗可制备成多种剂型,如液体型、含佐剂型、冻干粉针型等。今后还可能会有口服胶囊型、透皮型、喷雾或滴鼻型、腔道栓型等,还包括国外已经使用多年的用于接种枪的液体或粉针型。对于这些剂型的疫苗,因其组成成分有较大的差别,所以在后处理技术方面会有各种不同的技术要求。

基因工程亚单位疫苗通常需要添加佐剂,目前使用最多的佐剂是氢氧化铝佐剂。不同疫苗加入佐剂的时间和添加的方法条件也有区别,有些疫苗是在半成品时向疫苗中加入佐剂,有些疫苗则是向佐剂中加入疫苗组分。需要注意的是,加入佐剂的速度、搅拌速度、pH 的调整等都是影响疫苗佐剂化程度的因素。

蛋白抗原在常温下不稳定,容易受温度变化的影响,抗原会发生改变,主要的结果是造成免疫原性降低。液体疫苗容易受环境条件的影响,造成疫苗抗原的失活和变化,究其原因是疫苗抗原发生聚集和/或降解,因而造成免疫原性降低致使疫苗有效期缩短。为了延长疫苗产品的有效期,通常利用冷冻干燥技术,以保证疫苗免疫原的稳定性。

四、基因工程亚单位疫苗的应用

第一个被批准上市的基因工程亚单位疫苗是重组乙型肝炎疫苗。安全、有效的乙型肝炎疫苗从1982 年开始上市。最早的疫苗是从慢性 HBV 感染者的血浆中分离出的 22nm 的 HBsAg 颗粒制备而成。虽然担心但并未发现通过血源性疫苗传播病原体包括人类免疫缺陷病毒(HIV)的情况。随后,通过 DNA 重组使 HBsAg 能够在其他生物体表达的技术,为疫苗的大量生产提供潜能。DNA 重组疫苗目前已经取代了血源性疫苗。

1986 年 7 月,一种重组乙型肝炎疫苗在美国得到批准。这种疫苗的构建基于先前的认识:含HBV 和 HBsAg 的热灭活血清无感染性但却有免疫原性,并且对随后的 HBV 暴露具有部分保护作用。研究表明,HBsAg 是免疫后起到保护作用的有效成分。为生产这种疫苗,将 HBsAg 或"S"基因插入到一种能够在酿酒酵母中大量合成 HBsAg 的表达载体中。酵母细胞表达纯化的 HBsAg 与HBV 慢性携带者血浆来源的 HBsAg 相当。重组乙型肝炎疫苗每毫升含有 340μg 的 HBsAg 蛋白和磷酸铝或氢氧化铝佐剂,另一种供肾脏功能不全患者使用的新型重组乙型肝炎疫苗以明矾和脂质 A作为佐剂。

由于体外无法大规模培养以及病毒基因组中癌基因的存在,HPV 疫苗设计策略目前主要集中在重组亚单位疫苗的研究上。目前商业化的预防性 HPV 疫苗都是基于 VLPs 的疫苗,主要衣壳蛋白 L1 的五聚体可以自行组装成 VLPs。HPV 的 VLPs 可经多种细胞生产,临床使用的 VLPs 的生产工艺已经在 L1 重组杆状病毒感染的昆虫细胞和酿酒酵母系统中建立起来。因为 VLPs 由单一病毒蛋白形成,所以没有感染性和致癌性。VLPs 经柱层析方法纯化,纯化还包括将 VLPs 解聚为五聚体,之后再重聚为VLPs,该过程可以提高结构均一性、稳定性和免疫原性,并且能去除胞内组装过程中包入的核酸。这些VLPs 不仅在形态上和真正的病毒颗粒相似,而且更关键的是,通过小剂量注射即能诱导产生高滴度的病毒中和抗体。与之相反,变性的 L 单体和 L 多肽都不能诱导产生中和抗体。

研究出一种抗 B 群脑膜炎双球菌的通用疫苗是一个漫长而艰难的过程。人们应用传统疫苗学方法研究了 40 年,始终未能找到一种有效的解决方案。基因组学技术、生物信息学和蛋白质组学等新技术的发展,使得 20 世纪末在生物学研究、临床诊断和疫苗开发中所使用的方法被完全重新定义。1998

年,Novartis 疫苗公司的研究小组开展了大规模的基因组计划。为研制 B 群脑膜炎双球菌的通用疫苗,研究者对 B 群脑膜炎双球菌分离株的基因组进行了测序,病原体基因组序列的获得可以在基因芯片上鉴定候选疫苗抗原,而不需考虑蛋白丰度和细菌的培养,这种方法被称为反向疫苗学,而 B 群脑膜炎双球菌成为利用基因组学研制疫苗方面的原型。

重组 DNA 技术还可以在基因水平上对细菌毒素进行脱毒。例如,采用在体外使基因突变的方法可以使白喉类毒素蛋白中的一个氨基酸发生改变,结果既保留了毒素的免疫原性又使其失去了毒性。成功的例子还有破伤风毒素和百日咳毒素的基因突变脱毒。这种方法最终将替代传统的细菌类毒素疫苗,不仅因为安全,而且生产容易,成本较低。

第二节　糖蛋白结合疫苗及其制备技术

一、概述

病原微生物的表面成分通常被认为是可能的疫苗抗原。荚膜是某些侵袭性细菌细胞壁外的一层黏液状物质,多糖是构成荚膜的主要成分。荚膜多糖通常是细菌主要的毒力因子,在抵抗免疫系统中吞噬细胞吞噬过程中担任着重要角色。细菌荚膜多糖具有抗原性,纯化的细菌荚膜多糖可以诱导机体产生保护性抗体,因此利用纯化多糖作为疫苗预防传染病是疫苗发展史上的重要成就之一。虽然荚膜多糖具有免疫原性,能刺激机体产生保护性抗体,但多糖类属于 2 型 T 细胞非依赖抗原,因而不会形成免疫记忆,产生的抗体以亲和力较低的 IgM 为主,年龄小于 2 岁的婴幼儿对多糖疫苗的免疫应答十分低下甚至缺乏。

为了改善多糖抗原的免疫原性,通过化学方法将多糖抗原与具有 T 淋巴细胞依赖抗原特性的蛋白分子进行偶联,制备得到的糖蛋白结合疫苗可以诱导长期免疫记忆的 T 细胞免疫反应,增强婴幼儿和某些免疫功能低下或有缺陷的患者对细菌多糖抗原的免疫应答。已经上市的糖蛋白结合疫苗包括脑膜炎球菌(*Meningococcus*)结合疫苗、肺炎球菌(*Pneumococcal*)结合疫苗以及 b 型流感嗜血杆菌(*Haemophilus influenzae* type b,Hib)结合疫苗等。此外,多糖结合原理还正在用于开发针对其他病原微生物的结合疫苗,包括链球菌、沙门菌、葡萄球菌、大肠埃希菌、克雷伯菌、肠球菌、志贺菌、弧菌,以及病原真菌如白念珠菌和新型隐球菌等。

二、糖蛋白结合疫苗的特点

1931 年,Margaret Pittman 提出侵入性流感嗜血杆菌荚膜是其重要致病因子,并且多糖是其荚膜的主要组成部分,几乎所有流感嗜血杆菌感染都是由 b 型引起。随后,纯化的 Hib 荚膜多糖被开发用于预防 Hib 感染。在芬兰,由 10 万名 3 个月 ~6 岁的婴幼儿参与了 Hib 荚膜多糖疫苗的临床试验,大约 50 000 名儿童接种了 Hib 多糖疫苗,另外 50 000 名儿童接受了安慰剂。在 18 个月以上的儿童中,Hib 多糖疫苗接种者中没有 Hib 感染,安慰剂接种者中有 11 例。但是,18 个月以下的儿童并没有受到保护。此外,观察到该疫苗在较年幼的儿童和婴儿中没有免疫原性(但在较大的儿童中有)。为了解决以上问题,Schneerson 通过将 Hib 荚膜多糖与白喉类毒素化学偶联,开发了 Hib 结合疫苗。1988 年 2 月—1990 年 6 月,在北加州开展了由 61 080 名儿童参与的临床试验,发现 Hib 结合疫苗的保护效力为 100%。自 1990 年以来,在美国常规使用 Hib 结合疫苗已经使婴幼儿患侵袭性流感嗜血杆菌感染的发病率降低了 99%。现代免疫学研究表明,通过结合手段,T 细胞非依赖性抗原(Hib 多糖)可以转化为 T 细胞依赖性抗原(多糖蛋白结合物),是 Hib 结合疫苗可以保护婴幼儿感染的重要原因。

除了 Hib 结合疫苗以外,至今已经研制成功了肺炎球菌结合疫苗(如 Prevnar-7 和 Prevnar-13)以及脑膜炎球菌结合疫苗(如 Menactra、Menveo 和 Nimenrix)等。糖蛋白结合疫苗具有以下特点:

能增强婴幼儿对多糖抗原的免疫反应。与用于大龄儿童、成人和老年人的多糖疫苗引起的免疫机制不同，糖蛋白结合疫苗进入体内后，多糖部分被 B 细胞表面的特异性受体识别并内吞，蛋白部分在 B 细胞的内吞溶酶体中降解为多肽，其中一些肽链被主要组织相容性复合体（MHC）Ⅱ类分子识别后呈递到细胞表面并激活 CD4$^+$ T 细胞；通过 T 细胞—B 细胞相互作用，促进 B 细胞分化成熟为浆细胞并产生记忆 B 细胞，发生抗体类别转换产生 IgG 等抗体，同时产生记忆性的 T 细胞。这种免疫机制，不仅能刺激机体产生非 T 细胞依赖免疫反应，还能引起 T 细胞依赖免疫反应，产生长久的免疫效果（图 6-1）。

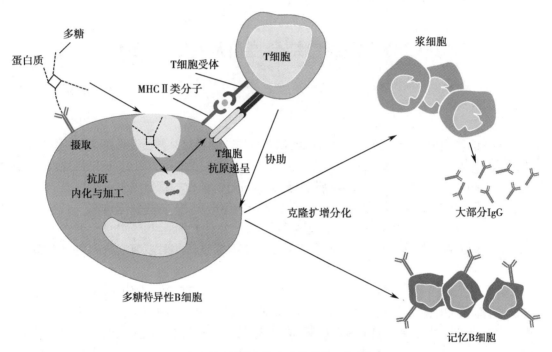

图 6-1　糖蛋白结合疫苗的作用机制

糖蛋白结合疫苗可以诱导分别针对多糖和蛋白的抗体应答。如 Hib 多糖与白喉类毒素化学偶联制备得到的糖蛋白结合疫苗可以同时预防 Hib 和白喉杆菌感染。另外，在金黄色葡萄球菌疫苗设计中，有研究者将金黄色葡萄球菌荚膜多糖与保护性蛋白抗原 MntC 进行化学结合，通过同时诱导针对荚膜多糖和 MntC 的抗体应答，从而提高疫苗对金黄色葡萄球菌感染的保护效果。

肺炎是老年人的常见病，由于老人的免疫系统随着年龄的增大而下降，因此肺炎多糖疫苗对老年人的保护效果并不理想。肺炎多糖与载体蛋白结合，可以显著增强老年人对多糖抗原的免疫应答能力，保护效果也有了明显提升。另外也有免疫功能低下的艾滋病患者对糖蛋白结合疫苗产生的抗体反应要远胜于多糖疫苗的报道。

载体蛋白对糖蛋白结合疫苗抗多糖抗体的产生具有促进或抑制作用。载体蛋白的促进作用是指机体在注射糖蛋白结合疫苗之前已经免疫载体蛋白（或含有该载体蛋白的其他糖蛋白结合疫苗），当注射含有该载体蛋白的糖蛋白结合疫苗时，相比之前没有免疫载体蛋白的情况，会引起更强的抗多糖抗体反应。相反，载体蛋白的抑制作用是指相比之前没有免疫载体蛋白的情况，会引起更弱的抗多糖抗体反应。机体前免疫选用的载体蛋白、后免疫选用的糖蛋白结合疫苗不同，都会影响最终的糖蛋白结合疫苗抗多糖抗体反应，因此是促进还是抑制作用还没有发现特定的规律。对于载体蛋白对抗体产生具有促进作用的结合疫苗，推荐使用联合疫苗的策略，如 Hib 多糖与破伤风毒素结合的疫苗，可以与百白破疫苗联合使用，不仅能增强多糖抗原的免疫原性，而且可以减少接种疫苗的次数。

三、糖蛋白结合疫苗的制备技术

糖蛋白结合疫苗的制备包括荚膜多糖的制备和表征、荚膜多糖的活化和衍生、载体蛋白的选择,以及荚膜多糖与载体蛋白的共价结合等。

(一) 荚膜多糖的制备和表征

对于荚膜多糖与细菌细胞壁结合比较松散的细菌,在培养过程中荚膜多糖会大量释放到发酵液中,通常是从发酵液上清中提取荚膜多糖;而对于结合比较紧密的细菌,则需要从菌体中提取荚膜多糖。

1. 荚膜多糖粗品的分离　通过发酵目标菌株,从菌液或菌体中分离获得荚膜多糖粗品。荚膜多糖粗品可以通过阳离子表面活性剂(如 CTAB)沉降发酵液获得;或者通过冻干菌体,采用冷酚法提取获得。

2. 荚膜多糖的精纯　去除荚膜多糖粗品中残余的核酸和蛋白质,即可获得荚膜多糖纯品。通常可以采用分步醇沉法去除荚膜多糖粗品中的核酸,并通过热酚法去除蛋白;或者通过 DNA 酶、RNA 酶去除核酸,蛋白酶 K 去除残余的蛋白质。

3. 荚膜多糖结构的鉴定和表征　荚膜多糖的结构通过免疫沉淀、免疫电泳或 ELISA 等方法进行确证,但需要获得能够区分多糖抗原的高度特异性抗血清。该类方法只能确认所测试目标多糖抗原是否存在,不能提供样品纯度等其他信息。对于已经阐明了分子结构的荚膜多糖,核磁共振(NMR)技术可以证明同一性并给出纯度的指示。通过添加内标,NMR 技术还可以实现定量。NMR 技术还是良好的血清学表征方法,几个新的肺炎球菌血清型的结构鉴定就是通过这个技术完成的。NMR 技术还可用于鉴定多糖中存在的其他有机物质,如污染物及产品残留物、肺炎球菌多糖的细胞壁多糖(CWPS)等。

4. 荚膜多糖组成分析　常用方法是通过酸或碱水解实现单糖的解聚,然后经色谱技术与相应的多糖或单糖参考物质进行比对,从而获取多糖中单糖组成的信息。糖苷键水解的过程中有可能会导致所释放的单糖降解,因此水解条件尤其关键,不同的单糖组成通常需要不同的水解方法,常用的水解剂为三氟乙酸。此外,该方法虽然能提供多糖中单糖组成的信息,但不能获得单糖的连接顺序以及糖苷键的形成方式等结构信息,只能作为多糖结构鉴定的辅助手段。

(二) 荚膜多糖的活化和衍生

为了将荚膜多糖转化为 T 细胞依赖性抗原,需要将多糖与蛋白质进行共价偶联。偶联条件通常是比较温和的,不能破坏载体蛋白或荚膜多糖上的显性表位,不会引起荚膜多糖不需要的解聚,不能引入任何不利的表位。荚膜多糖的活化是利用多糖结构中的活性基团,如羧基、羟基和亚氨基等,采取不同的活化策略使其可以与适当的载体蛋白进行共价偶联。多糖的活化通常需要把握一个平衡,需要保证一定的活化度,以确保与载体蛋白共价偶联有足够的收率,但活化度过高可能会破坏多糖抗原的结构完整性。天然荚膜多糖具有数百万道尔顿的分子量,并且溶液可能比较黏稠,降低多糖的分子量可能会降低其黏度并使溶液更易于操作。另外,降低分子量还增加了聚合物末端的数量,可以提高末端残基连接的效率。鉴于此,荚膜多糖也可以首先通过化学或机械处理(如微流化)实现尺寸减小,然后再进行活化反应,更易于化学操作。

对于大多数荚膜多糖,可以利用羟基与溴化氰 /CDAP 或羰基二咪唑反应形成活性酯,然后再与己二酸二酰肼(ADH)或其他双官能胺反应以引入氨基接头。活化 / 衍生的多糖可以进一步分离作为糖蛋白结合疫苗制造过程中的中间体,有些情况下也可以不经分离直接与载体蛋白反应。第二种常见的策略是利用荚膜多糖结构中的邻位羟基,通过高碘酸盐($NaIO_4$)氧化以生成易于与载体蛋白质中氨基反应的醛基。高碘酸盐氧化的效果取决于多糖结构,并且可以化学计量或动力学控制。对于分别含有来自核糖醇和外环链的链内二醇,高碘酸盐处理会导致解聚并产生末端醛,而对于每个重复单元含有几个邻位羟基的多糖,则会有多个氧化位点,根据二醇的相对取向会以不同的速率被氧化。经

$NaIO_4$ 氧化得到的含有醛基的糖可以与载体蛋白的 N 端氨基形成亚胺(席夫碱)，然后在氰基硼氢化钠($NaBH_3CN$)或席夫碱的作用下进行选择性还原;或者与酰肼衍生的载体蛋白反应以制备糖蛋白结合疫苗。

一些细菌多糖本身含有羧基或磷酸基团，可以在碳二亚胺催化下与双官能胺反应引入氨基接头，然后再与载体蛋白的羧基共价偶联以获得所需的糖蛋白结合物。或者，氨基多糖可以进一步衍生化引入溴代酰基或马来酰亚胺，再与载体蛋白中巯基反应以实现共价偶联。

(三) 载体蛋白的选择

与多糖抗原共价偶联后，可以引发对多糖抗原的 T 细胞依赖性免疫应答的蛋白质则可以作为载体蛋白。最广泛使用的载体蛋白为通过化学或遗传手段减毒的细菌毒素。

已经被许可的载体蛋白包括白喉类毒素(DT)、破伤风类毒素(TT)、CRM197、嗜血杆菌蛋白 D(PD)和 B 群脑膜炎球菌外膜蛋白复合物(OMPC)等。经甲醛脱毒的白喉类毒素和破伤风类毒素是最早用于糖蛋白结合疫苗制备的载体蛋白，因为这两个蛋白的安全性在数十年中作为破伤风疫苗和白喉疫苗使用得到了证明。CRM197 是白喉类毒素的突变体，为野生型白喉类毒素的第 52 位甘氨酸突变为谷氨酸，这个突变使 CRM197 成为无毒性蛋白。由于 CRM197 不需要化学脱毒，更好地保留了 Th 细胞表位，所以 CRM197 的载体效应强于 DT。CRM197 已被广泛用作 Hib、脑膜炎球菌和肺炎球菌结合疫苗以及其他正在开发的其他疫苗的载体。OMPC 已被用于 Hib 结合疫苗和第一代肺炎球菌结合疫苗的载体。PD 是非可分型流感嗜血杆菌的细胞表面蛋白，可以通过大肠埃希菌重组表达获得，已被用作肺炎球菌结合疫苗中大多数血清型荚膜多糖的载体。还有一些载体蛋白虽然未经许可，但已经广泛用于临床前或临床研究阶段，如人和牛血清白蛋白、人和牛丙种球蛋白、鲎血蓝蛋白、钥孔血蓝蛋白和植物蛋白等。

(四) 荚膜多糖与载体蛋白的共价结合

共价结合要求载体蛋白和荚膜多糖上的反应基团足够接近以进行相互作用。然而，当载体蛋白和荚膜多糖都具有多个反应基团时，可能存在过度交联的风险。由于荚膜多糖可能的高黏度，确保均匀的混合和反应非常关键，虽然这在生产规模上可能实现起来比较困难。共价结合通常是制备糖蛋白结合疫苗的最后一个步骤，控制适当的反应条件是成功结合的关键，包括控制 pH、温度、蛋白质和荚膜多糖的比例等。

四、糖蛋白结合疫苗的应用

至今已经上市的糖蛋白结合疫苗包括脑膜炎球菌结合疫苗、肺炎球菌结合疫苗以及 b 型流感嗜血杆菌(Hib)结合疫苗等。

(一) b 型流感嗜血杆菌(Hib)结合疫苗

Hib 感染是儿童侵袭性细菌性疾病的主要原因。在疫苗上市之前，美国每 200 名儿童中就有 1 名在 5 岁以前患上侵袭性 Hib 病。这些孩子中有 60% 观察到有脑膜炎，死亡率为 3%~6%。脑膜炎幸存者中 20%~30% 会留下永久性后遗症，轻则听力损失，重则精神发育迟滞。Hib 的荚膜多糖(PRP)是该细菌的主要毒力因子，PRP 抗体是血清杀菌活性的主要贡献者，抗体水平的增加与侵袭性 Hib 病的风险降低有关。

上市的 Hib 结合疫苗有三种，包括 PRP 与 TT 的结合物(PRP-TT)、PRP 与 CRM197 的结合物(PRP-CRM197)以及 PRP 与 MenB OMPC 的结合物(PRP-OMPC)。有研究者比较了三种 Hib 结合疫苗的免疫效力，发现 PRP-OMPC 的免疫原性最强，第一次免疫后抗体滴度就超过了 $10\mu g/ml$，而抗体滴度大于 $1\mu g/ml$ 就被认为可以获得长期保护。Hib 结合疫苗可以诱导显著的 B 细胞记忆反应，表现在特异性 IgG 水平大幅提高以及加强免疫后抗体亲和力的显著增强。

进一步研究表明，Hib 结合疫苗可以诱导局部免疫应答，大大降低了 Hib 在人鼻腔中的携带率，因此 Hib 结合疫苗有群体免疫效应。部分国家已经将 Hib 结合疫苗列入常规免疫规划，包括美国、英国、芬兰、冰岛和新西兰等,这些国家中 Hib 感染率降低幅度达到 95%~100%。当破伤风类毒素用作载体蛋白,对于已经接受过破伤风类毒素疫苗免疫的婴儿,PRP 抗体反应还会有所增强。

(二)脑膜炎球菌结合疫苗

B 群脑膜炎球菌荚膜多糖含有的线性多聚唾液酸,与人 *N*-乙酰神经氨酸聚合物结构类似,在任何年龄段免疫原性都不理想,并且可能发生交叉反应,引发严重的自身免疫病。来自血清群 A、C、W135 和 Y 的纯化荚膜多糖已用于疫苗中。

上市的脑膜炎球菌结合疫苗包括单价荚膜 C 群结合疫苗(MenC 结合疫苗)以及四价结合疫苗(MCV4)两大类。对于大多数成年人,MenC 结合疫苗接种后 7~10 天产生的血清杀菌抗体达到保护水平,2~4 周抗体滴度达到峰值,持续时间超过一年。接种 MenC-CRM 结合疫苗的青少年在随访 3.7 年或 5 年后仍有保护性水平的血清杀菌滴度。MCV4 免疫可以同时诱导针对四种血清型的杀菌抗体,与以 DT 作为载体蛋白相比,利用 CRM197 作为载体蛋白在抗 A、C 群荚膜多糖方面相近,但在抗 W135、Y 群荚膜多糖方面相对高出近 2 倍。

(三)肺炎球菌结合疫苗

与 Hib 相比,肺炎球菌具有 90 种不同血清型的荚膜多糖,其中 7 种导致了约 85% 的侵袭性肺炎球菌感染。肺炎球菌结合疫苗需要每种血清型的荚膜多糖与载体蛋白进行单独共价结合,大多数肺炎球菌结合疫苗使用的是与 Hib 结合疫苗相同的载体蛋白,也有新的载体蛋白正在研究中。

使用 CRM197 作为载体的七价肺炎球菌结合疫苗已用于两项双盲对照试验。在第一项研究中,包括 37 868 名在 2、4、6 和 12 个月免疫的婴儿,该疫苗对疫苗血清型引起的侵袭性疾病有 97.4% 的保护作用。在第二项研究研究表明,该疫苗使培养的中耳炎肺炎球菌病例减少了 34%。然而,由于血清型替代,急性中耳炎的总发作次数仅减少了 6%。Prevnar 13 是由 13 种最常见的可造成严重肺炎球菌感染的肺炎球菌血清型的荚膜多糖与 CRM197 载体蛋白相结合得到,可激发婴儿的主动免疫反应。相比于七价肺炎球菌结合疫苗,Prevnar 13 中新增了 6 种血清型(1、3、5、6A、7F 和 19A)荚膜多糖,大大扩展了疫苗预防肺炎球菌感染相关疾病的适用范围。此外,该疫苗也可用于预防由肺炎球菌 4、6B、9V、14、18C、19F 和 23F 血清型引起的中耳炎。

(四)伤寒沙门菌结合疫苗

伤寒沙门菌是一种革兰氏阴性菌,可以导致伤寒的发生,这是一种发病率很高的严重疾病,特别是在发展中国家。伤寒沙门菌具有 Vi 荚膜多糖,其是 α-1,4-*N*-乙酰半乳糖胺酸的线性多聚物,在 C-3 位具有 60%~90% 的 *O*-乙酰化。基于多糖的疫苗在许多国家获得许可,但仅适用于 2 岁以上儿童的主动免疫。Vi 荚膜多糖与重组铜绿假单胞菌外毒素 A(rPEA)的结合物已经在 2~5 岁儿童中显示出免疫原性和有效性。目前,Vi-TT 和 Vi-rPEA 结合物分别在印度和中国获得许可,而 Vi-DT 结合物正在开发中。

(五)金黄色葡萄球菌结合疫苗

金黄色葡萄球菌(*Staphylococcus aureus*)是一种荚膜包裹的细菌,是引起院内和社区获得性感染的主要原因,全球耐药性的问题增加了对有效疫苗需求的迫切性。在金黄色葡萄球菌外表面发现的多糖抗原包括血清型 5(CP5)或 8(CP8)的荚膜多糖和/或第二抗原,*N*-乙酰基的 β-(1→6)-聚合物 -D-葡萄糖胺(PNAG)。含有 CP5 和 CP8 与 rPEA 共价连接的糖蛋白结合疫苗已经在临床前和临床试验中得到了广泛评价。随后开发的疫苗组合包括 CP5 和 CP8 的荚膜多糖蛋白结合物、336 型(磷壁酸)和两种灭活的分泌毒素,以及荚膜多糖(CP5 和 CP8)和载体蛋白(CRM197)共价结合物与表面暴露的金黄色葡萄球菌蛋白质凝集因子 A(ClfA)和锰转运蛋白 C(MntC)的重组形式的组合,目前临床研究正在进行中。此外,还有研究者将金黄色葡萄球菌衍生的蛋白质 ClfB 或 IsdB(由铁调节的表面决定簇系统编码的蛋白质之一)作为 CP5 和 CP8 的载体蛋白。PNAG 的保护性表位可能存在于聚合物的 *N*-脱乙酰化部分中,将 PNAG *N*-脱乙酰化衍生物与破伤风类毒素(TT)进行结合在小鼠中也成功诱导出功能性杀菌抗体。

（六）艰难梭菌结合疫苗

艰难梭菌（*Clostridium difficile*）是一种革兰氏阳性菌，是医院感染的主要致病菌之一。由于广谱抗生素的广泛使用，由艰难梭菌引起的感染逐渐增多。外毒素 A（TcdA）和 B（TcdB）是艰难梭菌的两种主要毒力因子，在有些菌株中还会表达双组分毒素（CDT）。已经分离和表征的艰难梭菌荚膜多糖包括 PS Ⅰ、PS Ⅱ 和 PS Ⅲ。PS Ⅱ 在许多致病菌株中均有表达，包括导致美国和加拿大疾病暴发的菌株。迄今为止，开发艰难梭菌结合疫苗主要研究外毒素和双组分毒素。将表面多糖视为可能的候选疫苗似乎是合乎逻辑的，配制成糖缀合物以增加其免疫原性。PS Ⅱ 由六糖基磷酸酯重复单元组成，与 CRM197 共价偶联得到的结合物可以在小鼠中诱导保护性抗体，抗体识别天然多糖并且能够标记艰难梭菌。共聚焦免疫荧光显微镜中的细菌，表明最小的免疫原性结构是磷酸化的重复单元。在另一项研究中，合成的非磷酸化 PS Ⅱ 六糖与 CRM197 缀合，免疫小鼠产生抗半抗原抗体；糖结构也被感染者粪便中存在的抗艰难梭菌 IgA 所识别。将 PS Ⅰ 的重复单位共价偶联到艰难梭菌外毒素 B 的亚基上，该构建体能够诱导抗 PS Ⅰ IgG 应答。最近有研究将 PS Ⅱ 多糖结合到两个重组艰难梭菌毒素 TcdA 和 TcdB 上，两种结合物都能够诱导特异性抗 PS Ⅱ 抗体，同时可以激发载体蛋白特异性 IgG，具有针对相应毒素的中和活性。脂磷壁酸（LTA）已被鉴定为是在多种菌株中保守的表面暴露抗原，艰难梭菌脂磷壁酸与铜绿假单胞菌外毒素 A 结合，可在小鼠和兔子中诱导显著的抗体滴度。

第三节　联合疫苗及其制备技术

一、概述

随着疫苗学理论与技术的飞速发展，新的疫苗不断被开发出来，目前已有数十种疫苗投入使用，可以预防 30 余种疾病。同时，越来越多的疫苗也纳入到了国家免疫规划。扩大的免疫规划疫苗接种也全部免费，为此，中央财政将增加 25 亿元用于购买 14 种疫苗，包括乙型肝炎疫苗、卡介苗、无细胞百白破疫苗、脊髓灰质炎疫苗、麻疹疫苗、白破疫苗、麻腮风疫苗、流脑 A 群疫苗、流脑 A+C 群疫苗、乙脑减毒活疫苗、甲肝减毒活疫苗、钩端螺旋体疫苗、流行性出血热疫苗、炭疽疫苗。若再加上 Hib 结合疫苗、肺炎球菌结合疫苗、轮状病毒疫苗、水痘疫苗等，一个学龄前儿童需要接种的疫苗次数多达 30 余次，其中绝大多数为注射接种。较多的接种次数大大增加了儿童的痛苦，也给家长和医务工作者带来极大的不便；较为烦琐的免疫接种流程容易造成漏种或未按时接种，降低了疫苗接种覆盖率和免疫保护效果；同时，也增加了疫苗冷链运输以及保存的负担，尤其是对于一些偏远地区而言。因此，研究减少接种次数的免疫接种策略对于国家免疫规划的成功实施至关重要，制备联合疫苗就是最为有效也是运用最为广泛的策略。

联合疫苗（combined vaccine）是将不同抗原进行物理混合后制成的一种混合制剂。联合疫苗的发展较为成熟，目前已有多种安全的联合疫苗可供免疫接种。在过去的 20 年里，我们已经从仅以百白破三联疫苗（DTP）和麻腮风三联疫苗（MMR）为代表的联合疫苗转变为连发展中国家也常规使用的各种新式联合疫苗，可以预防白喉、破伤风、百日咳、乙型肝炎、Hib 或脊髓灰质炎等疾病的侵袭。早在 20 世纪 30 年代人们就已经开始了联合疫苗的研究。第一个获准上市的联合疫苗是 1945 年 11 月通过审批在美国上市的三价流感疫苗，随后的 1947 年 6 价肺炎球菌多糖疫苗也获准上市。而虽然早在 1943 年 DTP 就已研制成功，但该疫苗直到 1948 年 3 月才获准上市。三价灭活脊髓灰质炎病毒疫苗（IPV）于 1955 年获得上市许可，不同血清型的单价口服脊髓灰质炎病毒活疫苗（OPV）在 1961—1962 年相继获得上市许可。为解决在同时接种 3 个血清型单价 OPV 时发现的干扰现象，三价 OPV 联合疫苗迟至 1963 年 6 月才获得上市许可。MMR 于 1971 年 4 月获得上市许可，四价脑膜炎球菌疫苗于 1978 年获得上市许可。

大多数现代儿童联合疫苗始于 DTP，在国外通常还加入一些其他抗原进一步联合，如 IPV、Hib 和 HBsAg。随着 DTP 联合疫苗技术趋于成熟，一些制造商转向研发所谓的二次注射或伴侣联合疫苗，其设计思路以 DTP 联合疫苗为基础配合其他抗原，如结合肺炎球菌抗原和结合脑膜炎球菌抗原。第三个发展方向主要针对旅游者的联合疫苗，通常为基于乙型肝炎或甲型肝炎成分的联合疫苗。本章节将从联合疫苗的特点、制备中需要考虑的问题以及目前应用的案例对其进行介绍。

二、联合疫苗的特点

联合疫苗是指由两种或两种以上独立的抗原通过物理方法混合后制成的单一疫苗制剂。这个概念不同于同时使用的疫苗，后者尽管是同时接种，却是通过不同的免疫途径或注射部位来实现的。文献中表示联合疫苗一般以斜杠"/"或短横"-"将几个疫苗名称隔开，如无细胞百白破和灭活脊髓灰质炎病毒疫苗一般表示为 DTaP/IPV 或 DTaP-IPV，本章统一以"/"隔开进行表示，而几种疫苗同时使用但分开接种的情况一般将几种疫苗名称以加号"+"隔开，如 DaTP+IPV。

（一）分类

联合疫苗包括多联疫苗和多价疫苗。多联疫苗（multi-diseases vaccine）预防不同的疾病，如 DTP 可以预防白喉、百日咳和破伤风 3 种不同的疾病；MMR 可以预防麻疹、腮腺炎和风疹病毒的感染。多价疫苗（multi-valent vaccine）指仅预防不同亚型或血清型引起的同一种疾病，如 7 价肺炎球菌结合疫苗由 7 个不同血清型的肺炎球菌多糖组成，但只预防相应 7 种血清型的肺炎球菌引起的感染，而对肺炎球菌以外的感染没有预防作用；4 价人乳头状瘤病毒（HPV）疫苗是包含了重组 6 型、11 型、16 型和 18 型 HPV 衣壳蛋白 L1 制备的疫苗，只预防由 6 型、11 型、16 型和 18 型 HPV 感染。

（二）免疫应答特点

为了保证联合疫苗的有效性，必须要求联合疫苗中的抗原不仅稳定并且能够诱导机体产生保护性免疫应答。在联合疫苗中，有两种或两种以上抗原之间发生物理的和化学的接触。不同抗原之间、抗原与佐剂之间，以及联合疫苗中的缓冲液等会影响抗原的免疫原性，导致机体对抗原的免疫应答有所不同，主要表现在针对某种抗原的免疫应答升高或降低。引起这些免疫应答变化的因素可能有以下几种：

1. 载体诱导的表位抑制作用　即当联合疫苗中存在两种抗原性非常相似的抗原时，抗原表位之间相互发生竞争。如 DTP/Hib 中 Hib 所用载体蛋白 D 或 T 与 DPT 中的 D 或 T 相同，由于半抗原 Hib 多糖与载体蛋白 D 或 T 结合成的结合抗原与 DP 中的 D 或 T 之间在诱导免疫过程中呈递抗原诱导 T 细胞时相互竞争，从而引起对半抗原成分 Hib 免疫应答的抑制。

2. 抗原过量　由于免疫系统同时呈递多种抗原时，对抗原数量有一定的限制，因此在联合疫苗或联合免疫中应避免使用过多的不同抗原。

3. 免疫应答方式的变化　虽然联合疫苗中的各个抗原单独引起的免疫应答反应是已知的，但是在与其他抗原组成联合疫苗后，其所诱导的免疫应答方式可能会发生变化，如免疫应答类型的变化、抗体亚型的变化等。

4. 佐剂的影响　将一种含有佐剂的疫苗与另一种不含佐剂的疫苗联合使用可能会导致佐剂置换，并且会减弱使用佐剂疫苗的免疫原性。此外，这种佐剂还可能会与未使用佐剂的疫苗结合从而改变其免疫应答。如不含佐剂的 IPV 三价疫苗在与氢氧化铝吸附 DTaP/HepB 联合疫苗联合后，联合疫苗中的氢氧化铝佐剂强化了 IPV 的免疫应答。

5. 疫苗中其他成分的影响　一种疫苗中含有的缓冲剂、稳定剂、赋形剂等类似成分可能会干扰另一种疫苗的成分，如防腐剂硫柳汞可以破坏 IPV 的效力。这类疫苗不能混合在同个疫苗瓶中储存运输，通过使用双腔注射器将这两种疫苗分开则可以避免出现这个问题。

（三）联合疫苗的免疫程序

好的免疫程序应该以最少的接种次数、在最短的时间内产生强而持久的保护性免疫应答，不同的免疫程序是影响免疫应答的重要因素。如在法国进行的临床试验中，以 DTaP/IPV/Hib 联合疫苗，分别按 2、

3、4 月龄和 2、4、6 月龄两个免疫程序组进行免疫后，2、4、6 月龄组儿童血清中针对所有抗原的抗体普遍高于 2、3、4 月龄组。

同时，单价疫苗和联合疫苗的配合使用对于免疫程序的优化也有重要意义。美国乙型肝炎疫苗的免疫程序有比较灵活的规定：当使用百白破、乙型肝炎四联疫苗时，初生首剂用单价乙型肝炎疫苗注射，随后的乙型肝炎疫苗免疫针次可以随百白破疫苗的免疫程序，第 2、4、6 月龄注射 DTP/HB 四联苗。此程序中的 4 月龄乙型肝炎疫苗多免疫 1 个针次，对免疫效果没有太大影响。因此，美国推荐的免疫接种程序中，百白破、脊灰质炎、轮状病毒疫苗、肺炎球菌疫苗和流感嗜血杆菌疫苗的免疫程序相同，因此这几种疫苗有利于发展联合疫苗。

三、联合疫苗的制备技术

如前文所述，联合疫苗不是将不同疫苗简单混合，制造联合疫苗有着不同于单价疫苗制造的特点。首先，用于制造联合疫苗的各个单价疫苗的抗原应符合单价疫苗对相应抗原的制造要求，需要关注抗原之间是否存在相互作用。其次，不同单价疫苗制剂含有的一些成分可能会对其他疫苗产生影响；佐剂的使用也会对不同抗原引起的免疫应答造成影响。此外，不同疫苗的缓冲液成分、包装材料、处理工艺等均是需要考虑的问题。本部分就将列举联合疫苗制备过程中需要考虑到的一些关键问题。

（一）不同抗原之间的相互作用

抗原是否会相互干扰是联合疫苗中首先要考虑到的问题。联合疫苗中含有两种以上的抗原，由于免疫协同或免疫抑制作用，影响疫苗中抗原的免疫效果或疫苗的毒副作用。如百日咳菌体疫苗具有一定的佐剂作用，可以增强与其混合使用的其他抗原的抗原性。又如，与单独使用全细胞百白破疫苗（DTwP）或 IPV 比较，在 DTwP 与 IPV 混合使用时，会降低机体对百日咳抗原的免疫应答。

在活疫苗中，如三价 OPV 3 个不同型别之间也有干扰现象。另外，性质不同的抗原，如在麻疹、腮腺炎、风疹（三者统称 MMR）、水痘 4 联疫苗中，水痘病毒是 DNA 病毒，由其制成的减毒疫苗不稳定，而 MMR 均属于 RNA 病毒，三者的疫苗成分相对稳定，较易匹配。但与水痘疫苗联合时，则相互不易匹配。

此外，抗原的数量也不宜过多。由于免疫系统同时呈递多种抗原时，对抗原数量有一定的限制，因此在联合疫苗或联合免疫中应避免一味追求使用过多的不同抗原。

（二）防腐剂或保护剂的影响

在许多单价疫苗中含有防腐剂和 / 或保护剂，如硫柳汞、苯乙醇、苄索氯铵、明胶、甘露醇以及某些氨基酸等。它们在单价疫苗中对各自所在的疫苗有防腐、保护作用。但在联合疫苗中，对不同抗原的抗原性有很大的影响。如当 DTwP 与 IPV 混合使用或制备联合疫苗时，DTwP 中所使用的防腐剂硫柳汞可以降低 IPV 中脊髓灰质炎病毒的抗原性。另外，稳定剂甘露醇中的铁离子会引起多价流脑多糖疫苗中多糖的解聚，从而影响疫苗的稳定性。因此，在制备联合疫苗时，必须选择对制剂中的抗原没有损害的防腐剂或稳定剂，在难以避免的情况下，也可以使用双室预充注射器来消除两个组分混合在一起造成的影响。

（三）佐剂的影响

佐剂在有些疫苗中有非常重要的作用，不同的疫苗使用的佐剂也不尽相同。铝佐剂有氢氧化铝、磷酸铝，近年来新型佐剂有单磷脂 A（MPLA）、Saponin QS-21 等。佐剂不同的疫苗制备联合疫苗时，以不损害抗原的免疫原性为前提。抗原只有吸附在佐剂上，佐剂才能发挥作用。而佐剂对抗原的吸附效果受疫苗中缓冲液的 pH 和离子强度的影响，抗原和吸附剂的性质也是影响吸附的因素之一。如碱性蛋白类抗原对磷酸铝吸附剂（其等电点 <7.4）易于吸附，而酸性蛋白类抗原更易吸附于氢氧化铝吸附剂（其等电点 >11.1）上。铝盐佐剂通过非共价离子与灭活疫苗结合。通常将含佐剂疫苗与另一种不含佐剂疫苗混合，会导致佐剂从前者中置换出来并降低其免疫原性。

此外，佐剂还可能与后者结合，从而改变其免疫应答。如不含佐剂的三价 IPV 在与氢氧化铝吸附

DTaP/HepB 联合疫苗联合后,联合疫苗中的氢氧化铝佐剂强化了 IPV 的免疫应答。

（四）缓冲液的 pH

用两种 pH 和缓冲液不相同的疫苗进行联合疫苗的制备时,有两种方法确定联合疫苗的 pH。一种是选择一个两种抗原都稳定的 pH,而后再适当增加抗原性较不稳定的抗原的剂量,以补偿其活性的不足。另一种方法为以稳定性较差抗原的 pH 为联合疫苗的 pH,再加入保护剂或对抗原进行化学修饰,维护其他抗原的稳定性。同样的,采用双室预充注射器也能避免这一问题。

（五）联合疫苗的质量控制

联合疫苗是由多个不同的单价疫苗混合而成,所以其质量控制既有与单价疫苗的相同之处,又有区别于单价疫苗质量控制的特殊要求。随着新疫苗的不断出现,以及联合疫苗中抗原成分越来越多,对于联合疫苗来说,其质量控制的要求和方法也日趋复杂。但其质量控制的原则是所有包括在联合疫苗中的单个抗原,以及保护剂、佐剂等在用于配制联合疫苗之前都必须符合各自的《药品生产质量管理规范》要求。在此基础上,对不同的联合疫苗的要求有所不同。

对于液体联合疫苗来说,应该在生产过程的半成品阶段取样进行各项检定。而对于冻干联合疫苗,则应该在生产过程的成品阶段取样进行各项检定。如在半成品中含有对检定方法有干扰的物质时,这种联合疫苗的检定则应该采用以单价疫苗的检定反映半成品中相应被干扰抗原的定量方法进行检定。而质量控制考核的指标,除联合疫苗总的安全指标外,针对疫苗中每个抗原进行鉴别试验,对其稳定性、效价和含量等也有相应的要求。

四、联合疫苗的应用

（一）传统的联合疫苗

经过 70 余年的发展,目前世界范围内获批上市使用的已有 20 余种。在我国广泛使用的传统联合疫苗主要有以下几种。

1. 百日咳菌苗、白喉、破伤风类毒素联合疫苗　百日咳菌苗、白喉、破伤风类毒素联合疫苗简称百白破疫苗(DTP),是由百日咳菌苗(pertussis vaccine,P)、白喉类毒素(diphtheria toxoid,DT)和破伤风类毒素(tetanus toxoid,TT)按一定比例混合,并吸附在氢氧化铝或磷酸铝凝胶佐剂上,加有防腐剂的联合疫苗。用于预防百日咳、白喉和破伤风,是目前世界上使用最广的一种联合疫苗。

近 20 年以来,人们以 DTP 或无细胞百日咳疫苗、白喉、破伤风类毒素联合疫苗(diphtheria,tetanus and acellular pertussis vaccine,DTaP,简称无细胞百白破疫苗)为基础,加入更多新的疫苗发展出了多种联合疫苗。1949 年美国批准了第一个 DTP 疫苗,当时的主要目的是便于给同龄儿童同时接种这 3 种疫苗。我国于 60 年代开始使用 DTP 疫苗,一直到今天仍然是使用量最大的联合疫苗之一。

2. 麻疹、腮腺炎、风疹三联疫苗　在减毒活疫苗中最早发展为联合疫苗的是麻疹、腮腺炎、风疹(MMR)三联减毒活疫苗。

麻疹、腮腺炎和风疹 3 种疾病均为病毒感染引起的儿童急性传染病。在疫苗使用前,3 种疾病中以麻疹的发病率和死亡率为最高,对儿童健康危害最大。腮腺炎和风疹虽然临床症状轻微,预后良好,但腮腺炎有时伴有严重的并发症而使病情加重;风疹感染怀孕的妇女会造成胎儿先天性风疹综合征以至产生严重的后果,因而同样受到重视。

20 世纪 60 年代,不同减毒株的麻疹活疫苗相继问世,随后腮腺炎和风疹减毒活疫苗也研制成功。3 种疫苗的大量投产和推广使用使疾病的发病率大幅度下降,疾病的流行得到控制,证明 3 种疫苗均有良好的免疫原性。在此基础上很快开发了 MMR 疫苗。联合疫苗的推广使用进一步提高了免疫覆盖率,使疾病的发生率控制在更低的水平。目前有些国家和我国已将 MMR 疫苗纳入免疫规划。

3. 流行性感冒病毒疫苗　流行性感冒(简称流感)病毒主要有甲(A)、乙(B)和丙(C)三型,其结构、化学组成和生物活性基本相同,是流感的病原体。引起人类流感的主要为甲型和乙型。但各型流感病毒以其表面的血凝素(HA)和神经氨酸酶(NA)抗原性的不同又分为若干亚型。乙型和丙型流感病毒的抗原性较稳定,而甲型流感病毒的表血抗原,即 HA 和 NA,由于其编码基因发生突变,或在混合感染的过程中发生因重配,极易发生变异,导致流感病毒的抗原性发生漂移或转变。

流感疫苗是不同亚型的流感病毒,分别经鸡胚培养后收集病毒,再用甲醛灭活,进行稀释配制而成。疫苗一般是由一种乙型流感病毒株和两种不同亚型的甲型流感病毒株配制成 3 价联合疫苗。疫苗中所用病毒株的亚型,取决于流行地区每年的流行株的血清型。流感疫苗的主要使用对象为老年人和儿童。疫苗能诱导针对疫苗所含病毒血清型的免疫,但免疫持久性不足,一般为 6 个月 ~1 年,无法形成良好的人群免疫,加之流感流行株的变异,因此流感疫苗需每年进行免疫接种。

4. 脊髓灰质炎病毒疫苗　脊髓灰质炎病毒是人类脊髓灰质炎的病原,损坏脊髓前角运动神经细胞,引起肢体迟缓性麻痹,多见于儿童故又称小儿麻痹症。病毒以其表面抗原的不同分为 1 型、2 型和 3 型。三型之间的中和试验无交叉免疫反应。多数脊髓灰质炎是由 1 型病毒引起。脊髓灰质炎病毒疫苗是由三种不同血清型病毒制成的混合制剂。目前有两种不同类型的疫苗,一种是口服脊髓灰质炎病毒活疫苗(oral poliovirus live vaccine,OPV),另一种是注射用灭活脊髓灰质炎病毒疫苗(inactivated poliovirus vaccine,IPV)。

OPV 是由 Sabin 等人将脊髓灰质炎病毒经非神经系统组织多次传代后,使病毒丧失在神经系统复制的能力,从而失去了毒力而成为疫苗株。三种不同的疫苗株分别经组织培养,收获含病毒的培养液,将不同型的病毒液按一定比例混合后制成三价混合制剂。由于三个不同型别病毒的感染性有差别,因此他们在联合疫苗中的比例也不同,1 型、2 型和 3 型之间的比例一般为 10∶1∶6。因 OPV 具有免疫效果好、制造成本低廉和使用方便的优点,目前被大部分国家所采用。

IPV 是 20 世纪 60 年代由 Salk 等研制的,将三种疫苗株分别经组织培养,收获病毒液并进行纯化,再用甲醛进行灭活,最后将三种不同型的疫苗混合成三价制剂。早期的 IPV 疫苗在降低脊髓灰质炎的过程中有良好的贡献,但肌内注射后的免疫效果不是十分理想。但 20 世纪 80 年代在原来 IPV 的基础上,研制出了强效 IPV 称为 ePV(enhanced IPV)。ePV 的免疫效果较 IPV 提高了 4 倍。在发达国家目前大多使用 ePV,其优点是安全,而口服 OPV 偶尔会引起非常严重的疫苗性麻痹副反应。为了减少这种严重副反应的发生,我国于 2016 年 5 月 1 日起,实施新的脊灰疫苗免疫策略(序贯程序),即 2 月龄时注射一剂 IPV,3 月龄、4 月龄及 4 岁各口服一剂 OPV。

(二) 新型联合疫苗

由于不少新疫苗的出现,使联合疫苗的研制不仅变得日趋迫切,而且使联合疫苗的组成成分也越来越多,越来越复杂。在已经取得充分资料和使用的单价疫苗中,除轮状病毒和脊髓灰质炎疫苗可采用口服接种途径外,其他大多数疫苗的接种途径均为注射途径,因而新疫苗的联合方向趋向于与现有采用注射途径接种的传统联合疫苗进行联合,如 DTP、MMR 等。事实上,现有的四联疫苗(DPT/Hib、DPT/IPV、DPT/HB)和五联疫苗(DPT/Hib/IPV)都是以 DPT 为核心,加上其他抗原而组成。50 年来,尤其是近 10 年来,由于成功研制了乙型肝炎(乙肝 /DPT/HB)联合疫苗和 Hib(DPT/Hib)联合疫苗,联合疫苗的开发正朝着"全包括"联合疫苗发展,如 DPT/Hib/IPV/HB。

1. 以 DTP 为基础的联合疫苗　现有的新型联合疫苗以 DTP 为基础,其与其他单价疫苗联合得最多,目前已上市或正在进行研究的主要有以下几种。

(1) DTP/Hib 四联疫苗:早在 20 世纪 90 年代初,研究者即对 Hib 与 DTwP 或 DTaP 联合疫苗或混合使用的效果进行了观察,智利、美国等的实验结果表明,DTP/Hib 四联疫苗是安全有效的。从目前各国的临床研究结果来看,DTwP/Hib、DTaP/Hib 的联合免疫中,疫苗接种后副反应的发生率与 DTwP 或 DTaP 单独使用时相似,有的甚至低于单独使用时的副反应发生率;并能刺激机体产生针对百白破各组分的抗体,且与单独免疫后抗体滴度相比并未下降;而抗 Hib 抗体与单独免疫后抗体水平相比,大多数研究报道均下降,但也达到了保护水平。

(2) DPT/IPV/Hib 五联疫苗:这是一种预选充填在双室针筒内的 DPT/IPV(液体)加上 Hib(PRP)(冻干剂)的五联疫苗,在使用时即时混合。临床研究显示,99%~100% 的接种儿童的白喉和破伤风抗体滴

度 >0.01μg/ml，94% 抗 PRP 滴度 >0.15μg/ml，98% 脊髓灰质炎中和抗体滴度 >5μg/ml，98% 的百日咳凝集素滴度 >80μg/ml。副反应的发生率和严重程度未增加。目前已有 21 个国家将它用于计划免疫的初免和 18 月龄儿童的加强免疫。

（3）DPT/HB/Hib 五联疫苗：对 DPT/HB 和 DPT/HB/Hib 已有大量的研究评价，其中一些尚未发表，现有的结果尚不完全一致。通常联合疫苗的抗体应答低于单种疫苗，但最低的应答仍达到保护水平。有一项研究用 DPT/HB/PRP-T 给 18 月龄儿童作加强免疫，这些幼儿在初种时接受了 DPT/HB+Hib 或 DPT/HB/Hib，结果显示两组均获得高回忆反应，其中平均抗体水平在初种 DPT/HB/Hib 组更高，尤其是抗 PRP 抗体。

（4）DPT/HB/Hib/IPV 六联疫苗：DPT/HB/Hib/IPV 六联疫苗已在欧洲上市多年，接种后各抗原的抗体水平与持续时间较为令人满意。但该疫苗未获得在美国上市的审批，主要原因是 Hib 抗体滴度下降。

2. 以 HB 为基础的联合疫苗

（1）HA/HB 二联疫苗：葛兰素史克公司（GSK）生产的双福立适甲乙型肝炎联合疫苗是世界上第一个可同时预防甲肝和乙肝的联合疫苗，该疫苗稳定性、安全性及免疫原性均良好，已应用于儿童、青少年和成人。

（2）HB/Hib 二联疫苗：默沙东公司（MSD）生产的乙肝疫苗与 Hib 外膜蛋白结合疫苗组成的 HB/Hib 二联疫苗已获准上市，West 等在健康儿童中对其免疫原性进行了观察，结果显示出良好的免疫原性，能够刺激多糖抗体的增加，且在加强免疫后效果更显著。

3. 以 MMR 为基础的联合疫苗　2005 年，麻腮风 / 水痘四联疫苗（MMRV）上市，推荐儿童在 12 月龄和 12 岁时分别接种 1 剂次。GSK 研发的 MMRV 任一组分诱导的抗体阳转率达到 95.7% 以上，但 MMRV 与 MMR 相比，发热和皮疹似更多见。

MSD 的最新剂型 MMRV 将其中的水痘组分以 3 个不同剂量水平（2.495PFU/0.5ml、6.750PFU/0.5ml 或 14.350PFU/0.5ml），按 2 剂免疫程序接种，并与 MMR 和水痘在不同部位同时接种的效果进行比较，结果显示全部 3 个剂量水平接种 2 剂的免疫接种程序都产生较高的水痘血清阳转率和几何平均滴度（GMT）。

第四节　核酸疫苗及其制备技术

一、概述

核酸疫苗（nucleic acid vaccine）又称为 DNA 疫苗，是继减毒疫苗、灭活疫苗、亚单位疫苗之后的一种新型疫苗，也被誉为"第三代疫苗"。1990 年 Wolff 等用纯化的 DNA 或 RNA 表达质粒免疫小鼠后发现，质粒携带的基因可在小鼠肌细胞内表达，这种表达可持续数月，乃至终生。它是指将含有编码抗原蛋白基因序列的重组质粒直接导入机体细胞内，通过宿主细胞的转录系统合成抗原蛋白，诱导机体产生特异性的免疫应答，使机体获得相应的免疫保护而达到预防或治疗疾病的目的。理想核酸疫苗不仅可不被人体酶降解，而且可将其定位传送至树突状细胞或巨噬细胞，一旦被细胞内吞，他们就用宿主细胞的翻译系统合成抗原蛋白。表达的抗原蛋白有 3 种类型，即胞内型、胞外分泌型和细胞膜结合型，其中胞内型抗原蛋白参与诱导机体产生细胞免疫，胞外分泌型抗原蛋白参与诱导机体产生体液免疫。胞内型抗原蛋白与主要组织相容性复合体（major histocompatibility complex，MHC）Ⅰ类分子结合后被递呈至 T 细胞抗原受体（T cell antigen receptor，TCR），刺激细胞毒性 T 淋巴细胞，使细胞毒性 T 淋巴细胞增殖分化，产生效应 T 细胞和记忆 T 细胞，使机体获得细胞免疫能力。免疫系统的响应程度与不同的免疫部位、细胞的表达程度和是否增加免疫调节基因有关。

二、核酸疫苗的特点与作用机制

（一）核酸疫苗的特点

过去 20 年,核酸疫苗在预防传染性疾病、癌症、自身免疫疾病、变态反应等方面显示巨大的潜力。与传统疫苗相比,它具有以下优点:①可产生持久性免疫应答,可提供联合免疫;②安全性高;③方法简便,价格低廉;④易贮藏和运输;⑤可诱导较强的体液免疫和细胞免疫应答;⑥特异性强,不受母源抗体的干扰;⑦提供交叉防御保护用同种不同株的保守 DNA;⑧注射一次核酸疫苗可激发长时间免疫效果;⑨可对靶基因进行改造,选择优势抗原表位,构建周期短。

（二）核酸疫苗的作用机制

1. 作用机制　Wolff 认为当外源基因被导入肌肉细胞或其他组织细胞后,通过 T 小管和细胞膜穴样内陷将外源基因纳入,在所携带的强启动子的作用下表达相应的抗原蛋白,表达产物被细胞内的水解酶降解成 8~12 个氨基酸的短肽,这些短肽含有不同的抗原表位。这些来源于胞液和囊液的抗原表位则分别与 MHC Ⅰ类和Ⅱ类分子结合,并被递呈至细胞表面,与 MHC Ⅰ类分子结合的短肽激活 $CD8^+$ T 细胞。研究发现,APC 摄取的灭活死病毒,在吞噬溶酶体中被降解成多肽后再与 MHC Ⅱ类分子结合,诱导的还是以抗体为主的体液免疫反应。活病毒进入宿主细胞以后,病毒的 DNA 分子能进入到细胞核中去。转录后的信使 RNA 则再从细胞核离开而进入胞浆,并在糙面内质网中翻译成蛋白质。

核酸疫苗能像病毒的活疫苗一样,进入宿主细胞的细胞核中转录为信使 RNA,再在细胞质翻译成蛋白质。其中一部分蛋白质在降解后与 MHC Ⅰ类分子结合;而另一部分蛋白质可分泌出去,再像外源蛋白质一样被 APC 摄取后,在吞噬溶酶体中降解成的多肽和 MHC Ⅱ类分子结合而分泌到细胞外的抗原则为带有相应抗体的 B 细胞捕捉,并在辅助 T 细胞分泌的淋巴因子的刺激下转化为浆细胞,产生抗体。核酸疫苗既能诱导细胞免疫,又能产生体液免疫。

2. 核酸疫苗诱导免疫反应的原理　在核酸疫苗研究的早期阶段,对参与抗原处理和呈递的细胞有:肌细胞的直接参与,以树突状细胞为主的抗原呈递细胞和两者共同的参与。其作用机制如下:①摄取 DNA 的肌细胞可直接对表达的蛋白质抗原进行加工、处理和呈递;②以树突状细胞为主的抗原呈递细胞,即来源于骨髓的 APC 也可被 DNA 转染;③肌细胞和 APC 都能摄取 DNA,并能对表达的蛋白质抗原进行加工和处理,降解后的多肽与 MHC Ⅰ类分子结合,并呈递给 $CD8^+$ T 细胞而产生 CTL 的免疫应答。

三、核酸疫苗的制备技术

核酸疫苗生产的流程包括疫苗构建、工程菌发酵、菌体收集、细菌裂解、纯化浓缩、质量检验与包装等。其中,重组工程菌的发酵和纯化是影响核酸疫苗产量和生产成本的 2 个关键因素。核酸疫苗构建又包括外源基因的选择与分析、表达载体的选择与构建、抗原基因与表达载体的连接与鉴定等方面。

（一）外源基因的选择与分析

外源基因即保护性抗原的编码基因,是决定核酸免疫效果的关键,能够诱发机体产生保护性免疫。目前选择病毒是较好的保护性抗原基因。

（二）表达载体的选择与构建

核酸疫苗载体有多种,但主要以 PUC 或 pBR322 为基本骨架。载体选择需含真核启动子(CMV、RSV 或 SV40 等)且载体自身不在真核生物细胞内表达,但其重组的目的基因可在真核细胞内长期、高效表达。若有些载体中含有内含子序列,其能够提高外源基因的表达水平。实践中一般选择 CMV 启动子,CMV 启动子的转录活性最高、调节功能最好,且应用也最多。已经成功构建的表达载体有很多种,目前常用的有:pcDNA3、PRC/Rsv、Rsv/CAT、Rsv、Neo、VR1320、pBK 和 pGFP 等等。上述载体共同特点是都具有真核细胞表达的启动子。市场上能买到的,而且使用效果还不错的载体是美国 Invitrogen公司制造的 pcDNA3.1 质粒和在此基础上根据美国 FDA 的核酸疫苗指导性意见改造的 pVAXl 质粒。

（三）抗原基因与表达载体的连接与鉴定

外源抗原基因与表达载体的连接，即克隆进行表达载体时，必须考虑外源基因开放阅读框的完整性、方向、插入位置和表达基因 mRNA 起始部位的 Kazaka 序列，以及表达载体到达抗原蛋白能力等因素，以保证免疫效果。

（四）核酸疫苗接种

核酸疫苗接种可有肌内、静脉内、皮下、黏膜、鼻内、皮内及腹腔给药等多种途径，所有接种方法都可诱导产生免疫应答。核酸疫苗能通过基因枪和气枪法导入宿主细胞也能产生有效的诱导。Fynan 等用不同方式对核酸免疫的效果进行比较，结果发现用基因枪接种比直接注射核酸疫苗效果好 600~6 000倍。研究表明，肌内注射免疫效果比鼻腔内、腹腔内和静脉内给药免疫效果好。McClure 等对此在小鼠和恒河猴身上进行全面和深入的研究。他们用乙型肝炎表面抗原的核酸疫苗在小鼠身上进行了 14 种注射和非注射的接种方法。8 种注射性的方法包括肌内注射、静脉注射、舌下注射、皮内注射、皮下注射、腹腔注射、会阴部注射和阴道壁（VW）注射；6 种非注射性方法包括鼻内吸入、鼻内滴注、肛门滴注、阴道滴注、滴眼和口服法。在 8 种注射性方法中有 4 种能诱导抗体免疫反应和细胞毒 T 淋巴细胞活性，即肌内、静脉、舌下和皮内注射途径，会阴部和阴道壁注射途径只能产生 CTL；然而在 6 种非注射性方法中，除了鼻内吸入法能诱导较弱的 CTL 免疫反应以外，其他 5 种方法都未能诱导出免疫反应。

（五）工程菌的发酵

核酸疫苗产量的高低取决于工程菌的性能，要求它既能高拷贝扩增质粒，其本身又能进行高密度发酵。现在常用的是大肠埃希菌 DY330 菌株和 DY5α 菌株。DY5α 的使用频率更高，它是 endA 基因突变型宿主菌，由于 endA 基因突变使得大肠埃希菌失去了合成有活性限制性核酸内切酶的能力，从而增强其所携带质粒 DNA 的稳定性，但其质粒拷贝数较低，适用于实验室研究。目前工业生产，主要用发酵罐进行高密度发酵，以提高核酸疫苗的产量。试验表明，选择优良菌株并控制好菌株的生长条件，经高密度发酵后能够使质粒的产量达 200mg/L，最高可达 220mg/L，而普通 LB 培养基摇瓶培养只能达到 5mg/L。

（六）菌体裂解

裂解细菌的方法很多，其中 SDS- 碱裂解法由于应用方便而作为工业化生产核酸疫苗的首选方法。在 SDS- 碱裂解法裂解细菌的过程中，应避免操作剧烈而导致染色体 DNA 被打断污染质粒。在裂解过程中要将裂解液与菌液充分混匀，避免局部过碱而引起质粒 DNA 的不可逆变性，从而影响核酸的产量。

（七）核酸疫苗的纯化与浓缩

核酸疫苗的纯化是除去细菌裂解液中的染色体 DNA、RNA、菌体蛋白、内毒素以及盐离子。CsCl 密度梯度离心法是经典的分子生物学方法，成为检测超螺旋质粒 DNA 的标准方法，但是氯化乙锭对环境有污染，而且本方法耗时、难操作，所以限制其在工业上的应用。用 PEG 选择性沉淀则不仅可以制备出较纯净的质粒 DNA，也能满足哺乳动物细胞的转染。目前色谱法是大规模制备质粒 DNA 的较好的方法，用于质粒 DNA 纯化的色谱方法包括离子交换色谱、凝胶过滤层析、亲和色谱、疏水作用色谱等。

（八）产品检验与包装

最后需将所生产的核酸疫苗进行纯度检测、无菌检验、过敏试验以及转化效果检测，检验合格后方可出厂销售。

四、核酸疫苗的应用

核酸疫苗研究的范围很广，临床前期研究内容丰富，尤其是对病毒性传染病的研究最为广泛，其次是细胞内寄生的细菌性传染病，如结核病，还有寄生虫病、自身免疫病和肿瘤的免疫治疗等。从 1994 年开始美国 FDA 已陆续批准了艾滋病、流感病毒、乙型肝炎、单纯疱疹病毒、疟疾和癌胚抗原等核酸疫苗进入临床试验。目前，核酸疫苗临床前期试验所涉及的主要疾病以及在核酸疫苗构建中所克隆的主要基因见表 6-1。

核酸疫苗已应用各个领域，所涉及的范围包括任何动物的细菌性、病毒性及寄生虫疾病中。其具体应用如下：

（一）在病毒性疾病中的应用

核酸疫苗研究已扩展到了人类及动物的众多病原体，如流感病毒、口蹄疫病毒、狂犬病病毒、HBV、HCV、HIV、HSV、牛疱疹病毒和牛病毒腹泻病毒的抗原蛋白基因免疫，不仅能引起体液免疫反应，而且诱导高水平的细胞免疫应答，尤其是 CTL。

表 6-1　用于临床前期试验的核酸疫苗

感染种类	疾病种类	核酸疫苗的基因或基因编码的蛋白质
病毒	流感	核蛋白 NP，血凝素 HA
	人获得性免疫缺陷综合征	外壳蛋白 Env，调控基因 *tat*、*rev*、*gag*、*pol*
	猿猴免疫缺陷综合征	外壳蛋白 Env，调控基因 *gag*、*nef*
	单纯疱疹	病毒糖蛋白 BD、ICP-27
	乙型肝炎	乙型肝炎表面抗原 l-IBsAg
	丙型肝炎	外壳 E2 糖蛋白，核心蛋白 NS3、NS4、NS5
	狂犬病	病毒糖蛋白 G
	人乳头状瘤病毒感染	L1 蛋白，E6、E7
	巨细胞病毒感染	表面蛋白 ppUL83
	脑炎	表面蛋白 prM/E
	麻疹	核壳蛋白
	轮状病毒感染	VP4、VP7 外壳蛋白
	柯萨奇病毒心肌炎	结构蛋白 CVB3、VPI
细菌	破伤风	破伤风毒素 C 片段基因
	结核病	分泌性蛋白 Ag & 5、Esat6、Mpt64
	伤寒	外膜蛋白 *ompC* 基因
支原体	支原体感染	能表达蛋白质的核酸基因库
寄生虫	疟疾	环子孢子蛋白 CSP、SSP2、PyHEPl7
	利什曼原虫病	糖蛋白 Gp63
	血吸虫病	副肌球蛋白 Sj97、Sm23

1. 流感病毒　单股负链 RNA 病毒，其 RNA 分 7~8 个节段，分别编码 7~8 种病毒蛋白，如血凝素（hemagglutinin，HA）、神经氨酸酶（neuraminidase，NA）、膜蛋白（membrane protein，MP）、P 蛋白（PB1、PB2、PA）和核蛋白（nuclear protein，NP）等。试验表明该疫苗诱导小鼠产生了抗 H_5N_1 感染的免疫反应，对在 HA 第 154 位没有糖基化位点的人 A/HK/156/97（H_5N_1）病毒和在 HA 第 154 位具有糖基化位点的鸡 A/Ck/HK/156/97（H_5N_1）病毒均具有抗性。目前疫苗研制是针对以上各种蛋白展开，大多数核酸疫苗实验都在小鼠等动物中进行。用 A/PR/8/34（H_1N_1）型流感病毒的保守核蛋白基因构建的核酸疫苗，却能保护 90% 的小鼠抵抗异型流感病毒 A/HK/68（H_3N_2）毒株的攻击，而不带基因的载体对照组和未免疫组都没有保护效果。

2. 人类免疫缺陷病毒　自从 1996 年批准第一例人类免疫缺陷病毒（HIV）疫苗人体临床试验以来，多种 HIV 酶蛋白家族中的 Rev 蛋白、Gapol 蛋白、Nef 蛋白、Tat 蛋白以及包膜蛋白（Env）基因疫苗均可以诱导机体产生体液免疫反应和特异性细胞免疫反应,并在多数动物中出现特异性的 CTL 活性。美国已批准应用 HIV 疫苗治疗艾滋病,进行 I 期临床试验。大量动物实验证明,核酸疫苗能在小鼠和非人类的灵长类动物中诱导出对人或猿猴 HIV 病毒特异的抗体和 T 辅助性细胞反应,以及细胞毒性 T 淋巴细胞的活性。动物在接种编码 HIV-1 的 Env、Tat、Rev、Gag 和 P01 的多价核酸疫苗以后,产生了特异的体液和细胞免疫反应,且在用异种 HIV-1 病毒株攻击后,疫苗使黑猩猩获得免疫保护。

3. 狂犬病病毒　1994 年 Wistar 研究所等将编码狂犬病病毒(RV)糖蛋白的 cDNA 插入质粒 DNA,在 SV40 早期启动子控制下表达。用该质粒 DNA 直接免疫小鼠腓肠肌,免疫 3 次,间隔 2~3 周,每次 150μg。免疫后小鼠产生了抗 RV 中和抗体、抗 RV 糖蛋白特异性 CTL 和分泌淋巴因子的 T 辅助(Th)细胞,末次免疫后 2 周用半数致死量(LD_{50})攻击病毒标准株(CVS),结果小鼠均获得完全的保护作用;而用空白载体质粒免疫的对照组在相同剂量攻击下 14 天内小鼠全部死亡。

4. 乙型肝炎病毒　乙型肝炎是世界上流行最广的人类传染疾病之一。Davis 等首先构建了乙型肝炎病毒(hepatitis B virus,HBV)表面抗原的真核细胞表达载体(pCMV-S),注入预处理的小鼠骨骼肌后,成功地诱发了体液免疫反应。梁雨等通过基因免疫成功地诱发了小鼠对乙型肝炎病毒表面抗原 S+PreS1 的免疫反应。

5. 丙型肝炎病毒　丙型肝炎在我国的发病率很高,且易发展成慢性肝炎和肝癌。给小鼠肌内注射丙型肝炎核心蛋白质核酸疫苗或者丙型肝炎外壳糖蛋白核酸疫苗均能产生特异的抗体反应、淋巴细胞增殖反应和细胞毒 T 淋巴细胞活性。为增强丙型肝炎非分泌性结构蛋白质的免疫原性,将其核心抗原的基因和乙型肝炎表面抗原的基因融合后构建嵌合基因核酸疫苗。这种疫苗诱导的抗丙型肝炎的体液和细胞免疫反应的强度要高于单独的核心蛋白核酸疫苗的效果,不仅可产生抵抗乙型肝炎病毒感染,又产生能抵抗丙型肝炎病毒(hepatitis C virus,HCV)感染的免疫力。至今尚没有任何有效的丙型肝炎疫苗可用于临床。丙型肝炎外壳 E2 糖蛋白核酸疫苗和非结构性 NS3、NS4 和 NS5 核蛋白核酸疫苗在动物实验中的有效保护给研制预防 HCV 疫苗带来了成功的希望。

(二) 在细菌性疾病中的应用

细菌性疾病是严重危害人类和动物健康的一类疾病,目前已经在细菌性疾病核酸疫苗的研究方面开展了大量工作,涉及的病原体有肺结核分枝杆菌、肺炎球菌、破伤风杆菌等。其中,研究得较多的是结核杆菌核酸疫苗。

1. 结核分枝杆菌疫苗　结核杆菌是当今世界上由单一病原引起的传染病中感染率和死亡率最高的病原菌。全世界大约有 1/3 的人口感染结核,每年造成 300 万患者的死亡。虽然卡介苗已在全世界使用了半个多世纪,接种的人数也已超过 40 亿,但结核病依然猖獗横行,因而结核新疫苗的研制已是势在必行。Lowrie 等构建了结核分枝杆菌(Mycobacterium tuberculosis)单一抗原蛋白(Hsp65)基因的质粒 DNA 载体,将该质粒 DNA 导入 Balb/c 鼠体内。结果显示,该小鼠可产生特异性 CTL,其淋巴细胞在体外能杀伤结核分枝杆菌感染的巨噬细胞。Huyen 和 Bonat 分别将 Ag85、Hsp65 蛋白的核酸疫苗接种小鼠后,使其产生了全面的免疫应答,并能抵抗结核杆菌的攻击。Tanghe A 的结果表明,接种 Ag85 核酸疫苗并用 30~100mg 纯化 Ag85 蛋白作为佐剂增强的免疫组中,其脾脏内 IL-2 和 IFN-γ 的分泌量均为 3~5 倍。1996 年 8 月出版的《自然医学》杂志同时刊登了 Huygen 和 Tascon 两位博士各自分别完成的结核病核酸疫苗的论文,前者使用的是编码热休克蛋白 Hsp65 的核酸疫苗,后者使用的是编码抗原 85 的核酸疫苗,两者均能在小鼠体内诱导出体液和细胞免疫反应,并取得与卡介苗相似的免疫保护力效果。至今已有 10 种左右的结核杆菌核酸疫苗在动物实验中获得较理想结果。

2. 肺炎球菌疫苗　肺炎球菌肺炎占细菌性肺炎的 90%~95%。肺炎球菌 PSPA 蛋白是细菌表面的一种蛋白质,在小鼠中证明可产生良好的免疫力。MoDaniel 等将含 PSPA 基因的质粒接种小鼠,ELISA 检测证实血清中产生较高的抗体水平。在攻击实验中,发现免疫小鼠血中肺炎球菌数目明显低于对照组,说明核酸疫苗产生保护作用。

3. 破伤风梭菌疫苗　破伤风梭菌(*Clostridium tetani*)感染率较高,每年全世界造成大约有 40 万患者死亡。一旦发病,治疗效果极其不佳,因而预防极为重要。破伤风毒素 C 蛋白是破伤风毒素 C 端的非毒性区域,是一个很好的候选抗原。Anderson R 等将 C 蛋白核酸疫苗接种小鼠,小鼠产生抗 C 片段的免疫球蛋白和细胞免疫应答。

(三) 在寄生虫疾病中的应用

寄生虫核酸疫苗的研究是目前研究的热点,疟疾、弓形虫、血吸虫的研究尤其火热。

1. 疟疾　疟疾是人疟原虫(Plasmodium)以蚊子为媒介传播的地方性传染病,是热带病中最严重的一种寄生虫病。据世界卫生组织估计,每年有 2.5 亿人罹患疟疾,250 万人死亡。目前尚有 3 亿多人生活在未有任何抗疟措施的非保护区,至今还尚无有效的预防疟疾的疫苗。研究证明,疟原虫的环子孢子蛋白质(PyCSP)是重要的免疫保护性抗原。用编码 PyCSP 的核酸疫苗经肌内注射来免疫小鼠,并和用放射线处理过的疟原虫裂殖子疫苗进行比较,核酸疫苗能诱导出更高的抗体免疫反应和更强的 CTL 活性。动物实验已证明,这种多价核酸疫苗对小鼠的免疫保护力可将单价核酸疫苗的免疫保护力从 50%左右提高到 80% 以上。

2. 日本血吸虫　Yang 将日本血吸虫(Schistosoma japonicum)副肌球蛋白核酸疫苗肌内注射给小鼠,产生了部分亚型的抗 IgG1、IgG2a 和 IgG2b,但在攻虫实验中发现,小鼠没有获得保护作用,这可能是没有产生 IgE 和 IgA 等保护性抗体的缘故。唐小牛等用日本血吸虫调宁蛋白样蛋白 P14DNA 疫苗对小鼠进行免疫保护作用,发现 pcDNA3.1(+)-SjPl4 核酸疫苗能诱导小鼠产生显著的抗日本血吸虫感染的保护性免疫作用,pcDNA3.1(+)-SjPl4 与 pcDNA3.1(+)-SjGST 疫苗联合免疫能增强小鼠对血吸虫感染的保护。李建国等利用基因重组和 PCR 等技术将 SjGST 和 SjFABP 编码基因拼接在一起,得到融合基因 SjGST-FABP,将融合基因 SjGST-FABP 定向克隆到 pcDNA3.1 多克隆位点上,采用 SjGST-FABP/pcDNA3.1 进行小鼠免疫,获得了 42.4% 的减虫率和 56.1% 肝减卵率,均高于单价 SjGST/pcDNA3.1 组(分别为 25.0% 和 43.1%)。

3. 弓形虫　弓形虫是一种机会性致病胞内寄生虫,可感染包括人在内的几乎所有哺乳动物。对孕妇而言,虫体可穿越胎盘屏障造成死胎、畸胎、流产、早产和出生缺陷。近年来,发现具有保护性的弓形虫抗原基因如 *SAG1*、*ROP2*、*GRA4*、*MIC3* 在动物实验中起到不同程度的保护作用。目前报道的弓形虫疫苗还不能完全抵抗弓形虫国际标准强毒株(RH)感染,也不能完全阻止包囊的形成,只能延缓死亡时间。

4. 利什曼原虫　Xu 等用编码利什曼原虫主要表面糖蛋白 Gp63 的真核表达质粒 DNA 经肌内注射途径免疫 BALB/c 小鼠,40 天后检测肌肉组织有 Gp36 的表达,其所诱导免疫应答偏好于 Th1 型。实验结果显示,小鼠具有显著的抗利什曼原虫感染的能力。

目前,仅有艾滋病和 T 细胞淋巴瘤的核酸疫苗进入了临床前阶段,乙型肝炎、丙型肝炎、结核病、疟疾、血吸虫、甲型流感等的核酸疫苗正处在开发当中。同时,前列腺癌、肺癌、乳腺癌等的核酸疫苗也正处于研究阶段。尽管核酸疫苗接种后引起的宿主细胞发生恶性转化的可能性很少,但在短期内很难代替目前大量使用的传统疫苗。如果其安全性,注射疫苗的费时、费力和需要反复注射等问题得到解决,那么必将会引来疫苗领域一场新的革命。

第五节　新型疫苗及其制备技术

一、反向疫苗学

(一) 概述

随着基因组学和蛋白质组学技术的发展和应用,疫苗学的研究也随之进入了一个新的时期,以基因组序列为设计基础的"反向疫苗学"（reverse vaccinolgy）正逐步形成。相对于常规或传统的疫苗研究方法，反向疫苗学的优势有：①便捷，整个过程从分析基因组序列开始，不需要培养微生物；②宽泛，基于将所有的蛋白质看作是潜在的具有免疫原性，适用于所有微生物疫苗的研究；③安全，可以对一些危险的病原微生物进行操作，避免病原微生物的扩散；④不受病原微生物致病机制和免疫应答的限制。

（二）反向疫苗学研究的方法

目前，用于反向疫苗学研究的方法主要有基因组的数据库分析、基因产物的蛋白质组学研究、高通量表达、免疫学检测。其操作步骤：第一步，借助数据库和计算机程序可以对 DNA 片段或毗连序列群上的编码蛋白进行初筛；第二步，鉴定蛋白在细菌内外膜之间的定位，可用 PSORT-B、Cell-Ploc、TMHMM、Phobius、LipoP 和 PRED-TMBB 来预测表面相关蛋白的典型特征，比如跨膜区、前导肽、脂蛋白标签，外膜锚定和 RGD 等宿主细胞结合区等；第三步，通过 BLASTX、BLASTN 和 TBLASTX 等程序对预测的开放读框进行同源性分析和蛋白质保守结构域分析，排除一些编码胞内功能性蛋白的编码序列，而保留编码胞外蛋白区域的序列并进一步研究；第四步，筛选得到大量的可能的候选抗原分子，只有通过体内外的实验才能获得其是否具有良好的免疫原性和免疫保护性。

（三）反向疫苗学的应用

反向疫苗学已经越来越广泛地运用到各种病原微生物的疫苗研制中。①细菌疫苗的应用：目前，在脑膜炎球菌、肺炎链球菌、大肠埃希菌、牙龈卟啉单胞菌、炭疽芽孢杆菌等疫苗中得以体现。目前研究较多的主要包括 B 群脑膜炎球菌、肺炎链球菌、肺炎衣原体、炭疽杆菌、牙龈卟啉菌疫苗等。②病毒疫苗的应用：目前对于很多病毒的疫苗研制都提出很好的构建方案，如人类免疫缺陷病毒（HIV）、丙型肝炎病毒、狂犬病病毒、呼吸道合胞病毒、登革热病毒、埃博拉（Ebola）病毒、禽流感病毒等。③寄生虫病的应用：主要研究血吸虫病疫苗、利什曼病疫苗和隐孢子虫病等寄生虫疫苗。

二、新型疫苗的制备技术

近年来，由于蛋白质和多糖化学、免疫学、病毒学、细菌学、发酵、大分子纯化、疫苗制剂及相关技术等方面的研究进展，使得新型疫苗制备技术和方法发展十分迅速。目前接种主要分为主动免疫和被动免疫两类。因此，疫苗分为主动免疫疫苗和被动免疫疫苗。

（一）主动免疫疫苗

目前，主动免疫疫苗包括活疫苗、灭活／亚单位疫苗和核酸疫苗等。他们的特点见表 6-2。在进行疫苗研制策略的选择时，不论是活疫苗、灭活／亚单位疫苗还是核酸疫苗，均需综合考虑感染或疾病的发病机制、流行病学和免疫学特征，以及疫苗设计技术的可行性。

表 6-2　主动免疫疫苗的特点比较

类型	特点	优点	缺点
活疫苗	能够在宿主体内复制；致病性降低；诱导抗体和细胞免疫应答产生	可以诱导广泛的免疫应答；接种次数少；保护时间长	减毒窗口不明确；在大范围使用中安全性不明确；终产品质量标准不易明确；稳定性差
灭活／亚单位疫苗	不能在宿主体内复制；主要诱导抗体免疫应答	不能繁殖、不会发生致病性回复；不会传播给其他人；免疫原性更低；技术上更可行	可能需要佐剂；可能需要递送系统；
核酸疫苗	仅在细胞内刺激抗原合成；大多引起细胞免疫应答	生产和分析能力标准化；潜在持续的免疫刺激	需明确作用原理；免疫原性差

1. **活疫苗**　活疫苗一般是指能够在宿主中自我复制或可感染细胞的、具有免疫原性但不引起疾病的微生物疫苗。目前有甲型肝炎病毒减毒活疫苗、风疹减毒活疫苗、水痘减毒活疫苗、口服脊髓灰质炎

减毒活疫苗和乙型脑炎减毒活疫苗。目前,所采用的病毒载体包括腺病毒载体(Ad)、腺病毒相关病毒(AVV)载体、黄病毒载体、麻疹病毒载体。研究表明,这些载体疫苗在体内进入细胞后,不但能够有效地诱发良好的体液免疫应答,而且能够激发较好的细胞免疫应答。其他已经进入临床研究的还有RNA病毒载体疫苗,如仙台病毒载体(HV)、委内瑞拉脑炎病毒载体(VE)、辛德毕斯病毒载体(SV)、西门利克森林病毒载体(SFV)等疫苗。

2. 灭活/亚单位疫苗 灭活/亚单位疫苗在技术上比活疫苗更可行,通过加入佐剂或递送系统提高其免疫原性。但这种疫苗需多次加强免疫,才能获得持久的保护性免疫应答。目前常用的有由全病毒组成的灭活疫苗,如甲肝疫苗、狂犬病疫苗等;由细菌或病毒的亚单位结构组成的灭活疫苗,如乙肝疫苗、流感疫苗等、无细胞百日咳疫苗;由毒素(灭活细菌的毒素)组成的灭活疫苗,如白喉疫苗、破伤风疫苗等。

3. 核酸疫苗 核酸疫苗不能在人体内复制,但被细胞摄取后可合成疫苗抗原。其主要载体有①裸DNA:细胞摄入DNA后,转录其表达盒、合成抗原,与活病毒感染过程相似。编码抗原可诱导细胞或体液免疫应答。②强化DNA:剂型强化可在细胞吸收DNA、mRNA表达或免疫激活水平进行。DNA经基因枪直接"射"入细胞内后,细胞可表达DNA编码抗原并刺激机体产生免疫应答。核酸疫苗既可诱导特异性抗体产生,也可诱导包括CTL在内的细胞免疫应答的产生。因此裸(或强化)核酸疫苗可用于肿瘤的免疫治疗,目前正在对质粒DNA脂质复合物在转移性肾细胞癌中的治疗作用进行研究。其他的还有病毒DNA载体、病毒RNA载体和病毒递送等方法。

（二）被动免疫疫苗

抗体制剂,无论是单克隆抗体还是多克隆抗体,均被称为被动疫苗。快速产生的免疫活性对一些感染性疾病、癌症或其他疾病的预防或治疗是十分必要的。目前抗体分为多克隆抗体、单克隆抗体(非人源单克隆抗体、天然人源单克隆抗体和重组人源抗体、重组人源化抗体、重组嵌合抗体)。由抗体介导的保护作用包括:①中和病毒的感染;②与细菌结合,随后被吞噬细胞破坏;③结合并中和病原体产生的毒素或地高辛多克隆抗体加工成Fab片段(免疫球蛋白的抗体结合片段)后用于临床。其免疫作用机制主要包括:抗体依赖性细胞毒性、直接CTL活性、与肿瘤细胞结合使其带上标记从而被巨噬细胞破坏或刺激细胞凋亡。

三、新型疫苗佐剂

人用疫苗经过大约200年的经验性发展,目前已开始进入理性设计阶段,疫苗佐剂是疫苗理性设计的重要内容之一。目前至少有6种疫苗佐剂被批准用于人用疫苗,10种以上新型疫苗佐剂正在进行不同阶段的临床研究,更多的候选疫苗佐剂处于临床前研究阶段。由此预测,今后20~30年将是人用疫苗佐剂研究和应用的黄金时代。

佐剂(adjuvant)一词来自拉丁语"adjuvar"(意为帮助)。1926年法国免疫学家Romon定义:是与特异性抗原共同使用后能产生比单独使用抗原更强免疫力效果的物质。目前发展经历了4个阶段:起始阶段(1920—1940年)、铝佐剂和油佐剂的扩大使用阶段(1940—1970年)、合成佐剂和第二代转运系统佐剂后的发展(20世纪70年代到80年代)、受体相关位点佐剂的研究(20世纪90年代至今)。

1. 佐剂的种类

(1)植物佐剂:目前发现至少有200种植物提取物具有免疫调节作用,成分可分为低分子和高分子两大类。有免疫刺激作用的低分子成分包括烷基胺(alkylamine)、酚类成分(phenolic compounds)、奎宁(quinones)、皂角素(saponin)和倍半萜(sesquiterpene);具有免疫刺激作用的高分子成分有蛋白质、多肽、多糖、糖脂和植物血凝素等。这类佐剂的免疫机制为:①加强细胞的吞噬作用;②刺激免疫细胞产生各种细胞因子;③刺激抗体产生。其中皂角素成分之一的QS-21已进入了人体临床试验。Quil A是经透析、离子交换和分子筛等步骤初步纯化的产品,已在市场上出售,主要用于如口蹄疫和狂犬病等兽用疫苗的佐剂。由于其具有溶血性和局部的副反应,目前还不适于人体临床应用。

(2)细菌佐剂:主要有霍乱毒素和大肠埃希菌不耐热毒素佐剂、重组百日咳佐剂、B群流脑杆菌的外膜小体佐剂、卡介苗佐剂、细菌脂多糖佐剂等。

（3）铝佐剂及其他无机成分佐剂：①铝佐剂。所谓铝佐剂，是指部分纯化的蛋白抗原、破伤风类毒素或白喉类毒素在磷酸根和碳酸氢根存在下沉淀出的含磷酸铝的混合物。此种佐剂于1926年研制成功，30年代已确认其功效，并普遍应用至今。铝佐剂虽已沿用多年，并为目前唯一被批准用于临床的疫苗佐剂，但制造质量好的佐剂并不十分简单。不同批号的佐剂产生不同效果的现象经常出现，主要原因是抗原吸附铝佐剂后容易受物理、化学，以及抗原本身的性质和铝盐种类的影响。为减少这些较难控制的条件的影响，除在抗原纯化过程中将铝盐掺入的方法外，近年来出现了商品化的Alhydrogel氢氧化铝，由丹麦的Supeffos Biosector制成，目前已成为参考的标准品。②钙佐剂。钙佐剂的疫苗配制有两种方式，即使用现成的商品化的磷酸钙胶和由丹麦的Supeffos Biosechor生产。它在法国已成功地用于白百破、小儿麻痹、卡介苗、麻疹、黄热病、乙型肝炎、艾滋病的糖蛋白（gpl60）等疫苗的配制。其佐剂作用可能与铝佐剂相似，但是钙佐剂不会引起IgE抗体反应。

（4）细胞因子和核酸佐剂：机体的免疫系统在受到抗原和上述各种免疫佐剂的刺激后，产生应答性的物质，这类物质统称细胞因子。细胞因子的主要作用如下：细胞因子对抗原呈递细胞（antigen presenting cell，APC）的作用。细胞因子对APC的作用可能有增加APC的数量和增强其活化作用两个方面。主要有单核细胞克隆刺激因子（monocyte colony stimulating factor，MCSF）、白细胞因子1（IL-1）、IL-2、INF-γ、IL-4、IL-5和IL-6等。核酸佐剂主要有CpG基序（或免疫刺激序列）和核酸载体作为佐剂。

（5）乳剂佐剂：①油包水乳剂。油包水乳剂中最广为知晓的弗氏佐剂，20世纪60年代被应用于流感疫苗于英国上市。其中最著名的就是Montanide佐剂，如Seppic公司生产的ISA 720佐剂。油包水乳剂ISA 720已经在超过70个临床试验中被广泛试用，很少有其他佐剂诱导的免疫反应强度超过该佐剂。含有以矿物油为原料的油包水乳剂-Montanide ISA 51的疫苗（CIMA vax）在古巴获准上市用于治疗非小细胞肺癌。②水包油乳剂。佐剂MF59与多种抗原进行了广泛的临床试验，但是以其为佐剂的疫苗只有Fluad一种老年人用的流感疫苗，从1997年开始主要在欧洲国家获准上市。GSK开发了含有α-生育酚作为免疫刺激物的水包油乳剂（ASO3）。这种乳剂最早是在开发一种疟疾疫苗时研发的，单独使用或是与免疫刺激物MPL、QS21联合使用。欧洲监管部门批准了含3种水包油乳剂的大流行流感疫苗，这3种佐剂分别是MF59、ASO3和AFO3。ASO4由单磷酸脂质A（MPL）和铝盐组成，其中Hendrix含有50μg MPL和0.5mg磷酸铝，Cervarix™有50μg MPL和0.5mg氢氧化铝。

2. 佐剂的临床研究 目前已有10种佐剂被应用于疫苗（包括3种铝盐佐剂、4种水包油乳剂、MPL、病毒体及免疫调节剂polyoxidonium）。含佐剂已上市疫苗见表6-3。

大量疫苗佐剂正处于研发过程中，这些佐剂及根据受体或理化特性的分类见表6-4。

表6-3 含佐剂已上市疫苗

疫苗	商品名	佐剂	疫苗	商品名	佐剂
白喉破伤风疫苗	Diphtheria and Teta-nus Toxoid Ad-sorbed USP[1]	磷酸铝钾	肺炎球菌结合疫苗	Prevnar[4]	氢氧化铝
无细胞百白破疫苗（DTaP）	Tripedia[1]	磷酸铝钾	流感疫苗	Fluad[4]†	MF59
b型流感嗜血杆菌疫苗（Hib）	Liquid Pedvax Hib[2]	磷酸氢氧化铝硫酸盐	流感疫苗	Inflexal V[6]†	病毒体
DTaP+Hib	TriHIBit	磷酸铝钾	大流行流感疫苗	Pandemrix[3]	AS03
乙肝疫苗	Recombivax HB[2]	磷酸氢氧化铝硫酸盐	大流行流感疫苗	Focetria[5]	MF59
乙肝疫苗	Engerix-B[3]	氢氧化铝	大流行流感疫苗	Humenza[1]	AF03

续表

疫苗	商品名	佐剂	疫苗	商品名	佐剂
乙肝疫苗 +Hib	Comvax[2]	磷酸氢氧化铝硫酸盐	人乳头状瘤病毒(HPV)疫苗	Gardasil[2]	磷酸氢氧化铝硫酸盐
甲肝疫苗	Havrix[3]	氢氧化铝	人乳头状瘤病毒(HPV)疫苗	Cervarix[3]	磷酸氢氧化铝硫酸盐
甲肝疫苗	Epaxal[6]	病毒体	乙肝疫苗	Fendrix[3]†	AS04(MPL+磷酸铝)
甲乙肝联合疫苗	Twinrix[3]	氢氧化铝/磷酸铝	乙肝疫苗	SUPERVAX[7]*	RC529

注:疫苗生产厂家[1]赛诺菲巴斯德;[2]默克;[3]葛兰素史克;[4]惠氏;[5]诺华;[6]Crucell;[7]Dynavax Europe。†欧洲上市,*阿根廷上市。

表 6-4 在研或已批准疫苗中的佐剂

分类(作用机制)	成分	佐剂名称和其他复合物	生产厂家	I期临床	II期临床	III期临床	获得批准
		Hiltonol	Oncovir	肿瘤			
TLR4	MPL	AS04(铝佐剂)	GSK				人乳头状瘤病毒疫苗、乙肝疫苗
	MPL	AS02(乳剂、QS21)	GSK		肿瘤		
	MPL	AS01(脂质体、QS21)	GSK			疟疾带状疱疹	
	MPL	AS15(脂质体、QS21、CpG)	GSK			肿瘤	
	MPL	(酪氨酸)	ALT			过敏	
	RC529	RC529(铝佐剂)	GSK				乙肝疫苗
	吡喃葡萄糖脂质佐剂(GLA)	SE-GLA(乳剂)	IDRI	流感			
		Stimuvax	Biomira/Onco-thyreon			肿瘤	
		E6020	Esai				
TLR5	鞭毛蛋白	与流感病毒血凝素融合	Vaxinnate	流感			
TLR7	咪喹莫特	局部使用		肿瘤			
	咪喹莫特	与 ISA51 联合使用			肿瘤		
TLR9	CpG	1018 ISS	Dynavax			过敏	乙肝
		CpG 7909	Coley/Pfizer	乙肝	肿瘤		
		CpG 7909+ 铝佐剂	NIAID	疟疾			
		AS15(脂质体、MPL、QS21)	GSK		肿瘤		
	dI:dC	IC31(阳离子多肽)	Intercell	流感、结核			

续表

分类（作用机制）	成分	佐剂名称和其他复合物	生产厂家	Ⅰ期临床	Ⅱ期临床	Ⅲ期临床	获得批准
皂苷	QS21	AS01（脂质体、MPL）	GSK			疟疾	
	QS21	AS12MPL、(CpG)	GSK			肿瘤	
	QS21	QS21	大学	艾滋病、流感	肿瘤		
	Quil 组分	Iscom	CSL				
		Iscom matrix	CSL	人乳头状瘤病毒、流感	肿瘤		
	GPI-0100			肿瘤			
水包油乳剂	鲨烯	MF59	Novartis	艾滋病	乙肝、巨细胞病毒感染		季节性流感疫苗、大流行流感疫苗
	鲨烯	AF03	Sanofi Pastrur	流感			
		SE	IDRI	流感			
	生育酚	AS03（鲨烯）	GSK				大流行流感疫苗
	鲨烯	CoVaccine（酰基蔗糖硫酸盐）	Protherics	Angiotensin			
			Nobilon	流感			
油包水乳剂	鲨烯	ISA 720	Seppic			疟疾、肿瘤	
		ISA 51	Seppic	疟疾		肿瘤	
多糖	菊粉	Advax（铝佐剂）	Vaxine	乙肝、流感			
阳离子脂质体	DDA	CAF（TDM）	SSI	结核			
		JVRS-100（DNA）	Juvaris	流感			
病毒体			Crucell				甲肝疫苗、流感疫苗
			Pevione	疟疾			
聚合电解质		Polyoxidonium	Microgen				流感疫苗

过去 10 年,佐剂研究取得了空前进展。佐剂安全性的评价、佐剂可能引起免疫病理损伤的动物模型,动物与人的受体及受体分布存在差异等问题的解决极大地促进疫苗佐剂的发展。

四、新型疫苗递送系统

疫苗免疫效果取决于抗原与佐剂的选择、接种途径及递送系统等诸多方面,其中疫苗递送系统(vaccine delivery system)是指一类能够将抗原物质携带至机体的免疫系统,并在其中较长时间储存和发挥其抗原作用的物质。疫苗递送系统用于疫苗设计的优点,除通过改变抗原提呈方式,招募抗原提呈细胞等途径提高疫苗的免疫效果外,还可通过保护抗原、影响抗原定位、储存与缓释抗原成分等作用,在较长时间地刺激免疫系统,减少免疫次数,简化接种程序,提高预防接种效益等方面具有非常重要的现实意义。

(一) 铝盐凝胶佐剂疫苗递送系统

自从 1926 年就被广泛地应用于大量的疫苗中,氢氧化铝凝胶(阴离子抗原的良好吸附剂)与磷酸铝凝胶(阳离子抗原的良好吸附剂)佐剂是目前应用最广泛的人用疫苗佐剂,其安全性和有效性得到人们的公认。铝盐凝胶佐剂已被用作疫苗佐剂超过 90 年,在美国有 33 个批准上市的疫苗含有铝盐,在全世界至少 146 种获得许可的疫苗的组成被描述含铝盐凝胶佐剂。它虽然已使用多年,但对其佐剂作用的机制仍不完全清楚。吸附抗原缓慢释放,较长时间刺激免疫细胞曾被认为是机制之一。最近研究揭示:从铝佐剂上洗脱下来的抗原可通过胞饮作用被内化,而吸附于佐剂的抗原是通过吞噬作用被内化的。注射到体内的抗原仍然处于吸附状态,且聚集体的颗粒小于树突状细胞时,树突状细胞内化抗原的作用更强。多个研究团队证明了铝佐剂通过固有免疫受体可直接刺激免疫系统,并证明了铝佐剂通过活化 NLRP3 炎性体通路来发挥作用。佐剂致溶酶体破裂和抗原释放进入胞质,直接或间接诱导 NLRP3 炎症反应的激活,从而诱导机体中促炎细胞因子 IL-1β、IL-18 和 IL-33 的分泌。最近,有研究证明铝佐剂晶体直接与树突状细胞表面的膜脂相互作用,引起脂类重排(sorting)启动信号级联反应,不依赖于炎性体,促进 CD4$^+$ T 细胞的活化。现已知铝佐剂的功能主要是刺激机体的体液免疫反应,产生高效价的 IgG 和 IgE 抗体,激活 Th2 细胞,这与铝佐剂刺激机体产生 IL-4 细胞因子有关。

(二) 乳剂佐剂疫苗递送系统

目前,较广泛应用的新型乳剂 MF59 佐剂,是 1997 年在欧洲获得认证,且被广泛用于防治人类免疫缺陷病毒、麻疹和疱疹病毒、不同亚型的流感病毒(H_1N_1、H_5N_1 等)、丙型和乙型肝炎病毒、结核杆菌以及多瘤病毒的疫苗中。它已被含中国在内的 30 多个国家广泛应用。MF59 佐剂可通过激活单核细胞、巨噬细胞和树突状细胞而发挥作用,释放细胞因子的混合物吸引吞噬细胞到注射部位,导致更有效的抗原转运到淋巴结,也能通过增加抗体与流感病毒的结合强度,增强机体免疫应答。MF59 佐剂作用的主要细胞是单核细胞,可以被募集至佐剂作用的部位,吸收抗原并参与佐剂引起的针对树突状细胞表型的分化;促进趋化因子的分化,从而召集外周血中的单核细胞;募集中性粒细胞和单核细胞进行抗原提呈并运输至引流淋巴结;促进抗原在淋巴结和滤泡树突状细胞的停留。MF59 佐剂导致淋巴结中抗原呈递细胞的数量大大增加,进而更有效激发抗原特异性效应细胞和记忆性 T 细胞活力,最终获得更高的疫苗效力。

(三) 脂质体佐剂疫苗递送系统

脂质体是由磷脂和其他极性两性分子以双层脂膜构成的密闭的、向心性囊泡,它对与其结合或偶联的蛋白或多肽抗原具有免疫佐剂和载体的作用。脂质体作为疫苗载体已有较长的历史,脂质体可有效增强疫苗的免疫保护功能,能包裹抗原形成适当大小且表面带正电荷的颗粒,该颗粒不仅能对抗机体内拮抗抗原的酶,还有利于抗原进入机体诱导免疫应答,具有天然靶向性,可将抗原靶向网状内皮系统,从而优先被抗原提呈细胞摄取;对包裹的抗原有缓释作用,减少抗原的剂量及接种次数;更具有抗原提呈作用,脂质体结构与 APCs 结合并向 APCs 递送抗原的能力可以被认为是最适合作为佐剂的脂质体作用机制。鉴于脂质体的制备成本和价格,上市的脂质体佐剂疫苗为流感疫苗 Inflexal V 与甲肝疫苗 Epaxal。

(四) 纳米佐剂疫苗递送系统

1. 纳米乳佐剂疫苗递送系统 纳米乳佐剂是一个由表面活性剂和助表面活性剂、油相、水相组成,热力学稳定性和各向同性的,澄清或半透明的,粒度大小为 1~100nm 的,高度热力学稳定的胶体分散系统。它具以下优势:可保护抗原不被体液稀释和蛋白酶降解,增强抗原吸收和生物利用率;具有细胞毒性活性,促进机体免疫杀伤作用;提高疫苗尤其是蛋白疫苗的稳定性;工艺简单,易于制备与运输,容易保存。纳米乳佐剂增强免疫反应的机制已经开始被阐明,包括抗原递送的改善以及先天免疫激活(图 6-2)。

纳米乳佐剂液滴很容易渗透到鼻腔组织中,鼻腔组织富含免疫呈递细胞。树突细胞在鼻黏膜取样疫苗,并将抗原携带回免疫系统,引发黏膜和系统反应。纳米乳佐剂通过增强树突细胞(DCs)的抗原摄取以及激活 Toll 样受体(TLR)2 和 4;增强了体液和细胞介导的 Th1 和 Th17 免疫应答。国内外研究发现,纳米乳剂佐剂有 X8W60PC、W(80)5EC、20N10、8N8 以及 NB 系列佐剂(NB-401、NB002 和 NB001)等佐剂,除 NB001 在 FDA 进入Ⅲ期临床外其余均处于临床研究阶段。鼻内纳米乳佐剂疫苗在临床试验中显示出免疫原性、安全性和良好耐受性。

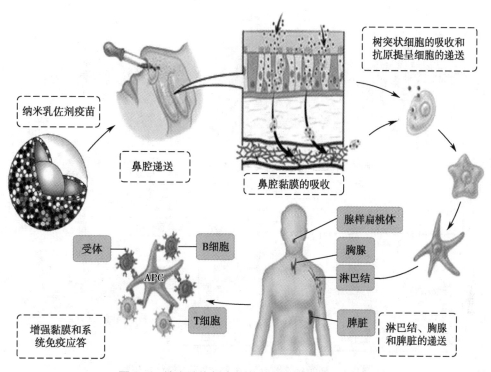

图 6-2　纳米乳佐剂疫苗递送系统的免疫作用机制

2. 纳米粒佐剂疫苗递送系统　纳米粒因其具有独特物理性质,既可避免渗入到血管,又可限制纳米粒在淋巴管中的传输速度。纳米粒相当于异物进入机体,这些细小颗粒能够逃逸免疫系统或通过各种途径与免疫系统的细胞相互作用,能够引发或破坏病原体和病毒类似小颗粒,可为设计更优化的疫苗奠定基础。目前将纳米粒佐剂分为有机纳米粒佐剂和无机纳米粒佐剂两大类。有机纳米粒佐剂包括壳聚糖及其衍生物、聚丙乙胶质、蜂胶等;无机纳米粒佐剂包括氢氧化铝、磷酸钙。无机纳米粒佐剂(氢氧化铝、磷酸钙)被广泛认为是安全系数较高的疫苗佐剂。纳米粒佐剂疫苗均匀性好,是树突状细胞和巨噬细胞首选的吞噬目标。纳米粒佐剂作为异物进入机体后会引起炎症和免疫反应,这正是纳米粒作为疫苗佐剂预期的结果(图 6-3)。

纳米粒发挥着免疫效应增强剂和增强抗原免疫应答的作用。抗原的保护作用也可通过核酸疫苗或多肽抗原与纳米粒佐剂结合。因此,纳米粒被广泛应用于疫苗递送系统的研究。

3. 纳米脂质体佐剂疫苗递送系统　纳米脂质体已经被研究为肽疫苗的载体和免疫佐剂。脂质体是双层球形囊泡,广泛用作各种递送方法如疫苗递送系统的载体。基于静电特性或通过不同类型的接头,抗原可以被包封在水相或磷脂双层中和 / 或附着在脂质体表面。脂质体与膜 CD14 相互作用,通过激活 PI3 激酶 PI3K 增强 P38 活性,上调 Th1 型细胞因子(如 IL-12 等)的表达和分泌,从而将幼稚的 $CD4^+$ T 淋巴细胞转化为 Th1 细胞;此外,脂质体诱导 CC 趋化因子 CCL2 的表达和分泌,促进幼稚 $CD8^+$ T 淋巴细胞的迁移和成熟,并随后引发 CTL 免疫反应(图 6-4)。

上述佐剂已应用于天花病毒、呼吸道合胞病毒等多种疫苗中。这些纳米佐剂疫苗递送系统虽已经在机体免疫增强方面取得长足进步,但对人体免疫系统、病原体、佐剂之间的作用机制尚未完全清楚,依然会诱导自身免疫 / 炎性综合征及相关不良反应,这些均引起人们对佐剂安全性的高度关注,将成为未来疫苗递送系统重点内容。

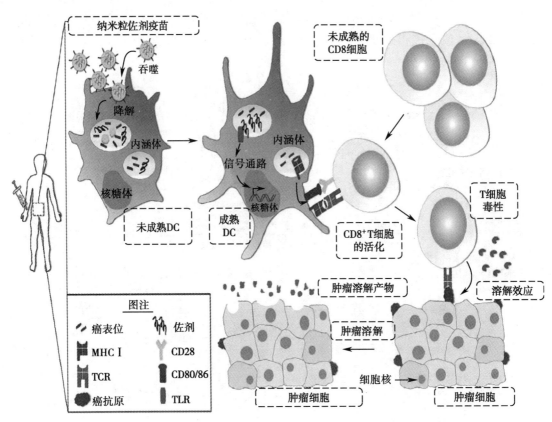

图 6-3　纳米粒佐剂疫苗递送系统的免疫作用机制

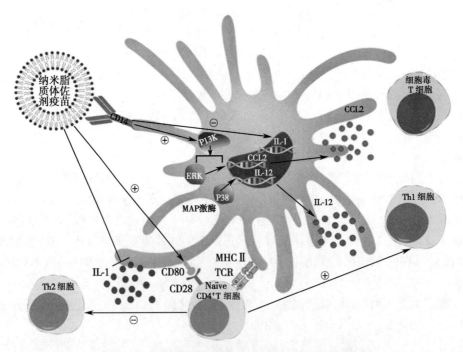

图 6-4　纳米脂质体佐剂疫苗递送系统的免疫作用机制

（曾　浩　李海波　孙红武　杨　赟）

参 考 文 献

［1］ TABASUM S, NOREEN A, KANWAL A, et al. Glycoproteins functionalized natural and synthetic polymers for prospective biomedical applications: a review. Int J Biol Macromol, 2017, 98: 748-776.

［2］ KRAMMER F. Strategies to induce broadly protective antibody responses to viral glycoproteins. Expert Rev Vaccines, 2017, 16 (5): 503-513.

［3］ BREMER P T, JANDA K D, BARKER E L. Conjugate vaccine immunotherapy for substance use disorder. Pharmacol Rev, 2017, 69 (3): 298-315.

［4］ SMITH T R F, SCHULTHEIS K, BRODERICK K E. Nucleic acid-based vaccines targeting respiratory syncytial virus: delivering the goods. Hum Vaccines Immunother, 2017, 13 (11): 2626-2629.

［5］ BRODERICK K E, HUMEAU L M. Electroporation-enhanced delivery of nucleic acid vaccines. Expert Rev Vaccines, 2015, 14 (2): 195-204.

［6］ SUOCHENG W, TUANJIE C, CHANGJUN S, et al. Subunit vaccine preparation of bovine rotavirus and its efficacy in mice. Iran J Immunol, 2015, 12 (3): 188-1897.

［7］ DHANASOORAJ D, KUMAR R A, MUNDAYOOR S. Subunit protein vaccine delivery system for tuberculosis based on hepatitis B virus core VLP (HBc-VLP) particles. Methods Mol Biol, 2016, 1404: 377-392.

第七章 发酵工程技术

发酵工程(fermentation engineering)又称为微生物工程,是指采用现代工程技术手段,利用微生物的某些特定功能,为人类生产有用的产品,或直接把微生物应用于工业生产过程的一种技术。发酵工程的内容包括菌种的选育、培养基的配制、扩大培养和接种、发酵过程等方面。发酵工程是生物工程的重要组成部分,用于产品制造的基因工程、细胞工程和酶工程等的实施,几乎都与发酵工程紧密相连。

第一节 发酵工艺和设备

一、菌种来源及菌种改良

发酵工程产品开发的关键是筛选新的有用物质的产生菌。从自然界分离得到的野生型菌种不论产量或质量均不适合工业生产要求,因此必须通过人工选育得到优良的菌种。优良菌种的选育不仅为发酵工业提供高产菌株,还可以提供各种类型的突变菌株。菌种选育包括自然选育、诱变育种、杂交育种、基因工程育种等方法。菌种选育在提高产品质量、增加品种、改善工艺条件和研究产生菌的遗传学等方面也发挥了重大作用。

(一)菌种选育的物质基础

微生物的一切性状包括形态和生理都决定于菌体内的千百种酶。是什么物质支配着这许许多多酶有条不紊地行使着它的功能,又是什么性质使同一种微生物的上下代酶的种类、功能都一样呢?无数事实证明,这都是由遗传物质,主要是 DNA 所决定的。DNA 是微生物遗传的物质基础,基因是遗传物质的基本单位,基因也就是带有决定一个蛋白质全部组成所需信息的 DNA 的最短片段,是一个能自我复制、重组、突变和遗传的基本单位。每个基因包含几百对以上的核苷酸,只要其中一对发生交换或突变就会导致遗传性状的改变。决定遗传性状的 DNA 主要集中在染色体上,只有少许游离在外。DNA 分子结构的改变是诱变育种的工作根据,染色体搭配的变化交换是杂交育种的根据。对 DNA 分子结构及其复制过程的了解将更有利于充实诱变育种的理论根据。另外,质粒也是遗传物质,它是染色体外的遗传结构。质粒为双链 DNA 的环状分子,能在细胞中进行自主复制,并能离开染色体单独存在。大多数质粒能经"消失"处理而消除,且对细胞无致命影响。许多质粒携带一些能影响宿主细胞类型的基因,例如用其来控制抗生素的形成。

(二)自然选育

不经人工处理,利用微生物的自发突变进行菌种选育的过程称为自然选育。自发突变的变异率很低。由于微生物可以发生自发突变,所以菌种在群体培养过程中会产生变异个体。这些变异个体中一些生长良好、生产能力提高、对生产有利的菌株称为正变菌株;另一些生产能力下降、形态出现异型、导致菌种退化的菌株称为负变菌株。自然选育就是将正变菌株挑选出来,进行扩大培养。

自然选育可以达到纯化菌种、防止菌种衰退、稳定生产水平、提高产物产量的目的。但是自然选育存在效率低和进展慢的缺点,将自然选育和诱变育种交替使用,才容易收到良好的效果。

(三)诱变育种

用人工来诱发突变是加速基因突变的重要手段,它的突变率比自然突变提高成千上百倍。突变发生部位一般是在遗传物质 DNA 上,因此突变后性状能稳定地遗传。一直以来,诱变技术都是菌种工作者的研究热点,是育种的重要工具。

1. 诱变育种的方法和原理　微生物在生理上和形态上的变化只要是可遗传的都称作变异。变异和由环境变化而出现的变化有本质上的区别。如假丝酵母在土豆培养基上加盖玻片形成假菌丝,而在麦芽汁培养基上成分散椭圆细胞,这种可逆的现象绝不是变异。变异是由酶来调节控制的,而酶的合成完全由基因控制。微生物诱变育种的目的是要使它向符合人们需要的方向变异。通常用物理、化学、生物等因素对微生物进行诱变,导致遗传物质 DNA 结构上发生变化。

由诱变而导致微生物 DNA 的微细结构发生的变化,主要分为微小损伤突变、染色体畸变即大损伤突变、染色体组突变三种类型。

(1)微小损伤突变:①碱基的置换,这是一种真正的点突变。根据置换方式不同可分为转换和颠换两种。转换是 DNA 链上一个嘌呤被另一个嘌呤或一个嘧啶被另一个嘧啶置换,这是常见的基因突变。颠换是指 DNA 链上一个嘌呤被一个嘧啶或一个嘧啶被一个嘌呤所置换。如果遗传密码 ACC 经碱基转换为 GCC,则 RNA 中有关遗传密码即由 UGG 改变为 CGG,UGG 是色氨酸密码,CGG 是精氨酸密码,经转译后所合成的蛋白质分子就发生了改变。②移码突变,是指在 DNA 分子的某一位置上缺失或插入一对或几对核苷酸碱基而使遗传密码移位。由于遗传密码是以三个核苷酸碱基为一组编码氨基酸,它们在染色体上又是以连续状态存在的,所以在缺失或插入核苷酸碱基以后的密码都成为错误密码,这些错误密码合成的蛋白质很有可能是非正常的蛋白质。

(2)染色体畸变:是由遗传物质的缺失重复或重排而造成的染色体异常突变。染色体畸变主要包括一条染色体内部所发生的畸变和非同源染色体之间所发生的畸变,它有下列几种情况。①易位:是指两条非同源染色体之间部分相连接的现象。它包括一个染色体的一部分连接到某一非同源染色体上的单独易位和两个非同源染色体的互相交换连接。②倒位:一个染色体的某一部分以颠倒的顺序出现在原来位置上。易位和倒位都是基因排列顺序改变,而基因数目不变。③缺失:在一条染色体上失去一个或多个基因遗传物质的节段。一般对染色体畸变的缺失是指足够长的 DNA 片段的缺失,而不是单个核苷酸的缺失,后者属移码突变。④重复:在一条染色体上增加了一段染色体片段,使同一染色体上某些基因超过一个,而重复出现。

(3)染色体组突变:这类突变主要是指细胞核内染色体数目改变。一个体细胞的细胞核内含有一套完整的染色体组的为单倍体,含有两套染色体组的为双倍体,三套以上的称为多倍体。生物体内染色体总数是一整套染色体组的整倍数称为整倍体。在细胞核中某一个或某几个染色体多于或少于正常的二倍染色体数者称为非整倍体。染色体组突变是指由有丝分裂或减数分裂异常而产生的染色体数目或组数的变化。

2. 诱变剂及其作用方式　能诱发基因突变并使突变率提高到超过自发突变水平的物理、化学因子都称之为诱变剂。诱变剂种类很多,有物理、化学、生物诱变剂三大类。

(1)物理诱变剂:有紫外线、X 射线、γ 射线、快中子、α 射线、β 射线和超声波等。其中以紫外线应用最广。

1)紫外线:它是一种非电离辐射能,使被照射物质的分子或原子中的内层电子提高能级,而并不获得或失去电子,所以不产生电离。DNA 分子的紫外线吸收值为 260nm,因此波长为 200~300nm 的紫外线才有诱变作用。实验室用 15W 低功率紫外灯,放出 253nm 光谱,是比较有效的诱变作用光谱。紫外线的剂量通常以每秒时间内每平方厘米多少焦耳来计算。由于紫外线能量测定比较困难,一般用照射时间作为相对的剂量单位。微生物所受射线的剂量决定于灯的功率、灯和微生物之间的距离、照射时间,如距离和功率固定,剂量和照射时间就成正比。除用时间表示相对剂量外,还可以用杀菌率表示相对剂量。各类微生物对紫外线敏感程度的差异也很大,可以相差几千倍甚至上万倍。诱变剂量的选择一般采用致死率在 90%~99% 的剂量。生产上为了得到正突变菌株,往往采用低剂量,一般致死率在 30%~70% 的剂量为好。紫外线能够诱变生物学效应,已经证明 DNA 强烈吸收紫外线,尤其是 DNA 链上的碱基对,已知嘧啶比嘌呤更敏感,几乎要敏感 100 倍。紫外线引起 DNA 变化的形式很多,如 DNA 链的断裂、DNA 分子内和分子间的交联、核酸与蛋白质交联,但主要是胸腺嘧啶二聚体的形成,这个二聚体对热和酸都是稳定的。当双链 DNA 受紫外线照射时,由于链与链之间二聚体作用的结果而连接得更加紧密了,即双螺旋相对应的两链上胸腺嘧啶单位之间形成了二聚体。经紫外线照射后用可见光处理可以提高菌的存活率,降低突变效率,这就是光复活效应。已证明光复活效应是由于光激活了光复活酶,使胸腺嘧啶二聚体分开,DNA 受损伤的部分被修复,而使微生物复活。各种微生物被紫外线照射后能否光复活,要通过实验才知道。导致光复活的光谱范围也不一致。一般紫外线照射后的操作应在黄光或红光下进行,以免产生光复活效应。在诱变育种中也可采取致死剂量的紫外线和有复活作用的白炽光(300~500W)反复交替处理,以增加菌种的变异频率。

紫外线诱变的操作方法:在暗室内安装 15W 紫外灯管,装上稳压装置,以求剂量准确。将 5ml 菌体悬浮液放在 9cm 培养皿内,在离灯管 30cm 处照射,并安装好摇动或电磁搅拌设备,以求照射均匀。照射前先开灯预热 20 分钟。一般微生物营养细胞在上述条件下照射几十秒到数分钟即可死亡。在正式进行处理前,先对要处理的微生物作出照射时间和死亡率的曲线,便于选择适当剂量。照射后应在红光下操作,将照射后的菌悬液进行增殖培养期间,可用黑纸包住三角瓶,防止光复活。

2)X 射线和 γ 射线:X 射线和 γ 射线都是高能电磁波,当这种射线作用于某物质时,能将该物质的分子或原子上的电子击出而生成正离子,这种辐射作用称作电离辐射。能量越大,产生的正离子越多。生物学上用的 X 射线是由 X 光机产生,γ 射线来自放射性元素钴、镭等。电离辐射的诱变机制,X 射线和 γ 射线是由一个一个光子组成的光子流。光子是不带电的,这类射线和物质作用时不能直接引起物质电离,只有与原子或分子直接碰撞时,把全部或部分能量传递给原子而产生次级电子,这种次级电子一般具有很高的能量,能产生电离作用而引起微生物变异。它对基因和染色体都产生一定效应,因此除了引起点突变外,也会产生染色体断裂而引起染色体倒位、易位、缺损、重组和其他形式的畸形变化。但发生了染色体断裂的细胞常常不稳定,因为复制时会引起分离,这是此类诱变剂的缺点。X 射线和 γ 射线的剂量可用剂量仪直接测定每毫升空气中产生的电离数目或能量,以尔格 / 克表示,也可用化学方法测定——硫酸亚铁法。Fe^{2+} 受 X 射线或 γ 射线照射后,产生一定量 Fe^{3+},Fe^{3+} 的量可在 304nm 光波段由消光系数测出,再用公式换算成 X 射线剂量。各种微生物对 X 射线和 γ 射线的敏感程度差异很大。引起最高诱变率的剂量也随各类微生物而不同。照射一般用菌悬液,也可用长在平皿上的菌落,如在有氧下照射可提高照射效应。

3)快中子:快中子是原子核的组成部分,是不带电的粒子,可从加速器和原子反应堆中产生出来。中子不直接产生电离,但能从吸收中子的物质的原子核中撞出质子来。在受照射的物质中,质子被不定向地打出来,电离是在受照射物体内沿质子的轨迹集中分布的。它的生物学效应和 X 射线相同,但由于快中子有更大的电离密度,因而更能够引起基因突变和染色体畸变,特别是正突变效率高。它的剂量单位是伦琴和拉得。1 伦琴快中子所产生的离子数相当于 1 伦琴 X 射线产生的离子数,中子流的强度以中子数 $/(cm^2·s)$ 为单位。快中子照射时可将菌悬液放在安瓿管中或将长在平皿上的菌落放在距射线源一定距离处进行快中子照射,所用剂量大约为 10~150 千拉得。

4)常压室温等离子体:常压室温等离子体(atmospheric and room temperature plasma,ARTP)能够在大气压下产生温度在 25~40℃ 之间的、具有高活性粒子(包括处于激发态的氦原子、氧原子、氮原子、OH 自由基等)浓度的等离子体射流。采用氦气为工作气体的常压室温等离子体源中含有多种化学活性粒子成分,如 OH,氮分子二正系统,氮分子一负系统,激发态氦原子、氢原子和氧原子等。ARTP 富含的活性能量粒子作用于微生物,能够使微生物细胞壁 / 膜的结构及通透性改变,并引起基因损伤,进而使微生物基因序列及其代谢网络发生显著变化,并诱发生物细胞启动 SOS 修复机制。SOS 修复过程为一种高容错率修复,因此修复过程中会产生种类丰富的错配位点,并最终稳定遗传进而形成突变株。ARTP 对生物的遗传物质损伤效果明显、损伤机制丰富,尤其是对真核生物的遗传物质均有很强的损伤效果,因而 ARTP 较其他诱变方法显示出更高效的突变性能、更广谱的适用范围。经基因组测序得知,经 ARTP 诱变处理获得的突变株,具有更丰富的基因突变位点。等离子体中的活性粒子与传统诱变方法相比,ARTP 能够有效造成 DNA 多样性的损伤,突变率高,并易获得遗传稳定性良好的突变株。

5)离子注入:离子注入法是利用离子注入设备生产高能离子束(40~60keV)并注入生物体引起遗传物质的永久改变。离子注入诱变是集化学诱变、物理诱变为一体的综合诱变方法。但是生物效应是个连续变化的过程,很难截然分开,离子注入的同时向受照射机体内输入能量、离子和电荷,其原初过程极为复杂,且有特异性,能量沉积起到主要的作用,而其中的电荷交换会引起生物分子电子转移造成损伤,从而使生物体发生死亡,自由基间接损伤,染色体重复、易位、倒位或使 DNA 分子断裂、碱基缺失等多种生物学效应。

(2)化学诱变剂:在筛选工作中,人们发现从最简单的无机物到最复杂的有机物中都可找到能引起诱变的物质,包括金属离子、一般化学试剂、生物碱、抗代谢物、生长刺激素、抗生素及高分子化合物、杀菌剂、染料等。

根据化学诱变因素对 DNA 的作用形式,化学诱变剂可分为三类:第一类是一个或多个核酸碱基起化学变化,引起 DNA 复制时碱基配对的转换而引起变异。如亚硝酸、硫酸二乙酯、甲基磺酸乙酯、N- 甲基 -N'- 硝基 -N- 亚硝基胍、亚硝基甲基脲等。第二类是将与天然碱基十分接近的类似物掺入到 DNA 分子中而引起变异,如 5- 溴尿嘧啶、5- 氨基尿嘧啶、8- 氮鸟嘌呤和 2- 氨基嘌呤等。第三类是 DNA 分子上减少或增加一两个碱基引起移码突变,造成碱基突变点以下全部遗传密码转录和翻译的错误,如吖啶类物质。

1)N- 甲基 -N'- 硝基 -N- 亚硝基胍:N- 甲基 -N'- 硝基 -N- 亚硝基胍(N-methyl-N'-nitro-N-nitrosoguanidine,NTG)是有效的诱变剂之一,在不同的 pH 下 NTG 分解作用不同,在 pH=8~9 时,很快分解形成重氮甲烷,由于重氮甲烷对 DNA 的烷化作用,使诱变作用也随着加强。在 pH=5.0~5.5 时形成 HNO_2,而 HNO_2 本身就是诱变剂。在 pH=6.0 条件下两者都不产生,此时诱变效应可能是由于 NTG 本身引起核蛋白变化所致。

2)5- 溴尿嘧啶:首先将生长期细菌在生理盐水中培养过夜,即在饥饿条件下使之耗去体内贮存物质以有利于 5- 溴尿嘧啶掺入,其次是将 5- 溴尿嘧啶加到培养基中,浓度为 10~20μg/ml。将细菌涂于平皿上,在生长过程中进行处理,然后挑出单菌落进行实验。如果处理孢子悬浮液,则 5- 溴尿嘧啶浓度为 100~1 000μg/ml,与孢子混合后振荡培养。

3. 诱变和筛选　诱变育种主要是诱变和筛选两步。在具体进行某一项工作时首先要制定明确的筛选目标,如提高产量或菌体量,其次是制定合理步骤,再次是建立正确快速的测定方法和摸索培养最适条件。

一个菌种的细胞群体经过诱变处理后,突变发生的频率很低,而且是随机的,所需要的突变株出现的频率就更低。因此合理的筛选方法与程序是菌种选育的另一个重要问题。在此过程中,初步筛选又是关键性的一步。在抗生素产生菌的育种中一直采用随机筛选的初筛方法:即将诱变处理后形成的各单细胞菌株,不加选择地随机进行发酵并测定其单位产量,从中选出产量最高者进一步复试。这种初筛方法较为可靠,但随机性大,需要进行大量筛选。

为了提高筛选效果,陆续建立了一些"理性化筛选"方法,即根据与抗生素生物合成直接或间接有关的某些性状进行初步筛选,然后在合适的条件下发酵并测定其生产抗生素的能力。实用意义比较大的初筛方法有以下几种:

(1)自身耐药突变株:细胞对自身产生抗生素的耐药性是细胞本身的一种防护机制。自身耐药的机制与一般微生物的耐药性一样,不同的抗生素可能有所不同。大环内酯类抗生素产生菌的自身耐药是由于 23SrRNA 的腺嘌呤甲基化引起的。在野生型菌株中,发酵早期的细胞并不产生此甲基化酶,直到抗生素开始合成后才产生,故为诱导型耐药。其组成型耐药突变株,不仅使开始合成抗生素的时间提早,产量也有所提高。自身耐药突变株提高了产生抗生素的能力。在有的菌种中,由于对自身产生的抗生素敏感,故不能合成更多的抗生素。在此情况下,如自身耐药性有所提高,则有可能因去掉了这一限制因素而提高产量。

(2) 结构类似物耐受变株:在氨基酸产生菌中,结构类似物耐受变株所产生氨基酸的反馈调节往往被解除或缓解,因而能积累过量的产物。如赖氨酸产生菌的 S-(2- 氨乙基)-L- 半胱氨酸耐受变株明显地提高了产酸能力。结构类似物耐受变株在氨基酸产生菌的育种中有重要意义,因为处于生物合成途径的中间位置的氨基酸,以及在分支途径中合成的氨基酸,通过营养缺陷型突变解除反馈调节机制,通常就能大量积累作为中间产物或终产物的氨基酸。然而有些处在直链生物合成途径末端的氨基酸,或虽在支路代谢途径中合成,但其本身有明显的反馈调节作用的氨基酸,只用营养缺陷型突变提高其单位产量,则往往不能奏效。因为在前一种情况下,合成途径中某种氨基酸营养缺陷型突变使人们所需要的目的氨基酸的合成被阻断;在后一种情况下,氨基酸营养缺陷型突变常不能解除此氨基酸的反馈调节。结构类似物耐受变株与营养缺陷型突变配合使用对提高氨基酸的单位产量有普遍意义。

二、发酵培养基的设计

培养基是提供微生物生长繁殖和生物合成各种代谢产物所需要的、按一定比例配制的多种营养物质的混合物。培养基组成对菌体生长繁殖、产物的生物合成、产品的分离精制乃至产品的质量和产量都有重要的影响。微生物的营养活动是依靠向外界分泌大量的酶,将周围环境中大分子蛋白质、糖类、脂肪等营养物质分解成小分子化合物,借助于细胞膜的渗透作用,吸收这些小分子营养物质来实现的。不同的微生物的生长情况不同或合成不同的发酵产物时所需的培养基有所不同,但对于所有发酵生产用培养基的设计仍存在某些共同点可供遵循。发酵工业培养基的一般要求有:①必须提供合成微生物细胞和发酵产物的基本成分;②有利于减少培养基原料的消耗,单位营养物质所合成产物数量大或产率大,提高单位营养物质的转化率;③有利于提高产物的浓度,以提高单位容积发酵罐的生产能力;④有利于提高产物的合成速度,缩短发酵周期;⑤尽量减少副产物的形成;⑥尽可能减少对发酵中通气搅拌和氧传递的影响,提高氧的利用率、降低能耗;⑦有利于产品的分离和纯化;⑧原料价格低廉、来源广泛、质量稳定;⑨尽可能减少产生工业三废物质。

设计任何一种培养基都不可能面面俱到地满足上述各项要求,需根据具体情况,抓主要环节。使其既满足微生物的营养要求,又能获得优质高产的产品,同时也符合增产节约、因地制宜的原则。发酵培养基的主要作用是为了获得预期的产物,必须根据产物特点来设计培养基。因此要求营养适当丰富和完备,菌体迅速生长和健壮,整个代谢过程 pH 适当且稳定;糖、氮代谢能完全符合高单位罐、批的要求,能充分发挥生产菌种合成代谢产物的能力;此外还要求成本降低。

(一) 培养基的选择原则

不同的微生物对培养基的需求是不同的,因此,不同微生物培养过程对原料的要求也是不一样的。应根据具体情况,从微生物营养要求的特点和生产工艺的要求出发,选择合适的营养基,使之既能满足微生物生长的需要,又能获得高产的产品,同时也要符合增产节约、因地制宜的原则。

1. 根据微生物的特点选择培养基　用于大规模培养的微生物主要有细菌、放线菌、酵母菌和霉菌等四大类。它们对营养物质的要求不尽相同,有共性也有各自的特性。在实际应用时,要依据微生物的不同特性,来考虑培养基的组成,对典型的培养基配方需作必要的调整。

2. 根据发酵方式选择培养基　液体和固体培养基各有用途,也各有优缺点。在液体培养基中,营养物质是以溶质状态溶解于水中,这样微生物就能更充分接触和利用营养物质,更有利于微生物的生长和更好地积累代谢产物。工业上,利用液体培养基进行的深层发酵具有发酵效率高,操作方便,便于机械化、自动化,降低劳动强度,占地面积小,产量高等优点。所以发酵工业中大多采用液体培养基培养种子和进行发酵,并根据微生物对氧的需求,分别作静止或通风培养。而固体培养基则常用于微生物菌种的保藏、分离、菌落特征鉴定、活细胞数测定等方面。此外,工业上也常用一些固体原料,如小米、大米、麸皮、马铃薯等直接制作成试管或茄子瓶斜面来培养放线菌、霉菌。

3. 从生产实践和科学试验的不同要求选择培养基　生产过程中,由于菌种的保藏、种子的扩大培养到发酵生产等各个阶段的目的和要求不同,因此,所选择的培养基成分配比也应该有所区别。一般来说,种子培养基主要是供微生物菌体的生长和大量增殖。为了在较短的时间内获得数量较多的强壮的种子细胞,种子培养基要求营养丰富、完全、氮源、维生素的比例应较高,所用的原料也应是易于被微生物菌体吸收利用。常用葡萄糖、硫酸铵、尿素、玉米浆、酵母膏、麦芽汁、米曲汁等作为原料配制培养基。而发酵培养基除需要维持微生物菌体的正常生长外,主要是要求合成预定的发酵产物,所以,发酵培养基碳源物质的含量往往要高于种子培养基。当然,如果产物是含氮物质,应相应地增加氮源的供应量。除此之外,发酵培养基还应考虑便于发酵操作以及不影响产物的提取分离和产品的质量。

4. 从经济效益方面考虑选择培养基原料　从科学的角度出发,培养基的经济性通常不被那么重视,而对于生产过程来讲,由于配制发酵培养基的原料大多是粮食、油脂、蛋白质等,且工业发酵消耗原料量大,因此,在工业发酵中选择培养基原料时,除了必须考虑容易被微生物利用并满足生产工艺的要求外,还应考虑到经济效益,必须以价廉、来源丰富、运输方便、就地取材以及没有毒性等为原则选择原料。

（二）培养基的配制原则

1. 根据不同微生物的营养需要配制不同的培养基　不同的微生物所需要的培养基成分是不同的,要确定一个合适的培养基,就需要了解生产用菌种的来源、生理生化特性和一般的营养要求,根据不同生产菌种的培养条件、生物合成的代谢途径、代谢产物的化学性质等确定培养基。

2. 营养成分的恰当配比　微生物所需的营养物质之间应有适当的比例,培养基中的碳氮比(C/N)在发酵工业中尤其重要。不同的微生物菌种、发酵产物所要求的碳氮比是不同的。菌体在不同生长阶段,对其碳氮比的最适要求也不一样。培养基的碳氮比不仅会影响微生物菌体的生长,同时也会影响到发酵的代谢途径。由于碳既作碳架又作能源,所以用量要比氮多。从元素分析来看,酵母细胞中碳氮比约为100:20,霉菌约为100:10。一般发酵工业中培养基碳氮比约为100:(0.2~2.0),但在氨基酸发酵中,因为产物中含有氮,所以碳氮比就相对高一些。如谷氨酸发酵的碳氮比为100:(15~21),若碳氮比为100:(0.2~2.0),则会出现只长菌体,几乎不产谷氨酸的现象。

碳氮比随碳水化合物及氮源的种类以及通气搅拌等条件而异,很难确定统一的比值。要注意快速利用的碳(氮)源和慢速利用的碳(氮)源的相互配合,发挥各自优势,避其所短,选用适当的碳氮比。一般情况下,碳氮比偏小,能导致菌体的旺盛生长,pH偏高,易造成菌体提前衰老自溶,影响产物的积累;碳氮比过大,菌体繁殖数量少,不利于产物的积累;碳氮比较合适,但碳源、氮源浓度高,仍能导致菌体的大量繁殖,增大发酵液黏度,影响溶解氧浓度,容易引起菌体的代谢异常,影响产物合成;碳氮比较合适,但碳源、氮源浓度过低,会影响菌体的繁殖,同样不利于产物的积累。

3. 渗透压　配制培养基时,应注意营养物质要有合适的浓度。营养物质的浓度太低,不仅不能满足微生物生长对营养物质的需求,而且也不利于提高发酵产物的产量和提高设备的利用率。但是,培养基中营养物质的浓度过高时,由于培养基溶液的渗透压太大,会抑制微生物的生长。此外培养基中的各种离子的浓度比例也会影响到培养基的渗透压和微生物的代谢活动,因此,培养基中各种离子的比例需求要平衡。在发酵生产过程中,在不影响微生物的生理特性和代谢转化率的情况下,通常趋向于较高浓度下进行发酵,以提高产物产量,并尽可能选育高渗透压的生产菌株。当然,培养基浓度太大会使培养基黏度增加和溶氧量降低。

4. pH　各种微生物的正常生长均需要有合适的pH,一般霉菌和酵母菌比较适于微酸性环境,放线菌和细菌适于中性或微碱性环境。为此,当培养基配制好后,若pH不合适,必须加以调节。当微生物在培养过程中改变培养基的pH而不利于本身的生长时,应以微生物菌体对各种营养成分的利用速度来考虑培养基的组成,同时加入缓冲剂,以调节培养液的pH。注意生理酸、碱性物质和pH缓冲剂的加入和搭配,根据菌种在现有工艺设备的条件下,其生长和合成产物时 pH 的变化情况,以及最适 pH 所控制范围等,综合考虑选用什么生理酸、碱性物质及用量,从而保证在整个发酵过程中 pH 都能维持在最佳状态。有时考虑用中间补料来控制 pH。凡是代谢后能产生酸性物质的营养成分称为生理酸性物质,如硫酸铵。凡是代谢后能产生碱性物质的营养成分称为生理碱性物质,如硝酸盐、乙酸钠等。

5. 氧化还原电位　对大多数微生物来说,培养基的氧化还原电位一般对其生长的影响不大,即适合它们生长的氧化还原电位范围较广。但对于厌氧菌,由于氧的存在对其有毒害作用,因而往往在培养基中加入还原剂以降低氧化还原电位。

6. 营养成分的加入顺序　为了避免生成沉淀而造成营养成分的损失,加入的顺序一般为先加入缓冲化合物,溶解后加入主要物质,然后加入维生素、氨基酸等生长素类的物质。

(三) 发酵培养基的优化方法

培养基优化,就是对特定的微生物,通过实验手段配比和筛选找到一种最适合其生长及发酵的培养基,在原来的基础上提高发酵产物的产量,达到生产最大发酵产物的目的。对于微生物的生长及发酵,其培养基成分非常复杂,特别是有关微生物发酵的培养基,各营养物质和生长因子之间的配比,以及它们之间的相互作用是非常微妙的。在工业化发酵生产中,发酵培养基的设计和优化是十分重要的,选育或构建一株优良菌株仅仅是一个开始,要使优良菌株的潜力充分发挥出来,还必须优化其发酵过程,以获得较高的产物浓度(便于下游处理)、较高的底物转化率(降低原料成本)和较高的生产强度(缩短发酵周期)。

由于发酵培养基成分众多,且各因素常存在交互作用,很难建立理论模型;另外,由于测量数据常包含较大的误差,也影响了培养基优化过程的准确评估,因此培养基优化工作量大且复杂。许多实验技术和方法都在发酵培养基优化上得到应用,如单因素法、多因子试验、均匀设计、Plackett-Burman 设计、响应曲面法等。但每一种实验设计都有它的优点和缺点,不可能只用一种试验设计来完成所有的工作。

1. 单因素法　单因素法(one at a time)的基本原理是保持培养基中其他所有组分的浓度不变,每次只研究一个组分的不同水平对发酵性能的影响。这种策略的优点是简单、容易,结果很明了,培养基组分的个体效应从图表上很明显地看出来,而不需要统计分析,是实验室最常用的优化方法。

这种方法是在假设因素间不存在交互作用的前提下,通过一次改变一个因素的水平而其他因素保持恒定水平,然后逐个因素进行考察的优化方法。但是由于考察的因素间经常存在交互作用,使得该方法并非总能获得最佳的优化条件,可能会完全丢失最适宜的条件。另外,当考察的因素较多时,需要太多的实验次数和较长的实验周期。所以现在的培养基优化实验中一般不采用或不单独采用这种方法,而采用多因子试验。

2. 多因子试验　多因子试验需要解决的两个问题:哪些因子对响应具有最大(或最小)的效应,哪些因子间具有交互作用;对感兴趣区域的因子进行组合并对独立变量进行优化。

(1)正交实验设计:正交实验设计就是从"均匀分散、整齐可比"的角度出发,是以拉丁方理论和群论为基础,用正交表来安排少量的试验,从多个因素中分析出哪些是主要的,哪些是次要的,以及它们对实验的影响规律,从而找出较优的工艺条件。通过合理的实验设计,可用少量的具有代表性的试验来代替全面试验,较快地取得实验结果。

正交实验设计具体可以分为下面四步:①根据问题的要求和客观的条件确定因子和水平,列出因子水平表;②根据因子和水平数选用合适的正交表,设计正交表头,并安排实验;③根据正交表给出的实验方案,进行实验;④对实验结果进行分析,选出较优的"试验"条件以及对结果有显著影响的因子。

正交实验设计注重如何科学合理地安排试验,可同时考虑几种因素,寻找最佳因素水平结合,但它不能在给出的整个区域上找到因素和响应值之间的一个明确的函数表达式即回归方程,从而无法找到整个区域上因素的最佳组合和响应面值的最优值。正交方法可以用来分析因素之间的交叉效应,但需要提前考虑哪些因素之间存在交互作用,再根据考虑来设计实验。因此,没有预先考虑的两因素之间即使存在交互作用,在结果中也得不到显示。对于多因素、多水平的科学试验来说,正交法需要进行的次数仍嫌太多,在实际工作中常常无法安排,实施起来比较困难,应用范围受到限制。

(2)均匀设计:均匀设计(uniform design)是我国数学家方开泰等独创的将数论与多元统计相结合而建立起来的一种实验方法。均匀设计最适合于多因素多水平实验,可使实验处理数目减小到最小程度,仅等于因素水平个数。虽然均匀设计节省了大量的实验处理,但仍能反映事物变化的主要规律。

均匀设计按均匀设计表来安排实验,均匀设计表在使用时最值得注意的是均匀设计表中各列的因素水平不能像正交表那样任意改变次序,而只能按照原来的次序进行平滑,即把原来的最后一个水平与第一个水平衔接起来,组成一个封闭圈,然后从任一处开始定为第一个水平,按圈的原方向和相反方向依次排出第二、第三水平。均匀设计只考虑实验点在实验范围内均匀分布,因而可使所需实验次数大大减少。例如一项 5 因素 10 水平的实验,若用正交设计需要做 102 次实验,而用均匀设计只需做 10 次,随着水平数的增多,均匀设计的优越性就愈加突出。这就大大减少了多因素多水平实验中的实验次数。

(3)Plackett-Burman 设计:Plackett-Burman 设计(Plackett-Burman design)由 Plackett 和 Burman 提出,这类设计是两水平部分因子实验,适用于从众多的考察因素中快速有效地筛选出最为重要的几个因素,供进一步优化研究用。理论上 Plackett-Bunnan 设计可以达到 99 个因子仅做 100 次试验,但该法不能考察各因子的相互交互作用。因此,它通常作为过程优化的初步实验,用于确定影响过程的重要因子。Castro PML 报道用此法设计 20 种培养基,做 24 次实验,把 γ 干扰素的产量提高了 45%。

(4)响应曲面法:响应曲面法(response surface methodolog,RSM)是由 Box 和 Wilson 提出的利用因子设计来优化微生物产物生产过程的全面方法,它是利用实验数据,通过建立数学模型来解决受多种因素影响的最优组合问题。由于采用了合理的实验设计,能以最经济的方式、很少的实验数量和时间对实验进行全面研究,科学地提供局部与整体的关系,从而取得明确的、有目的的结论。通过 RSM 的研究表明,研究工作者和产品生产者可以在更广泛的范围内考虑因素的组合,以及对响应值的预测,而均比一次次的单因素分析方法更有效。现在利用 SAS 软件可以很轻松地进行响应面分析。

RSM 有许多方面的优点,但它仍有一定的局限性。首先,如果将因素水平选的太宽,或选的关键因素不全,将会导致响应面出现吊兜和鞍点,因此事先必须进行调研,查询和充分的论证或者通过其他实验设计得出主要影响因子;其次,通过回归分析得到的结果只能对该类实验作估计;最后,当回归数据用于预测时,只能在因素所限的范围内进行预测。响应面拟合方程只在考察的紧接邻域里才充分近似真实情形,在其他区域,拟合方程与被近似的函数方程毫无相似之处,几乎无意义。

三、发酵设备

发酵罐指工业上用来进行微生物发酵的装置。其主体一般为用不锈钢板制成的主式圆筒,其容积在 $1m^3$ 至数百立方米。在设计和加工中应注意结构严密、合理。能耐受蒸汽灭菌、有一定操作弹性、内部附件尽量减少(避免死角)、物料与能量传递性能强,并可进行一定调节以便于清洗、减少污染,适合于多种产品的生产以及减少能量消耗。发酵罐按照卫生级要求设计,结构设计极具人性化、操作方便、传动平稳、噪音低、径高比设计适宜、按需定制搅拌装置、节能、搅拌和发酵效果好。发酵罐各进出管口、视镜、人孔等工艺开孔与内罐体焊接处均采用拉伸翻边工艺圆弧过渡,光滑易清洗无死角,保证生产过程的可靠性和稳定性。

分批发酵是在一个培养体积中接种细胞和添加培养基后,中途不添加也不更换培养基的方式,污染杂菌比例小,发酵罐操作灵活,可进行不同产品的生产。连续发酵是在培养过程中不断向反应器中流加新鲜培养基,同时以相同的流量从系统中取出培养液,从而维持培养系统内在细胞密度、产物浓度以及物理状态相对平衡的培养方式。发酵罐增加目的产物产量,并便于在发酵罐系统的检测系统进入稳定状态后,使细胞密度、基质、产物浓度等趋于恒定。

发酵罐结构严密,经得起蒸汽的反复灭菌,内壁光滑,耐腐蚀性能好,有利于灭菌彻底和减小金属离子对生物反应的影响,有良好的气—液—固接触和混合性能与高效的热量、质量、动量传递性能。发酵罐在保持生物反应要求的前提下,降低发酵罐能耗,有良好的热量交换性能,以维持生物反应最适温度,有可行的管路比例和仪表控制,适用于灭菌操作和自动化控制。

　　发酵过程优化的本质是通过各种在线分析仪器或离线测定方法,通过开发各种生物反应器的在线监测系统,获取能表征生物过程特征的参数,通过优化这些参数,从而提供一个最有利微生物产物合成和积累的培养环境。对细胞培养环境的检测和控制的研究已形成了多种装置技术,如温度、溶氧、pH、搅拌转速、通气量、发酵液体积等常规检测装置技术;流量计、计量杯或电子秤称重等多种计量式的补料装置技术;排气成分测量技术,如红外吸收原理的二氧化碳测量、顺磁原理的氧测量。这些装置技术为发酵过程检测与控制提供了细胞培养环境的大量数据(图 7-1)。

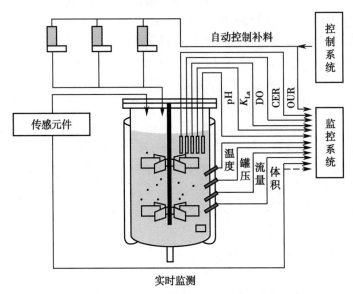

图 7-1　发酵罐控制系统

四、发酵过程参数测定

　　发酵罐发酵过程中,为了能对生产过程进行必要的控制,需要对有关参数进行定期取样测定或进行连续测量,以确定其参数对于发酵罐发酵过程的影响程度,发酵过程参数的测定是进行发酵过程控制的重要依据。

　　按发酵参数获取方式,发酵过程变化的参数可以分为两类:一类是在线检测,可以直接采用特定的传感器检测的参数。它们包括反映物理环境和化学环境变化的参数,如温度、压力、搅拌功率、转速、泡沫、发酵液黏度、pH、溶解 O_2、溶解 CO_2、尾气 O_2、尾气 CO_2、基质浓度等,称为直接参数。另一类是离线检测,至今尚难于用传感器来检测的参数,包括细胞生长速率、比生长速率、摄氧率、CO_2 释放速率、呼吸熵、氧得率系数、氧体积传质速率、产物合成速率等。这些参数需要从发酵罐中取出样品进行测定,根据一些直接检测出来的参数,借助于计算和特定的数学模型才能得到,因此这类参数被称为间接参数。间接参数更能反映发酵过程的整体状况。目前,发酵液中的基质(如糖、脂质、盐和氨基等)、前体和代谢产物(抗生素、酶、有机酸和氨基酸等)以及菌体量的监测仍依赖于人工取样和离线检测。离线检测所得的过程信息虽然不够连贯、相对滞后,但离线检测在发酵过程中依然重要。这些在线或离线检测的参数均可用于监测发酵的状态,发酵过程中通常根据直接参数和间接参数对发酵进行有效控制。

　　在线检测常用的各种传感器有 pH 电极、溶氧电极、温度电极、液位电极、泡沫电极、尾气分析仪等。离线检测发酵液样品的仪器有分光光度计、pH 计、温度计、气相色谱、液相色谱、气 - 质联用等。工业发酵对在线检测的传感器的使用十分慎重,监测直接参数的传感器除了必需耐高温、高压蒸汽灭菌外,还要避免探头表面被微生物堵塞导致测量失败的危险,特别是 pH 和溶氧电极有时还会出现失效和显著漂移等问题。现在采用的一些发酵过程在线检测仪器是经过考验的、可靠的传感器,如用热电偶测量发酵罐温度、压力表或压力传感器指示发酵罐压力、转子流量计测量空气流量以及测速仪测定搅拌转速。选择仪器时不仅要考虑其功能,还要确保该仪器不会增加染菌的机会,且置于发酵罐内的探头必须能耐高温、高压蒸汽灭菌,在生产过程中常遇到的问题是探头的敏感性受微生物的黏附而使其精确性受到影响。

按发酵参数的性质,要检测的参数可以分为物理参数、化学参数和生物参数(表 7-1)。发酵过程物理参数包括发酵罐温度、发酵罐压力、空气流量、搅拌速率、培养液黏度、泡沫高度等,这些物理参数根据不同种类的发酵要求,都可以选择性地选取有关检测仪表来实现自动检测。发酵过程化学参数包括 pH 和溶解氧浓度,这两个参数对于微生物的生长、代谢产物的形成极为重要。发酵过程生物参数包括菌体浓度、基质浓度、代谢产物浓度等。

表 7-1 发酵过程检测的主要参数

	参数名称	测试方式	主要作用
物理参数	发酵罐温度	传感器	维持生长、产物合成
	发酵罐压力	传感器	维持正压、增加溶氧
	空气流量	传感器	供氧、排废气、提高 K_{La}(体积溶氧系数)
	搅拌速率	传感器	物料混合、提高 K_{La}
	培养液黏度	黏度计	反映细胞生长、K_{La}
	液面	传感器	反映操作稳定性、生产率
	泡沫高度	传感器	反映发酵代谢、操作稳定性
	补料速率	传感器	反映代谢情况
	加消泡剂速率	传感器	反映泡沫情况
化学参数	pH	传感器	反映细胞代谢情况
	溶解氧浓度	传感器	反映供氧情况
	排气 O_2 浓度	传感器	了解耗氧情况
	溶解 CO_2 浓度	传感器	了解 CO_2 对发酵的影响
	排气 CO_2 浓度	传感器	了解细胞呼吸情况
生物参数	菌体浓度	取样	了解生长情况
	基质浓度	取样	了解基质利用情况
	代谢产物浓度	取样	反映产物合成情况

第二节 生物合成与代谢调控

链霉菌具有强大的次级代谢能力,能够产生众多具有生物活性的次级代谢产物,如目前广泛应用的抗生素、抗肿瘤药物以及免疫抑制剂等。链霉菌次级代谢一般发生在菌体生长后期,当营养物质耗尽、生长速率下降的时候起始。次级代谢产物的合成与细胞复杂的分化密切相关。因此,链霉菌存在着原核生物中罕见的庞大而复杂的调控网络。国内外学者对链霉菌的研究发现,次级代谢是一个非常复杂的过程,并且在代谢过程中存在着多种多样的调控方式。在链霉菌中,次级代谢产物的生物合成受到多层次的严格调控,包括途径特异性、多效性以及全局性调控基因在内的多层次严格调控。关键调控基因的缺失或过表达可以显著影响次级代谢产物的生物合成,提示对于链霉菌次级代谢重要调控基因的功能及其作用机制的研究具有巨大的潜在应用价值。

　　根据来源不同,调控因素可分为来自菌体以外的环境因素和来自菌体自身的因素。环境因素包括碳源、氮源、磷酸盐等,以上因素通常既是菌体初级代谢所必需的营养物质,又对菌体次级代谢有调控作用。来自菌体自身的因素通常包括菌体自身合成的小分子或者小蛋白,如高度磷酸化鸟苷酸(ppGpp)、γ-丁内酯类物质、σ因子等,还包括菌体基因组内调控基因所编码的调控蛋白。不同来源的调控因素也有相互作用的现象。

一、环境因素对链霉菌次级代谢的调控

(一)碳源对链霉菌次级代谢的调控

　　碳源对链霉菌次级代谢有调控作用,通常发酵过程中速效碳源不利于抗生素合成。抗生素链霉菌(*S.antibioticus*)生物合成放线菌素(actinomycin)时,只有当葡萄糖耗尽、菌体利用乳糖时,放线菌素才产生。研究表明,速效碳源通过调控相关基因的转录来控制次级代谢过程。放线菌素生物合成的关键酶吩噁嗪酮合成酶(phenoxazone synthetase,PHS)受碳源的调控,当发酵培养基以葡萄糖作为碳源时,菌体中编码PHS合成的基因转录的mRNA量很低,而当以乳糖作为碳源时,则可以合成大量的mRNA,这说明葡萄糖对PHS合成的抑制作用发生在基因转录水平上。同样,棒状链霉菌(*S.clavuligerus*)中头孢菌素(cephalosporin)合成时,当增加速效碳源如甘油或麦芽糖时,抗生素的产量降低;而以α-酮戊二酸盐和琥珀酸盐为碳源时抗生素的产量提高。

(二)氮源对链霉菌次级代谢的调控

　　氮源对链霉菌次级代谢也有调控作用。生长环境中速效氮源浓度高时,菌体几乎不进行次级代谢。只有当速效氮源消耗殆尽菌体开始利用迟效氮源时,次级代谢才开始。在抗生素的生物合成中,这种现象非常明显,培养基中氮源不同对某些抗生素合成影响较大。在灰色链霉菌(*S.griseus*)合成链霉素(streptomycin)的过程中,迟效氮源黄豆饼粉或者脯氨酸加氨基氮盐的复合氮源对产物合成很有效。雪白链霉菌(*S.niveus*)合成新生霉素(novobiocin)时,应用成分明确的培养基进行发酵,氮源包括硫酸铵和脯氨酸,当有氨基态氮存在时仅菌体生长,而当氨基态氮消耗尽时,才有新生霉素合成。在始旋链霉菌(*S.pristinaespiralis*)合成原始霉素(pristinamycin)时,只有当氮源中氨基态氮耗尽时,原始霉素才有合成。

(三)磷酸盐及PhoR-PhoP二元件对链霉菌次级代谢的调控

　　多数革兰氏阳性菌及革兰氏阴性菌的次级代谢均受到生长环境中磷酸盐浓度的影响,高浓度的磷酸盐抑制次级代谢产物生物合成基因簇的转录。磷酸盐还可以通过抑制次级代谢产物前体的合成来影响次级代谢过程,例如高浓度的磷酸盐能够抑制肌醇的形成,使链霉胍合成量减少,而链霉胍为链霉素合成的前体,这样就使得链霉素的生物合成减少。

　　经过研究发现,在低浓度的磷酸盐环境下,磷酸盐可由PhoR-PhoP二元件介导发挥对链霉菌次级代谢的抑制作用。PhoR是膜结合感知蛋白,而PhoP属于OmpR家族,可以与DNA结合。在低浓度的磷酸盐环境中,将变铅青链霉菌(*S.lividans*)中PhoR-PhoP二元件失活,突变株中的某些次级代谢产物产量升高,而碱性磷酸酶(涉及修饰DNA或者RNA)活性降低,同时无机磷酸盐的摄入量降低,通过失活PhoR-PhoP二元件可以在一定水平上解除磷酸盐抑制。以纳塔尔链霉菌(*S.natalensis*)中的匹马霉素(pimaricin,又名纳他霉素natamycin)合成为例,此代谢过程对磷酸盐浓度十分敏感,当培养基中的磷酸盐浓度达到1mmol/L时就可以影响匹马霉素的合成,当磷酸盐浓度为10mmol/L时,负责其合成的17个基因均无转录;而PhoR-PhoP二元件与基因簇中所有的基因均无结合区域。分析发现PhoR-PhoP二元件阻断菌株中*pimS1*、*pimS4*、*pimC*、*pimG*等4个基因的转录水平提高,同时匹马霉素产量也有所提高,说明磷酸盐控制是通过PhoR-PhoP二元件可能调控的途径特异性调控子修饰达到的。失活的PhoR-PhoP二元件使得产物产量提高的现象在变铅青链霉菌(*S.lividans*)中也有体现,放线紫红素

（actinorhodin）和十一烷基灵菌红素（undecylprodigiosin）产量也有所提高。

二、来自菌体自身的因素对链霉菌次级代谢的调控

（一）ppGpp 对链霉菌次级代谢的调控

高度磷酸化鸟苷酸（ppGpp）由 ppGpp 合成酶 RelA 催化合成，可激活链霉菌次级代谢的起始。在天蓝色链霉菌 S.coelicolor A3（2）基因组中克隆得到 ppGpp 合成酶基因 relA 的同源基因 orf1。orf1 阻断株中，ppGpp 合成酶不再合成，放线紫红素也不再产生，但是十一烷基灵菌红素和钙依赖的抗生素的合成不受影响，而菌体生长速率降低，孢子分化延迟。低拷贝回补时，不但放线紫红素合成恢复，而且放线紫红素和十一烷基灵菌红素产量均有提高，菌体形态分化也恢复为野生形态，同时 ppGpp 合成酶恢复产生。将低拷贝质粒导入野生菌株中时，放线紫红素和十一烷基灵菌红素产量均提高。Hesketh 等发现在稳定期诱导 ppGpp 的合成（干菌体浓度 6~12pmol/mg）可以激活放线紫红素调控基因 actII-orf4 的转录，但对另一种次级代谢产物十一烷基灵菌红素合成调控基因 redD 的转录无影响，同时对菌体生长无影响。这说明在 S.coelicolor A3（2）的次级代谢过程中，ppGpp 专一地对 actII-orf4 的转录产生影响。上述现象表明，ppGpp 的调控作用可能依赖其浓度，当其浓度在 6~12pmol/mg 时仅通过调控 actII-orf4 的转录影响放线紫红素的合成，而在野生菌株 ppGpp 浓度水平或者高于此水平时，ppGpp 可发挥全局性调控作用。

（二）σ 因子对链霉菌次级代谢的调控

链霉菌中有一类对次级代谢具有调控作用的蛋白 σ 因子，对菌体的生长、次级代谢和形态分化均有调控作用。S.coelicolor A3（2）中的 σ 因子 WhiGch 为孢子分化的关键调控子，将 WhiGch 失活，菌落由灰色变为白色同时形成大量气生菌丝，但不分化孢子。在 S.coelicolor A3（2）中还含有其他 4 种 σ 因子 SigB、SigT、SigK、HrdB。阻断 sigB 导致放线紫红素合成提前并且产量提高，但是十一烷基灵菌红素产量降低；阻断 sigT 加速菌体形态分化且放线紫红素产量提高；sigK 在 S.coelicolor 次级代谢和形态学分化中均为负调控基因，阻断 sigK 导致气生菌丝分化提前、放线紫红素和十一烷基灵菌红素产量提高、两者合成的正调控基因 actII-orf4 和 redD 表达量提高；将 HrdB 失活使得放线紫红素和十一烷基灵菌红素产量降低，而通过进一步研究发现 HrdB 对另一种菌体次级代谢的调控因素 ppGpp 合成具有正调控作用，导致抗生素产量降低的直接原因是 HrdB 失活菌株中 ppGpp 的合成量降低。匹马霉素产生菌恰塔努加链霉菌（S.chattanoogensis）L10 中也有 σ 因子 WhiGch，其对菌体生长、形态分化和次级代谢过程均有调控作用。whiGch 阻断株菌体生长速度明显下降，且气生菌丝不再分化孢子。whiGch 阻断株中匹马霉素产量降低了 30%，通过延迟菌体生长使抗生素产生时间延后 24 小时。过量表达 whiGch 基因使匹马霉素产量增加 26%。对 WhiGch 的调控机制研究发现，WhiGch 通过结合到负责匹马霉素大环内酯骨架合成的 scnC 和 scnD 基因启动子上发挥作用，结合位点与转录起始位点毗邻。S.chattanoogensis L10 还存在 migrastatin 和 jadomycin 合成基因簇，WhiGch 除了可以对匹马霉素生物合成基因簇转录起到正调控作用，同时还能抑制 migrastatin 和 jadomycin 基因簇转录。

（三）γ - 丁内酯类物质对链霉菌次级代谢的调控

很多链霉菌次级代谢过程中都能产生 γ - 丁内酯（gamma-butyrolactone，GBL）类物质，这类小分子化合物对某些链霉菌次级代谢过程有调控作用，已经报道的该类化合物包括 A- 因子（2- 异辛酰 -3R- 羟甲基 - γ - 丁内酯）、VB（弗吉尼亚丁内酯）、IM-2［（2R,3R,10R）-2-10- 羟基丁基 -3- 羟甲基 - γ - 丁内酯］等。此类物质一般通过自调控子 - 受体系统发挥作用，自调控子为 γ - 丁内酯合成酶；而受体为 TetR 家族的调控子，可以与受调控的基因结合抑制其转录，其目的基因往往是次级代谢过程中的途径特异性调控基因。当 γ - 丁内酯与受体结合使其将上述调控基因启动子释放，激活基因转录从而调控次级代谢过程。

在金色链霉菌（S.aureofaciens）CCM3239 auricin 的生物合成过程中就存在 γ - 丁内酯自调控子 - 受体系统的 GBL-SagA-SagR 调控作用，调控过程见图 7-2。位于 auricin 生物合成基因簇上游的 sagA

和 *sagR* 基因编码产物分别为 SagA 和 SagR，SagA 为 GBL 合成酶，阻断 *sagA* 使得 auricin 不再产生；SagR 为 GBL 受体。SagR 可以结合到途径特异性调控基因 *aur1P* 和 *aur1R* 启动子区抑制两个基因转录。当受到外界因素刺激时，*sagA* 基因表达 GBL 合成酶，催化 GBL 合成。GBL 可以与 SagR 结合，将 *aur1P* 和 *aur1R* 启动子区释放，使其转录。而 Aur1P 和 Aur1R 对 SARP 家族的正调控子 Aur1PR3 和 Aur1PR4 表达有不同程度的调控，另外负调控子 Aur1R 又可以与 *sagA* 和 *sagR* 基因启动子结合抑制其转录，SagA 和 SagR 作为调控网络中地位较高的调控子，同时受到 Aur1R 的负调控，若干不同层次调控子组成调控网络对 auricin 的合成过程进行精确的调控。由于次级代谢产物产生与菌体生长阶段密切相关，在 *sagR* 阻断菌株中，auricin 产生时间明显提前，说明 SagR 对菌体形态分化也有影响。

（四）基因组中调控基因编码的调控子对链霉菌次级代谢的调控

近年来随着测序技术的发展，越来越多微生物的基因组已完成测序。已经报道的链霉菌基因组或者部分基因组中，含有大量调控基因。研究者应用不同的技术手段（如基因阻断、RT-PCR、EMSA 等）研究了部分调控基因的功能和调控机制，这样能更有利于对抗生素的整个合成过程进行把握。

链霉菌次级代谢产物多种多样，有芳香聚酮化合物、非核糖体 - 核糖体合成肽类、Type I 型聚酮合酶（PKS）类抗生素等。目前已经报道的以上类型抗生素生物合成过程中均有调控基因出现。常见的调控子可以分为两类，一类是只含有 DNA 结合区域（DNA binding domain，DBD）的调控子，另一类除了 DBD 还有一个额外的信号识别或者能量转换区域。对放线菌门中调控子进行统计，其中 59% 含有额外区域，链霉菌中调控子多数属于后者。从遗传水平上看，基因组中调控基因编码的调控子对链霉菌的调控作用大多数都属于途径特异性调控（pathway specific regulation）作用，少数具有多效性调控（pleiotropic regulation）作用。

根据所含的功能区域不同，常见的调控子主要分为 SARP（*Streptomyces* antibiotic regulatory proteins）、LAL（large ATP-binding regulators of the LuxR）、PAS-LuxR、SARP-LAL、TetR 等不同的家族。表 7-2 展示了不同类型抗生素合成过程中涉及各个家族的调控子，不同家族调控子结构示意图见图 7-2。

表 7-2　抗生素生物合成基因组中调控基因编码的调控子

产生菌	抗生素	抗生素类型	调控子	类型
S.cattleya	沙娜霉素（thienamycin）	β - 内酰胺类	ThnU	SARP
			Thn I	LysR
S.cinnamonensis	莫能霉素（monensin）	聚醚类	MonR I	SARP
			MonR II	LAL
S.venezuelae	苦霉素（pikromycin）	大环内酯类	PikD	LAL
S.hygroscopicus	格尔德霉素（geldanamycin）	安莎 - 大环内酯类	GdmR I	LAL
			GdmR II	LAL
S.sp.CK4412	变构霉素（tautomycetin）	线形聚酮化合物	TmcN	LAL
S.avermitilis	阿维菌素（avermectin）	大环内酯类	AveR	LAL
	寡霉素（oligomycin）	大环内酯类	OlmR I	LAL
			OlmR II	LAL
S.albus	沙利霉素（salinomycin）	寡聚醚类	SalR I	LAL
			SalR II	LAL
			SalR III	PAS-LuxR
S.hygroscopicus	雷帕霉素（rapamycin）	大环聚酮化合物	RapG	AraC
			RapH	LAL

续表

产生菌	抗生素	抗生素类型	调控子	类型
S.nanchangensis	南昌霉素（nanchangmycin）	多聚醚类	NanR Ⅰ	SARP
			NanR Ⅱ	SARP
S.natalensis	匹马霉素（pimaricin）	多烯大环内酯类	PimM	PAS-LuxR
			PimR	SARP-LAL
S.noursei	制霉菌素（nystatin）	多烯大环内酯类	NysR Ⅰ	LAL
			NysR Ⅱ	LAL
			NysR Ⅲ	LAL
			NysR Ⅳ	PAS-LuxR
S.clavuligerus	头孢菌素（cephalosporin）	β-内酰胺类	CcaR	SARP
	克拉维酸（clavulanic acid）		ClaR	LysR
S.aureofaciens	auricin	角环素家族	SagR	TetR
S.griseus	链霉素（streptomycin）	氨基糖苷类	ArpA	TetR

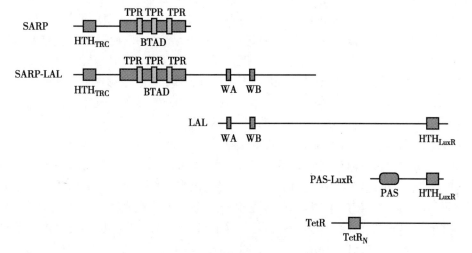

图 7-2　链霉菌中几类调控子示意图

1. SARP 家族调控子　SARP 家族调控子为链霉菌中最早发现的调控子,本家族调控子大小通常为 300 个氨基酸残基左右,其结构中 N 端为 DNA 结合区域,此区域与转录调控蛋白 C 端（transcriptional regulatory protein C terminal）同源,称为 HTH_{TRC},C 端含有一个细菌转录激活区（bacterial transcriptional activation domain,BTAD）,BTAD 通常含有三个四肽重复序列（tetratrico peptide repeats,TPR）结构,此结构通常被认为与蛋白之间相互作用有关。SARP 家族调控子的调控作用机制为通过与受控基因启动子结合来影响基因转录,具体结合区为位于 –10 区上游 8bp 的序列。如南昌霉素合成途径中的调控子 NanR Ⅰ 和 NanR Ⅱ 均属于 SARP 家族,两个调控蛋白控制所有的聚酮合酶基因转录;分析发现 *nanA1*、*nanA8*、*nanP*、*nanM*、*nanO* 五个基因启动子区均含有与 SARP 家族调控子结合的序列 TTAGNNNNNNTTWAG（N 代表任意碱基,W 代表 A 或者 T）,该序列位于 –10 区上游 8bp,增加 *nanR Ⅰ* 和 *nanR Ⅱ* 两个基因拷贝数使得南昌霉素产量提高 3 倍。通常认为,生物合成基因簇内的调控基因所编码的调控子对相应的次级代谢过程产生调控作用,但是在卡特利链霉菌（*S.cattleya*）中莎娜霉素（sanamycin）生物合成基因簇内的调控基因编码的 SARP 家族调控子 ThnU 对莎娜霉素生物合成无调控作用,却对菌株中头孢菌素生物合成产生正调控作用。这说明 SARP 家族调控子除了可以调控自身所处的基因簇的转录,同时存在跨基因簇调控的现象。

2. LAL 家族调控子　LAL 家族（large ATP-binding regulators of the LuxR family）调控子是链霉菌次级代谢过程中较为重要的调控子，通常由 900~1 000 个氨基酸残基组成。其原型为 MalT，MalT 是大肠埃希菌中麦芽糖代谢系统中依赖 ATP 的调控子。LAL 家族调控子通常由两部分组成：N 端的 NTP 结合区域和 C 端的 DNA 结合区域。NTP 结合区域又包括 Walker A 和 Walker B 两个区域。Walker A 区域的保守氨基酸序列为 TGPxGxGxx（x 代表任意氨基酸），其中甘氨酸比例较高。Walker B 区域的保守氨基酸序列为 LxxVDD，该区域具有带电氨基酸的疏水性区域，含有天冬氨酸，参与 Mg^{2+} 的结合。Walker A 和 Walker B 区域之间有一段保守序列，使蛋白折叠后将两者整合在一起。C 端的 DNA 结合区域与 Lux 调控子（lux regulator，LuxR）的 DNA 结合区域 HTH_{LuxR} 同源，保守区域序列为 GlxnxxIAxx-LxVsxrxVExHLTxxxyRKLxV。HTH 结构域至少含有 3 个 α- 螺旋结构，其中 2 个 α- 螺旋不与 DNA 直接接触，另外一个 α- 螺旋与 DNA 大沟发生特异性接触，通过与碱基相互作用从而识别 DNA 序列。当调控子的编码基因位于生物合成基因簇内时，产物多为途径特异性调控子，如变构霉素合成途径中的正调控子 TmcN，雷帕霉素合成途径中的正调控子 RapH，格尔德霉素合成途径中的正调控子 GdmR Ⅰ和 GdmR Ⅱ。当调控基因位于基因组而非某个已知次级代谢产物合成基因簇内时，就有可能成为多效性调控子。位于 S.coelicolor 基因组内的 sco0877 和 sco7173 基因编码的两个 LAL 家族调控子既可以调控放线紫红素的生物合成，同时还可以影响涉及氨基酸代谢、核酸辅酶代谢、DNA 复制重组修复、呼吸和能量代谢、细胞膜合成、细胞分化、碳水化合物代谢、脂类代谢、响应磷酸盐饥饿等基因的转录。

3. SARP-LAL 家族调控子　SARP-LAL 家族调控子 N 端与 SARP 家族调控子同源，含有 HTH_{TRC} 和 BTAD 区，C 端含有与 LAL 家族调控子 N 端同源的 NTP 结合区域，此类调控子通常由 1 000~1 500 个氨基酸残基组成。此家族已报道的调控子包括匹马霉素的生物合成调控基因编码的 PimR、尼可霉素的生物合成调控基因编码的 SanG。其中 PimR 为途径特异性调控子，直接结合在 pimM 启动子上，结合位点的特征区域为三个重叠的七聚体区（5'-CGGCAAG-3'）。SanG 具有多效性调控作用，除了对尼可霉素合成过程有调控作用，还对菌体分化和色素的产生有影响。

4. PAS-LuxR 家族调控子　PAS-LuxR 家族调控子为一类 N 端含有 PAS 感应结构域、C 端含有 DBD 区域的蛋白，DBD 区域具有螺旋 - 转角 - 螺旋结构（helix-turn-helix，HTH）。PAS 区的功能主要是作为 PAS-LuxR 类调控子的感知模块，通常被认为可以监控光、氧气、氧化还原电位和细胞能量的变化，一般为涉及趋向性、生物钟、离子通道等的组氨酸和丝氨酸 / 苏氨酸激酶、化学受体和光受体的组成部分。与其他感知元件不同的是，含有 PAS 区的蛋白位于细胞液中，可直接感知细胞内部信号，同时上述蛋白也可以穿过细胞膜来感知外部环境信号。PAS-LuxR 家族调控子 C 端的 DBD 区域与 LAL 家族调控子相似，也来自于 HTH_{LuxR}。

PAS-LuxR 家族调控子调控功能相对保守。对几种多烯大环内酯类抗生素匹马霉素、制霉菌素、两性霉素（amphotericin）、菲律宾菌素生物合成中 PAS-LuxR 家族调控子综合研究发现，分别在 pimM 阻断株中表达 AmphRIV、NysRIV 或 PteF，均可以恢复匹马霉素的产生；分别在结节链霉菌（S.nodosus）和阿维链霉菌（S.avermitilis）中表达 PimM 可以提高两性霉素和菲律宾菌素的产量。而通过 GST-PimM 与受控基因启动子的 EMSA 和 DNase Ⅰ足迹法（DNase Ⅰ footprinting）分析发现，PAS-LuxR 家族调控子的结合位点位于相应受控基因启动子 -35 区的一段 16bp 的类似于回文序列的区域 CTVGGGAW-WTCCCBAG（V 代表 A、C 或 G；W 代表 A 或 T；B 代表 C、G 或 T）。在 pteF 阻断株中表达 PimM 也可以恢复菲律宾菌素的产生。

5. TetR 家族调控子　TetR 家族调控子（TetR family regulator，TFR）是链霉菌中最常见的转录调控子之一，含有 200~300 个氨基酸残基，因家族中结构和功能研究最为清楚的四环素抗性阻遏蛋白（tetrepressor，TetR）而得名。TetR 家族调控子在链霉菌次级代谢中通常起负调控作用，其常作为受体与某些小分子配体共同组成调控体系。其 N 端具有保守结构域 TetR-N。氨基酸二级结构上具有 9~11 个 α 螺旋，其中前 3 或 4 个螺旋形成 HTH 结构用于结合 DNA；剩余螺旋形成 LBD 结构域，负责与配体结合。根据小分子配体不同，将链霉菌中 TetR 分为 GBL 受体、MMF 受体、假 GBL 受体等。配体通

常包括 γ- 丁内酯类、2- 烷基 -4 羟甲基呋喃 -3- 羧酸类物质、自身合成的抗生素、乙醇等。auricin 的生物合成过程中就存在 γ- 丁内酯自调控子 - 受体系统 GBL-SagA-SagR，其中的 SagR 即为 GBL 受体。MMF 受体、假 GBL 受体与 GBL 受体一致性较高，作用方式也相似，区别在于小分子配体不同。GBL 受体的配体为 γ- 丁内酯类物质；而 MMF 受体的配体为 2- 烷基 -4 羟甲基呋喃 -3- 羧酸类物质，统称为 MMF，prodiginine 合成基因异源表达时因缺少 MMF 而不能合成产物；天蓝色链霉菌合成隐性 I 型聚酮时存在假 GBL 受体 ScbR2，此受体不能与 γ- 丁内酯物质结合，只有通过与内源产生的放线菌紫红素和十一烷基灵菌红素两种抗生素结合才能将正调控基因 kasO 的启动子释放，产物才有合成。

第三节　基因工程在发酵工程中的应用

一、提高代谢物的产量

长期以来，工业生产中使用的抗生素高产菌株都是通过物理或化学手段进行诱变育种得到的。尽管目前诱变育种技术仍是改良微生物工业生产菌种的主要手段，但是利用基因工程技术有目的地定向改造菌种，改变基因的表达水平以提高菌种的生产能力也取得重要进展，得到了越来越广泛的应用。

（一）增加生物合成限速阶段酶基因的拷贝数

增加生物合成限速阶段酶基因的拷贝数有可能提高抗生素的产量。抗生素生物合成途径中的某个阶段可能是整个合成中的限速阶段，如果能够确定生物合成途径中的"限速瓶颈"（rate-limiting bottle-neck），并设法提高这个阶段酶基因的拷贝数，在增加的中间产物对合成途径不产生反馈抑制的情况下，就有可能增加最终抗生素的产量。

由于抗生素的产量不仅受自身生物合成基因影响，而且与初级代谢途径生物合成基因有关，因此，单靠增加少数几个基因的拷贝数来大幅提高抗生素产量并不容易实现，然而确有成功的例子。

金霉素由金色链霉菌（S.aureofaciens）发酵产生，由四环素氯化产生金霉素是其生物合成中的最后一个限速步骤。通过在一株工业用金霉素产生菌中增加编码催化氯化反应的基因 ctcP 的拷贝数，发现增加三个 ctcP 基因拷贝时金霉素产量最高，达到 25.9g/L，比出发菌株金霉素产量提高了 73%。由于使用的出发菌株是经过多轮诱变获得的高产菌株，使用传统育种方法提高产量已经比较困难，因此通过增加限速阶段酶基因的拷贝数使金霉素产量提高这么大幅度具有重要的意义。

（二）增加部分或整个抗生素生物合成基因簇

人们发现许多工业生产用高产菌株基因组上携带多个拷贝的抗生素生物合成基因簇。例如，在青霉素高产菌株中，有 6~16 个拷贝 35kb 的青霉素生物合成基因簇，该 35kb 区域包含青霉素合成的基因 pcbAB、pcbC、pcbDE；一株卡那霉素高产菌株的卡那霉素生物合成基因簇数目高达 36 个。

Takeshi 等发现在卡那链霉菌中存在一个具有 DNA 释放酶活性的 ZouA，而卡那霉素生物合成基因簇的扩增发生在重组位点 RsA 和 RsB 之间，这说明卡那链霉菌中 DNA 的扩增是由 DNA 释放酶所介导的同源重组引发。将这套系统导入到天蓝色链霉菌中成功实现了放线紫红素基因簇的扩增，使放线紫红素的产量较原始菌株提高了 20 倍。

将尼可霉素生物合成基因簇（35kb）构建成整合型质粒，通过接合转移的方式导入尼可霉素产生菌圈卷产色链霉菌（S.ansochromogenes）7100 中，与出发菌株相比，基因组中增加 35kb 尼可霉素生物合成基因簇的工程菌株尼可霉素 X 产量提高 4 倍，达 880mg/L；尼可霉素 Z 产量提高 1.8 倍，为 210mg/L。

（三）改变调控基因

调控基因的作用可增加或降低抗生素的产量，在许多链霉菌中调控基因位于抗生素生物合成基因簇中。但也有一些调控基因位于抗生素生物合成基因簇外，如红色糖多孢菌中红霉素生物合成基因簇中并没有发现途径特异性调控基因，而在基因簇外发现了红霉素调控基因 bldD。正调控基因能通过一些正调控机制对结构基因进行正向调节,加速抗生素的产生。负调控基因能通过一些负调控机制对结构基因进行负向调节,降低抗生素的产量。因此,增加正调控基因或降低负调节基因的作用,是一种增加抗生素产量的可行方法。

利用调控基因增加抗生素产量已有很多成功的报道。如在泰乐星产生菌中,增加一拷贝正调控基因 *tylR*,无论野生型菌株还是高产菌株,泰乐星产量都有提高,野生型菌株泰乐星产量提高了 4.9 倍,高产菌株中泰乐星产量也提高了 50%。将额外的正调节基因引入野生型菌株中,为获得高产量产物提供了简单的方法。在放线紫红素(actinorhodin)产生菌天蓝色链霉菌(*S.coelicolor*)中 *actⅡ* 调节 *actⅠ*、*actⅢ* 和其他 *act* 基因的表达,将 *actⅡ* 转入 *S.coelicolor* 中,尽管 *actⅡ* 的拷贝数仅增加了 1 倍,但放线紫红素产量提高了 20~40 倍。

除途径特异性的调控基因外,一些全局性调控基因对抗生素的合成也起着重要的作用,通过转录组芯片比较野生型菌株与工业生产菌株的转录组差异,发现工业生产菌株中上调表达的阿维菌素合成基因簇中调控基因 *aveR* 及其他与阿维菌素合成相关的基因上游启动子区域包含 σ^{hrdB} 所识别的保守区域。表明 σ^{hrdB} 起着全局转录调控的作用,影响阿维菌素的产量。构建 σ^{hrdB} 突变子文库,最终筛选得到了一株产量较出发菌株提高 52% 的高产菌株。

阻断负调控基因通常也能增加抗生素产量。高原链霉菌(*S.platensis*)产生平板霉素(platensimycin)和平板素(platencin),在出发菌株中产量分别为 15.1mg/L 和 2.5mg/L,而在负调控基因 *ptmR1* 阻断菌株中产量分别提高至 323mg/L 和 255mg/L。诺尔斯氏链霉菌(*S.noursei*)中 *nysF* 编码 4-磷酸泛酰巯基乙胺基转移酶,该酶被认为与制霉菌素Ⅰ型多聚乙酰合酶上酰基载体蛋白的翻译后修饰有关,对制霉菌素的产生起到负调控的作用,*nysF* 的失活增加了制霉菌素的产量。

(四) 增加抗生素抗性

由于抗生素对产生菌自身也有一定的毒性,因此大部分抗生素生物合成基因簇内包含耐药有关的基因。抗生素耐药机制有多种,如改变核糖体等抗生素作用靶点、通过耐药泵将抗生素排出。菌种对自身抗生素的抗性与抗生素的产生密切相关。

阿维菌素生物合成基因簇上游的 *avtAB* 基因编码蛋白属于 ABC 转运蛋白家族,被认为可以外排阿维菌素。构建 *avtAB* 多拷贝表达质粒,增加阿维链霉菌中 *avtAB* 拷贝数从而增加其表达量。使一株阿维菌素高产菌株的产量提高了 50%,并使阿维菌素在胞内胞外的分布比例从 6:1 下降为 4.5:1。

(五) 增加前体供应

生物合成前体的供应是决定次级代谢产物产量的重要因素。前体是由初级代谢过程中糖代谢、脂肪代谢、氨基酸代谢的过程中形成。增加前体供应是增加抗生素产量的重要方法。

他克莫司(tacrolimus,又名 FK506)是链霉菌发酵产生的一种重要的大环内酯类免疫抑制剂。每分子 FK506 生物合成需要 5 个甲基丙二酰辅酶 A。甲基丙二酰辅酶 A 生物合成可以由三种酶系催化形成:丙酰辅酶 A 羧化酶(PCC)、甲基丙二酰辅酶 A 异构酶(MCM)、丙二酰/甲基丙二酰连接酶。发现表达 MCM 效果最明显,使 FK506 产量提高了 1.5 倍。而后续研究者发现在一株经过诱变的 FK506 高产菌株中过表达 MCM 产量变化并不明显,而增加 PCC 却能明显增加 FK506 的产量。说明在不同菌株中甲基丙二酰辅酶 A 的主要合成途径并不相同。为了增加甲基丙二酰辅酶 A 的合成量,培养基中添加丙酸乙烯酯,丙酸乙烯酯在脂肪酶作用下形成丙酸,接着形成丙酰辅酶 A,因此培养基中同时添加丙酸乙烯酯和 Tween 80(脂肪酶产生的促进剂),FK506 产量提高了 2.2 倍。而在添加丙酸乙烯酯和 Tween 80 基础上,同时在菌株中过表达 PCC,FK506 产量又提高了 1.6 倍。通过在培养基中添加甲基丙二酰辅酶 A 合成的底物以及过表达合成所需的酶,FK506 产量从 37.9mg/g 提高到 251.9mg/g。

二、改善抗生素组分

许多抗生素产生菌可以产生多组分抗生素,由于这些组分的化学结构和性质非常相似,而其生物活性有时却相差很大,这给有效组分的发酵、提取和精制带来很大不便。随着对各种抗生素生物合成途径的深入了解以及基因重组技术的不断发展,应用基因工程方法可以定向地改造抗生素产生菌,获得只产生有效组分的菌种。

(一)红霉素组分

红霉素是由红色糖多孢菌($S.$ $sporaerythrea$)产生的一种大环内酯类抗生素。在红色糖多孢菌的发酵液中,主要产物是红霉素 A,除此之外还有红霉素 B、C 和 D 等副产物。其中红霉素 A 的抗菌活性最好,被应用于临床,同时也是合成的第二、三代红霉素衍生物的前体。其他几种组分的活性相对红霉素 A 来说比较小,且副作用比较大,是红霉素产品中必须严格控制的杂质。因此红霉素发酵生产中要提高红霉素 A 的产量而设法降低红霉素 B、C 和 D 等副产物的产量。

红霉素是通过 I 型聚酮合酶(polyketide synthase,PKS)催化合成的聚酮化合物。红霉素的生物合成的起始步骤是由 1 分子丙酰辅酶 A(丙酰 CoA)开始,在 PKS 复合酶系的催化下依次接上 6 分子甲基丙二酰 CoA 形成 6- 脱氧红霉内酯 B(6-deoxyerythronolide B,6-dEB),6-dEB 的生物合成模型如图 7-3 所示。PKS 以六聚体的形式存在,由于 PKS 合成的最终产物为 6-dEB,故也被称为 6- 脱氧红霉内酯 B 合成酶(6-deoxyerythronolide B synthase,DEBS)。DEBS 由 DEBS1、DEBS2 和 DEBS3 三条肽链组成,分别由 $eryA\ I$、$eryA\ II$、$eryA\ III$ 基因编码,每个蛋白由 2 个模块组成,共有 6 个模块。链的延伸由丙酰CoA 开始,从模块 1 到模块 6 连续加入 6 个丙酸延伸单元,使链延伸。模块 1、2、5、6 有酮基还原酶(keto reductase,KR)功能域,模块 4 有 KR、脱水酶(dehydratase,DH)、烯酰基还原酶(enoylreductase,ER)功能域,而模块 3 只有最小酮基合成酶(keto synthase,KS)功能域,不含任何还原性功能域。在 DEBS1 的 N 端还有一个负载域(loading domain,LD)的两个活性位点 AT(AT-L)和 ACP(ACP-L),在 DEBS3 的 C 端还有一个硫酯酶(thioesterase,TE)酶域。负载域 AT-L 特异性选择丙酸作为起始物,并将其转到 ACP-L 上,ACP-L 上的丙酸基传给 KS 上的 Cys。延伸单元的选择由 AT 酶域决定,AT 选择结合的丙二酸单酰基传给 ACP 上的泛酰磷酸基,再由 KS 催化缩合形成 β- 酮,KR 以 NADPH 还原 β- 酮成羟基,完成第一轮循环;第二轮、第五轮和第六轮循环与第一轮循环相似。模块 3 中只有 KS、AT 和 ACP 三个酶域(有一个类似 KR,但其上没有 NADPH 结合位点而没有功能),故第三轮结合相应的 β- 保留酮基(C-9 位)。

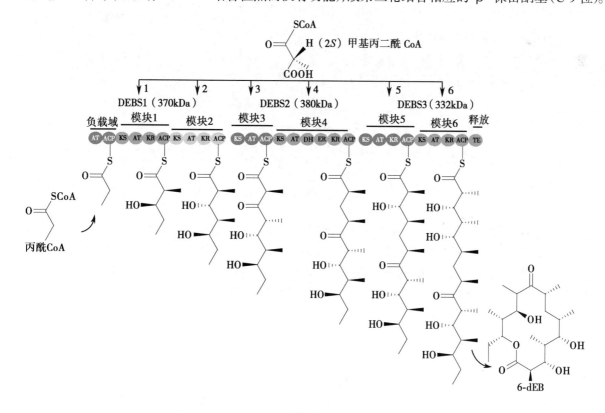

图 7-3　6- 脱氧红霉内酯 B 的生物合成

模块 4 中不仅有 KS、酰基转移酶（acyltransferas，AT）、酰基载体蛋白（acyl carrier protein，ACP）和 KR，而且有 DH 和 ER，这一轮循环完全类似于饱和脂肪酸的合成，故在 C-7 位为饱和烃键。当缩合反应完成六轮循环后，DEBS3 的 TE 将聚酮从 PKS 上释放下来。

在合成 6-dEB 后，红霉素的生物合成进入了大环内酯的后修饰过程。内酯环首先在羟化酶（EryF）的催化下在 6-dEB 的 C-6 位连接上一个羟基生成红霉内酯。红霉内酯通过糖基转移酶（EryBV）先在 C-3 位羟基上连接上 L- 红霉糖（cladinose）形成 3-O- 碳霉糖基红霉素内酯，而后通过另一个糖基转移酶（EryCIII）在 C-5 羟基上连接上 D- 脱氧氨基己糖（desosamine），便形成了红霉素生物合成中间代谢产物中第一个具有活性的红霉素 D。红霉素 D 在 C-12 羟化酶（EryK）的催化下合成红霉素 C。红霉素 C 在甲基化酶（EryG）的催化下在 C-3 的红霉糖上加上一个甲基生成红霉素 A。此外红霉素 D 不仅可以合成红霉素 C，而且可以在甲基化酶（EryG）的催化下合成红霉素 B，再通过羟化酶（EryK）合成红霉素 A，此条途径催化效率较低，为红霉素合成的副途径。红霉素合成途径如图 7-4 所示。

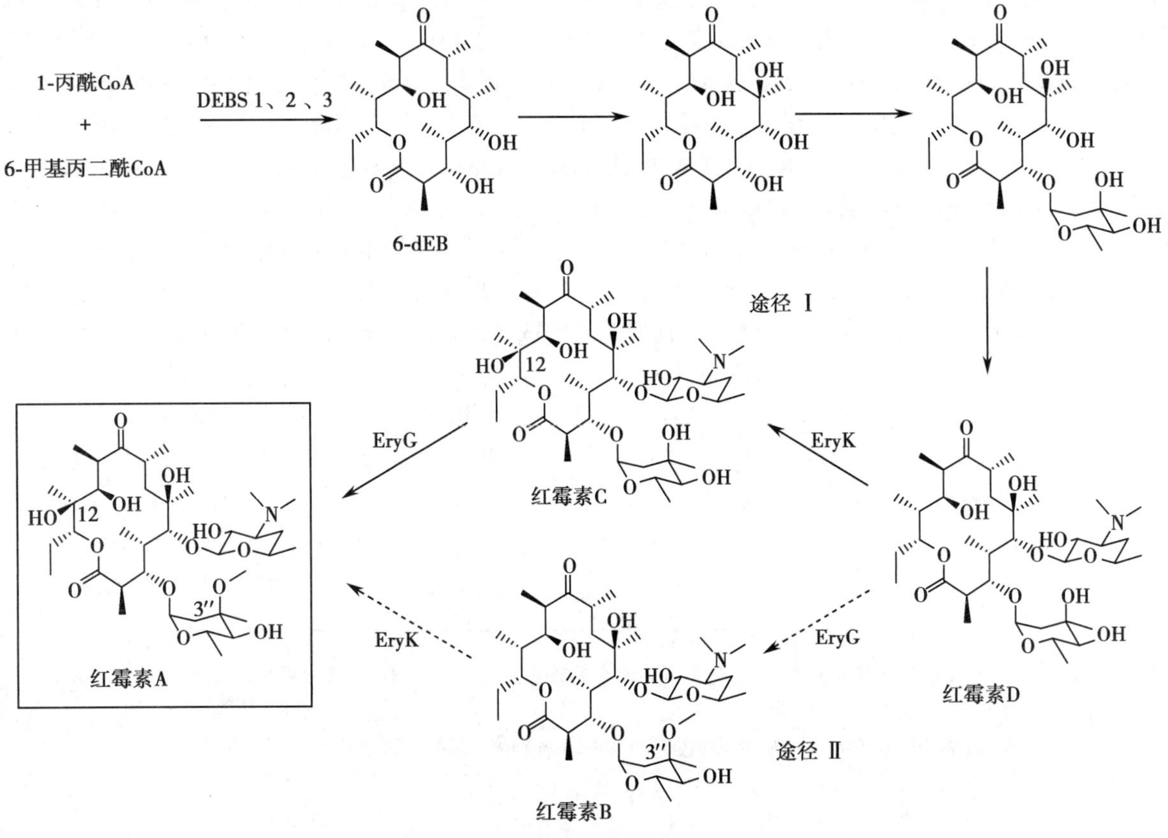

图 7-4 红霉素合成途径

在红霉素工业生产的发酵液里有大量中间产物红霉素 B 和红霉素 C 积累，在红霉素工业生产过程中属于很难除去但又必须除去的杂质。因此要增加红霉素 A 的产量和相对含量，就需要增加 EryK 和 EryG 的量，同时需要控制他们的比例。通过采用同源重组和位点特异性整合相结合的方式，使改造后的菌株中 eryK∶eryG 基因拷贝数比率为 3∶2，两个基因转录量的比率为 2.5∶1 到 3.0∶1 时，红霉素 B 和红霉素 C 基本全转化为红霉素 A，同时红霉素产量提高了约 25%，为红霉素的工业生产带来了便利。

（二）阿维菌素组分改良

阿维菌素广泛使用于畜牧业上抗虫、农业上杀螨以及配制选择性杀虫剂。阿维菌素共有八个组分，分别命名为 A1a、A1b、A2a、A2b、B1a、B1b、B2a 和 B2b。阿维菌素各组分及其衍生物结构见图 7-5。一般说来 a 组分含量占 80% 以上，b 组分含量少于 20%。在阿维菌素的八个组分中，B1a 组分的杀虫活性最高，毒性最小，作为杀虫剂在畜牧业和农业中被广泛使用。

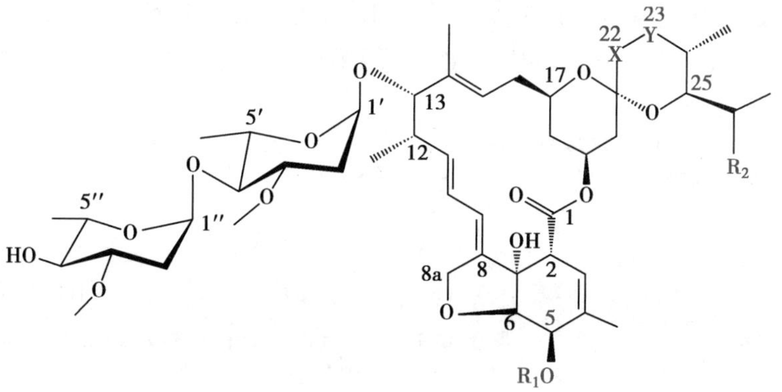

		R1	R2	X—Y
阿维菌素 (avermectin)	A1a	CH₃	C₂H₅	CH=CH
	A1b	CH₃	CH₃	CH=CH
	A2a	CH₃	C₂H₅	CH₂—CH(OH)
	A2b	CH₃	CH₃	CH₂—CH(OH)
	B1a	H	C₂H₅	CH=CH
	B1b	H	CH₃	CH=CH
	B2a	H	C₂H₅	CH₂—CH(OH)
	B2b	H	CH₃	CH₂—CH(OH)
多拉菌素 (doramectin)		H	CH₃	C₅H₉(C₂₅)

图 7-5　阿维菌素及其衍生物的结构

A 组分和 B 组分的区别在于 C-5 位,B 组分在 C-5-O- 甲基转移酶的催化下,甲基取代 C-5 位羟基的氢,转化为 A 组分;a 组分和 b 组分的区别在于 C-25 位,a 组分在 C-25 位是仲丁基,其支链脂肪酸来源于 L- 异亮氨酸,而 b 组分在 C-25 位是异丙基,其支链脂肪酸来源于 L- 缬氨酸;1 组分和 2 组分的区别在于 C-22,23 位,1 组分在 C-22,23 位为 CH=CH,2 组分为 CH₂—CHO,1 组分的合成与 aveC 基因的调控有关。

自 1978 年发现阿维链霉菌以来,以日本北里大学、北里研究所及美国默克公司为主的研究小组对该菌种进行了深入系统的研究,已经基本阐明阿维菌素的生物合成途径。随着基因测序技术的发展,阿维菌素的生物合成基因簇已经被克隆和测序,大部分的基因功能已经确定。Ikeda 等又在 2003 年完成了阿维链霉菌全基因组的测序,这为人们进一步认识阿维菌素及其衍生物的生物合成机制提供了重要的理论依据,也为利用基因工程的手段发现优化新的阿维菌素衍生物提供了极大帮助。阿维菌素的生物合成基因簇全长 82kb,共有 18 个开放阅读框架。基因簇内部的 60kb 片段中含有 4 个大的开放阅读框架,因转录方向相反被分成两组:aveA1-aveA2 和 aveA3-aveA4,共同编码多功能的 PKS。阿维菌素生物合成基因簇结构见图 7-6。

阿维菌素的生物合成过程可分为以下三个阶段:在阿维菌素聚酮合酶(AVES)的作用下形成起始阿维菌素糖苷配基;起始糖苷配基经过一系列的修饰产生阿维菌素糖苷配基;阿维菌素糖苷配基由脱氧胸苷二磷酸(dTDP)- 齐墩果糖在 C-13 和 C-4′ 位进行 O- 糖基化形成阿维菌素。起始糖苷配基是以 2- 甲基丁酸或异丁酸为起始单位,在阿维菌素聚酮合酶的催化作用下,依次添加 5 个丙酸盐,7 个乙酸盐,共 12 个延伸单位缩合而成,其添加顺序为 P-A-A-A-A-P-P-A-P-A-P-A(P 代表丙酸盐,A 代表乙酸盐)。阿维菌素聚酮合酶由 12 个模块组成,共 55 个活性位点,负责 1 个支链脂肪酸、7 个乙酸盐和 5 个丙酸盐的聚合反应。每个合酶单位(SU)都由 KS-AT-ACP 组成,有些 SU 还含有 DH 和 KR 的活性位点。每个

SU 负责一步掺入前体(如乙酸或丙酸)的聚合反应,并调控 a- 酮基的还原程度,最后形成的聚酮体在位于 PKS 末端的硫酯酶(TE)的催化下进行环内酯化。阿维菌素 PKS 基因结构及产物预测见图 7-7。

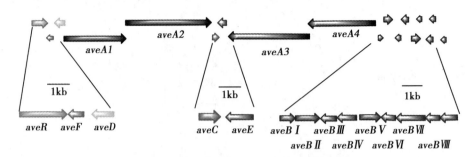

图 7-6　阿维菌素生物合成基因簇结构

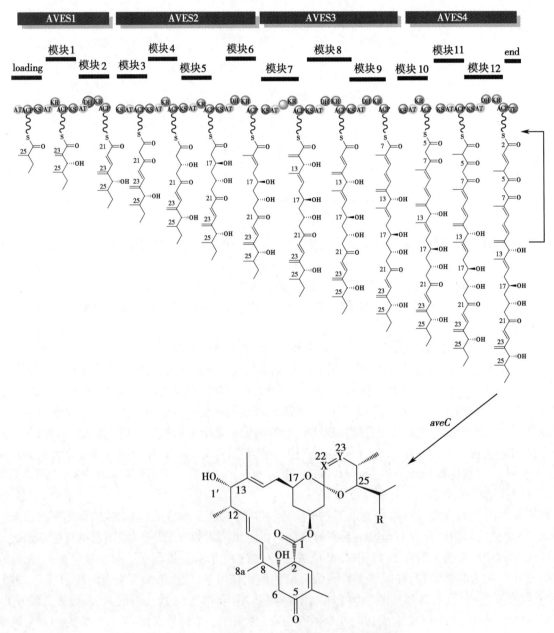

图 7-7　阿维菌素 PKS 基因结构及产物预测

　　起始糖苷配基合成后会进行一系列的修饰形成阿维菌素糖苷配基。*aveE* 和 *aveC* 基因位于 *aveA1-aveA2* 和 *aveA3-aveA4* 基因之间。*aveE* 负责编码细胞色素 P450 羟化酶催化 C-6 和 C-8a 之间呋喃环的闭合。*aveC* 基因阻断突变株仅产阿维菌素 2 组分（C-22,23 位为 CH_2—CHOH），*aveC* 基因编码的产物蛋白是一个具有双重功能的新型蛋白，在负责 6,6- 螺环单元的形成和修饰的同时调控 1 组分和 2 组分的比例，*aveC* 的脱水活性和螺环合成活性既相互独立，又相互竞争同一个线性前体，这被推测为是阿维菌素 1 和 2 两种组分产生的原因所在。*aveF* 负责编码 C-5- 酮基还原酶，该酶可催化 C-5 位的酮基还原成羟基，*aveF* 的突变株产生 C-5-O- 阿维菌素。*aveD* 位于 *aveF* 下游，负责编码 C-5-O- 甲基转移酶，该酶负责将 S- 腺苷甲硫氨酸的甲基转移到阿维菌素 B 组分的 C-5 位羟基上，进而形成阿维菌素 A 组分。通过对 *aveD* 基因进行缺失突变，得到了仅产阿维菌素 B 组分的基因工程菌，为阿维菌素的进一步遗传改造奠定了基础。L- 齐墩果糖的生物合成途径见图 7-8。负责合成和转移 L- 齐墩果双糖的基因（*aveB Ⅰ~aveB Ⅷ*）位于阿维菌素生物合成基因簇的右侧。在 AveB Ⅲ 和 AveB Ⅱ 的作用下葡萄糖 -1- 磷酸先形成 TDP-4- 酮 -6- 脱氧葡萄糖，再在 AveB Ⅰ~AveB Ⅷ 的催化下合成 dTDP-L- 齐墩果糖，最后 dTDP-L- 齐墩果糖由 *aveB Ⅰ* 编码的糖基转移酶连接到阿维菌素糖苷配基的 C-13 和 C-4′ 位上，形成阿维菌素。

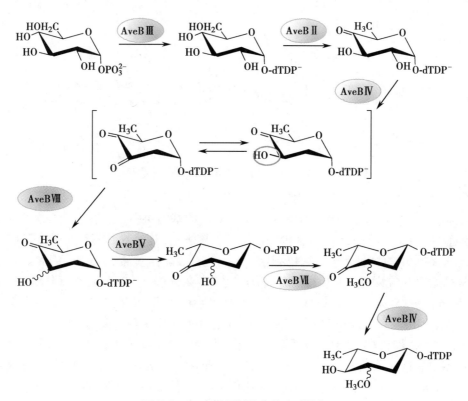

图 7-8　L- 齐墩果糖的生物合成途径

　　研究发现 *aveC* 基因调控 CHC-B1 及其类似物 CHC-B2 的比例。*aveC* 基因的阻断株只产生 CHC-B2，推测其编码的产物能促使 CHC-B2 转化为 CHC-B1，但经比对发现 *aveC* 的氨基酸序列与 PKS 或 FAS 中的脱水酶的氨基酸序列并没有同源性，并且双拷贝 *aveC* 并不能提高 CHC-B1 组分的比例，到目前为止 *aveC* 基因调控 B1 和 B2 比例的机制仍不能确定。通过定点诱变和易错 PCR 在 *aveC* 基因中引入随机突变，获得了几株 CHC-B1 比例提高的突变株，其中一株 CHC-B1 的比例提高了 4 倍。后又通过 DNA 重排（DNA shuffling）技术对 *aveC* 基因进行随机突变整合，将重排后得到的 *aveC* 突变文库转化到阿维链霉菌中，经过多轮突变—转化—筛选，得到产物中多拉菌素比例明显提高的突变株。对这些菌株中的 *aveC* 基因进行测序分析发现，最有效的突变是在 *aveC* 基因的氨基酸中有 10 个氨基酸发生了突变，所产 CHC-B2 与 CHC-B1 的比例为 0.07∶1，比野生型菌株提高了 23 倍。

三、产生新代谢产物

应用基因工程技术改造菌种,产生新的杂合抗生素,这为微生物药物提供了一个新的来源。杂合抗生素(hybrid antibiotic)是通过遗传重组技术产生的新的抗菌活性化合物。

(一) 基因组合产生新化合物

EppJK 等克隆了耐温链霉菌的 16 元大环内酯碳霉素的部分生物合成基因,将编码异戊酰辅酶 A 转移酶的 carE 基因转到产生类似结构的 16 元大环内酯抗生素螺旋霉素产生菌生二素链霉菌中,其转化子产生了 4″- 异戊酰螺旋霉素(图 7-9)。由于碳霉素异戊酰辅酶 A 转移酶具有识别螺旋霉素碳霉糖(mycarose)对应位置的能力,从而将异戊酰基转移到螺旋霉素 4″-OH 上。这是第一个有目的改造抗生素而获得新杂合抗生素的成功例子。在此基础上,中国医学科学院药物生物技术研究所王以光教授研究开发了国家一类新药异戊酰螺旋霉素(可利霉素),药效学研究表明可利霉素的抗菌活性及治疗效果优于乙酰螺旋霉素、麦迪霉素和红霉素,已经获得国家一类新药证书。这是迄今为止国内外唯一一个利用"合成生物学技术"研制的实现产业化的"杂合抗生素"。

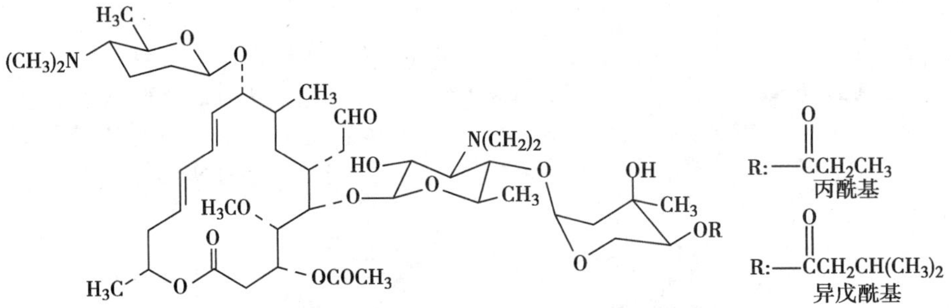

图 7-9 丙酰螺旋霉素和 4″- 异戊酰螺旋霉素的结构

·(二) 激活沉默基因簇合成新的化合物

目前,已经有多个链霉菌基因组被测序。每个已测序的基因组中发现有十几个次级代谢产物生物合成基因簇,而在人工培养条件下只有很少一部分基因簇表达,其他基因簇都处于"沉默"状态。这种现象提示人们现在使用的抗生素生产菌仍有巨大的研究开发新抗生素的潜力。因此如何激活"沉默"基因簇成为一重要的研究课题。常使用的方法有改变培养条件、表达自身或异源调控元件、替换强启动子等。生二素链霉菌(S.ambofaciens)23877 产生两种抗生素:大环内酯类抗生素螺旋霉素和肽类抗生素纺锤菌素,其基因组测序发现该菌基因组中有一个巨大的 I 型聚酮合酶基因簇,大小为 150kb,但该基因簇编码的产物并没有被检测到。该基因簇中含有推测的途径特异性 LAL 调控子,在 S.ambofaciens 23877 中组成型过表达该调控子,成功将该沉默的 I 型聚酮合酶激活,产生了四个 51 元大环内酯类抗生素,称为 stambomycins A~D。基因序列分析表明"沉默"基因簇中大部分都有调控基因,将这些调控基因过表达,可能激活"沉默"基因簇,产生新抗生素。

(三) 利用合成生物学生产药物

青蒿素(artemisinin)是从黄花蒿(Artemisia annua Linn)中提取得到的一种有过氧基团的倍半萜内酯药物,由于其良好的抗疟活性,早在 2002 年以青蒿素类药物为基础的联合用药就被世界卫生组织认定为抗疟一线治疗方法。但是当前青蒿素主要来源还是从植物中提取,这直接导致其产量和价格受天气、栽种面积、生产地等因素影响而波动较大,限制了青蒿素为基础的联合疗法在疟疾高发的经济欠发达地区使用。青蒿素的前体青蒿酸(artemisinic acid)或二氢青蒿酸(dihydroartemisinic acid)在植物中的合成途径已研究清楚。首先由甲羟戊酸途径合成焦磷酸法尼酯(farnesylpyrophosphate,FPP),再在紫穗槐二烯合酶(amorpha diene synthase,ADS)作用下将 FPP 转化为紫穗槐二烯(amorphadiene);紫穗槐二烯在酶顺序氧化下得到青蒿酸或二氢青蒿酸,二氢青蒿酸则由一种光催化反应得到最终产物青蒿素。

选择酿酒酵母(S. cerevisiae)作为宿主,由于酵母可以合成 FPP,所以所需要做的只是将 FPP 到紫穗槐二烯再到青蒿酸这两个过程克隆进入酵母细胞内,并对细胞内的其他与之相关的基因进行调控,使之能正常并且大量合成青蒿酸。对酵母细胞进行了总共 8 次的基因工程改造(图 7-10)。

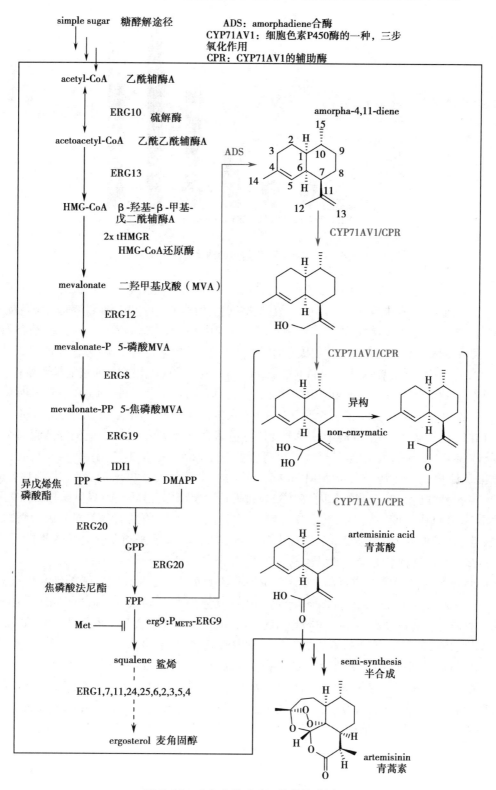

图 7-10　产生青蒿酸酵母菌的构建过程

　　第一步,为了能让酵母细胞合成紫穗槐二烯,将 ADS 基因插入由 GAL1 启动子控制转录的 pRS425 质粒中,然后在酵母细胞中表达。结果显示单独转入 ADS 基因的酵母只合成 4.4mg/L 紫穗槐二烯(菌株 EPY201）（图 7-11）。而细胞中与紫穗槐二烯的量最直接相关的就是 FPP 的量，所以，为了提高啤酒酵母合成紫穗槐二烯的能力，对 FPP 合成途径（甲羟戊酸合成途径）进行了 5 次的基因工程改造。

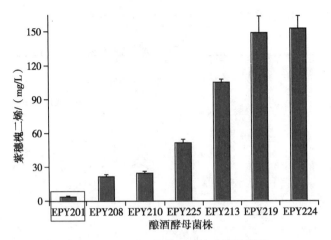

图 7-11　不同工程酵母菌株青蒿酸产量

　　几个与 FPP 合成相关的基因的表达被正调控，而另外几个促使 FPP 转变成固醇的基因被负调控。同时为了保证宿主菌株的遗传稳定性，所有这些对宿主细胞进行的修饰都是通过染色体融合进行的。具体过程如下：①将一种截短的水溶性酶 3- 羟基 -3- 甲基 - 戊二酰辅酶 A 还原酶（简称 HMG-CoA 还原酶，又简称 tHMGR，是固醇合成的限速酶）过表达，可提高紫穗槐二烯的合成产量近五倍（菌株 EPY208）。②利用一个蛋氨酸阻遏（methionine repressible）启动子（PMET3），通过对编码鲨稀合酶（固醇生物合成途径中 FPP 合成后第一步）的 ERG9 基因进行负调控，可将紫穗槐二烯的合成量再增加两倍（菌株 EPY225）。③在已有菌株 EPY208 背景下过表达 upc2-1，一个可以加强 UPC2（啤酒酵母中调节固醇合成的一个的通用转录因子）活性的半显性突变体等位基因，对紫穗槐二烯合成的提高起的作用并不显著，但结合对 ERG9 基因的负调控，其过表达可将紫穗槐二烯的合成量提高到 105mg/L（菌株 EPY213）。④在酵母染色体更远处在转进一个 tHMGR 拷贝可以将将其合成量再增加 50% 达到 149mg/L（菌株 EPY 219）。⑤虽然编码 FPP 合酶的基因（ERG20）过表达对紫穗槐二烯合成总量（菌株 EPY224）的提高效果非常小，但在细胞密度降低的情况下其合成量却可增加 10%。将所有这些对基因的修饰综合在菌株 EPY224 上，紫穗槐二烯的合成量已经达到了 153mg/L，是之前所报道最大合成水平的几乎 500 倍，得到了可以高效合成紫穗槐二烯的酵母菌株。

　　但为能将紫穗槐二烯转变成青蒿酸，导入 ads 基因及负责氧化紫穗槐二烯的细胞色素 P450 氧化酶基因（cytochrome P450 monooxygenase）cyp71av1 及其还原酶基因（cytochrome P450 reductase）cpr，通过代谢工程方法优化后使得重组的酵母以 100mg/L 的产量产生青蒿酸。经宿主优化，调节了甲羟戊酸途径各基因表达，加强了 FPP 前体的供应并改进发酵条件，使紫穗槐二烯产量达到 40g/L，但青蒿酸产量并未成比例增长，紫穗槐二烯的氧化成为限速步骤。发现 cyp71av1 与 cpr 表达的不平衡导致活性氧物种的释放干扰了宿主的生长，通过对两个基因表达的调节，同时导入可提高细胞色素 P450 氧化酶活性的细胞色素 b5 基因，青蒿酸产量虽有增长但也累积大量有毒副产物青蒿醛（artemisinic aldehyde）。稍后的研究发现，植物体内从紫穗槐二烯氧化为青蒿酸除需要 CYP71AV1 催化外，还需青蒿醇脱氢酶（alcohol dehydrogenase，ADH1）和青蒿醛脱氢酶（aldehyde dehydrogenase，ALDH1），将编码这两个酶的基因导入，经启动子调整及发酵条件优化后，青蒿酸产量达到可商业化的标准 25g/L。建立了成本较低的发酵液处理条件后分离的青蒿酸经 4 步高效的化学半合成可以 40%~45% 的总收率制备青蒿素。合成生物学与合成化学相结合的制备新路线稳定了青蒿素的产量并降低其成本。

（夏焕章）

参 考 文 献

［1］王以光 . 抗生素生物技术 . 北京：化学工业出版社，2009.

［2］夏焕章 . 生物制药工艺学 . 北京：人民卫生出版社，2016.

［3］RO D K, OUELLET M, PARADISE E M, et al. Induction of multiplepleiotropic drug resistance genes in yeast engineered toproduce an increased level of anti-malarial drug. BMCBiotechnol, 2008, 8: 83.

［4］LIU S P, YU P, YUAN P H, et al. Sigma factor WhiGch positively regulates natamycin productionin *Streptomyces chattanoogensis* L10. Appl Microbiol Biot, 2015, 99 (6): 2715-2726.

［5］SUN P, ZHAO Q F, ZHANG H, et al. Effect of stereochemistry of avermectin-like 6, 6-spiroketals on biological activities and endogenous biotransformations in *Streptomyces avermectinius*. Chembiochem, 2014, 15 (5): 660-664.

第八章　重组蛋白药物

重组蛋白药物是指利用重组 DNA 技术制备蛋白药物的方法,不包括重组疫苗和抗体。自 1982 年世界上第一个重组蛋白药物——重组人胰岛素上市以来,重组蛋白药物已经发展成为现代生物制药领域最重要的产品之一。与传统的小分子化学药物相比,重组蛋白药物具有特异性强、毒性低、副作用小、生物功能明确等优势,在某些疾病(如糖尿病、血友病、蛋白酶缺少导致的罕见病等)的治疗中发挥着不可替代的作用。目前上市的重组蛋白药物大致可以分为以下几类。①多肽类激素:包括人胰岛素、人生长激素、卵泡刺激激素和其他激素;②人造血因子:包括重组人促红细胞生成素、粒细胞/巨噬细胞集落刺激因子、其他造血相关因子等;③细胞因子:包括 α-干扰素、β-干扰素、其他细胞因子等;④生长因子:包括碱性成纤维细胞生长因子、表皮细胞生长因子、神经生长因子等;⑤人血浆蛋白因子:包括重组人凝血因子Ⅷ、重组人凝血因子Ⅶ、重组人凝血因子Ⅸ、血浆组织纤溶酶原激活物、C 反应蛋白、重组人抗凝血酶等。本章重点介绍胰岛素、人促红细胞生成素和碱性成纤维细胞生长因子。

第一节　胰　岛　素

胰岛素是由胰岛 B 细胞分泌的一种肽类激素,由 51 个氨基酸组成,是维持体内血糖水平正常的重要激素之一。胰岛素是由加拿大科学家 Banting 和 Best 在 1921 年发现的,胰岛素的发现是糖尿病治疗史上的里程碑,1922 年开始用于糖尿病的治疗。1923 年,Banting 因提取高纯度胰岛素获得生理学或医学诺贝尔奖。1955 年,Sanger 发现了胰岛素的一级结构而获得诺贝尔化学奖。1965 年,我国科学家人工合成结晶牛胰岛素。1969 年,Hodgkins 利用 X 射线衍射技术测定了胰岛素的三维立体结构而获得诺贝尔化学奖。早期的胰岛素是从猪、牛或羊的胰脏提取的粗产品,直到 1936 年才由 Scott 利用重结晶法在锌离子的存在下得到了纯化的胰岛素晶体,同时也为以后长效胰岛素制剂的发展奠定了基础。1960 年,色谱技术的出现,使得高纯度的单一胰岛素分子的制备成为可能。20 世纪 70 年代末,丹麦公司生产的半合成胰岛素曾大量投放市场,但很快就被重组基因工程生物合成人胰岛素取代并广泛应用于临床。历经 80 多年,从早期动物胰岛素到生物合成人胰岛素,由普通结晶胰岛素到单组分胰岛素,直至现在的胰岛素类似物,无不贯穿胰岛素结构和纯度的变化,在胰岛素的来源、纯度、作用时间、效价及制备方法等方面获得了很大进展。各种胰岛素相关产品相继问世,为广大的糖尿病患者带来了福音。

根据来源不同,胰岛素可分为三类。①动物来源胰岛素:从猪或牛的胰腺组织提取的胰岛素。猪胰岛素和人胰岛素 B 链第 30 位氨基酸残基有区别,人胰岛素为苏氨酸,猪胰岛素为丙氨酸;牛胰岛素与人胰岛素有 3 个氨基酸不同。②人胰岛素:通过重组 DNA 技术生物合成与人胰岛素的 51 个氨基酸序列完全一致的胰岛素。③胰岛素类似物:利用重组 DNA 技术,对人胰岛素的氨基酸序列进行改造或者修饰,使其聚合特性发生改变,从而改变胰岛素的药动学特性和作用时间。

近年来,随着糖尿病患者的增多和治疗方案的逐步成熟,胰岛素更广泛地用于糖尿病的治疗。目前在研的注射剂型胰岛素主要为长效胰岛素制剂。非注射型胰岛素亦是制药企业研究的热点领域。目前在研的非注射给药的胰岛素制剂几乎囊括所有非注射给药途径,包括口服、黏膜(经眼、口腔或鼻腔)给药、肺部给药、透皮给药等。目前已经上市胰岛素及生产企业见表8-1。

表8-1　已上市胰岛素及生产企业

类别	种类	胰岛素分子	产品名称	生产企业
餐时	速效	门冬胰岛素	Fiasp®	Novo Nordisk
			NovoLog®/NovoRapid®	
		赖脯胰岛素	Humalog®	EliLilly
		胰岛素谷赖氨酸	Apidra®	Sanofi-Aventis
	短效	人胰岛素	Novolin® R/Actrapid®	Novo Nordisk
			Humulin® R U-100	EliLilly
			Humulin R U-500	EliLilly
基础	中效	NPH 胰岛素	Novolin N/Insulatard®	Novo Nordisk
			Humulin N	EliLilly
		地特胰岛素	Levemir®	Novo Nordisk
	长效	甘精胰岛素	Lantus®	Sanofi-Aventis
			Toujeo®	Sanofi-Aventis
		德谷胰岛素	Tresiba®	Novo Nordisk
胰岛素混合物 /组合	中效和快速 /短效	NPH/ 人胰岛素	Novolin 70/30/	Novo Nordisk
			Mixtard® 30/40/50	
			Humulin 70/30	EliLilly
		门冬胰岛素鱼精蛋白 / 门冬胰岛素	NovoLog® Mix 70/30+50/50 或 NovoMix® 30/50/70	Novo Nordisk
		赖脯胰岛素鱼精蛋白 / 赖脯胰岛素	Humalog Mix 75/25+50/50	EliLilly
	长效和速效	德谷胰岛素 / 门冬胰岛素	Ryzodeg®	Novo Nordisk

一、胰岛素的结构与功能

(一)胰岛素的结构

胰岛素是由 A 链和 B 链构成的二聚体,共有 16 种 51 个氨基酸(图 8-1)。A 链和 B 链分别含有 21 和 30 个氨基酸残基,其中 A7(Cys)-B7(Cys)、A20(Cys)-B19(Cys)四个半胱氨酸中的巯基形成两个二硫键,使 A、B 两条链连接起来。此外 A 链中 A6(Cys)与 A11(Cys)之间也存在一个二硫键。胰岛素分子内存在的三对二硫键对胰岛素的生理活性有着重要的影响,胰岛素分子的降解首先从二硫键的断裂开始(图 8-1)。胰岛素的二级结构主要化学键是氢键。1969 年,英国科学家 Hodgkin 利用 X 射线衍射技术揭示了猪胰岛素的三维结构,即由 6 个胰岛素分子和 2 个 Zn^{2+} 形成含锌胰岛素的六聚体(图 8-2)。

(二)胰岛素的性质及功能

1. 胰岛素的理化性质　人胰岛素是由 51 个氨基酸组成的酸性小分子蛋白质,分子式为 $C_{257}H_{383}N_{65}O_{77}S_6$,分子量为 5 807.69Da,等电点为 5.35~5.45。胰岛素在 pH 4.5~6.5 范围内几乎不溶于水,易溶于稀酸或稀碱溶液,可溶于 80% 以下的乙醇溶液,在乙醚中不溶,在 90% 以上乙醇或 80% 以上丙酮溶液中难溶。胰岛素的锌盐在 pH 2.0 时,为二聚体,随着 pH 升高,聚合作用增强,在 pH 4.0~7.0

时,聚合成不溶解状态的沉淀,pH>9时,胰岛素解聚并失去活性。胰岛素在弱酸性水溶液或混悬在中性缓冲液中较稳定,还原剂及多种重金属容易导致胰岛素失活,紫外线、光氧化、超声波会引起胰岛素变性。

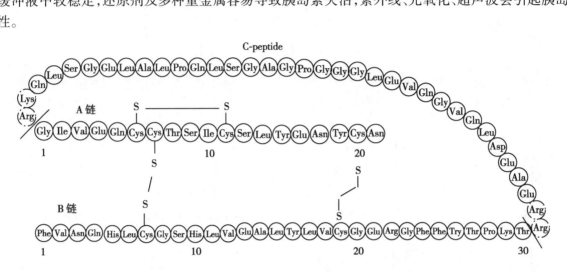

图 8-1　人胰岛素分子氨基酸序列

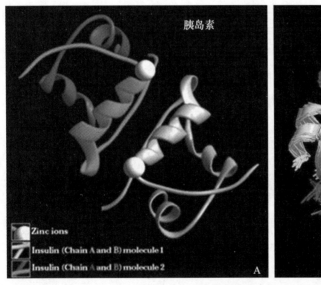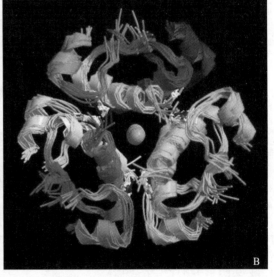

图 8-2　胰岛素分子三级结构
A.胰岛素分子二聚体结构　B.胰岛素分子六聚体结构

2. 胰岛素的生理作用　胰岛素是动物体内促进合成代谢、调控血糖保持稳定的主要激素。胰岛素在临床上应用于治疗糖尿病和消耗性疾病。它能促进全身组织摄取和利用葡萄糖,并抑制糖原分解和糖原异生,对代谢作用的总趋向是促进营养物质以不同形式保存起来,因此胰岛素有降低血糖的作用。胰岛素分泌不足或胰岛素受体对胰岛素的敏感性下降会导致血糖升高,若超过肾脏的代谢能力,则血糖会从中排出,引起糖尿病。如果血液中长期含有过量的葡萄糖,易导致高血压、冠心病和视网膜血管病等病变。但是如果胰岛素分泌过多,则会引起血糖的迅速下降,导致惊厥、昏迷甚至休克。胰岛素的主要生理作用是降低血糖浓度,但它并不是与血糖直接作用,而是与分布在肝脏、肌肉、脂肪等组织细胞上的胰岛素受体结合后,达到降低血糖浓度的目的。胰岛素受体是一种对胰岛素非常敏感的蛋白,识别性极强。胰岛素与细胞表面的受体结合后,会引起细胞内的一系列反应,胰岛素产生降血糖作用是多方面协同的结果。

在糖代谢调节方面,胰岛素通过共价修饰作用来增强磷酸二酯酶活性,从而使糖原合成酶活性增加来加速糖原合成,抑制糖原分解,使葡萄糖存于肝脏和肌肉中。

在脂肪代谢调节方面,在胰岛素的作用下,促进肝合成脂肪酸后转运到脂肪细胞储存,同时促进脂肪细胞合成少量的脂肪酸。胰岛素还促进葡萄糖进入脂肪细胞,形成甘油三酯,存于脂肪细胞中。

在蛋白质代谢调节方面,胰岛素能促进蛋白质合成。具体来说,胰岛素能促进氨基酸向细胞内的转运,加速复制和转运过程。另外胰岛素还作用于核糖体,加快蛋白质的翻译。

二、基因重组人胰岛素的制造工艺

(一)基因重组人胰岛素的表达及制备原理

已经上市的胰岛素或其类似物大多通过基因重组技术制备而成,主要采用大肠埃希菌和酵母表达系统。

大肠埃希菌属于原核生物表达系统,表达的胰岛素容易发生降解,形成包涵体,需进行变性及复性等烦琐操作,生产成本高。国内企业大部分采用大肠埃希菌表达系统制备胰岛素及其类似物。与大肠埃希菌相比,酵母是低等真核生物,具有原核生物细胞生长快、易于培养、遗传操作简单的特点,同时兼具真核生物蛋白质翻译后修饰及正确折叠等功能。酿酒酵母(*Saccharomyces cerevisiae*)的生物遗传学研究最为清楚,也是最早用于外源基因表达的宿主。丹麦公司生产的 Levemir 和 Degludec 都采用了酿酒酵母表达系统。第二代甲基营养型酵母(*methylotrophic yeast*)表达系统包括毕赤酵母(*Pichia*)、假丝酵母(*Candida*)和多型汉逊酵母(*Hansenul apolymorpha*)等。甲基营养型酵母除了具有一般酵母所具有的特点外,还具有如下特点:①含有多种类型的启动子;②表达质粒能在基因组的特定位点以单拷贝或多拷贝的形式稳定整合;③菌株易于进行高密度发酵,外源蛋白表达量高;④毕赤酵母中存在过氧化物酶体,表达的蛋白贮存其中,可免受蛋白酶的降解,减少对细胞的毒害作用。该系统近年来发展最为迅速,应用最为广泛。来自该系统的 Cephelon 制剂已获得 FDA 批准,印度公司采用该系统开发了普通胰岛素(insugen)、长效胰岛素(如 BASALOG)。我国珠海联邦制药股份有限公司利用该系统开发了优思灵(USLIN)系列产品。

用大肠埃希菌生产人胰岛素有两种途径:①将重组胰岛素 A 链和 B 链 DNA 片段,与合适载体结合,表达含有 A 链和 B 链的融合蛋白,用溴化氰处理融合蛋白,裂解甲硫氨酸使其分离并将其转变成稳定的 A 链和 B 链。经过纯化,在过量 A 链存在条件下,将 B 链和 A 链组装成人胰岛素。②通过基因工程技术表达产生胰岛素原,纯化后经胰蛋白酶和羧肽酶处理,去除连接肽得到人胰岛素,该方法是胰岛素生产常采用的途径。

酵母系统表达重组人胰岛素及其类似物均模拟人体内胰岛素分泌胰岛素原的单链结构,即:L-B-C-A,其中 L 为引导肽,B 为胰岛素或胰岛素类似物的 B 链,C 为连接肽,A 为胰岛素或胰岛素类似物的 A 链。分泌表达的单链结构 L-B-C-A 通过酶切去除 L 和 C,经纯化后获得正确结构的胰岛素及胰岛素类似物结构。

(二)基因重组人胰岛素的制备工艺(酵母表达)

本品系由高效表达人胰岛素基因的酵母,经发酵、分离和高度纯化获得的原液。

1. **基本要求**　生产和检定用设施、原料及辅料、水、器具、动物等应符合 2020 年版《中国药典》"凡例"的有关要求。

2. **制造过程**

(1)工程菌菌种

1)名称及来源:重组人胰岛素工程菌株,系由带有人工合成的人胰岛素 A 链、C 链和 B 链的 DNA 片段整合到酵母菌染色体基因组中构建而成。

2)种子批的建立:应符合"生物制品生产检定用菌毒种管理及质量控制"的规定。

3)菌种检定:主种子批和工作种子批的菌种应进行以下各项全面检定。

①划种 BMG1 琼脂平板:应呈典型酵母菌菌落形态,无其他杂菌生长。

②染色镜检:在光学显微镜下观察,应形状规则,用亚甲兰染色,无死亡细胞。

③筛选标志检查:应符合该基因表型特征。

④人胰岛素表达量:在摇床中培养,应不低于原始菌种的表达量。

⑤人胰岛素基因稳定性检查:涂 BMG1 琼脂平板,挑选至少 50 个克隆,用 PCR 检测人胰岛素基因,阳性率应不低于 95%。

(2)原液

1)种子液制备:将检定合格的工作种子批菌种接种于适宜的培养基(可含适量抗生素)中培养,供发酵罐接种用。

2)发酵用培养基:采用适宜的不含任何抗生素的培养基。

3)种子液接种及发酵培养:在灭菌培养基中接种适量种子液。应根据经批准的工艺进行发酵,并确定相应的发酵条件,如温度、pH、溶解氧、补料、发酵时间等。

4)发酵液处理:用适宜的方法收集、处理细胞。

5)初步纯化及高度纯化:采用经批准的纯化工艺进行初步纯化和高度纯化,使其纯度达到规定的要求。

6)过滤、结晶及干燥:经初步纯化和高度纯化后,采用经批准的结晶工艺及干燥工艺对纯化收集物进行过滤、结晶和干燥,干燥品即为人胰岛素原料药。

7)分批:应符合"生物制品分包装及贮运管理"规定。

8)包装:应符合"生物制品分包装及贮运管理"规定和批准的内容。

三、基因重组人胰岛素的质量控制

(一) 定义

基因重组人胰岛素为基因重组技术生产的由 51 个氨基酸残基组成的蛋白质。

含量:按干燥品计算,含重组人胰岛素(包括 A_{21} 脱氨人胰岛素)应为 95.0%~105.0%。每 1 单位重组人胰岛素相当于 0.034 7mg。

(二) 制备

通过重组 DNA 技术,在设计的条件下生产,以尽量减少微生物污染的程度。

除经主管机关批准豁免外,每批成品在放行前均进行以下试验:

宿主蛋白残留:限度由审评机构核定。

单链前体:限度由审评机构核定,使用适当敏感的方法进行检测。

(三) 性状

本品为白色或类白色的结晶性粉末;在水、乙醇中几乎不溶;在无机酸或氢氧化钠溶液中易溶。

(四) 鉴别

1. 在含量测定项下记录的色谱图中,供试品溶液主峰的保留时间应与对照品溶液主峰的保留时间一致。

2. 取本品适量,用 0.1% 三氟乙酸溶液制成每 1ml 中含 10mg 的溶液,取 20μl,加 0.2mol/L 三羟甲基氨基甲烷 - 盐酸缓冲液(pH 7.3)20μl、0.1% V_8 酶溶液 20μl 与水 140μl,混匀,置 37℃水浴中 2 小时后,加磷酸 3μl,作为供试品溶液;另取人胰岛素对照品适量,同法制备,作为对照品溶液。照含量测定项下的色谱条件,以 0.2mol/L 硫酸盐缓冲液(pH 2.3)- 乙腈(90:10)为流动相 A,乙腈 - 水(50:50)为流动相 B,进行梯度洗脱(表 8-2)。

取对照品溶液和供试品溶液各 25μl,分别注入液相色谱仪,记录色谱图,片段 II 与片段 III 之间的分离度应不小于 3.4,片段 II 与片段 III 的拖尾因子应不大于 1.5。供试品溶液的肽图谱应与对照品溶液的肽图谱一致。

表 8-2　胰岛素肽图检测 HPLC 洗脱条件

时间 /min	流动相 A/%	流动相 B/%
0	90	10
60	55	45
70	55	45

（五）检查

1. 有关物质　取本品适量,用 0.01mol/L 盐酸溶液制成每 1ml 中含 3.5mg 的溶液,作为供试品溶液（临用时新配,置 10℃以下保存）。照含量测定项下的方法,以 0.2mol/L 硫酸盐缓冲液（pH 2.3）- 乙腈（82∶18）为流动相 A,乙腈 - 水（50∶50）为流动相 B,进行梯度洗脱（表 8-3）。

表 8-3　胰岛素相关蛋白质 HPLC 洗脱条件

时间 /min	流动相 A/%	流动相 B/%
0	78	22
36	78	22
61	33	67
67	33	67

调节流动相比例使胰岛素主峰的保留时间约为 25 分钟,系统适应性试验应符合含量测定项下的规定。取供试品溶液 20μl 注入液相色谱仪,记录色谱图,按面积归一化法计算,A$_{21}$ 脱氨人胰岛素（与胰岛素峰的相对保留时间约为 1.2）不得超过 1.5%,其他杂质峰面积之和不得超过 2.0%。

2. 高分子蛋白质　取本品适量,用 0.01mol/L 盐酸溶液制成每 1ml 中含 4mg 的溶液,作为供试品溶液。照分子排阻色谱法（2020 年版《中国药典》三部通则 0514）试验。以色谱用亲水改性硅胶为填充剂（5~10μm）;冰醋酸 - 乙腈 -0.1% 精氨酸溶液（15∶20∶65）为流动相;流速为每分钟 0.5ml;检测波长为 276nm。取人胰岛素单体与二聚体对照品,用 0.01mol/L 盐酸溶液制成每 1ml 中含 4mg 的溶液,取 100μl 注入液相色谱仪,人胰岛素单体与二聚体的分离度应符合规定。取供试品溶液 100μl,注入液相色谱仪,记录色谱图,除去保留时间大于人胰岛素主峰的其他峰面积;按峰面积归一化法计算,保留时间小于胰岛素主峰的所有面积之和不得超过 1.0%。

3. 干燥失重　取本品约 0.2g,在 105℃干燥至恒重,减失重量不得过 10.0%（2020 年版《中国药典》通则 0831）。

4. 锌　取本品适量,精密称定,用 0.01mol/L 盐酸溶液溶解并定量稀释制成每 1ml 中含 0.1mg 的溶液,作为供试品溶液。另量取新单元素标准溶液（每 1ml 中含锌 1 000μg）适量,用 0.01mol/L 盐酸溶液分别定量稀释制成每 1ml 中含锌 0.2μg、0.4μg、0.6μg、0.8μg、1.0μg 的溶液作为系列标准锌溶液。照原子吸收分光光度法（2020 年版《中国药典》通则 0406 第一法）测定。以锌空心阴极灯作为光源,合适组成的空气 - 乙炔（如每分钟 11L 空气和 2L 乙炔）火焰原子化,213.9nm 处测量吸光度。按干燥品计,含锌量不得大于 1.0%。

5. 炽灼残渣　取本品 0.2g,依法检查（2020 年版《中国药典》三部通则 0841）,遗留残渣不得过 2.0%。

6. 细菌内毒素　取本品,依法检查（2020 年版《中国药典》三部通则 1143）,每 1mg 胰岛素中含内毒素的量应小于 10EU。

7. 微生物限度　取本品 0.3g,依法检查（2020 年版《中国药典》三部通则 1105）,每 1g 供试品中需氧菌总数不得超过 300cfu。

8. 宿主蛋白残留量　取本品适量,依法检查（2020 版《中国药典》三部通则 3412 或 3414）,或采用经验证并批准的方法检查,每 1mg 人胰岛素中宿主蛋白残留量不得超过 10ng。

9. 宿主 DNA 残留量　取本品适量,依法检查(2020 版《中国药典》三部通则 3407),或采用经验证并批准的方法检查,每 1.5mg 人胰岛素中宿主 DNA 残留量不得超过 10ng。

10. 抗生素残留量　如生产(如种子液制备)中使用抗生素,应依法检查(2020 版《中国药典》三部通则 3408),或采用经验证并批准的方法检查,不应有残余的氨苄西林或其他抗生素活性。

11. 生物学活性(至少每年测定一次)　取本品适量,照胰岛素生物测定法(2020 年版《中国药典》三部通则 1211 则),实验时每组的实验动物数可减半,实验采用随机设计,照生物检定统计法(2020 年版《中国药典》通则 1431)中量反应平行线测定随机设计法计算效价,每 1mg 的效价应不得少于 15 单位。

12. N 端氨基酸序列(至少每年测定一次)　取本品,采用氨基酸序列分析仪或其他适宜的方法测定。

A 链 N 端 15 个氨基酸序列:

Gly-Ile-Val-Glu-Gln-Cys-Cys-Thr-Ser-Ile-Cys-Ser-Leu-Tyr-Gln;

B 链 N 端 15 个氨基酸序列:

Phe-Val-Asn-Gln-His-Leu-Cys-Gly-Ser-His-Leu-Val-Glu-Ala-Leu

13. 单链前体　工艺中如有单链前体,应采用经批准的方法及限度进行控制。

（六）含量测定

照高效液相色谱法(2020 年版《中国药典》三部通则 0512)测定。

1. 色谱条件与系统适应性试验　用十八烷基硅烷键合硅胶为填充剂(5~10μm);0.2mol/L 硫酸盐缓冲液(取无水硫酸钠 28.4g,加水溶解后,加磷酸 2.7ml,乙醇胺调节 pH 2.3,加水至 1 000ml)- 乙腈(74∶26,或适宜比例)为流动相,流速 1.0ml/min,柱温为 40℃;检测波长为 214nm。取系统适应性试验用溶液 20μl(取人胰岛素对照品,用 0.01mol/L 盐酸溶液制成每 1ml 中含 1mg 的溶液,室温放置至少 24 小时),注入液相色谱仪,记录色谱图,人胰岛素峰和 A_{21} 脱氨胰岛素峰(与人胰岛素峰的相对保留时间约 1.3)之间的分离度应不小于 1.8,拖尾因子应不大于 1.8。

2. 测定法　取本品适量,精密称定,用 0.01mol/L 盐酸溶液定量稀释制成每 1ml 中约含 0.35mg(约 10 单位)的溶液(临用新配,2~4℃保存,48 小时内使用)。精密量取 20μl 注入液相色谱仪,记录色谱图;另取胰岛素对照品适量,同法测定。按外标法以胰岛素峰面积与 A_{21} 脱氨胰岛素峰(与胰岛素峰的相对保留时间约为 1.3)面积之和计算,即得。

（七）类别

基因重组人胰岛素属于降血糖药。

（八）保存、运输及有效期

遮光,密闭,在 –15℃以下保存和运输。自生产之日起,按批准的有效期执行。

（九）制剂

基因重组人胰岛素产品包括中性胰岛素注射液、精蛋白锌胰岛素注射液等。

四、胰岛素的研究进展

胰岛素在糖尿病治疗中具有无可替代的作用和地位,是最有效的治疗糖尿病的药物之一,对有效控制血糖,保护胰岛 B 细胞功能,预防、延缓糖尿病并发症的发生,提高患者生活质量,都具有极其重要的意义。从 1921 年牛胸腺组织提取的胰岛素上市以来,胰岛素及其类似物在药物制剂和给药系统等方面不断提升和改进,为糖尿病患者带来极大的便利。

（一）长效胰岛素研究进展

随着 DNA 重组技术的发展,长效胰岛素为糖尿病患者的临床使用带来便利,其中甘精胰岛素、地特胰岛素和德谷胰岛素是临床上 3 种常用的长效胰岛素制剂。

甘精胰岛素是用甘氨酸取代 A 链 21 位上的天门冬氨酸,在 B 链 31 位和 32 位增加两个精氨酸。从而使这种胰岛素的等电点从原来的 5.4 变为 6.7,而甘精胰岛素制剂的 pH 为 4.0,当它被注射至 pH

为 7.4 的体液中便会发生沉淀。同时,由于制剂中存在锌离子,可增加胰岛素六聚体的稳定性,六聚体分解时间延长,造成吸收延迟而且延长药物在体内的降解时间。其与胰岛素受体的结合能力与中效胰岛素相似,每天注射 1 次即可。夜间低血糖出现次数少,空腹血糖控制得好。本药在手臂、腹部、大腿部皮下注射后的吸收相似,血清胰岛素和血糖水平无明显临床差异。每日同一时间(早餐前或睡前)注射,具有相同的疗效。因而具有灵活的注射部位、灵活的注射时间、个体间和个体内的生物利用度变异很小等特点。

地特胰岛素上市于 2004 年,是在人胰岛素 B 链第 29 位赖氨酸的 F 位,以共价键连接了 1 个 14 碳的游离脂肪酸(肉豆蔻酸)侧链,并去掉 B 链第 30 位上的苏氨酸残基。为中性可溶性液体,以六聚体形式存在,皮下注射后,稀释和扩散缓慢,跨内皮细胞转运速度下降,以极其缓慢的速度释放进入血液,脂肪酸的一端可与血浆或体液中的白蛋白结合,蛋白结合率为 99%,只有与白蛋白分离后的游离胰岛素才能与受体结合发挥作用,其与胰岛素受体的结合延迟,半衰期延长,血浆浓度平稳,峰谷波动小,作用时间长。在 0.4U/kg 的治疗剂量下,作用时间为 20 小时,每天注射 1~2 次。与白蛋白结合的地特胰岛素分子量较大,不能经肾脏排泄,进入肝脏也比人胰岛素慢,因此不易经肾脏丢失或经肝脏灭活。地特胰岛素的变异度远较甘精胰岛素和中效胰岛素低,血药浓度曲线较中效胰岛素低平,峰值较中效胰岛素小,它在体内的作用只相当于中效胰岛素的 25%~30%,所以临床上使用的剂量要比中效胰岛素大1.4~4.0 倍。地特胰岛素注射后可引起与剂量无关的一过性头痛、恶心及皮疹,但症状轻微。

德谷胰岛素最早于 2012 年在日本获得批准,2013 年获得欧盟批准,但是在 FDA 注册并不顺利,直到 2015 年才获得 FDA 批准。德谷胰岛素是在人胰岛素的基础上,去掉 B30 位的苏氨酸,通过 1 个L-γ-谷氨酸连接子,将 1 个 16 碳脂肪二酸连接 B29 位赖氨酸上获得的一种超长效的基础胰岛素类似物。这种独特的分子结构使其在注射前以稳定的可溶性、双六聚体形式存在于制剂中。皮下注射后,随着制剂中苯酚的迅速弥散,德谷胰岛素通过脂肪二酸侧链自我聚集形成多六聚体,并于注射部位形成储存库,稳定、持久地发挥其降糖作用;此后,锌离子逐渐分散、多六聚体缓慢解离释放出单体,通过毛细血管进入血液循环,添加的脂肪二酸侧链与血浆白蛋白发生可逆性结合,进一步减缓其向靶组织和血液循环扩散的速度,以发挥其长效降糖作用。同时因为注射部位会形成一个储存库,从中缓慢释放单聚体进入毛细血管而发挥作用,所以高浓度的德谷胰岛素并未使药效学和药动学参数改变,即高低 2 个浓度(100U/mL;200U/mL)的生物等效性相同。德谷胰岛素对于 1 型或 2 型糖尿病的半衰期均接近 25 小时,对于 1 型糖尿病,其持续时间 >42 小时。由于其长效机制,每天注射 1 次可以在 2~3 天内达到稳态血药浓度,具有非常平滑稳定的药效学特点。另外,与甘精胰岛素比较,德谷胰岛素的降糖作用的个体化差异小。在特定人群,如 >65 岁的老人、儿童及肝肾损伤者中,德谷胰岛素的药动学参数也十分稳定。同时德谷胰岛素的血药浓度从给药当天开始上升,2~3 天内达到稳态浓度,其半衰期相对于给药间隔时间越长,峰谷比值越低,越稳定。在处于稳态时,给药间隔长或短的影响会被缓冲,不会引起胰岛素累积,降低了低血糖风险。目前的不良反应包括:低血糖,过敏反应,注射部位反应,脂肪代谢障碍,瘙痒,皮疹,外周水肿和体重增量。

(二)口服胰岛素研究进展

胰岛素是胰岛素依赖型与严重的胰岛素非依赖型糖尿病最有效的治疗药物之一。自 1921 年被发现并成功分离提取以来,一直以注射给药方式应用于临床。胰岛素治疗的患者一般需终生用药,而长期皮下注射容易引起过敏反应或导致感染,给广大糖尿病患者生理及心理上带来极大痛苦与不便。因此,广大科研工作者一直致力于疗效确切、操作简便、安全可靠的胰岛素非注射给药方式的研究。其中,口服胰岛素是目前公认最理想的非注射给药方式。最近,两种口服胰岛素研究得到了广泛关注。以色列制药企业开发的口服给药技术(POD ™),由包封技术、蛋白酶抑制剂和螯合剂组成。其中,pH 敏感性胶囊可保护胰岛素免于在胃中水解,并确保制剂中的蛋白质和其他添加剂在小肠中同时释放;蛋白酶抑制剂保护胰岛素免受小肠蛋白酶的降解;因为钙离子是许多蛋白酶的重要辅助因子,螯合剂有利于清除钙离子,抑制肠酶活性,同时也增加细胞通透性。在 T1DM 的受试者中,POD ™口服胰岛素已经被证明可以降低患者餐后血糖浓度,并且在餐前服用能降低空腹血糖水平并达到速效胰岛素的剂量要求。在患有 T2DM 的受试者中,经过 6 周,每天 1 次的睡前口服胰岛素治疗后,POD ™口服胰岛素能降低患者空腹血糖水平并减少炎症标志物水平(C 反应蛋白,CRP)。最近完成的 II 期临床试验发现,与磨合期相比,T2DM 成人患者经口服胰岛素治疗后,其平均夜间血糖水平、平均 24 小时血糖水平、空腹血糖水平和白天血糖水平均显著降低。此外,丹麦公司研究的口服胰岛素(NN1953,NN1954 和 NN1956)进行了五项 I 期临床试验(NCT02470039、NCT02304627、NCT01931137、NCT01796366 和 NCT01334034),用来治疗 T1DM 和 T2DM,并完成了 II 期临床试验。其使用的药物输送技术为胃肠道渗透增强技术(GIPET ™)。该技术中的药物是一种基于肠溶包衣的凝胶胶囊中的油和表面活性剂的微乳液或脂肪酸衍生物的混合物。GIPET™ 已显示可安全地提高人体中几种低渗透性化合物的口服生物利用度。目前口服多肽和蛋白质递送技术的生物利用度相对较低,但口服胰岛素可作为治疗早期 2 型糖尿病患者改善空腹血糖受损的独立药物,主要解决异常的空腹血糖水平、肝脏葡萄糖产量过多的问题。鉴于糖尿病的严重程度及其病理生理学的异质性,很可能没有单一药物或给药方式能满足所有患者的需求。因此,口服胰岛素必须最佳定位,以解决葡萄糖耐受不良的特定病理生理问题,使它对改善患者病情发挥最大的影响。

(三) 吸入型胰岛素研究进展

吸入型胰岛素可依赖大肺泡 - 毛细血管网络实现药物吸收,是胰岛素全身给药方式的最佳替代方法。20 世纪 80 年代,美国一家公司开发了一种将胰岛素转化为小颗粒的技术,其产品 Exubera 是一种吸入型快速胰岛素,于 1990 年代后期开始人体试验。2006 年,Exubera 成为第一款上市的吸入型胰岛素产品。同年 8 月,Exubera 在英国获得批准使用,但仅限于对针头注射有障碍的患者。然而,Exubera 未能获得患者和医生的大量认可,由于销量不佳,导致生产企业在 2007 年撤销了该产品。其失败原因是为了满足与皮下同样的治疗效果,导致胰岛素剂量过高,增加了大额成本。同时该制剂需要庞大的装置来分配粉末状的胰岛素,丧失了其给药灵活性。目前,利用 Technosphere 技术开发的吸入型胰岛素制剂 Afrezza 于 2014 年获得 FDA 批准。它将重组人胰岛素溶入含有富马酰基二酮哌嗪的粉末。经肺吸入后,胰岛素与肺泡表面接触并迅速被吸收。该制剂配套的吸入器仅有拇指大小,具有一定的剂量灵活性。胰岛素和粉末(富马酰二酮哌嗪)两种成分经健康志愿者的肺吸入 12 小时后,几乎被完全清除。与 Exubera 的 8%~9% 的滞留量相比,Afrezza 仅有 0.3% 的胰岛素滞留在肺部,具有鲜明优势。

第二节 重组人促红细胞生成素

促红细胞生成素(erythropoietin,EPO)是肾脏分泌的一种活性蛋白,是造血细胞因子超家族成员之一,为一种含唾液酸的酸性糖蛋白。EPO 基因含有 5 个外显子及 4 个内含子,位于人 7 号染色体长臂 22 区。EPO 主要作用于骨髓中的红细胞,促进其增值、分化、成熟及释放,恢复红系祖细胞的造血能力。1977 年从再生障碍性贫血患者的尿液中分离提纯得到 EPO。1989 年,第一个重组人促红细胞生成素(recombinant human erythropoietin,rHuEPO)制剂 Epogen 获美国食品药品管理局(FDA)批准,主要用于治疗慢性肾功能衰竭引起的贫血、癌症及骨髓衰竭导致的贫血、失血后贫血等。近 10 年来,多种新型 EPO 药物被批上市(表 8-4)。

EPO 药物开发经过三个阶段。第一代为短效 EPO 药物:如 Epogen、Dynepo 等,第一代 EPO 药物半衰期相对较短,一般每周给药 1~3 次。第二代为长效 EPO 药物:通过增加糖基化位点、PEG 修饰、构建融合蛋白等方法改变 EPO 药物的理化性质和生物学性质,从而改善 EPO 药物的药动学和药效学特性,克服普通 EPO 药物体内半衰期较短的缺点。2001 年,FDA 和欧洲药品管理局(EMA)批准第一个长效 EPO 药物上市,通用名为 darbepoetin alfa(商品名为 NESP),其为高糖基化 EPO 类似物,相比于

epoetin alfa,NESP 增加了 2 个 N- 糖基化位点,NESP 体内稳定性大大增加,体内半衰期是普通 rHuEPO 的 3 倍,体内生物学活性也明显增加,临床给药频率明显降低。目前该产品在美国、加拿大、澳大利亚、新西兰、日本、欧盟等国家销售。第三代为 EPO 生物类似物:2012 年,FDA 批准第一个 EPO 生物类似物 peginesatide 上市。peginesatide 是由一小段二聚肽与聚乙二醇分子连接而得。peginesatide 在慢性肾病患者体内的半衰期为 48 小时,介于长效 EPO 药物 NESP 和 CERA 之间。peginesatide 的结构与 EPO 无任何同源性,但具有良好的贫血纠正效果,价格相对较低且制造工艺更为简单。EPO 药物是 20 世纪生物医药领域的重磅药物之一。到目前为止,EPO 药物仍然是治疗肾性贫血的主要药物。随着 EPO 新剂型和新适应证的应用,该产品将发挥越来越重要的作用。

表 8-4　FDA 和 EMA 批准上市的 EPO 药物

分类	商品名	活性成分	表达体系	上市时间	生产厂家
第一代 EPO 药物	Epogen/Procrit	epoetin alfa	CHO	1989	Amgen
	NeoRecormon	epoetin beta	CHO	1997	Roche
	Eprex	epoetin alfa	CHO	1999	OrthoBiologics
	Dynepo	epoetin delta	human HT1080	2002	Hexal AG
	Eporatio/Biopoin	epoetin theta	CHO	2009	Teva GmbH
第 2 代 EPO 药物	Aranesp/NESP	darbepoetin alfa	CHO	2001	Amgen
	Mircera/CERA	methoxy polyethylene glycol-epoetin beta	CHO	2007	Roche
第 3 代 EPO 生物类似物	Omontys	peginesatide	—	2012	Affymax 和 Takeda
	Binocrit	epoetin alfa	CHO	2007	Sandoz GmbH
	Abseamed	epoetin alfa	CHO	2007	Medice
	Epoetin Alfa Hexal	epoetin alfa	CHO	2007	Hexal AG
	Retacrit/Silapo	epoetin zeta	CHO	2007	Hospira/Stada

一、促红细胞生成素的结构与功能

(一) 促红细胞生成素的结构

天然人促红细胞生成素含有 193 个氨基酸,其中,前 27 个氨基酸残基组成的信号肽在分泌前被去除;成熟的 EPO 分子羧基末端的精氨酸残基也会被除去,经糖基化修饰后形成含 165 个氨基酸的糖蛋白,相对分子质量为 30.4kDa。EPO 由蛋白质和糖类两部分组成,其中糖类的含量为 40%。EPO 含有 4 个糖基化位点,分别位于 Asn24、Asn38、Asn83 和 Ser126,前 3 个为 N- 糖基化位点,第 4 个为 O- 糖基化位点。EPO 分子中第 7 位和 161 位、第 29 位和 33 位的半胱氨酸间形成两对二硫键,通过二硫键的连接形成 4 个稳定 α 螺旋结构。EPO 分子的氨基酸序列如图 8-3 所示。去除 N 端 5 个氨基酸不影响 EPO 体内外生物学活性。去除 EPO CD 环位置上的氨基酸,其生物活性大大降低。另外,EPO 分子 102~106 位和 C 端氨基酸序列被改变后(包括点突变),EPO 的生物活性都会严重降低,甚至完全消失。哺乳动物红细胞生成素的生化特性很相似,相互间的免疫交叉反应很弱。比较人、猴和鼠红细胞生成素的氨基酸顺序,具有高度的同源性,如人与猴之间的同源性为 92%,人与鼠之间为 80%,猴与鼠之间为 82%。EPO 分子的三维空间构象见图 8-4。

(二) 促红细胞生成素的性质及功能

1. 促红细胞生成素的理化性质　EPO 是分子质量为 30.4kDa 的糖蛋白,具有疏水性、热稳定性,且不受 pH 影响的特点。

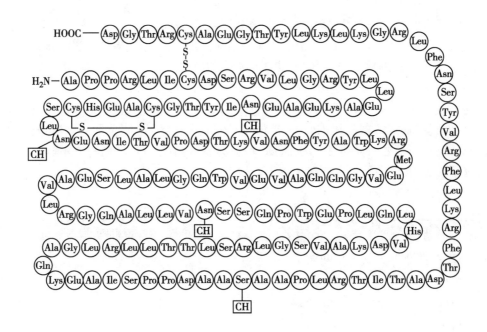

图 8-3　EPO 分子的氨基酸序列

2. 促红细胞生成素的生理作用　在体内,EPO 通过与其特异性受体结合而发挥生物学作用。在不同时期和身体的不同部位都有 EPO 基因的表达。在胚胎时期,EPO 主要来源于肝脏,出生后主要由肾脏产生。研究发现循环系统中约 90% 的 EPO 来源于肾脏,肾皮质小管周围的成纤维细胞是 EPO 最初的产生部位。然而,EPO 在身体的其他器官也有少量的表达,如大脑、脾脏、肺、睾丸和胎盘等。EPO 具有促红细胞生成、抗炎症反应、抗细胞凋亡、保护细胞、增强免疫功能等许多种生物学功能。上市后十余年的研究显示,EPO 的临床应用已取得重大成果,其对各种原因引起的贫血,包括癌性贫血、化疗后贫血、失血性贫血、肾性贫血以及维持性血液透析等均有显著疗效。同时,还发现其在对心血管保护、对脐带血造血干细胞作用等方面也具有应用潜力。推荐

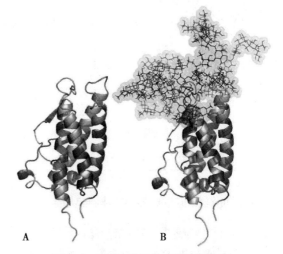

图 8-4　EPO 分子的三维空间构象
A. 人 EPO 的三级结构
B. EPO 的 N- 糖基化模型

的治疗方法是每周一次皮下或静脉注射。对慢性肾衰患者,需要终身治疗,或者应用到能成功地进行肾脏移植并且肾功能得到有效恢复,即可主动生成内源性 EPO 的患者。对肿瘤患者,治疗要贯穿整个贫血期,通常包括全部化疗周期。

二、重组人促红细胞生成素的制造工艺

(一)重组人促红细胞生成素的表达及制备原理

重组人促红细胞生成素(rhuEPO)是一种酸性糖蛋白,含有 4 个糖基化位点。EPO 蛋白 N 端唾液酸糖链对 EPO 活性有重要影响,无糖链的 rhuEPO 几乎无活性。由于需要糖基化修饰,因此,已经上市的 rhuEPO 产品均采用真核细胞表达系统进行生产。大部分企业利用 CHO 细胞表达系统生产 rhuEPO,是目前重组糖基蛋白生产的首选体系。与其他表达系统相比,CHO 细胞表达系统的优点包括:①具有准确的转录后修饰功能,表达的蛋白在分子结构、理化特性和生物学功能方面最接近于天然蛋白

分子;②既可贴壁生长,又可以悬浮培养,且有较高的耐受剪切力和渗透压能力;③具有重组基因的高效扩增和表达能力,外源蛋白的整合稳定;④具有产物胞外分泌功能,并且很少分泌自身的内源蛋白,便于下游产物分离纯化;⑤能以悬浮培养方式或在无血清培养基中达到高密度培养。培养体积能达到1 000L 以上,可以大规模生产。

1986 年 6 月,美国 FDA 批准 rhuEPO 用于治疗慢性肾功能衰竭引起的贫血和 HIV 感染引起的贫血,批准的纯化工艺为三步纯化法:培养上清经 DEAE 阴离子交换层析 - 反相层析 -Sephacryl S-200 凝胶过滤层析。对于三步纯化法,国内外文献报道所采用的方法也不相同。目前相对成熟的提纯工艺有三种,分别是:①染料配基亲和层析 - 反相疏水层析 - 离子交换层析;②反相疏水层析 - 离子交换层析 - 分子筛层析;③染料配基亲和层析 - 反相疏水层析 - 分子筛层析。

(二) 重组人红细胞生成素注射液的制备工艺(CHO 细胞)

本品系由高效表达 rHuEPO 基因的 CHO 细胞,经细胞培养、分离和高度纯化后制成。含适宜稳定剂,不含防腐剂和抗生素。

1. 基本要求　生产和检定用设施、原料及辅料、水、器具、动物等应符合“凡例”的有关要求。

2. 制造

(1)工程细胞

1)名称及来源:rHuEPO 工程细胞系带有人促红素基因的重组质粒转染的 CHO-dhfr⁻ 细胞系。

2)细胞库建立、传代及保存:由原始细胞库的细胞传代,扩增后冻存于液氮中,作为主细胞库;从主细胞库的细胞传代,扩增后冻存于液氮中,作为工作细胞库。各级细胞库细胞传代应不超过经批准的代次。细胞冻存于液氮中,检定合格后方可用于生产。

3)主细胞库及工作细胞库细胞的检定:应符合“生物制品生产检定用菌毒种管理及质量控制”规定。

①外源因子检查:细菌和真菌、支原体、病毒检查均应为阴性。

②细胞鉴别试验:应用同工酶分析、生物化学、免疫学、细胞学和遗传标记物等任一方法进行鉴别,应为典型 CHO 细胞。

③人促红细胞生成素表达量:应不低于原始细胞库细胞表达量。

④目的基因核苷酸序列检查(工作种子批可免做):目的基因核苷酸序列应与批准序列相符。

(2)原液

1)细胞的复苏与扩增:从工作细胞库来源的细胞复苏后,于含灭能新生牛血清培养液中进行传代、扩增,供转瓶或细胞培养罐接种用。新生牛血清的质量应符合规定(2020 年版《中国药典》三部通则3604)。

2)生产用细胞培养液:生产用细胞培养液应不含牛血清和任何抗生素。

3)细胞培养:细胞培养全过程应严格按照无菌操作。细胞培养时间可根据细胞生长情况而定。

4)分离纯化:收集的培养液按经批准的纯化工艺进行,采用经批准的超滤法或其他适宜方法进行浓缩,多步色谱纯化后制得高纯度的重组人促红素,除菌过滤后即为人促红素原液。如需存放,应规定时间和温度。

5)原液检定:按原液质量标准进行。

(3)半成品

1)配制与除菌:原液加入适宜稳定剂,并用缓冲液稀释。除菌过滤后即为半成品。

2)半成品检定:按半成品质量标准进行。

(4)成品

1)分批:应符合“生物制品分包装及贮运管理”规定。

2)分装:应符合“生物制品分包装及贮运管理”规定。

3)规格:应为经批准的规格。

4)包装:应符合“生物制品分包装及贮运管理”与 2020 版《中国药典》三部通则 0102 有关规定。

三、重组人促红细胞生成素的质量控制

(一) 原液检定

1. 蛋白质含量　用 4g/L 碳酸氢铵溶液将供试品稀释至 0.5~2mg/ml，作为供试品溶液。以 4g/L 碳酸氢铵溶液作为空白，测定供试品溶液在 320nm、325nm、330nm、335nm、340nm、345nm 和 350nm 的吸光度。用读出的吸光度的对数与其对应波长的对数做直线回归，求得回归方程。照紫外-可见分光光度法 (2020 年版《中国药典》三部通则 0401)，在波长 276~280nm 处，测定供试品溶液最大吸光度 A_{max}，将 A_{max} 对应波长带入回归方程求得供试品溶液由于光散射产生的吸光度 $A_{光散射}$。按下式计算，应不低于 0.5mg/ml。

$$蛋白质含量(mg/ml)=(A_{max}-A_{光散射})\div 7.43 \times 供试品稀释倍数 \times 10$$

2. 生物学活性

(1) 体内法：依法测定 (2020 年版《中国药典》三部通则 3522)。

(2) 体外法：按酶联免疫吸附法试剂盒说明书测定。

3. 体内比活性　每 1mg 蛋白质应不低于 1.0×10^5 IU。

4. 纯度

(1) 电泳法：依法测定 (2020 年版《中国药典》三部通则 0541 第五法)。用非还原型 SDS-聚丙烯酰胺凝胶电泳法，考马斯亮蓝染色，分离胶浓度为 12.5%，加样量应不低于 10μg，经扫描仪扫描，纯度应不低于 98.0%。

(2) 高效液相色谱法：依法测定 (2020 年版《中国药典》三部通则 0512)。亲水硅胶体积排阻色谱柱，排阻极限 300kDa，孔径 24nm，粒度 10μm，直径 7.5mm，长 30cm；流动相为 3.2mmol/L 磷酸氢二钠 -1.5mmol/L 磷酸二氢钾 -400.4mmol/L 氯化钠，pH 7.3；上样量 20~100μg，于波长 280nm 处检测，以 rHuEPO 色谱峰计算理论板数应不低于 1500。按面积归一化法计算 rHuEPO 纯度，应不低于 98.0%。

5. 分子量　依法测定 (2020 年版《中国药典》三部通则 0541 第五法)。用还原型 SDS-聚丙烯酰胺凝胶电泳法，考马斯亮蓝 R250 染色，分离胶浓度为 12.5%，加样量应不低于 1μg，分子质量应为 36~45kDa。

6. 紫外光谱　依法测定 (2020 年版《中国药典》三部通则 0401)，用水或 0.85%~0.90% 氯化钠溶液将供试品稀释至 0.5~2mg/ml，在光路 1cm、波长 230~360nm 下进行扫描，其最大吸收峰为 279nm ± 2nm，最小吸收峰为 250 nm ± 2nm，在 320~360nm 处无吸收峰。

7. 等电聚焦　取尿素 9g、30% 丙烯酰胺单体溶液 6.0ml、40% pH 3~5 的两性电解质溶液 1.05ml、40% pH 3~10 的两性电解质溶液 0.45ml、水 13.5ml，充分混匀后，加入 N,N,N',N'-四甲基乙二胺 15μl 和 10% 过硫酸铵溶液 0.3ml，脱气后制成凝胶，加供试品溶液 20μl (浓度应在每 1ml 含 0.5mg 以上)，照等电聚焦电泳法 (2020 年版《中国药典》三部通则 0541 第六法)，同时做对照。电泳图谱应与对照品一致。

8. 唾液酸含量　依法测定 (2020 年版《中国药典》三部通则 3102)，每 1mol rHuEPO 应不低于 10.0mol。

9. 外源性 DNA 残留量　依法测定 (2020 年版《中国药典》三部通则 3407)，每 10 000IU rHuEPO 应不高于 100pg。

10. CHO 细胞蛋白残留量　用双抗体夹心酶联免疫法检测，应不高于蛋白质总量的 0.05%。

11. 细菌内毒素测定　依法测定 (2020 年版《中国药典》三部通则 1143)，每 10 000 IU rHuEPO 应小于 2EU。

12. 牛血清白蛋白残留量　依法测定 (2020 年版《中国药典》三部通则 3411)，应不高于蛋白质总量的 0.01%。

13. 肽图　供试品经透析、冻干后,用 1% 碳酸氢铵溶液溶解并稀释至 1.5mg/ml,依法测定(2020 年版《中国药典》三部通则 3405),其中加入胰蛋白酶(序列分析纯),37℃ ±0.5℃保温 6 小时,色谱柱为反相 C$_8$柱(25cm×4.6mm,粒度 5μm,孔径 30nm),柱温为 45℃ ±0.5℃;流速为 0.75ml/min;进样量为 20μl;按表 8-5 进行梯度洗脱(表 8-5 中 A 为 0.1% 三氟乙酸水溶液,B 为 0.1% 三氟乙酸 -80% 乙腈水溶液)。肽图应与 rHuEPO 对照品一致。

表 8-5　人促红素肽图检测 HPLC 洗脱条件

编号	时间 /min	流速 /ml	A/%	B/%
1	0	0.75	100.0	0.0
2	30	0.75	85.0	15.0
3	75	0.75	65.0	35.0
4	115	0.75	15.0	85.0
5	120	0.75	0.0	100.0
6	125	0.75	100.0	0.0
7	145	0.75	100.0	0.0

14. N 端氨基酸序列　至少每年测定 1 次,用氨基酸序列分析仪测定。N 端序列应为:Ala-Pro-Pro-Arg-Leu-Ile-Cys-Asp-Ser-Arg-Val-Leu-Glu-Arg-Tyr。

(二) 半成品检定

1. 细菌内毒素检查　依法检查(2020 年版《中国药典》三部通则 1143),每 1 000IU rHuEPO 应小于 2EU。

2. 无菌检查　依法检查(2020 年版《中国药典》三部通则 1101),应符合规定。

(三) 成品检定

1. 鉴别试验　按免疫印迹法(2020 年版《中国药典》三部通则 3401)或免疫斑点法(2020 年版《中国药典》三部通则 3402)测定,应为阳性。

2. 物理检查

(1)外观:应为无色澄明液体。

(2)可见异物:依法检查(2020 年版《中国药典》三部通则 0904),应符合规定。

(3)装量:依法检查(2020 年版《中国药典》三部通则 0102),应不低于标示量。

3. 化学检定

(1) pH:依法测定(2020 年版《中国药典》三部通则 0631),应符合批准的要求。

(2)人血白蛋白含量:若制品中加入人血白蛋白作稳定剂,则应符合经批准的要求(2020 年版《中国药典》三部通则 0731 第二法)。

(3)渗透压摩尔浓度:依法测定(2020 年版《中国药典》三部通则 0632),应符合经批准的要求。

4. 生物学活性

(1)体外法:按酶联免疫法试剂盒说明书测定供试品体外活性(IU/ml),根据标示装量计算供试品生物学活性(IU/ 瓶),应为标示量的 80%~120%。

(2)体内法:按 2020 年版《中国药典》三部通则 3522 测定供试品体内活性(IU/ml),根据标示装量计算供试品生物学活性(IU/ 瓶),应为标示量的 80%~140%。

5. 无菌检查　依法检查(2020 年版《中国药典》三部通则 1101),应符合规定。

6. 细菌内毒素检查　依法检查(2020 年版《中国药典》三部通则 1143),每 1 000IU 人促红素应小于 2EU;5 000IU/ 支以上规格的 rHuEPO,每支应小于 10EU。

7. **异常毒性检查**　依法检查(2020 年版《中国药典》三部通则 1141 小鼠试验法),应符合规定。

(四) 保存、运输及有效期

于 2~8℃避光保存和运输。自生产分装之日起,按批准的有效期执行。

(五) 使用说明

应符合"生物制品分包装及贮运管理"规定和批准的内容。

四、长效促红细胞生成素药物的研究进展

虽然 EPO 药物是治疗肾性贫血最有效的药物,但由于其半衰期较短,需要频繁给药。第二代长效 EPO 药物的研究,使患者由每周 2~3 次注射改变为每周注射 1 次,或者两周注射 2 次,大大减轻了患者的痛苦。长效 EPO 药物的研究包括改变 EPO 氨基酸序列、增加糖链或者进行 PEG 修饰等方法。

第一个批准应用于临床的长效 EPO 药物是新红细胞生成刺激蛋白 NESP。2001 年,获得 FDA 和 EMA 的批准,用于慢性肾衰引起的贫血。NESP 是一种高糖基化的 rHuEPO 类似物,具有与 rHuEPO 相似的作用机制。NESP 含有 5 个 N-糖基化位点,包括人 EPO 原有的三个位点及比 rHuEPO 高约 2 倍的唾液酸残基,其在一级结构中突变了 5 个氨基酸并在 N 端增加了 2 个额外的糖基化位点,从而达到较大的代谢稳定性和约 3 倍于 rHuEPO 的半衰期(长效 rHuEPO 半衰期为 36 小时,rHuEPO 半衰期为 4~8 小时)。NESP 常用剂量是 0.5~2.25μg/kg,皮下注射,每周 1 次或隔周 1 次,12 周为 1 个疗程。

甲氧基聚乙二醇促红细胞生成素 β 是第二个上市的长效 EPO 药物,2007 年 11 月,美国 FDA 批准其用于治疗慢性肾衰引起的贫血。聚乙二醇化 EPO 是利用基因重组技术,由 CHO 细胞表达并获得高纯度糖基化 EPO 后,在其氨基上结合上聚乙二醇分子,得到分子质量为 60kDa 的长效蛋白。与 EPO 相比,聚乙二醇化 EPO 与受体结合的速率较慢,而解离速率较快,其在体内表现出更好的活性和较低的免疫原性。

第三节　碱性成纤维细胞生长因子

成纤维细胞生长因子(fibroblast growth factor,FGF)是一个生长因子大家族,现在已经发现 23 个家族成员。FGF 各成员之间具有一定的序列同源性和结构相似性。FGF 以旁分泌或内分泌的方式参与血管形成、损伤修复、胚胎发育和内分泌调控等一系列重要生理病理过程。FGF 通过结合配体硫酸乙酰肝素(heparan sulfate,HS)或 klotho 蛋白进而与其受体(fibroblast growth factor receptor,FGFR)形成二聚体而发挥各种生物学功能。FGF 家族成员及其受体一直以来都是新药开发的热门靶点。大量文献报道了 FGF 信号参与调控胚胎发育中的多个过程,包括受精卵着床、原胚肠形成、形态发育到器官形成。最近的临床和生物学研究发现 FGF 信号具有维持磷酸盐 / 维生素 D 平衡、胆固醇 / 胆汁酸平衡及葡萄糖 / 脂质代谢等代谢调控作用。如此多样的生物学功能,使 FGF 信号有助于多种人类疾病的治疗,如先天性颅缝早闭症、侏儒综合征、卡尔曼综合征、听力损失、低磷血症以及多种癌症。FGF 内分泌亚家族成员 FGF19、FGF21 和 FGF23 为慢性肾病、肥胖和胰岛素抵抗的治疗带来新的希望。本节将以 FGF 家族的碱性成纤维细胞生长因子(basic fibroblast growth factor,bFGF)为代表,介绍该家族因子的制备技术及应用展望。

bFGF 是哺乳动物和人体中一种非常微量的活性物质,具有广泛的生理功能和重要的临床应用价值。1940 年,Hoffman 等人发现在脑和垂体提取物中富含能刺激成纤维细胞生长的物质。1974 年,Denis Gospodarowicz 及其同事首次分离并纯化该物质,由于它对成纤维细胞有明显的促分裂作用,故将其命名为碱性成纤维细胞生长因子。1985 年,Esch 首次测定出第一个即牛的 bFGF 蛋白的全氨基酸序列。1986 年,Abraham 首次克隆出牛和人 bFGF 的 cDNA 序列。随后,在大肠埃希菌、酵母、昆虫及哺乳动物细胞等系统中表达出重组 bFGF 产物。1996 年,中国食品药品监督管理局批准了基因重组牛

bFGF 外用冻干粉,用于烧伤创面(包括浅Ⅱ度、深Ⅱ度、肉芽创面)、慢性创面(包括体表慢性溃疡等)和新鲜创面(包括外伤、供皮区创面、手术伤等)的治疗。后经进一步开发为滴眼液、凝胶剂和溶液剂等剂型。随后,日本公司从美国购买 bFGF 的专利技术,2001 年 "trafermin" 在日本获得批准。bFGF 不仅展示了功能强大的促进组织修复、血管形成和细胞生长的作用,更因其对中枢神经系统的调控作用而受到越来越多的关注。

一、碱性成纤维细胞生长因子的结构与功能

(一)碱性成纤维细胞生长因子的结构

碱性成纤维细胞生长因子(bFGF)是一种单链非糖基化蛋白质,人的 bFGF 有三种,氨基酸残基数目分别为 155 个、146 个和 136 个,其中 146 个氨基酸的 bFGF 是主要存在形式,其分子中没有二硫键和糖基化位点。bFGF 没有种属特异性。鼠和牛 bFGF 基因同源性达 88.5%,鼠和人之间达 88.7%,牛和人之间高达 94.9%。

bFGF 多肽链上的功能区主要包括肝素结合区和受体结合区两部分,肝素结合区包括一个 N 端(Lys27~Arg31)和两个 C 端(Arg116~Lys119)、(Lys128~Lys138)富含碱性氨基酸的区域(图 8-5)。这些带有正电荷的碱性氨基酸残基与带有负电荷的肝素结合区相结合发挥作用。bFGF 的受体结合区大致定位在(Phe39~His59)和(Tyr115~Tyr124)两个肽段内。bFGF 多肽链上含有四个半胱氨酸残基,分别位于第 25 位、69 位、87 位和 92 位。其中 69 位、87 位半胱氨酸不形成二硫键,以游离的形式存在。

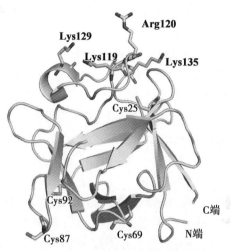

图 8-5　bFGF 三维空间结构
(浅颜色的氨基酸代表半光氨酸位点,深颜色的氨基酸代表肝素结合位点)

(二)碱性成纤维细胞生长因子的性质与功能

1. 碱性成纤维细胞生长因子的理化性质　bFGF 为碱性蛋白,含有 146 个氨基酸,pI 为 9.6~9.8,分子量为 1.6kDa;对胰蛋白酶、糜蛋白酶和 V8 蛋白酶敏感;bFGF 在 20℃,pH 2.0 条件下,处理 3 小时后,活性下降一半。bFGF 具有热不稳定性,其在 60℃下 3 分钟或 80℃下 1 分钟将完全丧失活性。

2. 碱性成纤维细胞生长因子的生理功能　bFGF 在人体内广泛分布于中胚层和神经外胚层来源的组织器官,如脑、心、肝、骨、眼、肾上腺、睾丸、卵巢、胎盘等,其中脑垂体中 bFGF 含量最高。研究发现,bFGF 缺少使其从细胞内分泌到细胞外的信号肽序列,细胞内形成的 bFGF 可能通过细胞裂解、细胞膜的微小破裂以及不依赖于内质网/高尔基体的自分泌或旁分泌三种途径释放到细胞外。bFGF 和其他 FGF 一样,通过双受体系统介导其生物学活性。bFGF 受体分为酪氨酸激酶受体(FGFR)和硫酸肝素蛋白多糖(HSPG)。FGFR 是高亲和力受体,FGF 和 FGFR 的结合表现出交叉特异性。HSPG 是低亲和力受体,主要存在细胞表面和细胞周围。HSPG 的作用是与 bFGF 形成二聚体并促进 bFGF 与 FGFR 的结合,增强 bFGF 对细胞生长的调控作用。主要生物学作用有:①促进细胞增殖及分化。bFGF 是一种广谱的有丝分裂原,其对来源于中胚层和神经外胚层的细胞具有明显的促增殖作用,其靶细胞有成纤维细胞、血管内皮细胞、软骨细胞、成骨细胞、平滑肌细胞、骨骼肌细胞、肾上腺皮质细胞、髓质细胞、颗粒细胞、晶体上皮细胞、神经元、神经胶质细胞等。另外,bFGF 具有趋化作用和促细胞迁移作用。②诱导血管新生。bFGF 是体内发现的最为有效的血管形成因子之一,它对新血管的形成过程的多个环节如毛细血管基底膜降解、内皮细胞迁移增生、胶原合成、小血管腔形成等均有明显的促进作用。③参与神经再生。在发育过程中,从神经胚形成开始,就可以检测到高表达的 bFGF。研究发现,bFGF 及其受体的表达同特定的大脑区域包括海马和黑质致密部的发育在时间和空间上高度一致。在成年神经形成过程中,bFGF 参与调控位于脑室下区(SVZ)和海马齿状回颗粒下区神经壁龛中的神经干细胞和神经祖细胞发

育。由于 bFGF 在成年神经发育和神经炎性调控中的重要性,bFGF/FGFR1 信号被应用于神经退行性疾病的治疗中,如阿尔茨海默病、多发性硬化症、帕金森病和创伤性脑损伤等。基于 bFGF 的上述功能,人 bFGF 和牛 bFGF 已经在临床上用于烧伤创面、慢性创面和新鲜创面的治疗。

二、重组碱性成纤维细胞生长因子的制造工艺

(一) 重组碱性成纤维细胞生长因子的克隆及纯化原理

自 1986 年 Abraham 等首次克隆重组 bFGF 的 cDNA 以来,重组 bFGF 基因的克隆和表达研究取得了重大的进展。在中国和日本上市的重组 bFGF 产品,均采用大肠埃希菌表达系统进行表达。根据其具有的肝素亲和特性和离子交换性质,高纯度重组 bFGF 原液的纯化大部分采用了离子交换色谱和亲和色谱技术。

(二) 重组牛碱性成纤维细胞生长因子冻干粉制备工艺

由高效表达重组牛 bFGF 基因的大肠埃希菌,经发酵、分离和高度纯化后冻干制成。含适宜稳定剂,不含防腐剂和抗生素。

1. 基本要求生产和检定　用设施、原料及辅料、水、器具、动物等应符合 2020 年版《中国药典》"凡例"的有关要求。

2. 制造

(1) 工程菌菌种

1) 名称及来源:重组牛 bFGF 工程菌株系由带有牛 bFGF 基因的重组质粒转化的大肠埃希菌菌株。

2) 种子批的建立:应符合"生物制品生产检定用菌毒种管理及质量控制"的规定。

3) 菌种检定:主种子批和工作种子批的菌种应进行以下各项全面检定。①划种 LB 琼脂平板:应呈典型大肠埃希菌集落形态,无其他杂菌生长。②染色镜检:应为典型的革兰氏阴性杆菌。③对抗生素的抗性:应与原始菌种相符。④电镜检查(工作种子批可免做):应为典型大肠埃希菌形态,无支原体、病毒样颗粒及其他微生物污染。⑤生化反应:应符合大肠埃希菌生化反应特性。⑥牛 bFGF 表达量:在摇床中培养,应不低于原始菌种的表达量。⑦质粒检查:该质粒的酶切图谱应与原始重组质粒相符。⑧目的基因核苷酸序列检查(工作种子批可免做):目的基因核苷酸序列应与批准序列相符。

(2) 原液

1) 种子液制备:将检定合格的工作种子批菌种接种于适宜的培养基中培养(可含适量抗生素),供发酵罐接种用。

2) 发酵用培养基:采用适宜的不含任何抗生素的培养基。

3) 种子液接种及发酵培养:①在灭菌培养基中接种适量种子液。②在适宜的温度下进行发酵,应根据经批准的发酵工艺进行,并确定相应的发酵条件,如温度、pH、溶解氧、补料、发酵时间等。发酵液应定期进行质粒丢失率检查(2020 年版《中国药典》三部通则 3406)。

4) 发酵液处理:用适宜的方法收集处理菌体。

5) 纯化:采用经批准的纯化工艺进行初步纯化和高度纯化,使其达到原液质量标准,加入稳定剂,除菌过滤后即为牛 bFGF 原液。如需存放,应规定时间和温度。

(3) 原液检定:按原液质量标准进行。

(4) 半成品

1) 配制与除菌:①稀释液配制。按经批准的配方配制稀释液。配制后应立即用于稀释。②稀释与除菌。将原液用稀释液稀释至所需浓度,除菌过滤后即为半成品,保存于 2~8℃。

2) 半成品检定:按半成品质量标准进行。

(5) 成品

1) 分批:应符合"生物制品分包装及贮运管理"规定。

2) 分装及冻干:应符合"生物制品分包装及贮运管理"规定。

3）规格：应为经批准的规格。

4）包装："生物制品分包装及贮运管理"规定。

三、重组碱性成纤维细胞生长因子的质量控制

（一）原液检定

1. 生物学活性　依法测定（2020 年版《中国药典》三部通则 3527）。

2. 蛋白质含量　依法测定（2020 年版《中国药典》三部通则 0731 第二法）。

3. 比活性　为生物学活性与蛋白质含量之比，每 1mg 蛋白质应不低于 1.7×10^5IU。

4. 纯度

（1）电泳法：依法测定（2020 年版《中国药典》三部通则 0541 第五法）。用非还原型 SDS- 聚丙烯酰胺凝胶电泳法，分离胶胶浓度为 15%，加样量应不低于 10μg（考马斯亮蓝 R250 染色法）或 5μg（银染法）。经扫描仪扫描，纯度应不低于 95.0%。

（2）高效液相色谱法：依法测定（2020 年版《中国药典》三部通则 0512）。色谱柱采用十八烷基硅烷键合硅胶为填充剂；以 A 相（三氟乙酸 - 水溶液：取 1.0ml 三氟乙酸加水至 1 000ml，充分混匀）、B 相（三氟乙酸 - 乙腈溶液：取 1.0ml 三氟乙酸加入色谱纯乙腈至 1 000ml，充分混匀）为流动相，在室温条件下，进行梯度洗脱（0~70% 流动相 B）。上样量不低于 10μg，于波长 280nm 处检测，以牛 bFGF 色谱峰计算的理论板数应不低于 2 000。按面积归一化法计算，牛 bFGF 主峰面积应不低于总面积的 95.0%。

5. 分子质量　依法测定（2020 年版《中国药典》三部通则 0541 第五法）。用还原型 SDS- 聚丙烯酰胺凝胶电泳法，分离胶胶浓度为 15%，加样量应不低于 1.0μg，供试品 2 条蛋白质电泳区带的分子量应分别为 17.5kD ± 1.8kD 和 22.0kDa ± 2.2kDa。

6. 外源性 DNA 残留量　每 1 支 / 瓶应不高于 10ng（2020 年版《中国药典》三部通则 3407）。

7. 等电点　主区带应为 9.0~10.0，供试品的等电点与对照品的等电点图谱一致（2020 年版《中国药典》三部通则 0541 第六法）。

8. 紫外光谱扫描　用水或 0.85%~0.90% 氯化钠溶液将供试品稀释至 100~500μg/ml，在光路 1cm、波长 230~360nm 下进行扫描，最大吸收峰波长应为 277nm ± 3nm（2020 年版《中国药典》三部通则 0401）。

9. 肽图　依法测定（2020 年版《中国药典》三部通则 3405），应与对照品图形一致。

（二）半成品检定

1. 生物学活性　依法测定（2020 年版《中国药典》三部通则 3527），应符合规定。

2. 无菌检查　依法检查（2020 年版《中国药典》三部通则 1101），应符合规定。

（三）成品检定

除复溶时间、水分测定和装量差异外，应按标示量加入灭菌注射用水，复溶后进行其余各项检定。

1. 鉴别试验　按免疫印迹法（2020 年版《中国药典》三部通则 3401）或免疫斑点法（2020 年版《中国药典》三部通则 3402）测定，应为阳性。

2. 物理检查

（1）外观：应为白色或微黄色疏松体，按标示量加入灭菌注射用水，复溶后应为澄明液体，不得含有肉眼可见的不溶物。

（2）复溶时间：按标示量加入注射用水后轻轻摇匀，应在 10 分钟内溶解为澄明液体。

（3）装量差异：依法检查（2020 年版《中国药典》三部通则 0118），应符合规定。

3. 化学检定

（1）水分：应不高于 3.0%（2020 年版《中国药典》三部通则 0832）。

（2）pH：应为 6.5~7.5（2020 年版《中国药典》三部通则 0631）。

4. 生物学活性　应为标示量的 70%~200%（2020 年版《中国药典》三部通则 3527）。

5. 无菌检查　依法检查(2020 年版《中国药典》三部通则 1101),应符合规定。

(四) 稀释剂

稀释剂应为灭菌注射用水,稀释剂的生产应符合批准的要求。灭菌注射用水应符合 2020 年版《中国药典》二部的相关要求。

(五) 保存、运输及有效期

于 2~8℃避光保存和运输。自生产分装之日起,按批准的有效期执行。

(六) 使用说明

应符合"生物制品分包装及贮运管理"规定和批准的内容。

四、成纤维细胞生长因子新药的研究进展

FGF 家族成员及其受体一直以来都是新药开发的热门靶点。目前,已经有大量文献报道了 FGF 信号参与调控胚胎发育的多个过程,包括受精卵的着床、原胚肠的形成、形态的发育及器官的形成。近年来,一些临床和生物学研究还发现 FGF 信号具有维持磷酸盐 / 维生素 D 平衡、胆固醇 / 胆汁酸平衡及葡萄糖 / 脂质代谢等调控作用。FGF 广泛的生物学功能使其能够用于人类多种疾病的治疗,如创伤和溃疡的修复、内分泌代谢的调控及抗肿瘤等。

(一) FGF 创伤修复新药的研究进展

我国科学家在 FGF 创伤修复新药领域做了大量的工作。1996 年世界上首个重组牛碱性成纤维细胞生长因子(recombinant bovine basic fibroblast growth factor,rb-bFGF)新药在我国注册上市;1998 年,Lancet 杂志首次报道了我国研发的 bFGF 在 600 例大面积烧伤患者的临床研究。结果显示,bFGF 能够显著改善创面愈合的效果以及缩短愈合的时间;2002 年重组人碱性成纤维细胞生长因子(recombinant human basic fibroblast growth factor,rh-bFGF)新药获得国家食品药品监督管理局(CFDA)的批准,主要用于慢性创面(包括慢性肉芽、溃疡和褥疮等)、新鲜创面(包括一般外伤和手术创伤等)和烧伤创面(包括肉芽创面、浅Ⅱ度和深Ⅱ度)的治疗。随后,bFGF 喷雾剂、凝胶剂和滴眼剂等剂型陆续上市;2006 年重组人酸性成纤维细胞生长因子(recombinant human acdic fibroblast growth factor,rh-aFGF)1 类新药在我国上市,商品名为"艾夫吉夫",主要用于深Ⅱ度烧伤和慢性溃疡创伤的治疗。

另外,日本株式会社在 1988 年从美国公司购买了重组人 FGF-2(trafermin)菌种和专利,并进行了长达 13 年的相关研究,2001 年,trafermin 在日本获得批准,主要用于压疮及皮肤溃疡(包括烧伤溃疡及足溃疡)。2004 年,美国公司开发的 FGF-7(palifermin)静脉注射制剂获得了美国 FDA 批准,主要用于白血病患者经过骨髓移植后放化疗产生的黏膜损伤。

近 15 年,FGF 在创伤修复领域的临床研究表明,其对创伤修复、改善创面的愈合、减少疤痕的形成等具有良好的治疗效果和安全性。目前,FGF 已经被美国创面愈合协会(Wound Healing Society)和欧洲伤口管理协会(European Wound Management Association)推荐用于难愈性溃疡的治疗。

(二) FGF 代谢性疾病治疗新药的研究进展

近年来关于内分泌型 FGF 与代谢性疾病的研究日益增多,大量研究表明内分泌型 FGF 在 2 型糖尿病、胆汁酸代谢、心血管疾病、高磷血症、肥胖等代谢性疾病调控方面发挥着非常重要的作用。

FGF-21 是 FGF-19 亚家族的一员,是一种特异性作用于肝脏、胰岛、肌肉和脂肪组织的新型代谢调控因子。FGF-21 具有降低 2 型糖尿病患者血糖、血脂,改善胰岛素抵抗,保护胰岛 B 细胞,改善和治疗非酒精性脂肪肝、降低肥胖糖尿病患者体重等多种糖、脂代谢调控的功能。FGF-21 最先在鼠胚胎细胞中发现,主要由肝脏分泌,并通过细胞表面 FGFR 发挥内分泌调节作用。LY2405319 是一种 FGF-21 重组蛋白改构体,其去除了天然 FGF-21 蛋白 N 端四个容易受到水解的氨基酸 HPIP;将 118 位和 134 位氨基酸突变成半胱氨酸,引入一对二硫键;167 位丝氨酸突变为丙氨酸以提高其构象稳定性和蛋白产量。与天然人 FGF-21 相比,LY2405319 具有生产成本低,可进行规模化表达和纯化制备优势。对肥胖的 2 型糖尿病患者每日注射 LY2405319,其临床测试结果显示,LY2405319 给药后能够显著改善总胆

固醇、LDL-C、HDL-C 和甘油三酯的水平，并降低患者体重至正常水平，此外，LY2405319 给药后空腹甘油三酯水平下降十分迅速，伴随着血浆 ApoC Ⅲ（apolipoprotein C Ⅲ）和 ApoB（apolipoprotein B）的降低。LY2405319 治疗后，空腹胰岛素水平显著下降，血浆脂联素水平显著升高，高分子量脂联素与 2 型糖尿病治疗的效率相关。但是，LY2405319 对受试者的持续降糖能力，不如 FGF-21 对糖尿病啮齿类动物和猴子那么显著。该研究中未出现严重副反应事件，表明人体对 LY2405319 有较好的耐受性。PF-05231023（CVX-343）是另一个进入临床研究的长效 FGF-21 类似物，它由两个经修饰的 FGF-21 结合一个 Fc 蛋白所形成。在一项涉及 84 位超重或肥胖的 2 型糖尿病受试者的安慰剂对照试验中发现，PF-05231023 治疗可使患者体重显著减轻，血浆脂蛋白含量改善，脂肪细胞因子水平升高。研究结束时，接受 PF-05231023 的患者血浆甘油三酯水平呈剂量依赖下降。此外，接受高剂量 PF-05231023 的患者，总胆固醇和低密度脂蛋白降低，而高密度脂蛋白升高。研究中未发现 PF-05231023 抗药抗体或严重不良反应事件。发生最多的不良反应事件总体上表现为轻微的胃肠道反应。另外一项 FGF-21 对非酒精性脂肪肝炎治疗研究发现，每日 10mg 或每周 20mg 皮下注射 PEG 化的 FGF-21 相比于安慰剂均显著降低肝脏脂肪。10mg 每日剂量组可使 57% 的患者（13/23）相对危险度降低达 30%。20mg 每周剂量组可使 52% 的患者（11/21）相对危险度降低达 30%。

　　FGF-23 与许多先天性疾病的发生有关，如肿瘤相关低磷骨性软化症、X 连锁低磷血酸症（X-linked hypophosphatemia，XLH）等。另外，血清中 FGF-23 含量也会影响慢性肾脏病（chronic kidney disease，CKD）的发展。美国公司研究了 FGF-23 单克隆抗体对慢性肾脏病 - 矿物质和骨异常（chronic kidney disease-mineral and bone disorder，CKD-MBD）大鼠模型的影响。研究结果表明，FGF-23 单克隆抗体可以使松质骨骨量等骨标志物恢复到正常水平。日本与 Ultragenyx 公司合作开发了人源重组 FGF-23 单克隆抗体 KRN23，用于 XLH 的治疗，也有望成为首个特异性治疗 XLH 的药物。

（王晓杰）

参 考 文 献

［1］　SHARMA A K, TANEJA G, KUMAR A, et al. Insulin analogs: Glimpse on contemporary facts and future prospective. Life Sci, 2019, 219: 90-99.

［2］　AKBARIAN M, GHASEMI Y, UVERSKY V N, et al. Chemical modifications of insulin: Finding a compromise between stability and pharmaceutical performance. Int J Pharm, 2018, 547 (1-2): 450-468.

［3］　SELIVANOVA O M, GRISHIN S Y, GLYAKINA A V, et al. Analysis of insulin analogs and the strategy of their further development. Biochemistry (Mosc), 2018, 83 (Suppl 1): S146-S162.

［4］　MORODER L, MUSIOL H J. Insulin-from its discovery to the industrial synthesis of modern insulin analogues. Angew Chem Int Ed Engl, 2017, 56 (36): 10656-10669.

［5］　NAWAZ M S, SHAH K U, KHAN T M, et al. Evaluation of current trends and recent development in insulin therapy for management of diabetes mellitus. Diabetes Metab Syndr, 2017, 11 (Suppl 2): S833-S839.

［6］　AaPRO M, KRENDYUKOV A, SCHIESTL M, et al. Epoetin Biosimilars in the treatment of chemotherapy-induced anemia: 10 years'experience gained. Bio Drugs, 2018, 32 (2): 129-135.

［7］　NEKOUI A, BLAISE G. Erythropoietin and nonhematopoietic effects. Am J Med Sci, 2017, 353 (1): 76-81.

［8］　RAZAK A, HUSSAIN A. Erythropoietin in perinatal hypoxic-ischemic encephalopathy: a systematic review and meta-analysis. J Perinat Med, 2019, 47 (4): 478-489.

［9］　SHIH H M, WU C J, LIN S L. Physiology and pathophysiology of renal erythropoietin-producing cells. J Formos Med Assoc, 2018, 117 (11): 955-963.

［10］　SUAREZ-MENDEZ S, TOVILLA-ZÁRATE C A, JUÁREZ-ROJOP I E, et al. Erythropoietin: A potential drug in the management of diabetic neuropathy. Biomed Pharmacother, 2018, 105: 956-961.

［11］　GUPTA N, WISH J B. Erythropoietin mimetic peptides and erythropoietin fusion proteins for treating anemia of chronic kidney disease. Curr Opin Nephrol Hypertens, 2018, 27 (5): 345-350.

［12］ EBEID M, HUH S H. FGF signaling: diverse roles during cochlear development. BMB Rep, 2017, 50 (10): 487-495.

［13］ HUI Q, JIN Z, LI X, et al. FGF family: from drug development to clinical application. Int J Mol Sci, 2018, 19 (7), pii: E1875.

［14］ FITZPATRICK E A, HAN X, XIAO Z, et al. Role of fibroblast growth factor-23 in innate immune responses. Front Endocrinol (Lausanne), 2018, 9: 320.

［15］ MADDALUNO L, URWYLER C, WERNER S. Fibroblast growth factors: key players in regeneration and tissue repair. Development, 2017, 144 (22): 4047-4060.

［16］ QUARLES L D. Fibroblast growth factor 23 and α-Klotho co-dependent and independent functions. Curr Opin Nephrol Hypertens, 2019, 28 (1): 16-25.

［17］ DOLIVO D M, LARSON S A, DOMINKO T. Fibroblast growth factor 2 as an antifibrotic: antagonism of myofibroblast differentiation and suppression of pro-fibrotic gene expression. Cytokine Growth Factor Rev, 2017, 38: 49-58.

［18］ 吴艳青, 肖健, 李校堃. 成纤维细胞生长因子在神经损伤修复中作用的研究进展. 药学进展, 2019, 43 (1): 12-18.

第九章　长效蛋白药物

随着现代生物技术的日益成熟,生物技术药物在药物中所占的比例正在逐年上升。表 9-1 列出了不同类别用于治疗的部分蛋白药物,除抗体和 Fc 融合蛋白外,许多蛋白药物分子量都低于 50kDa,体内半衰期短,通常为数分钟到数小时。为了在体内长时间保持有效治疗浓度,蛋白药物通常需要频繁给药,但长期的反复注射易引发毒副反应,增加患者的痛苦。因此,延长蛋白药物的血浆半衰期,改善其药动学性质是生物技术药物研究中的一个重要环节。

表 9-1　用于治疗的部分蛋白药物

蛋白种类	蛋白药物	适应证	已批准的药物	分子量 /kDa	血浆半衰期
激素	胰岛素	糖尿病	Humalog Novolog	6	4~6 分钟
	人生长激素	生长障碍	Protropin Humatrope	22	2 小时
	促卵泡激素	不孕不育	Follistim Fertavid	30	3~4 小时
	胰高血糖素样肽 1	2 型糖尿病	Victoza	4	2 分钟
	甲状旁腺激素	骨质疏松	Preotach	10	4 分钟
	降钙素	骨质疏松	Fortical	4	45~60 分钟
	促黄体激素	不孕不育	Luveris	23	20 分钟
	胰高血糖素	低血糖	Glucagon	4	3~6 分钟
生长因子	促红细胞生成素	贫血	Epogen Procrit	34	2~13 小时
	粒细胞集落刺激因子 / 粒细胞巨噬细胞刺激因子	中性粒细胞减少	Filgrastim	20	4 小时
	胰岛素样生长因子-1	生长缓慢	Increlex	8	10 分钟
干扰素	干扰素 - α	丙型或乙型肝炎	Roferon Infergen	20	2~3 小时
	干扰素 - β	多发性硬化症	Betaferon Avonex	23	5~10 小时
	干扰素 - γ	肉芽肿	Actimmune	25	30 分钟
白细胞介素	白介素 -2	肾细胞癌	Proleukin	16	5~7 分钟
	白介素 -11	血小板减少	Neumega	23	2 天
	白介素 -1Ra	类风湿关节炎	Kineret	25	6 分钟

续表

蛋白种类	蛋白药物	适应证	已批准的药物	分子量 /kDa	血浆半衰期
凝血因子	凝血因子Ⅷ	血友病 A	Kogenate	330	12 小时
			ReFacto	170	14.5 小时
	凝血因子Ⅸ	血友病 B	Benefix	55	18~24 小时
	凝血因子Ⅶ a	血友病	Novoseven	50	2~3 小时
	凝血酶	手术时出血	Recothrom	36	2~3 天
溶栓和抗凝血剂	组织型纤溶酶原激活剂	心肌梗死	Tenecteplase	65	2~12 分钟
	水蛭素	血小板减少	Refludan	7	3 小时
	活化蛋白 C	严重的败血症	Xigris	62	1~2 小时
酶类	α - 葡萄糖苷酶	庞贝氏病	Myozyme	109	2~3 小时
			Lumizyme		
	葡糖脑苷脂酶	戈谢病	Cerezyme	60	18 分钟
	艾杜糖醛酸 -2- 硫酸酯酶	Ⅱ型黏多糖贮积症	Elaprase	76	45 分钟
	半乳糖苷酶	法布里病	Fabrazyme	100	1~2 小时
			Replagal		
	尿酸氧化酶	高尿酸血症	Fasturtec	140	17~19 小时
	DNA 酶	囊性纤维化	Pulmozyme	37	—
抗体和抗体片段	IgG	癌症、炎症、传染病、移植等	Rituxan	150	几天到几周
			Hereptin		
			Avastin		
			Remicade		
			Humira		
			Synagis		
			Zenapax		
			Xolair		
	Fab	预防血液凝固、老年性黄斑变性	ReoPro	50	30 分钟
			Lucentis		
融合蛋白	肿瘤坏死因子受体 2-Fc	类风湿关节炎	Enbrel	150	3~6 天
	促血小板生成素模拟肽 -Fc	血小板减少	Nplate	60	1~34 天
	细胞毒性 T 淋巴细胞相关抗原 -4-Fc	类风湿关节炎	Orenica	92	8~25 天
	白介素 -1R-Fc	Cryopyrin 相关周期综合征	Arcalyst	251	9 天
	淋巴细胞功能相关抗原 -3-Fc	斑块状牛皮癣	Amevive	92	11 天
	白介素 -2- 白喉类毒素	皮肤 T 细胞淋巴瘤	Ontak	58	70~80 分钟

　　蛋白药物的治疗效果很大程度上取决于其药动学特性,包括血浆半衰期、药物分布及代谢情况。尽管分子量较小的蛋白药物易于穿透组织,但也使这些药物在血液中极易被清除,为了在体内长时间维持

有效的治疗浓度,必须进行输注或静脉及皮下反复推注给药。蛋白质的快速消除主要是通过肾脏的滤过及降解作用,通过对多种蛋白药物血浆半衰期的比较,揭示了肾脏快速滤过的蛋白质分子量阈值为40~50kDa,表明分子量的大小是药物清除率的决定因素之一(图 9-1)。有孔内皮、肾小球基底膜(GBM)和位于足细胞足突之间的狭缝隔膜组成了肾小球的滤过屏障,现在普遍认为狭缝隔膜是最终的蛋白质滤过屏障,其形成一个均孔型的拉链状过滤器结构,具有许多直径为 4~5nm 的孔以及较少的直径为8~10nm 的孔。除了分子量的影响,蛋白质所带电荷也会影响肾脏过滤,已经有人提出内皮细胞和 GBM的糖蛋白结构有助于形成阴离子屏障,能够部分阻止血浆大分子的通过。因此,蛋白药物流体动力学半径,以及所带电荷数会显著影响其半衰期。值得注意的是,血清白蛋白和抗体 IgG 在人体中表现出很长的半衰期,分别为 19 天和 3~4 周。较长的半衰期能够容易地将白蛋白和 IgG 与其他血浆蛋白区分开来(图 9-1),这一过程由新生儿 Fc 受体(FcRn)介导的循环实现。例如由内皮细胞表达的 FcRn 能够以 pH依赖的方式结合白蛋白和 IgG。因此,在通过胞吞作用摄取血浆蛋白后,白蛋白和 IgG 将在胞内的酸性环境中与 FcRn 结合,这种结合使白蛋白和 IgG 免受溶酶体的降解作用影响并将它们重新定向至细胞膜,由于血液 pH 呈中性,它们被释放回血浆中。因此,现在延长蛋白药物半衰期的思路主要有两种:①增加蛋白药物的分子量,从而增大其流体动力学半径,代表性的长效化技术如聚乙二醇(PEG)修饰和聚多肽融合等;②利用 FcRn 介导的循环可以将蛋白药物与白蛋白或 IgG 的 Fc 区融合,代表性的长效化技术如抗体 Fc 片段融合和人血清白蛋白融合。

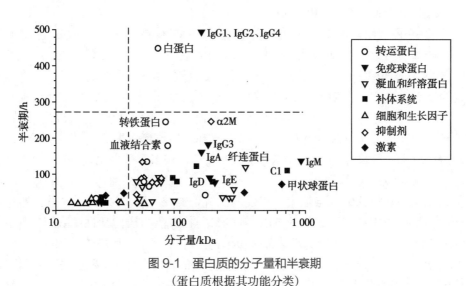

图 9-1　蛋白质的分子量和半衰期
(蛋白质根据其功能分类)

第一节　PEG 修饰的干扰素

一、PEG 修饰技术简介

聚乙二醇(PEG)又名乙二醇聚氧乙烯醚,其分子式为 $H(OCH_2CH_2)_nOH$。PEG 是一种相对稳定的有机化合物,能溶于水和乙醇一类的有机溶剂,对于酸、碱等化学性质稳定,热稳定性也相当好。PEG 作为亲水、亲脂的两亲性聚合物,具有亲水性强、与生物大分子相容性好等特点,且无毒、无刺激的性质完全符合生物分子偶联的必要条件,是用于改善蛋白药物药动学特性的首选高分子聚合物,也是目前为数不多的通过美国 FDA 认证的可用于生物医药产品的聚合物。

PEG 的末端羟基是其在化学修饰反应中的功能基团,但它的反应活性较低,必须先对 PEG 进行活化,将末端羟基转化为高反应活性的官能团,使其能在温和的条件下与蛋白质进行偶联。利用活化后的

PEG 衍生物含有的活性基团同蛋白质分子进行偶联,形成稳定的共价连接,即 PEG 修饰,也称聚乙二醇化(PEG 化,PEGylation)。

(一) PEG 修饰对蛋白药物性质的影响

PEG 修饰是长效化蛋白药物研究与生产中最重要的技术之一。PEG 修饰技术的研究始于 20 世纪 70 年代,Abuchowski 等第一次将 PEG 共价结合到蛋白质上,以保护蛋白质免遭破坏,通过 PEG 修饰不仅可以增加蛋白质的水溶性,还能减少肾脏的清除,优化蛋白质的药动学和药效学性质。从此,国内外的研究人员开始关注用高分子化合物对生物大分子结构进行修饰,以克服蛋白药物在临床应用中的困难。目前研究已经证实,PEG 修饰能够增大药物分子质量,避免被肾小球滤过,通过遮蔽抗原表位和酶切位点,从而降低免疫原性并阻碍蛋白酶的降解作用。此外,还具有能够增加药物在体液中的溶解度等诸多优势。

PEG 修饰时的分子质量、结构(线性或环状)、引入位置、修饰方法等诸多因素都会影响蛋白药物的药效和代谢。进行 PEG 修饰时,需要在降低肾清除和抑制酶解的同时兼顾药物的生物学活性。有证据显示,干扰素的单一 PEG 修饰在 40~60kDa 时能够最大化降低肾清除率。相较于线性修饰,环状 PEG 修饰的蛋白具有更加良好的抗蛋白酶水解能力,并且表现出更优越的吸收和运输能力。

目前普遍认为,大多数蛋白药物经 PEG 修饰后,其性质会发生以下变化:血浆半衰期延长,免疫原性与抗原性降低,溶解度增加,抗蛋白酶水解能力提高,热稳定性及机械稳定性增加等。

(二) 第一代 PEG 修饰技术——PEG 随机修饰

组成蛋白质的 20 种常用氨基酸中,只有部分氨基酸残基的侧链基团可与 PEG 衍生物发生反应,蛋白质 C 端的 α-羧基、N 端的 α-氨基、赖氨酸(Lys)、天冬氨酸(Asp)、谷氨酸(Glu)、精氨酸(Arg)、半胱氨酸(Cys)、酪氨酸(Tyr)、色氨酸(Trp)、甲硫氨酸(Met)、组氨酸(His)等残基的侧链基团都能在一定条件下表现出一定的反应活性。蛋白表面的反应性基团多呈亲核性,亲核活性从大到小为:巯基 > α-氨基 > ε-氨基 > 羧基 > 羟基。羧基与羟基较难活化,而巯基和氨基的亲核活性较高,理应是最佳反应位点,但巯基通常处于蛋白质的二硫键和活性位点上,修饰巯基易导致蛋白失活,故第一代 PEG 修饰主要针对蛋白质上的游离氨基进行修饰。由于蛋白质分子表面常存在多个游离氨基,PEG 衍生物与氨基的反应多是随机进行的,故称为随机修饰。

蛋白质上最常见的随机修饰位点是赖氨酸残基侧链上的 ε-氨基,其通常暴露在外并可用于化学连接。赖氨酸约占蛋白质中氨基酸总量的 10%,较少参与构成蛋白质的活性中心,与 N 端氨基酸侧链的 α-氨基相比,Lys 侧链的 ε-氨基具有较高的 pK_a 值。当 PEG 修饰反应体系的 pH 低于这些基团的 pK_a 值时,氨基通常质子化并带正电荷;当 pH 高于这些基团的 pK_a 值时,氨基通常去质子化且不带电荷。

ε-氨基的烷基化和酰基化是常见的 PEG 修饰反应。烷基化反应指活化的烷基转移到亲核的氨基上,氨基失去一个氢原子。例如,PEG-丙醛在 $NaCNBH_3$ 存在下与亲核的 ε-氨基进行烷基化反应,得到 PEG 丙基化修饰产物。酰基化反应指活化的羰基加到氨基上,氨基失去一个氢原子。例如,PEG-琥珀酰亚胺与蛋白质的 ε-氨基反应,活性的 PEG 羰基加到 ε-氨基上(图 9-2)。

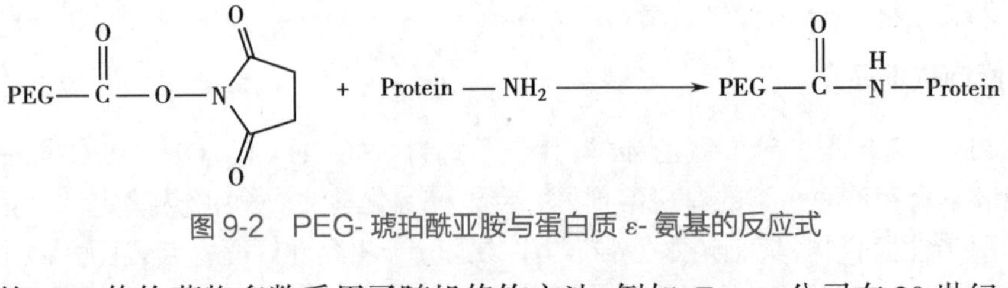

图 9-2　PEG-琥珀酰亚胺与蛋白质 ε-氨基的反应式

早期上市的 PEG 修饰药物多数采用了随机修饰方法,例如,Enzon 公司在 20 世纪 90 年代初推出的 PEG 化腺苷脱氨酶(PEG-ADA,商品名 Adagen®)和 PEG 化天冬酰胺酶(PEGylated asprgase,商品名 Oncaspar®)是多种 PEG 修饰产物的混合物,分别在 2001 年、2002 年和 2007 年用于临床的 PEG 化干扰素 α-2b(PEGylated interferon alfa-2b,商品名 PegIntron®)、PEG 化干扰素 α-2a(PEGylated interferon alfa-2a，商品名 Pegasys®）和甲氧基聚乙二醇促红细胞生成素 β（methoxy polyethylene glycol-epoetin beta，商品名 Mircera®）也都是单 PEG 随机修饰的混合物。这些 PEG 修饰的蛋白药物与未经修饰的药物相比，具有更长的血浆半衰期。

尽管氨基的随机修饰是较为成熟的 PEG 修饰方法，在某种程度上反应可以通过 pH 来控制，但该方法仍存在一些缺陷。PEG 的随机修饰会在蛋白质的不同修饰位点连接 PEG 分子，形成位置异构体。在生物药物的开发中，这种位置异构体的存在会产生两大问题，一是批次间生产很难做到重现性，二是必须对这些位置异构体进行分离纯化和鉴定，以明确其药物学性质。此外，与未修饰的蛋白质相比，PEG 修饰的蛋白质具有更为复杂的结构和质量属性，再加上蛋白质来源不同且生产过程各异，给质量控制工作的开展带来极大困难。例如，Affymax 与武田制药联合研制的 PEG 化促红细胞生成素类药物（如 PEGylated inesatide，商品名 Omontys®），用于治疗成人患者因慢性肾脏病（CKD）接受透析产生的贫血，因质量控制中免疫原性研究的缺陷在上市后造成 0.02% 致死性反应，不到一年即被厂家召回。

（三）第二代 PEG 修饰技术——PEG 定点修饰

PEG 定点修饰是通过对目标分子进行结构改造或改变反应条件等方法使 PEG 选择性地连接特定氨基酸残基，这样可以防止 PEG 修饰到蛋白的活性位点上，从而在保持蛋白药物生物活性的基础上，改善其药动学性质。PEG 定点修饰产物的结构均一、能较好地保留生物活性、药学性质明确、制备重复性好、有利于质量控制等。

PEG 定点修饰的基本策略有如下几种：①利用酶或过渡金属催化，进行特定位点的修饰；②针对特定氨基酸侧链进行定点修饰，如巯基、N 端氨基等；③通过基因工程改造，在蛋白质中引入非天然氨基酸，再针对非天然氨基酸的特定侧链进行定点修饰。

1. 酶和过渡金属催化定点修饰　在进行催化反应时，酶一般都需要与特定的底物进行结合，因此，选取特定的酶为催化剂可以诱导 PEG- 烷基胺与蛋白质上特定的底物进行定点修饰。如果蛋白质上缺少酶催化作用所需的蛋白质片段，可以通过基因工程或其他方法在蛋白质的 N 端或 C 端引入。目前，常用的酶有糖苷转移酶和谷氨酰胺转移酶。糖苷转移酶对核苷活化的多糖供体与氨基酸受体具有专一性，因此，可以利用糖苷转移酶将 PEG- 唾液酸结合到糖蛋白的糖苷受体上，这种技术也被称为糖基化 PEG 修饰（glycoPEGylation）技术。谷氨酰胺转移酶是一种蛋白质修饰酶，能催化谷氨酰胺上的 γ- 酰胺基团与其他氨基酸的转移反应，因此将 PEG- 烷基胺作为亲核供体通过转谷氨酰胺反应就能将 PEG 连接到蛋白质的特定位置。

Neose Technologies 公司开发了一种利用糖基转移酶将 PEG 修饰到蛋白 O- 糖基化位点的技术（图 9-3）。通过酶反应，大肠埃希菌中表达的非糖基化蛋白中的丝氨酸或苏氨酸残基被乙酰半乳糖（GalNAc）化，与唾液酸相连的 PEG 通过唾液酸转移酶与 GalNAc 残基相连，从而将 PEG 定点修饰到蛋白上。这种技术已用于多种蛋白药物的 PEG 修饰，如粒细胞集落刺激因子和促红细胞生成素等。这些蛋白在天然状态下是 O- 糖基化产物，而在大肠埃希菌中表达时不能被糖基化，因而稳定性不如天然产物。糖基化 PEG 修饰可以弥补大肠埃希菌表达产物缺少糖基化修饰带来的不利影响。

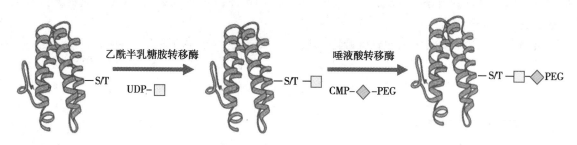

图 9-3　糖基化 PEG 修饰

除此之外,由于蛋白质多带有亲核功能基团,利用亲电的有机金属试剂能更有效地进行 PEG 修饰。如在铑卡宾催化下,色氨酸残基上的吲哚基团可被专一性修饰。酪氨酸残基在芳基膦钯催化下能与 PEG 试剂反应。过渡金属在这一领域的应用,使得许多无法常规 PEG 修饰的氨基酸残基如色氨酸残基、酪氨酸残基等变得可用,从而大大扩展了蛋白质 PEG 修饰的靶点。

2. 基于巯基的定点修饰 蛋白质和多肽分子中巯基含量较少,利用巯基的高亲核性,选取能够特异性与巯基偶联的 PEG 偶联剂,可以定点修饰蛋白质和多肽。常用的能与巯基特异性反应的 PEG 偶联试剂主要有:PEG- 马来酰亚胺、PEG- 邻 - 吡啶 - 二硫醚、PEG- 乙烯基砜、PEG- 碘乙酰胺等。

(1)包埋于蛋白质内部的巯基修饰:由于巯基的疏水性大,常常包埋在蛋白质的疏水口袋中,分子质量较大的 PEG 偶联试剂水化半径大,且呈无规则卷曲,因而难以进入蛋白质内部与巯基反应,可采用两步法进行修饰。第一步,采用一种含多功能基团的低分子质量 PEG,即 PEG 分子一端为能与巯基特异性反应的基团,另一端为叠氮基团,由于此种 PEG 的分子质量小,空间位阻小,因而能到达蛋白质结构内部,进而与包埋于蛋白质内部的半胱氨酸残基偶联;第二步,能与叠氮基团反应的高分子质量的 PEG 与之前引入的 PEG 结合。

(2)基因工程技术引入巯基后进行修饰:对于缺少巯基的蛋白质,可以通过基因工程技术在蛋白质的合适位置引入巯基,再用相应的 PEG 偶联剂进行修饰。常用的引入位置有:糖蛋白的糖基化位点、蛋白质的抗原决定簇、蛋白质末端等。采用此方法定点修饰蛋白质的例子很多,例如,利用定点突变技术在天花粉蛋白分子中引入一个半胱氨酸残基,再与 PEG- 马来酰亚胺偶联,结果显示天花粉蛋白经定点修饰后免疫原性降低了 3~4 倍,血浆半衰期延长为原来的 5.5~7 倍。通过基因工程在蛋白质中引入半胱氨酸残基进行定点修饰的方法存在的缺点有:在技术上要求较高,花费大,而且常常会导致蛋白质错误折叠,在蛋白纯化过程中也易形成不可逆聚集。

对于分子中有多个半胱氨酸残基的蛋白质,也可采用定点突变,将某些半胱氨酸替换为其他氨基酸如丝氨酸,只保留一个半胱氨酸以达到定点修饰蛋白质的目的。如重组人酸性成纤维细胞生长因子(rh-aFGF)含有三个半胱氨酸,将 98 位和 132 位的半胱氨酸突变为丝氨酸,只保留 31 位的半胱氨酸,再与 PEG- 马来酰亚胺偶联,可完成 31 位半胱氨酸的 PEG 定点修饰,大鼠体内试验结果表明修饰后的药物活性优于未修饰药物。

(3)二硫键的定点修饰:对于那些通过与细胞表面相应受体结合而发挥作用的蛋白药物,常常含有较多二硫键而很少存在游离的半胱氨酸残基,Balan 等人针对此类蛋白质开发了一种专一性修饰蛋白质中的二硫键的方法。先将二硫键还原为两个游离的半胱氨酸巯基,再利用双烷基化 PEG 试剂将两个巯基分别烷基化形成三碳桥,PEG 通过三碳桥与蛋白质共价偶联。此反应的优势在于不会造成蛋白质的不可逆变性,二硫键还原后能保持蛋白质的三级结构;所开发的双烷基化 PEG 试剂对二硫键的选择性高;由于 PEG 分子的空间屏蔽作用,一个二硫键只能结合一个 PEG 分子。此种针对蛋白质二硫键进行定点修饰的策略已成功应用于多种细胞因子、酶及抗体片段的修饰,结果表明此方法得到的 PEG 定点修饰的蛋白质,产率较高且未破坏蛋白质的三级结构,生物活性也得到较好保持。

3. 基于氨基的定点修饰 近年来,研究者们对以氨基为靶点的定点修饰做了大量研究,并开发了一系列较为新颖有效的方法,主要包括定点突变、保护剂定点保护与脱保护、氧化去氨基反应及 PEG-醛的还原烷化反应等。

(1)定点突变:蛋白质或多肽的氨基修饰包括赖氨酸的 ε-NH$_2$ 和末端的 α-NH$_2$,多个氨基位点的存在常常导致反应产物的不均一,包括多种修饰位点、多种修饰程度等,利用定点突变技术将赖氨酸突变为其他不含氨基侧链的氨基酸,只保留末端氨基,再与相应 PEG 试剂偶联,可定点修饰末端氨基。Yoshioka 等人利用噬菌体蛋白库表达赖氨酸缺陷的肿瘤坏死因子[mTNFα-Lys(−)],即野生型肿瘤坏死因子的 6 个赖氨酸均被替换为其他氨基酸,只保留末端氨基。mTNFα-Lys(−)分别与不同分子质量不同形状的 PEG-N- 羟基琥珀酰亚胺反应,制备末端修饰的 PEG 产物,各产物分别经体内抑瘤活性筛选,结果显示分子质量为 10kDa 的分支 PEG 和直链 PEG 修饰产物,其活性高于未修饰的 mTNFα-Lys(−),可见 PEG 分子的形状和大小对 mTNFα-Lys（-）修饰产物的活性影响较大。本法的缺点是由于赖氨酸在蛋白质和多肽中含量较多，一般占氨基酸总数的 10% 左右，若将所有的赖氨酸突变掉，很可能会影响蛋白质的生物活性。

（2）保护剂定点保护与脱保护：另外一种定点修饰氨基的方法是基于 9- 芴甲氧羰基（FMOC）和叔丁氧羰基（BOC）等氨基酸保护剂的定点保护与脱保护作用来实现的。此过程主要分为两步，即蛋白质的 FMOC 衍生物与 PEG 试剂偶联和 FMOC 的脱保护。如 Youn 等人以鲑降钙素（sCT）的 FMOC 衍生物 FMOC1,11-sCT 为原料即该蛋白 1 位半胱氨酸和 11 位赖氨酸用 FMOC 保护，只有 18 位赖氨酸与 PEG 试剂具有反应活性，经偶联、脱保护两步定点修饰 18 位赖氨酸，产率高达 86%，修饰产物活性保持率高达 80%，抗酶解能力明显提高，肺部给药后生物半衰期明显延长。但该方法只适用于多肽而并不适用于蛋白质，因为在保护和脱保护的过程中常常会破坏到蛋白质的结构，易造成活性损失。

（3）氧化去氨基反应：在磷酸吡哆醛存在下，利用氧化去氨基反应去除蛋白质或多肽的末端氨基，并氧化产生酮基，再与 PEG- 酰肼或 PEG- 羟胺成腙或成肟。该方法有利于保持蛋白质或多肽的生物活性，但只有当蛋白质或多肽的末端氨基暴露在分子表面的情况下才易与 PEG 试剂偶联，限制了该方法的应用。

（4）PEG- 醛的还原烷化反应：以上所述的多种氨基修饰方法虽然能达到较好的定点效果，但或多或少存在操作复杂、成本高、蛋白或多肽活性损失等问题。Kinstler 等人利用蛋白质 N 端氨基的高反应活性开发了一种简便易行、修饰产品质量容易控制、适用于大规模生产的 N 端修饰方法。在蛋白质或多肽骨架中，末端氨基酸残基的 α-NH$_2$ 的 pK$_a$ 值通常低于赖氨酸的 ε-NH$_2$ 的 pK$_a$ 值，在弱酸性环境中，PEG- 醛更易与末端氨基酸残基的 α-NH$_2$ 发生还原烷化反应，从而实现 N 端氨基的定点修饰。Amgen 公司采用此方法生产的 PEG 化重组人粒细胞集落刺激因子（GCSF）类似物非格司亭（filgrastim，商品名 Neulasta®），在 2002 年通过 FDA 批准进入市场，成为第一个采用 PEG 定点修饰技术的上市药物，用于治疗化疗引起的粒细胞减少症。

4. 基于非天然氨基酸的定点修饰　近年来，许多文献阐述了将非天然氨基酸如带有卤素、酮基、烯基、叠氮基等基团的氨基酸引入蛋白质和多肽中，并以此为靶点对蛋白质和多肽进行定点修饰。例如，利用非天然氨基酸定点修饰技术先将酮基引入蛋白质或多肽中，再与 PEG- 羟胺或 PEG- 酰肼偶联生成肟类或腙类复合物，即可定点修饰蛋白质或多肽。有研究人员利用该技术将重组人生长激素表面的氨基酸替换成对乙酰苯丙氨酸，然后用分子量为 30kDa 的线性 PEG- 羟胺进行定点修饰，获得了较好保留了生物活性的 PEG 定点修饰生长激素。

基于非天然氨基酸的定点修饰的优势在于选择性高、引入的非天然氨基酸残基只能与相应的 PEG 修饰试剂特异性地反应，天然的生物大分子则不存在此类氨基酸残基，因此 PEG 修饰的选择性好、效率高。同时，由于只改变了蛋白质或多肽末端或表面的一个氨基酸位点，因此对其空间构象影响不大，有利于保持蛋白质或多肽的生物活性。

自 1991 年 FDA 批准首个 PEG 修饰的蛋白药物上市以来，大量 PEG 修饰的蛋白药物已经进入临床使用，包括 PEG 修饰的重组人干扰素、生长激素、血管内皮抑制素等。下面我们将通过一个经典的 PEG 修饰的蛋白药物进行详细阐述。

二、PEG 修饰的干扰素 α-2a 与干扰素 α-2b

自 20 世纪 80 年代中期，干扰素广泛应用于治疗慢性肝炎以来，干扰素已成为治疗慢性肝炎的首选药物。临床上一般联合利巴韦林用药，目的是抑制病毒复制、减少传染性、改善肝功能、减轻肝组织病变、提高生活质量、减少或延缓肝硬化和肝癌的发生。

1992 年 FDA 批准 IFNα-2b 联合利巴韦林用于治疗急性或慢性丙型肝炎，治愈率可以达到 41%~47%。但是由于普通 IFNα-2b 半衰期短，需要频繁给药，其临床应用受到了一定限制，这也使得长效化的 PEG-IFN 的研发成为热点。

目前,无论是急性丙型肝炎,还是慢性丙型肝炎,标准治疗方案都是 PEG-IFN(α-2a 或 α-2b)联合利巴韦林。PEG-IFNα 由于每周给药 1 次,相对于普通 IFN 的每周 3 次或隔日 1 次,给药次数大大减少,方便了患者用药,PEG-IFN 又称为长效 IFN。

（一）PEG 修饰的干扰素 α-2a 与干扰素 α-2b 的结构

FDA 分别于 2000 年和 2002 年批准了 PEG 修饰的 IFNα-2b(PEG-IFNα-2b,商品名 PegIntron®) 和 PEG 修饰的 IFNα-2a(PEG-IFNα-2a,商品名 Pegasys®)用于丙型肝炎的治疗,其结构分别如图 9-4 所示。

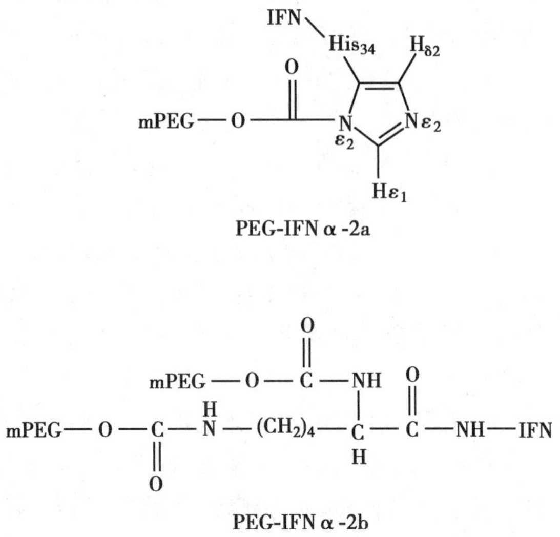

PEG-IFNα-2b 的主要成分是分子量 12kDa 的聚乙二醇琥珀酰亚胺碳酸酯通过脲烷键修饰 IFNα-2b 的 PEG-IFN 偶联物。IFNα-2b 必须与干扰素受体正确结合,通过信号传导,才能发挥激活抗病毒免疫,直接中和病毒的作用。因此,如果 PEG 的空间屏蔽作用干扰了干扰素与受体的结合,会影响 PEG-IFN 的生物活性。PEG-IFN 的活性受 PEG 分子量及 PEG 在干扰素上结合位点的影响,尤其是 PEG 分子量的大小,PEG 分子量越大,PEG-IFNα-2b 的半衰期越长,但其抗病毒活性也越低。PEG-IFNα-2b 选择了分子量为 12kDa 的 PEG 进行修饰,延长半衰期的同时,最大限度地保留了 IFNα-2b 的抗病毒活性。

图 9-4　两种 PEG-干扰素的结构

PEG-IFNα-2b 采用的是线性 PEG 随机修饰的方式。在 PEG-IFNα-2b 中,有三个组氨酸残基 His7、His57 和 His34,由于 PEG-IFNα-2b 在酸性条件下反应获得,大量的 PEG 聚集在 His34 上。在此情况下,PEG 偶合到组氨酸的侧链咪唑环上含双键 N 的位置上,形成氨基甲酸酯。PEG 与 His 成键不稳定,在体内能够缓慢水解,释放出活性 IFNα-2b,在一定程度上提高了其在体内的活性。

PEG-IFNα-2a 的研究工作对 PEG 的分子质量和结构都进行了研究。研究人员选择了三种线性(5kDa、20kDa、40kDa)、两种环状(20kDa、40kDa)的 PEG 对 IFNα-2a 进行修饰,并在大鼠中进行了药动学研究。结果显示,不同的 PEG 修饰均能明显提高 IFNα-2a 的吸收、分布和消除。此外,不同的 PEG 修饰在药动学上显示出巨大的差异,40kDa 的 PEG 修饰的 IFNα-2a 显著提高了 IFNα-2a 的抗病毒药效学活性及末端消除半衰期(由 2.1 小时提高到 15.0 小时),且平均血浆停留时间由 1.0 小时提高到 20.0 小时。

PEG-IFNα-2a 的另一优势是免疫原性降低。原型 IFNα-2a 会引起典型的免疫原性反应,在小鼠血清中检测到抗体的产生。线性 PEG 修饰的 IFNα-2a(5kDa)表现出更小的免疫原性,而分支状 PEG 修饰的 IFNα-2a(40kDa)无免疫原性反应。因此,后续 IFNα-2a 的 PEG 修饰研究中,使用分支状的分子质量为 40kDa 的 PEG。IFNα-2a 分子中有 12 个氨基(1 个 N 端加上 11 个赖氨酸残基)可用于 PEG 修饰,但并非所有的氨基都容易与 40kDa 分支 PEG(含有 2 条 mPEG 链,每条链的 Mr 均为 20kDa)结合,因为这种 PEG 的体积较大。40kDa 分支 PEG 仅可与 IFNα-2a 分子中 31 位、121 位、131 位或 134 位赖氨酸残基中的 1 个连接,形成单一 PEG-IFNα-2a。因此,IFNα-2a PEG 修饰的位点较少,其制备的 PEG-IFNα-2a 较为均一。经制备与纯化后,PEG-IFNα-2a 包含至少 95% 的 mPEG 修饰的 IFNα-2a,即 95%PEG-IFNα-2a 不含未修饰蛋白,连接位点不超过 2 个。

（二）PEG 修饰的干扰素 α-2a 与干扰素 α-2b 的药动学

1. PEG-IFNα-2b　PEG 修饰能明显改变 IFNα-2b 的体内分布比例,特别是在肝脏的分布增加,这表明 PEG-IFNα-2b 可针对性治疗某些肝脏疾病。另外,PEG 修饰使 IFNα-2b 在肾脏的分布减少,经肾代谢的概率减少,从而延长体内半衰期。

在丙型肝炎患者中分别按每千克体重皮下注射不同剂量的 PEG-IFNα-2b,另一组则注射普通 IFNα-2b 300 万 IU(国际单位),其中 1.0μg/kg 和 1.5μg/kg 两种剂量与普通 IFNα-2b 的药动学结果作比较,PEG-IFNα-2b 的各项指标与 IFNα-2b 相比均有明显提高,如达峰时间(t_{max})提高 4~5 倍,半衰期($t_{1/2}$)提高 7~8 倍,其他如最大血药浓度(C_{max})、浓度-时间曲线下面积(AUC)等也均有明显提高,显示 PEG-IFNα-2b 药效延长,可以每周注射 1 次。

2. PEG-IFNα-2a　IFNα 的半衰期为 4~16 小时,肌内或皮下注射后 3~8 小时达到血药峰浓度,静脉、肌内或皮下注射 24 小时后,血清中 IFNα 浓度很低,甚至在检测限以下。因此用普通的 IFNα 制剂治疗慢性丙型肝炎(CHC)每周需注射 3 次,导致血药浓度的较大波动,形成血药浓度峰谷值,导致药物不良反应增加和病毒水平的反跳。

PEG-IFNα-2a 的分布容积为 4~16 L,比未修饰的 IFNα 低 4 倍。动物实验显示,PEG-IFNα-2a 静脉注射后,在血液中高度聚积并主要被运输至肝脏,起到最大的疗效,少量分布至肾脏、骨髓和脾脏。而常规 IFNα 最初分布于全身,因此分布容积较大,随后聚集在肾脏并被代谢。动物实验显示,PEG-IFNα-2a 主要通过非特异性蛋白酶在肝脏中代谢,同时也可在血液和其他器官中代谢,其代谢产物通过肾脏从尿液中排出,或从胆道排泄。而常规 IFNα 主要由肾脏代谢。PEG-IFNα-2a 分子量大又具有分支结构,因此肾脏清除减少,延长了在肾脏中的聚集时间,提示其对肝脏的抗病毒作用更有效。PEG-IFNα-2a 给药后血药浓度保持稳定,从而使治疗间期延长至每周 1 次。

动物实验药动学结果表明,与 IFNα-2a 相比,皮下注射 PEG-IFNα-2a 的 $t_{1/2}$ 明显延长,C_{max} 和 AUC 均比 IFNα-2a 高。在志愿者研究结果中,10 名志愿者皮下注射 PEG-IFNα-2a 180μg,另 34 名皮下注射 IFNα-2a 300 万 IU,测定其药动学指标。PEG-IFNα-2a 皮下注射后 3~8 小时出现干扰素活性,80 小时左右血药达最高浓度,与 IFNα-2a 相比,清除率明显下降,平均 50% 吸收时间明显延长,$t_{1/2}$ 也明显延长,比 IFNα-2a 高 8 倍以上,表明有长效作用。PEG-IFNα-2a 的 C_{max} 也明显较高。

(三) PEG 修饰的干扰素 α-2a 与干扰素 α-2b 的临床应用

12kDa 线性 PEG-IFNα-2b(PegIntron®)在临床上用于治疗慢性丙型肝炎。PEG-IFN 在体内及体外的活性均与重组 I 型干扰素相似。尤其是,PEG-IFN 能够诱导细胞内的抗病毒活性,抑制某些肿瘤细胞的增殖,通过激活 NK 细胞来介导肿瘤细胞溶解,诱导细胞因子合成并且经由免疫应答细胞释放。资料表明 PEG-IFNα-2b 的安全与标准 IFNα-2b 相似,能够达到较高的持续反应率并且给药频数较少,最大血药浓度持续时间和持续病毒学应答长,约为未修饰 IFNα-2b 的 2 倍。最高剂量 PEG-IFNα-2b 与利巴韦林合用时,与标准 IFNα-2b 加利巴韦林相比较,病毒学反应从 7% 增加至 54%。曾报道用 PEG-IFNα-2b 加利巴韦林治疗,在治疗结束和随访结束时,病毒学和生物化学反应不一致,但是这种联合用药仍成为普遍接受的慢性丙型肝炎的一线治疗方案。

单次皮下注射后,PEG-IFNα-2b 平均吸收半衰期为 4.6 小时。C_{max} 在给药后 15~44 小时发生,持续时间长达 48~72 小时。PEG-IFNα-2b 的 C_{max} 和 AUC 测量值以剂量相关的方式增加。多次给药后,其生物利用度有所提高。第 48 周平均波谷浓度(320pg/ml)比第 4 周平均波谷浓度(94pg/ml)高约 3 倍。HCV 感染患者体内 PEG-IFNα-2b 的平均消除半衰期约为 40 小时(范围 22~60 小时),表观清除率约为 22ml/(h·kg),肾脏消除占清除率的 30%。PEG-IFNα-2b 的平均表观清除率约为 IFNα-2b 的七分之一,平均半衰期延长 5 倍,从而降低了给药频率。且在有效治疗剂量下,PEG-IFNα-2b 的 C_{max} 大约是 IFNα-2b 的 10 倍,AUC 是 IFNα-2b 的 50 倍。

另一个 PEG 修饰干扰素 PEG-IFN-α-2a(Pegasys®),以持续方式吸收且其清除率比 IFNα-2a 小,从而造成持续的血清药物浓度。临床药动学显示,注射后药物 C_{max} 发生在 72~96 小时,并且 C_{max} 和 AUC 以剂量依赖性的方式增加。平均系统清除率为 94ml/h,仅为 IFNα-2a 的百分之一。在慢性肝炎患者中,皮下注射后平均末端半衰期为 80 小时(50~140 小时),与 ROFERON-A 平均 5.1 小时(3.7~8.5 小时)相比,明显延长。在健康受试者人群中,180μg 单次皮下注射后,C_{max} 可在 3~6 小时内检测到。在 24 小时内,可达到 C_{max} 的 80%。注射 72~96 小时后可测到血药峰浓度[AUC(1 743 ± 459)(ng·h)/ml,

C_{max} (14 ± 2.5) ng/ml]，绝对生物利用度为 61%~84%，与普通 IFN α -2a 相似。PEG-IFN α -2a (40kDa) 加利巴韦林比 IFN α -2a 加利巴韦林具有更好的持续病毒学反应，而伴随相似或更低的不良事件发生率和更好的生活质量。PEG-IFN α -2a (40kDa) 是能够基于证据做出按照丙型肝炎病毒基因型优化治疗时间和利巴韦林剂量的第 1 个 PEG 修饰的 IFN- α。预计 PEG-IFN α -2a (40kDa) 将改进慢性丙型肝炎治疗的有效性和耐受性。

PEG-IFN α -2b 和 PEG-IFN α -2a 的临床应用为 PEG 修饰剂的选择原则提供了新的参考依据：虽然带支链的大分子修饰剂比线性较小的分子修饰剂可以赋予被修饰蛋白更长的半衰期和更高的稳定性，但是由于其对生物活性中心的掩盖更大且对修饰后药物的全身分布有影响，因此，修饰剂的具体选择还要综合考虑被修饰药物的特点及适应证的特点。

(四) PEG 修饰干扰素药物的质量控制

PEG 修饰干扰素与原型干扰素结构上的差异决定了其在质量控制时独特的理化、生物学特性和质量控制指标。目前 PEG 修饰干扰素 (原液) 的质量标准一般包括：生物学活性、蛋白质含量、纯度、游离干扰素、残留聚乙二醇、相对分子质量、细菌内毒素检查、紫外扫描、肽图等项目，但是普遍没有对 PEG 修饰的准确性进行控制，如修饰度、修饰位点等指标。下文提出的检测指标及检测方法可在常规质量控制中使用，对 PEG 修饰干扰素的质量控制具有一定的参考意义。

1. 修饰度　干扰素理论上可被 PEG 修饰的位点可能有多个，但并不是每个位点都会被修饰，修饰度是实际修饰位点个数与所有可被修饰位点个数的比值，是个平均值。修饰度的高低与修饰反应条件、纯化条件等因素有关；修饰度是否与预期一致，关系到 PEG 修饰干扰素半衰期的长短、生物学活性的高低，因此必须对其进行考察。

常用的修饰度测定方法有两类：一类是通过测定干扰素修饰前后相对分子质量的变化得到偶联到干扰素上的 PEG 总相对分子质量，再根据单个 PEG 的相对分子质量计算出偶联到干扰素上的 PEG 个数，测定相对分子质量的常用方法有十二烷基硫酸钠 - 聚丙烯酰胺凝胶电泳 (SDS-PAGE)、毛细管电泳、高效液相色谱 (HPLC) 法等，这些方法操作比较简单，但测定误差较大；基质辅助激光解吸离子化飞行时间质谱 (MALDI-TOF-MS) 测定相对分子质量准确度较高，但由于仪器昂贵，应用受到一定的限制，一般只在研发阶段使用。另一类是通过测定未修饰的氨基酸残基的量来计算修饰度，未修饰的氨基酸残基的测定一般用三硝基苯磺酸 (TNBS) 法，该法简单易行，但干扰因素较多，灵敏度较低，也可用荧光胺代替 TNBS 来进行测定，优点是不受溶液中的 mPEG-2 分子的干扰，仅需纳克级的蛋白质就可完成测定；未修饰巯基的测定一般采用 2- 硝基苯甲酸 (DTNB) 法；还可以用一端连有正亮氨酸或荧光素等标记物的 PEG 分子修饰蛋白质，将其水解后，通过测定这些标记物的含量来计算蛋白质偶联的 PEG 个数，优点是准确度较高，但是操作烦琐，成本较高。常规质量控制中一般使用 TNBS、荧光胺、DTNB 等方法测定修饰度，以监测生产工艺及产品的稳定性。

2. 修饰位点　修饰位点的位置是影响 PEG 修饰干扰素空间结构及生物学活性的关键因素。鉴定修饰位点的基本原则是用蛋白酶 (如胰蛋白酶) 将 PEG 修饰干扰素和普通干扰素 (作为对照) 水解为肽段，分离肽段后用不同的方法进行比对分析。一种方法是比对干扰素修饰前后质谱肽图变化情况，根据相邻肽段峰面积变化情况判断可能被 PEG 修饰的位点；另一种方法是进行氨基酸测序，由于 PEG 空间位阻的屏蔽作用，被 PEG 修饰后的氨基酸吸收峰消失或较小，通过比较两者图谱缺失的氨基酸，从而确定修饰位点。PEG 修饰蛋白质用蛋白酶水解时存在水解不完全的问题，一种新的分析方法是用含有蛋氨酸基团的特殊 PEG 衍生物修饰蛋白质，用溴化氰 (CNBr) 将 PEG 从蛋白质分子上去除后，再将蛋白质酶解，通过质谱分析、氨基酸测序等检测修饰位点。当干扰素分子可修饰的位点有多个而又难于实现定点修饰时，不同分子修饰位点的位置存在差异，从而形成同分异构体，这时需要先将同分异构体分离，再分别鉴定其修饰位点。在常规质量控制中，为保证生产工艺稳定及产品的有效性，可以使用离子色谱等方法对这些已经鉴定出修饰位点的同分异构体的含量进行测定。

3. 相对分子质量　PEG 分子存在一定的相对分子质量分布，因此修饰后的干扰素也没有均一的相对分子质量。PEG 修饰蛋白质体积的增加及 PEG 长链之间的相互缠结,使电泳行为异常、迁移率降低,用 SDS-PAGE 测定的表观相对分子质量比实际的相对分子质量要高得多。根据所修饰的 PEG 类型的不同,表观相对分子质量的大小可以达到实际相对分子质量的 1.5~2.5 倍,因此宜采用质谱法确定 PEG 修饰干扰素真实的相对分子质量。

目前,检测 PEG 修饰蛋白质相对分子质量分布指数较好的方法是 MALDI-ToF-MS,该法抗杂质干扰强,可降低样品预处理的难度,并且 PEG 修饰蛋白质经基质辅助激光解吸离子化后所得单电荷离子居多,质谱图易解析,适合在研发阶段分析药物理化特性时使用。常规质量控制中,可以使用 SDS-PAGE 测定样品的表观相对分子质量,但是应同步上样经过质谱法确定了相对分子质量的同质参考品,样品与同质参考品的迁移率应一致。

4. 生物学活性 PEG 修饰干扰素通过延长体内半衰期提高治疗效果,但是干扰素经 PEG 修饰后,构象、空间位阻、静电结合性质、疏水性均发生变化,不可避免地影响其与受体的结合,从而引起体外生物学活性的降低,PEG 修饰反应的过程、反应的副产物等也可造成 PEG 修饰干扰素生物学活性的降低。生物学活性降低的幅度与 PEG 的结构、大小、修饰度、修饰位点等因素有关,PEG 修饰干扰素的比活性一般为普通干扰素的 1%~10%,甚至更低,如果游离干扰素在纯化过程中没有完全去除或保存过程中 PEG 脱落产生新的游离干扰素,产品的比活性会异常升高。因此,生物学活性测定可反应生产工艺的稳定性和产品的稳定性,为了控制游离干扰素的含量,比活性除了规定下限外,还应规定上限。

PEG 修饰干扰素生物学活性测定方法与普通干扰素相同,可以使用细胞病变抑制法或报告基因法。由于 PEG 修饰干扰素与普通干扰素结构不同,两者的剂量反应曲线不一致,如果使用普通干扰素作为生物学活性测定标准品,测定结果的变异度较大,因此应使用同质标准品。由于各企业 PEG 修饰干扰素的结构各不相同,目前尚未建立 PEG 修饰干扰素生物学活性测定国际标准品或国家标准品,这就要求各企业建立自己的生物学活性测定同质标准品。

5. 游离干扰素 干扰素经 PEG 修饰、纯化后,会有一定量的游离干扰素残留;PEG 修饰干扰素在保存过程中,PEG 脱落也会产生游离干扰素,游离干扰素在人体内不但没有长效作用,而且因其活性远远大于 PEG 修饰干扰素,少量游离干扰素的存在就能明显影响产品生物学活性测定的准确性,所以必须对游离干扰素的量进行控制。常用的检测方法包括 SDS-PAGE 法和 HPLC 法,由于游离干扰素与 PEG 修饰干扰素相对分子质量不同,可以使用分子排阻高效液相色谱(SEC-HPLC)法或 SDS-PAGE 法测定,另外两者的疏水性也不同,也可以使用反相高效液相色谱(RP-HPLC)法检测,游离干扰素的量一般应不超过总蛋白质量分数的 1.0%。

6. 残留 PEG 干扰素修饰过程中使用过量的 PEG,纯化之后可能会产生残留,PEG 修饰干扰素保存过程中,PEG 还可能发生脱落,因此可以通过测定残留 PEG 含量来评价纯化工艺的有效性以及产品的稳定性。一般使用高效液相色谱 - 蒸发光散射检测器检测,样品经过 RP-HPLC 分离后,使用蒸发光散射检测器检测残留的 PEG。蒸发光散射检测器工作原理是柱流出物经惰性气体雾化并在加热管中将流动相蒸发掉,留下的 PEG 颗粒进入光管,在光散射池中 PEG 颗粒散射光源发出的光,记录此光强度的变化即得到 PEG 的残留量。也可以使用 SDS-PAGE 分离后,用碘染色法进行测定,但只能用于限度检查。

7. 其他项目 鉴别试验使用免疫印迹或免疫斑点法时,除了考虑蛋白质成分的鉴别,还要考虑 PEG 成分的鉴别,可以使用碘染色法,或者在鉴别试验中增加 HPLC 法或 SDS-PAGE 法,通过供试品与对照品保留时间的一致性进行鉴别。进行纯度检查时,应对多修饰干扰素和 PEG 修饰干扰素多聚体的量进行控制。多修饰干扰素是指偶联的 PEG 分子多于预期的修饰产物,其活性一般要低于正常修饰干扰素,多聚体是 PEG 修饰干扰素分子之间聚集形成的,由于两者的相对分子质量明显都大于正常的 PEG 修饰干扰素,可以使用 SEC-HPLC 法或 SDS-PAGE 法测定。

三、PEG 修饰技术进展

PEG 修饰技术在长效蛋白药物上的应用一直在国内外受到广泛关注,已上市的多种 PEG 修饰蛋白药物也充分说明了其药用价值及商业价值,衍生物也从第一代随机修饰,到第二代特异性和功能性修饰,再到第三代分支型结构的应用,对其应用开发也从简单的药物修饰扩展到生物传感、药物传输等方面。PEG 修饰蛋白药物普遍能在不影响疗效的情况下延长半衰期,降低免疫原性。但结构较为复杂的 PEG 修饰蛋白药物在修饰位点和平均修饰率等 PEG 相关的质量控制项目上还存在一定的困难。

(一) 新结构的 PEG 衍生物不断被开发

第一代 PEG 衍生物主要是针对氨基进行随机修饰的低分子质量单甲氧基聚乙二醇(monomethoxy-polyethylene glycol,mPEG,<20kDa),mPEG- 琥珀酰亚胺碳酸酯(mPEG-SC)与 mPEG- 琥珀酰亚胺琥珀酸酯(mPEG-SS)是两种最常用的第一代 PEG 衍生物,都可与赖氨酸残基的 ε - 氨基反应。但蛋白表面的赖氨酸残基较多,可修饰位点过多,导致修饰产物不均一。此外 mPEG-SC 除了赖氨酸残基外,还可与组氨酸和酪氨酸残基发生副反应;而 mPEG-SS 在与蛋白结合后,其聚合物骨架中残留的酯键易水解断裂,蛋白上残留的琥珀酸末端也易诱发免疫原性。这些也是第一代 PEG 衍生物普遍存在的问题,因此第一代 PEG 衍生物表现出多副反应产物或降解产物且修饰产物不易分离、不稳定性、较大的毒性和免疫原性、均一性差等问题。

第二代 PEG 衍生物中,如醛、酯、酰胺等更有效的官能团也可作为反应活性基团,也不再局限于低分子质量的 PEG 衍生物(可大于 20kDa)。蛋白表面的赖氨酸残基较多,这使得第一代 PEG 衍生物不均一,且修饰剂有可能覆盖蛋白的活性位点,影响蛋白活性,故第二代 PEG 衍生物开始着眼于特异性、功能性的化学修饰。例如,对 N 端定点修饰的 PEG 衍生物,对巯基定点修饰的 PEG 衍生物,可控制释放的 PEG 衍生物和异双功能 PEG 衍生物。

随着 PEG 衍生物的进一步发展,具有分支结构的 PEG 衍生物(包括树型 PEG、Y 型 PEG 以及梳型 PEG 衍生物等)被证明比线性结构的 PEG 衍生物表现出更优越的特性:能使修饰后的蛋白药物具有更高的稳定性、更长的半衰期和更低的免疫原性。梳型 PEG 衍生物则具有更低的黏度和器官积累。Vugmeyster 等在不同类型修饰剂对 TNF 纳米抗体抗肿瘤活性影响的研究中,分别使用分子质量为 40kDa 的线型、Y 型(2 个 20kDa 链)和树型(4 个 10kDa 链)的聚乙二醇马来酰亚胺(PEG-maleimide,PEG-MAL)对其定点修饰。结果表明,3 种不同类型的 PEG-MAL 修饰产物在生理条件下均可稳定存在,体外活性相当,然而具有分支结构的 PEG 修饰物在大鼠体内的半衰期最长。

(二) 定点 PEG 修饰技术受到重视

在临床价值方面,PEG 修饰蛋白药物技术已经非常成熟。自从引入 PEG 腺苷脱氨酶(PEG-ADA)以来,大量的 PEG 修饰蛋白药物和肽类药物进入市场,且仍有许多都在临床试验或正在开发阶段。

目前为止,随机修饰仍占已上市 PEG 修饰蛋白药物中的大多数,其存在修饰剂不均一、选择性不够高、修饰后的蛋白质分子量分布宽、活性降低、稳定性有时不够理想等突出问题。相反,定点修饰能够选择特定基团进行修饰,避免或减少对活性位点的修饰,并且可较好地控制修饰程度,提高活性保存率,有利于产品质量控制和工业化生产。因此,定点修饰已成为 PEG 修饰蛋白药物和肽类药物的研究热点,各种适用于工业化生产的定点修饰技术不断出现,并获得了越来越广泛的应用。

(三) PEG 修饰蛋白药物的质量控制得以深入研究

传统的蛋白药物质量控制项目中最重要的有分子量、纯度、效价等,但这些指标和分析并不足以对 PEG 修饰蛋白药物进行全面、有效的质量控制。PEG 作为聚合物的多分散度会直接影响修饰后的蛋白药物分子质量分布,影响产品的均一性,从而影响药物的安全性与疗效。因此,必须对每个产品都有针对性地开发出各自适用的质量控制标准,其中最能衡量产品安全性和有效性的两项即为 PEG 的修饰位点和平均修饰率。

1. PEG 的修饰位点 多位点随机修饰的药物是由不同修饰位点及不同修饰数目的修饰产物组成的混合物,且 PEG 本身是由一系列不同分子质量的物质组成的混合物,导致修饰位点测定较为困难。应用串联质谱法等最新的分析方法应该是未来的研究方向,包括碰撞诱导解离串联质谱(CID-MS/MS)、反射式源内衰减 - 基质辅助激光解吸电离串联质谱(reISD-MALDI-MS)等。

2. PEG 的平均修饰率 　目前应用最广泛的 PEG 平均修饰率的测定方法是光度法,虽然光度法操作简单,但易受环境影响,要求样品纯度较高,且需要保持适宜的环境温度、pH 等,而 MALDI-TOF 脉冲式的离子化方式所得的图谱解析信息有限,无法精确定量,对于多位点随机修饰的蛋白药物很难精确测定平均修饰率。所以实践中常采用光度法辅以 MALDI-TOF-MS 对平均修饰率进行多方位评估。李晶等采用荧光胺法测得 3 种 PEG-rhGH 的平均修饰率均为 10%,并通过 MALDI-TOF-MS 对 PEG-rhGH 的质谱信号进行扫描,发现除了在 PEG-rhGH 二聚体($[2M+1]^+$)处有少量信号峰外,在 rhGH 结合 2 个、3 个 PEG 的位置处均无响应信号,由此推断 3 种 PEG-rhGH 均为单位点修饰。

第二节　Fc 融合的 TNF 抑制剂

一、Fc 融合技术简介

Fc 融合蛋白是指利用基因工程等技术将某种具有生物学活性的功能蛋白分子与 Fc 片段融合而产生的新型蛋白,功能蛋白可以是能结合内源性受体(或配体)的可溶性配体(或受体)分子或其他需要延长半衰期的活性物质(如细胞因子)。Fc 融合蛋白的 2 个组成部分,通常具有相对独立的结构域和功能,能够从不同的角度影响该类分子的理化性质和生物学活性。

(一)Fc 延长半衰期原理

Fc 融合蛋白的重要特点是包含 Fc 片段,这也是影响其理化性质和生物学活性的关键因素。

抗体类药物往往具有较长的血浆半衰期,人体内源性免疫球蛋白在新生儿 Fc 受体(FcRn)的保护下,血浆半衰期能达到 19 天。IgG 的超长半衰期源于 FcRn 介导的再循环机制(图 9-5)。IgG 通过胞饮作用进入小肠上皮细胞内,在早期酸化的内体中与 FcRn 结合,因此能逃避胞内溶酶体的降解。而在十二指肠中,管腔环境为酸性,IgG 在被细胞内吞之前就已在顶膜表面与 FcRn 结合,从而使 IgG 被安全转运到细胞的另一个膜表面,或再次循环到同一膜表面。由于这种结合是 pH 依赖性的,在胞外 pH 为中性时,IgG 将脱离 FcRn 再次进入循环。Fc 融合蛋白含有的 Fc 片段也能够通过类似的原理延长其半衰期,即 Fc 片段通过—CH_2—CH_3 与 FcRn 结合并呈 pH 依赖性:在 pH 7.4 的生理条件下,FcRn 与 Fc 不结合;在细胞内体 pH 6.0~6.5 的酸性条件下,两者结合,从而避免融合分子在细胞内被溶酶体等快速降解。同时,融合 Fc 片段能够增大分子体积,降低肾清除率。

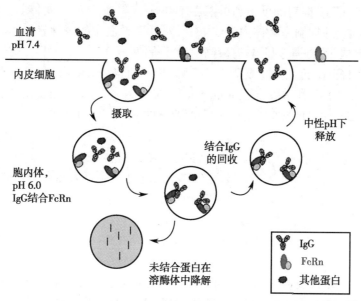

图 9-5　Fc 融合技术延长蛋白药物血浆半衰期的原理

除了长效性,Fc片段还能提高分子的稳定性。Fc融合蛋白可以通过Fc铰链区的二硫键连接形成稳定的二聚体,进一步通过对二硫键的基因工程改造和修饰,还可以使Fc融合蛋白聚集成六聚体复合物。Fc区域可以独立折叠,保证伴侣分子体内外的稳定性。

(二) Fc融合蛋白中Fc结构的主要功能

Fc融合蛋白的Fc片段使融合蛋白相对分子质量增加,避免被肾小球滤过,同时Fc片段可与FcRn结合,避免融合蛋白进入溶酶体中被降解,从而显著延长融合蛋白的血浆半衰期,进而可减少药物注射频率,改善患者对治疗的依从性和耐受性。由于多种细胞和组织中均表达FcRn,通过滴鼻、肺部吸入等无创给药方式,可介导IgG-Fc融合蛋白与鼻、肺脏以及气管上皮细胞中的FcRn结合,穿过黏膜上皮细胞屏障,发挥融合蛋白的相应生物学功能。因此利用Fc与FcRn的作用特性可优化给药方式,减少治疗对患者造成的创伤。

此外,Fc融合蛋白的Fc片段可与免疫细胞表面的FcγR结合,发挥多种生物学功能,如介导穿过胎盘和黏膜屏障、炎症反应、依赖抗体的吞噬作用(antibody-dependent phagocytosis,ADP)、依赖抗体的细胞毒性(antibody-dependent cellular cytotoxicity,ADCC)作用、补体依赖的细胞毒性(complement-dependent cytotoxicity,CDC)作用、促进树突状细胞(DC)成熟、调节细胞因子分泌、调节B细胞增殖分化等,通过融合蛋白与其配体的相互作用将Fc片段的生物学效应引导到特定目标。

除了激活免疫反应外,Fc融合蛋白还具有免疫调节作用。DeGroot等在IgG的Fab和Fc片段中发现了多个调节性T细胞表位。调节性T细胞表位功能高度保守,与多种MHC Ⅱ类分子结合,可能通过以下两种途径发挥免疫调节作用:①诱导调节性T细胞活化增殖,直接抑制紧邻的效应T细胞介导的免疫应答;②产生抗原特异性的诱导性调节T细胞,抑制特定抗原引起的病理性应答。目前,调节性T细胞表位发挥作用的机制仍不明确,抗原肽与Fc片段融合后,抗原特异性效应T细胞应答与调节性T细胞应答可能共同参与调节免疫平衡。

二、Fc融合的TNFα抑制剂

强直性脊柱炎(ankylosing spondylitis,AS)是常见的自身免疫疾病,是一种以骶髂关节炎肌腱端炎和脊柱炎症为特点的慢性炎症性风湿性疾病,病因尚不明确。随着免疫学研究的发展,人们发现肿瘤坏死因子α(tumor necrosis factor α,TNFα)在AS的病程发展中起重要作用。TNFα主要由活化的巨噬细胞产生,是一种多功能的细胞因子,具有广泛的生物学活性。据研究报道,在类风湿性关节炎、强直性脊柱炎等患者的体内均有TNFα表达过量的现象。TNFα通过与细胞表面肿瘤坏死因子受体结合发挥其生物学功能。TNFα抑制剂可中和可溶性TNFα或阻断TNFα受体与配体结合,能迅速减轻关节的红肿热痛和晨僵,并抑制患者体内的TNFα,降低患者血中的炎性指标。与传统的抗风湿病药物相比,此类药物起效快、药力强,因此具有较高的治疗价值。

目前临床使用的TNFα抑制剂主要为以下五种:依那西普(etanercept)、阿达木单抗(adalimumab)、英夫利昔单抗(infliximab)、戈利木单抗(golimumab)和赛妥珠单抗(certolizumabpegol)。其中依那西普是全球第一个获批的TNFα抑制剂,也是第一个商业化的Fc融合蛋白。

(一) 依那西普

1. 依那西普的结构与功能　不同于其他4种抗TNFα抗体,依那西普不是一种抗体,而是一种完全可溶的人二聚体融合蛋白,通过与TNFα竞争结合并阻止其激活炎症级联反应而发挥TNFα抑制剂的作用。依那西普由2个TNF p75受体的细胞外配体结合结构域组成,它们通过3个二硫键与人免疫球蛋白G1(IgG1)的Fc部分相连。依那西普的Fc成分包含IgG1的C_H2域、C_H3域和铰链区,但不包含C_H1域。依那西普的二聚体结构使其成为能够比天然TNFα受体大50~1 000倍的亲和力结合TNFα(图9-6)。

依那西普采用重组DNA技术,在CHO细胞表达系统中使用二氢叶酸还原酶选择和扩增标记生产,采用蛋白A亲和色谱法和随后的离子交换步骤从上清液中纯化。糖蛋白产物由934个氨基酸组成,表观分子质量为 150kDa。

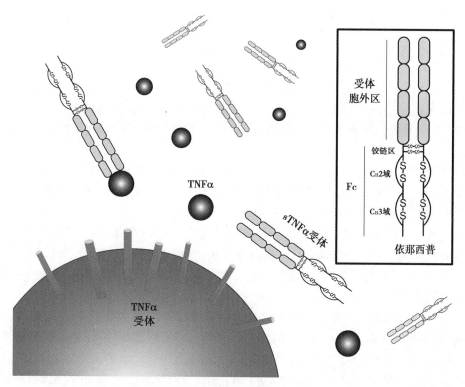

图 9-6　Fc 融合的 TNFα 抑制剂作用原理示意图

依那西普在美国已获批的适应证包括：中度至重度类风湿性关节炎（RA，1998 年），中度至重度多关节型幼年特发性关节炎（1999 年），银屑病关节炎（PA，2002 年），强直性脊柱炎（AS，2002 年），中度至重度斑块型银屑病（2004 年）。

2. 依那西普的作用机制　依那西普与天然可溶性 TNFα 受体类似，与跨膜 TNFα 受体竞争结合 TNFα，由于其结合域本身是 TNFα 受体，依那西普对 TNFα 具有高度特异性。依那西普的二聚体设计旨在增加与 TNFα 的结合亲和力，因此与单体可溶性 TNFα 受体相比，作为竞争性抑制剂的效力增加。与抗 TNFα 抗体药物不同，依那西普也靶向另一种 TNFα 受体配体淋巴毒素 -α。依那西普设计中使用的 TNFα 受体类型的选择可能并不重要，在小鼠 LPS 诱导的死亡模型研究中，包含 TNFα -R1 和 TNFα -R2 胞外部分的融合蛋白都是有效的。天然的可溶性 TNFα 受体在体内不稳定，依那西普的 Fc 部分可改善其在循环中的稳定性并延长其半衰期。

依那西普与可溶性三聚体 TNFα 的结合率为 1∶1，与之相反，抗 TNFα 抗体药物的结合率为 3∶1，具体而言，依那西普的 TNFα -R2 胞外域可识别位于同源三聚体中 TNFα 单体之间的 N 端和 C 端环。定点突变研究表明，依那西普与位于 TNFα 三聚化界面的以下残基结合：TNFα 的 Arg_{138}、Asp_{140}、Tyr_{141} 和 Leu_{142}。相对于 TNFα 受体，依那西普对可溶性 TNFα 具有高亲和力：K_D=(5.1 ± 0.26) nmol/L。依那西普的 TNFα 结合特性已使用多种方法进行测定，其与 TNFα 的亲和力比天然单体可溶性 TNFα 受体的亲和力高 50 倍。依那西普与可溶性 TNFα 结合，结合常数如下（平均 ± 标准差），通过表面等离子体共振测定：

结合率：k_{on}=(25.9 ± 0.21)× 10^4 s^{-1}

解离率：k_{off}=(13.1 ± 0.15)× 10^{-4} s^{-1}

依那西普与可溶性 TNFα 的结合特性与阿达木单抗和英夫利昔单抗相似（通过表面等离子体共振测定），这三种药物对 TNFα 的亲和力相似，与 TNFα 的结合率和解离率相似。然而，通过动力学排阻实验（kinetic exclusive assay，KinExA）技术测定的依那西普与可溶性 TNFα 的结合亲和力（K_D=0.4pmol/L）

为 10，比阿达木单抗或英夫利昔单抗高 20 倍。这三种药物对转染细胞表达的跨膜 TNFα（依那西普 K_D=483pmol/L）表现出相似但较低的亲和力（K_D 较高）。

在一项基于细胞的抑制研究中，依那西普对 TNFα 与跨膜 TNFα 受体结合的抑制作用约为单体可溶性 TNFα 受体的 50 倍（K_i 值）。使用 L929 细胞生物测定，依那西普中和 TNFα 的活性是单体可溶性 TNFα 受体的 1 000 倍。在小鼠中，依那西普的给药消除了与 LPS 诱导死亡剂量相关的血清 TNFα 生物活性的增加，在生物测定中包括抗 TNFα 单克隆抗体可阻断依那西普的这种作用。依那西普的保护作用似乎是中和 TNFα 活性，而不是将其从血清中清除。相反，在这些小鼠中，血清中 TNFα 水平随着依那西普或可溶性单体 TNFα 受体的低剂量增加而增加，提示 TNFα "载体"功能。

3. 依那西普的临床前药效　依那西普的生物学全身作用是有利的。TNF 诱导或调节的特异性免疫相关生物学反应包括负责白细胞迁移的黏附分子（E- 选择素以及程度较小的细胞间黏附分子 -1）的表达、细胞因子（白细胞介素 -6 和基质金属蛋白酶 -3）的血清水平。

在各种慢性炎性疾病动物模型中，依那西普表现出良好的治疗效果。在小鼠关节炎模型（Ⅱ型胶原诱导的关节炎）中，依那西普的预防性给药可预防该疾病，当在关节炎发作后给予依那西普，可降低疾病严重程度。在抗 TNFα 生物制剂中，这是首个显示对类风湿性关节炎（RA）有效的生物制剂，当 1993 年英姆纳克斯公司的 Wooley 等人报告该结果时，引起了广泛关注。

4. 依那西普的药动学研究　在一项对 25 例 RA 患者的研究中，单次给予 25mg 依那西普的半衰期为（102±30）小时，清除率为（160±80）ml/h。据估计，与天然单体可溶性 TNFα 受体相比，静脉注射依那西普 Fc 部分的消除半衰期延长了 5~8 倍。在（69±34）小时内达到最大血药浓度 [C_{max}=（1.1±0.6）μg/ml]。重复给药，每周 2 次，持续 6 个月，C_{max} 为（2.4±1.0）μg/ml（n=23），C_{max} 增加 2~7 倍，0~72 小时浓度 - 时间曲线下面积（AUC）增加约 4 倍（范围 1~17 倍）。依那西普 50mg 每周 1 次或 25mg 每周 2 次的药动学参数相似。药动学参数在男性和女性之间无差异，在成年患者中不随年龄变化。在 RA 患者中，甲氨蝶呤合并治疗未改变依那西普的药动学。

在幼年特发性关节炎（JIA）患者中，依那西普 0.4mg/kg 每周 2 次（最高 50mg/w）治疗长达 18 周的平均血清浓度为 2.1μg/ml（范围为 0.7~4.3μg/ml）。有限的数据表明，依那西普在 4~8 岁儿童中的清除率略有降低。

5. 依那西普的临床研究　在一项初期临床试验中，40 名患有活动性、炎症性 AS 的患者被随机分配接受依那西普每周 2 次 25mg 或安慰剂治疗 4 个月，同时服用或不服用非甾体抗炎药、口服皮质类固醇和稳定剂量的抗风湿药。依那西普治疗具有更高的治疗应答率，综合改善了晨僵、脊椎疼痛、关节肿胀等指标。依那西普耐受性良好，不良事件发生率与安慰剂无显著差异。

依那西普的安全性和有效性随后在一项更大的（277 名活动期 AS 患者）、随机的、双盲、安慰剂对照的研究中进行了评估，如 1984 年美国纽约修订标准所定义。这些标准包括活动性疾病的证据，这些证据基于 0~100 单位的视觉模拟评分法（visual analog scale，VAS）上关于晨僵持续时间和强度平均值、患者总体评估、背部疼痛以及巴斯强直性脊柱炎功能指数（BASFI）的平均得分。这项研究排除了脊椎完全强直的患者。在研究期间，患者可以继续服用羟基氯喹、柳氮磺胺吡啶、甲氨蝶呤或泼尼松（至少 10mg/d），剂量稳定。患者每周 2 次服用 25mg 依那西普或安慰剂，连续 6 个月后，与安慰剂相比，依那西普治疗使强直性脊柱炎反应标准的评估，如患者总体评估、背部疼痛、BASFI 和炎症（所有与基线相比百分比变化的比较 P<0.0015）有所改善。

（二）依那西普生物类似药的研究

依那西普的美国专利原本 2012 年到期，但 2011 年年底美国专利局依据一项新专利将依那西普在美国本土的维护期延长至了 2028 年 11 月，欧洲专利在 2015 年 2 月已经到期，使得仿制药产品抢占了脊柱炎、银屑病和关节炎治疗市场，目前欧美各有 1 个类似药获批。依那西普生物类似药 benepali 于 2016 年 1 月在欧洲获批上市，erelzi 也于 2016 年 8 月在美国获批上市。

1. benepali 与依那西普的临床研究比较　benepali 与依那西普的头对头临床数据证明：benepali 与依那西普在首要临床终点——24 周 ACR20 应答率相似（78.1%Vs.80.3%），52 周达到平衡，差异也很小（80.8%Vs.81.5%）；在 ACR50 及 ACR70 两个指标上，两个药物相差较小。在药动学方面，benepali 与依那西普几乎具有完全相似的药动学参数。在不良反应方面，benepali 和依那西普的不良反应发生率分别为 58.5% 和 60.3%，两者并无统计学差异。值得一提的是，benepali 的免疫原性较依那西普更低（抗药抗体发生率：1.0%Vs.13.1%）。

2. benepali 的制备　benepali 是一种嵌合蛋白的同源二聚体，由 934 个氨基酸组成，每条链含有 467 个氨基酸。同型二聚体的分子量约为 130kDa。每个单链共含有 29 个半胱氨酸（Cys）残基。这些 Cys 残基通过多个链内和链间二硫键连接。benepali 是一种高度糖基化的融合蛋白，每个单体含有 3 个 N- 糖基化位点和 13 个潜在的 O- 糖基化位点。

（1）基因构建和细胞库构建：通过将 benepali 表达载体转化到 CHO 细胞中建立 benepali 细胞系。基于建立的细胞系，根据 ICH 指南 Q5D 生成并表征双层细胞库系统，即种子细胞库（MCB）和工作细胞库（WCB）。同时建立扩展的生产细胞库（EEPCB）以允许进一步测试细胞库系统的表征、遗传稳定性和病毒安全性。

（2）细胞培养：解冻一小瓶 WCB 后，将培养物的细胞质量和体积连续扩增，以接种到生产生物反应器中。保证在细胞培养过程中使用的动物来源的原料不存在牛海绵状脑病（BSE）/ 可传播性海绵体脑炎（TSE）的风险。细胞培养中的过程测试包括微生物生长、微观污染、内毒素、细胞密度、活力、pH、渗透压、CO_2、葡萄糖、乳酸和 benepali 生产的测试。

（3）纯化：活性物质的下游处理是一系列经过验证的色谱步骤，病毒灭活和过滤步骤以及超滤 / 渗滤步骤纯化细胞培养液。设定柱和超滤 / 渗滤系统的最大寿命。

3. benepali 的检定

（1）一级结构表征：benepali 使用 ICH 指南 Q6B 中描述的适当技术进行表征。结构表征包括：通过质谱法测量分子量，通过肽谱分析进行氨基酸分析、测序分析（100% 序列覆盖率），通过液相色谱电喷雾电离质谱 / 质谱法（LC-ESI-MS/MS）进行 N 和 C 端序列分析，以及通过 LC-MS 测定 C 端变体、Met 氧化和去酰胺化、二硫键分析和游离巯基的定量。

（2）杂质分析：单体和特定杂质（高分子量和低分子量形式）的纯度通过分子排阻色谱法（SEC）和具有多角度激光散射的高压分子排阻色谱法（HP-SEC）、疏水相互作用色谱法（HIC）、还原和非还原毛细管电泳（CE-SDS）和分析超速离心（AUC）进行分析。为了表征带电变体分布，使用阳离子交换色谱法（CEX）以及成像毛细管等电聚焦（icIEF）。

（3）糖基化位点分析：使用 LC-ESI-MS/MS 测定 N- 糖基化位点，通过 LC-MS 鉴定 N- 聚糖结构，通过亲水相互作用超高效液相色谱法测定 N- 聚糖种类的相对量，阐明 Fc 特异性聚糖谱。此外，通过 LC-MS 鉴定 O- 聚糖位点，O- 聚糖谱通过 β 消除进行阐明，使用离子排斥色谱法分析总唾液酸的含量。

（4）高级结构测定：通过氢 / 氘交换实验、差示扫描量热法（DSC）、微流成像（MFI）、动态光散射（DLS）、荧光光谱、傅里叶变换红外光谱（FITR）和远紫外圆二色（circular dichroism，CD）光谱学等方法测量高阶结构。

（5）生物学活性分析：通过对 TNFα 和 TNFβ 的结合测定以及基于细胞的 TNFα 中和测定来表征作用模式相关的生物活性。Fc 相关结合测定用于解析 benepali 与 FcγRⅠa、FcγRⅡa、FcγRⅡb、FcγRⅢa（V158 和 F158 同种异型）、FcγRⅢb 和 FcRn 的结合。此外，作为生物表征程序的一部分，测定 benepali 与来自不同物种的 TNFα 结合。

4. benepali 和依那西普的相似性分析　benepali 作为依那西普的生物类似药，需要在质量研究中和原研药物进行相似性分析，两者质量属性比较结果见表 9-2。

表 9-2　benepali 和依那西普的相似性分析结果

质量属性		分析方法	关键结论
分子量		LE-ESI-MS	相似
氨基酸序列	N 端序列		
	C 端序列	LC-ESI-MS/MS 结合胰酶、羧肽酶、唾液酸酶、N- 糖酰胺酶处理后肽图分析	完全一致
	肽图		
	二硫键		
	甲硫氨酸氧化		
自由巯基		荧光检测试剂盒,LC-MS/MS	完全一致
Asn 脱酰胺		蛋白质异天冬氨酸甲基转移酶处理后肽图分析	轻微差异
电荷异构体		阳离子交换 HPLC	酸性异构体稍高但不明显
		全柱成像毛细管等电聚焦电泳(iCIEF)	
糖基化谱	N- 糖基化位点	N- 糖酰胺酶处理后肽图分析	完全一致
	N- 糖基化糖型	普鲁卡因胺标记后肽图分析	完全一致
	N- 糖基化定量	氨基苯甲酰胺标记疏水层	脱岩藻糖基化稍有区别,但不影响 ADCC、CDC 作用
	O- 糖基化率	分子量分析	O- 糖基化率稍低但不明显
	O- 糖基化位点	LC-ESI-MS	完全一致
	唾液酸含量	离子交换色谱	相似
高级结构	二级结构	傅里叶变换红外光谱、圆二色谱	相似
	溶剂可及性	氢氘交换质谱	相似
	热稳定性	差示扫描量热法	相似
不可见微粒		微流成像仪	微粒更少
高聚体		动态光散射	相似
纯度		毛细管凝胶电泳	相似
		体积排阻色谱	高聚体更少
高分子量杂质		SEC- 多角度激光动态散射	高分子量杂质更少
		分析超速离心	
疏水异构体		疏水作用色谱	峰值更低
生物活性	TNFR 相关	TNFα 结合	相似
		TNFβ 结合	相似
		TNFα 中和	相似
	Fc 相关	FcRn、FcγRⅡa、FcγRⅡb、FcγRⅠa、FcγRⅢa、FcγRⅢb 结合分析	相似

三、Fc 融合技术进展

除了直接将目的蛋白与 Fc 片段进行融合外，研究人员还致力于融合蛋白的改造，如选择合适的 IgG 亚类作为融合载体，采用 Fc 片段单个或多个氨基酸序列修饰、糖基化改造等技术，提高融合蛋白的血浆半衰期，优化融合蛋白的效应功能，最终达到最佳免疫治疗效果。例如，Progenics 公司的重组融合蛋白 CD4-IgG2（代号 PRO-542）抗 HIV-1 感染药物是一种 CD4 与人 IgG2-Fc 的四聚体融合蛋白，通过与 HIV 表面蛋白 gp120 结合，阻断 HIV-1 感染靶细胞。PRO-542 选用与 Fc γ R 低亲和力的 IgG2，通过 Fc 作用仅延长融合蛋白的血浆半衰期，有效避免了 Fc 片段引起的副作用。此外，风湿性关节炎（rheumatoid arthritis，RA）治疗药物 abatacept（阿巴西普，商品名 Orencia®）的 Fc 片段含有若干氨基酸突变修饰，降低其与 Fc γ R 的亲和力，从而抑制 ADCC 和 CDC 作用，避免对 T 淋巴细胞的杀伤。

（一）Fc 结构域的改造

针对 Fc 片段进行改造以提高融合蛋白的血浆半衰期是 IgG-Fc 融合蛋白的重要优化策略之一。

Fc 与 FcRn 的作用位点在 IgG 恒定区 C_H2 结构域与 C_H3 结构域的交界处。FcRn 与 Fc 的结合是受 pH 严格调控的，在酸性条件下 FcRn 与 Fc 有更强的结合力；在中性或碱性条件下则不结合。研究表明，C_H2 与 C_H3 交界处的部分氨基酸突变可明显提高 IgG1-Fc 与 FcRn 的亲和力。将 M428L/N434S 突变引入两种治疗性单克隆抗体（cetuximab 和 bevacizumab）中不仅能提高其血浆半衰期，还能促进对肿瘤的杀伤作用。由于 Fc 融合蛋白的血浆半衰期（1~2 周）比完整抗体的血浆半衰期短，相应的突变位点可能在 Fc 融合蛋白中发挥更大作用，提高其血浆半衰期。

可以通过基因工程手段对 Fc 片段的氨基酸序列进行突变，获得半衰期更长的突变型融合蛋白。如阿斯利康的 Motavizumab-YTE 突变体的 Fc 片段包含了 3 个突变："YTE"，即 252、254 和 256 位的蛋氨酸、丝氨酸和苏氨酸分别被酪氨酸、苏氨酸和谷氨酸替换，Ⅰ期临床研究证实本品在健康人体内的血浆半衰期达到 100 天，约为 motavizumab 原型的 2~4 倍，而清除率仅为原型的 71%~86%。"YTE"这一突变技术将有望应用于其他抗体的优化，从而提高半衰期，减少给药频率。

Fc 融合蛋白的另一种重要优化策略即改善 Fc 片段的效应功能，提高或降低 Fc 与 Fc γ R 间的亲和力，从而对其效应功能进行人工优化，以满足不同临床治疗需要。优化的功能主要包括 ADCC、ADP、CDC 以及对抑制性受体 Fc γ RⅡb（CD32B）功能的调节。

（二）双 / 多特异性抗体的开发

天然抗体具有双功能和单特异性，一般结合两个相同表位的分子（IgG4 除外）。为了扩大使用抗体来改善疾病，已经开发了几种获得双 / 多特异性的方法。除了保持原来双功能的方法，有些方法还可以获得四功能或更高的功能性。

在单个 V_H-V_L 对（双效 Fab）中设计一个以上的特异性，可以通过将不同特异性的肽与催化抗体进行化学偶联、通过将两个或几个 V_H-V_L 对（有时与 Fc 或 V_L）进行融合表达或者通过将 Fc 的天然同源二聚体性质转化为异源二聚体获得多特异性。

scFv 或其他蛋白与同源二聚体 Fc（如天然抗体）的基因融合产生了效价为 2（特异性数 /Fc）的对称分子。例如，将不同特异性的 scFv 融合到抗体 C_H 的 C 端，将产生一个双功能和四价（每种功能为二价）的分子。当不同的 V_H-V_L 对与异二聚体 Fc 融合表达时，获得不对称的多特异性 Fc 融合。在最保守的情况下，当两个不同的特异性 C_H-C_L 对通过异源二聚体 Fc 在一个抗体中连接时，获得一个双功能、双特异性（每个特异性单功能）分子。该分子在分子质量、几何学和生物物理 / 生物学行为方面与天然抗体非常相似，但同时能够与两个不同的靶标结合。当异二聚体 Fc 与几种蛋白融合结合时，可获得多特异性、不对称的复杂分子。

异源二聚体 Fc 可以通过几种方法获得。利用小鼠 IgG2a 和大鼠 IgG2b 在同一细胞中表达时的异源二聚化偏好，获得了早期异源二聚化 Fc，如杂交瘤细胞（融合的大鼠和小鼠杂交瘤细胞）。杂交瘤抗体

（如卡妥昔单抗）在临床使用时具有很强的免疫原性，不适用于大多数人体应用。第一种以有效方式获得人异二聚体 Fc 蛋白的方法是由基因泰克公司的 Carter 设计的。日本中外制药株式会社、安进公司和辉瑞公司开发了基于离子相互作用或疏水和离子相互作用组合的类似方法，其"knobs-into-hole"方法包括通过在 C_H3 一侧引入体积大残基而有利于形成不对称 C_H3 二聚体，并通过使用较小的氨基酸取代较大的氨基酸在 C_H3 的另一侧创建一个空穴以适应该大侧链。

基于抗体的双特异性分子具有多样化的生物学应用前景，可以实现以下目标：

（1）获得调节两个靶标的附加 / 协同功能：案例包括①两个受体（EGFR+IGF-1R）；②两个配体（VEGF+Ang2）；③一个受体和一个配体（PDGFb+VEGF）；④同一靶标中的两个表位（结合 IGFR 中的两个表位并阻断与 IGF-1 和 IGF-2 的相互作用）。

（2）增加特异性：如双特异性抗体药物偶联物（ADC），在癌细胞中同时表达这两个靶点，在正常细胞中仅表达一个靶点，可获得更高的治疗指数（疗效 / 毒性）（HER2 + EpCAM）。

（3）通过充当桥梁来模拟靶标之间的相互作用：如用抗 CD3/ 抗肿瘤细胞表面抗原双特异性抗体（CD3 + EpCAM）将 CD3 阳性 T 细胞募集到癌细胞来模拟免疫突触。

第三节　人血清白蛋白融合的胰高血糖素样肽 -1

一、人血清白蛋白融合技术简介

人血清白蛋白（HSA）是由 585 个氨基酸组成的单链蛋白质，相对分子质量为 67kDa，是血浆的主要成分，在血液中的浓度为 34~54g/L。成熟的 HSA 是一个心形分子，由 3 个结构相似的 α - 螺旋结构域组成。HSA 在调节胶体渗透压、提供营养和促进伤口愈合等方面起着巨大作用，广泛应用于肝硬化腹水、烧伤、休克等的临床治疗，同时还可以作为载体蛋白参与药物在体内的运输。

（一）HSA 延长半衰期的原理

HSA 正常情况下不易透过肾小球，在血浆中的半衰期较长，可达 14~20 天。HSA 能够与 gp18、gp30、gp60 和 FcRn 等受体结合，影响 HSA 的运输和分布，其中 HAS 主要是通过 FcRn 介导的再循环机制避免蛋白降解，延长半衰期。HAS 与 FcRn 结合位点与 IgG 不同，因此 HAS 不会影响 IgG 的重循环过程。由于 HSA 具有无免疫原性、人体相容性好、组织分布广和无酶活等特性，是一种理想的生物活性蛋白载体，近年来，基于 HSA 的药物融合技术得到了广泛的发展和应用。

HSA 融合技术是将药物蛋白的 cDNA 和 HSA 的 cDNA 偶联，将药物蛋白连接在 HSA 的 C 端或者 N 端，产生融合分子。HSA 融合蛋白可在各种宿主中实现高效表达，其中 GLP-1、IFN α -2b、G-CSF 等融合蛋白能够在酵母中大量表达，表达量可达 10g/L 以上；抗体、凝血因子等更为复杂的分子可通过哺乳动物细胞培养表达得到。

（二）HSA 在蛋白药物长效化中的应用

通过与 HSA 融合，蛋白药物的半衰期可显著增强。如单独的 GLP-1 在血液中的半衰期仅有 2 分钟，而 GLP-1-HSA 融合蛋白的半衰期在小鼠体内可达 11 小时，在食蟹猴体内可达 2~4 天；临床试验证明 GLP-1-HSA 融合蛋白在人体的半衰期可达 5 天。干扰素 IFN α -2b 通过与 HSA 融合，半衰期由 2~3 小时增加到 140~159 小时；凝血因子 FⅦ 和 FⅨ 与 HSA 融合之后，可保持 70% 的凝血活性，半衰期延长了 5 倍。目前，HSA 融合技术应用于新药开发受到了世界各大制药公司的重视。

二、人血清白蛋白融合胰高血糖素样肽 -1——阿必鲁肽

据不完全统计，全世界有超过 3.82 亿的糖尿病患者，其中中国 18 岁以上的糖尿病患者约有 1.14 亿，这些糖尿病患者中有 95% 以上为 2 型糖尿病。胰高血糖素样肽 -1（glucagon-like peptide-1，GLP-1）是

在人体进食后血糖升高的情况下由肠道 L 细胞分泌的一类肠促降糖素,通过与广泛表达于多种细胞膜表面的 GLP-1 受体结合,激活胞内相关信号传导通路,调节细胞功能,发挥多靶点、多功能的生物活性作用,包括:①依赖于人体血糖浓度升高情况来调控血糖浓度;②促进胰岛 B 细胞增殖分化,抑制胰岛 B 细胞凋亡,提高机体的胰岛素敏感性;③抑制胃肠排空、减少进食、减轻体重。GLP-1 具有治疗 2 型糖尿病的巨大优势,但由于天然的 GLP-1 在体内易被二肽基肽酶 - Ⅳ(DPP- Ⅳ)降解,半衰期只有 1~2 分钟,因而限制了它的临床应用。开发各种长效 GLP-1 受体激动剂成为近 20 年的研究热点,并取得了显著的研究成果。

(一) 阿必鲁肽的结构

阿必鲁肽(albiglutide,商品名 Tanzeum®),是由葛兰素史克公司(GSK)研制的一种每周注射 1 次的 GLP-1 受体激动剂。阿必鲁肽皮下注射剂结合饮食与运动用于改善 2 型糖尿病成人患者的血糖控制,是第一个上市的 HSA 融合药物。与正常人相比,2 型糖尿病患者往往 GLP-1 水平降低,阿必鲁肽具有降低葡萄糖的作用,从而促进葡萄糖依赖的胰岛素分泌、抑制胰高血糖素分泌,减慢胃排空,促进饱腹感。阿必鲁肽作为一个长效 GLP-1 类似物,可降低空腹和餐后血糖水平。

阿必鲁肽的分子式为 $C_{3232}H_{5032}N_{864}O_{979}S_{41}$,相对分子质量为 72 970,由 GLP-1(片段 7~36)的 30 个氨基酸序列的两个拷贝与重组 HSA 组成。通过替换 GLP-1 氨基酸序列的第 8 位氨基酸(丙氨酸替换甘氨酸)达到抵抗二肽基肽酶 - Ⅳ(DPP- Ⅳ)的水解作用,其 GLP-1 部分与天然 GLP-1 的序列同源性为 97%。虽然形成的融合蛋白增加了药物的半衰期,但融合的大分子蛋白可能会影响药物与 GLP-1 受体的相互作用。由于 HSA 的融合会影响目的蛋白的正确折叠、糖基化位点的暴露程度以及活性位点的功能,从而导致融合蛋白表达产物不均一、不稳定以及活性降低,因此需要设计优化 HSA 与目的蛋白的连接形式。HSA 融合蛋白的优化设计主要包括目的蛋白与 HSA 的融合方向和连接肽(包括长度)的选择。目的蛋白可以添加到 HSA 的 N 端或 C 端,但是,HSA 融合蛋白的生物活性取决于融合靶点的 N 端或 C 端结构域是否对其活性起作用。GLP-1 肽的 N 端对于受体结合至关重要,需要有一个游离的组氨酸才具有活性,因此,将 GLP-1 与 HSA C 端融合可能阻碍 GLP-1 的结合,导致其活性降低,而将第二拷贝肽的 C 端与 HSA 的 N 端连接对其生物活性无影响。基因偶联后在酿酒酵母(*Saccharomyces cerevisiae*)中表达分泌,经分离纯化得到阿必鲁肽。

(二) 阿必鲁肽的药动学研究

根据报道,通过对 39 名健康志愿者的临床试验发现,在第 1、8 天随机给予 5 种不同剂量的阿必鲁肽或安慰剂。结果显示平均半衰期($t_{1/2}$)为 6~8 天,血药浓度达峰时间(t_{max})出现在第 2.3~4 天,且血糖浓度与药物剂量有明显的联系。在针对 2 型糖尿病患者的药动学研究中发现,单次注射 30mg 的阿必鲁肽的血药峰浓度(C_{max})为 1.74μg/ml,达峰时间为 3~5 天,药 - 时曲线下面积(AUC)为 465(μg·h)/ml;如若每周 1 次给药,4~5 周后达稳态暴露量,估算其皮下注射的平均表观分布容积(V_d)为 11L。阿必鲁肽作为一种与 HSA 融合的药物,预估的代谢途径为由普遍存在的蛋白水解酶分解为小肽和单个氨基酸,其代谢途径可能与 HSA 代谢途径相似,即主要通过血管内皮分解。研究发现其平均表观清除率为 67ml/h,消除半衰期约为 5 天,故而本药合适每周 1 次给药。

(三) 阿必鲁肽的临床研究

美国 FDA 批准了共有 8 项的 Ⅲ 期临床试验,共有超过 5 000 名过去使用常规药物的 2 型糖尿病志愿者,用来评估每周剂量为 30~50mg 的阿必鲁肽的临床疗效。

对比基础胰岛素(甘精胰岛素)治疗效果,在 735 例对二甲双胍(无论有或无磺酰脲类)控制不佳的 2 型糖尿病患者中,随机接受阿必鲁肽皮下注射 30mg 每周 1 次(依据效果优化调整至 50mg 每周 1 次,77% 的患者在治疗后期接受 50mg 每周 1 次的剂量)或甘精胰岛素(开始 10U,依据效果调整剂量)。观察 HbA1c 水平从基线至治疗 52 周的变化,结果显示阿必鲁肽治疗组在 32 周时 HbA1c 下降了 0.67%,而甘精胰岛素治疗组则下降了 0.79%,即治疗无差异[差值为 0.12%,95% 可信区间 =(−0.04,0.27),符合非劣效界限 0.3%];与甘精胰岛素治疗组相比,阿必鲁肽治疗组在降低 FPG 水平方面效果较好(−37.1mg/dl

Vs.−15.7mg/dl,$P < 0.000\ 1$);在降低体重方面也优于甘精胰岛素治疗组($P < 0.000\ 1$)。

与餐时胰岛素(赖脯胰岛素)治疗效果相比,在 563 例对甘精胰岛素(开始 10U,调整至每天 ≥ 20U)控制不佳的 2 型糖尿病患者中,随机接受阿必鲁肽皮下注射 30mg 每周 1 次(8 周后对控制血糖不佳,调整至 50mg 每周 1 次,治疗后期 63% 患者注射剂量为 50mg 每周 1 次)或赖脯胰岛素(每天进餐时给予,依据处方标准和效果调整剂量)。观察 HbA1c 水平从基线至治疗 26 周的变化,结果显示阿必鲁肽治疗组在 26 周时 HbA1c 下降了 0.82%,而赖脯胰岛素治疗组则下降了 0.66%,即治疗无差异[差值为 −0.16%,95% 可信区间 =(−0.32,0.00),符合非劣效界限 0.4%];与赖脯胰岛素治疗组相比,阿必鲁肽治疗组在降低体重方面优于赖脯胰岛素治疗组($P < 0.000\ 1$)。

试验者(口服二甲双胍、吡格列酮、磺酰脲类等药物治疗效果不佳)随机分配阿必鲁肽或利拉鲁肽,阿必鲁肽治疗组 30mg/w,6 周后剂量增加为 50mg/w;利拉鲁肽治疗组 0.6mg/d,1 周后剂量增加到 1.2mg/d,2 周后增加到 1.8mg/d。观察 HbA1c 水平从基线至治疗 32 周的变化,统计阿必鲁肽与利拉鲁肽的治疗效果是否具有差异性,结果显示相比基线水平,阿必鲁肽治疗组在 32 周时 HbA1c 下降了 0.78%,而利拉鲁肽治疗组则下降了 0.99%,即治疗效果有差异[差值为 0.21%,95% 可信区间 =(0.08,0.34),低于非劣效性上界 0.3%]。通过分析注射部位局部反应,利拉鲁肽治疗组的胃肠道不良反应发生率高于阿必鲁肽治疗组,分别为 49.0% 和 35.9%。与每周 1 次阿必鲁肽治疗相比,接受每天 1 次利拉鲁肽治疗后 HbA1c 下降得更为明显,并且阿必鲁肽治疗组注射部位不良反应事件发生更多,但是胃肠道反应明显减少。

虽有一定不良反应,但利拉鲁肽在临床应用中表现出了显著的疗效和功能,受到 2 型糖尿病患者群体的青睐和医疗界的关注。

三、人血清白蛋白融合的优化策略

随着 HSA 融合技术的深入研究,也产生了一些共性问题,如融合蛋白的表达产物活性有所降低,融合蛋白的稳定性不够,蛋白降解以及在商业化生产上如何提高融合蛋白的表达产量等问题。近年来的研究在以上各个方面都有所突破。

(一)优化设计融合方式

HSA 融合技术是将 HSA 与目的蛋白 / 多肽药物融合后进行重组表达,将不同结构和功能的蛋白融合在一起,蛋白本身的结构可能对彼此造成一定的空间位阻,从而影响其稳定性和功能。目前所报道 HSA 融合蛋白的体外生物学活性均有不同程度的降低,说明 HSA 对所融合的蛋白 / 多肽的活性位点有干扰,从而影响 HSA 融合蛋白的临床应用。HSA 融合蛋白的优化设计主要包括目的蛋白与 HSA 的融合方向和连接肽(包括长度)的选择。

目的基因一般可融合在 HSA 的 N 端或者 C 端,两者融合方式不同,所表达融合蛋白的均一性、稳定性、生物活性甚至表达水平也都会呈现差异。Ding 等通过实验研究分别考察了脑利钠肽(brain natriuretic peptide,BNP)与 HSA 的不同融合方向以及融合不同个数的 BNP 分子后对融合蛋白表达与活性的影响,结果发现,BNP 融合在 HSA 的 C 端而形成的 HSA/(BNP)$_2$ 激活人脑利钠肽受体 -A(hNPR-A)的活性与 BNP 相当,生物活性保留水平最高,而 BNP/HSA、(BNP)$_2$/HSA 和 (BNP)$_4$/HSA 这 3 种融合形式对 BNP 生物活性的保留水平较低;就表达水平而言,BNP/HSA 的表达水平最高,(BNP)$_4$/HSA 的表达水平最低。

在构建融合蛋白时,将 HSA 和目的蛋白直接相连,可能会影响目的蛋白的正确折叠和天然构象,从而易导致其功能受损甚至生物活性下降,因此需在两蛋白成分间引入连接肽。Zhao 等在研究中发现,直接将 IFNα-2b 和 HSA 融合,会严重降低 IFNα-2b 的抗病毒活性,而在两蛋白成分间分别引入连接肽 GGGGS、PAPAP 和 AEAAAKEAAAKA,以减少两个结构域之间的相互干扰,这 3 种连接肽的引入分别使 IFNα-2b 的抗病毒活性提高了 39%、68% 和 115%。

(二) HSA 融合蛋白的降解改善途径

HSA 在大肠埃希菌中表达量约为细胞总蛋白的 7%,但由于 HSA 含有大量二硫键,其在体外极难正确折叠得到有生物功能的蛋白;同时细菌细胞壁脂多糖造成热反应也带来了很多麻烦。随着基因重组技术所表达蛋白的复杂性越来越高,酵母作为真核生物具有能对所表达的蛋白进行翻译后修饰,易于大规模培养等优点逐渐取代大肠埃希菌生产外源蛋白,已成为目前表达外源蛋白尤其是人源药物蛋白所广泛采用的表达宿主之一。重组 HSA 作为生物药物中一种重要的药用辅料,美国药典委员会已将其质量标准收录到《美国药典》中,并指出重组 HSA 是由重组 DNA 在酿酒酵母(*Saccharomyces cerevisiae*)中表达而产生的。

然而随着酵母表达系统的广泛应用,发现各种 HSA 融合蛋白在酵母系统表达过程中存在宿主蛋白酶对外源蛋白存在不同程度的降解等问题。一般目的蛋白融合在 HSA 的 C 端时会产生相对分子质量约 45 000 的降解条带,如 HSA/hGH、HSA/PTH1-34 ;而融合在 HSA 的 N 端时则会产生一个相对分子质量约 45 000 加上目的蛋白长度的降解片段。造成酵母表达系统中外源蛋白降解的主要原因包括培养过程中外源环境的压力以及宿主菌株的蛋白水解酶,其中,外源环境压力可以通过改变培养条件和培养基的组成而加以改善,如培养基的选择与优化,补料流加方式的优化,发酵过程中温度、pH 及溶氧参数的控制;而蛋白水解酶的影响可通过降低酵母自身蛋白酶的分泌,添加蛋白酶抑制剂或者蛋白酶的竞争底物等来降低,如通过控制发酵液 pH 及诱导温度抑制蛋白酶活性,向培养基中添加适量蛋白酶底物(蛋白胨、酪蛋白等)以降低对目的蛋白的降解作用。然而,这些方法具有菌株和蛋白特异性,并不能有效解决融合蛋白降解问题。近年来的研究表明,构建蛋白酶缺陷宿主,是改善外源蛋白特异性降解的有效方法。

(三) HAS 融合蛋白的高表达体系构建

酵母体系在表达外源蛋白时仍然面临着表达水平较低的共性问题。近年来,研究发现遗传宿主改造是改善酵母表达水平的有效手段。在遗传宿主改造方面影响蛋白表达的因素主要包括外源蛋白性质、密码子偏好性、基因中 AT 含量、启动子和信号肽选择、目的基因拷贝数以及蛋白折叠与分泌效率等,其中,增加基因的拷贝数以及共表达与蛋白折叠和分泌相关的分子伴侣,对提高蛋白表达水平的效果最为显著。

有研究结果显示,增加 IL1R α /HSA、HSA/hGH 和 HSA/PTH 1-34 的融合基因拷贝数至 2~3 时,蛋白的表达水平最高,较单拷贝表达水平约提高了 2 倍,但进一步增加拷贝数,融合蛋白的表达水平并没有继续增加。提示在蛋白表达过程中,目的基因的拷贝数存在一个最优值,高于或低于此值时,蛋白的表达均会受影响。接下来,通过对酵母细胞内残留的融合蛋白进行分析,发现高拷贝菌株中融合蛋白的胞内残留量明显高于低拷贝菌株,说明随着基因拷贝数的增加,还有其他因素制约了蛋白的分泌。

新生肽在内质网中的折叠,是蛋白分泌过程中的关键步骤,而内质网的主要分子伴侣有蛋白质二硫键异构酶(PDI)、免疫球蛋白结合蛋白(BIP)和内质网氧化还原酶(ERO)。其中,PDI 主要作用是促进新生肽二硫键的形成,Inan 等研究表明,通过共表达 PDI,可以提高 Na-ASP1 多拷贝菌株的表达水平。BIP 是 ATP 酶 Hsp70 家族成员,主要作用是帮助新生肽折叠、调节未折叠蛋白响应、促进内质网钙库形成、靶向降解错误折叠蛋白(ER-associated degradation, ERAD)等。研究发现,在酿酒酵母中,共表达 BIP,可以使人红细胞生成素的表达水平提高 5 倍,牛凝乳酶的表达水平提高约 26 倍。ERO 则主要负责为新生肽的形成提供所需的氧化当量。研究发现,当在多拷贝菌株中共表达分子伴侣 PDI 或 ERO 后,均能使 IL1R α /HSA 和 HSA/hGH 的表达水平在多拷贝的基础上提高约 2 倍,最终使融合蛋白表达水平达到 350~400mg/L;但当在多拷贝菌株中共表达分子伴侣 BIP 后,反而会致使 IL1R α /HSA 和 HSA/hGH 的表达水平出现降低,这可能是由于 BIP 除了具有维持新生肽稳定的作用外,还具有靶向降解错误折叠蛋白的作用所致。

第四节 模拟 PEG 的聚多肽

一、聚多肽融合技术简介

PEG 修饰技术是蛋白质长效化的常用技术,目前已有 12 种 PEG 修饰蛋白药物被 FDA 批准上市。PEG 修饰能增加药物溶解性、降低免疫原性、减少蛋白酶降解、增加药物流体动力学体积,但仍存在成本高、纯化工艺复杂、长期给药易产生抗 PEG 抗体、肾脏中易聚集等缺点。为了解决这些问题,近年来研究者开发了模拟 PEG 的聚多肽融合技术,利用 DNA 重组技术将治疗蛋白与特殊的氨基酸序列融合,增加蛋白质的流体动力学体积或产生电荷效应,从而延缓肾滤过。

(一) 聚多肽融合技术延长半衰期的原理

减少肾小球清除率可有效地延长蛋白药物的循环半衰期,而肾小球滤过率取决于药物的大小和电荷。模拟 PEG 修饰的聚多肽呈无规则卷曲构象,使聚多肽融合蛋白具有较大的流体动力学体积,从而减少肾小球滤过(图 9-7)。另外,有些聚多肽带大量负电荷,会与基底膜发生静电排斥进而减慢肾小球滤过。

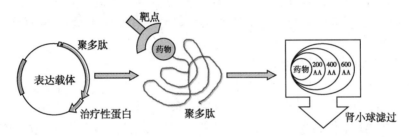

图 9-7 聚多肽融合技术延长半衰期的原理示意图

(二) 聚多肽融合技术的优势

与 PEG 修饰技术相比,聚多肽融合技术具有以下优点:①聚多肽具有生物可降解性,可避免在器官或细胞中蓄积;②可通过基因工程技术将聚多肽和蛋白质融合表达,避免了体外化学偶联和修饰后纯化步骤;③可通过调整多肽链长度来调节融合蛋白半衰期;④使用范围广,原核和真核系统都可用于表达融合蛋白。

二、聚多肽的研究进展

模拟 PEG 的聚多肽融合技术经过多年的发展,从最初的天然来源的聚多肽、明胶样聚多肽、多聚谷氨酸、多聚甘氨酸等到近年来的弹性蛋白样聚多肽、Genetic Polymers™ 聚多肽、XTEN 聚多肽、PsTag 聚多肽和 PAS 聚多肽,这些聚多肽已经可以解决原有聚多肽免疫原性高、易聚集、不能显著增加半衰期等问题。

(一) 弹性蛋白样聚多肽

弹性蛋白原是弹性蛋白的可溶性前体,它由富含 Lys/Ala 的亲水区和具有重复序列的疏水弹性区域组成。根据疏水区域的氨基酸序列,人工设计了一系列弹性蛋白样聚多肽(elastin-like polypeptide,ELP)。最常见的 ELP 为 $(VPGXG)_n$,其中 X 为除 Pro 外的任意氨基酸。ELP 具有临界相转变温度(inverse transition temperature,Tt),当溶液温度低于 Tt 时,ELP 高度可溶;当温度高于 Tt 时,ELP 聚集成不溶性微团聚体;当温度再次低于 Tt 时,ELP 发生复溶。改变 X 残基和链长度可调节 ELP 的 Tt,利用该性质选择合适的 ELP,在大肠埃希菌中与蛋白药物融合表达,使其在室温可溶而在哺乳动物体内聚集成微团聚体,延缓药物释放;另外,其较大流体动力学体积可延缓肾清除。IFN-ELP 的血浆半衰期(8.6 小时)是

IFN α (0.3 小时) 的 27.7 倍,且抗肿瘤活性增强。抗 TNF 的单克隆抗体 V(H)H 与 ELP 融合后,半衰期增加 24 倍。免疫系统通常难以区分天然弹性蛋白和 ELP,所以 ELP 具有良好的生物相容性和低免疫原性。另外,ELP 可被内源胶原酶降解,有效避免体内蓄积。PhaseBio 公司正在开发 ELP 融合蛋白药物,其中长效化 GLP-1 类似物 Glymera™ 已进入临床 Ⅱ 期。

(二) Genetic Polymers™ 聚多肽

蛋白质经 N- 糖基化修饰后,溶解性增大、对蛋白酶的敏感性降低、流体动力学体积增大、体内生物活性提高、免疫原性降低。Cell Therapeutics 公司开发了一种无结构的聚多肽 Genetic Polymer™,该聚多肽由 2~500 个氨基酸基序构成,这些基序包含 3~6 种氨基酸,其中 Gly、Asn、Gln 占大部分,Ala、Ser、Thr、Asp、Glu 占少数。在真核表达系统中,Asn-Xaa-Ser/Thr 基序(Xaa 为除 Pro 外的任意氨基酸)的 Asn 侧链会发生 N- 糖基化修饰。将治疗蛋白与该聚多肽在真核宿主中融合表达,一方面聚多肽增加了蛋白的流体动力学体积,另一方面蛋白质翻译后的糖基化修饰可进一步增加分子大小并阻碍蛋白酶的酶解。在 G-CSF 的 C 端融合由 155 个 NNT 组成的 Genetic Polymer™ 并在 CHO 细胞中分泌表达。融合蛋白 G-CSF-$(NNT)_{155}$ 糖基化程度高,并且未发现 $(NNT)_{155}$ 被蛋白酶降解,将该融合蛋白静脉或皮下注射到小鼠体内可增加白细胞和中性粒细胞的数量,表明融合蛋白仍具有相应活性。此外,单次给药后,其在小鼠体内的半衰期增加 4 倍。

(三) XTEN 聚多肽

Amunix 公司开发了一系列可溶的、化学稳定的、无结构的非重复重组聚多肽。在其设计过程中,排除了疏水氨基酸 Phe、Ile、Leu、Met、Val、Trp 和 Tyr(易导致蛋白质聚集,且易引起 HLA/MHL-Ⅱ 介导的免疫应答)、带酰胺基团的氨基酸 Asn 和 Gln(化学不稳定、易水解)、带正电的氨基酸 His、Lys 和 Arg(与细胞膜相互作用)以及易形成二硫键的氨基酸 Cys,最终选择 Pro、Glu、Ser、Thr、Ala 和 Gly 等 6 种氨基酸。Schellenberger 等构建了编码 36 个氨基酸基序的非重复基因库,将这些基因随机连接并在大肠埃希菌中表达一系列聚多肽,通过考察基因稳定性、蛋白稳定性、热稳定性和聚集倾向,最终获得一条含 864 个残基的聚多肽,该聚多肽及其不同长度的衍生物统称为 XTEN。在实际操作中,针对融合不同药物时,XTEN 可以选择最适长度。XTEN 有较大的流体动力学体积且带负电,通过基因工程方法将肽或蛋白药物与 XTEN 融合,能够增强药物的稳定性和溶解性。XTEN 聚多肽还具有可生物降解、免疫原性低和纯度高等特点。Exenatide 是含 39 个氨基酸的短肽,用于治疗 2 型糖尿病,其相对分子质量小,易被肾清除,人体内半衰期只有 2.4 小时,每天需注射 2 次。将 XTEN864 融合在该肽的 C 端并在大肠埃希菌中可溶表达,获得融合蛋白 VRS-859。Ⅰ 期临床研究表明,VRS-859 的人体半衰期为 128 小时,即对患者进行单次给药,其控制血糖作用可维持 1 个月,且未发现不良反应。调整 XTEN 长度可调控药物的半衰期。低血糖是糖尿病治疗中常见的并发症,胰高血糖素(glucagon,Gcg)能将肝糖原转化为葡萄糖,但是溶解性差且半衰期只有 8~18 分钟,故不适于治疗夜间低血糖。Gcg-XTEN144 的溶解度较 Gcg 提高 60 倍,其作用能维持 10~12 小时,有望成为预防夜间低血糖的有效药物。另外,可在治疗蛋白上融合多个 XTEN 片段。人生长激素(human growth hormone,hGH)可经肾滤过和受体介导的清除两个途径从体内消除,使其在猴体内的半衰期只有 2~3 小时。VRS-317 是一种长效化 hGH,它是在 hGH 的 N 端融合 XTEN912 以减缓肾清除,同时在 C 端融合 XTEN144 以减少受体介导的清除,该药物在兔子和猴体内半衰期分别为 15 小时和 110 小时。目前,VRS-317 已进入 Ⅲ 期临床,临床数据显示 XTEN 在人体有较低甚至没有免疫原性。此外,GLP-2G、AnxA5、抗病毒肽 T-20、凝血因子Ⅷ等生物大分子与 XTEN 融合表达后,药动学性质都得以改善。然而,XTEN 并没有完全模拟 PEG,Glu 残基使融合蛋白带显著负电荷。这会降低其受体亲和力,减少受体介导的蛋白药物的清除,并且肾小球基底膜排斥负电荷,可进一步延长血浆半衰期。但是这也会影响融合蛋白的组织分布,降低其与细胞表面靶受体的亲和力进而降低生物活性。

(四) PsTag 聚多肽

Yin 等结合 PEG 和 XTEN 的优缺点,利用蛋白质工程技术、通过定向设计改造最终获得了一种由

Ala、Gly、Pro、Ser、Thr 五种氨基酸构成的不带电荷、能在大肠埃希菌中稳定表达的 PsTag 聚多肽。研究显示,PsTag 聚多肽具有高流体动力学体积,可以通过增大水化半径延长生物大分子的体内半衰期;在小鼠肾匀浆中被快速降解,不会出现使用 PEG 产生的肾空泡现象;具有低免疫原性,且在小鼠血液中至少可以稳定存在 48 小时。通过调整 PsTag 聚多肽的长度可以调控药物半衰期。FGF-21 能通过多种代谢途径参与糖脂代谢,在多种代谢性疾病中发挥降糖、降脂及减轻体重等作用,但其体内稳定性差、血浆半衰期短、在溶液中有聚集的倾向等,严重影响了 FGF-21 的临床应用。将长度分别为 200、400、600 个氨基酸残基的聚多肽与 FGF-21 融合表达后,均显著增加了 FGF-21 的表观分子质量、流体动力学半径以及热稳定性,降低了 FGF-21 在小鼠体内的免疫原性。其中 PsTag600-FGF-21 融合蛋白相比于原型 FGF-21,其在小鼠血浆中的半衰期由 0.34 小时显著延长至 12.9 小时,提高了约 38 倍,药 - 时曲线下面积增加约 90 倍。PsTag600-FGF-21 融合蛋白很好地保留了全部的生物活性,并且由于其明显延长的半衰期,在体内的疗效显著优于原型 FGF-21。在多种动物模型中 PsTag600-FGF-21 均可逆转肝脂肪变性,降低 TG、TC 和 LDL-C;改善炎症指标(降低 TNFα、MIP1α、CD68、IL-17A 等);同时显著降低体重,降低血中葡萄糖、胰岛素和脂质水平,改善葡萄糖耐受。此外,PsTag600-FGF-21 融合蛋白在非酒精性脂肪肝肝炎(NASH)相关模型中表现出了显著优于原型 FGF-21 的治疗作用,该分子具有良好的成药前景,已进入临床前研究阶段。PsTag 聚多肽与抗肿瘤多肽如 KLA 以及双特异性抗体等融合,在增大药物的流体动力学体积、延长药物血浆半衰期、屏蔽效应以降低药物毒副作用的同时,产生的高渗透长滞留(enhanced permeability and retention,EPR)效应能使药物被动靶向肿瘤组织,为长效化生物药物和药物递送载体的开发提供了一种更好的选择。

(五)PAS 聚多肽

为了获得完全模拟 PEG 的聚多肽,Schlapschy 等在 XTEN 氨基酸筛选原则的基础上,进一步排除带负电荷的 Glu、易形成 β 片层的 Thr 和形成较长聚合物时易聚集的 Gly,最终由 Pro、Ala 和 Ser 进行合适排列后得到无二级结构的 PAS。将编码 20 或 24 个氨基酸的核苷酸序列反复连接形成 PAS 编码基因,在大肠埃希菌中表达并获得了不同长度的 PAS,且都展现稳定的无规卷曲结构。降低 Pro 的比例会使 PAS 不再呈现无规卷曲构象,表明 Pro 数量是维持 PAS 良好生理特性的重要因素。迄今,已有多种生物活性蛋白与 200~600 个残基的 PAS 融合,如人 IFNα-2b、人生长激素、抗 HER2 抗体的 Fab 片段、IFN-β 激动剂 YNSα8、小鼠瘦素和人铁蛋白等。这些融合蛋白在大肠埃希菌周质中可溶表达并折叠成活性形式,PAS 聚多肽因电中性和亲水性而能成功跨过细胞内膜。

质谱结果显示纯化获得的融合蛋白是单分散的。SEC-HPLC 结果显示融合 PAS(600)后,尽管实际相对分子质量仅增加 51kDa,但流体动力学体积增加 660kDa。动物实验表明,PAS 融合蛋白的循环半衰期有效地延长 10~100 倍,而且半衰期延长程度与 PAS 的序列长度成正相关,所以可通过调整 PAS 的长度来调控药物半衰期。

PAS 序列本身缺乏 T 细胞表位,因而在动物中未检测到免疫原性。此外,PAS 序列可以摆脱化学偶联,在 DNA 水平上与生物药物融合表达,并与药物一起在肾细胞中被快速清除,故不会在组织中蓄积。因此,PAS 融合技术可以替代 PEG 修饰技术,且具有更少的副作用。PAS 可融合于治疗蛋白的 N 端或 C 端,而不与疾病相关的靶受体或信号因子相互作用,所以理论上该技术适合于延长所有蛋白药物的半衰期。目前,XL-protein GmbH 公司正在开发 PASylation 技术。

聚多肽融合技术是延长蛋白药物血浆半衰期的有效策略,除了 Genetic Polymer™ 需要在真核宿主中进行糖基化修饰,其他聚多肽均不需要对蛋白质进行翻译后修饰。此外,聚多肽都是通过增加分子大小或改变电荷性质来减少肾清除,延长药物半衰期。不同的聚多肽具有不同的氨基酸组成,所以其相应融合蛋白的免疫原性、生物活性等性质也有所不同。经过多年的发展,最新的聚多肽 XTEN、PsTag 和 PAS 已经可以解决原有聚多肽免疫原性高、易聚集、不能显著增加半衰期等问题,成为研究热点。目前,聚多肽融合技术还处于发展初期,少数融合蛋白已进入临床试验阶段,如 Glymera™、VRS-317 等。但大量临床前实验数据非常鼓舞人心,未来的研究也将主要集中在药效动力学和免疫原性两方面。随着研究的不断深入,聚多肽技术融合技术将为多肽和蛋白药物的长效化提供更好的选择。

（高向东　田　浤　尹　骏）

参 考 文 献

［1］ QIU H, BOUDANOVA E, PARK A, et al. Site-specific PEGylation of human thyroid stimulating hormone to prolong duration of action. Bioconjug Chem, 2013, 24 (3): 408-418.

［2］ 张羽,连治国,徐明波,等. 聚乙二醇衍生物及其蛋白药物修饰研究进展. 药学实践杂志, 2018, 36 (4): 301-306.

［3］ GRACE M, YOUNGSTER S, GITLIN G, et al. Structural and biologic characterization of pegylated recombinant IFN-alpha2b. J Interferon Cytokine Res, 2001, 21 (12): 1103-1115.

［4］ BAILON P, PALLERONI A, SCHAFFER C A, et al. Rational design of a potent, long-lasting form of interferon: a 40 kDa branched polyethylene glycol-conjugated interferon alpha-2a for the treatment of hepatitis C. Bioconjug Chem, 2001, 12 (2): 195-202.

［5］ BRUNO R, SACCHI P, CIMA S, et al. Comparison of peginterferon pharmacokinetic and pharmacodynamic profiles. J Viral Hepat, 2012, 19 Suppl 1: 33-36.

［6］ MATTHEWS S J, MCCOY C. Peginterferon alfa-2a: a review of approved and investigational uses. Clin Ther, 2004, 26 (7): 991-1025.

［7］ ZHANG C, YANG X L, YUAN Y H, et al. Site-specific PEGylation of therapeutic proteins via optimization of both accessible reactive amino acid residues and PEG derivatives. Bio Drugs, 2012, 26 (4): 209-215.

［8］ KOBAYASHI N, SUZUKI Y, TSUGE T, et al. FcRn-mediated transcytosis of immunoglobulin G in human renal proximal tubular epithelial cells. Am J Physiol Renal Physiol, 2002, 282 (2): F358-F365.

［9］ THAKUR K, BIBERGER A, HANDRICH A, et al. Perceptions and preferences of two etanercept autoinjectors for rheumatoid arthritis: a new european union-approved etanercept biosimilar (Benepali®) Versus etanercept (Enbrel®)-findings from a nurse survey in europe. Rheumatol Ther, 2016, 3 (2): 77-89.

［10］ TUTTLE K R, MCKINNEY T D, DAVIDSON J A, et al. Effects of once-weekly dulaglutide on kidney function in patients with type 2 diabetes in phase II and III clinical trials. Diabetes Obes Metab, 2017, 19 (3): 436-441.

［11］ LYSENG-WILLIAMSON K A. Coagulation factor IX (Recombinant), albumin fusion protein (Albutrepenonacog Alfa; Idelvion®): a review of its use in haemophilia B. Drugs, 2017, 77 (1): 97-106.

［12］ 王芙蓉,杜艳涛,刘海雄. 人血清白蛋白融合技术在药物长效化改造中的应用. 生命科学, 2015, 27 (9): 1197-1205.

［13］ HU J, WANG G, LIU X, et al. Enhancing Pharmacokinetics, tumor accumulation, and antitumor efficacy by elastin-like polypeptide fusion of interferon alpha. Adv Mater, 2015, 27 (45): 7320-7324.

［14］ PODUST V N, BALAN S, SIM B C, et al. Extension of in vivo half-life of biologically active molecules by XTEN protein polymers. J Control Release, 2016, 240: 52-66.

［15］ YIN J, BAO L, TIAN H, et al. Genetic fusion of human FGF21 to a synthetic polypeptide improves pharmacokinetics and pharmacodynamics in a mouse model of obesity. Br J Pharmacol, 2016, 173 (14): 2208-2223.

［16］ BOLZE F, MORATH V, BAST A, et al. Long-acting PASylated leptin ameliorates obesity by promoting satiety and preventing hypometabolism in leptin-deficient lep (ob/ob) mice. Endocrinology, 2016, 157 (1): 233-244.

［17］ 董红霞,童玥,钱晓曜,等. 聚乙二醇化蛋白质多肽类药物定点修饰策略. 药学与临床研究, 2013, 21 (4): 360-365.

［18］ 杨凯睿,高向东,徐晨,等. 聚乙二醇定点修饰蛋白质药物的技术和临床研究进展. 现代生物医学进展, 2015, 15 (32): 6381-6385.

［19］ 裴德宁,郭莹,饶春明. 聚乙二醇干扰素质量控制要点的探讨. 药物评价研究, 2017, (9): 1361-1364.

［20］ 李星,姚文兵,徐晨. 聚乙二醇化重组蛋白药物的质量控制. 中国生物工程杂志, 2015, 35 (12): 109-114.

［21］ 马光辉,苏志国,等. 聚乙二醇修饰药物——概念、设计和应用. 北京:科学出版社, 2016.

［22］ RENDELL M S. Albiglutide: A unique GLP-1 receptor agonist. Expert Opin Biol Th, 2016, 16 (12): 1557-1569.

［23］ BRØNDEN A, KNOP F K, CHRISTENSEN M B. Clinical pharmacokinetics and pharmacodynamics of albiglutide. Clin Pharmacokinet, 2017, 56 (7): 719-731.

［24］ The United States Pharmacopeial Convention. USP 35-NF30. United States Pharmacopeial, 2012: 1686-1688.

［25］ JONATHAN D, MARK D. Site-specific PEGylation of therapeutic proteins. Int J Mol Sci, 2015, 16 (10): 25831-25864.

［26］ 于在林, 富岩. 更优生物创新药——长效重组人血清白蛋白融合蛋白. 中国医药生物技术, 2017, 12 (03): 248-264.

［27］ ZAMAN R, ISLAM R A, IBNAT N, et al. Current strategies in extending half-lives of therapeutic proteins. J Control Release, 2019, 10 (301): 176-189.

［28］ JAFARI R, ZOLBANIN N M, RAFATPANAH H, et al. Fc-fusion proteins in therapy: an updated view. Curr Med Chem, 2017, 24 (12): 1228-1237.

［29］ RATH T, BAKER K, DUMONT J A, et al. Fc-fusion proteins and FcRn: structural insights for longer-lasting and more effective therapeutics. Crit Rev Biotechnol, 2015, 35 (2): 235-254.

［30］ STROHL, WILLIAM R. Fusion proteins for half-life extension of biologics as a strategy to make biobetters. BioDrugs, 2015, 29 (4): 215-239.

［31］ CHADWICK L, ZHAO S, MYSLER E, et al. Review of biosimilar trials and data on etanercept in rheumatoid arthritis. Curr Rheumatol Rep, 2018, 20 (12): 84.

第十章 抗体药物

自 1986 年全球首个单克隆抗体——用于治疗肾移植排斥的抗 CD3 单克隆抗体 OKT3 获得美国 FDA 的上市批准,经过三十多年的快速发展,抗体药物目前已经成为全球生物制药增长最快的细分领域,诞生了数个年销售额超过 50 亿美元的"超级重磅药物"。未来随着新型技术的不断发展和深入,许多新的靶点、新型抗体以及抗体药物联合方案将被源源不断地研发并投入使用,抗体药物仍具有巨大的发展潜力。治疗性抗体药物的开发直至上市是一个漫长而复杂的过程,抗体药物从抗体筛选到上市大概需要 10~15 年的时间。

第一节 抗体药物的研发过程

抗体药物的研发包括靶点的发现,靶点抗原的选择,抗体药物的筛选、抗体功能鉴定,细胞株构建、临床前动物实验,生产制备工艺开发和工艺放大、制剂的生产,质控体系的建立、产品稳定性的研究、临床研究、注册申报等一系列的复杂过程。由于新靶点的生物学机制研究需要基础研究科学家们几年甚至十几年的研究和验证,本节对抗体药物新靶点的发现将不做介绍,本节内容主要介绍从一个已经临床验证的靶点的抗体药物筛选开始直至上市的简要流程。

一、抗体药物的筛选和分子构建

抗体药物根据其人源化程度可以分为人 - 鼠嵌合抗体、人源化抗体和全人源抗体。目前获批的人 - 鼠嵌合抗体和人源化抗体基本上来源于小鼠,其筛选过程为采用鼠杂交瘤技术得到鼠抗,然后在此基础上去除鼠源性抗体 CDR 外的其他序列,然后进行不同程度的人抗体序列置换。目前的全人源抗体筛选平台主要有噬菌体 / 酵母展示抗体筛选平台和转基因小鼠平台,本书第五章已详细介绍,本节将不再赘述。

二、抗体药物的制备和质量控制

抗体序列确定之后,从已确定的抗体序列到生产出可以直接用于人体的抗体药物要经历一系列的制备工艺优化和严格的质量控制,通过保证所生产的抗体药物的稳定性和质量可控性,以确保人体用药的安全性和有效性。抗体药物的生产和制备主要包括以下几个方面:细胞株的开发、原液生产工艺研究、成品工艺研究。

(一)细胞株的开发

细胞株的开发主要包括宿主细胞的选择、表达载体的构建、细胞株的构建和筛选以及细胞株的评估和建库。具体开发流程如图 10-1 所示。

1. 宿主细胞的选择　抗体药物制备的第一步就是要筛选到能够高效表达目标抗体的细胞株,因此宿主细胞的选择非常重要。哺乳动物细胞表达系统因其能够指导蛋白质的正确折叠,可提供复杂的 N-

糖基化和准确的 O- 糖基化等多种翻译后加工功能,所表达的产物在分子结构、理化特性和生物学功能方面最接近于天然的高等生物蛋白质分子,现已被广泛运用于基因工程药物的生产平台。

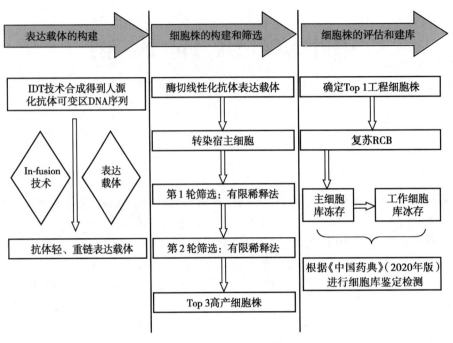

图 10-1 细胞株开发流程

常用于基因工程药物表达的哺乳动物宿主细胞有:中国仓鼠卵巢(CHO)细胞、人胚肾细胞(HEK293)细胞、小仓鼠肾(BHK)细胞、SV40 转化的绿猴肾(COS)细胞、小鼠 NSO 胸腺瘤细胞和小鼠骨髓瘤SP2/0 细胞等。不同宿主细胞表达的重组蛋白其稳定性和蛋白糖基化类型不同,需根据要表达的目的蛋白选择最佳的宿主细胞。

CHO 细胞是迄今为止运用在基因工程药物领域最广泛的宿主细胞。

2. 表达载体的构建 为了满足抗体药物商业化生产细胞株高表达量的要求,首先要构建高表达载体,使其能够在对应的宿主细胞中高表达。具体抗体高表达载体的构建过程为:

(1)利用 IDT(integrated DNA technologies,Coralville)软件对确定抗体的轻、重链 DNA 编码序列进行密码子优化,以利于其在所选择的宿主细胞,通常是在 CHO 细胞中表达。

(2)随后通过基因合成技术,得到抗体轻、重链的 cDNA 序列,然后将其分别克隆到两个带有不同筛选标记的表达载体中。表达载体通常包含的元件如表 10-1 所示。

表 10-1 表达载体主要元件

名称	功能
增强子、启动子	启动重链基因高效表达
限制性酶切位点 [a]	用于线性化载体,定点插入目的基因
Kappa 多聚腺苷酸尾	保证抗体重链基因有效的转录终止和 mRNA 多聚腺苷酸化
筛选标记基因启动子 [b]	启动子驱动筛选标记表达
抗生素筛选标记 [c]	筛选标记(CHO-S、GS、DHFR 等)
SV40 多聚腺苷酸尾	保证腺嘌呤霉素基因有效的转录终止和 mRNA 多聚腺苷酸化
Amp 氨苄西林	转化 E.coli 抗生素筛选标记
pMB1 复制起始位点	维持质粒在 E.coli 中的生长和高拷贝复制

注:a. 轻、重链载体通常采用的是不同的限制性酶切位点;b、c. 为方便构建好的载体共转到同一宿主细胞,轻、重链载体通常采用不同的抗生素筛选标记,相应的所采用的筛选标记基因的启动子也有一定差异。

(3) 轻、重链表达载体构建完成后，需要对抗体轻、重链全长序列进行测序。确保轻、重链序列正确克隆到表达载体中。

3. 细胞株的构建和筛选　将构建好的轻、重链表达载体酶切线性化后转入 CHO-S（或 CHO-K1 等）宿主细胞。通常通过 2 轮的有限稀释进行单克隆筛选，从中筛选出细胞产量最高的单细胞克隆。转染宿主细胞、评估及筛选流程如图 10-2 所示。

4. 细胞株的评估和建库　经过上述两轮的筛选所确定的高产率单克隆细胞株（一般选择 3~5 个候选克隆）需要进行候选克隆的稳定性以及单克隆抗体表达产物的结构确证，确定可以用于商业化生产的克隆需要按照法规标准建立三级细胞库。

(1) 候选克隆的稳定性评估：将所筛选的候选克隆复苏后，分别在无筛选压力的化学成分确定的 CHO 细胞培养基中培养，将细胞传代到 50 代左右，并在传代过程中留样，通过检测抗体产率，即匹克抗体浓度 / 每个细胞 / 每天（picogram per cell per day，PCD）以评估候选克隆的稳定性。选择 PCD 稳定的候选克隆进行下一步的目标表达抗体产物结构确定。

(2) 目标表达抗体产物的鉴定：一般需要对目标抗体进行分子量、N 端氨基酸序列、氨基酸序列覆盖率、N- 糖基化等进行分析，以确认目标抗体的氨基酸序列与理论相符。

(3) 细胞建库：根据生物制品注册法规要求，用于商业化生产的生物制品需要建立种子细胞库（primary cell

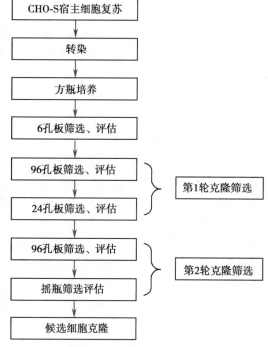

图 10-2　细胞株构建和筛选流程

bank，PCB）、主细胞库（master cell bank，MCB）和工作细胞库（working cell bank，WCB），并对细胞库进行检定和稳定性研究，以确保在将来目标抗体整个商业化生产过程中所用到的细胞株均来自同一个克隆，并且在大规模工业化生产过程中仍能够保证所表达抗体质量的稳定。

1）种子细胞库：又称原始细胞库，通常最终确定的候选克隆需要扩增并分装 20~30 支长期冻存于液氮罐中，作为种子细胞库。

2）主细胞库：从 PCB 中取 1 支细胞复苏培养，在大约第 9 天离心收集细胞，然后重悬于冻存培养基中，以约 1.2×10^7 个细胞 /ml、1ml 每管分装入冻存管内，共冻存 100 支左右作为 MCB。随机抽取冻存的 MCB 细胞进行复苏后细胞活性检测，细胞存活率达到 80% 以上则认为细胞建库合格。

3）工作细胞库：从 MCB 中取 1 支细胞复苏培养，经过多次扩增，当细胞液体积扩增到一定体积、活细胞密度达到 3.44×10^6 个细胞 /ml 时收集细胞，然后重悬于冻存培养基中，以约 1.0×10^7 个细胞 /ml、1ml 每管分装入冻存管内，共冻存约 300 支，作为 WCB。随机抽取冻存的 WCB 细胞进行复苏后细胞活性检测，细胞存活率达到 80% 以上则认为细胞建库合格。

4）细胞株检定：MCB、WCB 和生产终末细胞需要按照 2020 年版《中国药典》的规定在具有相关资质的第三方机构进行细胞鉴别（同工酶试验和染色体核型分析）、细菌、真菌、分枝杆菌、支原体、内 / 外源病毒污染检查以及成瘤性试验。

5）细胞传代稳定性研究：所构建的 WCB 需要进行传代稳定性研究以满足将来大规模商业化生产对细胞培养工艺规模放大的需求。一般 WCB 要进行至少 50 代的细胞传代稳定性研究，每隔 10 代收集细胞培养液进行细胞生长稳定性、细胞培养产率稳定性、基因稳定性（无突变）和基因拷贝数稳定性检测。

① 细胞倍增代数的计算公式为：$X=\log(N_h/N_0)/\log 2$，N_h 为培养 h 时间的细胞浓度，N_0 为培养初始细

以下为图 10-2 流程框内文字：

CHO-S 宿主细胞复苏 → 转染 → 方瓶培养 → 6 孔板筛选、评估 → 96 孔板筛选、评估 → 24 孔板筛选、评估（第 1 轮克隆筛选）→ 96 孔板筛选、评估 → 摇瓶筛选评估（第 2 轮克隆筛选）→ 候选细胞克隆

胞浓度。

②细胞生长稳定性标准:不同代次间细胞倍增时间维持在 15~20 小时。

③细胞培养产率稳定性标准:传至 50 代,相对于第 10 代细胞 PCD 波动范围小于 30%。

④基因稳定性标准:传至 50 代,轻、重链编码序列无突变。

⑤基因拷贝数稳定性:基因拷贝数是指某一种基因或某一段特定的 DNA 序列在生物体基因组中存在的数目。在重组表达体系中,一般情况下基因的拷贝数越多,产物产量亦会越高。因此,在构建高表达细胞株中,都会利用重组表达系统本身携带的筛选标记进行逐步加压筛选,从而希望能够得到目的基因拷贝数更多、产物产量更高的细胞株。但是,在细胞生长或传代的过程中细胞的基因组不是恒定不变的,基因会受到细胞自身因素、外界因素等的影响而发生拷贝数变异,主要表现为拷贝数的增加或减少。基因拷贝数变异将会影响产物产量以及生产工艺的稳定性。因此目的基因拷贝数的检测,对项目生产工艺稳定性的考察具有指导意义。

(二) 原液生产工艺研究

原液生产工艺主要包括细胞培养工艺和抗体纯化工艺。细胞培养工艺研究中主要进行培养基的筛选、培养温度、培养液澄清处理等研究,确定细胞培养工艺的主要操作参数、设定值和相应控制范围,并在小规模和中试规模(200L 或 500L)进行多批次生产,确认细胞培养工艺性能参数一致性良好,过程可控。抗体纯化工艺研究主要进行层析工艺、除病毒工艺以及超滤浓缩和置换缓冲液工艺研究,确定抗体纯化工艺的主要操作参数以及相应控制范围,并进行多批次的重复原液生产,证明工艺性能参数和产品质量均具有较好的批件一致性。原液生产工艺路流程如图 10-3 所示。

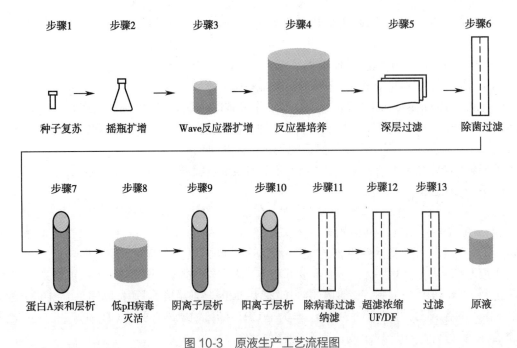

图 10-3 原液生产工艺流程图

1. 细胞培养工艺流程与过程控制

(1)细胞培养工艺主要包括种子扩增、反应器培养以及培养澄清液过滤 3 个主要的步骤。具体细胞培养工艺流程与过程如图 10-4 所示。

(2)细胞培养工艺研究过程中需要考虑的控制参数如表 10-2 所示。

2. 抗体纯化工艺流程与过程控制

(1)抗体纯化工艺流程:对于常规的抗体药物来说,纯化工艺主要包括三步层析、两次除病毒、超滤浓缩及缓冲液置换和原液过滤。采用蛋白 A 亲和层析进行捕获,再经过两步离子交换层析完成后续的中度纯化和精细纯化。单克隆抗体的纯化工艺中通常包括两步专一且机制不同的病毒清除步骤。一步为亲和层析后低 pH 病毒灭活,可以有效灭活含有脂包膜的病毒;另一步为三步层析后的除病毒过滤,可以有效通过物理截留去除包括细胞病毒在内的病毒。另外,单克隆抗体的纯化工艺中还需要采用超滤系统将单克隆抗体浓缩至制剂所需要的浓度,并完成缓冲液的置换。最终的原液还需要采用 0.22μm 滤膜过滤以控制微生物限度。抗体纯化工艺流程与过程控制如图 10-5 所示。

表 10-2 细胞培养工艺过程中的控制参数

工艺步骤	工艺参数	
(1)种子扩增(细胞复苏)	操作参数	复苏温度
		复苏时间
	性能参数	复苏后细胞存活率
		复苏后活细胞数
(2)种子扩增(摇瓶扩增)	操作参数	温度
		转速
		CO_2 浓度
		培养周期
	性能参数	活细胞数
		细胞存活率
(3)种子扩增(反应器扩增)	操作参数	温度
		转速
		摇摆角度
		培养周期
	性能参数	活细胞数
		细胞存活率
(4)反应器培养(200L)	操作参数	温度
		转速
		pH
		溶氧
		培养周期
		种子年龄
	性能参数	初始活细胞数
		初始存活率
		最高活细胞数
		培养终点细胞存活率
		产量

(2)抗体纯化工艺研究过程中需要考虑的控制参数:亲和层析需要考虑上样量和洗脱液 pH;阴离子和阳离子交换需要考虑上样量和洗脱条件;病毒灭活步骤需要考虑病毒灭活时间和 pH;除病毒需要考虑除病毒滤膜的最大处理量。超滤浓缩与缓冲液置换(UF/DF)步骤需要考虑超滤膜包的处理量、透析点(DF 时的蛋白浓度)以及透析倍数,最终满足制剂的需求。

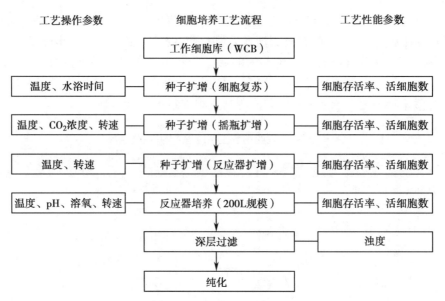

图 10-4　细胞培养工艺流程与过程控制

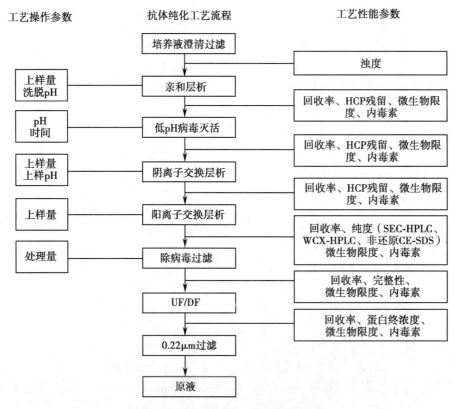

图 10-5　抗体纯化工艺流程与过程控制

（三）成品工艺研究

成品工艺研究主要是研究从原液到制剂的生产过程。抗体等生物大分子容易受外界条件（如冷冻、融化、高温、pH、光照、氧化、剪切力等）的影响产生一系列物理和化学的变化，如蛋白变性、聚集、降解、氧化等，引起产品质量的不稳定。所以抗体等生物大分子产品的制剂开发的主要目标是开发出能够防止蛋白聚集、提高抗剪切力和抗氧化能力的处方，并优化产品生产工艺使成品生产条件尽量满足产品稳定性的要求，以保证产品在长期储存条件下的稳定性。

1. **制剂处方**　制剂处方包括活性药物成分和辅料两部分。活性药物的主要成分是目标抗体蛋白。

辅料通常由缓冲体系、稳定剂和表面活性剂组成,其主要作用是保证产品在长期储存条件下的稳定性。抗体制剂的缓冲体系包括磷酸盐、枸橼酸盐和组氨酸等。抗体制剂的稳定剂对稳定抗体、减少聚合和降解有很大帮助,最常用的稳定剂是糖类及多元醇类,包括海藻糖、蔗糖和甘露醇等。抗体制剂的表面活性剂可显著减少溶液表面张力和剪切力对抗体蛋白的不良影响,能有效防止不溶颗粒的形成,并能避免蛋白聚集和在任何接触表面的吸附,常用的表面活性剂是聚山梨酯80和20等。

2. 制剂处方的开发　抗体药物处方研究的目的是提供一个稳定处方来控制抗体的聚集和化学降解速度,保证抗体药物有一个可接受的货架保存期。制剂处方的筛选主要包括pH筛选、缓冲液体系筛选和稳定剂的筛选等,另外还应根据不同抗体分子的特性和可能影响稳定性的环境因素进行针对性的研究。

3. 制剂工艺流程和过程控制　抗体药物的主要剂型为液态制剂和冻干制剂。下面将以冻干制剂为例作主要介绍,冻干制剂工艺的大概流程如图10-6所示。

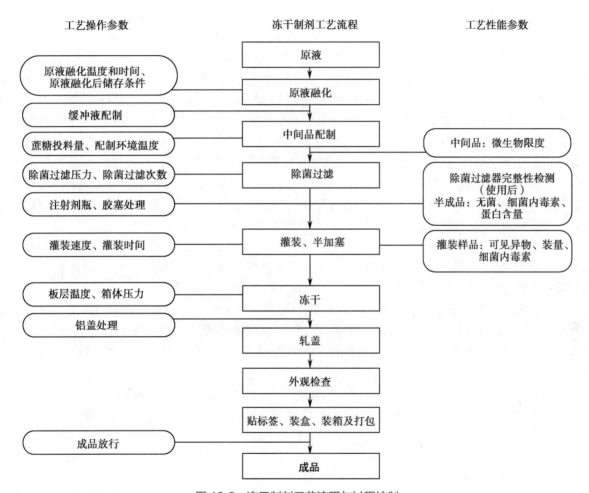

图 10-6　冻干制剂工艺流程与过程控制

4. 制剂的强加速稳定性研究　制剂的强加速稳定性研究主要包括高温稳定性和光破坏稳定性研究等。

(四) 稳定性研究

为考察制剂工艺的可靠性、保证临床用药的安全性,以及为样品的保存和使用条件提供依据,全面的稳定性研究应该包含表10-3所述的内容。

稳定性研究所考察的项目主要包括:蛋白含量、物理性质(pH、外观、等电点)、纯度(SEC-HPLC、WCX-HPLC、还原CE-SDS和非还原CE-SDS)、生物学活性(ELISA结合活性和细胞学活性)、细菌内毒素、微生物限度和化学性质(氧化和脱氨)。

表 10-3　原液和成品稳定性研究内容

原液稳定性	长期储存条件下的稳定性（e.g. -80℃ ±10℃）
	中间加速稳定性（e.g. 5℃ ±3℃）
	加速稳定性（e.g. 25℃ ±2℃，RH 60% ±5%）
	影响因素考察：反复冻融稳定性；强制降解研究（酸、碱、高温和氧化降解研究）
成品稳定性	长期储存条件下的稳定性（e.g. 5℃ ±3℃）
	加速稳定性（e.g. 25℃ ±2℃，RH 60% ±5%）
	影响因素考察：高温稳定性（40℃ ±2℃，RH 75% ±5%）；光照稳定性；相容性稳定性；模拟运输稳定性研究

（五）抗体药物的质量控制

药物的质量控制贯穿药物研究开发的整个过程，对于抗体药物而言，质量分析和控制渗透到了从抗体候选分子筛选到上市后商业化生产的各个环节。在抗体候选分子筛选阶段，需要通过有效的分析方法筛选抗体的结合和生物学活性，并根据所筛选抗体的结构特征进行一系列的序列优化；候选抗体确定后，生产用工程细胞株的构建也需要一套标准控体系统确保筛选克隆表达出来抗体质量均一，尽可能地避免不需要的翻译后修饰现象；上文已经有介绍抗体在制备工艺过程中也需要对微生物限度、细菌内毒素、无菌和蛋白浓度等进行控制；原液和成品的表征和放行符合质量标准等。

本部分主要从抗体药物原液和成品质量控制的角度来谈抗体药物的质量控制和质量标准的制定。

1. 原液的质量研究　根据人用重组 DNA 制品和抗体药物质量控制的一般指导原则和国内外抗体药物质量研究的内容，以及抗体本身的理化性质和生物学特性，抗体药物原液的质量研究主要包括结构研究、生物学活性研究、蛋白纯度和杂质研究以及理化性质研究等质量研究工作。

（1）结构研究：与其他大分子蛋白药物类似，抗体药物的结构研究主要从一级结构、二级结构和高级结构等方面开展。一级结构研究包括分子量、氨基酸序列覆盖率、肽图、糖基化等。二级结构研究主要进行圆二色谱分析，高级结构研究可以进行差示扫描量热法（DSC）分析等。

（2）生物学活性研究：生物学活性研究是抗体药物质量研究的重要内容。抗体药物的生物学活性主要包括亲和力、结合活性、阻断活性、与作用机制相关的细胞生物学功能活性和 Fc 效应功能——依赖抗体的细胞毒性（antibody-dependent cellular cytotoxicity，ADCC）、补体依赖的细胞毒性（complement-dependent cytotoxicity，CDC）等。

（3）蛋白纯度和杂质研究：抗体药物分子量大、结构复杂，因此，其生产制备过程中的蛋白纯度和杂质含量的控制也是质量研究的一个重要方面，蛋白的纯度和杂质是产品药效和安全性的重要指标。纯度方面主要采用 SEC-HPLC、CE-SDS 和 WCX 等分析方法。产品工艺相关杂质主要有宿主细胞蛋白（host cell protein，HCP）、宿主细胞 DNA、残留蛋白 A、细菌内毒素和微生物等，对于这些工艺相关杂质也需要通过相应的方法进行分析和控制。

2. 原液的质量标准　原液的质量标准主要包括鉴别、理化性质、纯度、杂质、生物学活性、蛋白含量和安全性检查等方面的内容。具体检测项目如表 10-4 所示。

表 10-4　原液质量标准制定参考项目

类别	检测项目	检验方法
鉴别	等电点（cIEF）（CpB 酶切前）	成像毛细管等电聚焦法
	肽图（RP-UPLC）	胰蛋白酶切 RP-UPLC 法
理化性质	外观	目视法
	pH	pH 计测定法

类别	检测项目	检验方法
纯度	分子排阻色谱	SEC-HPLC
	弱阳离子交换色谱	WCX-HPLC
	还原 CE-SDS	CE-SDS
	非还原 CE-SDS	CE-SDS
杂质	蛋白质 A 残留量	蛋白 A 测定试剂盒（ELISA）
	宿主细胞 DNA 残留	Q-PCR
	宿主细胞蛋白残留	宿主细胞蛋白测定试剂盒（ELISA）
生物学活性	相对结合活性	ELISA
	重组细胞活性	报告基因法
蛋白含量	蛋白含量	紫外 - 分光光度法
安全性检查	细菌内毒素	凝胶法

3. 成品的质量研究　对于成品的质量研究除了上述原液质量研究的内容外，还需要关注下列质控指标：装量、渗透压摩尔浓度、辅料含量、无菌、热原、可见异物、不溶性微粒。

4. 成品的质量标准　成品的质量标准主要包括鉴别、理化性质、纯度、生物学活性、蛋白含量和安全性检查等方面的内容。具体检测项目如表 10-5 所示。

表 10-5　成品质量标准制定参考项目

类别	检测项目	检验方法
鉴别	等电点（cIEF）	成像毛细管等电聚焦法
	相对结合活性	ELISA
理化性质	外观	目视法
	澄清度	浊度法
	复溶时间 *	目视法
	可见异物	可见异物检查法
	不溶性微粒	光阻法
	装量差异	容量法
	pH	pH 计测定法
	渗透压摩尔浓度	摩尔浓度测定法
	水分*	库伦滴定法
	聚山梨酯 80 含量	FLD-HPLC
纯度	分子排阻色谱	SEC-HPLC
	弱阳离子交换色谱	WCX-HPLC
	还原 CE-SDS	CE-SDS
	非还原 CE-SDS	CE-SDS
生物学活性	相对结合活性	ELISA
	重组细胞活性	报告基因法
蛋白含量	蛋白含量	紫外 - 分光光度法
安全性检查	细菌内毒素	凝胶法
	无菌检查	无菌检查法
	异常毒性	用小鼠测量法

注：* 仅限冻干产品。

三、抗体药物的临床前药理药效学研究

研究药物为了满足人体临床试验和注册上市的要求,必须首先在相关种属的动物模型上证明药物的安全性和有效性,同时为初次人体给药的最低和最大推荐起始剂量提供参考,以降低临床试验受试者和药品上市后使用人群的用药风险。

(一)药理学研究

药理学是研究药物与机体相互作用的规律及其机制的学科。其研究内容包括安全药理学、主要药效学、药代动力学和毒代动力学。

1. 安全药理学 主要研究药物在治疗范围内或治疗范围以上的剂量时,潜在的不期望出现的对生理功能的不良影响,即观察药物对中枢神经系统、心血管系统和呼吸系统的影响。可根据需要进行追加和/或补充的安全药理学研究。追加的安全药理学研究是指对中枢神经系统、心血管系统和呼吸系统进行深入的研究。安全药理学中,Q-T间期延长是一个重要内容。心电图中Q-T间期(从QRS波群开始到T波结束)反映心室去极化和复极化所需的时间。当心室复极化延迟和Q-T间期延长时,尤其伴有其他风险因素(如低血钾、结构性心脏病、心动过缓)时,患者发生室性快速心律失常的风险增加,包括尖端扭转型室性心动过速。药物所致的Q-T间期延长引发的室性心律失常甚至猝死,尽管发生率低,但由于其不可预测性和潜在的致命性,现已成为药物应用中最受关注的副作用之一。

补充的安全药理学研究是指评价药物对泌尿系统、自主神经系统、胃肠道系统和其他器官、组织的影响。安全药理学研究贯穿新药研究的全过程,可分阶段进行。

2. 主要药效学研究 药效学研究是在机体(主要是动物)器官、组织、细胞、亚细胞、分子、基因水平等模型上,采用整体和离体的方法,进行综合分析的试验研究,以阐明药物治疗疾病的作用机制。通过药效学研究,可以明确新药是否有效(有效性、优效性)以及药理作用的强弱和范围(量-效关系、时-效关系和构-效关系)。抗体药物的药效学研究包括体外药效学研究和基于模式动物的体内药效学研究。其中,体外药效学研究包括抗体分子与靶点的结合活性、结合特异性研究;靶点的物种特异性研究;基于细胞的药物作用机制研究(包括直接的靶向作用、ADCC、CDC以及免疫调节作用等)。体内药效学研究的常见动物模型,以肿瘤药物为例,主要包括异种移植瘤模型(CDX肿瘤模型或PDX肿瘤模型)、人免疫系统重建模型和免疫检查点的人源化小鼠模型等。

其主要研究目的是确定适应证,揭示作用机制,证明有效性;确定给药开始时间、给药方式和给药频率;找到有效剂量范围:起效剂量、最佳有效剂量和剂量依赖关系,从而决定重复给药毒性、药代动力学、安全药理学的低剂量,为临床试验方案的设计提供参考。

3. 药代动力学 通过研究药物的吸收、分布、转化和排泄,研究药物的体内变化规律、优化给药方案和指导临床合理用药。非临床药代动力学研究的主要内容是通过体外和动物体内的研究方法,揭示药物在体内的动态变化规律,获得药物的基本药代动力学参数,阐明药物的吸收、分布、代谢和排泄的过程和特征。主要的药代动力学参数有:$t_{1/2}$(消除半衰期)、V_d(表观分布容积)、AUC(血药浓度-时间曲线下面积)、Cl(清除率)、C_{max}(药物达峰浓度)、t_{max}(药物达峰时间)、MRT(平均滞留时间)、$AUC_{(0\sim t)}$、$AUC_{(0\sim \infty)}$。

4. 毒代动力学 毒代动力学的研究内容是在毒性试验条件下,研究大于治疗剂量的药物在毒理实验动物体内的吸收、分布、代谢和排泄的过程及其随时间的动态变化规律,阐明药物或其代谢产物在体内的部位、数量和毒性作用间的关系。

其主要研究目的是:①建立毒性试验条件下药物所达到的全身暴露与毒性发现的内在联系;②比较毒性试验与药理学实验的异同以解释毒性试验数据的价值;③为临床前毒性研究的试验设计提供依据。发现药物的毒性特点和毒性靶器官并确定安全剂量,以保证人用药的合理性和安全性。

（二）毒理学研究

毒理学研究是研究化学因子、物理因子和生物因子与生物机体的有害交互作用的科学。其研究内容包括单次给药毒性、重复给药毒性和特殊毒性（包括免疫毒性、生殖毒性、遗传毒性、致癌性、溶血性、刺激性和依赖性等）。

毒理学研究的主要目的是了解毒性反应的剂量、时间、强度、症状、靶器官、可逆性和解毒措施等，以便为临床用药方案提供参考、预测出现的毒性反应，制定临床防护措施、保证受试者用药安全。

1. 单次给药毒性 单次给药毒性指药物在单次或 24 小时内多次给予后一定时间内所产生的毒性反应。

2. 重复给药毒性 重复给药毒性描述了动物重复接受受试药物后的毒性特征，它是药物非临床安全性评价的重要内容。

重复给药毒性试验一般设置辅料对照组、低剂量组（高于动物药效学试验的等效剂量，并不使动物出现毒性反应）、中剂量组和高剂量组（使动物产生明显的毒性反应，可将系统暴露量达到临床系统暴露量 50 倍的剂量作为重复给药毒性试验的高剂量），以及空白对照组和 / 或阳性对照组。重复给药毒性的时间期限往往与药物的临床试验期限有关。支持药物临床试验的重复给药毒性试验的最短期限如表 10-6 所示。

表 10-6 支持药物临床试验的重复给药毒性试验的最短期限

最长临床试验期限	重复给药毒性试验的最短期限	
	啮齿类动物	非啮齿类动物
≤ 2 周	2 周	2 周
2 周 ~6 个月	同于临床试验	同于临床试验
>6 个月	6 个月	9 个月

支持药物上市的重复给药毒性试验的最短期限如表 10-7 所示。

表 10-7 支持药物上市的重复给药毒性试验的最短期限

临床拟用期限	重复给药毒性试验的最短期限	
	啮齿类动物	非啮齿类动物
≤ 2 周	1 个月	1 个月
2 周 ~1 个月	3 个月	3 个月
1~3 个月	6 个月	6 个月
>3 个月	6 个月	9 个月

重复给药毒性试验结果的评价最终应落实到受试药物的临床不良反应、临床毒性靶器官或靶组织、安全范围、临床需重点检测的指标，以及必要的临床监护或解救措施。

3. 特殊毒性 特殊毒性通常包括免疫毒性、生殖毒性、遗传毒性、致癌性、溶血性、刺激性和依赖性等。对于抗体药物由于分子量比较大，通常考虑的比较多的是免疫原性问题，抗药抗体的产生有时可能会对药物的药效学、药代动力学和毒代动力学等产生影响。根据药物性质的不同，所需要考虑的特殊毒性也有差异，生物制品的临床前安全性评价指导原则对此有明确的要求。

四、抗体药物的临床试验研究

临床试验研究是药物开发的一个关键环节，所有药物都必须通过临床试验研究在人体中确认安全性和有效性后才能够获批上市用于人体疾病的治疗。临床试验按开发阶段可分为 I 期临床试验、II 期临床试验、Ⅲ期临床试验和Ⅳ期临床试验,按研究类型可分为临床药理学研究、探索性临床试验、确证性临床试验和临床应用研究。临床试验的研究类型和开发阶段分类如图10-7所示。

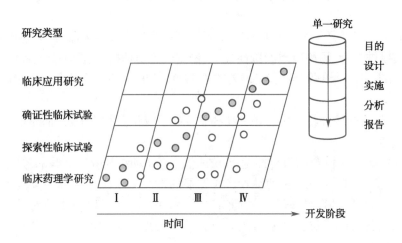

图 10-7　临床试验的分类

临床药理学研究主要是评价药物的耐受性,明确药物药代动力学、药效学,探索药物代谢和药物相互作用,评估药物活性。探索性临床试验主要是为了探索目标适应证后制定给药方案,为有效性和安全性确证的研究设计、研究终点、方法学等提供基础。确证性临床试验主要是为了确证有效性和安全性,为支持注册提供获益/风险关系评价基础,确定剂量与效应的关系。临床应用研究主要是为了改进对药物在普通人群、特殊人群和/或环境中的获益/风险关系的认识,发现少见不良反应,并为完善给药方案提供临床依据。

第二节　阿达木单抗

一、概述

阿达木单抗(adalimumab,商品名为修美乐)是由雅培制药公司开发的靶向肿瘤坏死因子 α (tumor necrosis factor α , TNF α)的全人源抗体,于 2002 年被美国 FDA 批准上市用于治疗类风湿性关节炎,这也是美国 FDA 批准的第一个全人源抗体。2003 年获得欧洲 EMA 批准上市。先前批准的 TNF α 抑制剂为人 - 鼠嵌合抗体,具有产生免疫源性的风险因而限制了临床的长期使用。阿达木单抗在鼠源性抗体的基础上通过噬菌体展示技术和重组技术获得了全人源抗体,并且体内外试验证明,此全人源抗体与鼠源性抗体的功能特性相似。

经过大量的临床试验研究以及数年的开发,阿达木单抗的适应证已经扩展到强直性脊柱炎、银屑病、克罗恩病等十余个自身免疫性疾病,在全球 96 个国家和地区销售。目前阿达木单抗已经成为类风湿性关节炎等疾病的一线用药,使用普遍且适应证广,使其自 2012 年起就以 96 亿美金的年销售额成为全球药品销售第一,随后连续几年排名第一,2018 年的销售额近 200 亿美金。

二、肿瘤坏死因子 α 与阿达木单抗作用机制

(一) TNF α 的生物学活性

TNF α 是一种具有多种生物活性的细胞因子,主要由单核细胞、巨噬细胞和 T 淋巴细胞产生,在调节自身免疫系统、促进炎症反应的发生发展等方面发挥重要作用。TNF α 可以分为两类,即溶解型

TNFα 和膜结合型 TNFα。其中,膜结合型 TNFα 是溶解型 TNFα 的前体,膜结合型 TNFα 需要 TNFα 转换酶(TNFα converting enzyme,TACE;也叫 ADAM17)将其水解为溶解型 TNFα 并释放,这种 TACE 依赖性的 TNFα 的释放与疾病模型中 TNF 介导的炎症病理学有关。TNFα 通过结合并激活两种受体——TNF 受体 1(TNFR1)和 TNF 受体 2(TNFR2)——而发挥多种生物活性。

TNFR1 和 TNFR2 均是 TNFα 的重要受体,但是它们的表达分布和胞内信号传导差异巨大。TNFR1 在多种细胞中普遍表达,TNFα 与 TNFR1 结合可以召集保守的死亡结构域(TNFR1-associated death domain protein,TRADD),并且可以被溶解型 TNFα 和膜结合型 TNFα 活化。而 TNFR2 的表达局限于特定细胞类型,如神经元、免疫细胞和内皮细胞,TNFR2 只与膜结合型 TNFα 结合,即在细胞之间的相互作用下活化,并且 TNFR2 缺乏 TRADD,因此不能直接诱导程序性细胞死亡(如图 10-8)。TNFR2 介导局部稳态效应,而 TNFR1 介导了大部分 TNFα 的信号功能。

如图 10-8(A)所示,在 TNFα 与 TNFR1 结合后,可在 TNFR1 的胞质结构域上组装包含 TRADD 的复合物 I,并通过复合物 I 中的受体相互作用的丝氨酸/苏氨酸蛋白激酶 1(receptor-interacting serine/threonine-protein kinase 1,RIPK1)的泛素化来激活核因子 - κB(nuclear factor-κB,NF-κB)和分裂原活化蛋白激酶(mitogen-activated protein kinases,MAPK)。TNFR1-复合物 I 信号传导诱导炎症、组织变性、细胞存活和增殖,并协调针对病原体的免疫防御。而当 RIPK1 未泛素化或者去泛素化时,即脱离 TNFR1 结合位点,与细胞液中的一些信号分子形成复合物 IIa 和复合物 IIb,活化 Caspase-8 信号通路,细胞启动凋亡程序。而复合物 IIc 通过 RIPK3 依赖性机制激活坏死性凋亡效应物——混合谱系激酶结构域样蛋白(mixed lineage kinase domain-like protein,MLKL),启动细胞的坏死性凋亡。坏死性凋亡与细胞凋亡相反,是细胞无序变化而引起的死亡,可以导致细胞质膜破裂,其释放胞内物并引发局部炎症。TNFα 诱导的坏死性凋亡在炎症性疾病发病机制中的作用是目前研究的重点。但是,目前还不清楚究竟是什么决定了 TNFα 与 TNFR1 的相互作用,是诱发复合物 I 引起的炎症或细胞增殖,还是诱发复合物 IIa/IIb 或复合物 IIc 而引起的凋亡和坏死。

如图 10-8(B)所示,TNFR2 通过非 TRADD 方式来募集 TNFR 相关因子 2(TNFR-associated factor 2,TRAF2),诱导 TNFR2-复合物 I 的形成并激发下游的 NF-κB、MAPK 和 AKT 的活化。TNFR2 主要介导局部的稳态的生物活性,包括组织再生、细胞增殖和存活。该途径还可以引发炎症效应和宿主防御病原体。

TNF 信号通路激活调控着几百个基因的表达,这些信号通路在不同的病理功能上发挥着重要作用。TNFα 诱导炎症介质(包括细胞因子和脂质介质),诱导趋化因子和促炎细胞因子如 IL-1、IL-6、IL-8 等,激活内皮细胞并募集炎症细胞,并且帮助炎症细胞存活,通过这些功能来介导炎症反应。TNFα 抑制调节性 T 细胞,在自身免疫疾病中也起到关键作用。此外,TNFα 也与肿瘤生成有关,可以诱导突变产生、肿瘤细胞存活和增殖,促进肿瘤逃避免疫监视并促进肿瘤转移。

(二)阿达木单抗的作用机制

TNFα 的异常表达或者功能异常与炎症或自身免疫病的发展有关,如风湿性关节炎、炎症性肠病、银屑病关节炎、强直性脊柱炎和特发性关节炎等。在类风湿性关节炎患者的滑膜液和血清中 TNFα 显著升高。在风湿性关节炎患者中,TNFα 的持续高表达及活化可以在细胞水平上影响相关功能以促进炎症反应,例如,TNFα 可以促进巨噬细胞的增殖和细胞因子的产生;促进 T 细胞活化;促进 B 细胞的增殖和分化;诱导滑膜衬里细胞的增殖,合成 IL-1、粒细胞 - 单核细胞集落刺激因子(granulocyte-monocyte colony stimulating factor,GM-CSF)和胶原酶;诱导内皮细胞表达内皮细胞黏附分子 -1(endothelial leucocyte adhesion molecule-1,ELAM-1)和 IL-8。在类风湿性关节炎患者身上提取滑膜细胞,用抗体阻断细胞的 TNFα 通路,可以显著降低 IL-1、IL-6、IL-8 和 GM-CSF 的表达量。

炎症性肠病患者体内的巨噬细胞、单核细胞以及 T 细胞通常过多地分泌 TNFα。阻断 TNFα 可以抑制其促炎效应,也可以诱导巨噬细胞向 M2 型转化,诱导抗炎分子分泌,从而缓解疾病。此外,强直性脊柱炎患者的血清和关节中的 TNFα 均高表达。利用小鼠的疾病模型的研究显示,利用 TNFα 抑制剂阻断其信号通路,可以有效控制小鼠的疾病进程。这些都为阻断 TNFα 信号通路来治疗相关炎症和自身免疫疾病提供了依据。

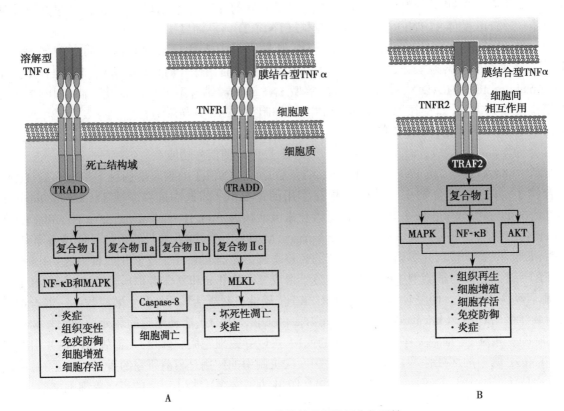

图 10-8　TNFR 下游的信号通路及生物活性

A. 溶解型 TNFα 和膜结合型 TNFα 与 TNFR1 相互作用

B. 膜结合型 TNFα 与 TNFR2 相互作用

阿达木单抗是靶向 TNFα 的全人源 IgG1 抗体,它可以结合溶解型 TNFα 和膜结合型 TNFα,阻断其与 TNFR 的相互作用,从而阻断 TNFα 的生物学功能,并且可以诱导表达 TNFR 的单核细胞的凋亡,以此,阿达木单抗可以在 TNFα 持续活跃的疾病中发挥功效。

三、阿达木单抗的构建和制备

阿达木单抗为首个全人源抗体,是由两条 κ 轻链和两条 IgG1 重链组成,总分子量为 148kDa。

阿达木单抗的人源可变区是通过抗原表位定向选择和噬菌体展示技术获得的,如图 10-9 所示。其基本过程是以鼠源性抗体为模板,鼠源性抗体的轻链可变区与人的重链可变区基因文库重组为“鼠 - 人”杂合的 scFv 抗体库;或者以鼠源性抗体的重链可变区与人的轻链可变区基因文库重组形成另一文库。再将所得到的人重链可变区与轻链可变区基因库组合构建成人抗体库。阿达木单抗是以鼠抗人 TNFα 的 F（ab'）2 抗体 MAK195 为模板,通过定向选择噬菌体展示技术构建了两个杂合的 scFv 库,一个库是具有 MAK195 重链可变区与人轻链可变区的文库,另一个具有 MAK195 轻链可变区和人重链可变区的文库。两个文库经过与 TNF 结合试验来筛选结合力比较高的杂合 scFv,将筛选出来的两个库的杂合 scFv 重新组合形成人重链可变区和轻链可变区的第三文库,并且重新用 TNF 筛选出具有高亲和性、低解离速率和高中和能力的人源 scFv。随后,进行 CDR 诱变,产生阿达木单抗的可变区 D2E7。再将可变区的基因序列克隆至包含抗体恒定区的质粒上,在构建稳定表达的 CHO 细胞系中培养,这样可以产生全人源的全长抗体即阿达木单抗。

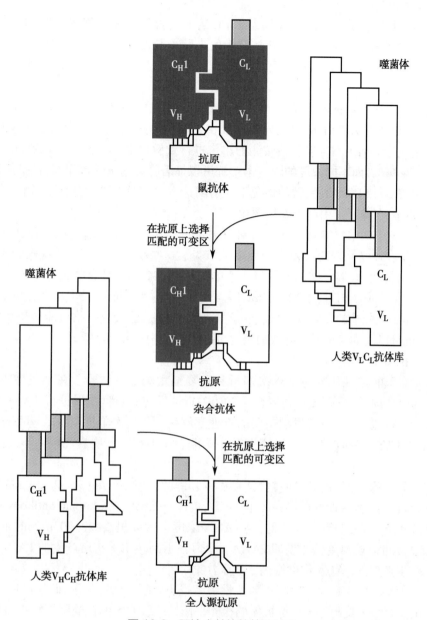

图 10-9 阿达木单抗的筛选过程

阿达木单抗通过几个色谱步骤纯化,并进行低 pH 处理和用于病毒灭活 / 去除的纳滤。之后用多种理化分析和生物学及免疫学的研究来研究并测试阿达木单抗的表征。阿达木单抗以三种主要形式存在,分别是携带两个、一个或没有携带 C 端赖氨酸的分子。经过一系列的活性及稳定性测定,对阿达木单抗进行商业化规模放大生产,且经过规模放大生产的过程测试,包括控制过程的关键步骤,如混合和微生物控制,以及超过制造中规定的最长持续时间时产品纯度和生物活性控制等。

四、阿达木单抗的生物学活性及安全性研究

(一)阿达木单抗的生物学活性研究

阿达木单抗可以与各种形式的人 TNFα 结合,包括溶解型和膜结合型人 TNFα,以及结合至细胞受体的人 TNFα。阿达木单抗不特异地与其他细胞因子结合,如 TGF-β 及各种白介素。

阿达木单抗与人 TNFα 的结合是可饱和的且是浓度依赖性的,具有低解离速率。D2E7 的结合速率常数是 4.7×10^5/ms,解离速率常数为 4.8×10^{-5}/s,因此 D2E7 的平衡解离常数为 1×10^{-10} mol/L。此外,体外实验证明,阿达木单抗会以平均 $(1.25 \pm 0.01) \times 10^{-10}$ mol/L 的 IC_{50} 中和人 TNFα 产生的

L929 细胞毒性,且以平均 $(1.56 \pm 0.12) \times 10^{-10}$ mol/L 的 IC_{50} 抑制 U-937 细胞上人 TNFα 受体的结合。D2E7 能够以剂量依赖性方式抑制人 TNFα 诱导的人脐静脉血管内皮细胞(HUVEC)的活化,IC_{50} 分别是 1.85×10^{-10} mol/L。并且在体外,阿达木单抗可以结合细胞的 Fc 受体,证明阿达木单抗的免疫球蛋白效应功能是完好的。

体内实验表明,阿达木单抗可以在 D- 半乳糖胺致敏的小鼠中抑制 TNFα 诱导的小鼠致死性。给 D- 半乳糖胺致敏的小鼠注射人 TNFα 可以导致小鼠在 24 小时内死亡,用不同浓度的阿达木单抗注射进小鼠体内,之后用人 TNFα 和 D- 半乳糖胺注射小鼠进行致敏攻击,24 小时后,没有注射阿达木单抗的小鼠致死率达 80%~90%,而不同浓度的阿达木单抗可以显著降低小鼠的致死率,且呈剂量依赖性关系。而且,在没有人 TNFα 和 D- 半乳糖胺的情况下注射阿达木单抗对小鼠没有有害影响。此外,阿达木单抗可以抑制人 TNFα 在兔子上引起的发热现象。

在转基因小鼠 Tg197 中检测阿达木单抗对鼠关节炎的作用效果。转基因小鼠 Tg197 可以表达人 TNFα,且这些小鼠在 4~7 周龄时会发生慢性多关节炎。这些小鼠每周接受 3 次腹膜内注射不同浓度的阿达木单抗,注射持续 10 周。结果显示阿达木单抗对 Tg197 小鼠具有明确有益效果,在研究后期没有观察到可证实的关节炎。ED_{50} 为 0.1~0.5mg/kg。此外,阿达木单抗与 TNFα 免疫复合物是由 3 个分子的阿达木单抗和 3 个分子的 TNFα 组成,分子量为 598kDa。这种复合物可能很快从体内清除,这些特性使阿达木单抗可以成为一种非常有效的药物,用于结合、中和和清除循环中的 TNFα。

(二) 阿达木单抗的安全性研究

阿达木单抗临床前毒性研究包括单次剂量和重复剂量的毒性试验。在小鼠体内静脉注射高达 786mg/kg 阿达木单抗剂量,没有观察到生物学上相关毒性反应。对食蟹猴进行 4 周和 39 周持续时间的重复剂量毒性试验,总体上,没有发现主要的毒理学问题。阿达木单抗产生的 TNFα 抑制作用会对免疫系统相关器官(如胸腺和脾脏)有一定影响,包括淋巴细胞减少、胸腺囊性转化等,这些变化在 20 周的恢复期内是可逆的。

对阿达木单抗的免疫原性研究,即对食蟹猴皮下和静脉注射 2mg/kg 或 32mg/kg 的阿达木单抗,结果显示所有 2mg/kg 剂量组的食蟹猴都会产生猴抗人抗体(primate anti-human antibody,PAHA),但是抗体浓度比较低(2~17μg/ml),如果重复注射,则 PAHA 浓度会大大提高(22~203μg/ml),而在 32mg/kg 剂量组,只有少数猴子可以检测到低浓度的 PAHA。每月注射阿达木单抗所产生的 PAHA 的浓度比每周注射高,而静脉注射产生的 PAHA 浓度则高于皮下注射。

一项阿达木单抗对青少年(4~17 岁)类风湿性关节炎患者临床研究显示,研究评估的 171 名患者中有 27 名(16%)至少有一项抗阿达木单抗抗体的检测呈阳性,其中 85 例接受甲氨蝶呤治疗的患者中有 5 例(6%)呈阳性,86 例未接受甲氨蝶呤的患者中有 22 例(26%)呈阳性。青少年患者阿达木单抗单药治疗产生的抗药抗体高于与甲氨蝶呤联合治疗。并没有因抗阿达木单抗抗体的产生而使研究中断或者产生相关不良反应。而在青少年患者和成年患者之间,阿达木单抗与甲氨蝶呤联合治疗产生的抗药抗体没有明显的差异。总而言之,抗药抗体的产生未能影响药物使用的安全性。但是,研究同样表明,抗药抗体检测阳性的患者达到疾病改善的比例低于抗药抗体检测阴性的患者,而且也有其他研究数据表明,患者疗效的降低与抗药抗体的产生有关。

五、总结

阿达木单抗是首个美国 FDA 批准上市的全人源抗体,其对多种自身免疫疾病的疗效已经在多项研究中得到证实,且有丰富的临床使用数据和经验,并且也在某些疾病中成为治疗的一线用药,对其他 TNFα 抑制剂治疗失败的患者同样具有临床效果。在临床使用中,应逐渐建立起患者的检测循证指南,以应对需及时减药、停药的情况,以及对产生抗药抗体患者制定治疗方案,且在治疗过程中应检测感染等不良反应的发生。

第三节 纳 武 单 抗

一、概述

纳武单抗(nivolumab),商品名 Opdivo(欧狄沃),是由美国百时美施贵宝(BMS)公司开发的全人源抗 PD-1 IgG4(S228P)单克隆抗体。自 2014 年 7 月日本首次上市以来,短短 4 年间,Opdivo 在全球已获批用于治疗 9 个瘤种的 17 项适应证,是至今全球适应证最多的 PD-1 抑制剂,2018 年 6 月 Opdivo 在中国获批上市,适应证为经过系统治疗的非小细胞肺癌。截至目前,Opdivo 已惠及美国、欧盟、日本、中国、南美洲等数十个国家的患者。

二、纳武单抗的作用机制

(一)肿瘤免疫治疗

肿瘤免疫治疗简单来说就是利用机体自身免疫功能攻击肿瘤细胞消灭肿瘤。正常情况下,免疫系统可以识别并清除肿瘤微环境中的肿瘤细胞,但是为了存活和增殖,肿瘤细胞能够采用不同策略,使人的免疫系统受到抑制,不能识别和杀伤肿瘤细胞,也就是我们所说的肿瘤免疫逃逸。

为了更好地理解肿瘤免疫反应,2013 年 Daniel 等人提出了肿瘤免疫循环的概念。一个完整的肿瘤免疫循环包括 7 个步骤:第 1 步,肿瘤细胞死亡并裂解释放肿瘤细胞抗原;第 2 步,由抗原呈递细胞或 DC 细胞通过其表面的 MHC Ⅰ类或 MHC Ⅱ类分子捕获抗原并将该肿瘤细胞抗原呈递给 T 细胞;第 3 步,效应 T 细胞的启动和激活(priming and activation);第 4 步,通过血液将激活的 T 细胞转运至肿瘤组织;第 5 步,T 细胞浸润到肿瘤组织微环境;第 6 步,T 细胞识别肿瘤细胞;第 7 步,肿瘤细胞的杀伤。其中的任何步骤出现异常均可以导致肿瘤免疫循环失效,出现免疫逃逸。肿瘤免疫循环如图 10-10 所示。

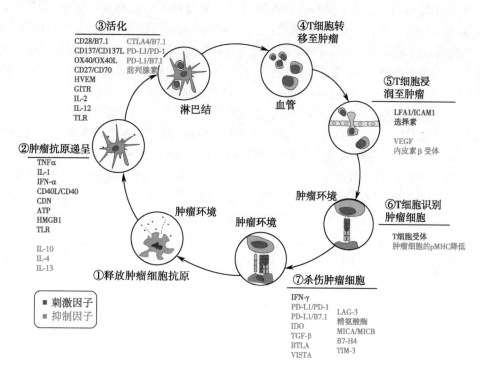

图 10-10 肿瘤免疫循环以及在各阶段中期免疫调节作用的分子

肿瘤的发生通常是因为肿瘤细胞或组织通过一系列的机制干扰机体正常的肿瘤免疫循环的各个

环节,从而逃避免疫系统对肿瘤细胞的杀伤。肿瘤免疫逃逸的相关因素包括:缺乏被 T 细胞识别的肿瘤细胞抗原或表位;不能激活肿瘤特异性 T 细胞;T 细胞不能浸润到肿瘤微环境;肿瘤细胞表面的肽 -MHC 水平下调;肿瘤微环境中的免疫抑制因子或免疫抑制细胞等。程序性死亡因子 -1(programmed death receptor-1,PD-1)及其配体 PD-L1 信号途径主要在肿瘤免疫循环的第 3、7 步通过抑制效应 T 细胞的激活而促使肿瘤免疫逃逸。

目前通过临床验证的免疫检查点蛋白主要有 PD-1 和 CTLA4,阻断免疫检查点 PD-1 和 CTLA4 所介导的信号通路,通过免疫系统杀伤肿瘤的治疗策略已在临床运用上取得了显著的成绩。截至 2020 年 8 月,全球获批的免疫检查点抑制剂共 7 个,分别是 ipilimumab(商品名 Yervoy,靶点 CTLA4)、nivolumab(商品名 Opdivo,靶点 PD-1)、pembrolizumab(商品名 Keytruda,靶点 PD-1)、cemiplimab(商品名 Libtayo,靶点 PD-1)、avelumab(商品名 Bavencio,靶点 PD-L1)、atezolizumab(商品名 Tecentriq,靶点 PD-L1)和 durvalumab(商品名 Imfinzi,靶点 PD-L1)。特瑞普利单抗(商品名拓益,靶点 PD-1)、信迪利单抗(商品名达伯舒,靶点 PD-1)、卡瑞利珠单抗(商品名艾瑞卡,靶点 PD-1)、替雷利珠单抗(商品名百泽安,靶点 PD-1)获得中国批准。CTLA4 的发现者为美国德州大学奥斯汀分校免疫学家詹姆斯·艾莉森(James P.Allison)和 PD-1 的发现者为日本京都大学教授本庶佑(Tasuku Honjo),也因为他们在肿瘤免疫治疗和肿瘤免疫抑制调节研究方面的突出贡献,于 2018 年 10 月被授予诺贝尔生理学或医学奖。另外,PD-L1 的发现者华裔科学家、耶鲁大学终身教授陈列平也在该领域做出了杰出贡献。

(二) PD-1/PD-L1 信号通路及纳武单抗作用机制

1. PD-1/PD-L1 信号通路 PD-1 又称 CD279,为 CD28 家族成员,主要表达于活化的 $CD4^+$ T 细胞、$CD8^+$ T 细胞、NK 细胞、单核细胞、树突状细胞和调节性 T 细胞表面。PD-L1,程序性死亡因子配体 -1,又称 CD274 或 B7H1,是 PD-1 的主要配体,持续性表达于 T 细胞、B 细胞、树突状细胞、巨噬细胞、间充质干细胞和骨髓源性细胞中,在多种恶性肿瘤如非小细胞肺癌、黑色素瘤、肾细胞癌、前列腺癌、膀胱癌、乳腺癌和胶质瘤中高表达。

在正常条件下,PD-1 与其配体 PD-L1 和 PD-L2 结合,可诱导免疫抑制信号,从而导致 T 细胞增殖、细胞因子产生和细胞毒活性,PD-1 信号通路在维持体内免疫稳态方面起着重要作用。PD-1 缺失可导致小鼠自身免疫疾病的发生,而慢性病毒感染的人和小鼠体内可以观察到 PD-1 的表达量升高,而且与 T 细胞功能的减弱或耗竭相关。随着 PD-1 和其他免疫抑制受体的表达,肿瘤浸润性 T 细胞的功能也逐渐退化。在多个同源小鼠模型中,阻断 PD-1 或其配体可促进其抗肿瘤活性;当与其他 T 细胞负调控因子如 CTLA4 和 LAG3 抗体联合使用时,可增强 PD-1 抗体的体内抗肿瘤活性。

在肿瘤发生中,肿瘤细胞可利用 PD-1 等免疫负调节因子以保护其不受细胞毒 T 细胞的影响,从而导致肿瘤的免疫逃逸。PD-1 主要从两个方面调节机体的免疫抑制,一方面它能促进淋巴结中抗原特异性 T 细胞的凋亡;另一方面,它能降低调节性 T 细胞(Treg,一种免疫抑制性 T 细胞)的凋亡。

2. 纳武单抗的作用机制 纳武单抗是一个全人源 IgG4 亚型抗 PD-1 抗体,能结合 PD-1,阻断 PD-1 与其配体 PD-L1 和 PD-L2 的相互作用。由于 PD-1 是主要表达于激活的 T 细胞表面的免疫调节受体,并受机体炎症反应诱导。PD-1 在 $CD4^+$ 调节性 T 细胞(Treg)中也超表达,它的主要作用是通过限制效应 T 细胞的活性并增强抑制性 Treg 的活性,在外周组织中限制免疫反应和维持免疫耐受。因此,纳武单抗与 PD-1 结合后能衰减 PD-1/PD-L1 的负调节信号,进而增强宿主的抗肿瘤免疫反应。在多种不同肿瘤中发现其肿瘤浸润性淋巴细胞表面有 PD-1,而肿瘤细胞表面 PD-L1 的上调表达被认为是肿瘤细胞逃避宿主免疫反应的可能机制。并且与 CTLA4 缺失小鼠相比,PD-1 缺失小鼠表现出温和、迟发性的免疫表型,预示着靶向 PD-1 可能更加安全。

三、纳武单抗的制备

(一) 纳武单抗的筛选和制备

2001 年初,Medarex(2011 年被 BMS 以 21 亿美金收购)团队开始运用其 UltiMAb® 人源化小鼠全人源抗体开发平台筛选 PD-1 抗体。其筛选步骤简述如下：

1. 抗原的制备　将人 PD-1 的胞外区与人 IgG1 的 Fc 段融合，利用人 CHO 细胞作为宿主表达重组人 PD-1-Fc 蛋白，制备重组人 PD-1-Fc 蛋白作为抗原。

2. 免疫　将制备好的重组人 PD-1-Fc 蛋白免疫人源化转基因小鼠，该转基因小鼠将会产生特异性结合人 PD-1 的抗体。

3. 融合　取经免疫转基因小鼠的脾脏细胞，与 SP2/0 骨髓细胞融合，并通过 ELISA 筛选能够产生与 PD-1 抗原特异性结合的抗体的阳性杂交瘤细胞。

4. 测序　获取所筛选抗 PD-1 抗体的基因序列。

5. 功能性抗体的筛选和确认　通过一系列的实验验证抗体与 PD-1 的结合活性、特异性、阻断活性和体外功能实验（MLR，混合淋巴因子反应，促进激活的 T 细胞释放免疫激活性细胞因子），以及与相关物种 PD-1 蛋白的种属交叉反应等，筛选出有功能的抗 PD-1 单抗候选分子。

6. 候选抗体可开发性评估　对所筛选的有功能的抗 PD-1 单抗候选分子的可开发性进行评估，包括脱氨热点检查、氧化热点检查、聚体、异构化、N 端修饰、C 端修饰、二硫键、自由巯基、N/O- 糖基位点分析等，对所筛选的抗体的可开发性进行评估并根据情况对候选抗体的氨基酸序列进行优化。

7. 纳武单抗的分子构建　将所筛选确定的最优抗体的轻、重链可变区序列分别于人 κ 轻链恒定区和人 IgG4（S228P）重链恒定区连接，从而得到完整的纳武单抗分子。

8. 纳武单抗工程细胞株的构建　利用基因工程技术，将纳武单抗分子克隆到 CHO 细胞中，构建并筛选出稳定、高表达纳武单抗的单克隆细胞株。

（二）纳武单抗亚型的选择

人 IgG 有四种亚型：IgG1、IgG2、IgG3 和 IgG4，由于各种亚型具有不同的结构和功能，影响其理化性质、生物活性及其效应功能，为达到期望的治疗效果并且避免不良反应，在治疗性抗体药物的研发过程中，应选择适宜的抗体亚型进行抗体设计。四种亚型抗体的特征及功能对比如表 10-8 所示。

表 10-8　抗体亚型及特征

抗体亚型	IgG1	IgG2	IgG3	IgG4
血浆中含量	60%~70%	20%~30%	5%~8%	1%~4%
FcRn 亲和力	强	强	弱	强
血浆半衰期	21 天	21 天	9 天	21 天
FcγR 亲和力	强	弱	强	弱
ADCC 活性	强	弱	强	弱
C1q 亲和力	强	弱	强	无
CDC 活性	强	弱	强	无
铰链区灵活性	强	最弱	最强	弱

IgG1 亚型抗体在血浆中含量最多，也是抗体药物中应用最多的亚型。IgG3 的 FcRn 亲和力弱，血浆半衰期只有 9 天，需要更频繁地给药，很少选择用来开发抗体药物。Opdivo 理论上是通过结合 PD-1 从而阻断 PD-1 与其配体 PD-L1 的结合，解除对 T 细胞等的抑制，从而杀死细胞。该作用机制不同于以往抗肿瘤抗体如 Rituximab 等依赖于 ADCC 活性等杀死肿瘤细胞的机制。Medarex 当时在设计 Opdivo 时也考虑到了这点，它采用的是 ADCC 活性弱的 IgG4 亚型，并将 IgG4 恒定区的 228 位点丝氨酸替换成脯氨酸，解决了天然 IgG4 抗体在体内的结构不稳定性问题。

（三）纳武单抗的生产

药物开发最关键的两点是药物的安全性和有效性，为保证安全有效，药品生产工艺的稳定性和所生产药品质量的一致性显得特别重要。生物大分子药物的生产不同于小分子合成药物，它是由细胞表达出来的,而生物细胞的蛋白表达和修饰过程非常复杂,所以即使是一个单克隆细胞所表达出来的抗体也不可能完全一致,存在很大的异质性,作为生物制药企业可以做的就是抗体生产制备的各个生产工艺环节进行优化,确保生物药的关键质量属性稳定保持在一个可控的质量范围内。因此,生物药生产过程的关键在于保持生产工艺的稳定性和所生产的不同批次抗体在一个可控的质量范围内。抗体分子的筛选、稳定细胞株的构建仅是抗体药物制备的开端。具体过程参见本章第一节内容。

四、纳武单抗的药理学研究

(一)纳武单抗的结合活性的鉴定

纳武单抗的药理学研究,首先要在体外对纳武单抗的结合活性和结合特异性进行鉴定,体外结合活性和特异性将直接影响到抗体在人体的有效性和安全性。

纳武单抗的体外结合实验表明:①纳武单抗可特异性结合 PD-1 蛋白,而对 CD28 家族其他蛋白(如 CD28、CTLA4、ICOS 和 BTLA)没有结合活性;②纳武单抗结合激活的 $CD4^+$ T 细胞表面的 PD-1,并且能够阻断 PD-1 与其配体 PD-L1 和 PD-L2 的结合,但是对未活化的 $CD4^+$ 和 $CD8^+$ T 细胞没有结合活性。上述实验证明纳武单抗可以特异性地结合人 PD-1 蛋白。

表面等离子共振(SPR)实验结果显示,纳武单抗与重组人 PD-1 抗体的结合亲和力为 3.06nmol/L,与重组食蟹猴 PD-1 抗体的结合亲和力为 3.92nmol/L。Genbank 数据库显示人与食蟹猴的 PD-1 胞外区有 96% 的同源性,上述实验数据也显示纳武单抗与食蟹猴 PD-1 具有良好的交叉反应,这为随后的纳武单抗的临床前药代动力学和安全性评价提供了有效的动物模型。

采用 Epitope mapping 方法确定纳武单抗与人 PD-1 结合的结合表位为 [29]SFVLNWYRMSPSNQT-DKLAAFPEDR[53] 和 [85]SGTYLCGAISLAPKAQIKE[103],上述表位肽段涵盖了之前文献报道的 PD-1 与 PD-L1 和 PD-L2 结合的关键残基,进一步确证了通过纳武单抗与 PD-1 结合,可有效阻断 PD-1 与其配体 PD-L1 和 PD-L2 的相互作用。

(二)纳武单抗的体外功能活性研究

纳武单抗作用于经 CD3 抗体、葡萄球菌肠毒素 B(staphylococcal aureus enterotoxin B,SEB)或巨细胞病毒(cytomegalovirus,CMV)激活的 T 细胞,通过阻断 PD-1 与其配体的相互作用,可以增强 IFN-γ、IL-2 等细胞因子的分泌,同时促进激活 T 细胞的增殖,但是对非活化的 T 细胞没有任何影响。进一步证明纳武单抗不会导致非特异性淋巴细胞激活。

纳武单抗的 Fc 段采用的是 S228P 突变的 IgG4 亚型,经实验确认不具有 ADCC 和 CDC 活性,以避免纳武单抗 Fc 效应导致的 T 细胞凋亡。

(三)纳武单抗的体内有效性研究

纳武单抗不能识别鼠的 PD-1,而且纳武单抗靶向的是存在于免疫细胞表面的 PD-1 蛋白,通过调节免疫反应发挥作用,其作用机制与靶向肿瘤抗原的抗体不同,所以常规的免疫系统缺陷裸鼠移植瘤不能评估纳武单抗的药效。而在当时也没有比较理想的人源化小鼠模型,所以纳武单抗的体内有效性研究主要采用的鼠替代抗 PD-1 抗体(surrogate murine anti-PD-1 antibody,又称 4H2)在小鼠肿瘤模型中验证有效性。4H2 在小鼠 J558 骨髓瘤治疗模型、MC38 结肠癌治疗模型和 SA1/N 纤维肉瘤治疗模型中均显示出了较好的抑瘤效果。

随着基因编辑技术的发展和成熟,目前已经可以构建人源化的转基因小鼠模型用于 PD-1 等免疫检查点抗体的体内药效研究,比如中美冠科的 HuGEMM 小鼠模型和百奥赛图的 B-hPD-1 小鼠模型等。

(四)纳武单抗在食蟹猴中的药代动力学和毒代动力学研究

纳武单抗单次、多次给药的药代动力学和毒代动力学研究显示纳武单抗在猴体内表示出良好的安全性和耐受性。1mg/kg 剂量组雌、雄动物的表观平均终末消除半衰期($t_{1/2}$)大致相似,分别为 139 小时和 124 小时。10mg/kg 剂量组雄性动物的 $t_{1/2}$ 为 261 小时。在给药后 28 天检测到抗纳武单抗抗体,但似乎对 PK 评估没有显著影响[如平均滞留时间(MRT)、总清除率(CLT)和稳定状态下的分布容积

(V_{ss})〕。一个为期 3 个月的食蟹猴毒性研究中,纳武单抗 10mg/kg 和 50mg/kg 每周 2 次静脉给药显示所有动物耐受性良好。

尽管临床前研究表明纳武单抗在猴体内的安全性很好,但是在 I 期临床试验中还是出现了一些毒性,不良反应与 ipilimumab 类似,但发生率和严重程度相较 ipilimumab 更低。同样,在 ipilimumab 的临床前食蟹猴毒理学研究中,也未见明显的毒性,但在临床上 ipilimumab 的确出现了比较严重的不良反应。这些现象也进一步说明了,在研究如抗 PD-1 或抗 CTLA4 抗体等介导免疫检查点阻断的抗体时,小鼠和非人灵长类动物中的毒性研究结果很难预测其在人体中的安全性。

五、纳武单抗的安全性问题

纳武单抗靶向 PD-1,作为免疫检查点抑制剂,临床研究证实其毒性与其作用机制是一致的,主要是 T 细胞介导的自身免疫疾病。免疫检查点抑制剂的使用可使 CD4$^+$ T 细胞释放的细胞因子水平增加,并增强 CD8$^+$ T 细胞的迁移能力,从而导致正常组织的损伤。因此,在临床应用中,有经验的从业医师能够及时识别和治疗上述毒副作用显得尤为重要。

免疫检查点抑制剂最常见的不良反应为皮疹、疲劳和瘙痒。其他不良反应包括结肠炎、肺炎、药物相关肝炎和自身免疫所介导的内分泌病,如甲状腺炎、垂体炎和肾上腺机能不全。罕见免疫相关血液学和神经毒性,如脑炎、Guillain-Barre 综合征(简称 GBS,典型的 GBS 为急性炎症性脱髓鞘性多发性神经病)、自身免疫性血小板减少症和白细胞减少症。一般来说,在治疗早期可见皮肤和胃肠道毒性反应,而肝毒性和内分泌疾病的发生要晚一些。大多数不良反应在治疗后的 24 周内出现。接受免疫检查点抑制剂的受试者应每隔 6~12 个月进行一次全血细胞计数、肝功能检查、代谢功能检验和甲状腺功能检查,一直持续到治疗结束后 6 个月。促肾上腺皮质激素、皮质醇和睾酮可作为疲劳或非特异性症状的指标。对于任何 3、4 级或长期 2 级不良反应,均因使用了类固醇药物。

第四节 抗体药物偶联物——T-DM1

一、概述

T-DM1(trastuzumab emtansine,商品名 Kadcyla™)是由人表皮生长因子受体 2(human epidermal growth factor receptor 2,HER2)抗体曲妥珠单抗与一个高活性的微管蛋白抑制剂细胞毒素 DM1(一种美登素的衍生物)通过稳定的硫醚键连接子(MCC linker)共价连接而成。T-DM1 已于 2013 年分别在美国和欧洲获批用于经曲妥珠单抗和紫杉醇单独或联合治疗的 HER2 阳性、不可切除的、局部晚期或转移性乳腺癌的治疗。

T-DM1 的分子结构如图 10-11 所示。

二、T-DM1 的作用机制

抗体药物偶联物(antibody-drug conjugate,ADC)由重组抗体、化学药物和连接子三部分共同组成。其在体内作用机制如图 10-12 所示,当 ADC 注射入人体内后,ADC 的抗体部分迅速与肿瘤细胞上的特定受体相结合,然后通过抗体-受体复合物的内吞作用将 ADC 运输到细胞内,由于胞内环境的变化或者酶的作用,ADC 的连接子可迅速解离或者从抗体分子上脱落,从而将抗体与细胞毒素解离,细胞毒素在细胞内发挥作用,抑制细胞增殖或诱导细胞发生凋亡,从而定向杀死癌细胞。

ADC 的主要特点在于利用了抗体药物的靶向性和化学药物的强效性,通过一定的偶联技术充分发挥了两者的优势。重组抗体对特定肿瘤靶细胞具有很强的专一性和亲和力,但通常药效不强,往往需要和化学药物联合使用,并且用药剂量大;而小分子药物活性强,但专一性差,相应的毒副作用也较强。当两者通过连接物偶联在一起后,偶联体可特异性结合于相应肿瘤细胞,并定向杀死肿瘤细胞,大大增强了药效及提高了药物安全性(图 10-12)。

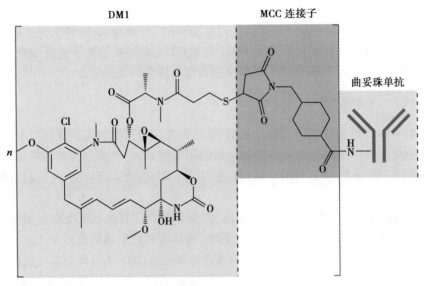

图 10-11 T-DM1 的化学结构

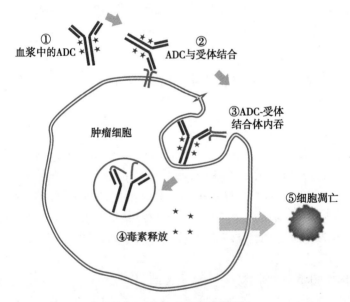

图 10-12 ADC 作用机制

　　T-DM1 由曲妥珠单抗、细胞毒素 DM1 和连接子 MCC 三部分组成。其作用机制为:T-DM1 利用曲妥珠单抗的靶向性定向结合到 HER2 受体的第四结构域,然后通过受体 - 抗体复合物介导的内吞作用将 T-DM1 从胞外内吞到胞内,随后在溶酶体中连接子降解将 DM1 细胞毒素释放到胞内,从而导致细胞生长周期停滞和细胞凋亡。另外,体外研究数据也表明 T-DM1 保留了曲妥珠单抗本身的功能,一方面可通过结合 HER2 受体第四结构域抑制 HER2 受体所介导的 PI3K/Akt、Ras/Raf 和 MEK 信号通路,从而抑制 HER2 阳性肿瘤细胞的生长、增殖、存活和转移等;另一方面可以通过其 Fc 发挥 ADCC 作用。

三、T-DM1 的制备

ADC 因其结构的复杂性,它的筛选和制备过程相较于抗体药物也更为复杂。

(一) ADC 筛选需考虑的因素

ADC 候选分子筛选时其靶向抗体、细胞毒素和连接子三个结构组分都需要考虑。ADC 因其偶联了细胞毒素,其主要机制是由靶向抗体将与其偶联的细胞毒素带到特定肿瘤部位,因此 ADC 的靶点选择非常关键。其靶点选择主要应关注以下几点。

1. ADC 靶点的选择

(1)靶点的特异性:靶点的特异性是 ADC 选择的核心,理想情况下我们通常选择肿瘤特异性表达而在正常组织中不表达的靶点,以避免其偶联的药物被运送到正常组织部位。但实际上我们很难找到绝对肿瘤特异性表达的靶点,因此那些虽然在正常组织中也表达,但在肿瘤组织中高表达的靶点,如果在正常组织中的表达范围有限和 / 或仅存在于具有再生能力的消耗性组织上,也将是比较理想的 ADC 靶点。

(2)靶点的表达水平:靶点在肿瘤细胞上的表达水平直接影响到有多少 ADC 分子结合到肿瘤细胞上和有多少 ADC 分子将内吞到肿瘤细胞内。即使某一靶点的肿瘤特异性非常高,但是其表达水平很低,也可导致与肿瘤组织结合的 ADC 的量比较低,不足以发挥抗肿瘤药效。相反,即使某一靶点在正常组织中少量表达,但在肿瘤细胞上表达量非常高,这样有足够剂量的 ADC 结合到肿瘤细胞上以杀伤肿瘤细胞,但与正常组织结合的 ADC 量非常少,不足以对正常细胞造成毒性影响。

(3)靶点的内吞作用:由于细胞毒素主要在胞内发挥作用,因此内吞作用对 ADC 在特定靶细胞内发挥细胞毒性作用是非常重要的。如果靶抗原不能通过内吞作用将 ADC 转运到胞内,将严重降低 ADC 的药效和毒性。理想情况下,不仅需要靶抗原的内化作用,而且快速的内化以及胞外靶抗原的有效回收或及时补充对胞内 ADC 的累积也非常重要。

(4)肿瘤 / 靶点的可及性:肿瘤或者靶点的可及性也是 ADC 靶点选择的另一个关键点。对于不同组织来说,实体瘤靶点的可及性要低于液态肿瘤。不管靶抗原的表达程度和特异性,往往肿瘤体积越大、坏死越多,ADC 越难到达肿瘤部位。

2. 细胞毒素的选择　可用于 ADC 开发的毒素必须具备以下性质:

(1)由于抗体的有限穿透,靶抗原的低表达、低效的内化和连接子代谢等因素可能导致进入胞内的毒素浓度非常低,因此,ADC 所偶联的细胞毒素效率必须非常高。

(2)因为目前 ADC 的设计策略为通过抗体与靶向抗原的结合经过内吞作用将 ADC 运载到胞内,然后在溶酶体中将抗体或者连接子降解释放出细胞毒素,所以 ADC 所偶联的细胞毒素必须是可在胞内发挥作用的毒素。常见的用于 ADC 开发的细胞毒素主要有微管蛋白抑制剂、DNA 合成抑制剂和 RNA 合成抑制剂。

(3)ADC 所偶联的细胞毒素的分子量应非常小,以减少 ADC 的免疫原性风险;细胞毒素需在水性缓冲液中具有合理的溶解度以利于抗体与细胞毒素的偶联;考虑到抗体药物在体内循环中的长半衰期,所偶联的细胞毒素在血浆中也需要具有足够的稳定性。

基于上述三个方面,可用于 ADC 开发的经典细胞毒素主要有美登素(maytansine)、阿里他汀(auristatin)、卡奇霉素(calicheamicin)、倍癌霉素(duocarmycin)和鹅膏毒素(amanitin)。

3. 连接子的选择　ADC 中连接子的选择也非常关键,连接子直接影响 ADC 的药效和耐受性。当 ADC 注射到人体后,连接子需要在人体循环系统中保持足够的稳定性,但在肿瘤细胞内又能快速、有效地释放有活性的细胞毒素。ADC 连接子的选择应考虑的方面主要有:连接子与抗体连接的位点选择;每个抗体分子中所包含的连接子连接位点个数;连接子的可裂解性和极性。目前进入临床阶段的 ADC 所用的连接子大致可以分为两类:可裂解的连接子和不可裂解的连接子。可裂解的连接子通过细胞内的过程释放细胞毒素,如细胞质的减少、暴露于溶酶体中的酸性环境或被细胞内特定蛋白酶裂解。不可裂解的连接子需要 ADC 的抗体部分在蛋白水解酶的作用下降解以释放细胞毒素分子,这样将会保留细胞毒素与抗体连接部分的连接子和氨基酸。

基于抗体-靶抗原复合物的内吞和降解的知识,以及偶联物的临床前体内外活性比较,连接子的选择是靶依赖性的。此外,连接子的选择也受到所使用的细胞毒素的影响,因为每个毒素分子具有不同的化学限制,并且通常特定的毒素结构适用于特定的连接子。

4. ADC 的筛选评价　ADC 中裸抗、连接子和细胞毒素的筛选评价与抗体药物类似,主要有两个层面,第一个层面是从分子结构、稳定性等方面评估 ADC 的可开发性,其关注指标主要有平均偶联率、药物分布、未偶联的游离药物的数量、蛋白浓度。第二个层面是从 ADC 作用效果方面进行评估,在筛选阶段主要考虑 ADC 的靶点结合活性、内吞效果、体外肿瘤细胞杀伤活性、在血清中的稳定性、在动物肿瘤模型中的抑瘤效果和对正常动物的毒性作用等。最终根据这些筛选标准,筛选出最优的 ADC 候选分子用于进一步的开发。

(二) ADC 的生产制备

ADC 的制备比较复杂,可分为裸抗制备、小分子合成和偶联三步。每一个步骤都需要非常严格的质量控制。其中裸抗的制备可参见本章第一节的内容。小分子的合成工艺又可以分为连接子的合成、毒素的合成、连接子和毒素的合成。裸抗和小分子合成之后接下来就是偶联工艺的开发和质量标准的确定。偶联工艺的开发所需考虑的偶联工艺参数和范围包括物料配比、反应温度、反应体系组分、pH 和助溶剂的选择比例、偶联时间、搅拌条件等。并通过 ADC 的质量可控性、稳定性和可生产性等对偶联工艺进行一个全面的、综合性评估。

四、T-DM1 的药理学研究

(一) T-DM1 的药效学研究

T-DM1 为亲水性大分子,可通过细胞内吞作用进入体内。当 T-DM1 的曲妥珠单抗部分结合 HER2 受体的第四结构域后,T-DM1 通过 HER2 受体介导的内吞作用进入胞内,并在溶酶体中降解释放出细胞毒素 DM1,释放的 DM1 由于保留了一个共价连接的带正电荷的赖氨酸,使得胞内的 DM1 毒素不至于扩散到周围正常细胞中,这对 ADC 的总体安全性也可能有一定的贡献。胞内游离的 DM1 与微管蛋白抑制微管进行组装,从而导致细胞周期的停止和细胞凋亡。尽管在 T-DM1 中的曲妥珠单抗部分的主要作用是将 DM1 毒素靶向输送到 HER2 阳性肿瘤细胞内部,偶联的曲妥珠单抗仍保留着其自身的抗肿瘤活性。体外研究表明:T-DM1 与 HER2 超表达肿瘤细胞的亲和力与曲妥珠单抗相当;与曲妥珠单抗类似,T-DM1 也可介导 ADCC 作用,抑制 HER2 阳性乳腺癌细胞 HER2 胞外结构域的脱落,以及抑制 HER2 介导的 PI3K 等信号通路。

关于 T-DM1 的抗肿瘤活性,研究者在 3 个独立的 HER2 阳性肿瘤动物模型(曲妥珠单抗耐药的、不依赖雌激素的 HER2 阳性乳腺癌细胞 BT-474 移植瘤模型;对高剂量曲妥珠单抗敏感的 HER2 阳性非小细胞肺癌细胞移植瘤 CaLu3 模型;曲妥珠单抗抗性转基因小鼠 F05 模型)中验证了 T-DM1 的抗肿瘤活性。在上述 3 个肿瘤动物模型中,T-DM1 均能抑制肿瘤细胞的生长,肿瘤抑制剂量依肿瘤类型而异,范围为 3~31mg/kg。

一系列的体外乳腺癌细胞增长抑制试验证明,T-DM1 对 HER2 阳性肿瘤细胞生长抑制浓度要显著低于曲妥珠单抗(如在 BT-474 肿瘤细胞中,T-DM1 和曲妥珠单抗的 IC_{50} 值分别为 0.04nmol/L 和 1.68nmol/L)。并且,T-DM1 对所有 HER2 超表达细胞均有杀伤作用,但是曲妥珠单抗不是,这也表明 T-DM1 的细胞生长抑制作用所涉及的因素并非简单的 HER2 超表达。同时,研究者还证实 T-DM1 通过含半胱氨酸的天冬氨酸蛋白水解酶 -3、7(caspase-3、7)的激活诱导细胞凋亡,而曲妥珠单抗不能发挥该作用。

体外细胞实验还证实 T-DM1 或曲妥珠单抗与 HER2 的结合均可以在一定程度上减少 HER2 胞外结构域从细胞表面的脱落,两者对 HER2 胞外结构域脱落的抑制水平相当,分别为 42% 和 43%。

(二) T-DM1 的药动学研究

T-DM1 作为抗体药物偶联物,其药动学研究不仅要考虑单抗,还需要考虑结合及解离的小分子毒素的分布和代谢情况,所以其药动学研究相对于抗体来说更为复杂。T-DM1 在小鼠、大鼠血浆中的终末半衰期为 0.9~6 天,分布容积为 40~50ml/kg,血浆清除率随着动物体积的增加而降低[10~40ml/(d·kg)]。在啮齿动物中 T-DM1 的血浆清除率与剂量呈正比,但在食蟹猴中 T-DM1 的血浆清除率与剂量不成正比,其血浆清除率的范围为从 0.3mg/kg 给药剂量的 41.6ml/(d·kg) 到 30mg/kg 给药剂量的 10.1ml/(d·kg)。T-DM1 的血浆清除率要比曲妥珠单抗快 2~2.5 倍,半衰期要比曲妥珠单抗短约 50%。T-DM1 的容积分布与曲妥珠单抗类似。在 HER2 阳性肿瘤异种移植小鼠模型中两者药动学也未见显著改变。体外研究实验表明,T-DM1 的 DM1 部分可以在肝细胞内被 CYP3A4 或 CYP3A5 代谢清除。

(三) T-DM1 的毒理学研究

T-DM1 的毒理学研究不仅需要考虑游离小分子毒素的毒性,而且需要考虑抗体和 ADC 分子的毒性。其毒理学研究相对于抗体药物更为复杂。不论在 DM1 的单剂量和多剂量给药毒性中,还是在 T-DM1 的单剂量和多剂量给药毒性中,均出现了肝脏酶活力的升高和血小板的降低,且呈一定的剂量依赖性。动物体内毒理学研究的结果一定程度上反映了 T-DM1 在人体中的毒副作用。

五、T-DM1 的安全性问题

T-DM1 作为一个新型的抗体药物偶联物在 HER2 超表达的转移性乳腺癌患者中发挥着非常重要的抗肿瘤活性,本节前面已经提到其作用机制不仅包括曲妥珠单抗所介导的 HER2 信号通路阻断和 ADCC 作用,而且包括了 DM1 毒素的微管蛋白抑制作用。一项针对 T-DM1 在 HER2 阳性转移性乳腺癌患者中的安全性和有效性的回顾性临床研究分析表明,T-DM1 在显著增强晚期或转移性乳腺癌患者无进展生存期(progression-free survival,PFS)和总生存期(overall survival,OS)的同时,其不良反应率也相应增加。研究者对于 T-DM1 相关的 9 个临床研究结果进行了回顾性分析,结果显示与 T-DM1 相关的不良反应主要有疲劳、恶心、转氨酶增加和血小板减少,并且仅血小板减少以 3 级及以上严重不良反应形式出现。该研究结果表明 T-DM1 在 HER2 阳性晚期或转移性乳腺癌治疗中的疗效是显著的,安全性也是可控的。

另有研究报道,T-DM1 的毒性作用主要与毒素分子 DM1 相关,DM1 作为一个微管蛋白抑制剂,不仅在 T-DM1 的抗肿瘤活性中发挥重要作用,而且也是导致 T-DM1 不良反应的重要因素。疲劳就是主要由 DM1 所导致的最常见的不良反应,幸运的是,很少有患者经历严重的疲劳。前人研究表明微管蛋白抑制化疗制剂往往伴随着神经毒性,T-DM1 也不例外。动物实验已表明 T-DM1 可导致神经元轴突的显著退化,并且可能是不可逆的。因此,患有神经性疾病的患者应谨慎使用 T-DM1。

T-DM1 的推荐给药剂量为 3.6mg/kg,每 3 周 1 次。该剂量的确定主要是基于严重血小板减少不良反应的发生(≥ 3 级)。研究发现 T-DM1 可抑制巨核细胞的分化,血小板的产生也随之减少。Uppal 等人报道 T-DM1 可不依赖 HER2 而通过结合 FcgRⅡα 进入巨核细胞,并不依赖曲妥珠单抗而影响分化中的巨核细胞的细胞骨架。

最后,研究已经证实转氨酶的增加是由美登素所导致的,而且 T-DM1 的体内代谢清除主要依赖于肝 - 胆和胃肠代谢途径,因此,有肝功能损伤的患者因谨慎使用 T-DM1。

第五节　双特异性抗体药物——blinatumomab

一、概述

安进公司的 blinatumomab(商品名 Blincyto)是全球首个获批上市的靶向性 T 细胞免疫疗法双特异性抗体药物,可同时结合 CD19 和 CD3,充当了 CD19 和 CD3 之间的连接物,其中 CD19 是一种存在于大多数 B 细胞表面的蛋白质,而 CD3 是一种存在于 T 淋巴细胞表面的蛋白质。因此,blinatumomab 也是首款双特异性抗体类的 T 细胞衔接器(bi-specific T-cell engager,BiTE)。blinatumomab 最初由德裔美国公司 Micromet 与 Lonza 合作研发,Micromet 于 2012 年被 Amgen 收购,并全速推进临床开发,并于 2014 年 7 月获得美国 FDA 授予的治疗 B 细胞前体急性淋巴细胞白血病(B-cell precursor acute lympho-blastic leukemia,BCP-ALL)的突破性疗法认定,同年 10 月,Amgen 递交的生物药许可申请(BLA)获得 FDA 的优先评审资格,同年 12 月 3 日在 FDA 的加速评审政策下全球首款双特异性抗体在美国获批上市,用于治疗复发或难治的费城染色体阴性的 B 细胞前体急性淋巴细胞白血病(relapsed or refractory Ph-negtive B-cell precursor acute lymphoblastic leukemia,R/R Ph⁻BCP-ALL)。

blinatumomab 是免疫治疗的一个典范,免疫治疗是利用个体免疫系统的某些组成部分去抵抗肿瘤等疾病的治疗方法,blinatumomab 是首个获批上市的动员人体 T 细胞治疗白血病的药物。

目前,blinatumomab 已被美国 FDA 批准的适应证包括两个,一是经首次或第二次治疗后完全缓解的,并且最小残留病灶(MRD)大于等于 0.1% 的 MDR⁺ Ph⁻BCP-ALL;二为复发或难治的 Ph⁻BCP-ALL。本文从生物学靶标、药理学作用机制、药动学和安全性方面介绍该药物。

二、blinatumomab 的生物学靶标——CD19

BiTE 抗体代表了一种新的抗体类型,即通过结合靶细胞表面抗原并激活 T 细胞而发挥抗肿瘤效应。blinatumomab 是一个 CD19 靶向的、CD3 T 细胞连接子。CD19 是一个 95kDa 的跨膜蛋白,几乎存在于 B 细胞发育和分化的整个过程中,只有当 B 细胞进入分化末期形成浆细胞后其表达才下调,即几乎血液和次级淋巴组织中的所有 B 细胞都表达 CD19 膜蛋白。生物学功能方面,作为 B 细胞受体(B cell receptor,BCR)的共刺激分子之一,CD19 与 CD21、CD81 和 CD225 协同调节 BCR 活化的阈值。此外,CD19 也以不依赖 BCR 的方式参与 B 细胞的发育、分化和功能。

因为绝大多数的 BCP-ALL 肿瘤细胞表面均表达 CD19,而且 CD19 是 B 细胞系独有的抗原,不会危害其他组织,所以 CD19 是 BCP-ALL 治疗的一个非常有潜力的靶点。

三、blinatumomab 的结构和药理学作用机制

blinatumomab 属于 CD19/CD3BiTE,为 55kDa 的融合蛋白,如图 10-13 所示。1 分子的 blinatumomab 由来源于 CD19 单克隆抗体的轻、重链可变区(scFv)和来源于 CD3 单克隆抗体的轻、重链可变区组成,中间由一个 5 个氨基酸的无免疫原性的连接子连接,可同时靶向结合 B 细胞膜上的 CD19 蛋白和 T 淋巴细胞膜上的 CD3 蛋白,将 T 细胞和肿瘤 B 细胞拉近,由于 CD3 蛋白是 T 细胞受体(TCR)的一部分,与抗原结合后可引发 T 细胞的激活和增殖,从而达到动员患者自身的 T 细胞杀伤和清除恶性 B 细胞的免疫治疗效果。

blinatumomab 引起的肿瘤 B 细胞的杀伤不依赖于 MHC 分子对肿瘤抗原的呈递,而是主要源于活化 T 细胞释放的穿孔素和颗粒酶诱导的 B 细胞凋亡。在体外和小鼠模型中极低浓度(10~100pg/ml)的 blinatumomab 即可有效杀死 CD19 的恶性 B 细胞。

临床试验中,静脉给予 blinatumomab 后一天内患者 T 细胞数量降到最低点,之后出现迅速扩增,并在 2~3 周内达到给药前的两倍以上,且主要为效应记忆 T 细胞;B 细胞数量在给药后 2 天内开始下降。同时在治疗的第一个周期(4 周)由于 T 细胞的激活和扩增会出现细胞因子的瞬间释放,包括 IL-2、IL-6、IL-10、IFN1 和 TNF1。

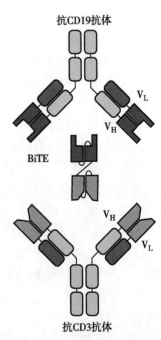

图 10-13 blinatumomab
的分子结构和作用机制

四、blinatumomab 的药动学研究

临床前和早期临床研究显示 blinatumomab 的药动学参数不受年龄、性别、体重、体表面积、疾病状况和肌酐清除率的影响。血浆半衰期很短,只有 2~3 小时,因此,临床上每个治疗周期连续静脉给药 28 天以维持药物稳态浓度,之后间歇 14 天。blinatumomab 在给药后 24 小时可达到稳态浓度,平均分布体积为 (4.52 ± 2.89) L,平均清除速率为 (2.92 ± 2.83) L/h。blinatumomab 的代谢途径尚不清楚,经肾清除非常有限,且不受肝功能损伤的影响。有案例显示 blinatumomab 的清除在轻微或中度肾损伤患者体内与肾功能正常患者体内是接近的。

五、blinatumomab 的安全性问题

blinatumomab 的毒性来源于其作用机制,即多克隆 T 细胞的激活,大多毒性反应出现在治疗的早期阶段。免疫药理学研究证明注射 blinatumomab 后会导致炎症性细胞因子的瞬时释放,以及 T 细胞的增殖。此外,另一个可以预料的药物不良反应来源于 B 细胞的清除,导致了治疗中和治疗后血液中丙种免疫球蛋白显著减少。

细胞因子释放综合征(CRS)和神经毒性是 T 细胞相关的免疫治疗中频繁出现的毒性反应,如 blinatumomab 和 CD19 CAR-T 治疗,应受到特殊关注。临床试验和应用中报道的 CRS 事件的严重程度不同,从轻微、低级到威胁生命的。发生严重 CRS 事件可能与疾病负荷,以及 blinatumomab 的起始剂量相关。对于疾病负荷高的患者使用剂量逐步递增的给药方案,以及事前给予类固醇预处理可显著降低 CRS 的发生率。有体外实验表明,同时给予地塞米松和 blinatumomab 可降低炎症性细胞因子的释放,但不会显著影响 T 细胞的激活和恶性 B 细胞的杀伤。在 blinatumomab 最早的 II 期临床试验中,2 名 RR-ALL 患者(5.6%,2/36)出现 4 级 CRS,两人均为疾病负荷高的患者(骨髓中存在约 90% 的原始 B 细胞),其中一人伴随发生肿瘤溶解综合征。采用逐步增加给药剂量,同时使用类固醇和 / 或环磷酰胺预处理的方案,之后未出现 3 级以上 CRS。在之后的大型 II 期临床试验中,对于疾病负荷较高的患者(>5% 的骨髓原始细胞,$>15\,000 \times 10^9$/L 的外周血原始细胞,或研究者认为的升高了的 LDH 水平),在第一个治疗周期采用剂量递增、类固醇预处理的治疗方案,结果仅有不到 2% 的受试者(3/189)发生了 3 级 CRS。值得一提的是,上述 5 例发生严重 CRS 的患者中有 4 人的病情最终达到完全缓解,即 CRS 与临床疗效可能存在相关性。研究人员在 T 细胞相关免疫治疗中严重 CRS 与嗜血细胞综合征或巨噬细胞激活综合征之间观察到了显著的临床症状和生物学之间的相关性。

与 CRS 不同,神经毒性不良事件的发生与疾病负荷、给药剂量似乎不存在相关性。神经毒性倾向于发生在治疗的早期阶段(第一周内),大多数为不严重的、可逆的,通常不需要暂停或终止 blinatumomab 给药。神经毒性的临床表现可以有多种,包括颤抖、头晕、精神错乱、脑病、运动失调、失语、惊厥等。目前,调整剂量或类固醇预处理,以及神经毒性的对症治疗对神经毒性不良事件的作用还不明确。在目前为止最大型的临床试验中,189 名 RR-ALL 患者中有 52% 发生了神经毒性不良事件,其中 76% 为轻微的不良反应,11%(12 人)为 3 级神经毒性,2%(4 人)为 4 级神经毒性。以上神经毒性反应都得到了解决,尽管有 3 人在毒性反应发生后死亡,但认为是与神经毒性不相关的。在该项试验中,按照剂量调整标准,发生 4 级神经毒性的受试者、出现一次以上癫痫发作的受试者,以及因毒性反应中断治疗 2 周以上的受试者都终止了 blinatumomab 治疗。其他发生严重神经毒性的受试者在毒性反应得到有效治疗降为 1 级或基线水平后,经类固醇预处理后继续给予相同或更低剂量的 blinatumomab。目前还没有有效的临床或生物学标志可用于鉴别易发生严重神经毒性的患者。在一项回顾性分析中认为较低的外周血 B/T 比例(例如,<1∶10)可用于预测淋巴瘤患者的神经毒性时间的风险。

六、总结

blinatumomab 是全球首个 BiTE 免疫疗法的药物,BiTE 抗体技术代表了一种创新的免疫治疗方法,

能够在很低浓度下起作用。安进公司于 2012 年耗资 12 亿美元收购 Micromet 公司后获得了 BiTE 抗体技术。目前,安进公司正在广泛的难治性肿瘤类型中,探索 BiTE 创新疗法的潜力。此前,FDA 和 EMA 均已授予 blinatumomab 治疗多种类型血液癌症的孤儿药地位及突破性疗法认定,包括急性淋巴细胞白血病(ALL)、慢性淋巴细胞白血病(CLL)、毛细胞白血病(HCL)、幼淋巴细胞白血病(PLL)、惰性 B 细胞淋巴瘤和套细胞白血病(MCL)等。

毋庸置疑,blinatumomab 作为首个进入临床的靶向免疫疗法的药物,目前已是 RR-ALL 临床治疗的重要组成部分。但不幸的是,尽管临床试验中 blinatumomab 单药治疗 RR-ALL 显示了很高的有效率,并因此获批上市,但现有数据也表明了病情得到缓解的患者的生存期仍然很短,即使达到 MRD 阴性的 RR-ALL 患者的无复发生存期仍然较短[MRD 阴性患者的中位无复发生存期(mRFS)6.9 个月,MRD 阳性患者无复发生存期(RFS)2.3 个月]。这可能是由于经过大量既往治疗的 RR-ALL 本身存在的肿瘤细胞异质性导致的。对于经过 blinatumomab 单药治疗达到缓解的患者,如果可行,后续仍然应该进行异体干细胞移植。

相反,有报道在首次治疗达到缓解,但存在最小残留病灶的患者中给予 blinatumomab 治疗实现了长期缓解,这提示 blinatumomab 可以作为早期治疗阶段的选择。目前有 Ⅱ 期(NCT02143414)和 Ⅲ 期(NCT02003222)的临床试验正在探索 blinatumomab 与低剂量化疗或类固醇和达沙替尼联合用于 65 岁以上老年 ALL 的治疗,以及用于后诱导期 ALL 的治疗。

目前,对于 blinatumomab 的耐药机制尚不明确,肿瘤 B 细胞丢失 CD19 是一个潜在的耐药因素,在临床试验中也的确发现了 CD19 阴性的复发病例。

(傅道田　杜艳丽　孔祥军)

参 考 文 献

[1] HAY M, THOMAS D W, CRAIGHEAD J L, et al. Clinical development success rates for investigational drugs. Nat Biotechnol, 2014, 32 (1): 40-51.

[2] HORIUCHI K, KIMURA T, MIYAMOTO T, et al. Cutting edge: TNF-alpha-converting enzyme (TACE/ADAM17) inactivation in mouse myeloid cells prevents lethality from endotoxin shock. J Immunol, 2007, 179 (5): 2686-2689.

[3] BRENNER D, BLASER H, MAK T W. Regulation of tumour necrosis factor signalling: live or let die. Nat Rev Immunol, 2015, 15 (6): 362-374.

[4] SAXNE T, PALLADINO M A, HEINEGARD D, et al. Detection of tumor necrosis factor alpha but not tumor necrosis factor beta in rheumatoid arthritis synovial fluid and serum. Arthritis Rheum, 1988, 31 (8): 1041-1045.

[5] VASANTHI P, NALINI G, RAJASEKHAR G. Role of tumor necrosis factor-alpha in rheumatoid arthritis: a review. APLAR J Rheum, 2007, 10 (4): 270-274.

[6] HAWORTH C, BRENNAN F M, CHANTRY D, et al. Expression of granulocyte-macrophage colony-stimulating factor in rheumatoid arthritis: regulation by tumor necrosis factor-alpha. Eur J Immunol, 1991, 21 (10): 2575-2579.

[7] BRAUN J, BOLLOW M, NEURE L, et al. Use of immunohistologic and in situ hybridization techniques in the examination of sacroiliac joint biopsy specimens from patients with ankylosing spondylitis. Arthritis Rheum, 1995, 38 (4): 499-505.

[8] TAYLOR P C, FELDMANN M. Anti-TNF biologic agents: still the therapy of choice for rheumatoid arthritis. Nat Rev Rheumatol, 2009, 5 (10): 578-582.

[9] JESPERS L S, ROBERTS A, MAHLER S M, et al. Guiding the selection of human antibodies from phage display repertoires to a single epitope of an antigen. Bio/Technology, 1994, 12 (9): 899-903.

[10] OSBOURN J, GROVES M, VAUGHAN T. From rodent reagents to human therapeutics using antibody guided selection. Methods, 2005, 36 (1): 61-68.

[11] SANTORA L C, KAYMAKCALAN Z, SAKORAFAS P, et al. Characterization of noncovalent complexes of recombinant human monoclonal antibody and antigen using cation exchange, size exclusion chromatography, and BIAcore. Anal Biochem, 2001, 299 (2): 119-129.

[12] CREW M D, EFFROS R B, WALFORD R L, et al. Transgenic mice expressing a truncated peromyscus leucopus

TNF-α gene manifest an arthritis resembling ankylosing spondylitis. J Interferon Cytokine Res, 1998, 18 (4): 219-225.

［13］ KEFFER J, PROBERT L, CAZLARIS H, et al. Transgenic mice expressing human tumour necrosis factor: a predictive genetic model of arthritis. EMBO, 1991, 10 (13): 4025-4031.

［14］ LOVELL D J, RUPERTO N, GOODMAN S, et al. Adalimumab with or without Methotrexate in Juvenile Rheumatoid Arthritis. N Engl J Med, 2008, 359 (8): 810-820.

［15］ BENDER N K, HEILIG C E, DROLL B, et al. Immunogenicity, efficacy and adverse events of adalimumab in RA patients. Rheumatol Int, 2007, 27 (3): 269-274.

［16］ CHEN D S, MELLMAN I. Oncology meets immunology: the cancer-immunity cycle. Immunity, 2013, 39 (1): 1-10.

［17］ KEIR M E, LIANG S C, GULERIA I, et al. Tissue expression of PD-L1 mediates peripheral T cell tolerance. J Exp Med, 2006, 203 (4): 883-895.

［18］ PARDOLL D M. The blockade of immune checkpoints in cancer immunotherapy. Nat Rev Cancer, 2012, 12 (4): 252-264.

［19］ HIRANO F, KANEKO K, TAMURA H, et al. Blockade of B7-H1 and PD-1 by monoclonal antibodies potentiates cancer therapeutic immunity. Cancer Res, 2005, 65 (3): 1089-1096.

［20］ WANG C, THUDIUM K B, HAN M, et al. In vitro characterization of the anti-PD-1 antibody nivolumab, BMS-936558, and in vivo toxicology in non-human primates. Cancer Immunol Res, 2014, 2 (9): 846-856.

［21］ CHENG X, VEVERKA V, RADHAKRISHNAN A, et al. Structure and interactions of the human programmed cell death 1 receptor. J Biol Chem, 2013, 288 (17): 11771-11785.

［22］ Center for Drug Evaluation and Research. Nivolumab (Opdivo), bristol-myers squibb company. Drugs［A/OL］. (2014-12-4)［2019-7-1］. https://www. accessdata. fda. gov/drugsatfda_docs/nda/2014/125554Orig1s000PharmR. pdf.

［23］ WEBER J S, YANG J C, ATKINS M B, et al. Toxicities of immunotherapy for the practitioner. J Clin Oncol, 2015, 33 (18): 2092-2099.

［24］ DHILLON S. Trastuzumabemtansine: a review of its use in patients with HER2-positive advanced breast cancer previously treated with trastuzumab-based therapy. Drugs, 2014, 74 (6): 675-686.

［25］ VU T, CLARET F X. Trastuzumab: updated mechanisms of action and resistance in breast cancer. Front Oncol, 2012, 2: 62.

［26］ DUCRY L. Antibody-drug conjugates. New York: Humana Press, 2013.

［27］ SHEN K, MA X, ZHU C, et al. Safety and efficacy of trastuzumab emtansine in advanced human epidermal growth factor receptor 2-positive breast cancer: a meta-analysis. Sci Rep, 2016, 6: 23262.

［28］ LE JEUNE C, THOMAS X. Potential for bispecific T-cell engagers: role of blinatumomab in acute lymphoblastic leukemia. Drug Des Devel Ther, 2016, 10: 757-765.

［29］ LOFFLER A, KUFER P, LUTTERBUSE R, et al. A recombinant bispecific single-chain antibody, CD19 x CD3, induces rapid and high lymphoma-directed cytotoxicity by unstimulated T lymphocytes. Blood, 2000, 95 (6): 2098-2103.

［30］ ZHU M, WU B, BRANDL C, et al. blinatumomab, a bispecific T-cell engager (BiTE) for CD-19 targeted cancer immunotherapy: clinical pharmacology and its implications. Clin Pharmacokinet, 2016, 55 (10): 1271-1288.

［31］ WANG Z, HAN W. Biomarkers of cytokine release syndrome and neurotoxicity related to CAR-T cell therapy. Biomark Res, 2018, 6: 4.

［32］ TOPP M S, KUFER P, GOKBUGET N, et al. Targeted therapy with the T-cell-engaging antibody blinatumomab of chemotherapy-refractory minimal residual disease in B-lineage acute lymphoblastic leukemia patients results in high response rate and prolonged leukemia-free survival. J Clin Oncol, 2011, 29 (18): 2493-2498.

第十一章　疫苗类药物

接种疫苗可以阻断并灭绝传染病的滋生和传播,有效预防控制感染性疾病,保护人类健康,具有十分巨大的社会效益与重要的经济价值。随着疫苗研究关键技术的快速创新发展,基因工程疫苗,多糖蛋白结合疫苗,多联多价疫苗,新发、突发传染病疫苗等新型疫苗的种类正在不断增加,其科学、规范的生产制造及质量控制体系正日趋完善,疫苗类药物将在防控人类感染性疾病方面发挥着更加积极和重要的作用。

第一节　重组乙型肝炎疫苗

乙型肝炎病毒(hepatitis B virus,HBV)简称乙肝病毒,重组乙肝疫苗(recombinant hepatitis B vaccine)是将乙肝病毒表面抗原(HBsAg)经过纯化等工艺,加入铝佐剂吸附而成。HBsAg 的发现及其具有免疫原性的研究为乙肝的诊断和疫苗的研制奠定了基础。目前,重组乙肝疫苗主要分为酵母以及中国仓鼠卵巢(CHO)细胞表达疫苗。已经充分证实重组乙肝疫苗可有效预防 HBV 的感染,鉴于乙肝病毒的高致病性和致死性,全世界都意识到新生儿接种乙肝疫苗对于减少乙肝病毒传播和乙肝相关肝病意义重大。

一、病原学与流行病学

1965 年 Blumberg 等首次报道在澳大利亚土著人血清中发现一种与肝炎相关的抗原成分,称为澳大利亚抗原或肝炎相关抗原(hepatitis associated antigen,HAA),直到 1967 年才证实这种抗原是 HBV 的表面抗原。1970 年 Dane 在电镜下观察到 HBV 的完整颗粒。20 世纪 80 年代初,完成了乙肝病毒的全基因组测序。

(一)病原学

1. 形态与结构　乙肝病毒归属于嗜肝 DNA 病毒科(*Hepadnaviridae*),在电子显微镜下可以观察到 3 种不同的病毒颗粒:大球形颗粒、小球形颗粒和管形颗粒。

(1)大球形颗粒:又称为 Dane 颗粒,是具有感染性的完整的 HBV 颗粒,电镜下呈球形,外层相当于病毒的包膜,由脂质双层和病毒编码的包膜蛋白组成。包膜蛋白包括:小蛋白(small protein,S 蛋白)、中蛋白(middle protein,M 蛋白)和大蛋白(large protein,L 蛋白)3 种。S 蛋白为 HBV 表面抗原(hepatitis B surface antigen,HBsAg);M 蛋白含 HBsAg 及前 S1 抗原(PreS1 Ag);L 蛋白含 HBsAg、PreS1 Ag 和前 S2 抗原(PreS2 Ag)。内层为病毒的核心,核心表面的衣壳蛋白为 HBV 核心抗原(hepatitis B core antigen,HBcAg)。病毒核心内部含病毒的双链 DNA 和 DNA 多聚酶等。

(2)小球形颗粒:直径为 22nm,为一种中空颗粒,大量存在于血液中,主要成分为 HBsAg,是由 HBV 在肝细胞内复制时产生过剩的 HBsAg 装配而成,不含病毒 DNA 及 DNA 多聚酶,因此无感染性。

(3)管形颗粒:由小球型颗粒聚合而成,亦存在于血液中。

2. 基因结构与抗原组成 HBV 基因组(HBV-DNA)由双链不完全环形结构的 DNA 组成。HBV-DNA 有四个基因翻译产物,分别为 HBV 表面抗原(HBsAg)、核心抗原(HBcAg)、X 抗原(HBxAg)和 DNA 多聚酶。HBsAg 为病毒的外膜蛋白,HBcAg 为病毒的核心蛋白,HBxAg 为基因调节蛋白,具有增强基因表达的功能,是乙肝病毒导致肝癌的主要原因。DNA 多聚酶是病毒复制酶,该酶具有反转录酶活性,有基因整合活性,通过与人肝细胞染色体相互作用,灭活抑癌基因,并将乙肝病毒基因整合于人染色体中等一系列复杂作用机制而导致肝癌。

3. 基因复制与变异 HBV 基因组复制过程具有 RNA 逆转录病毒的特性,需要逆转录酶活性产生 RNA/DNA 中间体,再继续进行复制。由于乙肝病毒复制需要经过前基因组 RNA 中间体、利用病毒本身缺乏校对酶活性的 DNA 聚合酶反转录成负链 DNA,较其他 DNA 病毒易于变异,可以发生一个核苷酸和多个核苷酸的变异,给乙肝的诊断、治疗带来了许多问题。乙肝病毒基因变异包括:乙肝病毒 S 基因变异,乙肝病毒 PreC 区变异,乙肝病毒基本核心启动子(BCP)变异,乙肝病毒 P 基因变异。

2012 年有研究首次证实,干细胞膜上的钠离子 - 牛磺胆酸共转运蛋白(sodium taurocholate co-transporting polypeptide,NTCP)是感染所需的细胞膜受体。当 HBV 侵入肝细胞后,部分双链环状 HBV-DNA 在细胞核内以负链 DNA 为模板延长正链以修补正链中的裂隙区,形成共价闭合环状 DNA(cccDNA);然后以 cccDNA 为模板,转录成几种不同长度的 mRNA,分别作为前基因组 RNA 并编码 HBV 的各种抗原。cccDNA 半衰期较长,难以从体内彻底清除,对慢性感染起重要作用。

4. 基因型与血清型 HBV 至少有 9 个基因型(A~J),我国以 B 型和 C 型为主。HBV 基因型与疾病进展和 α 干扰素(IFNα)治疗应答有关,与 C 基因型感染者相比,B 基因型感染者较少进展为慢性肝炎、肝硬化和肝癌。HBeAg 阳性患者对 IFNα 治疗的应答率,B 基因型高于 C 基因型,A 基因型高于 D 基因型。

根据 HBV 包膜蛋白上抗原表位的差异,分为若干血清型及亚型,如 adw(adw2、adw3、adw4q-)、ayw(ayw1、ayw2、ayw3、ayw4)、adr(adrq、adrq-)和 ayr。HBV 血清型呈明显的地域与人群分布差异,我国大部分地区以 adrq 和 adw2 型为主,新疆、西藏、内蒙古等少数民族地区则以 ayw3 型为主。

(二)流行病学

2017 年据世界卫生组织(World Health Organization,WHO)估计全球约 3.25 亿人为慢性乙肝病毒感染者,各区域之间的乙肝病毒感染者数量差异很大,而我国属于世界上 HBV 感染高发区,2018 年一项中国一般人群乙肝流行病学调查研究表明,2013—2017 年中国普通人群 HBV 感染的总流行率为 6.89%,根据国家统计局提供的全国人口年龄结构,估计 2018 年中国约 83 864 139 人携带乙肝表面抗原。

乙肝病毒是血源性传播疾病,母婴、血液、无防护的性交是其主要传播途径,患者和无症状携带者均是其传染源。人对 HBV 敏感,极少量的污染血(10^{-9}~10^{-6}ml HBeAg 阳性血清)进入人体,即可导致感染,而接种乙肝疫苗是预防乙肝的唯一有效方法。自 1992 年将乙肝疫苗纳入我国儿童免疫计划以来,我国乙肝患者的数量在不断减少,15 岁以下儿童的乙肝感染率从约 10% 降至 1% 以下,控制乙肝工作取得了非常显著的成效。但目前,乙肝仍旧位居我国重点防治四大传染病之首。

二、制备方法

目前,重组乙肝疫苗主要分为酵母(酿酒酵母和甲基营养型酵母)以及 CHO 细胞表达疫苗。现介绍由 CHO 细胞表达 HBsAg 经纯化、加入铝佐剂制成的重组乙型肝炎疫苗。

(一)生产用细胞

1. 细胞名称及来源 生产用细胞为 DNA 重组技术获得的表达 HBsAg 的 CHO 细胞 C_{28} 株。

2. 细胞库的建立及传代 应符合《生物制品生产和检定用动物细胞基质制备及检定规程》规定。

C₂₈株主细胞库的传代应不超过第 21 代,工作细胞库应不超过第 26 代,生产疫苗的最终细胞代次应不超过第 33 代。

3. 主细胞库及工作细胞库的检定　应符合《生物制品生产和检定用动物细胞基质制备及检定规程》规定。

(1)细胞外源因子检查:细菌和真菌、支原体、细胞病毒外源因子检查均应为阴性。

(2)细胞鉴别试验:应用同工酶分析、生物化学方法、免疫学、细胞学和遗传标记物等任何方法进行鉴别,应为典型 CHO 细胞。①细胞染色体检查:用染色体分析法进行检测,染色体应为 20 条;②目的蛋白鉴别:采用酶联免疫法检查,应证明为 HBsAg;③ HBsAg 表达量:主细胞库及工作细胞库细胞 HBsAg 表达量应不低于原始细胞库的表达量。

4. 保存细胞　种子应保存于液氮中。

(二) 原液

1. 细胞制备　取工作细胞库细胞,复苏培养后,经胰蛋白酶消化,置适宜条件下培养。

2. 培养液　为含有适量灭活胎牛血清的 DMEM 液。胎牛血清的质量应符合要求。

3. 细胞收获　培养适宜天数后,弃去培养液,换维持液继续培养,当细胞表达 HBsAg 达到 1.0mg/L 以上时收获培养上清。根据细胞生长情况,可换维持液继续培养,进行多次收获。应按规定的收获次数进行收获。每次收获物应逐瓶进行无菌检查。收获物应于 2~8℃保存。

4. 收获物合并　来源于同一细胞批的收获物经无菌检查合格后可进行合并。

5. 纯化　合并的收获物经澄清过滤,采用柱色谱法进行纯化、脱盐、除菌过滤后即为纯化产物。

6. 纯化产物检定

(1)蛋白质含量:应为 100~200μg/ml。

(2)特异蛋白带:采用还原型 SDS- 聚丙烯酰胺凝胶电泳法,分离胶浓度为 15%,浓缩胶浓度为 5%,上样量为 5μg,银染法凝胶染色。应有分子质量 23kDa、27kDa 蛋白带,可有 30kDa 蛋白带及 HBsAg 多聚体蛋白带。

(3)纯度:采用高效液相色谱法(用 SEC-HPLC 法)测定。用亲水树脂体积排阻色谱柱,排阻极限为 1 000kDa,孔径为 100nm,粒度为 17μm,直径为 7.5mm,长 30cm;流动相为 0.05mol/L PBS(pH 6.8);检测波长为 280nm,上样量为 100μl。按面积归一化法计算 HBsAg 纯度,应不低于 95.0%。

1)蛋白质含量:应在 100~200μg/ml。

2)牛血清白蛋白残留量:应不高于 50ng/ 剂。

3)CHO 细胞 DNA 残留量:应不高于 10pg/ 剂。

4)CHO 细胞蛋白残留量:采用酶联免疫法测定,应不高于总蛋白质含量的 0.05%。

5)细菌内毒素检查:每 10μg HBsAg 应小于 10EU。

6)N 端氨基酸序列:用氨基酸序列分析仪测定,N 端氨基酸序列应为 Met-Glu-Asn-Thr-Ala-Ser-Gly-Phe-Leu-Gly-Pro-Leu-Leu-Val-Leu。

(三) 半成品

1. 配制　按最终蛋白质含量为 10μg/ml 或 20μg/ml 进行配制。加入氢氧化铝佐剂吸附后,即为半成品。

2. 检定

(1)细菌内毒素检查:应小于 10EU/ 剂。

(2)吸附完全性试验:将供试品于 6 500g 离心 5 分钟取上清液,依法测定参考品、供试品及其上清液中 HBsAg 含量。以参考品 HBsAg 含量的对数对其相应吸光度对数作直线回归,相关系数应不低于 0.99,将供试品及其上清液的吸光度值代入直线回归方程,计算其 HBsAg 含量,再按式 11-1 计算吸附率,应不低于 95%。

$$P\,(\%)=\left(1-\frac{C_{s}}{C_{t}}\right)\times 100 \qquad\qquad 式(11-1)$$

式(11-1)中,P 为吸附率,%;C_s 为供试品上清液的 HBsAg 含量,μg/ml;C_t 为供试品的 HBsAg 含量,μg/ml。

（四）成品

1. 规格　所配置的半成品应符合"生物制品规程"规定进行相应的分批、分装及包装。每瓶 0.5ml 或 1.0ml。每 1 次人用剂量为 0.5ml,含 HBsAg 10μg;每 1 次人用剂量为 1.0ml,含 HBsAg 10μg 或 20μg。

2. 成品检定

（1）鉴别试验:采用酶联免疫法检查,应证明含有 HBsAg。

（2）外观:应为乳白色混悬液体,可因沉淀而分层,易摇散,不应有摇不散的块状物。

（3）装量:应不低于标示量。

（4）化学检定:① pH 应为 5.5~6.8;②铝含量应不高于 0.43mg/ml;③游离甲醛含量应不高于 50μg/ml。

（5）效价测定:将疫苗连续稀释,每个稀释度接种 4~5 周龄未孕雌性 NIH 或 BALB/c 小鼠 20 只,每只腹腔注射 1.0ml,用参考疫苗做平行对照,4~6 周后采血,采用酶联免疫法或其他适宜的方法测定抗 -HBs,计算 ED_{50},供试品 ED_{50}(稀释度)/ 参考疫苗 ED_{50}(稀释度)之值应不低于 1.0。

（6）细菌内毒素检查:应小于 10EU/ 剂。

（7）抗生素残留量:生产过程中加入抗生素的应进行该项检查。采用酶联免疫法检测,应不高于 50ng/ 剂。

三、质量控制和评价

乙肝疫苗的质量控制和评价紧密围绕安全、有效、质量可控 3 个方面进行。在涉及安全性方面的残余物质、添加物得到有效控制的基础上,安全性、有效性评价与疫苗剂量的确定、使用对象密切相关。虽然,疫苗剂量在一定范围内与免疫效果呈现剂量效应,但不是剂量越大效果越好,不良反应率也会随着免疫剂量的增加而呈上升趋势,需要综合免疫效果、不良反应、卫生经济学全面考虑。从质量控制的角度出发,乙肝疫苗含量、生物活性的确定对于保障疫苗质量一致性的质量评价意义重大。

乙肝疫苗成品检定的质控指标中,效力检定是乙肝疫苗生产、使用中质量控制的最关键指标,不仅反映疫苗的免疫原性,且可作为生产稳定性的指标。

2020 年版《中国药典》三部对乙肝疫苗的效价测定允许采用体内法和体外法。

体内测定法:在给定条件下,比较供试疫苗和参考品在小鼠与豚鼠体内诱导特异抗体(抗 -HBs)的能力。所用小鼠为来自同一种群的 5 周龄健康小鼠,小鼠品系必须能对抗原反映出显著的剂量效应,并应具有单倍型 H-2^{d} 或 H-2^{q} 等位基因。健康豚鼠应来自同一种群,体重为 300~350g(约 7 周龄)。所有动物均采用同一性别。

《中国生物制品规程》(2000 年版)要求应对供试品效价与参考品相比较,应用小鼠法检测时所用小鼠品系必须对参考品和供试品均呈现出显著的剂量效应。在同一种工艺条件下的疫苗,其剂量大小与疫苗的效力密切相关,直接影响人体的免疫效果。不同品种、工艺的乙肝疫苗在理化特性、小鼠效力、细胞免疫、抗 -HBs 水平和母婴阻断保护效果存在显著差异(表 11-1),所以不同品种、工艺的乙肝疫苗不能使用同一种的疫苗参考品进行评价。

体外相对效力(RP)是以参考品为标准,应用酶联免疫法或其他适宜的方法测定疫苗中与抗 -HBs 结合的 HBsAg 含量。但各国体外相对效力法不尽相同,体外法实质上是具有抗原性的抗原量测定,因此检测试剂也是关键因素;且 RP 质量指标与所用的参考品、选用的乙肝病毒表面抗原检测试剂直接相关,应对所用检测试剂进行充分验证。WHO 认为 RP 具有产品特异性,在成品检定部分应以 RP 测定取代 ED_{50};国外 Merck 和 GSK 公司在乙肝疫苗的效力检定中已用 RP 检测代替 ED_{50}。对于同一品种、同一工艺条件生产的乙肝疫苗,其剂量与免疫应答有一定的平行关系;对于临床使用安全有效,且已确定 ED_{50} 和 RP 对应关系的产品,应以 RP 检测代替 ED_{50}。

表 11-1　不同种类国产乙肝疫苗的特点总结

组别	酵母疫苗（Merck 工艺）	CHO 疫苗	血源疫苗	汉逊疫苗
糖基化程度	无	高	低	无
抗体反应	低	中	高	中
抗体持久性	差	中	好	—
细胞免疫	以 Th1 为主	晚	晚	早,Th1 为主
母婴传播阻断率	90%	74%	54%	95%

　　应用体外法测定疫苗效价的前提是生产工艺的稳定性,如果生产不稳定,必影响 RP 检定结果,也影响质控指标的确定。另外,由于生产环节中存在诸多因素均可能导致抗原在结构、理化、活性等方面发生变化,从而影响其体外与抗体结合的亲和力,因此,建议对于新申报的疫苗厂家在评价疫苗效力时应用小鼠体内法,并同时建立相应的体外法检测,为将来应用体外相对效力测定积累资料。并且在新型疫苗的评价,尤其是新型佐剂乙肝疫苗的效力评价中,应再增加细胞免疫应答监测指标全面评价乙肝疫苗诱导机体的免疫反应。

　　随着检测技术的发展及质量控制意识的提高,乙肝疫苗质量控制与评价体系尚需不断完善。

　　1. 乙肝抗原的比活性　2020 年版《中国药典》三部对乙肝抗原的比活性质控已有明确要求,保证纯化工艺的一致性、稳定性。目前中检院已在研制原液比活性对照品,并通过检测方法研究建立适用性,确定适宜的质控指标。

　　2. 纯化抗原中的脂含量和多糖含量检测　鉴于宿主细胞及纯化的特点,应建立相应的检测方法及质控指标,保证工艺及产品的一致性。

　　3. 残余宿主蛋白监测方法需要标准化　由于国内外在研、市售的检测试剂盒及其细胞宿主蛋白存在较大差异,因而需要对检测试剂盒、细胞宿主蛋白质标准进行比较研究,为该质控方法提供基础,尤其对于控制治疗性乙肝疫苗多次免疫可能诱导的杂蛋白免疫应答反应意义重大。

　　4. 乙肝疫苗成品蛋白质含量需要质量控制　乙肝疫苗的免疫效果与剂量直接相关,准确测定乙肝疫苗的相对效力、成品蛋白质含量对于评价产品稳定性、工艺一致性意义重大。国外已有厂家对成品中蛋白质含量也进行质量控制,但各企业成品中由于铝佐剂及其吸附工艺的不同,目前尚无适宜的方法对所有企业乙肝疫苗成品中蛋白质含量进行监测,中检院正在进行检测方法的研究工作。

　　5. 增加新的免疫原性评价技术　如细胞免疫应答临床评价中,不仅仅局限于单一的体液免疫应答,应增加新的评价技术探究细胞免疫应答与母婴阻断传播保护机制相关性研究,力求全面、客观地评价现有疫苗及将来的新型疫苗的药效,促进优质高效乙肝疫苗进入临床,以满足不同人群的保护需要。

　　6. 应进一步加强对游离甲醛及甲醇的质控意识　甲醛因其具有灭活病毒、脱毒作用而较多应用于疫苗生产工艺中,但早在 2004 年甲醛即被 WHO 确定为致癌和致畸物质。皮肤直接接触甲醛可引起皮炎、色斑、坏死。经常吸入少量甲醛还可引起慢性中毒。故须对疫苗中的游离甲醛残留量进行严格控制;另外,除对工艺中应用的甲醛加以控制之外,可能还需要关注甲醇残留量。在疫苗生产过程中,一般以 1/2 000 甲醛溶液等体积与产品混合进行灭活,按此计算,在加入时的甲醇浓度最高为 0.03g/kg,低于 0.3g/kg 的甲醇最低致死剂量;但考虑到儿童接种各种疫苗的针次以及甲醇的累积作用,尤其是对视神经的毒性,因而对于甲醇残余量的控制也不容忽视。基于甲醛和甲醇的危害性,以及甲醛和甲醇的亲水性较好,利于应用有效工艺去除,但需要加强质量控制的意识,建议在保障免疫原性基础上,增加后续工艺中去除甲醛的手段,从而有效控制。

第二节 肺炎球菌多糖蛋白结合疫苗

一、病原学与流行病学

(一) 病原学

肺炎球菌是一种具有荚膜的革兰氏阳性球菌,荚膜多糖被认为是肺炎球菌最重要的毒力因子,也是肺炎球菌疫苗主要靶标。肺炎球菌分型是根据其荚膜多糖的血清学特征,通过分型可以揭示肺炎球菌分离株荚膜多糖之间的化学相似性和差异性,在兔体内产生的抗血清可用于区分肺炎球菌的几十种亚型。迄今为止,已经识别出91种不同的荚膜血清型,按免疫学相关性可分为46个血清群。

(二) 流行病学

肺炎球菌引起的疾病是全球主要的公共卫生问题,通常由肺炎球菌引起的严重疾病包括肺炎、脑膜炎和发热性菌血症。中耳炎、鼻窦炎和支气管炎是更常见但不太严重的感染表现。2005年WHO报道,估计每年有160万人死于肺炎球菌感染性疾病,包括70万~100万5岁以下儿童的死亡,这些儿童大多数生活在发展中国家。

尽管采用了抗菌药物疗法,儿童的侵袭性肺炎球菌病(IPD)仍然是全世界发病和死亡的主要原因。感染后普遍存在至少一次的鼻咽部定植,但只有小部分儿童患有侵入性疾病,主要是3岁以下的儿童或患有共同疾病的儿童。儿童IPD发病率的差异尚未完全确定。据Greenwood报告显示,2岁以下儿童的IPD发病率从芬兰的不足100例/10万儿童到澳大利亚土著儿童的1 000例/10万不等。HIV感染和营养不良在是发展中国家发病率高的原因之一。居住在发达国家的土著儿童和在美国的非洲裔儿童的发病率也较高。然而,大多数病例都发生在健康的婴儿和幼儿身上,在大约3岁时达到高峰,是疾病发病的重要组成部分。在定植后,侵袭性疾病可能是由呼吸道病灶传播引起的,如急性中耳炎、鼻窦炎或肺炎,也可能是由单纯性传播引起的。病灶集中于中枢神经系统、胸膜间隙、眶周组织、骨或关节。主要临床症状表现为:①细菌血症伴或不伴局灶性并发症;②从鼻咽向肺和中耳黏膜表面扩散,分别导致肺炎和急性中耳炎。

社区获得性肺炎(CAP)是美国第六大死因,也是传染病死亡的主要原因,每年住院人数为1 000人,肺炎球菌感染占所有菌血症肺炎的三分之二。CAP和其他肺炎球菌病的发病率和死亡率随着年龄的增长而增加。85岁人群中流感和肺炎的发病率是55~64岁人群的50倍。65岁人群肺炎出院率与肿瘤和脑血管疾病相当,在85岁以上的人群中超过其他综合征发生率的1.5~2.5倍。疾病的临床表现往往比较迟钝,导致诊断和治疗推迟,且由于假定的免疫炎症反应减弱而导致死亡率增加。年龄和合并症都可能导致这些变化,包括解剖学和生理学变化。发病后第一周内的早期死亡率在40多年来一直居高不下,这表明,尽管有强效抗菌药物和重症监护支持,但预防才是有效控制肺炎球菌病的关键。

肺炎球菌携带的全球流行病学的一个显著特征是在不同时间和不同环境主要携带血清型具有一致性。血清群6、14、19和23在健康幼儿鼻咽部分离度最高,儿童经常携带的其他血清群还包括3、4、9、11、13、15、18和33等型别。由于成人中定植的流行率通常不到儿童中观察到的一半,因此,难以准确地描述成人的血清型分布。尽管如此,在成人中发现的最常见的血清型与儿童中的血清型不同,并且血清型分布更广泛。由于高度侵袭性血清型导致的大多数疾病病例是散发性的,并且难以鉴定感染的主要来源。一部分人群成为侵袭性血清型的慢性携带者,特别是康复期患者和慢性支气管炎患者。

二、制备方法

(一) 肺炎球菌荚膜多糖的制备

肺炎球菌根据荚膜多糖的结构分为90多种不同的血清型。在美国人口中,其中23种菌株约占肺炎球菌病的 80%。因此,目前已经获得许可的 23 价肺炎球菌多糖疫苗就是使用来自 23 种最常见菌株的荚膜多糖配制的:1、2、3、4、5、6B、7F、8、9N、9V、10A、11A、12F、14、15B、17F、18C、19F、19A、20、22F、23F 和 33F,该疫苗仅限成人和 2 岁以上儿童使用。一种 7 价肺炎球菌结合疫苗 PCV-7,包含血清型 4、6B、9V、14、18C、19F 和 23F 的多糖与无毒白喉类毒素 CRM197(PCV7-CRM)化学结合的疫苗,于 2000 年在美国获得许可,该疫苗适用于婴幼儿。2010 年,13 价肺炎球菌疫苗 PCV-13 上市,相比于 PCV-7,新增了 1、3、5、6A、7F、19A 六个血清型的多糖结合物,目前正在研发包含 15 个血清型肺炎球菌多糖蛋白结合疫苗。

各个公司生产肺炎球菌荚膜多糖的技术不尽相同。现有报道主要通过乙醇或 CTAB 沉淀,然后使用核酸酶和蛋白酶去除蛋白质和核酸。世界卫生组织已经确定了多糖中杂质水平的标准:蛋白质的含量不超过 3%,核酸的含量不超过 2%。纯化的肺炎球菌荚膜多糖中还可能含有不同数量的细胞壁多糖,按重量计约为 5%。用于结合的荚膜多糖的纯度一般比肺炎球菌多糖疫苗的纯度要求还要更高。

荚膜多糖作为高分子量聚合物,减小尺寸后再进行偶联可以显著降低黏度,并容易从游离多糖中分离多糖蛋白结合物,但可能增加生产步骤并造成损失,还有可能会影响重要的表位。多糖分子量的大小与保护性和免疫原性之间的关系一直是研究的热点,但这些研究大多还处于动物模型阶段,其结果与预测人类免疫原性的相关性尚未建立。然而,有研究表明仅仅由 2~3 个重复单位的低聚糖与载体蛋白的结合物可以诱导足够的免疫反应。

(二) 载体蛋白的选择

白喉类毒素(DT)、破伤风类毒素(TT)以及白喉类毒素的无毒突变体 CRM197,都被用于肺炎球菌结合疫苗的研究。CRM197 被用作载体蛋白已经在美国和其他国家获得许可的 7 价以及 13 价肺炎球菌结合疫苗中使用。赛诺菲公司 11 价肺炎球菌结合疫苗包括 TT 和 DT 的混合偶联物(38),而葛兰素史克公司的 11 价肺炎球菌结合疫苗 PCV11-PD 则使用了一种从流感嗜血杆菌蛋白 D 中提取的重组非脂质蛋白作为载体,尽管预计在其 10 价疫苗中还将使用其他载体蛋白。有研究比较了分别与 TT 和 DT 共价结合的 10 价肺炎球菌结合疫苗的免疫原性,两个疫苗均能诱导产生令人满意的抗血清型 6B、14D、19F 和 23F 的抗体。而 TT 作载体诱导血清 4 型抗体应答更强,DT 作为血清 3 型、9 型、18C 型的载体更有优势。载体蛋白可能具有双重作用,诱导 T 细胞依赖性应答,以及作为抗原诱导对病原菌的保护性免疫应答。来自 11 价肺炎球菌与蛋白 D 结合的疫苗研究数据显示,蛋白 D 可能有助于诱导对流感嗜血杆菌的保护。此外,以肺炎链球菌蛋白(如 PspA 蛋白或其他肺炎链球菌表面蛋白)作为载体,可能增强肺炎球菌结合疫苗的保护效力。

(三) 肺炎球菌荚膜多糖与载体蛋白的共价偶联

对于载体蛋白,表面暴露的胺(如赖氨酸残基的胺)和羧基(如谷氨酸和天冬氨酸残基的羧基侧链)是用于共价偶联的主要基团。尽管一些肺炎球菌血清型的荚膜多糖具有羧基(如血清型 3 的荚膜多糖)或其他更具反应性的化学基团,但一般会选用适用于所有血清型的化学方法。制备肺炎球菌结合物的化学方法类似于用于 Hib 结合物的方法,还原胺化用于 PCV7-CRM 的所有 7 种血清型,并且对于 PCV11-PD 的所有血清型使用氰基化反应。

交联反应的成功取决于使两个大分子足够接近以使反应基团形成化学键,并且还与其他许多因素有关,包括荚膜多糖和蛋白质的物理化学性质、反应物的浓度、反应的 pH 和温度,以及缓冲液和离子强度等。由于许多肺炎球菌肺炎多糖携带负电荷,因此使用高盐缓冲液来抑制离子排斥。如果不控制反应条件,则可能发生蛋白质的聚集,导致蛋白质沉淀并导致共价偶联的产率偏低。广泛的交联可能导致非常高分子量的结合物,导致沉淀物或凝胶,并且难以进行纯化和无菌过滤。

肺炎球菌荚膜多糖最常见的活化方法是使用 CNBr 或 1-氰基-4-二甲基氨基吡啶四氟硼酸盐(CDAP)进行氰基化,并使用高碘酸钠进行氧化。氰化作用将羟基转化为氰基酯,高碘酸钠将二醇氧化成醛,生成可以与载体蛋白进行反应的官能团。活化的荚膜多糖可以直接与蛋白质共价结合或进一步官能化。

PCV7-CRM 的共价偶联是基于还原胺化反应,其中胺与醛缩合形成可逆亚胺,然后还原成稳定的仲胺。首先使用高碘酸钠氧化荚膜多糖以产生醛。由于每种荚膜血清型具有不同的结构,因此必须针对每种血清型优化反应条件,包括浓度、高碘酸盐的摩尔比、氧化时间和 pH。共价偶联反应发生在多糖上的醛基与载体蛋白未质子化的胺上,两者缩合形成亚胺加合物(希夫碱),再用氰基硼氢化钠不可逆地将其还原成仲胺,剩余的醛可以用硼氢化钠还原去除。由于赖氨酸上的胺的 pK_a 大于 9,为了使胺处于未质子化的状态,一般在碱性条件下进行,为了提高反应速度可以升高反应温度。希夫碱的形成缓慢且可逆,某些反应进行长达一周,才能使偶联最大化。然而,许多血清型在碱中不太稳定,因此反应条件需要权衡高 pH 促进反应和多糖稳定性。结合物的分子量通常显著高于载体蛋白和低聚糖的分子量,通过使用截留分子量大于组分分子量的膜除去未结合的蛋白质和多糖,而保留结合物,实现结合物的初步纯化。有必要的话,可以使用分子排阻色谱进一步精纯。

所有用于人体的疫苗产品都应该符合 cGMP。参与生产的人员,特别是细菌发酵和培养的人需要接种肺炎球菌疫苗。疫苗半成品及成品的所有监测记录和验证方案都应该保存在案。同时,监管部门要确认生产和检定的程序与记录的一致性。在连续生产过程中,需要证明疫苗成品具有足够的安全性和免疫原性。

三、质量控制和评价

(一) 菌种的质量控制

1. 主种子批次和工作种子批次菌株的生产和保存　通过对原始菌种的传代培养和克隆选择,经鉴定合格后就可采用标准化扩增用于生产和保存主种子批次和工作种子批次的细菌。这一系列操作程序应符合 cGMP,并在受控环境下进行。菌株的起源信息、检定试验的原始记录及标准化方案也应符合 cGMP。

2. 鉴定　一旦生成了种子细胞库,就可用标准化方法进行纯度培养、细菌计数及稳定性测试。可用灵敏度的方法验证细菌培养物的纯度,包括接种到合适的培养基中培养、菌落形态的检查、革兰氏染色涂片的显微镜检查、胰岛素发酵能力、胆汁中的裂解能力以及对奥普拓新的敏感度。最重要的是确认机体的类型特异性,方法有血琼脂平板培养、ELISA 和浊度测定法。

3. 稳定性测试　要随时监测主种子批次和工作种子批次菌株的稳定性,包括细菌的活力和肺炎球菌多糖的稳定性,用于确认构建新的主种子批、是否需要生成新的工作种子批,并相应地做好记录。

(二) 多糖产品制备阶段

1. 培养与灭活　由于肺炎球菌是 BSL-2 级的致病菌,相应的培养操作必须在负压环境下完成,相应的操作人员必须按照 SOP 进行专业培训,并能够应对溢出、泄露等突发事件;同时相关操作人员的培训记录必须完整,并且已经接种过获批的肺炎疫苗。

目前在研或者已经获批的肺炎球菌多糖结合疫苗均为多价疫苗,每一种血清型的疫苗菌株都有其最适合的培养条件,且最适条件存在菌种差异性,因此培养的最适条件应根据情况进行摸索,但必须考虑两个重要因素:一是动物源性材料应尽可能少地添加;二是不存在能够影响荚膜多糖纯化的物质,应尽量减少从培养工作种子到发酵培养中的步骤。在培养过程中要实时检测培养及放大培养过程中的细胞密度、pH 等参数。当在发酵罐中进行发酵时,要严格控制生长速率、pH 等重要参数,以确保细菌生长处于最佳状态。

细菌灭活的方法多样,常用的方法有添加脱氧胆酸盐、苯酚等。但不论使用何种方法灭活必须确保其已对肺炎球菌完全致死,此外,所添加的成分必须确保在后续的纯化步骤中能够彻底去除。当灭活完成后,肺炎球菌多糖(PSs)的提纯工作即可展开,常用的分离方法主要是离心。

2. 荚膜多糖的粗分离　由于荚膜多糖可被乙醇等有机溶剂沉淀,因此常用乙醇沉淀法进行荚膜多糖的粗分离。此外,还可以利用 PSs 高分子量和带负电荷的特性对其进行粗分离。如利用超滤方法滤去培养液中的低分子物质从而实现 PSs 的粗分离,或者利用十六烷基三甲基溴化铵(CTAB)沉淀的方法完成 PSs 的粗分离。

3. 荚膜多糖的精分离　如有必要,还需要对荚膜多糖进行进一步精分离,常用的方法有离子交换、色谱法等。在分离过程中需要添加适当的蛋白酶与核酸酶。最终纯化获得的 PSs 最好以冻干粉末的方式低温保存。

4. 荚膜多糖产物的理化特性鉴定

(1)特异性鉴定:主要利用血清学方法进行鉴定,除确定荚膜多糖能够与特定型别的血清反应外,还要排除其与其他型别的血清进行反应。

(2)成分鉴定:主要利用简单的湿化学实验进行鉴定,包括荚膜多糖的总氮、磷、尿酸、己糖胺、甲基戊糖和 O- 乙酰基的比重。

(3)污染鉴定:主要利用核磁共振的方法进行鉴定,除了对特定的荚膜多糖进行鉴定、定量外,同时检测其中是否存在各种杂质,其中,最常见的污染物为 C- 多糖。

(4)分子量大小鉴定:过去常用的方法为利用凝胶过滤法对荚膜多糖的分子大小分布进行鉴定。目前,采用高效液相色谱联用多角度激光散射的方法已逐渐取代前者。

(5)其他特性鉴定:包括 PSs 干粉的湿重检测、蛋白 / 核酸污染检测、热原性测定、稳定性检测、储存时间等。

(三)载体蛋白制备阶段

1. 培养与灭活　荚膜多糖的载体蛋白种类较多,目前常用的结合蛋白主要为 CRM197,用于制备载体蛋白的各级种子库也必须经过严格的制备和鉴定,相关内容可参考肺炎链球菌种子库的制备和鉴定。

2. 载体蛋白的分离与纯化　载体蛋白分离纯化的方法因蛋白本身的理化因素及其表达形式而异。目前的分子克隆手段可以通过引入各种标签蛋白如 His 标签等,从而帮助蛋白的纯化,但不论采用何种方法纯化载体蛋白,务必保证最终获得产物纯度够高,至少要高于 90%。

3. 载体蛋白的理化特性鉴定　鉴定载体蛋白特异性最常用的血清学方法是 Western blot。此外,还可使用质谱进行鉴定,如 MALDI-TOF。蛋白纯度鉴定可使用 SDS-PAGE、高效液相色谱法、氨基酸分析和蛋白测序等。但不论使用何种方法,都必须充分考虑该方法在鉴定污染物时的灵敏度,以确保结果的有效性。最后,还必须对载体蛋白的无菌性、长期保存稳定性,以及内毒素含量进行检测。

4. 终产品

(1)载体蛋白与单价 PSs 的共价结合反应:目前的 7 价疫苗主要采用还原胺法(reductive amination)将肺炎球菌多糖与 CRM197 进行共轭偶联。对于每一价共轭连接产物必须对残余试剂、活性组分以及未连接原材料(包括 PSs 与载体蛋白)进行分析鉴定,尤其要进行未结合的 PSs 单体含量的检测。对于未连接的单体 PSs 要采取适当的方法进行分离,如疏水色谱法、酸沉淀法、凝胶过滤法等。此外,对结合产物中的蛋白和多糖成分要进行定量,明确蛋白 / 多糖占比;对产物的分子大小分布要进行分析,方法同前所述。最后,对共轭终产物的无菌性、pH、内毒素含量等指标还需要进行检测。

(2)产品的配制与分装:将各单价荚膜多糖 - 蛋白结合产物进行混合以制备最终的多价多糖疫苗产品,各单价结合产物的掺入量由相应的荚膜多糖特性决定。在混合过程中如需添加佐剂和稳定剂,产品的稀释度以及佐剂的添加量可参考《美国联邦法规》第 21 篇第 610.15 节,其中提到,所使用的佐剂不能影响产品的安全性及效力。终产品的分装过程必须严格遵守相应的 cGMP,分装所用的设备必须经过良好的维护和使用,以确保装填过程不会导致污染和不均一。分装完成的产品应当没有明显的缺陷性、异常和有颗粒物存在。

(3)质量检测与产品稳定性:对于终产物中每一种血清型结合产物的含量和形状都必须进行检测,常用的方法有 ELISA 和速率散射比浊法。终产品以冻干粉末保存时,还需要对其残余水分进行检测,一般不得超过 2.5%。整个分装的产品必须无菌。每批次产品的内毒素含量、佐剂和稳定剂的量,以及 pH 等参数都必须检测,产品的安全性也必须检测。

(4)包装和标记:最终产品的包装必须具备明确的标识,注明产品批号和有效期。在包装内必须提供所包含的肺炎球菌血清型列表、载体蛋白种类、个人使用剂量说明、建议的储存和运输条件,以及产品重组和重组后稳定性与储存的相关说明。

第三节　百白破联合疫苗

百白破联合疫苗（DTP）包括全细胞百白破联合疫苗（DTwP）和无细胞百白破联合疫苗（DTaP），前者于 1948 年研制成功，其百日咳部分为全菌体灭活后制成。但因其存在较重的不良反应，在一定程度上影响儿童家长们的认同度。1981 年日本学者率先研制出了 DTaP。迄今为止，DTwP 疫苗已使用 60 余年，而 DTaP 疫苗也有近 30 年的使用历史。两种疫苗的普遍接种，为全世界人类的健康发挥了不可磨灭的贡献。

一、百日咳

百日咳（pertussis）是百日咳杆菌（*Bordetella pertussis*）所致的急性呼吸道传染病，多见于婴幼儿、儿童。临床上以阵发性痉挛性咳嗽以及咳嗽终止时伴有鸡鸣样吸气吼声为特征，咳嗽可持续达 2~3 月。

（一）病原学

百日咳杆菌，革兰氏染色阴性，两端着色较深，有荚膜，无鞭毛。初分离的菌落表面光滑，称为光滑型（Ⅰ相），毒力及抗原性均强，若营养条件不好或多次传代培养则变异为过渡型（Ⅱ、Ⅲ相）或粗糙型（Ⅳ相），毒力和抗原性丢失。

百日咳杆菌一般不侵入血液，其致病物质主要包括两类：一类是毒素因子，如百日咳毒素（pertussis toxin，PT）、脂多糖（lipopolysaccharide，LPS）、皮肤坏死毒素（dermonecrotic toxin，DNT）、腺苷酸环化酶毒素（adenylate cyclase toxin，ACT）、气管细胞毒素（tracheal cytotoxin，TCT）和不耐热毒素（heat-labile toxin，HLT）；另一类是与细菌的黏附和定植有关的毒力因子，如丝状血凝素（filamentous haemagglutinin，FHA）、百日咳杆菌黏着素（pertactin，Prn）和凝集原（ag-glutinogens，Aggs）等生物活性物质。其中 PT 是主要的致病因子，具有高度的免疫原性，为百日咳疫苗的共有成分。

（二）流行病学

中国将 DTP 纳入免疫规划后，百日咳发病率明显下降，由使用疫苗前的 100/10 万 ~200/10 万降低到 20 世纪 90 年代后的 1/10 万以下；近十年来，虽然 DTaP 接种率维持在较高的水平，但百日咳发病整体呈上升趋势，自然感染和接种 DTaP 不能产生终生免疫。DTaP 主要作用是降低婴幼儿出现百日咳重症病例和致死的风险，免疫持久性约为 5 年。

百日咳患者、隐性感染者和带菌者是本病的传染源。一般散在发病，在儿童集体机构、托儿所、幼儿园等亦可引起流行，以冬春两季多见。主要通过呼吸道飞沫传播。

二、白喉

白喉（diphtheria）是由白喉杆菌（*Corynebacterium diphtheriae*）引起的急性呼吸道传染病。临床上主要表现为发热、伴咽喉部灰白色假膜和全身毒血症症状，严重者可并发心肌炎和周围神经麻痹。

（一）病原学

白喉杆菌，为革兰氏阳性菌，按其菌落的形态差异及生化反应特性，将该菌分为重型、轻型及中间型，3 型均能产生外毒素。

白喉外毒素是主要的致病物质，豚鼠最小致死量为 0.1μg，可抑制细胞蛋白的合成，并有很强的细胞毒作用。白喉外毒素有 A、B 两个片段，A 片段无直接毒性，在 B 片段携带下与细胞膜受体结合后，转位到胞质内发挥毒性作用。携带产毒基因（tox⁺）溶原性噬菌体且分泌外毒素的白喉杆菌有致病性。白喉杆菌外毒素不稳定，以 0.3%~0.5% 甲醛处理成为类毒素，可用于预防接种或制备抗毒素血清。

（二）流行病学

我国白喉的控制取得了显著成绩，近几年白喉发病率在 0.01/10 万以下，每年仅报告几百例或几十例,死亡率在 0.001/10 万左右。无病例地区进一步扩大,部分省已连续几年无病例报告,全国每年仅 20 多个县有报告白喉病例。

患者和白喉带菌者是传染源。患者在潜伏期末即有传染性。主要经呼吸道飞沫传播,也可经食物、玩具及物品间接传播。人群普遍易感,预防接种或隐性感染可获得特异性免疫力。人对白喉的免疫力,由血中抗毒素水平决定。锡克试验(Schick test)可测人群免疫水平,也可用间接血凝或酶联免疫吸附试验(ELISA)法测人群血清抗毒素抗体水平。

三、破伤风

破伤风梭菌(*Clostridium tetani*)是破伤风的病原菌,其可侵入人体伤口,生长繁殖,产生毒素从而引起一种急性特异性感染,其临床特征是肌肉痉挛,病死率约为 20%。

(一)病原学

破伤风梭菌菌体细长,周身鞭毛,芽孢呈圆形,位于菌体顶端,似鼓槌状,是本菌形态上的特征。本菌芽孢抵抗力强大,在土壤中可存活数十年,能耐煮沸 40~50 分钟。

破伤风梭菌的侵袭力不强,其致病物质主要是在伤口局部繁殖后产生的破伤风溶素(tetanolysin)和破伤风痉挛毒素(tetanospasmin)。①破伤风溶素:对氧敏感可溶解红细胞、粒细胞、巨噬细胞、血小板等。②破伤风痉挛毒素:是主要的致病物质,系分子量约 150kDa 的多肽,由 A(轻链)和 B(重链)两个亚单位组成。毒素在伤口局部产生后,B 亚单位通过与神经肌肉接点处运动神经元特异性受体结合,促进 A 亚单位进入神经细胞并由细胞膜包裹 A 亚单位形成小泡,小泡沿轴突逆行至运动神经元胞体,通过跨突触运动进入中枢神经系统。A 亚单位为毒性部分,可使储存有抑制性神经介质小泡上膜蛋白改变,从而阻止抑制性神经介质的释放,导致肌肉持续强烈地收缩。破伤风痉挛毒素为神经毒素,毒性极强。小鼠腹腔注入的半数致死量(LD_{50})为 0.015ng,对人的致死量小于 1μg。痉挛毒素经甲醛处理脱毒可制成类毒素。

(二)流行病学

2016 年全球因破伤风导致的全年龄伤残调整寿命年(DALYs)为 236 万,较 1990 年降低了 90.5%。2010 年新生儿因破伤风导致的病死率较 1980 年降低了 93%。

尽管现在破伤风的发病率不高,但是在自然灾害发生时,破伤风将对公共健康产生潜在的威胁。2010 年海地地震后其破伤风发病率较平时升高,严重自然灾害后破伤风病死率为 19%~31%。破伤风梭菌可以通过破损的皮肤进入体内,伤口的厌氧环境是破伤风梭菌感染的重要条件。通常是污染的物体造成的伤口(如:被泥土、粪便、痰液污染的伤口,钉子或针造成的穿刺伤,烧烫伤,挤压伤,烟花爆竹炸伤等)。另外还有一些较少见的感染途径,如表皮伤口、手术操作、昆虫咬伤、牙齿感染、开放性骨折、慢性伤口、静脉药物滥用等。

四、百白破联合疫苗的制备方法

DTP 是由白喉类毒素(diphtheria toxid,DT)、破伤风类毒素(tetanus toxid,TT)和百日咳菌苗(pertussis vaccine,P)混合,并吸附在氢氧化铝或磷酸铝凝胶佐剂之上,加有防腐剂的联合疫苗。

(一)混合前单价原液

1. 无细胞百日咳疫苗原液 ①菌种:百日咳 I 相 CMCC 58003(CS 株)或其他适宜菌株。工作种子批菌种启开后传代不应超过 10 代用于生产;②原液:采用静置培养法或发酵罐培养法,培养物于对数生长期后期或静止期前期收获,在培养物中加入硫柳汞杀菌。

2. 白喉类毒素原液 ①菌种:采用白喉杆菌 PW8 株(CMCC 38007)或由 PW8 株筛选的产毒高、免疫力强的菌种,或其他经批准的菌种;②类毒素原液:采用培养罐液体培养,检测培养物滤液或离心上清液,毒素效价不低于 150Lf/ml 时收获。

3. 破伤风类毒素原液 ①菌种:采用破伤风梭状芽孢杆菌 CMCC 64008 或其他经批准的破伤风梭

状芽孢杆菌菌种;②类毒素原液:采用培养罐液体培养,检测培养物滤液或离心上清液,毒素效价不低于40Lf/ml 时收获毒素。

4. 原液检定

(1)百日咳疫苗原液检定

1)染色镜检:不应有百日咳杆菌和其他细菌。

2)效价测定:先将原液稀释至成品的浓度后,以适宜的稀释倍数为第一个免疫剂量,再按 5 倍系列稀释,免疫 21 天后攻击。

3)不耐热毒素试验:用生理氯化钠溶液将供试品稀释至半成品浓度的 2 倍,用 48~72 小时龄的乳鼠至少 4 只,每只皮内注射 0.025ml,或用体重 2.5kg 的家兔至少 2 只,每只皮内注射 0.1ml,观察 4 天,受试动物不得出现不耐热毒素引起的任何局部反应。

(2)白喉类毒素原液检定

1)pH:6.4~7.4。

2)纯度:每 1mg 蛋白氮应不低于 1 500Lf。

3)毒性逆转试验:每瓶原液取样,用 PBS(pH 7.0~7.4)分别稀释至 30~50Lf/ml,置 37℃ 42 天,用体重 2.0kg 左右的家兔 2 只,于每只兔背部分别皮下注射上述稀释原液各 0.1ml 及 25 倍稀释的锡克试验毒素 0.1ml,另注射 0.1ml PBS 作为阴性对照,于 72 小时判定结果。原液注射部位红肿反应直径应不高于 15mm,锡克毒素反应应为阳性,阴性对照应无反应。

(3)破伤风类毒素原液检定

1)pH:6.6~7.4。

2)纯度:每 lmg 蛋白氮应不低于 1 500U。

3)毒性逆转试验:每瓶原液取样,用 PBS(pH 7.0~7.4)分别稀释至 7~10U/ml,放置 37℃ 42 天,注射 250~350g 体重的豚鼠 4 只,每只皮下注射 5ml,于注射后第 7 天、第 14 天及第 21 天进行观察,动物不得有破伤风症状,到期每只动物体重比注射前增加为合格。

(二)半成品

1. 佐剂配制　可用三氯化铝加氨水法或三氯化铝加氢氧化钠法。用氨水配制需透析除氨后使用,也可用其他适宜方法配制。原液应为浅蓝色或乳白色的胶体悬液,不应含有凝块或异物,并取样测定氢氧化铝及氯化钠含量。

2. 合并及稀释　将白喉类毒素、破伤风类毒素及无细胞百日咳疫苗原液加入已稀释的佐剂内,调节 pH 至 5.8~7.2,使每 1ml 半成品含无细胞百日咳疫苗原液应不高于 18μg PN;白喉类毒素应不高于 25Lf;破伤风类毒素应不高于 7Lf。

(三)成品

1. 规格　所配置的半成品应符合《生物制品规程》规定进行相应的分批、分装及包装。每瓶 0.5ml、1.0ml、2.0ml、5.0ml。每次人用剂量 0.5ml,含无细胞百日咳疫苗效价不低于 4.0IU,白喉疫苗效价应不低于 30IU,破伤风疫苗效价应不低于 40IU。

2. 成品检定

(1)鉴别试验

1)无细胞百日咳疫苗:可选择下列一种方法进行①疫苗注射动物应产生抗体;②采用酶联免疫法检测 PT、FHA 抗原,应含有相应抗原;③其他适宜的抗原抗体反应试验。

2)白喉类毒素:可选择下列一种方法进行。①疫苗注射动物应产生抗体;②疫苗加枸橼酸钠或碳酸钠将佐剂溶解后,做絮状试验,应出现絮状反应;③疫苗经解聚液溶解佐剂后取上清,做凝胶免疫沉淀试验,应出现免疫沉淀反应。

3)破伤风类毒素:可选择下列一种方法进行。①疫苗注射动物后应产生破伤风抗体;②疫苗加入枸橼酸钠或碳酸钠将吸附剂溶解后做絮状试验,应出现絮状反应;③疫苗经解聚液溶解佐剂后取上清,做凝胶免疫沉淀试验,出现免疫沉淀反应。

(2)物理检查:振摇后应呈均匀乳白色混悬液,无摇不散的凝块或异物。

(3)化学检定:① pH 5.8~7.2;②氢氧化铝含量 1.0~1.5mg/ml;③硫柳汞含量应不高于 0.1g/L;④游离甲醛含量应不高于 0.2g/L;⑤戊二醛含量应小于 0.01g/L。

(4)效价测定

1)无细胞百日咳疫苗:以适宜的稀释倍数稀释至第一个免疫剂量,再按 5 倍系列稀释。免疫时间为 21 天。每次人用剂量的免疫效价应不低于 4.0IU;且 95% 可信限的低限应不低于 2.0IU。如达不到上述要求时可进行复试,但所有的有效试验结果必须以几何平均值(如用概率分析法时,应用加权几何平均)来计算。达到上述要求即判为合格。

2)白喉疫苗:每次人用剂量中白喉类毒素的免疫效价应不低于 30IU。

3)破伤风疫苗:每次人用剂量中破伤风类毒素的免疫效价应不低于 40IU。

(5)特异性毒性检查

1)无细胞百日咳疫苗:用体重 14~16g NIH 小鼠(雌性或雌雄各半),毒性参考品的每一稀释度和供试品各用一组,每组至少 10 只。每只小鼠腹腔注射 0.5ml,分别进行小鼠白细胞增多试验、毒性逆转试验。

2)白喉、破伤风疫苗:用体重 250~350g 豚鼠,每批制品不少于 4 只,每只腹部皮下注射 2.5ml,分两侧注射,每侧 1.25ml,观察 30 天。注射部位可有浸润,经 5~10 天变成硬结,可能 30 天不完全吸收。在第 10 天、第 20 天、第 30 天称体重,到期体重比注射前增加,局部无化脓、无坏死、无破伤风症状及无晚期麻痹症者为合格。

五、百白破联合疫苗的质量控制和评价

百白破联合疫苗的生产是首先分别制备白喉、破伤风类毒素和百日咳疫苗原液,然后将几种原液成分在一定条件下按一定比例与适量免疫佐剂(氢氧化铝或磷酸铝)吸附混合,得到 DTaP 原液,加入一定量防腐剂后分装制成疫苗成品。

(一)无细胞百日咳疫苗

1. 质量控制 2005 年 DTaP 疫苗在我国实施了国家批签发管理。该疫苗的检定包括原液和成品的检定,具体内容见表 11-2。

表 11-2 原液检定项目和质量标准

检定项目	检验方法	质量标准
染色镜检	革兰氏染色法	显微镜观察,不应有百日咳杆菌和其他细菌
效价测定	改良脑腔攻击试验	每次人用剂量的免疫效价应不低于 4.0IU,且 95% 可信限的低限应不低于 2.0IU
无菌检查	直接接种法	应符合规定
不耐热毒素试验	乳鼠或家兔法	受试动物不得出现不耐热毒素引起的任何局部反应符合规定
特异性毒素试验	小鼠法	应符合规定
体重减轻试验	小鼠法	不高于 10BWDU/ml
白细胞增多试验	小鼠法	不高于 0.5LPU/ml
组胺致敏试验	小鼠法	不高于 0.8HSU/ml
毒性逆转试验	小鼠法(组胺致敏试验)	不高于 0.8HSU/ml
热原检查	家兔法	应符合规定

原液与白喉及破伤风类毒素配制成联合疫苗后,除检定与原液相同的无菌检查、特异性毒性试验、效价测定项目和毒性逆转试验以外,还应进行相应的鉴别试验、物理检查试验,具体内容见表11-3。

表 11-3 成品检定项目和质量标准

检定项目	检验方法	质量标准
鉴别试验	ELISA 方法或其他适宜的方法	出现相应的抗原 - 抗体反应
物理检查	—	各项都应符合规定
无菌检查	直接接种法	应符合规定
特异性毒性试验	小鼠法	应符合规定
体重减轻试验	小鼠法	不高于 10BWDU/ml
白细胞增多试验	小鼠法	不高于 0.5LPU/ml
组胺致敏试验	小鼠法	不高于 0.8HSU/ml
毒性逆转试验	小鼠法(组胺致敏试验)	不高于 0.8HSU/ml
效价测定	改良脑腔攻击试验	每次人用剂量的免疫效价应不低于 4.0IU,且 95% 可信限的低限应不低于 2.0IU

2. 效力评价方法 WHO 将小鼠改良脑腔攻击法(mice intracerebral challenge assay,MICA)纳入标定百日咳疫苗效价的法定方法。是以适宜的稀释倍数稀释至第一个免疫剂量,再按 5 倍系列稀释。免疫时间为 21 天。所有的有效试验结果必须以几何平均值来计算。

(二)吸附白喉疫苗

1. 质量控制

(1)白喉类毒素原液的质量标准:在原液的质量控制中,特异性毒性检查和毒性逆转检查是与产品安全性相关的关键质量属性;纯度测定主要是测定原液中单位蛋白氮中特异性白喉类毒素的含量,也是影响产品有效性的关键质量属性,是原液质量控制重点。白喉类毒素原液检定项目和质量标准参见表11-4。

表 11-4 白喉类毒素原液检定项目和质量标准

检定项目	检验方法	质量标准
pH	pH 酸度计	应为 6.4~7.4
纯度检查		每毫克蛋白氮应不低于 1 500Lf*
(1)絮状单位测定	(1)与一定量标准白喉絮状反应抗毒素产生絮状反应	
(2)蛋白含量测定	(2)Lowry 法测定蛋白氮含量	
无菌检查	直接接种法或薄膜过滤法	应无菌生长
特异性毒性检查	豚鼠法	注射 30 天后,动物应体重增加,注射部分无坏死、无连片脱皮、无脱毛,后期不得有麻痹症状
毒性逆转检查	家兔法	原液注射部位红肿反应不得高于 15mm,锡克毒素反应须为阳性,阴性对照应无反应

注:* 在用于配置成人及青少年用疫苗中,纯度应为每毫克蛋白氮不低于 2 000Lf。

(2)白喉类毒素半成品的质量标准:依据 2020 年版《中国药典》三部的相关规定,在半成品阶段仅进行无菌检查,用于确定在配制完成后、分装前产品的无菌性。

(3)白喉类毒素成品的质量标准:白喉类毒素成品的检定项目包括鉴别试验、物理检查(外观、装量)、化学鉴定(pH、氢氧化铝含量、氯化钠含量、硫柳汞含量、游离甲醛含量)、特异性毒性检查、无菌检查和效价测定等六大项,见表 11-5。

表 11-5　白喉类毒素成品检定项目和质量标准

检定项目	检验方法	质量标准
鉴别试验	免疫电泳法	应与标准白喉抗毒素产生免疫沉淀反应
	絮状反应测定法	应与标准白喉抗毒素产生絮状反应
	效价测定法	注射后动物应产生相应的抗白喉类毒素抗体
物理检查		
外观	目测法	振摇后为乳白色均匀悬液,无摇不散的凝块或异物
装量	容器法	应不低于标示量
化学鉴定		
pH	pH 酸度计	应为 6.0~7.0
氢氧化铝含量	滴定法	应不高于 3.0mg/ml
氯化钠含量	滴定法	应为 7.5~9.5g/L
硫柳汞含量	滴定法	应不高于 0.1g/L
游离甲醛含量	滴定法	应不高于 0.2g/L
特异性毒性检查	豚鼠法	注射 30 天后,动物应体重增加,注射部位无坏死、无连片脱皮、无脱毛,后期不得有麻痹症状
无菌检查	直接接种法	应无菌生长
效价测定	小鼠法或豚鼠法	应不低于 30IU/ 人用剂量

2. 效力评价方法　通过多次的临床研究,证明当体内白喉抗体滴度大于 0.1IU/ml 时,人体具有对白喉类毒素的完全保护作用;当白喉抗体滴度为 0.01~0.1IU/ml 时,人体具有部分保护作用;抗体滴度大于 1.0IU/ml 时,与长期保护性水平相关。仅有当注射的疫苗达到一定的效价后,才能保证在体内产生具有保护作用的特异性抗体滴度。因此,效价是白喉类毒素疫苗有效性的关键质量属性。

白喉类毒素疫苗的效价测定方法为小鼠 Vero 细胞法和豚鼠攻毒法,两种方法的检测原理不同。小鼠 Vero 细胞法主要是测定经免疫后动物体内产生的抗体含量,豚鼠攻毒法是测定经免疫后动物对毒素攻击的保护能力。由于抗体的含量不能完全代表保护能力,因此,豚鼠攻毒法更能反映出白喉类毒素疫苗在体内的实际保护作用。

(三) 破伤风类毒素疫苗

1. 质量控制

(1)破伤风类毒素原液的质量标准:破伤风类毒素原液检定项目和质量标准见表 11-6。原液是否完全脱毒对生产过程和终产品质量至关重要,类毒素在毒性逆转后使用,可能带来严重后果。因此,WHO在 1990 修订的白喉、破伤风、百日咳联合疫苗规程和 2020 年版《中国药典》三部中有关破伤风类毒素的制造和检定中均明确规定了对原液进行毒性逆转实验,以检测是否发生了毒性的恢复。

(2)破伤风类毒素成品的质量标准:疫苗的效价测定、安全性试验和疫苗中特殊添加物的含量测定是成品检定的重点。破伤风类毒素中对疫苗安全性可能存在影响的特殊添加物主要有硫柳汞和甲醛。多年来硫柳汞为保证疫苗的安全性作出了重要贡献。但随着人们对硫柳汞潜在危险性的关注和研究,发现硫柳汞可能存在神经发育障碍和肾脏毒性等,使用单剂疫苗瓶会大幅提高疫苗成本,显著增加冷链负担,因此,含硫柳汞的多剂瓶装疫苗仍对疫苗接种至关重要,但应将添加量控制在规定范围内。破伤风类毒素成品检定项目和质量标准的具体内容见表 11-7。

表 11-6　破伤风类毒素原液检定项目和质量标准

检定项目	检验方法	质量标准
pH	电极法	应为 6.6~7.4
絮状单位(Lf)测定	絮状沉淀法	应符合规定
纯度	絮状单位测定、凯氏定氮法	每毫克蛋白氮应不低于 1 500Lf
无菌检查	直接接种法	应符合规定
特异性毒性检查	豚鼠法	动物不应有破伤风症状,到期每只动物体重比注射前增加
毒性逆转检查	豚鼠法	动物不应有破伤风症状,到期每只动物体重比注射前增加

表 11-7　破伤风类毒素成品检定项目和质量标准

检定项目	检验方法	质量标准
鉴别试验	絮状试验 / 免疫沉淀法 / 效力测定	应出现絮状反应 / 免疫沉淀反应 / 产生破伤风抗体
外观	目测法	振摇后为乳白色均匀悬液,无摇不散的凝块或异物
装量	容器法	应不低于标示量
pH	电极法	应为 6.0~7.0
氢氧化铝含量	滴定法	应不高于 3.0mg/ml
氯化钠含量	氯化银测定法	应为 7.5~9.5g/L
硫柳汞含量	滴定法 / 原子吸收分光光度法	应不高于 0.1g/L
游离甲醛含量	分光光度法	应不高于 0.2g/L
效价测定	小鼠法	应不低于 40IU/ 人用剂量
无菌检查	直接接种法	应符合规定
特异性毒性检查	豚鼠法	动物不应有破伤风症状,到期每只动物体重比注射前增加

2. 效力评价方法　将破伤风类毒素标准品和待检品作不同倍数稀释,免疫豚鼠或小鼠,4 周后用一定浓度的破伤风试验毒素攻击,记录 5 日后动物的存活率。将存活率转化成概率单位,用平行线法计算待检类毒素的效价。

第四节　艾滋病疫苗

一、病原学与流行病学

人类免疫缺陷病毒(HIV)属逆转录病毒科的慢病毒属,种类繁多,包括 HIV-1 和 HIV-2。HIV-1 比 HIV-2 更流行,更具有致病性,是全球获得性免疫缺陷综合征(AIDS,即艾滋病)流行的主要原因。HIV-2 感染在西非最为流行,但在葡萄牙、法国、西班牙和巴西也有小规模流行。序列比较表明,HIV-1 和 HIV-2 均为来自黑猩猩(SIV$_{cpz}$)和乌白眉猴(SIV$_{smm}$)的猿类免疫缺陷病毒(SIV)跨物种传播的结果。有趣的是,SIV 在其自然宿主中的感染的致病性低于 HIV-1 在人类中的感染。

HIV-1 为直径约 100~120nm 球形颗粒,由核心和包膜两部分组成。核心包括两条单股 RNA 链、核心结构蛋白和病毒复制所必需的酶类,含有逆转录酶、整合酶和蛋白酶。核心外面为病毒衣壳蛋白(p24、p17)。病毒的最外层为包膜,其中嵌有外膜糖蛋白 gp120 和跨膜糖蛋白 gp41。HIV-1 为逆转录病毒,能将其 DNA 整合到宿主基因组中。单链 RNA 进入细胞后,逆转录成 HIV DNA,然后与宿主 DNA 结合。利用宿主酶,HIV 被转录,蛋白质被产生和裂解,成熟病毒粒子被释放。

HIV-1 主要是一种通过黏膜表面传播的性传播病毒,也可以通过母婴接触垂直传播和直接静脉注射传播。男同性恋者、性乱交者、静脉药瘾者、反复接受血制品者是 HIV 感染的高危人群。HIV-1 的主要受体是 CD4,能够感染 T 淋巴细胞、单核细胞、巨噬细胞和树突状细胞。人类免疫缺陷病毒感染导致 CD4$^+$ T 细胞逐渐减少,直到免疫系统被严重破坏,发生机会性感染。

人类免疫缺陷病毒感染是一个重大的全球卫生问题,自从 1980 年代初首次查明艾滋病流行以来,大约有 7 000 万人受到感染,造成 3 500 万人死亡。抗逆转录病毒联合治疗(cART)的引入极大地改变了流行格局,并导致了 2005—2016 年间与艾滋病相关的死亡人数下降 48%。尽管取得了显著成就,2016 年估计仍有 3 670 万人感染人类免疫缺陷病毒,约 80 万人因艾滋病死亡。由于潜伏病毒库的持续存在(平均半衰期为 44 个月),它无法根除人类免疫缺陷病毒感染。因此,对抗逆转录病毒治疗的需求是终生的,其成本是巨大的,可能难以在经济上维持。此外,依从性对生物医学预防干预的有效性至关重要,但在不同的研究人群中存在差异。据 Fauci 和 Marston 说:"即使最佳地实施了人类免疫缺陷病毒预防工作,使新的感染率接近于零,再犯也可能威胁到这一成功。"因此,艾滋病疫苗至关重要,因为它是一种更可持续的解决方案。建模数据表明,2027 年引入的一种 70% 有效、具有很强的吸收量和 5 年的保护期的疫苗,在第一个十年每年可减少 44% 的新感染病例,到 2070 年每年减少 78% 的新感染病例。因此,一种有效的通用预防疫苗有可能遏制和结束全球范围的艾滋病大流行。

二、研究策略与现状

1. 研究策略　虽然已经成功地研制了针对几种病原体的疫苗,但设计一种有效的疫苗来预防 HIV 仍然是一项棘手的挑战。为了解决这一问题,研究人员通过对人类和非人类灵长类动物的研究来了解保护性免疫的相关性,并以此为基础设计出靶向疫苗策略。出现了两种不同的方法,侧重于不同的免疫相关保护。第一种是基于结构的人类免疫缺陷病毒包膜免疫原的设计,能够诱导抗体中和病毒;第二种是旨在驱动非中和性多克隆和多功能抗体与其他免疫武器结合以清除病毒。

2. 研究现状　目前,有 6 个 HIV-1 疫苗正在进行疗效实验,只有一个疫苗(RV144)显示出疗效。使用广谱中和性抗体(broad neutralizing antibody,BnAb)的被动免疫已进入 II 期临床试验。使用天然 Env 三聚体或 B 细胞谱系疫苗设计的模拟物诱导 BnAb 仍处于临床前阶段。下一步将对优化保护性功能抗体的尝试进行评估,疗效试验(HVTN702)即将开始。

(1) VAX003 和 VAX004:大多数获得许可针对细菌和病毒感染的疫苗,包括白喉、破伤风、百日咳、b 型流感嗜血杆菌、肺炎球菌、甲型肝炎、乙型肝炎、水痘、麻疹、风疹、脊髓灰质炎和流感,预防感染与抗体的诱导有关。此外,重组 HIV-1 Env 糖蛋白亚单位(rgp120)疫苗的初步研究给予黑猩猩以保护,使其免受同种和异种 HIV-1 毒株通过静脉或黏膜进行感染。因此,最初的 HIV-1 疫苗方法(VAX003 和 VAX004)主要关注中和性抗体(neutralizing Antibody,nAb)的产生。

VAX003 是在泰国注射吸毒者(IDU)中进行的一项 AIDSVAX®B/E(一种由来自 B 亚型、MN 株和 CRF01_AE 亚型、A244 株的 rgp120 组成的双价疫苗)的双盲随机试验。VAX004 是一项 AIDSVAX®B/B(一种由来自 MN 和 GNE8 株的 B 亚型的 rgp120 组成的双价疫苗)的双盲随机试验,在北美和荷兰与男性发生性行为的男性(MSM)和异性传播 HIV-1 的高风险女性中进行。尽管抗 gp120 抗体反应得到了发展,但这两种疫苗并没有显示出保护作用。风险分析的相关性发现,nAb 与 HIV-1MN、CD4 阻断抗体和抗体依赖性、细胞介导的病毒抑制(ADCVI)升高与 VAX004 疫苗接种者感染率降低有关。

(2) STEP 和 phambili 研究:STEP 研究是对 MRKAd5 HIV-1 gag/pol/nef 亚型 B 疫苗在美洲、加勒比和澳大利亚感染 HIV-1 高危人群中的双盲随机试验。该疫苗由 3 种不同的复制缺陷腺病毒载体分别表达 HIV-1 株 CAM-1 的 gag 基因、HIV-1 株 IIIB 的 pol 基因和 HIV-1 株 JR-FL 的 nef 基因。尽管在 75% 的疫苗接种者中引发了 IFN-γ ELISPOT 反应,但该疫苗并不能预防 HIV-1 感染,对血浆病毒载量也没有影响。相反,它与 Ad5 血清阳性的接种前或未割包皮的男性接种者 HIV-1 感染的发生率增加有关。因此,试验在第一次中期分析后停止。

Phambili 研究是一项双盲随机试验,旨在评估 MRKAd5 HIV-1 *gag/pol/nef* 亚型 B 疫苗在人类免疫缺陷病毒 C 支占优势的南非个体中的作用。本研究在 Step 研究后停止,中期分析和后续分析也没有发现疗效。

(3) RV144 : RV144 是一次评估 ALVAC-HIV(vCP1521)的 4 种启动注射剂的双盲随机试验,包括表达 HIV-1 Gag 和 Pro(亚型 B LAI 株)的重组金丝雀痘病毒载体、连接到 gp41(LAI)跨膜锚固部分的 CRF01_AE(E 亚型)HIV-1 gp120(92TH023),外加 2 次增强注射 AIDSVAX®B/E〔双价 HIV-1 gp120 亚基疫苗,包含 A244 株 E 亚型 Env(CM244)和 MN 株 B 亚型 Env〕,与明矾共同配制。主要促进策略的基本原理是诱导细胞和体液的反应。RV144 试验是迄今为止唯一显示疗效的疗效试验,由 12 个月时的 60%(事后分析)下降到 3.5 年时的 31%(改良的意图治疗分析)。尽管只诱导了弱 nAb,但是 RV144 疫苗的有效性发现正在改变范式。研究表明,IgG 与 V1V2 的结合可能有助于预防 HIV-1 感染。在低疫苗诱导的 Env IgA 环境中,IgG 对 Env 的敏感性、抗体依赖的细胞毒性(ADCC)、nAb 和 Env 特异性 CD4$^+$T 细胞与感染风险呈负相关。

虽然 AIDSVAX®B/E 是 RV144 和 VAX003 疫苗方案的一部分,但只有 RV144 显示出疗效。总的来说,这两种疫苗主要诱导 gp120 特异性 IgG1Ab。然而,与 VAX003 相比,RV144 诱导更多 gp120 特异性 IgG3,具有增强 Ab 介导的效应子功能,包括 ADCC(依赖抗体的细胞毒性)和 ADP(依赖抗体的吞噬作用)。与 VAX003 相比,RV144 诱导的 IgG3 与 V1V2 的结合显著升高,这也与较低的 HIV-1 感染风险相关。此外,与 VAX003 和 VAX004 相比,在 RV144 中,V1V2 Ab 以 C3d 沉积的方式在 gp70-V1V2 包覆的珠片上测定的补体活化更强,检测频率更高。在 RV144 疫苗接种者中,V1V2 特异性补体激活抗体阳性也与较低的感染风险相关。

因此,RV144 诱导的 Ab 虽然只是弱中和作用,但可能通过黏液层聚集或固定病毒粒子,阻碍横向通过黏膜屏障,以及依赖于 IgG Fcg 受体(FcgR)的 ADCVI 包括 ADCC、ADP、Ab 介导的细胞因子或趋化因子的释放和互补介导的杀伤来介导保护。这些具有其他潜在抗病毒功能的非中和性或弱中和性抗体随后被称为功能性抗体。

Env 特异性 IgA 抗体与缺乏保护之间的关系起初令人困惑。后来的分析发现,在受感染与未受感染的疫苗接种者之间存在较高的 Env IgA/IgG 比值。此外,发现来自 RV144 疫苗的一些 Env 特异性 IgA 能够阻断介导 ADCC 的 IgG 单克隆抗体的结合,以及从 RV144 疫苗接种者中分离的一种 Env 特异性 IgA 单克隆抗体也能抑制 ADCC。因此,这些数据支持了更高的 IgA 可能通过降低 ADCC 效应或作用来调节疫苗诱导免疫的假说。

综上所述,到目前为止,没有一种候选疫苗完成了疗效试验,引起 BnAb 的强烈反应。在 STEP、Phambili 研究中均诱导 CD8$^+$T 细胞应答,但与保护无关。只有一项试验表明,RV144 的疗效和保护作用与功能性结合抗体有关。然而,疗效并不理想,也不是持久的。

三、前景与展望

目前 HIV 疫苗设计的主要目标是诱导能够识别一系列不同毒株的抗体介导的保护性免疫应答。若干处于不同发展阶段的 HIV-1 疫苗目前正在研制中。

1. 广谱中和性抗体　BnAb 是一种能够中和来自多个分支的不同循环菌株的抗体,可存在于 20%~30% 的 HIV-1 感染者中。通常在 HIV-1 感染后,在病毒复制持续刺激抗原的情况下,2~4 年开始出现。HIV Env 蛋白由 3 个 gp120 和 3 个 gp41 单体组成,是 BnAb 的主要靶点。BnAb 可以直接作用于 gp120 上的 CD4 结合位点、gp120 V1V2 上的多糖肽、V3 区域上的多糖、gp41 上的膜近外侧区(MPER)、gp120-gp41 的相邻区域和糖链盾(sugar chain shield)。

(1)广谱中和性抗体的被动免疫:VRC01 是一种 BnAb,它可以在 gp120 CD4 结合位点与 HIV-1 结合,是目前拥有最多人类被动免疫治疗数据的 bnAb。最近在健康成人的 I 期临床试验发现静脉注射或皮下注射 VRC01 是安全的,且耐受性良好。AMP(抗体介导预防)研究,包括 II 期临床试验,为评价 VRC01 在减少 HIV-1 感染中的安全性和有效性,目前正在进行。

使用 BnAb 作为目前形式的被动免疫治疗,由于生产成本、输液所需的医疗基础设施和反复给药的需要,广泛实施将是一个挑战。因此,目前正在进行新的研究,利用病媒免疫预防技术探索 BnAb 的引入,通过腺相关病毒(AAV)载体将编码 BnAb 的基因传递到肌肉组织,从而实现长期的生产和系统分布。这项技术已被证明可以保护人性化小鼠以及 RM 免受高剂量静脉注射和黏膜感染。第一个人体试验 IAVI A003(clinicaltrials.gov NCT01937455),一项针对 24 名健康男性的 rAAV 载体编码 PG9 Ab 的 I 期随机、盲法、剂量递增研究已接近完成。

(2)通过免疫引起广谱中和性抗体:BnAb 作为动物模型的被动免疫治疗的良好结果,引起了人们对设计能诱导产生 BnAb 的 HIV-1 疫苗的极大兴趣。但目前 BnAb 发展的机制尚未明确阐明,一种能引起 BnAb 反应的免疫原仍未被识别,且 BnAb 中大量的体细胞突变提示了其复杂的成熟途径。设计 B 细胞系疫苗是引发 BnAb 的另一种途径。未经突变的共同祖先,BnAb 的原代 B 细胞受体可靶向相关的启动 Env 免疫原,触发亲和力成熟,进而促进发育宽度。

然而,通过接种获得 BnAb 仍处于早期发展阶段,近期不太可能进行疗效试验。另一方面,通过启动促进策略诱导功能性抗体和 T 细胞反应有更多的证据和经验。以 RV144 的成功和改良、马赛克抗原的使用和新载体的开发为基础的研究正在产生新的数据和见解。

2. 以 RV144 为基础的研究　RV305(clinicaltrials.gov NCT01435135)和 RV306(clinicaltrials.gov NCT01931358)两项临床试验旨在评估 RV144 补充成分的额外促进是否能够增加 RV144 诱导的免疫应答的持久性。其初步数据表明这种额外的促进可能会提高 RV144 的疗效。

HVTN 100(clinicaltrials.gov NCT02404311,目前正在进行)是一个使用 RV144 变种启动-加强(prime-boost)方案的 I / II 期临床随机、双盲、安慰剂对照试验。该疫苗旨在增加亚型 C 的覆盖率,提高抗体耐久性,并研究 IgG 与 V1V2 的结合是否与保护相关。2016 年艾滋病大会提供的初步数据显示,该疫苗已经通过了进入 III 期疗效研究(HVTN 702)的所有预先确定的标准。

3. 嵌合疫苗　迄今为止,所有已进展到疗效试验的 HIV-1 疫苗主要是区域性和特定于某一分支的。嵌合 HIV-1 疫苗的目标是产生免疫反应,覆盖不同范围的循环 HIV-1 分离株,从而可能产生一种可在全球推广的单一疫苗。多价嵌合免疫原是通过计算优化从自然序列中产生的,使其类似于天然蛋白质,但系统地包含了共同的潜在表位,与数千个单独肽相比提供了多样性的覆盖范围。HIV-V-A002(NCT02218125),一项针对美国 25 名参与者的 MVA 花叶病毒疫苗的 I 期临床试验最近完成;HIV-V-A004(NCT02315703),即将进行疗效试验。

4. 新载体　载体是疫苗成功的关键因素。它们将 HIV-1 抗原注入宿主细胞并刺激免疫反应。一些新的载体,包括 Ad26、Ad35,复制能力强的 Ad4 和 CMV 载体正在开发中。Ad26 和 Ad35 研究在 I / II 期人体疫苗试验中显示了潜力。最近一项在 218 名健康成年人进行随机、双盲、安慰剂对照试验使用了 Ad26。复制能力强,肠溶涂层,Ad4 已经被美国军方用于预防腺病毒引起的急性呼吸道疾病。复制恒河猴(Rh)CMV 载体在 RM 模型中显示出良好的应用前景。

除了技术挑战之外,艾滋病疫苗产品开发的另一个主要障碍是需要越来越多的参与者和用于疗效评估所需的资源。只有在 HIV 发病率较高的目标人群中才能有效地开展 HIV 预防效果试验。由于低事件率,需要进行非常大规模的研究,并需要花费巨大的成本完成统计。值得可喜的是,实施非疫苗预防模式(NVPM),将导致许多人口中 HIV 发病率下降。较低的发病率使预防性疫苗试验设计变得复杂,因为它大大提高了登记要求,且必须确定人群或亚人群,在这些人群中,实施 NVPM 并没有由于研究小组无法控制的某些原因降低发病率。疫苗试验参与者使用 NVPM 的问题也需要在未来的疫苗疗效试验中得到解决,包括推动试验考虑使用 NVPM 的背景,并在适当情况下将 NVPM 纳入干预研究的一部分。

迄今为止,虽还未发现一种可预防的艾滋病疫苗,但艾滋病疫苗学在概念和技术上取得了重大进展。艾滋病疫苗的开发有失败的历史,但临床前和早期临床试验中出现了丰富新颖和多样的开发艾滋病疫苗方法,以及旨在改进 RV144 正在进行的疗效试验,使许多人看到艾滋病疫苗开发的光明前景。

第五节　埃博拉病毒疫苗

1976 年,科学家首次在刚果民主共和国埃博拉河谷发现埃博拉病毒(Ebola virus),迄今为止已暴发数次大规模埃博拉疫情,尤其以 2014—2016 年在西非国家暴发的埃博拉疫情最为严重,共有 28 652 人疑似感染,其中确诊 15 261 人,死亡 11 325 人。2017—2018 年,刚果民主共和国再次暴发埃博拉疫情。目前,科学家们无法精准确定埃博拉病毒的来源及自然宿主,仅能推测果蝠是其潜在的自然宿主,但是并没有足够的证据。埃博拉病毒的自然传播严重威胁人类的生命健康,更为严峻的是,埃博拉病毒被恐怖分子作为开发生物恐怖战剂的重要目标。面对来势汹汹的埃博拉疫情和恐怖威胁,开发快速有效的疫苗产品成为科学家迫在眉睫的课题。

一、病原学与流行病学

埃博拉病毒属于丝状病毒(*Filoviridae*)家族,其感染导致的埃博拉出血热是目前已知的死亡率最高的感染性疾病,自 1976 年首次暴发以来,已造成数万人死亡。由于缺乏精准的早期诊断技术、有效的疫苗和治疗药物,伴随着 2014—2016 年的西非地区埃博拉疫情大暴发,埃博拉疫情成为了世界性的公共卫生难题。

(一) 病原学

1. 临床表现　埃博拉病毒感染后通常会有 2~21 天的潜伏期,随后迅速出现发烧、头痛、肌肉酸痛、腹泻、呕吐等症状,绝大多数患者最终会因多器官衰竭、出血、休克而死亡,死亡率高达 50%~90%(图 11-1)。根据感染时间进程,埃博拉出血热通常分为三个阶段:①早期症状类似于撒哈拉以南非洲地区常见的疟疾、伤寒,以及流感等发热性疾病,如发热、肌痛、头痛等;②随着疾病进展,患者出现腹泻、呕吐、腹痛等典型的消化道病变症状;③感染进展晚期,患者出现神经功能缺陷、痉挛、脑膜炎及出血性病变等症状。

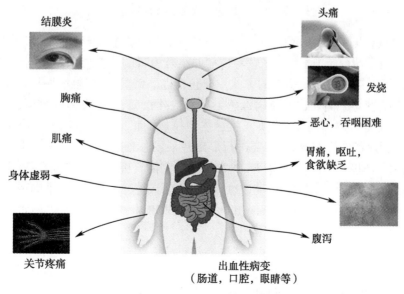

图 11-1　埃博拉病毒感染常见症状

　　上述病症与埃博拉病毒感染的靶细胞密切相关。感染早期,埃博拉病毒主要在网状内皮组织细胞、单核细胞和树突状细胞中复制,引起细胞因子的大量释放,导致发热等前期症状;随后对肝脏和血管的损伤会进一步破坏血管系统的完整性,引发伴有低血压的出血性病变;即使患者正在住院并得到有效的支持性治疗,在发热、出血和休克的状态下依然难以恢复正常体征,最终导致极高的死亡率。

　　2. 病毒学　埃博拉病毒是不分节段的单股负链 RNA 病毒,是丝状病毒家族成员(包括马尔堡病毒与埃博拉病毒)之一。埃博拉病毒直径约 80nm,基因组大小是 18~19 kb,其基因组结构为:3′ 引导区 -NP-VP35-VP40-GP-VP30-VP24-L-5′ 末端区(图 11-2)。共编码 7 种蛋白质,包括包膜糖蛋白(glycoprotein,GP)、核衣壳蛋白(nucleoprotein,NP)、基质蛋白(matrix protein):VP24 和 VP40 等四种结构蛋白,VP30 和 VP35 等两种非结构蛋白,病毒 RNA 聚合酶(polymerase)L。其中 NP、VP30、VP35、L 对于埃博拉病毒的转录过程是必需的,VP35 不仅参与病毒的复制转录,同时通过抑制 IRF3 而干扰 IFN 体系的功能;完整的 GP 蛋白,通过蛋白酶的加工形成具有二硫键结构的 GP1,2 二聚体(Ⅰ型跨膜蛋白),继而在病毒粒表面形成刺突,介导病毒进入细胞;此外,GP 在埃博拉病毒的致病性方面发挥重要作用,可选择性地降低细胞表面与细胞黏附和免疫功能相关的大分子表达,导致细胞的脱落死亡;sGP 通过 CD16b(中性粒细胞 FcγRⅢ的特殊形式)结合至中性粒细胞,与宿主免疫系统相互作用,改变 FcγRⅢB 和 CR3 之间物理性和功能性的相互作用,进而抑制早期中性粒细胞对病毒的清除,引起免疫逃避;VP24 和 VP40 位于膜内侧,其中 VP40 作为基质蛋白,可以促进病毒样颗粒(virus-like particles,VLPs)的形成;VP24 的结构与功能尚未完全阐明,但有报道称其对于病毒体的正确装配是必需的,另外 VP24 可通过抑制 IFN 信号传输而干扰先天免疫系统的功能。

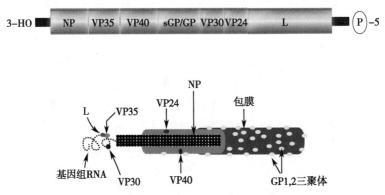

图 11-2　埃博拉病毒基因组结构

　　3. 埃博拉病毒的诊断、治疗及预防　由于缺乏特异性的早期感染症状,导致埃博拉病毒感染的早期诊断极其困难。通常情况下,通过观察患者病症并结合患者的埃博拉病毒接触史,能够推测患者感染病毒的可能性。可能接触埃博拉病毒的方式主要包括以下情况:①接触埃博拉病毒感染患者或死亡患者血液、体液;②接触盛放储存埃博拉病毒感染患者或死亡患者血液、体液容器;③接触感染埃博拉病毒的蝙蝠或者灵长类动物(猴子,猩猩);④接触埃博拉病毒感染幸存者精液。有上述接触史并伴有埃博拉病毒感染早期症状的疑似患者,需要进行隔离并采集血液进行进一步的检测以确定是否感染埃博拉病毒。由于传统的电镜观察、病毒培养、病毒抗原检测需要极高的生物安全级别且耗时较长,基于病毒 RNA 检测的实时荧光定量技术(RT-PCR)被广泛应用于埃博拉病毒感染的快速诊断。目前可用的埃博拉病毒检测试剂盒主要包括 Real Star filovirus RT-PCR kit 1.0、Xpert® Ebola assay、Filmarray® BioThreat-E assay、eZYSCREEN® RDT 等。

　　目前针对埃博拉病毒感染的临床治疗策略主要是对症治疗与支持治疗,包括镇痛、退热、止泻、抑制精神错乱等,为患者自身免疫系统发挥作用赢得时间。为了开发埃博拉病毒特异性药物,全世界的科学家们投入了巨大精力。数种药物正处于临床研究阶段,如 Zmapp、TKM-Ebola、AVI6002、Amiodarone、Lamivudine、Statins、Clomiphene、U18666-A、Novavax 等。其中,Zmapp 与 TKM-Ebola 是最有希望的药物。

由于缺乏特异性治疗药物,预防成为对抗埃博拉病毒感染的关键防线。确认埃博拉病毒感染者后,采取严格的公共卫生措施至关重要,包括设置关卡防范、隔离检疫以减少传染以及找出感染者的所有接触者并检疫以阻断病毒传播。接种疫苗是阻断病毒传染的最佳手段,遗憾的是迄今仍未有临床可用的疫苗产品。

(二)流行病学

1. 埃博拉病毒的传播途径　2014 年之前,埃博拉病毒感染的暴发是零星的,主要暴发在非洲中北部地区,包括刚果民主共和国、刚果共和国、乌干达和苏丹等地。2014 年在非洲西部地区暴发的埃博拉疫情引起了全球范围的恐慌,埃博拉病毒成为世界公共卫生的一大难题(表 11-8)。

表 11-8　历年全球埃博拉疫情

年份	国家	病毒亚型	病例数	死亡数	致死率
2018	刚果民主共和国	扎伊尔型	54*	33*	61%
2015	意大利	扎伊尔型	1	0	0%
2014	刚果民主共和国	扎伊尔型	66	49	74%
2014	西班牙	扎伊尔型	1	0	0%
2014	英国	扎伊尔型	1	0	0%
2014	美国	扎伊尔型	4	1	25%
2014	塞内加尔	扎伊尔型	1	0	0%
2014	马里	扎伊尔型	8	6	75%
2014	尼日利亚	扎伊尔型	20	8	40%
2014—2016	塞拉利昂	扎伊尔型	14 124*	3 956*	28%
2014—2016	利比里亚	扎伊尔型	10 675*	4 809*	45%
2014—2016	几内亚	扎伊尔型	3 811*	2 543*	67%
2012	刚果民主共和国	本迪布焦型	57	29	51%
2012	乌干达	苏丹型	7	4	57%
2012	乌干达	苏丹型	24	17	71%
2011	乌干达	苏丹型	1	1	%
2008	刚果民主共和国	扎伊尔型	32	14	44%
2007	乌干达	本迪布焦型	149	37	25%
2007	刚果民主共和国	扎伊尔型	264	187	71%
2005	刚果共和国	扎伊尔型	12	10	83%
2004	苏丹	苏丹型	17	7	41%
2003(11~12 月)	刚果共和国	扎伊尔型	35	29	83%
2003(1~4)月	刚果共和国	扎伊尔型	143	128	90%
2001—2002	刚果共和国	扎伊尔型	59	44	75%
2001—2002	加蓬	扎伊尔型	65	53	82%
2000	乌干达	苏丹型	425	224	53%
1996	南非(前加蓬)	扎伊尔型	1	1	100%
1996(7~12 月)	加蓬	扎伊尔型	60	45	75%
1996(1~4 月)	加蓬	扎伊尔型	31	21	68%

续表

年份	国家	病毒亚型	病例数	死亡数	致死率
1995	刚果民主共和国	扎伊尔型	315	254	81%
1994	科特迪瓦	塔伊森林型	1	0	0%
1994	加蓬	扎伊尔型	52	31	60%
1979	苏丹	苏丹型	34	22	65%
1977	刚果民主共和国	扎伊尔型	1	1	100%
1976	苏丹	苏丹型	284	151	53%
1976	刚果民主共和国	扎伊尔型	318	280	88%

注:* 包括疑似、可能和确诊的埃博拉病毒感染病例。

目前,已发现 5 种亚型的埃博拉病毒:扎伊尔型(Zaire)、苏丹型(Sudan)、塔伊森林型(Tai Forest)、本迪布焦型(Bundibugyo)与莱斯顿型(Reston),其中前 4 个亚型对人类有致病性,以扎伊尔型与苏丹型毒性最强。埃博拉病毒是通过直接接触感染者的体液或组织来传播的(图 11-3)。作为一种动物源性病毒,埃博拉病毒的自然宿主尚不清楚,科学家们推测果蝠可能是其自然宿主,但是人们仍不清楚病毒是如何从动物传播给人类的。埃博拉疫情暴发时,病毒在感染幸存者体内是可以持续存在一定时间的,在这段时间内,幸存者的精液、乳汁、脑脊液等均能够成为埃博拉病毒的传染源。此外,接触或食用埃博拉病毒感染的动物组织是病毒传播的另外一条重要途径。

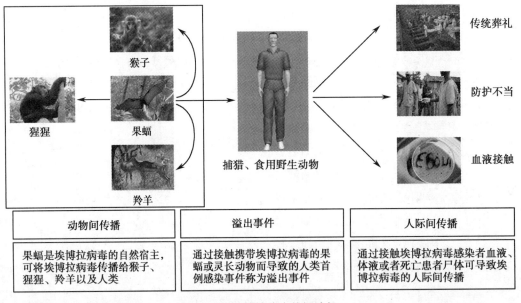

图 11-3 埃博拉病毒传播途径

2. 易感人群 埃博拉病毒通过破损皮肤或黏膜表面,也可通过体液、感染的血液或者亲密的个人接触进入体内,因此,所有接触病毒传染源的行为均可能造成病毒感染。由于埃博拉是一种动物源性病毒,居住于传染高危地区的人群时刻面临着埃博拉病毒感染的风险。收治埃博拉病毒感染者的医院是埃博拉病毒传染的重要场所,负责治疗病毒感染患者的医护人员同样是病毒感染的高危人群,事实上已发生过数例医护人员感染病毒的案例。森林狩猎人员、灵长类动物饲养管理员及实验室工作人员的感染风险也在不断增加。此外,埃博拉病毒已成为恐怖分子开发生物恐怖战机的重要目标,被划分为 A 类病毒,恐怖分子利用埃博拉病毒袭击军队和平民目标的担忧日益加剧。

二、研究策略与现状

有效的疫苗接种是预防传染性疾病的最佳手段。过去数十年来,科学家们投入了大量精力开发有效的埃博拉病毒疫苗,但截至目前,仍未有批准的临床可用的疫苗产品。在设计疫苗时,通常以产生足够保护效果的体液免疫和细胞免疫为目标,经过动物模型的验证后,再进行临床试验。对于埃博拉病毒而言,包膜糖蛋白(glycoprotein,GP)在其感染和致病中具有关键作用,能被宿主细胞强烈识别。因此,现阶段埃博拉病毒疫苗的设计均是围绕 GP 开展的,临床评价中最常用的指标为 GP 特异性抗体水平。十几年来,埃博拉病毒疫苗的研究工作取得了巨大的进展,目前已研究了常规灭活疫苗、DNA 疫苗、VEEV 复制子疫苗、埃博拉病毒样颗粒(eVLPs)疫苗和病毒载体疫苗等(表 11-9)。

表 11-9 当前研究的埃博拉病毒疫苗

疫苗类型	抗原成分	免疫效果	副作用
常规灭活疫苗	加热、福尔马林、γ 射线灭活的埃博拉病毒	制备方便,在豚鼠模型中具有部分保护活性	对 NHP 无效 具有恢复毒性的风险
亚单位疫苗	GP,NP	安全,规模制备方便	对 NHP 无效
病毒样颗粒(eVLPs)疫苗	VP40,GP,NP	安全,避免预存免疫问题,对 NHP 有效	需要多次免疫才能达到完全的保护作用
VEEV 复制子疫苗	GP,NP	安全,对啮齿类动物有效	对 NHP 无效
腺病毒(rAd)载体疫苗	GP	单次免疫即可获得对 NHP 的完全保护活性	预存免疫
疱疹口炎病毒(rVSV)载体疫苗	GP	单次免疫即可获得对 NHP 的完全保护活性;具有一定的感染后治疗作用	安全问题

常规灭活疫苗,以加热、福尔马林、γ 射线灭活的埃博拉病毒作为疫苗,不能诱导有效的免疫反应,保护活性很差,仅对豚鼠产生部分保护。此外,灭活疫苗存在恢复毒性的风险,通过基因工程的方法能够消除这种风险,即以缺失 VP30 的复制缺陷灭活埃博拉病毒作为疫苗。

表达 GP 蛋白的 DNA 疫苗,在小鼠体内产生剂量依赖性的保护作用,可完全保护小鼠,对豚鼠没有任何保护作用。表达 ZEBOV-GP、ZEBOV-NP、SEBOV-GP 的 DNA 疫苗联合免疫,在豚鼠模型中取得了完全的保护活性,是首个能有效保护豚鼠的埃博拉病毒疫苗,但在非人灵长动物(NHP)模型中效果很差。通过采取启动-加强(prime-boost)免疫策略,即首次免疫 DNA 疫苗,随后利用重组腺病毒(rAD)载体疫苗加强免疫,在 NHP 模型中可获得完全的保护作用,是第一个对灵长动物有效的疫苗,但需要6个月时间来完成免疫接种,这大大限制了其在紧急情况下的使用。DNA 疫苗在健康成人体内是安全的,具有良好的耐受性,无明显副作用或凝血异常现象,可同时诱导埃博拉特异性抗体反应以及 T 细胞反应。

对 VEEV 复制子疫苗的研究表明,VEE-GP、VEE-NP 或 VEE-GP+NP 在小鼠模型中产生了完全的保护作用;VEE-GP 也可完全保护强毒株 13(strain 13)攻毒的豚鼠,但在强毒株 2(strain 2)攻毒的豚鼠中只达到 60% 的保护活性。在先前的研究中,VEE-GP、VEE-NP 或 VEE-GP+NP 在 NHP 模型中并未表现出任何的保护活性,但最近的研究发现了相反的现象,利用 VEEVRP-GP(SUDV)+ VEEVRP-GP(EBOV)联合免疫猕猴,单次免疫即可获得完全的保护活性。

由 GP 与 VP40 组成的 eVLPs 疫苗是非感染性的,抗原蛋白的存在形式接近于天然形态,且不存在预存免疫问题。eVLPs 疫苗可完全保护啮齿类动物,加入 QS-21 或者 RIBI 佐剂可明显提高免疫保护作用;但在 NK 细胞缺失的小鼠模型中,则只能产生部分保护作用。以 GP、NP、VP40 组成的 eVLPs 疫苗,在 NHP 模型中,取得了完全的保护作用,且无任何发病症状,这种保护作用是剂量依赖性的,需 3 次免疫。

基于 rAD5 载体的埃博拉病毒疫苗已进入 I 期临床试验,是目前最有前景的埃博拉病毒疫苗之一,但该疫苗存在预存免疫与免疫周期长的问题。尽管采用高剂量的 rAd5 载体疫苗可抵消预存免疫,但高剂量的腺病毒载体对 NHP 与人类是有毒的。通过加强免疫或者采取滴鼻免疫的方式可有效避免预存免疫问题,通过密码子以及启动子的优化则能够缩短该疫苗的免疫周期,但是此类疫苗在应急应用方面依然欠缺。

基于重组疱疹口炎病毒(rVSV)载体的埃博拉病毒疫苗不存在预存免疫问题,能够快速诱导保护性的免疫反应,一次免疫即可产生完全的保护作用,在应急应用中具有优势。研究发现表达 ZEBOV-GP 的 rVSV 载体疫苗以及表达 MARV-GP 的 rVSV 载体疫苗可有效预防同源病毒的气溶胶感染,由 rVSVΔG/ZEBOVGP、rVSVΔG/SEBOVGP、rVSVΔG/MARVGP 组成的联合疫苗,能够有效对抗 ZEBOV、SEBOV、CIEBOV 及 MARV 在 NHP 模型中引起的感染;此外,基于 rVSV 载体的埃博拉病毒疫苗具有客观的感染后治疗作用。由于 rVSV 载体疫苗具有一定的复制能力,需要进一步验证 rVSV 载体疫苗的安全性问题。目前表达不同亚型埃博拉病毒 GP 的 VSV 载体疫苗已接种超过 90 只短尾猴,未发现任何不良反应,甚至在免疫系统异常的 SHIV 感染短尾猴体内也未发现不良反应,但保护活性有所降低。

在经历数十年的艰苦研究后,目前有四种颇具前景的埃博拉病毒疫苗进入临床研究阶段。四种疫苗分别由强生旗下 Jassen 制药公司、英国葛兰素史克公司(GSK)、美国默克公司(Merck)、中国康希诺生物股份公司生产研制。

Ad26-ZEBOV/MVA-BN Filo 联合疫苗由强生旗下 Jassen 制药公司与丹麦生物制药公司 Bavarian Nordic 联合研制。Ad26-ZEBOV 是基于复制缺陷的 Ad26 载体表达扎伊尔型埃博拉病毒 GP 蛋白构建而来,MVA-BN Filo 则是表达扎伊尔型、苏丹型埃博拉病毒 GP 蛋白及马尔堡病毒 GP 蛋白的多价复制缺陷型疫苗。2016 年发表的临床试验结果表明,两者采取异源加强免疫策略获得了良好的免疫效果。采用该接种方案加强免疫 8 个月后,所有接种疫苗的受试者体内抗体仍然维持在高水平。

cAd3-EBO 疫苗是由美国国家过敏与传染病研究所研制,英国葛兰素史克公司合作开发。cAd3-EBO 疫苗采用猩猩 3 型腺病毒(ChAd3)作为疫苗载体,抗原成分是 2014 年西非暴发的扎伊尔型埃博拉病毒 GP 蛋白,该疫苗目前已经完成十余项 I、II 期临床试验研究。根据目前的临床研究数据,cAd3-EBO 疫苗具有良好的安全性与免疫原性。在随后的临床试验中,研究团队对该疫苗的剂量优化以及采用 MVA-BN Filo 疫苗(由丹麦生物制药公司 Bavarian Nordic 生产)加强免疫策略的效果进行探索。结果表明,异源加强免疫策略可以提高体液和细胞免疫反应,并且延长免疫应答的持久性。2015 年 1 月,在利比里亚开展的 II 期临床试验结果表明,疫苗接种 12 个月后抗体水平仍能基本维持。

rVSV-ZEBOV 由加拿大公共卫生署开发,授权给 New Link Genetics 公司(产品名 BPSC-1001),后者开始疫苗的初期临床试验和 GMP 车间生产。随后,又转让给默克公司(产品名 V920),从事疫苗的后期开发工作。rVSV-ZEBOV 是目前为止临床试验进度最快,研究数据最丰富的埃博拉病毒疫苗。2015 年,该疫苗率先在几内亚完成 III 期临床试验。该试验采用了"环形接种"策略:围绕每个新发埃博拉感染病例的密接者及其接触者形成环形人群,设置立即接种组和延迟接种组(延迟 21 天接种)。临床分析结果表明,在接种 10 天后,立即接种组未出现感染病例,而延迟接种组则出现 16 例感染病例,2 组结果比较,差异有统计学意义($P = 0.045$),表明 rVSV-ZEBOV 具有较好的保护性。2015 年 7 月,评价 rVSV-ZEBOV 安全性的 III 期临床试验在美国展开,共计 1 197 名志愿者参与试验,未发现与疫苗有关的严重不良事件,该试验进一步为 rVSV-ZEBOV 提供了安全性数据支持。此外,初免后 2 年随访结果表明,该疫苗具有良好的长期有效性。2018 年 5 月,刚果民主共和国新发埃博拉疫情,默克公司先后向 WHO 提供疫苗共计 15 000 余份,采取"环形接种"策略,防止疫情进一步扩散。

Ad5-EBOV 由中国人民解放军军事医学研究院生物工程研究所和康希诺生物股份公司共同研发。疫苗的载体为复制缺陷型人 5 型腺病毒,表达 2014 型扎伊尔型埃博拉病毒 GP,疫苗剂型为冻干粉剂,其首个临床试验于 2014 年在江苏泰州开展。该试验采取初次免疫 - 同源加强免疫策略,研究结果表明,

Ad5-EBOV 单针接种能在免疫后 14 天激发水平较高的特异性体液和细胞免疫。加强免疫后诱导产生的体液免疫反应，其水平要高于初次免疫。加强免疫 12 个月后，抗体水平仍然维持在相对较高的水平。2015 年，该团队开展了针对在华非洲人群的Ⅰ期临床试验，结果表明该疫苗在非洲人群中表现出较好的安全性和免疫原性。同年 10 月，Ad5-EBOV 塞拉利昂Ⅱ期临床试验正式开展，临床试验结果表明，Ad5-EBOV 对于塞拉利昂健康成年人不仅安全，而且具有高度的免疫原性。

三、前景与展望

鉴于埃博拉病毒 GP 在病毒感染和致病中的关键作用，现阶段乃至未来很长一段时间内，埃博拉病毒疫苗的设计都将围绕 GP 展开。2014 年西非大规模暴发的埃博拉疫情将多个埃博拉病毒疫苗快速推向临床研究阶段，已经进入临床试验且取得良好效果的埃博拉病毒疫苗均采用 GP 作为抗原成分。目前看来，病毒载体埃博拉病毒疫苗具有较好的前景，该类疫苗诱导的免疫反应具有响应快、水平高、持续较久的优点，尤其是 rVSV-ZEBOV，已经成功在西非人群中证明了其较好的保护效果。因此，未来埃博拉病毒疫苗的发展趋势是快速推进以 rVSV-ZEBOV 为代表的病毒载体疫苗的临床试验，尽快推出符合临床标准的市场化产品。

1. 确定疫苗有效性　为了将疫苗推向市场，能够可靠预测疫苗有效性的免疫标记物是至关重要的。疫苗保护作用的相关性研究提供了在个体和群体水平上预测保护作用的可能性，能够避免活病原体攻毒带来的感染风险；同时提供了初免效力下降导致需要加强免疫的免疫学指标，可用于推测临床试验的可行性。统计分析数据证实，此类标志物必须与保护作用一致且可靠，但不必与清除埃博拉病毒的机制相同。当前的大多数研究表明，特异性 IgG 抗体水平在免疫 NHP 中发挥主要保护作用。近期在使用 GP 特异性 IgG 抗体作为 NHP 中埃博拉病毒感染治疗药物方面的突破进一步明确抗体对埃博拉感染者存活的贡献。

在进行注册许可时需要考虑的其他重要因素包括疫苗安全性、接种难易程度、保护性免疫的时间、长期免疫的可能性、疫苗接种人群中对递送载体的预存免疫、疫苗稳定性以及生产成本，尤其是需要满足居住在西非和中非流行国家的多达 5 亿人的疫苗接种需求。换言之，理想的疫苗应该能够建立快速、持久的免疫力，且单次接种后无不良反应，可以重复使用，无须担心预存免疫问题，在无须冷链储存的位置保持稳定性，成本可控且可大规模生产。

2. 临床前研究转化为人体临床试验　通常在进行 NHP 试验前需要在小动物模型（小鼠、豚鼠等）中预先评估埃博拉病毒疫苗的有效性。鉴于埃博拉病毒感染的 NHP 表现出类似于人类埃博拉病毒感染的症状，任何在 NHP 中有效的疫苗在理论上对人类有保护作用的概率最高。然而，NHP 模型可能无法准确预测候选疫苗的不良反应。因此，进行Ⅰ期临床试验前，在其他动物（如家兔）中进行毒理学研究是很有必要的。令人鼓舞的是，rVSV-ZEBOV 在 NHP 中的 100% 保护作用足以预测该疫苗在人类受试者中的完全保护作用。其他实验性疫苗如 Ad5-EBOV、Ad26.ZEBOV、ChAd3-EBOZ ± MVA-BN Filo，在Ⅰ期临床试验中同样显示出良好的安全性，同时具有与临床前 NHP 研究中相似的免疫原性，因此在Ⅲ期临床试验中应该是颇有前途的候选疫苗。

3. 监管挑战　2014—2016 年的西非埃博拉疫情表明，即使看似影响轻微的病原体，如果长期忽略，同样有能力引起重大的世界性公共卫生问题。由于之前埃博拉病毒并未引起足够重视，许多研究小组难以获得足够的资金进行必要的临床前研究，无法将特定的候选疫苗推进到临床试验。商业疫苗生产商急需获得管理机构的支持，以开展在没有重大疫情情况下可能没有商业价值的疫苗的生产和测试。这些问题仅仅是过去延缓埃博拉病毒疫苗获得开发许可的一些瓶颈。由于安全性问题，2005 年开发的 rVSV-ZEBOV 遇到了更多的障碍，最终迫于 2014—2016 年埃博拉疫情的严重程度，rVSV-ZEBOV 临床试验在 2014 年下半年得以开展。基于 ChAd3 和 VSV 的疫苗突然进入临床试验表明，监管机构认为相对于埃博拉流行的潜在负面影响，患者因疫苗接种而发生的任何潜在不良反应都是可接受的风险。因此，讨论针对公共卫生利益较低的高影响病原体候选疫苗进入临床试验所需的准入条件，是更好地准备和预防未来传染病暴发或流行中潜在高影响病原体对公共卫生影响的重要考虑因素。

（曾　浩　李海波　左钱飞　王　于）

参 考 文 献

［1］ LIU C J, KAO J H. Global perspective on the natural history of chronic hepatitis B: role of hepatitis B virus genotypes A to J. Semin Liver Dis, 2013, 33 (2): 97-102.

［2］ ALTER G, BAROUCh D. Immune correlate-guided hiv vaccine design. Cell Host Microbe, 2018. 24 (1): 25-33.

［3］ GBD 2016 DALYs and HALE Collaborators. Global, regional and national disability-adjusted life years (DALYs) for 333 diseases and injuries and healthy life expectanchy (HALE) for 195 countries and territories, 1900—2016: a systematic analysis for Global Burben of Disease Study 2016. Lancet, 2017, 390 (10100): 1260-1344.

［4］ World Health Organization. Guidelines for the prevention, care and treatment of persons with chronic hepatitis B infection. 2015.

［5］ （意）瑞普来 (Rappuoli, R). 疫苗设计：新途径和新策略 . 北京：中国农业科学技术出版社 , 2013.

［6］ 国家药典委员会 . 中华人民共和国药典（三部）. 北京：中国医药科技出版社 , 2020.

［7］ 王凤山 , 邹全明 . 生物技术制药 . 3 版 . 北京：人民卫生出版社 , 2016.

第十二章　CAR-T 细胞治疗

在肿瘤免疫应答中内源性 T 淋巴细胞对肿瘤细胞有极强的杀伤作用。但是肿瘤细胞的靶抗原需经过加工处理后才能被主要组织相容性复合物（main histocompatibility complex，MHC）呈递到肿瘤细胞表面，与 T 淋巴细胞表面的受体结合，激活 T 细胞产生对肿瘤细胞的杀伤作用。肿瘤细胞的抗原能否被 MHC 递呈到细胞表面，取决于 MHC 限制性。肿瘤免疫编辑的过程会使 MHC 在肿瘤细胞表面表达下降，破坏抗原加工过程，降低肽段免疫原性。这样长期形成的免疫逃逸机制，使肿瘤细胞成功躲避 T 细胞攻击，肿瘤快速增殖。

1989 年由以色列学者 Zelig Eshhar 与研究小组成员 Gideon Gross 和 Tova Waks 发表文章，首次报道了嵌合抗原受体 T 细胞（chimeric antigen receptor T-cell，CAR-T 细胞）。CAR-T 细胞治疗是将抗原抗体的高亲和性与 T 淋巴细胞的杀伤作用相结合，通过基因工程方法将 CAR 表达于患者（或供者）T 细胞，使其特异靶向肿瘤细胞并消灭肿瘤细胞的一种新型肿瘤免疫细胞疗法。图 12-1 展示了 CAR-T 细胞杀伤肿瘤细胞的原理。

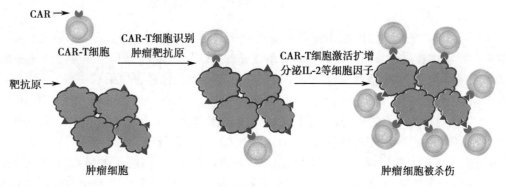

图 12-1　CAR-T 细胞杀伤肿瘤细胞示意图

CAR-T 细胞疗法的治疗过程可概括为四个步骤。①分离：目前常用的方法是从患者或供者外周血中分离出单个核细胞（peripheral blood mononuclear cells，PBMCs）或 CD3⁺ T 细胞，使用包被抗 CD3/CD28 的磁珠分离 T 细胞或抗 CD3 抗体分离 T 细胞，通过滋养细胞以及添加细胞因子 IL-2 诱导 T 细胞快速增殖；②制备 CAR-T 细胞：用基因工程方法构建 CAR 载体，能识别肿瘤细胞并且同时激活 T 细胞的嵌合抗体，使用慢病毒转染方法或睡美人转座子系统把体外重组的 CAR 转入 T 细胞中稳定表达 CAR，成为 CAR-T 细胞；③培养扩增：通过体外培养的方法，大量扩增 CAR-T 细胞；④回输：检测安全性等指标，然后回输给患者，并要做到严密监护，控制不良反应。图 12-2 展示了 CAR-T 细胞治疗过程。

通过基因工程体外重组的方法，将构建的针对肿瘤细胞表面的嵌合抗原受体（chimeric antigen receptor，CAR），通常是细胞外部的肿瘤抗原的单链抗体通过跨膜结构域与细胞内部信号转导分子相连。单链抗体 CAR 的特异性和靶向性决定了 CAR-T 细胞对肿瘤的特异识别和杀伤。细胞内部信号转导分子的作用主要是产生信号,激活 T 淋巴细胞,使其释放细胞因子,发挥细胞杀伤作用。在早期的临床试验中 CAR-T 细胞疗法并没有表现出惊人的疗效,然而随着共刺激分子被引入到 CAR-T 细胞信号转导区(第二代 CAR-T 细胞),使得抗 CD19-CAR-T 细胞疗法在 B 细胞恶性肿瘤临床试验中获得突破性进展。目前已发展到第三代 CAR-T 细胞(含两个共刺激分子)。本章第一节主要介绍三代 CAR-T 细胞的结构演变。

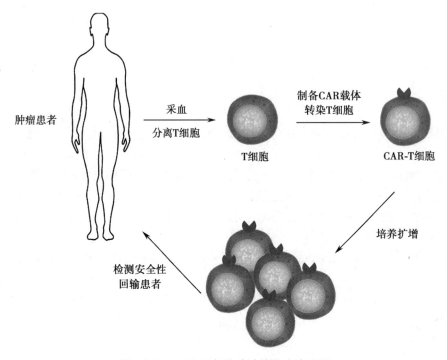

图 12-2　CAR-T 细胞疗法的治疗流程图

目前关于 CAR-T 细胞疗法的临床研究主要集中在 B 淋巴细胞肿瘤,尤其是难治性复发急性 B 淋巴细胞白血病和慢性 B 淋巴细胞白血病等血液系统肿瘤,取得显著的疗效。但是常出现一些毒副反应,如细胞因子释放综合征、肿瘤溶解综合征等。目前在一定程度上已经可以采取一些有效的措施予以预防和治疗。同时,对 CAR-T 细胞结构不断进行改造,如引入自杀基因增强 CAR-T 细胞的可控性,构建双靶点 CAR 防止对正常组织的损伤,构建串联 CAR 防止复发等。具体内容详见本章第二节。

CAR-T 细胞疗法也应用在实体肿瘤的临床试验,如胰腺癌、肺癌、肾癌、肝癌、脑胶质瘤等各种实体肿瘤,但并未取得像血液肿瘤 CAR-T 细胞疗法所表现出的显著疗效,实体瘤 CAR-T 细胞治疗疗效不尽如人意。由于实体肿瘤与血液肿瘤的组织结构不同,存在归巢困难以及免疫抑制微环境的抑制性因素,使肿瘤组织处的 CAR-T 细胞数量低,再加上缺乏特异的肿瘤抗原,使得实体肿瘤的 CAR-T 细胞治疗疗效并不理想,这些科研难题可以采取哪些相应的对策予以解决,本章的第三节予以详细介绍。

第一节　CAR-T 细胞结构

通过基因工程体外重组的方法将构建的嵌合抗原受体(chimeric antigen receptor,CAR)转入 T 细胞中稳定表达,CAR 作为细胞膜蛋白锚定于细胞表面。CAR 的基本结构可以划分为四部分,由细胞外向细胞内方向,分别是胞外肿瘤抗原结合区、铰链区、跨膜区和胞内信号区(图 12-3)。下面进行详细介绍。

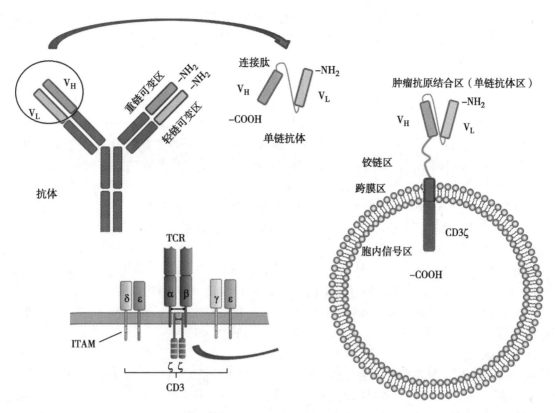

图 12-3　CAR 的基本结构

一、嵌合抗原受体的基本结构

(一)肿瘤抗原结合区

针对肿瘤表面的抗原(一般是蛋白质)构建胞外单链可变区(single chain variable fragment, scFv),即单链抗体。单链抗体是抗体的抗原结合部位,具有单克隆抗体的靶向性。方法为首先合成肿瘤表面的抗原并免疫动物获得单克隆抗体,通过测序获得抗体序列,将抗体轻链可变区(V_L)、重链可变区(V_H)通过一段柔性连接肽(flexible linker)连接构建表达载体(图 12-3)。该柔性连接肽是由甘氨酸(Gly)和丝氨酸(Ser),即 Gly-Gly-Gly-Gly-Ser 为单位,3 组串联组成的 15 个氨基酸残基的肽链。

抗原结合区前面带有一段信号肽序列,CAR 结构的信号肽可引导抗原结合区肽链转移到细胞外,从而识别肿瘤细胞表面抗原。常用于 CAR 结构的信号肽有 CD8a 和 GM-CSF 信号肽。

胞外单链抗体是 CAR-T 细胞的核心组件,是抗原结合部位,具有单克隆抗体的靶向性,以 HLA 非依赖的方式识别肿瘤抗原。普通 T 细胞对肿瘤抗原的识别依赖 T 细胞受体(T cell receptor, TCR),T 细胞受体与抗原的结合依赖靶细胞对抗原的有效递呈,特别是需要主要组织相容性复合物(major histocompatibility complex, MHC)的参与。而 CAR-T 细胞对抗原识别能力,来源于基因重组形成的 CAR 对肿瘤细胞表面的抗原的直接识别结合,不需要 MHC 的参与。基本解决了由于肿瘤细胞 MHC Ⅱ类分子丢失而产生的免疫逃逸问题。CAR-T 细胞既具有单克隆抗体的靶抗原专属性,又保留了 T 细胞的靶细胞杀伤活性。与完整的单克隆抗体结构相比,单链抗体仅由抗体的重链和轻链的可变区连接而成,编码核苷酸数量少,易于构建进入重组载体,并且表达的单链抗体蛋白质分子量减小,细胞的负荷减少,基于单链抗体具备这些明显的优势,CAR 的胞外抗原结合区的设计基本都采用单链抗体的形式。

CAR-T 细胞对靶细胞的应答程度与单链抗体与抗原结合的亲和力、T 细胞表面 CAR 的表达强度以及靶细胞表面抗原表达程度相关。CAR 与抗原的亲和力决定 CAR-T 细胞的活性及疗效。单链抗体与抗原的亲和力要比天然 T 细胞受体结合 MHC- 多肽复合物高出几个数量级,因此肿瘤杀伤效果明显提高。单链抗体与肿瘤细胞靶抗原需要足够的相互作用才能建立免疫突触从而激活 CAR-T 细胞发挥杀伤效应,因此在一定范围内两者的结合能力越强,对肿瘤的杀伤作用越大。但是如果 CAR-T 细胞与肿瘤细胞靶抗原的亲和力过强,有可能会导致 CAR-T 细胞不能与肿瘤细胞靶抗原解离,不能进一步去结合杀伤其他肿瘤靶细胞,从而影响 CAR-T 细胞治疗效果。单链抗体亲和力降低,对抗原的识别结合能力减弱,这时对靶抗原高表达的肿瘤细胞仍然具有亲和力,而对抗原低表达的其他细胞(通常是正常细胞)亲和力减弱,甚至没有亲和力,在这种情况下,CAR-T 细胞既能识别杀伤肿瘤细胞,同时又能减少 CAR-T 细胞对正常细胞的损伤,减少或减轻 CAR-T 治疗副作用。例如,CD123 在白血病干细胞表面表达水平较高,是重要的白血病干细胞相关抗原,但是在正常造血干细胞中也有少量表达,通过突变 CD123 单链抗体,降低亲和力,使抗 CD123-CAR-T 细胞仅识别结合 CD123 高表达的白血病干细胞,对其产生杀伤作用,而对 CD123 表达水平较低的正常造血干细胞没有杀伤作用。目前尚没有有效的简便方法检测 CAR 与靶细胞的亲和力,在临床试验中给 CAR-T 细胞治疗的简便快速的评价和监测以及副作用风险的预测和处理造成困难。

理想的 CAR 的目标抗原是仅在肿瘤细胞表面表达的特异性抗原。但是实际中很难筛选出用于制备 CAR 的肿瘤特异性抗原,往往在肿瘤上表达的抗原在正常组织亦有表达,不具备肿瘤特异性,因此称为肿瘤相关性抗原(tumor associated antigen,TAA)。以肿瘤相关性抗原研发设计的 CAR 在临床试验中会导致不同程度的"瘤外靶点效应"(on-target off-tumor effect),又称为脱靶效应。详见本章第二节。

（二）铰链区

铰链区(spacer)是 CAR 位于细胞外的一段肽链,连接胞外抗原结合区和跨膜区之间,通常会采用 IgG1、IgG4 或 CD8α 的铰链区序列或者 IgG Fc 序列(包括 IgG 铰链区以及 C_H2、C_H3 区),其中最常用的 IgG1 铰链区可满足大部分 CAR 结构的需要。选择合适的铰链区可提高抗原识别区的柔韧性,降低抗原和 CAR 之间的空间约束,从而促进 CAR-T 细胞与靶细胞的突触形成。

（三）跨膜区

跨膜区(transmembrane domain,TD)通常由同源或异源二聚体膜蛋白组成,如 CD3、CD4、CD8、CD28,主要由疏水氨基酸组成。跨膜区主要起着穿过细胞膜连接胞外抗原结合区与胞内信号区,将单链抗体锚定在细胞膜上的作用。

目前使用的跨膜区结构通常来源于 I 型膜结合蛋白,肽链 N 端朝向细胞外,C 端朝向细胞内。但少数 CAR 的跨膜区采用 II 型膜结合蛋白,II 型膜结合蛋白的 N 端位于胞内区,C 端朝向细胞外,如 NKG2D-CAR-T。NKG2D 本身是 II 型膜结合蛋白,带有跨膜结构域,CAR 的胞内信号区 CD3ζ 连接于 NKG2D 的 N 端。

（四）胞内信号区

胞内信号区(信号转导结构域)主要由 CD3ζ 链以及共刺激分子组成,负责信号转导。T 细胞的活化依赖于其表面 T 细胞受体与胞内 CD3 分子形成复合物进行信号传导。CD3 仅存在于 T 细胞表面,由 γ(gamma)、δ(delta)、ε(epsilon)和 ζ(zeta)链组成,其中 ζ 链起到直接连接并传递信号的作用。因此,将 CD3ζ 链连接到 CAR 分子的跨膜区,一旦 CAR-T 细胞的胞外抗原结合区识别并结合肿瘤细胞表面的靶抗原,CD3ζ 链立即发送信号,激活 CAR-T 细胞促使其增殖、分泌 IL-2 等细胞因子、裂解靶细胞发挥效应细胞功能。CD3ζ 链表达水平降低会导致免疫反应效应降低。

在 CAR 的结构中,CD3ζ 链虽然起到信号转导的作用,但是要发挥有效激活 CAR-T 细胞的作用,还需要共刺激分子(costimulatory molecule,CM),共刺激分子能增强 CD3ζ 的信号转导作用。根据含有共刺激分子的情况不同,将 CAR-T 分为三代,下面将详细阐述。

二、三代 CAR-T 细胞结构演变

自第一代 CAR-T 细胞诞生以来,CAR 的结构不断改进,目前已发展到第三代。根据胞内信号区的不同,可以将 CAR-T 细胞划分为第一代 CAR-T 细胞(信号区无共刺激分子)、第二代 CAR-T 细胞(信号区带有一个共刺激分子)和第三代 CAR-T 细胞(信号区带有两个共刺激分子)。三代 CAR-T 细胞的结构演变参见图 12-4。

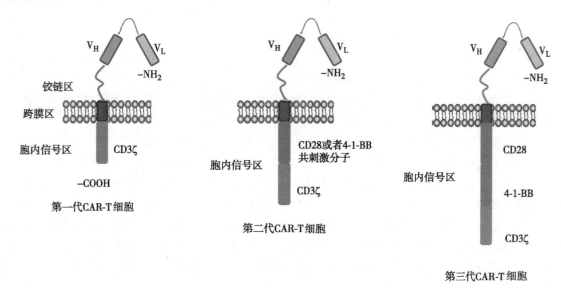

图 12-4　三代 CAR-T 细胞结构演变

(一) 第一代 CAR-T 细胞

早在 1989 年,以色列魏茨曼科学研究院(Weizmann Institute of Science)的科学家 Zelig Eshhar 研究小组第一次使用免疫球蛋白链替代了 TCR 的 α 链和 β 链,并命名为"T 小体"(T-bodies)。随后在 1993 年,使用单链抗体替代了免疫球蛋白,并把单链抗体与包含 3 个免疫受体酪氨酸活化基序(immunoreceptor tyrosine-based activation motif,ITAM) 的 FcεRI 受体(γ 链)或 CD3 复合物(ζ 链)胞内结构域连接,这一基本结构可以不依赖 MHC 与抗原结合,直接激活 T 细胞,使其分泌 IL-2 并裂解靶细胞。这一发明广泛应用于以后 CAR-T 细胞研究中,被称为第一代 CAR,具备这样结构的 CAR-T 细胞称为第一代 CAR-T 细胞。

第一代 CAR-T 细胞是通过基因工程体外重组的方法,构建肿瘤相关抗原重组抗体表达载体,该表达载体插入的编码序列依次是单链可变区抗体区段、铰链区、跨膜区和信号分子 CD3ζ 链的编码序列,将该表达载体转入 T 细胞,经扩增培养获得的 T 细胞即是第一代 CAR-T 细胞。第一代 CAR 是嵌入 T 细胞膜的单链蛋白分子,N 端为表达于细胞外部的单链可变区抗体,C 端为细胞内部的 CD3ζ 链。

除了 CD3ζ 链以外,第一代 CAR-T 细胞还采用 FcεRIγ 链作为信号转导分子。CD3ζ 含有三个免疫受体酪氨酸活化基序,而 FcεRIγ 链只有一个 ITAM 免疫受体酪氨酸活化基序,相比较而言,CD3ζ 对 T 细胞的激活作用更强,所以第一代 CAR-T 细胞更常用 CD3ζ。

第一代 CAR 的结构可简单表示为:scFv + CD3ζ

Eshhar 等人研发的第一代 CAR-T 细胞在体外实验中可以识别靶抗原并有效杀伤肿瘤细胞,同时分泌 INF-γ,但是在临床试验中并没有对肿瘤产生治疗作用。监测受试者体内 CAR-T 细胞的留存情况,发现 CAR-T 细胞回输给患者,3 周后采血检测 CAR-T 细胞,结果显示未检测到 CAR-T 细胞,说明输注给患者的 CAR-T 细胞在体内反应性低,增殖活化能力差,存续时间短。虽然第一代 CAR-T 细胞研究较多,但是大多数临床试验在细胞扩增、体内存活时间、细胞因子分泌等方面还存在不足,没有达到预期的临床效果。此后进行的多项第二代 CAR-T 细胞临床试验,虽然所给予的 CAR-T 细胞剂量不尽相同,但发现肿瘤完全缓解的肿瘤患者,其输入的抗 CD19-CAR-T 细胞在体内持续存续时间均超过 6 个月,说明 CAR-T 细胞在体内的存续时间与治疗效果有关。

尽管第一代 CAR-T 细胞临床试验对肿瘤没有疗效,但是这些临床试验证实了 CAR-T 细胞在临床治疗中是安全可行的,为以后的 CAR-T 细胞治疗奠定了基础。

(二) 第二代 CAR-T 细胞

分析发现天然 T 细胞的活化需要双信号和细胞因子的作用。双信号是指：①第一个信号是特异性信号，由 TCR 识别结合抗原递呈细胞表面的抗原肽-MHC 复合物，通过胞内信号传导复合物 CD3 给向细胞核传送第一个刺激信号；②第二个信号为协同刺激信号，即 T 细胞表面的 CD28 与树突状细胞表面的 B7 结合从而产生共刺激信号，促进 IL-2 合成，并使 T 细胞充分活化及免于凋亡。如图 12-5 所示，共刺激分子 CD28 作为"信号 2"使得原有的源自 TCR/CD3 复合体的"信号 1"扩大，起到强化 T 细胞的增殖、存活，以及免疫效应。通过 CD3 和 CD28 这两个途径共同激活 T 细胞，使其扩增、体内转运，以及发挥效应细胞功能。

对于初始型 T 细胞（未与抗原接触的 T 细胞），如只在信号 1 而没有信号 2 条件下无法使 T 细胞发挥正常作用；即使 T 细胞与抗原接触，如果没有协同刺激信号，细胞也不能发挥正常功能。因此，有效的 CAR-T 细胞不仅需要 CD3 作为信号分子激活 CAR-T 细胞，同时需要共刺激分子的刺激作用，CAR-T 细胞才能被有效活化从而特异结合杀伤肿瘤细胞。而肿瘤细胞表面常常不表达共刺激分子的配体，从而 T 细胞缺少必要的共刺激信号，表现为失能及体内扩增不良。因此，研究人员在第一代 CAR 结构基础上进行改造，在跨膜区与胞内段信号转导区 CD3 ζ 之间连接进入共刺激分子（costimulatory molecule，CM），CD137（4-1BB）或 CD28，这样经过改造的 CAR 称为第二代 CAR，转入并扩增培养获得的 T 细胞即为第二代 CAR-T 细胞。

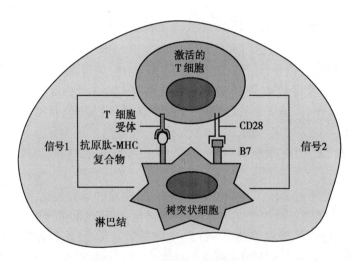

图 12-5　T 细胞活化需要两个信号

第二代 CAR 的结构可简单表示为：scFv + CD28（或 CD137）+ CD3 ζ

第二代 CAR-T 细胞常用的共刺激分子有两种，分别是 CD28 和 CD137（4-1BB）。

与第一代 CAR-T 细胞相比，第二代 CAR-T 细胞（不论 CD28 还是 CD137 为共刺激分子）抗肿瘤作用都明显增强。虽然抗原特异性没有改变（仍采用 CD19 的单链抗体），但是在临床试验中 CAR-T 细胞增殖能力明显提高，T 细胞毒性增强，T 细胞存活时间延长，IL-2 等细胞因子分泌增加，抗细胞凋亡蛋白分泌增加，细胞凋亡信号通路处于抑制状态，抗肿瘤效果增强。另外，CD28 共刺激结构域有效解除了调节性 T 细胞（regulatory T cells，Treg）对 CAR-T 的抑制作用，使第二代 CAR-T 细胞在肿瘤微环境中能够更好地发挥杀伤功能。第二代 CAR-T 细胞在治疗儿童急性白血病等血液病的临床试验中获得很好治疗效果，目前临床试验中应用最为广泛的即是第二代 CAR-T 细胞。

比较 CD28 为共刺激分子的第二代 CAR-T 细胞与 CD137 为共刺激分子的第二代 CAR-T 细胞，两者在细胞增殖能力和存续时间方面有差别。

CD28 是 T 细胞上最强的共刺激分子受体，刚发现时被称为 clone 9.3，后来被 WHO 统一编号为 CD28。含有 CD28 胞内结构域的 CAR-T 细胞可以维持 T 细胞的扩增，T 细胞产生 IL-2 的水平是一代

CAR-T 的 20 多倍,另外多种细胞因子如 IFN-γ、GM-CSF 分泌大量增加。临床试验表明,与第一代 CAR-T 细胞及其他共刺激分子包括 CD137 的第二代 CAR-T 细胞相比,含有 CD28 胞内结构域的第二代 CAR-T 细胞具有更强的增殖能力、细胞因子分泌能力,以及抗肿瘤能力。CD28 缺点是持续性较差,到了免疫应答后期,随着 T 细胞开始表达 CTLA4 等抑制性受体,CD28 的表达下调,抗肿瘤作用下降。

CD137 又称为 4-1BB,首先发现该基因位于小鼠 4 号染色体,后来 WHO 统一编号将人的同源基因命名为 CD137。与 CD28 相比较,CD137 的特点是抗肿瘤作用弱于 CD28,但是抗肿瘤作用持续时间长。在免疫应答后期当 CD28-CAR-T 细胞已经衰竭的时候 CD137-CAR-T 细胞仍然表达,说明以 CD137 为共刺激分子的第二代 CAR-T 细胞存续时间更长。研究发现,与 CD28 相比,CD137 的抗 T 细胞凋亡能力更强,因此导致 CD137 为共刺激分子的第二代 CAR-T 细胞持续作用时间更长。

共刺激分子过强的活化作用有可能产生强烈的副反应甚至致命危险。临床试验中,Kite 和 Juno 公司在应用抗 CD19-CD28-CD3ζ-CAR-T 细胞(KTE-19 和 JCAR015)时,Juno 公司报道,针对难治复发 ALL 患者治疗中,2 例患者因脑水肿死亡;Kite 公司报道,针对 NHL 患者治疗中,1 例患者因脑水肿死亡。这可能是由于 CD28 引发强劲的 T 细胞激活信号,导致 CAR-T 细胞快速扩增而诱发脑水肿。

(三) 第三代 CAR-T 细胞

由于共刺激因子 CD28 和 CD137 在第二代 CAR-T 细胞中展现的作用各有优点,即 CD28-CAR 具有引发 T 细胞的快速大量扩增,分泌更多细胞因子,而 CD137-CAR 表现出更强的抗 T 细胞凋亡和更长持续存活能力,因此将这两种共刺激因子同时引入 CAR 的结构中,可能使 T 细胞产生更强更全面的性能。基于此种构思,研究人员将 CD28 和 CD137 两个共刺激因子和 CD3ζ 串联组成胞内信号转导结构域,再与跨膜区和胞外区连接,构成了"第三代 CAR"(图 12-4)。

第三代 CAR 的结构可简单表示为:scFv + CD28 + CD137 + CD3ζ

理论上两个共刺激分子共同作用能使 CAR-T 细胞持续活化、增殖,持续分泌细胞因子,杀伤肿瘤细胞作用增强。但是无论是体外实验还是小鼠体内实验,均发现第三代 CAR-T 细胞的杀伤能力和产生细胞因子的水平与第二代 CAR-T 细胞相比没有显著差别,临床试验中第三代 CAR-T 细胞并没有展现明显的临床优势,因此目前临床应用的 CAR-T 细胞和上市的 CAR-T 细胞主要是第二代 CAR-T 细胞。

对于 CAR-T 细胞结构改造的尝试仍在不断进行当中,第四代 CAR-T 细胞已经在研究开发之中。由于肿瘤是一种混合性的细胞群体,而 CAR-T 细胞无法对这一群体中那些细胞表面不表达靶抗原的细胞进行杀伤。为了能彻底清除肿瘤细胞,研究人员在保留第三代 CAR 的结构基础上,设计了第四代 CAR-T 细胞——TRUCKs(T cells redirected for universal cytokine killing)。这种被改造后的 T 细胞可以在 CAR 识别靶抗原后,通过激活下游转录因子 NFAT(nuclear factor activated T cells)来诱导表达促炎性细胞因子白细胞介素-12(interleukin-12,IL-12),从而招募环境中的其他免疫细胞(树突状细胞、吞噬细胞和自然杀伤细胞等),参与对不表达靶抗原的肿瘤细胞的清除。同时,被募集在肿瘤附近的免疫细胞还可以通过分泌某些细胞因子(如干扰素-γ、肿瘤坏死因子-α、IL-4 和 IL-5 等)来调节肿瘤附近的微环境,解除其免疫抑制性,通过调动机体自身免疫力参与对肿瘤细胞的杀伤作用。目前第四代 CAR-T 细胞尚处于实验室研究阶段。图 12-6 展示的是分泌细胞因子的第四代 CAR-T 细胞示意图。

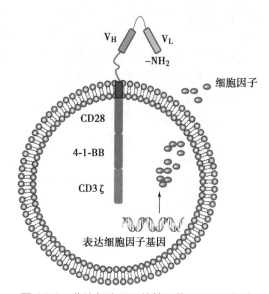

图 12-6 分泌细胞因子的第四代 CAR-T 细胞

第二节　抗 CD19-CAR-T 细胞在 B 细胞恶性肿瘤治疗中的应用

CAR-T 细胞疗法能够在相对较短的时间内产生大量对肿瘤有杀伤效力的 T 细胞,已应用到各种肿瘤的临床试验中。迄今为止,CAR-T 细胞疗法最成功的应用是在 B 细胞恶性肿瘤临床试验,以抗原 CD19 作为靶标进行 CAR-T 细胞治疗,在 CD19 阳性的血液肿瘤治疗中取得了显著的疗效,如 B 细胞急性淋巴细胞白血病(B-ALL)、慢性淋巴细胞白血病(CLL)、滤泡性淋巴瘤(FL)、弥漫型大 B 细胞淋巴瘤(DLBCL)和套细胞淋巴瘤(MCL)。在临床治疗中出现各种副反应,如细胞因子释放综合征、肿瘤溶解综合征等不容忽视。本节将主要介绍抗 CD19-CAR-T 在 B 细胞恶性肿瘤治疗中的应用、出现的副反应及采取的对策。

一、抗 CD19-CAR-T 细胞治疗 B 细胞恶性肿瘤的疗效

(一)世界首例成功治疗案例

2010 年,Steven A.Rosenberg 在 *Blood* 杂志上首次报道了 CAR-T 细胞疗法成功治疗的第一例病例,将第二代 CAR-T 细胞(靶点是 CD19,共刺激分子选择的是 CD28),用于临床试验治疗一位滤泡性淋巴瘤患者。该患者接受过 PACE 方案的治疗,包括 CTLA4 抑制剂在内的几个临床试验,以及 R-EPOCH 方案,但也只是部分缓解,Rosenberg 给他做了抗 CD19 共刺激分子 CD28 的 CAR-T 细胞治疗,经过两次 CAR-T 细胞回输,巨大肿块几乎完全消失,但并没有完全治愈。遗憾的是这次成功治疗在当时并没有引起科学界和医学界的剧烈反响。至 2014 年,该患者 CAR-T 细胞治疗五年后肿瘤仍未复发。

(二)首款获批上市的 CAR-T 细胞疗法——CTL019(商品名 Kymriah)

2011 年,宾夕法尼亚大学的 Carl H.June 博士等在《新英格兰医学》和《科学转化医学》杂志报道 3 例接受 CAR-T 细胞疗法治疗的病例,其中 2 例完全治愈。CAR-T 成功治疗给肿瘤的治愈带来了希望。该治疗是采用靶向 CD19 加载 4-1BB 的二代 CAR 治疗 3 名慢性淋巴细胞白血病患者。分别采取每名患者的外周血,分离 T 淋巴细胞,制备抗 CD19-4-1BB-CAR-T 细胞。在 CAR-T 细胞输入前先给予化疗,然后将低剂量的 CAR-T 细胞(1.5×10^5 个 /kg 体重)输注给患者,输注 CAR-T 细胞之后用流式细胞术方法检测外周血和骨髓样本中的 CAR-T 细胞数量,用实时定量 PCR(realtime-PCR)方法检测 CAR 核苷酸序列。发现 CAR-T 细胞大量存活,相较于初始植入水平扩增效率高达 1 000 倍,表明 CAR-T 细胞活化增殖能力很强,并在骨髓处检测 CAR-T 细胞,说明输注的 CAR-T 细胞迁移进入骨髓发病部位,输注 6 个月后仍检测到高水平表达的 CAR-T 细胞。受试的 3 位患者都对治疗产生响应,治疗后完全缓解(complete remission,CR)长达 10 个月,其中 2 例患者在 2 年随访时仍处于完全缓解。引起的不良反应主要表现为 B 细胞再生障碍性贫血、浆细胞数量下降和低丙种球蛋白血症。

2012 年 Carl H.June 博士等采用靶向 CD19 加载 4-1BB 的二代 CAR 成功治疗了患有急性白血病的小女孩 Emily Whitehead。CAR-T 细胞回输 3 周后,患者体内的肿瘤细胞完全消失,截至 2018 年 Emily Whitehead 的白血病依然处于完全缓解状态,血液和骨髓未检查出肿瘤细胞,而血液中 CAR-T 细胞却依然存在,说明 CAR-T 细胞疗法不仅能直接杀伤肿瘤病灶,还有少部分 CAR-T 细胞成为记忆性 T 细胞,在体内长期存在,对肿瘤细胞起到一个长期的监视作用,防止癌症的复发。Emily Whitehead 是至今为止应用 CAR-T 细胞疗法治疗最为成功的案例。Emily Whitehead 的成功治愈为 CAR-T 细胞疗法做了一次极其成功的推广。

随后,Carl H.June 博士等与诺华公司联合开发的 CAR-T 细胞疗法 Kymriah——抗 CD19 共刺激分子 4-1BB 的第二代 CAR-T 细胞。临床试验招募了 63 名晚期白血病的儿童和年轻成人患者,在治疗的 3 个月内,CAR-T 细胞疗法带来的总体缓解率达到了 83%。这些患者都是已经进行过各种治疗,在

接受 CAR-T 细胞疗法治疗之后病情得以快速缓解。2017 年 8 月 30 日,美国 FDA 批准这款 CAR-T 产品,商品名为 "Kymriah",用于治疗儿童和 25 岁以下年轻成人中难治或至少接受二线方案治疗后复发的 B 细胞急性淋巴细胞白血病,这是全球首款获批上市的 CAR-T 细胞疗法。至此 CAR-T 细胞的研究已走过近三十年的历程,终于获得批准治疗肿瘤患者,具有划时代的历史意义。

2018 年 5 月 3 日,FDA 批准 Kymriah 第二个适应证,用于治疗患有复发或难治性大 B 细胞淋巴瘤的成年患者,其中包括弥漫性大 B 细胞淋巴瘤以及起因于滤泡性淋巴瘤的高级别 B 细胞淋巴瘤和弥漫性大 B 细胞淋巴瘤。该批准基于一项名为 "JULIET" 的 II 期临床研究,招募了 160 名复发或难治性弥漫性大 B 细胞淋巴瘤患者,这些患者接受过 2 种或 2 种以上的化疗,包括利妥昔单抗和蒽环类药物,或者在接受自体造血干细胞移植后病情复发。在招募的患者中,有 106 名患者接受了 Kymriah 输注。结果显示,采用 Kymriah 治疗的患者的总体缓解率达到 50%,完全缓解率为 32%,部分缓解率为 18%。

Kymriah 获批上市在医学史上具有划时代的意义,但目前获批适应证对应的患者群体并不大,而且由于 CAR-T 细胞疗法是一种高度个体化的疗法,其价格非常昂贵,因此获批上市之后接受过这款药物治疗的患者并不多。

(三)第二款获批上市的 CAR-T 细胞疗法——YESCARTA

继 2017 年 8 月 30 日全球首款 CAR-T 细胞疗法 Kymriah 获得美国 FDA 批准,2017 年 10 月 18 日,FDA 又批准了第二款 CAR-T 细胞疗法——吉利德科学公司(Gilead Sciences, Inc)的 YESCARTA (axicabtagene ciloleucel, KTE-C19)细胞疗法。它是抗 CD19 搭载共刺激分子 CD28 的第二代 CAR-T 细胞,用于治疗其他疗法无效或既往至少接受过 2 种方案治疗后复发的特定类型的成人大 B 细胞淋巴瘤患者,包括弥漫性大 B 细胞淋巴瘤、转化型滤泡性淋巴瘤、原发纵隔 B 细胞淋巴瘤,不适用于原发性中枢神经系统淋巴瘤患者的治疗。对于弥漫性大 B 细胞淋巴瘤,CAR-T 细胞疗法正在从三线或四线走向二线治疗,有望成为弥漫性大 B 细胞淋巴瘤的标准二线治疗方案。

FDA 公布的 YESCARTA 的临床试验结果显示:101 位患有复发或难治性侵袭性 B 细胞非霍奇金淋巴瘤成年受试患者接受了 YESCARTA 治疗,72%(73 位)的患者癌症有好转,其中 51%(52 位)的患者癌症表现为完全缓解,21%(21 位)的患者表现为部分缓解。经过长期追踪病情,发现使用 YESCARTA 治疗有效的 73 名患者中,一半患者的疾病持续缓解的时间长度为 9.2 个月。

(四)B 细胞恶性肿瘤 CAR-T 细胞治疗成功的关键——具有特异性抗原 CD19

针对 B 细胞恶性肿瘤的 CAR-T 细胞治疗,除了美国 FDA 批准的两款 CAR-T 细胞,大多数临床试验采用的是以 CD19 作为靶抗原的第二代 CAR-T 细胞,搭载 CD28 或者 4-1BB 共刺激分子。在各种临床研究中,虽然 CAR 的具体设计有所不同,但是临床响应结果表明抗 CD19-CAR-T 细胞治疗疗效是明确的,尤其是进入临床试验的大部分患者属于复发/难治性淋巴瘤/白血病,既往经多次多种的治疗方案未能取得明确疗效,在此基础上经 CAR-T 细胞治疗后迅速达到完全缓解,说明靶向 CD19 的 CAR-T 细胞治疗是复发/难治 B 细胞恶性肿瘤的一种非常有效的治疗方法,临床数据见表 12-1。

表 12-1　靶向 CD19 的 CAR-T 细胞治疗临床研究情况

临床试验案例	共刺激分子	人数	完全缓解率 /%
急性淋巴白血病(成人)	CD28	16	88
急性淋巴白血病(儿童)	4-1BB	25	90
急性淋巴白血病(儿童)	CD28	21	68
急性淋巴白血病(成人)	4-1BB	29	93
急性淋巴白血病(儿童)	4-1BB	2	100
非霍奇金淋巴瘤/慢性淋巴白血病	CD28	15	53
大 B 细胞淋巴瘤	CD28	20	30
非霍奇金淋巴瘤	4-1BB	32	79

CAR-T 细胞疗法对于抗原靶点的要求极为严格,具体要求包括三个方面,分别是:①抗原靶点必须表达于肿瘤细胞表面,用于制备特异性单链抗体发生抗原 - 抗体的免疫反应;②该靶点不能存在于肿瘤之外的重要的器官或者细胞类型,即这种抗原是肿瘤特异性抗原(tumor specific antigen,TSA),这一点对于控制 CAR-T 细胞的毒性至关重要;③为了避免抗原逃逸,所有的肿瘤细胞都必须表达该抗原靶点,即使该抗原无法在所有肿瘤细胞表面表达,也必须对维持肿瘤表型具有至关重要的作用。CD19 符合上述三点要求,CD19 抗原位于 B 细胞表面,仅在 B 系列淋巴细胞白血病的肿瘤细胞表面以及正常的 B 细胞表面表达,但在造血干细胞及其他重要器官及细胞基本不表达,可以防止骨髓抑制等不良反应的发生,因此 CD19 成为 CAR-T 细胞疗法治疗 B 细胞恶性肿瘤最重要的治疗靶点。

(五) 其他靶点的开发情况

B 细胞肿瘤表面的其他一些抗原,除了 CD19,发现 BCMA、CD22 也是非常好的 CAR-T 细胞治疗靶点。虽然目前尚无相关产品获批上市,但在临床试验中,靶向 BCMA 的 CAR-T 细胞疗法用于多发性骨髓瘤的治疗已经获得了很大的成功。CD22 是 B 系分化抗原,位于细胞膜上,在 90%B-ALL 患者中表达,因此 CD22 也是非常好的靶点,可用于制备 CAR-T 细胞,相关研究和临床试验在进行中。另外,CD20、CD33、CD138、CD30 等靶点也正在招募患者开展临床试验。

二、抗 CD19-CAR-T 细胞治疗中的不良反应及处理

CAR-T 细胞疗法能够在相对较短的时间内产生大量有肿瘤杀伤效力的 T 细胞,从而使得这一技术走向临床。但对于 CAR-T 细胞疗法来说,安全性同疗效同样重要。接受治疗的患者大多会出现不良反应,甚至严重的毒性反应,在临床试验中曾多次出现患者因毒性反应而死亡的案例,因此 CAR-T 细胞疗法带来的不良反应是 CAR-T 细胞治疗中亟待解决的问题。

如在 Kymriah 开发过程中,Kymriah 的安全性与疗效在一个多中心的临床试验中得到了验证,出现了细胞因子风暴和神经系统事件等副作用,但综合收益与风险,FDA 批准其最终上市。在临床试验中曾产生严重的超敏反应和细胞因子风暴,一度被 FDA 叫停终止临床试验。

抗 CD19-CAR-T 细胞治疗不良反应主要有细胞因子释放综合征、B 细胞缺失、肿瘤溶解综合征,目前通过采取适当的措施予以避免或缓解不良反应,但严重的不良反应仍会发生,并有导致患者死亡的危险。

(一) 细胞因子释放综合征——细胞因子风暴及处理对策

1. 细胞因子释放综合征　CAR-T 细胞疗法最常出现的副作用是细胞因子释放综合征。在 CAR-T 细胞输注进入患者血液以后,CAR-T 细胞通过表面的抗原受体与肿瘤细胞表面的 CD19 抗原结合,信号转导分子 CD3ζ 及共刺激分子 CD28 或者 CD137 共同作用激活细胞内的信号通路,致使 CAR-T 细胞在短时间内大量活化扩增,同时 CAR-T 细胞释放大量的细胞因子,促进炎症反应,募集更多的免疫细胞杀伤肿瘤细胞。如果 CAR-T 细胞被抗原活化之后细胞增殖速度过快,释放的细胞因子过多,这些细胞因子的释放就有可能导致患者出现发烧、恶心、头痛、心动过速、低血压、缺氧以及心脏或神经系统等一系列全身严重不良反应甚至是危及生命,这种由于炎性细胞因子大量释放所引起的体征变化称为细胞因子释放综合征(cytokine release syndrome,CRS),导致全身免疫风暴被形象地称为“细胞因子风暴”(cytokine storm)。

释放的炎性细胞因子主要包括 IL-6、IL-10 和 IFN-γ 等。IL-6 是由单核细胞和巨噬细胞等产生的,具有促进中性粒细胞转运和急性炎性反应等多种功能的细胞因子,IL-6 的显著增加可能是由于巨噬细胞活化综合征引起。IL-10 是参与天然免疫及细胞免疫反应的免疫调剂细胞因子。IFN-γ 由细胞毒性 T 淋巴细胞(cytotoxic T lymphocyte,CTL)和辅助 T 细胞 1(helper T cell 1,TH1)等产生,具有促进巨噬细胞活化、TH1 分化等功能,其高水平表达正是 CAR-T 强大效应的体现。

常见的细胞因子释放综合征所致各系统毒副反应见表 12-2。

表 12-2　细胞因子释放综合征所致各系统毒副反应

系统分布	毒副反应
全身反应	发热、肌张力升高、萎靡不适、肿瘤溶解综合征
心血管系统	心动过速、血压下降、严重心律失常、左心输出量下降、肌钙蛋白升高
神经系统	头痛、意识状态改变、失语、共济失调、幻觉、肌阵挛、面神经麻痹
呼吸系统	呼吸窘迫、缺氧、呼吸衰竭
运动系统	肌痛、肌酸升高、肌力下降
消化系统	恶心、呕吐、腹泻、转氨酶及胆红素异常
泌尿系统	急性肾损伤、低钠血症、低钾血症
造血系统	贫血、粒细胞缺乏、B 细胞成熟障碍、凝血功能异常、播散性血管内凝血

以 Kymriah 为例，在 106 例接受 Kymriah 输注的临床试验患者中大部分发生了各种级别的不良反应，包括细胞因子释放综合征、感染、发热、腹泻、恶心等副作用，其中 25% 的患者发生了 3、4 级感染，并且有持续超过 28 天的血小板减少症（40%）和中性粒细胞减少症（25%）发生，有 23% 的患者出现严重或威胁生命的副作用。

据报道 1 名慢性淋巴细胞白血病复发重症患者在接受了多种疗法治疗（氟达拉滨、环磷酰胺、利妥昔单抗单独治疗和喷司他丁、环磷酰胺、利妥昔单抗联合治疗）之后，进行了抗 CD19-CAR-T 细胞治疗，预先用环磷酰胺进行淋巴清除，然后输入了 CD28 为共刺激分子的第二代 CAR-T 细胞，迅速出现发热、低血压及呼吸困难等症状，在治疗 20 小时内迅速恶化，最终导致患者死亡，但尸检并未找到明显的死因。经分析认为，该患者因经过多年"复发—化疗—复发"的循环，导致其体内免疫环境处于抑制状态，并且由于环磷酰胺的预处理引发了 CAR-T 细胞的强力激活，产生细胞因子风暴，而患者可能因体质虚弱无法承受相应强烈的免疫反应，最终导致死亡。

目前对 CRS 诊断的临床共识包括：①连续发热（>38℃）超过 3 天；② CRS 所涉及的细胞因子 IL-6、IFN-γ、TNF、IL-2、IL-8 和 IL-10 等，其中两种细胞因子最大倍增数 ≥ 75 倍，或一种细胞因子最大倍增数 ≥ 250 倍；③至少有一种临床毒性症状出现，包括低血压、低氧血症、神经系统症状（精神状态改变、思维迟钝、抽搐等）。

2. 处理对策　通过几年的临床试验，已经在处理细胞因子风暴方面已经积累了一定的经验。通过采取适当的措施，可减少细胞因子风暴的发生或者减轻细胞因子风暴的症状，很大程度上避免发生危及生命的危险。

（1）临床处理对策：临床可采取的措施主要包括以下几个方面。① CAR-T 细胞输注前，必须对肿瘤本身及患者一般情况进行全面评估，严格控制入组标准，采取一些预防性措施；在输注 CAR-T 细胞前 1 小时内，如无明确禁忌证，可预防性给予布洛芬预防高热、苯海拉明及异丙嗪抗过敏和镇静，在输注前做好保暖措施，以防止和减轻 CAR-T 细胞急性输注反应；② CAR-T 细胞输注数量采取递增法，把细胞剂量由小到大分散到几次回输中，CAR-T 细胞初始剂量要低，而后从低到高逐渐增加 CAR-T 细胞数量，并不断监测细胞毒性；③输注 CAR-T 细胞以后严格监控关键参数，早期检测预示风险的迹象；④及时采取治疗性干预措施，应用白细胞介素 IL-6 受体拮抗剂。托珠单抗（tocilizumab）是 IL-6 受体（IL-6R）的单克隆抗体，临床常用于治疗风湿免疫性疾病，由于在 CAR-T 细胞疗法中对 IL-6 升高型细胞因子风暴具有良好的控制作用，目前也作为 CAR-T 细胞治疗的常用药，但由于血脑屏障的存在，托珠单抗对于改善 CRS 神经毒性效果欠佳。某些严重的细胞因子风暴需采用托珠单抗与糖皮质激素进行联合治疗。虽然托珠单抗和糖皮质激素对控制细胞因子风暴有一定作用，但是这些治疗会抑制 CAR-T 细胞增殖，减少 CAR-T 细胞存续时间，从而降低疗效，造成疾病完全复发的风险，因此这些方法并不是最佳的选择。虽然可以采取以上这些预防和治疗措施，但是细胞因子风暴仍然是 CAR-T 细胞治疗的严重安全问题。

　　(2)进行结构改造制备可控性 CAR-T 细胞:目前发生严重细胞因子风暴时,尚没有有效的药物和方法清除体内的 CAR-T 细胞,研究人员正在从 CAR 的结构上解决这一难题。彻底解决细胞因子风暴的最佳途径是研发可控性的 CAR-T 细胞。通过优化 CAR-T 细胞的结构,制备可控性的 CAR-T 细胞,使得输入到患者体内的 CAR-T 细胞的活化程度能够被调控,从而细胞的增殖和数量受到调控,并且在发生严重细胞因子风暴危及生命时,可采取有效办法迅速清除患者体内 CAR-T 细胞,从根本上消除 CAR-T 细胞治疗的副作用。目前设计的控制或去除 CAR-T 细胞的方法较多,已经有一些控制开关应用到临床试验中,下面介绍四种结构改造方法。

　　1)自杀基因开关系统:在 CAR 内导入一个共表达的自杀基因——单纯疱疹病毒 - 胸苷激酶(herpes simplex virus-thymidine kinase,HSV-TK)自杀基因开关系统,当出现严重毒性反应时开启自杀基因开关(suicide switch),快速诱导 CAR-T 细胞凋亡,避免毒副作用进一步恶化。目前已经应用到 CAR-T 细胞疗法临床前 / 临床研究。构建 CAR 载体时连接进入 HSV-TK 自杀基因开关系统的核苷酸序列,转染患者 T 细胞,扩增后回输给患者。当发生严重细胞因子风暴危及生命,需要清除体内 CAR-T 细胞时,给予自杀基因诱导物更昔洛韦,更昔洛韦在胸苷激酶作用下转化为三磷酸更昔洛韦,后者抑制 DNA 聚合酶,从而抑制 CAR-T 细胞 DNA 复制和细胞增殖。作为该自杀基因开关系统的诱导物,更昔洛韦毒性小且药物动力学特点理想,适合作为诱导物启动自杀程序,该方法已应用于细胞治疗。缺陷时诱导细胞凋亡一般需要 3 天的时间,时间较长,因此不能迅速阻止细胞因子风暴造成的不良反应及组织损伤,但对于减小长期毒性还是有积极的作用。这种自杀基因导致的 CAR-T 细胞的失活是单向的,不可逆转的,因此一旦激活自杀开关系统,CAR-T 细胞治疗即进入终止阶段。另外,HSV-TK 的表达产物还具有免疫源性风险。

　　2)小分子诱导 CAR-T 细胞凋亡:Bellicum 制药公司开发的可控性 CAR-T 细胞疗法,采用可诱导的含半胱氨酸的天冬氨酸蛋白水解酶 -9(inducible caspase-9,iCasp9)重组蛋白作为安全开关,该蛋白分子上具有 Rimiducid 结合结构域(图 12-7)。Rimiducid 是一种小分子化合物,结合到天冬氨酸蛋白水解酶 -9(caspase-9)之后,促使 caspase-9 重组蛋白发生二聚化,从而活化 caspase-9,激活下游的天冬氨酸蛋白水解酶 -3(caspase-3),导致 CAR-T 细胞凋亡。这种通过小分子控制 CAR-T 细胞的方法见效快,可在数小时内清除 CAR-T 细胞。

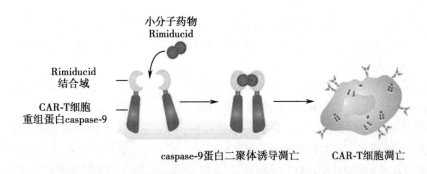

图 12-7　Rimiducid 诱导天冬氨酸蛋白水解酶 -9(caspase-9)导致 CAR-T 细胞凋亡

　　3)抗体法清除 CAR-T 细胞:构建 CAR 时除了表达 CD19 单链抗体,还将 EFEα 的编码序列构建进入表达载体,一同转入 CAR-T 细胞,这种 CAR-T 细胞即可表达 EFEα 蛋白分子于细胞膜上,用于结合其抗体以清除 CAR-T 细胞。当 CAR-T 细胞治疗出现严重副作用需要清除 CAR-T 细胞时,给患者输注针对 EFEα 的单克隆抗体,通过 EFEα 抗体特异性地识别结合 CAR-T 细胞表面的 EFEα 分子,从而清除 CAR-T 细胞。但是这种方法需要数天的时间才能清除 CAR-T 细胞,不能及时迅速地控制细胞因子风暴,这是抗体开关的不足之处。

　　4)正调控系统:以上三种方法属于负调控方法控制 CAR-T 细胞数量,虽然可以清除 CAR-T 细胞,但导致的 CAR-T 细胞数量的减少是不可逆的,所以最终会导致 CAR-T 细胞治疗失败。下面介绍一种小分子参与的正调控系统,构建 CAR 时 CD3ζ 与共刺激分子之间是断开的,而没有连接在一起,即使 CAR-T 细胞通过表面的抗体与肿瘤细胞能够结合,但并不能激活共刺激分子,因此不能有效地激活 CAR-T 细胞的活性;在小分子配体存在时,小分子配体在 CD3ζ 与共刺激分子之间起到桥连作用,此时肿瘤抗原才能有效激活 CAR-T 活性。这种方法具有三个显著特点:① CAR-T 细胞的激活需要同时识别特定的肿瘤抗原和小分子配体;② CAR-T 细胞的活性可以通过小分子浓度调节;③ CAR-T 细胞的活性可以通过添加或去除小分子可逆控制。将小分子配体的局部释药和控制释药技术相结合,就可以从时间和空间上控制 CAR-T 细胞的激活状态,从而控制细胞因子风暴等副反应的发生。这种正调控方法真正使得 CAR-T 细胞处于可控状态,CAR-T 细胞处于被激活或者被抑制的状态,并且这两种状态之间可以相互转换,从而避免负调控方法所导致的 CAR-T 细胞不可逆清除的缺陷。

(二) B 细胞缺失

抗 CD19-CAR-T 细胞是治疗 B 细胞恶性肿瘤最有效的免疫疗法,但因正常 B 细胞也表达 CD19 抗原,因此抗 CD19-CAR-T 细胞在清除肿瘤细胞的同时,也能清除正常的 B 细胞,导致 B 细胞缺失 /B 细胞再生障碍,即瘤外靶点毒性。瘤外靶点毒性是指在 CAR-T 细胞治疗过程中,因某些正常组织也表达肿瘤靶抗原而引起的免疫毒性反应,被称为瘤外靶点毒性(on-target off-tumor toxicity),简称靶点毒性。接受抗 CD19-CAR-T 细胞治疗的患者均不可避免地发生 B 细胞再生障碍,并引起低丙种球蛋白血症。低丙种球蛋白血症一般可采用静脉输注丙种球蛋白的方式进行替代治疗。

需要注意瘤外靶点毒性与以下两种毒副反应的区别:肿瘤非靶点毒性(off-target on-tumor toxicity),瘤外非靶点毒性(off-target off-tumor toxicity)。

(三) 肿瘤溶解综合征

1. 肿瘤溶解综合征　肿瘤在抗 CD19-CAR-T 细胞的作用下短期快速地溶解破坏,细胞内物质及其代谢产物快速释放入血,导致一系列严重的代谢紊乱,称为肿瘤溶解综合征(tumor lysis syndrome, TLS),主要表现为高钾血症、高尿酸血症、高磷血症、低钙血症、代谢性酸中毒等代谢紊乱,进而导致严重的心律失常及急性肾功能衰竭而危及生命。

肿瘤细胞溶解后释放大量 DNA、磷酸、钾离子和细胞因子。DNA 分解代谢转化为腺苷和鸟苷,进一步转化为黄嘌呤,最后在黄嘌呤氧化酶作用下转化为尿酸,经肾排出体外。如果磷、钾、黄嘌呤或尿酸累积的速度超过了排出速度,肿瘤溶解综合征就会发生。释放的细胞因子导致低血压、炎症和急性肾损伤,增加肿瘤溶解综合征发生风险。肾损伤后排出尿酸、黄嘌呤、磷酸和钾的能力减低,进一步增加肿瘤溶解综合征风险,并且肿瘤溶解综合征后尿酸、黄嘌呤、磷酸钙晶体肾内沉积进一步加重肾损伤。

肿瘤溶解综合征在抗 CD19-CAR-T 细胞治疗 B 细胞急性淋巴细胞白血病及淋巴瘤时发生率较高。肿瘤溶解综合征的发生与肿瘤负荷体积大小、输注的 CAR-T 细胞数量有关。随着肿瘤负荷体积增大,以及输注的 CAR-T 细胞数量增多,肿瘤溶解综合征发生风险亦会加大。

2. 对策　发生肿瘤溶解综合征后,可采用标准的治疗方案,如别嘌呤醇和拉布立酶等药物进行治疗。别嘌呤醇抑制黄嘌呤和次黄嘌呤氧化酶,阻止黄嘌呤转化为尿酸,但不能去除已经产生的尿酸,而拉布立酶能使尿酸转化为尿囊素,后者高度可溶且对健康无损。虽然该综合征发生比较迅猛,症状比较严重,但其治疗并不复杂,关键在于提高对肿瘤溶解综合征的认识,预防为主,及时发现并积极处理。对于肿瘤负荷较大的患者,尤其是已侵犯骨髓的急性淋巴细胞白血病及全身淋巴结广泛受累的非霍奇金淋巴瘤(non-Hodgkin's lymphoma,NHL)患者,研究者在化疗或 CAR-T 细胞输注前可采用别嘌呤醇等预防肿瘤溶解综合征的出现。

(四) 复发及对策

1. 复发现状及原因　以 CD19 为靶点的 CAR-T 细胞疗法,在 B 细胞恶性肿瘤治疗中取得很大成功。目前已报道有超过 350 例的 B-ALL 患者参与了临床试验。在不同诊疗中心、不同国家、使用不同结构的 CAR-T 细胞类型、淋巴细胞清除方案、自体或异体 T 细胞以及不同的 CAR-T 细胞回输数量,治疗复发难治的 B-ALL 患者,其中 50%~90% 的患者可达到完全缓解。但是发现经抗 CD19-CAR-T 细胞治疗后,有近 30% 的患者会发生 CD19 突变、表达 CD19 其他异构体,或者 CD19 完全缺失,导致 CAR-T 细胞治疗后疾病复发。在一项名为 PLAT-02 的临床试验里,高达 93% 的复发或难治性 ALL 患者在接受抗 CD19-CAR-T 细胞治疗后,出现了良好的缓解,但最终 50% 的患者都复发了,研究人员发现 CAR-T 细胞识别和靶向由大多数 B 细胞前体急性淋巴细胞白血病所表达的 CD19 蛋白,但是在一些复发的白血病患者中却不存在 CD19 蛋白的表达,而是表达 CD22 蛋白。

2017 年 11 月 20 日,斯坦福大学医学院和美国国家癌症研究所在《自然医学》上公开报告了抗 CD22-CAR-T 细胞治疗复发 B-ALL 患者的 I 期临床试验结果。入组临床试验的 21 位 B-ALL 患者(7~30 岁,中位年龄为 19 岁)中有 15 位曾经复发,或者未能对靶向 CD19 的 CAR-T 细胞治疗做出反应,其中有 10 位患者曾接受靶向 CD19 的治疗但产生抗性。结果发现:6 名接受最低剂量抗 CD22-CAR-T 细胞治疗的患者中有 1 人达到了完全缓解;15 名接受较高剂量抗 CD22-CAR-T 细胞治疗的患者中有 11 人获得完全缓解,完全缓解率达到 73%,中位缓解时间为 6 个月,其中有 3 人分别在接受治疗后的第 6、9 和 21 个月依旧保持完全缓解,完全缓解率为 57%(12/21),此外,患者对这一疗法的耐受性良好。然而事实并不完全尽如人意,斯坦福大学癌症研究所随后表示,"虽然抗 CD22-CAR-T 细胞疗法在这次 I 期临床试验中显示出高水平的抗癌活性,但它的复发率也很高"。在达到 CR 的 12 名患者中,有 8 例患者接受治疗后 1.5~12 个月(中位数为 6 个月)复发,其中 7 例患者的复发与 CD22 表面表达减少有关。

2. 对策　为防止 CD19 单靶点或者 CD22 单靶点引起复发,研究人员考虑采用 CD19 和 CD22 的双靶点串联 CAR,串联的双靶点 CAR 在 T 细胞表面表达串联的两种单链抗体,CD19 单链抗体和 CD22 单链抗体,两条单链抗体之间通过一段连接肽串联形成一条肽链,因此这种 CAR-T 细胞既可以识别杀伤表达 CD19 的肿瘤细胞,也可以识别杀伤表达 CD22 的肿瘤细胞,这种双靶点治疗可以增加对肿瘤细胞识别杀伤的覆盖率,减少单一靶点治疗后的复发(图 12-8)。但由于串联两个单链抗体,分子量增大,构建的难度增加。目前,双靶点抗 CD19-CD22-CAR 进入临床试验阶段。

另外,对于移植后复发难治 B 细胞肿瘤可以采用供者来源的 T 细胞,制备 CAR-T 细胞,对患者进行回输达到治愈的目的。因为很多复发难治的 B 细胞肿瘤患者,由于巨大的肿瘤负荷导致体内的免疫功能和 T 细胞都受到损害,采用患者自身的 T 细胞制备 CAR-T 细胞时,由于 T 细胞数量有限,细胞活力不高,制备的 CAR-T 细胞难以有效扩增,并且细胞数也不易达到治疗要求,从而导致 CAR-T 细胞治疗效果不理想或者再次复发。根据美国国家癌症研究中心最近开展的临床试验表明:20 例复发的 B 细胞肿瘤患者,采用供者来源的 CAR-T 细胞治疗,其中 6 例患者获得了完全缓解,2 例患者获得了部分缓解;5 例急性淋巴细胞白血病患者有 4 例获得完全缓解,同时还有 1 例慢性淋巴细胞白血病患者获得 30 个月的长期缓解。异体的 T 细胞输注存在免疫排异的风险,但是抗病毒(CMV、EBV)特异性 T 细胞由于其 T 细胞主要表达抗病毒的 TCR,所以降低了免疫排异的风险。因此用供者来源的抗病毒 T 细胞制备的 CAR-T 细胞

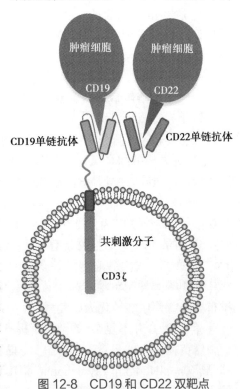

图 12-8　CD19 和 CD22 双靶点串联 CAR-T 细胞

能避免免疫排异的风险。同时由于抗病毒特异性 CAR-T 细胞可以通过 TCR 和 CAR 两条信号通路刺激、活化、分泌细胞因子,因此其增殖能力优于一般的异体来源 T 细胞所制备的 CAR-T 细胞。

第三节 实体瘤 CAR-T 细胞治疗中存在的问题及研发对策

CAR-T 细胞疗法是近年来科学上、临床上的巨大突破,但目前所获得的成功还局限于表达 CD19 抗原的 B 细胞血液系统肿瘤的治疗领域,虽然研究人员们正在积极开发针对实体瘤的 CAR-T 细胞疗法并取得了一定的进展,但进展缓慢,并没有取得满意效果。并且,与 B 细胞血液肿瘤领域的成功相比, CAR-T 细胞疗法在实体瘤领域想要获得突破性进展困难重重,面临十分严峻的挑战。

总结 CAR-T 细胞治疗实体瘤失败而治疗 B 细胞血液肿瘤获得成功的因素,可以归纳为以下几个方面:第一,是否有特异性靶抗原。B 细胞具有 CD19 特异性靶抗原可以作为治疗靶点,而实体瘤不具备特异性靶抗原。第二,归巢的难易程度不同。B 细胞肿瘤位于血液或淋巴,CAR-T 细胞进行归巢不需要穿越组织障碍,而实体瘤 CAR-T 细胞治疗时 CAR-T 细胞需要穿越组织障碍归巢到肿瘤组织。第三,肿瘤微环境的不同。实体瘤所处微环境中对 CAR-T 细胞的抑制因素比血液肿瘤微环境复杂得多。第四,副反应控制难度的不同。实体瘤由于缺乏特异性抗原等原因导致 CAR-T 细胞治疗副反应更加不易控制,正常细胞被 CAR-T 细胞杀伤有可能引起严重危害甚至致死性危害。第五,肿瘤的异质性程度不同,实体瘤的异质性比血液肿瘤异质性更加突出。

由于以上问题的存在,导致实体瘤 CAR-T 细胞治疗面临着严峻的挑战,研究人员们针对这些问题积极不懈地努力探索解决对策。下面针对实体瘤 CAR-T 细胞治疗中存在的问题及解决对策逐一进行介绍。

一、瘤外脱靶效应

(一)实体肿瘤缺乏特异性的肿瘤表面抗原

B 细胞恶性肿瘤具有适合做靶点的 CD19 抗原,使得针对 CD19 开发的 CAR-T 细胞治疗疗效显著。在实体瘤 CAR-T 细胞治疗中,理想的治疗靶点是特异性的存在于肿瘤细胞或其周围间质中的抗原,如胶质瘤细胞特有的表皮生长因子受体变异体Ⅲ(epidermal growth factor receptor variantⅢ,EGFRvⅢ)、前列腺特异性膜抗原(prostate-specific membrane antigen,PSMA),但绝大部分实体瘤很难找到这样特异性表达的肿瘤表面抗原作为 CAR-T 细胞治疗靶点。某些抗原即使在某种肿瘤细胞表面呈现高水平的表达,但是在其他正常组织的细胞表面也有不同程度的表达,这种抗原仅能称为肿瘤相关抗原(tumor associated antigen,TAA)。由于抗原表达过于广泛,导致 CAR-T 细胞不可避免地识别进攻正常组织产生瘤外靶点毒性,甚至引起全身多器官衰竭危及生命。

例如,碳酸酐酶Ⅸ高表达于肾细胞癌,因此研究人员以碳酸酐酶Ⅸ为靶点开展了转移性肾细胞癌 CAR-T 细胞治疗临床试验,接受治疗的 11 例患者中有 5 例发生了肝脏毒性,表现为肝酶升高、严重黄疸,肝脏穿刺活检结果显示在胆道周围有明显的 T 细胞浸润,提示发生了胆管炎,采用免疫组化染色发现在 T 细胞浸润区域的胆管上皮有较高的碳酸酐酶Ⅸ表达,说明 CAR-T 细胞识别胆管上皮细胞的碳酸酐酶Ⅸ,对其进行攻击,从而导致了 CAR-T 细胞疗法对患者肝脏的损害。需要引起注意的是,在开展 CAR-T 细胞治疗之前,一定要详细排查所选择抗原在肿瘤部位及全身组织分布的特点,避免引起严重的不良反应。另外,一定要通过适当的动物模型进行临床前毒性研究,尽量避免致命性靶点毒性的发生。为减少碳酸酐酶Ⅸ这种瘤外靶点毒性,之后的临床试验对受试者预先用碳酸酐酶Ⅸ单克隆抗体进行治疗,以封闭碳酸酐酶Ⅸ,随后输注 CAR-T 细胞,受试患者没有发生肝炎及抗 CAR-T 细胞的免疫反应,说明单克隆抗体预先封闭使得 CAR-T 细胞安全性得以提高。另外,检查发现 CAR-T 细胞在体内存活时间延长,但是遗憾的是并没有观察到明显的临床抗肿瘤疗效。分析原因可能是碳酸酐酶Ⅸ的抗体对体内表达的碳酸酐酶Ⅸ均有封闭作用,胆管上皮及肿瘤细胞都能结合碳酸酐酶Ⅸ,因此 CAR-T 细胞不能再有效识别攻击这些细胞,从而安全性提高,但是抗肿瘤疗效亦下降。说明这种抗体封闭的方法需要进一步改进，如减少抗体输入量，使其仅能封闭正常组织的低丰度的抗原，而肿瘤组织高丰度的抗原不被封闭，所以肿瘤细胞才能被 CAR-T 细胞所识别和杀伤。

又如，人表皮生长因子受体 2（human epidermal growth factor receptor 2，HER2）在多种类型肿瘤细胞表面高表达，是小分子药物和单克隆抗体药物的常用靶标，无论是小分子药物，还是单克隆抗体药物，都已经验证了 HER2 靶点的成药性和副作用的可控性。因此，从理论上说 HER2 是 CAR-T 细胞疗法的理想靶标。但靶向 HER2 的 CAR-T 细胞疗法却在治疗一例结肠癌合并肝肺转移患者时发生了致命的毒性反应，导致患者 4 天后死亡。该患者接受的是第三代 CAR-T 细胞疗法，使用了基于赫赛汀的高亲和性单链抗体，共刺激分子为 CD28 和 4-1BB，输注 10^{10} 个细胞。在输注 CAR-T 细胞的 15 分钟后，这例患者发生了急性肺毒性反应，呼吸窘迫和心脏骤停等症状，检查发现患者肺部聚积了大量的 CAR-T 细胞，血浆中检测到多种细胞因子，如粒细胞 - 巨噬细胞刺激因子（GM-CSF）、IFN-γ、肿瘤坏死因子（TNF）-α、IL-6 和 IL-10 等明显升高，呈严重的细胞因子风暴现象，患者 5 天后死亡。这也是迄今为止公布的最为严重的 1 例 CAR-T 细胞相关的不良反应。经尸检发现，致死原因是肺上皮细胞表面有低水平 HER2 表达，CAR-T 细胞能识别正常肺上皮细胞这种低水平的 HER2 蛋白而对肺组织进行攻击，引起了促炎症细胞因子的大量释放，而促炎症细胞因子的释放引起了肺部毒性、多器官衰竭，进而导致患者的死亡。总结经验，第三代 CAR-T 细胞的双共刺激因子可能会引发过强的免疫反应以及细胞因子风暴，因此之后的临床试验改为使用第二代 CAR-T 细胞，以避免正常肺上皮细胞的瘤外靶点毒性，并且下调 CAR-T 细胞输注剂量。在治疗的 17 例 HER2 阳性的肉瘤中，仅有 1 例患者输注后出现发热，说明这些措施确实对提高安全性是有效的，但遗憾的是首次输注后却无一例病例完全缓解，说明虽然安全性得以提高，但是抗肿瘤作用却降低，HER2 作为靶点的 CAR-T 细胞治疗前景不容乐观。

以上这些案例说明肿瘤组织高表达的抗原往往也一定程度上表达于正常组织及器官表面，虽然肿瘤组织的靶抗原表达水平高于正常组织，但是缺乏特异性，CAR-T 细胞在攻击肿瘤细胞的同时也会攻击正常组织。通过降低 CAR-T 细胞输入数量，降低单链抗体的亲和力，或者单克隆抗体预先封闭，虽然安全性得以提升，然而并没有观察到明显的临床疗效。

（二）组合靶向系统

由于很难找到肿瘤特异性抗原，科研人员们提出组合靶向系统的解决方案。组合靶向系统修饰的 T 细胞，具有靶向不同抗原的两种 CAR。这两种 CAR 分别负责识别抗原和激活共刺激信号，因此为降低瘤外靶点毒性、提高肿瘤细胞特异性提供了可能。组合靶向系统有两种形式。

1. 第一种组合靶向系统　采用激活和抑制性 CAR 实现对肿瘤和正常组织的选择性识别，在这种情况下，激活性 CAR 的靶分子在肿瘤细胞和一些正常细胞表面均有表达，而抑制性 CAR 的靶分子只在正常细胞表达。抑制性 CAR 的胞内域采用来自程序性死亡分子 1（programmed death 1，PD-1）或细胞毒 T 淋巴细胞相关抗原 4（cytotoxic T lymphocyte-associated antigen 4，CTLA4）的胞内域部分。因 PD-1 和 CTLA4 均为免疫抑制受体，当正常细胞表达的靶分子与抑制性 CAR 结合后，会抑制 CAR-T 细胞活性，从而避免对正常组织造成损伤（图 12-9A）。而当回到肿瘤微环境后，因抑制信号解除，该类 CAR-T 细胞又可以恢复对肿瘤细胞的杀伤活性（图 12-9B）。

2. 第二种组合靶向系统　选用肿瘤细胞表面两种靶分子制备 CAR-T 细胞，CAR-T 细胞的完全激活需要这两种靶分子的共同参与，这两种靶分子分别构建成两个 CAR，一条 CAR 的下端是 CD3ζ 结构域用以传递第一信号，而另一条 CAR 的下端是 CD28 和 4-1BB 结构域用以传递第二信号（图 12-10），只有当 CAR-T 细胞同时识别肿瘤细胞表面的这两种抗原时才能被完全激活，从而特异性的杀伤肿瘤细胞；而对仅表达其中一种靶抗原分子的正常细胞，CAR-T 细胞仅能产生一种信号刺激，不足以被激活，因而不能对正常细胞产生杀伤作用。

在此基础上，为了进一步控制 CAR-T 细胞对肿瘤抗原的特异性识别结合，减少对正常组织的识别结合，在构建该组合靶向系统时，第一个 CAR 的胞外域由亲和力较低的单链抗体构成，或其胞内域由突变后的低活性的 CD3ζ 构成，此单一靶抗原不足以完全激活 T 细胞，只有当两种靶抗原共同参与时

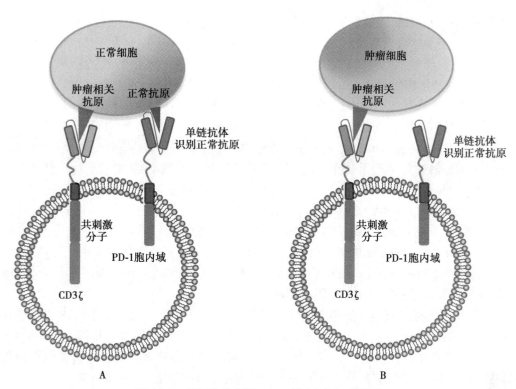

图 12-9　激活和抑制性 CAR 联合识别正常细胞

A. 抑制性 CAR 被激活, CAR-T 细胞被抑制, 不能杀伤正常细胞

B. 抑制性 CAR 没有起作用, CAR-T 细胞处于激活状态, 杀伤肿瘤细胞

CAR-T 细胞才能完全激活, 从而发挥抗肿瘤细胞效应。

另外, 要积极寻找特异性抗原, 主要是通过高通量测序方法对肿瘤 DNA 和正常 DNA 进行外显子测序从而找到基因突变, 也可提取肿瘤浸润淋巴细胞或肿瘤患者外周血筛选其识别肿瘤的抗原表位并人工合成基因片段组装成 CAR-T 细胞发挥作用。其次是合成同时含有多种抗原的 CAR-T 细胞来克服肿瘤异质性及肿瘤自发免疫耐受, 如应用双抗原 ErbB2 和 MUC1, 与 EGFR 或 EGFRv Ⅲ 等受体合成 CAR-T 细胞; 也可采取序贯治疗的 "鸡尾酒" 疗法, 这种方法针对同一胆管癌患者先使用 EGFR CAR-T 细胞后使用 CD133-CAR-T 细胞, 已证实有效, 达 13 个月后完全缓解。最后可将编码表达免疫调节剂、细胞因子的基因连同编码 CAR 的基因转入 CAR-T 细胞或基因敲除 CAR-T 细胞内引起免疫抑制的基因如 PD-1、CTLA4 表达使细胞发挥持续抗肿瘤作用。

二、归巢受限

治疗血液肿瘤的 CAR-T 细胞静脉注射后, CAR-T 细胞在循环系统中就可以直接接触到肿瘤细胞从而起效。而实体瘤治疗时, 输注入血的 CAR-T 细胞需要穿越组织屏障抵达肿瘤病灶, 并浸润进入肿瘤病灶内部, 这需要经过一系列的迁移和归巢的过程, 包括 CAR-T 细胞与内皮细胞黏附, 在趋化因子作用下介导 T 细胞穿过内皮最终进入肿瘤周围包绕的间质中, 而肿瘤周围的间质由致密的胶原纤维等组成, CAR-T 细胞必须穿过这些致密的组织结构, 浸润到肿瘤组织内部, 接触到肿瘤细胞, 通过 CAR 上的抗体与肿瘤细胞表面的

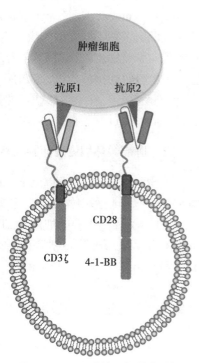

图 12-10　两种抗原都结合才能
激活 CAR-T 细胞

抗原结合,激活 CAR-T 细胞,才能发生一系列的免疫反应杀伤肿瘤。

临床进行实体瘤治疗时发现浸润到肿瘤组织的 CAR-T 细胞量过少,这是实体瘤治疗疗效不高的主要原因之一。研究发现 T 细胞表面缺乏相关因子受体,无法识别肿瘤释放的趋化因子,导致肿瘤组织对 CAR-T 细胞的归巢趋化作用弱,CAR-T 细胞无法定向归巢到肿瘤组织;同时致密的间质胶原包绕着肿瘤,使得 T 细胞很难进入肿瘤组织中。这两种因素导致血液循环中的 CAR-T 细胞不容易浸润到肿瘤组织。进入肿瘤组织的 CAR-T 细胞数太少,则不会对肿瘤细胞产生有效的杀伤作用。

抗双唾液酸神经节苷脂(GD2)是神经外胚层起源的肿瘤细胞中表达上调的表面抗原,是神经母细胞瘤的 CAR-T 细胞治疗靶标。但是在应用抗双唾液酸神经节苷脂 CAR-T 细胞治疗神经母细胞瘤临床研究时,发现 CAR-T 细胞在体内不能持续存活,而且不能有效转运到肿瘤部位,说明 CAR-T 细胞归巢到肿瘤组织的能力弱。为增强 CAR-T 细胞的归巢能力,研究人员对抗双唾液酸神经节苷脂 CAR-T 细胞进行结构改造,在构建抗 GD2-CAR 的同时,构建进入表达趋化因子 CCR2b 的序列,这种 CAR-T 细胞能表达趋化因子 CCR2b,而肿瘤组织表达其配体 CCL2,通过 CCR2b 对 CCL2 的趋化作用,使得 CAR-T 细胞定向趋化到肿瘤细胞,提高了 CAR-T 细胞向肿瘤组织的定向归巢迁移能力,使得 CAR-T 细胞和肿瘤充分接触,提高了 CAR-T 细胞的疗效。

另外,有研究人员对抗双唾液酸神经节苷脂 CAR 的靶向性进行了改造,将 CAR-T 细胞设计为既靶向神经母细胞瘤的 GD2,又靶向 EB 病毒(Epstein-Barr virus)抗原,结果发现接受这种 CAR-T 细胞治疗的神经母细胞瘤患者中,至少有一半受试者的肿瘤发生消退或者坏死。分析其原因很可能是病毒抗原提供了额外的共刺激信号,提高了 CAR-T 细胞的体内存活能力,从而增强了 CAR-T 细胞的浸润杀伤肿瘤的能力。因此,在设计 CAR-T 细胞结构时,应针对实体瘤的特点进行调整,如与溶瘤病毒载体结合,既可以提高 CAR-T 细胞的迁移和生存能力,又可以直接裂解肿瘤细胞,从而改善对实体瘤的疗效。

另外,研究人员设计能够在体内执行一系列可定制反应(customizable response)的免疫细胞——合成 Notch(synthetic Notch,synNotch)受体 T 细胞,synNotch 受体一端伸出 T 细胞外,作为传感器组件特异性地识别多种不同类型的疾病信号,而另一端在细胞内,作为效应器组件将药物或者其他治疗载体高效地靶向肿瘤细胞。提高 CAR-T 细胞归巢到肿瘤组织的能力,并且当 CAR-T 细胞接触到肿瘤组织时,通过释放特定的抗体药物,如 PD-L1 单克隆抗体,改善免疫抑制的微环境,促进 CAR-T 细胞增殖。

最近有报道,在采用 CAR-T 细胞治疗脑胶质瘤时,针对 CAR-T 细胞治疗脑胶质瘤难以归巢的问题,研究人员们通过颅腔直接注射 CAR-T 细胞的方法取得较好疗效。

三、肿瘤微环境免疫抑制因素

肿瘤的微环境包含肿瘤细胞、基质细胞、细胞外基质以及周围的组织液及脉管系统等。肿瘤微环境中对肿瘤起抑制作用的因素主要来自四个方面,分别是:①免疫抑制细胞,如调节性 T 细胞(regulatory T cell,Treg)、骨髓来源的抑制性细胞、M2 型肿瘤相关巨噬细胞等;②抑制性细胞因子,如转化生长因子 TGF-β 、IL-10 等;③肿瘤细胞表面抑制 T 细胞功能的蛋白,如程序性死亡分子配体 1(programmed death-ligand 1,PD-L1)、B7-H 家族等;④由于肿瘤细胞快速增殖及脉管系统的异常,常导致肿瘤微环境具有低氧、低 pH、低糖,高水平的吲哚乙酸 -2,3- 双加氧酶,这种酶会分解环境中的色氨酸成为犬尿氨酸等免疫抑制性分子,同时,色氨酸还是一种必需氨基酸,其缺乏也会导致 CAR-T 细胞的免疫抑制,这些因素不利于 CAR-T 细胞的增殖活化。以上多种因素抑制性因素造成 T 细胞活化不足,甚至引起 T 细胞耐受,影响 CAR-T 细胞的疗效。

肿瘤微环境中存在大量的 Treg,抑制 CAR-T 细胞向肿瘤的迁移,减少抗原提呈,降低效应 T 细胞的活性。天然存在的 Treg 无论在体内还是体外都能够抑制 CAR-T 细胞表达 CAR。通过放疗和化疗降低 Treg 细胞的数目,从而消除免疫抑制,能够使 CAR-T 细胞清除肿瘤细胞。

针对免疫微环境的抑制问题,对 CAR-T 细胞进行相应的结构改造,主要包括以下三个方面:

(1)联合检查点阻断:CAR-T 细胞受制于肿瘤微环境中抑制性的免疫检查点信号,如 PD-1 配体或 CTLA4 配体。CAR-T 细胞自身表达 PD-1,PD-1 的配体是表达于肿瘤细胞表面的 PD-L1,两者结合之后抑制 T 细胞的活化增殖。在第二代 CAR 的结构基础上加上分泌 PD-1 单链抗体的基因序列(图 12-11),这样 CAR-T 细胞合成分泌 PD-1 单链抗体,PD-1 单链抗体与 CAR-T 细胞自身的 PD-1 结合,封闭了 PD-1 上的结合位点,从而阻止 PD-1 与肿瘤细胞的 PD-L1 结合,避免肿瘤细胞对 CAR-T 的抑制作用。同理可以构建表达 PD-L1 的单链抗体的第二代 CAR-T 细胞,CAR-T 细胞表达分泌 PD-L1 单链抗体,PD-L1 单链抗体结合肿瘤细胞表面的 PD-L1 抗原(图 12-12),对其起到封闭作用,从而阻止了 CAR-T 细胞 PD-1 与肿瘤细胞的 PD-L1 的结合,避免肿瘤细胞对 CAR-T 的抑制作用。这两种方法都可以增强 CAR-T 细胞对肿瘤的杀伤作用。

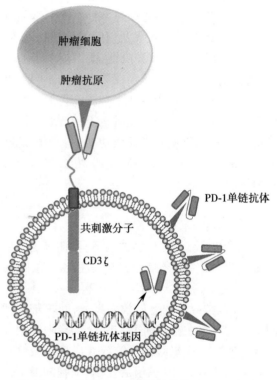

图 12-11　分泌 PD-1 单链抗体的 CAR-T 细胞

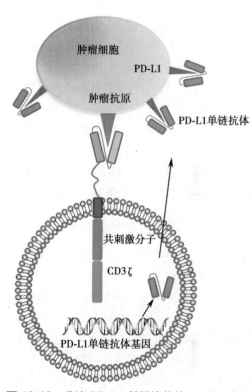

图 12-12　分泌 PD-L1 单链抗体的 CAR-T 细胞

有研究针对碳酸酐酶Ⅸ这个靶点设计出能分泌 PD-L1 单链抗体的 CAR-T 细胞,发现 PD-L1 单链抗体和肿瘤细胞的结合不仅在一定程度上解除了免疫抑制,如下调 CAR-T 细胞免疫抑制分子 PD-1、TIM3、LAG3 的表达,同时还上调了 NK 细胞对肿瘤细胞的 ADCC 作用,增强 CAR-T 细胞杀伤肾癌细胞的效率。

(2)分泌 IL-12:在实体瘤治疗时发现,CAR-T 细胞回输后的几天内就已经检测不到,然而在血液肿瘤完全缓解的治疗案例中,CAR-T 细胞的扩增能达到 10^5 倍,在循环系统中的 $CD3^+$ 淋巴群体中约占据 5% 的比例,并在体内存活至少 6 个月甚至长达几年。CAR-T 细胞在实体瘤中的疗效不佳,很可能与 CAR-T 细胞存活时间太短及扩增能力不佳有关。为增强 CAR-T 细胞在肿瘤微环境中的活化增殖及抗肿瘤疗效,对 CAR-T 细胞进行结构改造,使其分泌 IL-12。IL-12 属于 Th1 类细胞因子,全身使用 IL-12 会产生一些难以耐受的副作用和自身免疫疾病。构建 CAR-T 细胞时同时构建进入表达分泌 IL-12 的序列,使得 CAR-T 细胞在被肿瘤细胞激活时可自分泌 IL-12,IL-12 能刺激 CAR-T 细胞增殖,抵御免疫微环境对 CAR-T 细胞的抑制作用,延长 CAR-T 细胞在体内的存续时间,而且分泌的 IL-12 能使 CAR-T 细胞周围失活的肿瘤浸润淋巴细胞(tumor infiltrating lymphocyte,TIL)被重新激活,还能提高 IFN-γ 的表达水平,从而增强免疫杀伤细胞其对肿瘤的杀伤作用。

（3）双重受体 CAR-T 细胞：为了增强 CAR-T 细胞的持久性，改造工程 T 细胞使其表达两个人工受体，一个受体用于肿瘤相关抗原识别，另一个受体为 CAR-T 细胞提供细胞因子介导的生长刺激。

四、细胞因子释放综合征和肿瘤溶解综合征

细胞因子释放综合征和肿瘤溶解综合征的毒性和处理与本章第二节血液系统肿瘤的相关内容相似，在此不再赘述。

五、肿瘤异质性与复发

肿瘤的异质性是指肿瘤在生长过程中，经过多次分裂增殖，其子细胞呈现出分子生物学或基因方面的改变，从而使肿瘤细胞的生长速度、侵袭能力、对药物的敏感性、预后等各方面产生差异。肿瘤的异质性是恶性肿瘤的特征之一，也是肿瘤复发的主要原因之一。同一种肿瘤中可能存在多种不同的基因型或者亚型的细胞，因此同一种肿瘤在不同的个体身上可表现出不一样的治疗效果及预后，甚至同一个体身上的肿瘤细胞之间也存在不同的特性和差异。基因组不稳定性导致的肿瘤异质性，既可能源于遗传上的基因突变，也可能源于表观遗传上的基因修饰（如甲基化、乙酰化等）。实体瘤在原发灶的不同细胞群之间，或在原发灶与转移灶之间也可能存在异质性，导致同一肿瘤患者体内存在多种肿瘤抗原。针对一种抗原进行的 CAR-T 细胞治疗只能消除该种抗原的肿瘤细胞，而对于不表达这种抗原的细胞不能识别和杀伤，因此会导致治疗后的复发。抗 CD19-CAR-T 细胞治疗 B 细胞血液肿瘤成功的主要原因是这种肿瘤特异性地高表达 CD19 抗原，肿瘤的异质性的复杂程度较低。抗原突变数越少的肿瘤，肿瘤异质性越低，肿瘤抗原特异性越高，CAR-T 细胞治疗此类肿瘤效果越好。

六、基因突变与转染方法的改进

CAR-T 细胞疗法是在 T 细胞中插入一段外源 DNA 片段，理论上说其结构已被破坏，存在一定的致瘤风险。虽然目前并没有关于基因改造 T 细胞致瘤性的报道，但是研究者还是一直在关注此问题，也在不断通过优化载体类型和转染方式来降低插入突变的风险。

基因导入的载体主要分为病毒类载体和非病毒类载体。病毒类载体的转染效率高，培养 T 细胞到达临床数量的时间相对较短，且不同病毒载体具有不同表达特点，故在基础研究和临床试验中应用广泛，是目前主要的基因治疗载体。目前，CAR-T 细胞制备常用逆转录病毒载体系统或者慢病毒载体系统，这两种载体系统均能将 CAR 序列整合到 CAR-T 细胞基因组中，随着基因组的复制、细胞的增殖传递到子代细胞，同时该 CAR 转录、翻译表达出 CAR 蛋白。逆转录病毒感染的主要是分裂期细胞，对于非分裂细胞感染能力极弱。慢病毒则对分裂和非分裂细胞均具有较好的感染能力，因此慢病毒载体系统已经取代了逆转录病毒载体系统。但是这两种病毒载体系统均存在着非定点随机插入基因组的缺陷，可能插入到转录区中间或附近，因此有引起基因突变甚至诱发肿瘤的风险。虽然 CAR-T 细胞在临床应用中尚未发现致癌突变，但过去由逆转录病毒载体介导的造血干细胞基因治疗中，发生过因载体与基因组整合导致患者发生白血病甚至死亡的事件，因此仍然应该注意该类病毒载体插入突变的潜在风险。

鉴于病毒载体系统具有潜在的风险，可以考虑采用非病毒载体系统进行替代。如有采用电穿孔转染的方式导入编码 CAR 的 mRNA 的方法，这种电转直接导入的 mRNA 不能整合进入染色体，所介导的基因表达时间往往比较短，需要定期检查患者体内 CAR-T 细胞的存活数量。间皮素是一种肿瘤相关抗原，主要在大多数恶性胸膜间皮瘤（如胰腺癌、卵巢癌和肺癌）呈现高水平表达，但在正常腹膜、胸膜和心包间皮表面也有低水平表达。所以以间皮素为靶点的肿瘤免疫治疗，经常会发生瘤外靶点毒性，对正常组织造成损害。有研究人员使用电穿孔技术，将可介导抗间皮素 CAR mRNA 表达的非病毒载体，经电穿孔转染 T 细胞得到 CAR-T 细胞，经静脉注射后，发现 CAR-T 细胞可以在患者体内迁移至肿瘤的原发及转移区域，并有效激活抗肿瘤免疫反应，而且治疗过程中未发现不良反应。但是这种方法具

有明显的缺陷,由于 mRNA 半衰期短,表达蛋白时间短,CAR 蛋白表达量有限,虽然对肿瘤有一定的杀伤作用,但容易复发,因此患者需要多次输注 CAR-T 细胞以维持 CAR 的有效浓度和对肿瘤的持续杀伤作用。

另外可以采用睡美人转座子系统。睡美人(sleeping beauty,SB)转座子系统是一种古老的转座子,她已经沉寂了一千多万年,直到 1997 年,Ivics 等才揭示了其转座子活性。睡美人转座子是 Tc1/mariner 转座子超家族中的一员,可以将外源基因整合至细胞基因组而实现长期表达,可以避免 CAR 随机插入基因组的风险。该系统的转座酶可特异性切割转座子侧翼的特定序列,即含直接重复序列的短反向重复序列(inverted repeat containing direct repeated sequences),切割后的转座子通过"剪切和粘贴"模式,整合进入细胞基因组的 TA 二核苷酸位点。由于睡美人转座子系统的基因组整合位点很少发生在转录区中间或附近,所以发生插入突变的风险大大降低。睡美人转座子能在体外培养的大多数脊椎动物的细胞中发生转座,介导外源基因的稳定整合和长期表达。因此,睡美人转座子系统是除了慢病毒、逆转录病毒制备 CAR-T 细胞之外的另一种新的非病毒基因转染方法。目前,采用睡美人转座子系统的 CAR-T 细胞治疗已进入临床研究。

以上策略为避免在临床应用 CAR-T 细胞时出现毒副反应提供了可能,但每种设计思路又各自具有局限性,所以还应根据临床需要综合考虑、灵活运用。CAR-T 细胞治疗除了要考虑减少 CAR-T 细胞毒副反应,增强抗肿瘤疗效,还要考虑降低成本大规模生产的问题。要进行大规模生产,就要研发通用型 CAR-T 细胞,即对多种肿瘤都适用的广谱性的 CAR-T 细胞。目前的 CAR-T 细胞治疗基本属于个体化治疗,采用患者自身或者供者的 T 细胞进行结构改造获得的 CAR-T 细胞。这种个体化治疗方法在治疗成本、生产技术以及质量控制等方面均存在很大限制。未来的发展方向是要开发各种肿瘤都适用的通用型 CAR-T 细胞,进行批量生产。同代 CAR-T 细胞之间的区别主要是细胞外结构域的不同,细胞外结构域是针对不同肿瘤抗原设计的单链抗体,也就是说对不同肿瘤的 CAR-T 细胞,其区别主要是在细胞表面的单链抗体的不同,根据这一特点,考虑制备通用型 CAR-T 细胞,将 CAR 的细胞外结构域更换为卵白素,卵白素能与生物素特异结合(图 12-13A),在临床应用时根据不同肿瘤抗原,选择已经制备的生物素标记的单克隆抗体,与 CAR-T 细胞一起注射即可。另外,除了卵白素,还可以将 CAR 的细胞结构域替换成通用型的抗体,如异硫氰酸荧光素(fluorescein isothiocyanate,FITC)特异性单链抗体(图 12-13B),临床使用时与 FITC 标记的单克隆抗体结合即可。通用型 CAR-T 细胞的优点是可以进行批量生产,有利于质量控制、降低成本,真正将 CAR-T 细胞转变为药品。

图 12-13A 为肿瘤特异性抗体与生物素连接形成生物素化的抗体,CAR-T 细胞外结构域为卵白素,卵白素能与生物素特异结合,两者同时使用能使 CAR-T 细胞通过卵白素 - 生物素之间的连接作用识别结合肿瘤细胞表面的抗原。图 12-13B 为 CAR-T 细胞外结构域为通用型单链抗体,如 FITC 单链抗体,肿瘤特异性抗体被标记上 FITC,两者同时使用即能使 CAR-T 细胞通过 FITC 的中间桥梁作用识别结合肿瘤细胞的抗原。CAR-T 细胞疗法是当今最先进的肿瘤免疫细胞治疗技术,它的出现使得肿瘤免疫治疗进入一个新阶段,与以往的肿瘤治疗方法相比,该技术有很强的靶向性和个体性,它的出现是转化医学的又一大进步,成为继手术、化疗、放疗、靶向治疗后恶性肿瘤治疗领域的又一场革新。目前,CAR-T 细胞免疫疗法仍处于起步阶段,在技术研发、细胞制备及临床应用各个环节还存在许多问题亟待解决,在 CD19 表达阳性的 B 细胞血液肿瘤的治疗有显著的疗效,但还需找到其他血液肿瘤的最佳治疗方案,CAR-T 细胞疗法对于实体瘤的治疗还有许多困难需要克服。随着更多靶点的发现和不断的结构改造,CAR-T 细胞在实体瘤中的应用将有更广阔的发展前景。CAR-T 细胞具有强大威力,但其中具体机制尚未解释清楚,还需进一步研究人工构建的受体与免疫系统之间复杂的信号通路,为进一步降低细胞毒性、提高治疗效果提供新的思路。CAR-T 细胞疗法在安全性、有效性及大规模临床应用方面仍然存在着巨大的挑战,CAR-T 细胞治疗所产生毒副反应的个体差异较大,因此临床处理应做到密切监测、及时发现、加强支持及合理用药;在此基础上,需进一步制定临床参考路径及诊疗指南。相信未来随着 CAR-T 细胞治疗效应及毒副反应发生的机制逐渐被阐明,采用 CAR-T 细胞治疗肿瘤的前景将更加广

阔。CAR-T 细胞如果要成为药品,还必须明确其活性成分构成。如何利用并发展该项新技术,需要进一步深入地开展基础研究及临床试验,并且不断地总结和创新。随着对人体免疫系统和肿瘤免疫治疗的研究更加深入,相关临床数据不断积累,CAR-T 细胞疗法为医学发展及人类健康做出贡献。

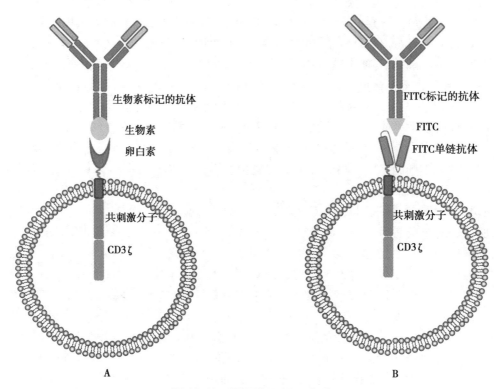

图 12-13　通用型 CAR-T 细胞

（吕昌莲）

参 考 文 献

［1］QI X, LI F, WU Y, et al. Optimization of 4-1BB antibody for cancer immunotherapy by balancing agonistic strength with FcγR affinity. Nat Commun, 2019, 10 (1): 2141.

［2］DAVILA M L, RIVIERE I, WANG X, et al. Efficacy and toxicity management of 19-CD28-CAR T cell therapy in B cell acute lymphoblastic leukemia. Sci Transl Med, 2014, 6 (224): 224-225.

［3］MAUDE S L, FREY N, SHAW P A, et al. Chimeric antigen receptor T cells for sustained remissions in leukemia. N Engl J Med, 2014, 371 (16): 1507-1517.

［4］LEE D W, KOCHENDERFER J N, STETLER-STEVENSON M, et al. T cells expressing CD19 chimeric antigen receptors for acute lymphoblastic leukemia in children and young adults: A phase 1 dose escalation trial. Lancet, 2015, 385 (9967): 517-528.

［5］TuRTLE C J, HANAFI L A, BERGER C, et al. CD19 CAR-T cells of defined CD4[+]: CD8[+] composition in adult B cell ALL patients. J Clin Invest, 2016, 126 (6): 2123-2138.

［6］QASIM W, ZHAN H, SAMARASINGHE S, et al. Molecular remission of infant B-ALL after infusion of universal TALEN gene-edited CAR T cells. Sci Transl Med, 2017, 9 (374): eaaj2013.

［7］KOCHENDERFER J N, DUDLEY M E, KASSIM S H, et al. Chemotherapy-refractory diffuse large B-cell lymphoma and indolent B-cell malignancies can be effectively treated with autologous T cells expressing an anti-CD19 chimeric antigen receptor. J Clin Oncol, 2015, 33 (6): 540-549.

［8］SABATINO M, HU J, SOMMARIVA M, et al. Generation of clinical-grade CD19-specific CAR-modified CD8[+] memory stem cells for the treatment of human B-cell malignancies. Blood, 2016, 128 (4): 519-528.

［9］ TURTLE C J, HANAFI L A, BERGER C, et al. Immunotherapy of non-Hodgkin's lymphoma with a defined ratio of CD8$^+$ and CD4$^+$ CD19$^-$ specific chimeric antigen receptor-modified T cells. Sci Transl Med, 2016, 8 (355): 355ra116.

［10］ WU C Y, ROYBAL K T, PUCHNER E M, et al. Remote control of therapeutic T cells through a small molecule-gated chimeric receptor. Science, 2015, 350: aab4077.

［11］ 吴晨, 蒋敬庭. CAR-T 细胞免疫治疗肿瘤的毒副反应及临床对策. 中国肿瘤生物治疗杂志, 2016, 23 (6): 745-750.

［12］ 张苗苗, 贾东方, 刁勇. 嵌合抗原受体 T 细胞肿瘤免疫治疗的风险与对策. 药学学报, 2016, 51 (7): 1032-1038.

［13］ 张昂, 张斌, 陈虎. 改进 CAR-T 细胞有效性和安全性的设计策略. 中国肿瘤生物治疗杂志, 2017, 24 (5): 461-466.

第十三章 基 因 治 疗

基因治疗(gene therapy)是现代医学与分子生物学相结合而诞生的新兴技术,通常是指利用分子生物学方法将目的基因导入患者的细胞,治疗其缺少这一正常基因所导致的某种疾病的方法。简而言之,该技术体系就是指通过分子水平的"手术"治疗或者预防疾病的方法。经过半个世纪的发展,基因治疗衍生出了新的内涵,比如与免疫技术、基因编辑工具结合,精准修复突变的基因。所以,近年来基因治疗也被代指改变患者基因功能的广义的治疗方法。

基因治疗是医学领域最新型治疗方法的典型代表,每一次突破和挫折都"精彩纷呈"。2012年之后,三种基因治疗药物 glybera、strimvelis 和 luxturna 陆续被欧盟和美国 FDA 批准上市,不但是基因治疗技术的里程碑事件,更证明该技术体系逐渐从理论研究走向应用,迎来了广阔且光明的未来。

第一节 基因治疗的基础知识

一、基因多样性与疾病

(一) 基因多样性概念

基因多样性(genetic diversity)又称遗传多样性,是指同种个体间因为其生活环境的不同,经历长时间的天择、突变所产生的遗传物质的多样性。遗传多样性越高,则族群中可提供环境天择的基因越多,其族群对于环境适应能力就越强,遗传多样性有利于族群的生存及演化。例如,人类有不同的肤色,这就是同种个体间性状的差异,而性状所表现的差异就是由基因的差异所引起的。基因多样性的研究为临床医学、遗传病学和预防医学的发展研究开拓了新的领域。人类基因多样性在阐明人体对疾病、毒物的易感性与耐受性、疾病临床表现的多样性以及对药物治疗的反应性上都起着重要的作用。

(二) 基因多样性与疾病的关系

1. 基因型与发病率 早期有关基因多样性的临床研究是从人类白细胞抗原(human leukocyte antigen,HLA)基因开始的。如 HLA-B27 等位基因与强直性脊椎炎发生率的密切关联,分析基因型在疾病发生易感性方面的作用,就可作为诊断的依据。通过对基因多样性与疾病的易感性的联系研究,可阐明人体对疾病、毒物和应激的易感性。如对 p53 抑癌基因多样性与肿瘤发生及转移的关系研究,就是从基因水平揭示人类不同个体间生物活性物质的功能及效应存在着差异的本质。疾病基因多样性与临床表型多样性的联系已受到重视,如肿瘤等多基因病的临床表型往往多样化,阐明基因型(genotype)与表型(phenotype)之间的联系在认识疾病的发生机制、预测疾病的转归等方面也有重要的作用。

2. 药物代谢与致病基因 致病基因的多样性使同一疾病的不同个体在其体内生物活性物质的功能及效应出现差异,即疾病基因多样性影响药物代谢的过程及清除率,导致治疗反应性上悬殊,从而影响治疗效果。基因多样性研究使得临床医生将有可能预断在同样的致病条件下不同的个体会出现什么样的病理反应和临床表现,按照基因多样性的特点用药,将会使临床治疗符合个体化的要求。如高血压的治疗,将根据基因多样性的研究选择更具针对性的药物,调整其剂量,而不是不加选择地使用血管紧张素转化酶抑制剂、钙通道阻滞剂或交感神经受体拮抗剂。合并症的防治也会更个体化、更具针对性。

3. 遗传病学方面 基因多样性的研究对于遗传病具有双重意义。首先,基因的有害突变,包括经典的点突变和已知的动态突变,都有可能成为生物体发病的根源,导致遗传病的发生和发展;其次,基因多样性位点众多,是很好的遗传标记,可以在遗传病的研究和临床诊断中发挥重要的作用。

(1)基因多样性导致遗传疾病:重复序列多样性作为遗传病的病因,如 CCG、CTG 和 CAG 这样的三核苷酸重复序列,当其拷贝数过度增高时可以引起强直性肌营养不良等。三核苷酸拷贝数的扩增或突变发生在世代传递过程中,由于拷贝数在世代间的改变,它被称为代际突变。目前代际突变疾病大多是些神经系统退行性疾病,也有少数肿瘤。代际突变疾病的发现提示序列拷贝数的多样性能够成为遗传病的病因。

(2)点突变引起的疾病:从镰刀状细胞贫血开始,突变引起各种遗传病的例子愈来愈多,遗传性肿瘤也逐渐被认识。

(3)多样性适于遗传标记:在疾病的关联分析和病因学研究方面,通过比较患病群体和正常群体,可以发现两组间多样性位点的特定等位基因频率有显著差别,则表明该位点与该疾病相关联。使用多样性标记的关联分析既可以提示相关基因存在的位置,也有助于发病机制的阐明。基因多样性还可以用于疾病的分型与治疗,即根据患者疾病多样性的基因型来解释疾病的病因和临床表现。

4. 预防医学方面 基因多样性的研究涉及的范围广泛,包括基因多样性与病因未知的疾病关系的研究,也包括对已知特定环境因素致病易感基因的筛选。由于基因多样性种族差异明显,因此在基因-环境交互作用模式上,不同的种族之间有可能不同。所以,开展我国人群的基因多样性与环境的作用关系的研究具有重要的意义。基因多样性的研究在职业病医学中则更具有实际的意义。对易感基因和易感性生物标志物的分析,将某些携带敏感基因型的人甄别开来,采取针对性预防措施,提高预防职业性危害工作的效率。对特定的污染物易感人群和耐受人群的基因多样性研究,有助于阐明环境因素的致病机制,也推动了遗传易感性标志物的研究。

(三) 基因治疗发展历史

1990 年世界上第一例基因治疗(gene therapy)临床试验在美国被批准实施,研究人员利用逆转录病毒载体将人腺苷酸脱氨酶(adenosine deaminase,ADA)基因体外导入淋巴细胞后再将其回输至体内,成功治愈了一名患有 ADA 缺乏性重度联合免疫缺陷病(severe combined immunodeficiency,SCID)的 4 岁女孩,这是人类历史上首例成功的基因治疗临床试验,该试验的成功标志着基因治疗时代的来临。然而,正当人们乐观积极地推广基因治疗的临床应用时,由于病毒载体的安全性问题导致悲剧发生。1999 年,1 名 18 岁美国男孩参与了美国宾夕法尼亚大学腺病毒载体介导的基因治疗项目,但后因对腺病毒载体的过度反应导致多器官衰竭死亡。另在 2002 年,接受逆转录病毒基因治疗的 SCID 患者发生了继发性白血病,主要是病毒序列整合到癌基因启动子后造成 LIM only protein 2 异常表达所致。自此,病毒载体带来的致病风险成为阻碍基因治疗发展最严峻的问题,绝大多数的基因治疗临床试验也相继中止。之后,基因治疗研究主要致力于开发更加安全有效的载体,在提高表达效率的同时更注重评估其安全性风险及相关机制研究,从而使试验性基因治疗临床研究缓慢地走出困境,步入了良性的发展轨道。

2009 年宾夕法尼亚大学利用腺相关病毒 2 型(adeno-associated virus type 2,AAV2)载体过表达 RPE65 蛋白成功治疗了雷伯氏先天性黑蒙症(Leber's congenital amaurosis,LCA)。2011 年,St.Jude 医院使用 AAV8 载体治疗血友病并取得一定临床疗效,从而使基因治疗重新引起了大众的关注。至今已有超过 2 300 项临床试验被批准进行,其中发展最快、突破性最大的基因治疗应用主要集中于发病机制明确的遗传性疾病包括血友病、儿童 ADA 缺乏性 SCID 等。2016 年逆转录病毒载体衍生的基因治疗药物 strimvelis 被欧洲药品管理局(EMA)批准用于治疗儿童 ADA 缺乏性 SCID。strimvelis 由意大利 San

Raffaele Telethon 研究所与葛兰素史克公司(GSK)联合开发,通过病毒载体将正常基因整合到患者造血干细胞,成功治愈18名患者。这种整合性病毒载体的临床应用意味着基因治疗的安全风险上的可控性,以及在分子水平上治愈遗传性疾病的潜力。

二、基因治疗的原理

(一)基因治疗的概念

基因治疗是指应用基因工程和细胞生物学技术,将一些具有治疗价值的外源基因导入体内,通过修复或补充失去正常功能的某些基因,或者抑制体内某些基因的过剩表达以达到治疗目的的方法。基因治疗通常包括基因置换、基因修正、基因修饰、基因失活等。简而言之,基因治疗就是指通过基因水平的操作而达到治疗或者预防疾病的疗法。

(二)基因治疗的分类

第一类是体细胞的基因编辑治疗。该种基因治疗是对具有某种基因疾病的个体的体细胞中基因进行编辑,编辑后的产物可以对疾病进行治疗。这种治疗方法仅限于治疗个体某一细胞内基因改变,无法传给后代。此方法已经有药物上市并取得较好的治疗效果。

第二类是生殖细胞基因编辑。该种基因治疗是对具有基因缺陷的生殖细胞进行矫正,基因编辑后会改变个体生殖细胞及子代基因组,是当前基因治疗的一个可以发展的方向,但因为涉及子代基因的改变,引起伦理学界极大的争论。

第三类是从医学角度改变人类本身基因组。一些科学研究表明,对人体没有的某些基因进行编辑后可以达到对某些疾病治疗的效果,但是这些理论还存在争议,对此类基因编辑以后的所产生的后果也没有明确的实验数据支持。

第四类是从非医学角度改变人类本身基因组。通过基因编辑加入其他生物体内某些特殊功能所对应的基因,以期使被编辑者获得人类没有的功能,如将猫可以夜间视物相关的基因导入人体使人也获得此功能。这种编辑方式可能带来无法预测的后续结果,所以现阶段还不是研究方向。

(三)基因治疗的步骤

针对某一疾病进行基因治疗首先需要选择待治疗的基因,对单个基因缺陷引起遗传性疾病一般采用"缺什么补什么"的原则,即将正常基因运送到有病的细胞中取代缺陷基因,使细胞功能恢复正常。对于多基因疾病,从中选择出其中的主导基因,对其进行替换或抑制,以减缓患者的症状。选择好治疗基因后,需要根据基因选择运输治疗基因的载体,将治疗基因转入患者体内。转入体内的外源基因必须保持完整无损,能在细胞内表达出正常功能的蛋白质,才能真正发挥其治疗作用。

(四)基因治疗的途径

1. 体外疗法 在体外将外源基因导入载体细胞,经过筛选增值后将基因成功转染的细胞回输给受试者,使携带有外源基因的载体细胞在体内表达相应的治疗产物,以达到治疗的目的。

2. 体内疗法 将外源基因导入受体体内有关组织和细胞内,以达到治疗目的,缺点是基因转染效率低。

(五)基因治疗的载体

有效的基因治疗依赖于外源基因在受体中高效、稳定的表达,而这在很大程度上取决基因治疗所采用的载体系统。基因治疗载体可分为两大类:病毒性载体和非病毒性载体。详见第二节基因载体部分。

(六)基因治疗的现状

目前基因治疗已在多个领域中取得不少成果,随着安全性的不断提高,越来越多的临床试验被批准进行,至今已超过2 300项。因单基因遗传性疾病发病机制相对明确,基因治疗在此类疾病领域的发展最迅速,应用最广泛。此外,由于终末期肿瘤患者对于基因治疗这类新型治疗方法的接受度相对较高,伦理学问题较少,因此肿瘤治疗的试验性临床研究较多。基因治疗在感染性疾病、糖尿病等疾病的治疗中也有尝试。

三、基因治疗与遗传缺陷类疾病

经过多年发展,迄今已有几十种遗传病被列为基因治疗的研究对象,其中部分研究已进入临床实验阶段,主要包括血液系统单基因遗传病,如血友病、地中海贫血、镰状细胞贫血和其他系统遗传性疾病,如眼部遗传性疾病、免疫缺陷性疾病等。

(一)血友病

血友病是一类由于缺乏凝血因子 F Ⅷ或 F Ⅸ所致的出血性疾病,目前主要依靠蛋白质替代治疗缓解相关症状。20 世纪 90 年代国际研究机构以及我国复旦大学便已采用慢病毒载体开展血友病 B 基因治疗临床研究,然而由于各种因素导致研究中断而宣告失败。2011 年底,Nathwani 等在《新英格兰医学》杂志首次报道利用 AAV 介导肝脏细胞表达人 F Ⅸ成功治疗 6 名重型血友病 B 患者,结果表明患者血浆 F Ⅸ表达提高到正常人血浆水平的 3%~11%,成功改善患者出血症状,有效提高患者的生活质量,是血友病基因治疗的一个重大突破。2014 年该试验 3 年以上的随访数据表明,这一治疗策略可使患者体内长期稳定地表达安全有效的凝血因子并控制出血征象。此后,Spark、uniQure、BioMarin、Sangamo 等公司相继启动了利用 AAV 载体进行血友病基因治疗临床试验。2016 年,用于治疗血友病 B 的基因治疗药物,即来自 Spark 的 SPK-9001(ssAAVhFIX-R338L)和 uniQure 的 AMT-060(scAAV5-cpFIX)在"WFH2016 世界大会"上公布其临床试验Ⅰ/Ⅱ期的数据,确认了这种治疗的有效性和安全性,并被 FDA 认证具有"突破性疗法"资格。而相比于血友病 B,血友病 A 基因治疗还大多处于临床前期研究阶段,目前只有 BioMarin 公司于 2015 年启动的编号 BMN270(ssAAV5-cpBDDFVIII)的血友病 A 基因治疗项目正在进行中,相关数据有待进一步公布。

(二)地中海贫血

地中海贫血的发病机制是基因突变导致构成血红蛋白的珠蛋白链异常,最终不能产生正常血红蛋白,从而引发一系列临床症状。2015 年 BlueBird 公司研制的基因治疗药物 LentiGlobin BB305 获得 FDA "突破性疗法"认证,用于治疗 β-地中海贫血。LentiGlobin 是携带正常 β-球蛋白表达基因的慢病毒载体,经体外感染从患者体内分离的骨髓造血干细胞后,再回输至患者体内,可在一定程度上恢复患者合成正常血红蛋白的能力。在该研究中,4 名主要依赖于输血的重度 β-地中海贫血患者在接受该疗法后,体内可产生正常血红蛋白,均超过 3 个月未进行输血治疗,其中 1 名患者保持了长达 12 个月的无须输血记录。因此该疗法可有效减少重度 β-地中海贫血患者输血频次以及输血相关并发症的发生,从而改善患者生存质量。同年另一个研究团队公布了该疗法用于治疗地中海型贫血与镰状细胞贫血安全性和有效性的临床前期评估结果,为该基因疗法应用于镰状细胞贫血的临床应用提供了有力支持。

(三)镰状细胞贫血

镰状细胞贫血也是由于血红蛋白基因缺陷导致的疾病,但与地中海贫血因为基因突变导致血红蛋白合成障碍不同,其发病机制是 β-血红蛋白基因发生定点突变导致血红蛋白分子结构改变,使红细胞在缺氧时变成镰刀形而失去正常供氧功能。近期,镰状细胞贫血的基因治疗临床试验取得了突破性进展,2017 年 Ribeil JA 等在《新英格兰医学》杂志上宣布,利用 Bluebird 公司研发的 LentiGlobin BB305 基因疗法进行的镰状细胞贫血基因治疗临床试验已成功治愈 1 名法国镰状细胞贫血患者,患者的健康水平得到了大幅上升,无须依赖药物治疗。经过 15 个月的治疗,其体内的红细胞已经半数恢复正常,在 3 个月之内都没有接受输血治疗。该疗法标志着基因治疗在血红蛋白病治疗中的成功。

(四)眼部遗传性疾病

眼部遗传性疾病如视网膜色素变性、Leber 先天性黑矇等属于单基因缺陷性疾病。此外,眼球属于相对免疫赦免器官,因此在基因治疗发展之初成为了首选。重组腺相关病毒(rAAV)载体在此领域使用较多,其中 rAAV5 血清亚型对眼球细胞具有高度亲嗜性,成为近年来眼部疾病基因治疗使用最广泛的载体。在多数情况下,AAV 载体将缺失基因直接导入眼球细胞从而加以治疗,而青光眼则是利用载体将表达抑制凋亡蛋白的基因等导入眼球细胞进行治疗。

（五）其他疾病

除了血液系统和眼部遗传性疾病外,重症联合免疫缺陷病、低密度脂蛋白缺乏的家族性高胆固醇血症、脂蛋白脂酶缺乏的家族性高乳糜微粒血症、跨膜转导调节因子缺乏的囊泡性纤维症,以及抗肌萎缩蛋白基因突变所致的进行性肌营养不良等疾病的基因治疗研究也发展迅速。目前相关临床试验均取得较大突破,在 2012 年和 2016 年基因治疗药物 glybera 和 strimvelis 被 EMA 批准分别用于治疗脂蛋白酶缺乏症和儿童腺苷脱氨酶缺乏性重度联合免疫缺陷病。

四、基因治疗与癌症

（一）肿瘤的发生机制

肿瘤的发生机制至今尚未完全明确,但目前比较一致的看法认为肿瘤的发生是由于细胞的生长调控机制紊乱造成的。正常细胞的生长增殖是由两大类基因调控的,一类是正调控基因,它能够促进细胞的生长和增殖,并阻止其终端变化,现在已知的大多数癌症基因是起这种作用;另一类为负调控基因,它能够促进细胞成熟,向终端化发展,最后凋谢死亡,抑癌基因的功能主要是通过发挥这个作用实现的。这两种信号在正常情况下保持动态平衡,对细胞的生长增殖和死亡进行精确的调控。一旦两者的平衡遭到破坏,如某种癌基因被激活或者抑癌基因的灭活以及相关物质的表达异常,则将导致细胞增殖调控的紊乱,引起细胞过度增生而发生癌变。肿瘤的基因治疗就是基于这种机制而发挥作用的。

（二）肿瘤基因治疗的常用策略

1. 基因添加　抑癌基因是存在于正常细胞中的一种抑制肿瘤发生的基因,其作用是抑制增殖或者转移,促进分化,诱导凋亡。当它缺失或者变异时,机体的抑癌功能失去,肿瘤发生。因此,将正常的抑癌基因表达载体导入肿瘤细胞以恢复抑癌基因的转录表达,从而抑制肿瘤的发生。

2. 基因干预　原癌基因存在于正常细胞中,其表达产物与细胞的正常生长、增殖和分化过程相关,在被某种因素激活后才会转变成有转化细胞活性的癌基因,诱导肿瘤的发生。因此,通过封闭或者阻断癌基因的表达,可以达到治疗肿瘤的目的。目前已经在临床上应用的方法是利用反义寡核苷酸技术,即合成与原癌基因 mRNA 互补的寡核苷酸,通过碱基互补配对原则高度特异性地与肿瘤细胞中原癌基因的 mRNA 结合,干扰这些原癌基因的转录和翻译,以及关闭其表达。利用这一原理,临床上已有针对 *bcl-abl* 癌基因的反义 RNA 来治疗慢性粒细胞白血病。

3. 自杀基因　将一编码敏感因子的基因转入肿瘤细胞,使该细胞对某种原本无毒或者低毒的药物产生特异的敏感性而死亡,这种基因被称作"自杀基因"。例如,将 HSV-TK 基因(单纯疱疹病毒胸苷激酶基因)转导入肿瘤细胞,当给予醋酸奥曲肽注射液时,可使癌细胞合成 RNA 中断而自杀。

4. 肿瘤免疫基因治疗　肿瘤免疫基因治疗是目前应用最为广泛的肿瘤基因治疗,主要通过向宿主细胞导入某些细胞因子(白介素 -2、肿瘤坏死因子等)的基因,从而提高对肿瘤的杀伤能力。也可将某些免疫识别有关的基因导入肿瘤细胞,增强免疫系统对肿瘤的识别能力。目前肿瘤疫苗治疗也是一种新的研究方向,其中研究最多的是树突状细胞(DC)疫苗。活化的 DC 已经成为某些肿瘤的有效治疗手段之一,用于治疗淋巴瘤、乳腺癌、胃癌等,并取得了一定的成果。DC 疫苗作为肿瘤生物治疗的方案已获 FDA 批准进入Ⅲ期临床,被誉为当前肿瘤生物治疗和基因治疗最有效的方法。

5. 提高化疗效果的辅助基因治疗　肿瘤细胞之所以逃逸宿主的免疫监视,主要由于其抗原性弱,不易被宿主的免疫系统识别。因而利用基因工程手段将目的基因导入肿瘤细胞,可提高肿瘤细胞的抗原性,加强其对宿主的免疫系统的刺激,从而达到肿瘤治疗的目的。

6. 耐药基因治疗　肿瘤细胞对化疗药物产生耐药性是导致化疗失败的重要原因,这种耐药性常涉及多种不同的药物,故称作多药耐药(multidrug resistance,MDR)。它的分子基础在于 *mdr* 基因编码蛋白 P-170 能将毒性物质泵出细胞外,本身是一种正常保护机制,但肿瘤细胞中 *mdr* 过度表达,使化疗药物不能在细胞中积聚,从而产生耐药性。目前一方面可利用核酶切割破坏 RNA,阻断其功能来抑制肿

瘤细胞 *mdr* 基因的表达;另一方面可将 *mdr* 基因导入正常细胞内,使之处于耐受化疗制剂的状态,可使患者具有大剂量化疗药物的承受能力,降低副作用。

第二节 基因导入与基因治疗

一、基因导入实现治疗的原理

基因治疗与传统的基因工程药物相比,治疗方式上有很大不同,它是将外源基因导入至靶标部位,通过控制目的基因的表达,纠正、替换或者补偿异常基因或致病基因而发挥治疗作用。基因治疗的过程包括:①目的基因的获取;②治疗靶位的选择(器官、组织及细胞);③目的基因的导入;④基因的表达与调控。在这个过程中,目的基因的成功导入是基因药物发挥作用的关键环节。基因是由核苷酸组成的DNA 核酸生物大分子,如果将裸露的目的基因直接注射进体内,一方面极易被体内核酸酶降解,另一方面由于本身带负电荷,与体内带负电荷的细胞膜发生排斥作用,难以进入细胞内发挥作用。因此更为有效的措施是选用合适的基因载体导入基因。由基因载体包载基因形成的系统称为基因导入系统(gene delivery system)。

理想的基因载体应当具备的条件包括:①携带目的基因的 DNA 定向导入到特定的靶器官、组织及细胞部位,并且能保护其免受体内核酸酶的降解;②克服细胞膜对目的基因的排斥作用,高效地穿透细胞膜进入细胞内;③稳定性好,无毒性或者低毒性,对机体安全且无害;④基因能有效地从基因载体中释放出来,高效地进行表达。

二、基因载体

基因载体通常分为两种:病毒载体和非病毒载体。由病毒载体介导的基因导入称为“转染”;由非病毒载体介导的基因导入称为“转导”。病毒载体导入基因的效率较高,但是安全性较低;而非病毒载体比病毒载体的安全性高,但是导入效率相对较低。

(一)病毒载体

研究表明,大多数病毒能够感染特定的细胞,在机体内不易被降解,且能够整合到宿主细胞的染色体 DNA 中,这些特性使病毒载体成为分子生物学研究中较好的基因导入工具。目前临床上 70% 以上的基因导入手段均选用的是病毒载体。野生病毒在用作病毒载体之前,需要将其与致病、感染与复制相关的基因片段从基因组中删除,从而减弱病毒致病力和复制能力。之后再将目的基因插入至合适的位置,得到相应的病毒载体。病毒载体分为 RNA 病毒载体和 DNA 病毒载体。RNA 病毒载体包括逆转录病毒载体(retrovirus vectors)、慢病毒载体(lentivirus vectors)等;DNA 病毒载体包括腺病毒载体(adenovirus vectors)、单纯性疱疹病毒载体(herpes simplex virus vectors)、腺相关病毒载体(adeno-associated virus vectors)、痘病毒载体(poxvirus vectors)和牛痘病毒载体(vaccine virus vectors)等。其中最常用的 DNA 病毒载体是腺病毒载体和腺相关病毒载体。

1. RNA 病毒载体

(1)逆转录病毒载体:逆转录病毒是属于转录病毒科的一种 RNA 病毒,能够在逆转录酶的作用下以 RNA 为模板合成 cDNA,再以 cDNA 单链 DNA 为模板合成 DNA 双链,并整合至宿主染色体中,进一步完成自身组成蛋白的转录和翻译过程。逆转录病毒中绝大多数是基于小鼠白血病病毒(MoML)结构改造而产生,且是目前临床上使用最多的病毒载体,广泛应用于肿瘤、遗传或者获得性单基因疾病及艾滋病的治疗。逆转录病毒由于直接嵌入宿主的 DNA 中,因此能够持久高效地表达目的基因,具有较高的转染效率。但是只能是针对分裂期细胞,对静息细胞几乎无作用。

(2)慢病毒载体:慢病毒是逆转录病毒的一个亚型,慢病毒种类较多,主要以人类免疫缺陷病毒 1 型

（human immunodeficiency virus type 1，HIV-1）、非人类免疫缺陷病毒 1 型（non-HIV-1）和猫免疫缺陷病毒（feline immunodeficiency virus，FLV）为结构基础发展产生。其中，对于 HIV-1 的研究较多，因此 HIV-1型载体成为其中最为常用的慢病毒载体。相比于逆转录病毒载体，慢病毒载体的细胞导入和整合效率均更高，能够同时感染分裂期细胞和非分裂期细胞，对包括干细胞在内的不同来源的细胞均有较为稳定且高效的感染。

2. DNA 病毒载体

（1）腺病毒载体：腺病毒是无被膜的双链 DNA 病毒，腺病毒载体属于腺病毒家族的一员，不同于RNA 病毒的是，其不能整合到靶细胞的基因组 DNA 中，感染性依赖于其与特定的靶细胞表面的腺病毒受体（coxsackie-adenovirus receptor，CAR）结合而进入细胞内，腺病毒表面的包膜纤维蛋白介导与靶细胞的黏附。

腺病毒载体可以产生较高的滴度，可以高效地感染分裂期细胞和非分裂期细胞，并且基因导入效率较高，制备和操作更为容易。但是腺病毒载体目前在应用时有较高的免疫原性，导致其在靶细胞内的表达时间较短。机体的免疫应答不仅引起宿主细胞发生炎症和毒性反应，而且通过减弱细胞信号转导及产生免疫中和抗体降低腺病毒载体的导入效率。但是在肿瘤治疗中，这种免疫反应可能是对宿主产生的保护作用。

（2）单纯性疱疹病毒（herpes simplex virus，HSV）载体：HSV 是一种含双链 DNA 的病毒，可容纳较大的外源基因，最长可插入超过 150kb 的 DNA 片段；感染滴度较高，可以同时感染分裂期细胞和非分裂期细胞。目前临床应用较多的是 Ⅰ 型单纯性疱疹病毒（HSV-Ⅰ），其具有嗜神经的特性，感染后可以在宿主神经元呈长期潜伏状态。基于此特性，HSV-Ⅰ 可用作导入神经系统的病毒载体。以 HSV-Ⅰ 为结构基础改造的病毒载体已被用于治疗恶性神经胶质瘤、间皮瘤、慢性神经系统疾病、帕金森病、神经精神类等疾病。

（3）腺相关病毒（adeno-associated virus，AAV）载体：AAV 是一类人类非病原性的细小病毒，也被称为缺陷型单链 DNA 病毒，其正常感染宿主细胞功能的发挥通常需要其他病毒（如腺病毒、单纯性疱疹病毒）的辅助。AAV 载体可同时感染分裂期细胞和非分裂期细胞。单独的 AAV 载体可整合至人类宿主细胞内 19 号染色体的特定位点上，但是对人体无致病性和潜伏性，且可以长期稳定地表达，因此其可用作多种组织细胞导入基因的优良载体。目前应用较多的为 AAV-2 型载体，其对肝细胞和神经元有较高的导入效率。

（二）非病毒载体

虽然目前多数基因治疗均采取病毒载体，但是其靶向性和特异性差、携带基因能力有限、生产包装过程复杂、安全性较差等问题极大限制了病毒载体的临床应用。而由非病毒载体组成的基因导入系统具备安全性高、易于构建及修饰、低免疫原性、靶向性好等优点，因此对非病毒载体的开发成为当下基因治疗的又一热点。非病毒载体导入系统主要分为物理机械法、阳离子脂质体、高分子聚合物、多糖聚合物、无机纳米材料等。非病毒载体尽管有相对较高的产量，毒性和免疫原性均较低，但是相比于病毒载体，基因导入效率较低，并且表达时间多数较短，阻碍了其在很多需要高水平基因持续表达的疾病中的应用。

1. 物理机械法　当前对于裸目的基因 DNA 的导入多采用人工干预的物理机械方法，较为常用的有直接注射法、电穿孔法（electroporation）、超声法（ultrasound）、基因枪（gene gun）方法等。

（1）直接注射法：基因直接注射法是将外源的裸 DNA 直接注射进入体内的基因导入方式。目前常用的注射部位为皮下及肌肉组织。由于 DNA 结构所固有的简单性及较容易通过基因重组技术获得，在应用早期被当作是非病毒载体的一种。DNA 注射以后，不会在距注射点较远的位置扩散或表达，并且经过多次注射后的哺乳动物细胞，也基本不易引起自身免疫反应。这种方法正在被用于基因疫苗的开发及杜兴肌营养不良症、外周肢体缺血、心脏缺血等疾病治疗的研究。

基因注射后的表达量与注射速度和体积有关，并且当剂量达到一定值后，再增加注射剂量表达水平也不会提高。此外,由于外源 DNA 在体内易于被核酸酶降解,使其基因转导效率较低,基因表达量在治疗部位难以达到有效的治疗剂量,限制了其在临床的实际应用。

(2)电穿孔法(electroporation):该方法导入外源基因的机制是,在高压脉冲的条件下,细胞膜的电化学势能和结构发生改变,细胞膜发生破裂,产生暂时且可逆性的孔道,外源基因能够通过这些孔道进入细胞内。这种基因导入方法相比于其他方法,具有简单、快速且转染效率高等优点。该方法主要用于体外细胞的转染,尤其适用于磷酸钙沉淀法不能应用的悬浮细胞及一些脂质体难以转染的细胞。

电穿孔导入基因的效率受电脉冲的时长、次数及强度等因素的影响,且容易造成细胞死亡。在实际应用时,需要针对不同的细胞,具体优化电穿孔的参数条件,提高细胞存活率且增加转导效率。

(3)超声法(ultrasound):该方法通过超声产生的能量将外源性治疗基因导入靶标部位。超声法起作用的关键机制是其特有的"空化效应"。微泡是一种由高分子材料组成的内含气体的小球,将携带目的基因的微泡对机体进行局部或者静脉注射,在靶部位进行超声处理,使微泡破裂释放出外源基因,超声处理和微泡破裂产生的"空化效应"能够使细胞膜被击穿,使外源基因透过细胞膜的可逆性小孔进入细胞内发挥作用。也有研究认为,是超声处理产生的"声孔效应"使细胞膜发生破裂。声孔效应是指一定的超声强度使细胞膜的流动静压力发生变化,诱发细胞膜破裂。超声微泡法具有毒性低、免疫原性低等优点,已经成功被用作超声微泡造影剂、前列腺癌等癌症的治疗。

(4)基因枪法(gene gun):将负载有外源基因的金属颗粒经加速后,高速射击靶标组织或细胞,包载有外源基因的金属颗粒可以穿透组织和细胞膜进入细胞内,实现外源基因的导入。根据驱动力的不同,基因枪分为三种类型:高压放电式、火药式、压缩气体式。通过调节基因枪的轰击物理参数及对组织细胞培养条件的优化,可以提高在不同细胞的导入效率。基因枪一般用于将基因导入具有再生能力的细胞或组织,在植物性状改良中有较为广泛和成熟的应用,通过外源基因的导入赋予水稻、玉米、烟草等多种植物物种抗虫、抗病等优良特性。也可以用作受精卵、胚胎细胞、初级分化细胞等动物细胞的基因导入手段。随着基因枪法技术的成熟,其应用领域也扩展到动物免疫及疫苗等领域。

虽然基因枪具有简单、快速等优点,但是也存在一系列缺点,如基因导入后表达时间短、表达量较难调控、准确性不足等,此外在实际应用中,较高的成本也限制了其大规模的应用。

2. 阳离子脂质体　脂质体是由一层或者多层磷脂分子在水中经过疏水相互作用形成的具有双分子膜的闭合囊泡结构。亲水性头部分布于双分子膜的内外两侧,疏水性尾部分布于中间。根据所带电荷的不同,脂质体共分为阳离子脂质体、中性脂质体和阴离子脂质体。阳离子脂质体是目前最为常用的非病毒基因载体之一,结构由阳离子脂质、中性辅助脂质及连接基团三部分组成,相比于不带电荷的中性脂质体和带负电荷的阴离子脂质体,阳离子脂质体能够依靠自身阳离子脂质部分所带的正电荷和带负电荷的外源 DNA 发生静电相互作用,将 DNA 紧密压缩至脂质体的内部形成载基因复合物。带正电荷的脂质体基因复合物和带负电荷的细胞膜产生静电吸附,通过内吞作用形成内涵体进入细胞内。阳离子脂质能够与内涵体膜产生静电相互作用,促进外源 DNA 从内涵体中释放出来。而中性辅助脂质(二油酰磷脂酰乙醇胺或胆固醇)的加入起到稳定脂质体整体结构、促进其被细胞膜内吞及促进外源 DNA 的内涵体逃逸等作用。

阳离子脂质体具有体内毒性和免疫原性低、易于被降解、操作简单易行及转染效率较高等优点,但是带正电荷的阳离子脂质体基因复合物易于与血液循环中带负电荷的血清蛋白结合,聚集沉淀及被体内网状内皮系统降解,降低了其体内的转染效率。为了降低脂质体的不良反应及提高体内转导效率,研究工作者基于脂质体的基本结构进行了一系列的改造和修饰工作。聚乙二醇(PEG)是一种环氧乙烷和水的聚合物,PEG 修饰脂质体后能够依靠其空间构象和氢键形成一层具有立体结构的水分子保护膜,从而能够抵御免疫系统的识别和清除,降低血清蛋白的吸附和沉淀,进而可以显著提高脂质体的稳定性,延长体内血液循环时间。为了进一步增加 PEG 修饰后脂质体的体内靶向性和摄取率,研究者们采取了进一步的修饰手段,如用靶向肽、金属蛋白酶和酸性敏感剂等分子和 PEG 共修饰的脂质体在体内有更好的肿瘤组织靶向和穿透能力,并且细胞内吞和内涵体逃逸的能力均有不同程度的提高。

3. 阳离子聚合物 随着技术的发展,阳离子聚合物在非病毒载体中得到了越来越广泛的应用。此类聚合物主要由高分子聚合材料组成,共同特点是在酸性或者生理条件下带正电荷,能够压缩 DNA 形成纳米材料基因复合物,将外源 DNA 导入至体内。主要包括聚乙烯亚胺、多聚赖氨酸、聚酰胺 - 胺型树枝状大分子等。

(1)聚乙烯亚胺(polyethylenimine,PEI):PEI 是造纸和食品工业等领域常用的聚合物。1995 年,研究者首次发现 PEI 可以用作基因载体材料,此后经研究证明 PEI 是最有效的非病毒载体之一。PEI 的单体分子式为 -CH$_2$-CH$_2$-NH-,结构中每隔三个原子含有一个氨基。PEI 种类较多,其中主要有线状和链状两种类型,分子量从 1 ~1 600kDa 不等,分子量在 5~25kDa 之间的 PEI 适合基因转染。随着分子量的增加,转染效率逐渐提高,但毒性随之也会增大。PEI 相比于其他聚合物具有较高的转染效率,主要是因为其特有的"质子海绵效应",基本原理为:PEI 利用其伯氨基质子化产生的较高密度的正电荷与 DNA 产生静电吸附结合在一起形成载基因复合物,将其导入体内后,其表面的正电荷与带负电荷的细胞膜结合,通过内吞进入细胞形成内涵体,内涵体与溶酶体融合,PEI 的氨基所带的高正电荷和缓冲能力使溶酶体的质子泵持续开放,最终引起溶酶体肿胀破裂,释放出的 DNA 经过核孔进入细胞核,目的基因后经转录、翻译得以表达。

由于 PEI 在实际应用中存在转染效率和毒性存在矛盾、靶向性差等问题,不同的修饰策略应运而生。用各类主动靶向配体(如单克隆抗体、靶向肽、转铁蛋白、表皮生长因子等)修饰 PEI,能够增加转染效率和在靶标组织的富集;用 PEG 或羟基修饰 PEI,降低了细胞毒性和体内网状内皮系统的清除,延长了体内半衰期;用疏水基团对 PEI 进行骨架嵌合,能够增加其生物相容性和转染效率。利用交联剂(酰胺、苷、酯等)交联的小分子量的 PEI,具有较高的转染效率和较低的毒性。

(2)多聚赖氨酸(poly-L-lysine,PLL):PLL 是由一定数量的赖氨酸缩合而成的线性多肽,其侧链的伯胺可以质子化带上一定的正电荷,能够将 DNA 压缩至粒径很小的纳米复合物。其纳米复合物的粒径和转染效率受 PLL 分子量大小的影响,随着分子量的增加,正电性越来越强,粒径逐渐减小,压缩 DNA 的能力也逐渐增加。纳米复合物的稳定性受制备方法影响较大,PLL 的修饰手段包括 PEG 修饰、靶向基团修饰等,均能一定程度地增加转染效率、延长体循环半衰期。但是,由于 PLL 相对缺乏溶酶体逃逸能力,其转染效率相对较低。

(3)聚酰胺 - 胺型树枝状大分子[poly(amidoamine),PAMAM]:PAMAM 是通过乙二胺聚合而形成的树枝状高聚物,是目前研究较为广泛的树枝状大分子之一。PAMAM 末端的氨基能够质子化使其带上正电荷,能够压缩 DNA 形成纳米复合物,同样有类似于 PEI 的"质子海绵效应",具备溶酶体逃逸能力,在体内外均有较高的转染效率。虽然 PAMAM 可作为一种高效的基因载体被应用,但是研究发现它在体内能够使红细胞聚集发生溶血。PEG 修饰后的 PAMAM 毒性明显的降低,调节 PEG 修饰率至一定比例可以使其仍旧保持较高的转染效率。有研究用促黄体素释放素作为靶向配体修饰 PAMAM,修饰后的 PAMAM 能够有效地运送 siRNA 至卵巢癌细胞进行高效的表达。

4. 多糖聚合物 多糖是自然界中种类十分丰富的生物材料,以天然多糖为基因载体得到越来越广泛的应用,其中具有代表性的多糖有壳聚糖、环糊精、普鲁兰多糖、葡聚糖、甘露聚糖、植物多糖和透明质酸等。

(1)壳聚糖(chitosan):壳聚糖又名脱乙酰几丁质或可溶性甲壳素,是甲壳素脱乙酰化而形成的生物大分子。壳聚糖是多糖中唯一的碱性多糖,来源丰富、性质稳定、毒性低、免疫原性低且具有良好的生物相容性。壳聚糖被认为是一种极具潜力的多糖类非病毒载体。在酸性条件下,壳聚糖分子中的氨基发生质子化而使自身带上正点荷,能够与带负电的 DNA 发生静电吸引而形成纳米级复合物,该复合物能保持较长时间的稳定状态。壳聚糖为增加壳聚糖的细胞内吞能力和转染效率,研究者们先后进行了一系列修饰工作。如用乳糖基、氨基酸等疏水基团对其结构进行疏水修饰,使壳聚糖载基因复合物转染效率有大幅度的提升;用叶酸等 pH 敏感剂修饰的壳聚糖溶酶体逃逸能力显著提高。

(2)环糊精(cyclodextrin):环糊精是直链淀粉经过环糊精葡糖基转移酶酶解而产生,是一系列环状结构低分子量葡聚糖的总称。环糊精毒性低、免疫原性低、水溶性好且生物相容性好。环糊精拥有结构特殊的两亲性杯状结构,外侧含有大量的羟基基团,构成亲水外边缘;内侧分布的亚甲基构成了其疏水性内腔。疏水性内腔使其能够通过疏水相互作用包载药物,被开发为药物递送系统。由于环糊精在水溶液中呈现电中性,不能直接与 DNA 形成复合物,常利用其羟基接枝其他阳离子聚合物作为复合基因导入材料,如用环糊精接枝 25kDa 的 PEI,负载 miRNA-34a 后,对胰腺癌细胞的转染效率显著提高,且抗增殖、迁移能力均得到提升;将环糊精接枝于低聚合度的 PEI 后,再通过二硫键连接靶向性叶酸(FA),最终形成的星状阳离子聚合物能够运送外源基因至叶酸受体高表达的肿瘤组织部位。将环糊精连接到壳聚糖上后,环糊精可以降低壳聚糖体内外基因转染的毒性,实现了对支气管上皮细胞的基因导入并表达。

此外,研究者们还利用环糊精独特的疏水空腔,将聚合物穿入其空腔结构形成聚轮烷或准聚轮烷的超分子组装体,这种新颖的立体结构能够将环糊精和超分子组装体的优点结合起来,并且经过适当的结构优化和组装比例的调整表现出较高的转染效率和较低的细胞毒性。

(3)其他糖类:葡聚糖,又称为右旋糖酐,是一种天然多糖,由多个葡萄糖重复单元通过糖苷键连接而成。葡聚糖毒性小且生物相容性好,在基因治疗中逐渐被用作基因载体而应用。葡聚糖的羟基活性位点可以引入一系列的修饰基团,如精氨酸基团的引入提高了基因转染效率,缩水甘油基三甲基氯化铵的修饰增加了其载基因复合物的稳定性和对肝癌细胞的转染率。普鲁兰多糖是由出芽短梗霉发酵产生的一种非离子型、易溶于水的黏质多糖,本身不带正电荷,不能直接作为基因载体,但是可以用于其他基因载体的修饰,当普鲁兰多糖对 PEI 修饰以后,稳定性提高,对基因转染效率无明显影响,且对血浆蛋白的黏附性和对细胞的毒性均有一定程度的下降。甘露聚糖是由重复单元的甘露糖聚合而成,来源于海藻、酵母、芦荟等天然产物。甘露聚糖经过精胺修饰后,能够以较高的效率导入至甘露糖受体高表达的巨噬细胞。

5. 无机纳米材料 由于有机高分子材料天然存在稳定性差、靶向性差等缺点,研究者们将目光投向无机纳米材料领域,这为基因的导入系统提供了更多的选择。无机纳米材料主要包括磁性纳米颗粒、碳纳米管、量子点、纳米金和二氧化硅等。这些无机纳米材料依靠自身特有的物理化学性质包载目的基因至 100nm 粒径以内,具备稳定性好、易于修饰、可控性强、安全性高等优点。但是较为复杂的构建程序是目前限制其应用的主要缺点。随着纳米技术的深入发展,更为简单、安全和可控的靶向无机纳米载体将会被陆续开发。

三、总结

基因治疗主要集中于恶性肿瘤、单基因遗传性疾病、心血管系统疾病、感染性疾病等领域,其基础和临床研究也在不断地取得进展。基因治疗的关键是通过选择合适的基因导入系统将外源基因递送至特定的部位,使基因能够以较高的水平表达而发挥治疗作用。

基因导入系统分为病毒载体系统和非病毒载体系统,它们拥有各自的优势和不足。有效性和安全性是基因导入系统两个最重要的评价指标。目前在临床的应用中首选的是病毒载体系统,虽然其具备较高的转染效率但是其因为多数会整合至宿主细胞的基因组中,有引起基因突变甚至是癌变的潜在风险;非病毒载体系统安全性明显提升,但是较低的转染效率是限制其临床应用的关键问题。另外,这两个基因导入系统共同存在的问题是缺乏足够的靶向性。若选择局部给药的方式,操作难度大且对机体不可避免地造成一定损伤;而若选择静脉注射等全身给药手段,经过体循环的清除,到达靶标部位的治疗基因可能难以达到有效的治疗剂量。因此,选择基因递送系统时,应当根据疾病病变的性质和程度选择合适的基因载体,使得目的基因调控在适当的水平。随着许多疾病的分子机制被阐明,针对特定疾病对载体进行一定修饰,使其更加具备低毒性、靶向性、有效性,这将使得基因导入系统的应用前景更为广阔。

第三节　RNA 干扰与基因治疗

一、RNA 干扰的治疗原理

基因治疗作为当下热门的一种治疗技术,是现代医学与分子生物学迅速发展及其两者密切结合的产物,其中 RNA 干扰(RNA interference,RNAi)是基因治疗的新技术,具有较好的应用前景和发展潜力。RNAi 是指外源双链 RNA(double-stranded RNA,dsRNA)在细胞内特异地诱导与之同源互补的 mRNA 降解,使相应基因的表达沉寂关闭,从而引发转录后基因沉默(post-transcription gene silencing,PTGS)的现象。随着 RNAi 研究的不断深入,新近发现的微小 RNA(microRNA,miRNA)也导致与之互补的靶 mRNA 降解,也赋予 RNAi 新的内涵。RNAi 技术在功能性基因研究、生物技术和生物医药领域的研究中都具有重要的应用价值,RNAi 是一种快速、经济、高效的基因功能分析方法,可在基因组水平上来筛选确定导致某一特异表型或改变转基因表达的基因,给一些常规遗传学方式不适合进行基因功能性研究的有机体带来新的研究途径;在基因治疗中,RNAi 技术已进入抗病毒感染、抗肿瘤等研究领域;以 RNAi 为基础的医学应用正在快速发展,以质粒或病毒为载体表达双链小干扰 RNA(double-stranded small interfering RNA,siRNA)的基因沉默方式已被广泛应用。RNAi 已成为目前的热门研究领域。

(一) RNA 干扰的概念

RNA 干扰(RNAi)是正常生物体内抑制特定基因表达的一种现象,是在进化过程中高度保守的、由 dsRNA 诱发的、同源 mRNA 高效特异性降解的现象。

(二) RNA 干扰的发现和发展

在 20 世纪 90 年代初期,研究人员发现植物和真菌中存在对转基因序列应答的转录后基因沉默方式,当时形成的理论是 DNA 甲基化或 RNA 中间体介导的应答。后来科学家们在线虫中发现了 RNAi,在锥虫、果蝇和许多其他的动植物种系中也发现 RNAi 能关闭或减少基因表达。随着 RNAi 分子机制研究的不断深入,人们发现 RNAi 不仅能抵抗病毒入侵、抑制转座子活动,而且对于生物体的生长发育和基因表达调控都有着重要作用,于是形成了利用人工方法诱导生物体产生 RNAi 效应的 RNAi 技术,成为人类疾病基因治疗的一条新途径。

(三) RNA 干扰的作用机制

RNAi 的作用机制主要是通过 miRNA 来发挥基因沉默的功能,这些 miRNA 主要包括来源于基因组中天然编码的不完全配对的具有发夹结构的 RNA。miRNA 可以通过多种方式诱导基因沉默:引导完全互补 mRNA 的序列特异性切割,以及针对不完全互补靶点的翻译和转录抑制。另外有文献显示,RNAi 也可以直接在细胞核中进行转录基因沉默(transcriptional gene silencing,TGS),但相关机制还有待进一步阐明。

1. 通过 siRNA 介导的 PTGS

(1) siRNA 形成:外源 siRNA 靶向互补 mRNA,用于 PTGS 过程中转录产物的切割和降解。在此过程中,双链 RNA(dsRNA)分子被 RNase Ⅲ 酶 Dicer 加工成介导 RNAi 反应的 siRNA,siRNA 可以介导后续的 PTGS 过程。

(2) RISC 装载:PTGS 过程是通过 mRNA 和 siRNA 的反义或引导链之间的碱基配对,引起 RNA 诱导的沉默复合物(RNA-induced silencing complex,RISC)切割 mRNA。核酸内切酶 AGO2(Argonaute 2)是 Argonaute 亚家族中唯一在哺乳动物细胞中具有催化活性的蛋白质,在装载过程中负责 RISC 的切割。在激活 RISC 的过程中,AGO2 对双链 siRNA 的有义链或客链进行切割,产生单链或者反义链,用于引导 RISC 到靶 mRNA 中的互补序列。该引导链在 5′ 端与识别 siRNA 3′ 端的 PIWI-Argonaute-Zwille(PAZ)结构域结合。

(3)mRNA 降解:靶 mRNA 相对的 siRNA 引导链的 5′ 端在碱基 10 和 11 之间发生裂解,导致裂解后的 mRNA 被细胞外切酶降解。通过 siRNA 引导链的激活,RISC 可以经历多轮 mRNA 切割,以介导针对目标基因的强 PTGS 反应。

这种催化基因沉默的途径较为高效,因此通过 mRNA 裂解的 PTGS 已被开发为 RNAi 潜在治疗应用的选择方法。

2. miRNA 通路　内源性 miRNA 通路作为细胞的变压器,在机体发育和分化过程中对基因表达进行微调。在细胞内的处理体(P-bodies)中,miRNA 可以靶向具有部分序列互补性 mRNA 的 3′ 非编码区(3′UTR),这些长度约为 22nt 的内源小 RNA 通过翻译抑制诱导 PTGS 并引起 mRNA 降解。当 miRNA 具有与靶 mRNA 的完全序列互补性时,它可以通过 RISC 对 mRNA 转录产物进行切割。

(1)前体 miRNA 的形成:在细胞核内,初级 miRNA(Pri miRNA)通过 RNA 聚合酶 II 或者聚合酶 III(Pol II/Pol III)完成转录,并且由核糖核酸酶 III/Drosha 加工成约 70nt 的茎环结构,也被称为前体 miRNA(Pre miRNA)。在这个过程中,Drosha 与 RNA 结合蛋白 Digeo GGE 综合征关键区基因 8(DGCR8)结合成一个复合体,发挥生成前体 miRNA 的作用。之后双链 RNA 结合输出蛋白 5(exportin 5),并通过一种能量依赖的方式将前体 miRNA 转运到细胞质中。

(2)RISC 装载:细胞质中存在具有 dsRNA 识别功能的 Dicer、HIV-1 TAR RNA 结合蛋白(TAR RNA-binding proteins,TRBP)和双链 RNA 依赖的蛋白质激酶,三者共同作用在前体 miRNA 上,对其进行二次切割并将其加工成约 22nt 的成熟双链 RNA。RISC 包括 Argonaute(Ago)、Dicer 和 TRBP,可以与许多辅助蛋白相互作用。通常双链 RNA 中的一条链会与 RNA 诱导的 RISC 结合。RISC 中的成熟 miRNA 链被称为引导链(guide strand),相对应的另一条链被称为客链(passenger strand)。根据双链 RNA 与 RISC 的亲和状况,通过切割通路或旁通路对客链进行降解。一旦客链解开,成熟 miRNA 的引导链即被装载进入 RISC。

(3)mRNA 降解:装载完成成熟 miRNA 的 RISC 和其靶 mRNA 的 3′UTR 结合,抑制翻译过程并引起 mRNA 降解从而沉默基因表达。成熟 miRNA 包含 5′ 端的前 2~7 或 2~8 个核苷酸,这段序列必须与其靶标完全互补,而 mRNA 链 3′ 端核苷酸序列顺序则相对不那么重要。

虽然这种内源途径没有被开发用于治疗,但是 siRNA 序列已经被引入至初级 miRNA 和前体 miRNA 的骨架设计中,通过 miRNA 途径产生 miRNA 模拟物。

3. siRNA 的转录　基因沉默在植物和真菌细胞的细胞核中,研究发现在转录水平上存在基因表达的沉默。TGS 通过 siRNA 和 RNAi 机制介导的染色质改变来调节基因表达(图 13-1)。在哺乳动物细胞中,有研究发现存在针对外源性启动子靶向的 siRNA 而发生的转录水平调控基因的表达和组蛋白甲基化,但是确切机制尚不清楚。

迄今为止还没有根据 TGS 原理设计的药物,但 TGS 存在用于 RNAi 的长期表观基因沉默治疗的潜在价值。

（四）RNA 干扰的作用特点

1. 特异性　RNAi 严格按照碱基互补配对原则与特定序列的 mRNA 位点结合,并引起与之互补的单个内源性 mRNA 降解,而不会影响其他基因的表达。

2. 高效性　RNAi 发挥作用的过程中存在级联放大反应,仅需极少量的 dsRNA 就能产生强烈的 RNAi 效果。

3. 高度稳定性　dsRNA 可被细胞内的 Dicer 酶切割为 siRNA,由于 siRNA 3′ 端悬垂 TT 或 UU 碱基的化学性质稳定,即使不进行化学修饰也能避免细胞内核酸酶类的降解。

4. 快速性　RNAi 能快速降解胞质中的靶 mRNA,达到沉默靶基因的目的。

5. 依赖性　沉默效应只有连续输入 dsRNA 才能持续下去,而且 dsRNA 的初始浓度影响 RNAi 效应的强度。

6. 可遗传性　dsRNA 能在不同细胞或生物间长距离传递和维持,甚至可传给子代。

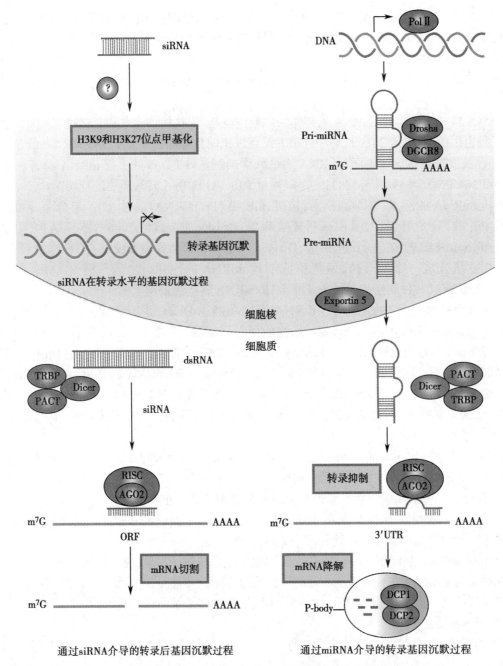

图 13-1 siRNA 介导的转录后基因沉默过程示意图

（五）RNA 干扰的生物学意义

1. 抗病毒感染 RNAi 可以对抗侵入病毒的作用，抑制其复制，减弱或消除其基因毒性。

2. 维持基因组稳定 多种模式的生物研究表明，RNAi 有防止转座子在基因组中异常转位的功能，参与胚胎发育和发育调控。

3. 抑制基因表达 抑制某些内源性基因过度表达或肿瘤基因表达。

二、RNA 干扰的应用

RNAi 技术可以特异性沉默特定基因的表达，在探索基因功能、传染性疾病、恶性肿瘤等基因治疗领域有不可替代的优势，且相对于单克隆抗体药物，RNAi 药物真正实现了基因层面的治本效果。RNAi 药物曾在 2002 年被 *Science* 评为年度突破，而后经历了盲目研究和非理性投资后因临床效果不达预期而沉寂。随着最近几年基因测序和靶向运载技术的不断进步,尤其是新型纳米靶向载体的研发,siRNA药物已经稳步发展,越来越多的 siRNA 药物已经进入Ⅱ期甚至是Ⅲ期临床。期待有更多 siRNA 药物被成功开发出来,为一些难以治愈的适应证带来新的治疗手段。已经针对多种疾病的治疗进行了 RNAi药物的研发,与传统药物相比有其显著特点,但 RNAi 药物的研发也存在一些壁垒。

（一）针对不同疾病的 RNAi 药物研发

1. 抗病毒　目前,许多病毒性疾病,如艾滋病、禽流感、口蹄疫等,没有理想的治疗药物,RNAi 技术的出现可能为病毒性疾病的治疗提供更加有效的途径。研究显示,RNAi 可通过间接抑制宿主细胞表面受体基因的表达、阻断细胞受体功能或者直接抑制病毒基因的表达和复制,从而抑制其侵染,包括丙型肝炎病毒（HCV）、乙型肝炎病毒（HBV）、人乳头状瘤病毒（HPV）等,这些研究成果都为临床利用 RNAi技术治疗人类病毒性疾病带来了希望。

例如,将 RNAi 应用于 HIV 感染治疗领域。由于临床前药效结果较好,RNAi 已经用于治疗呼吸道合胞病毒（RSV）感染的临床试验,并且很快开始用于 HIV 感染的治疗研究。当前研究发现,病毒RNA 和复制中间体是基于 RNAi 的治疗的潜在目标,并且感染 HIV 细胞中的大多数病毒转录本可以被RNAi 有效地靶向抑制。已经针对 HIV 进入或复制所需的细胞基因设计出 RNAi,因此可避免 HIV 的遗传变异性问题。HIV 共受体——CC 趋化因子受体 5（CC chemokine receptor 5,CCR5）在基于 RNAi的治疗中是一个特别有前途的靶点,因为该基因中 32bp 缺失纯合的个体对 HIV 感染具有抵抗力,并且不出现免疫功能方面的不良反应。在病毒基因组中高度保守的序列也是治疗 RNAi 有利的候选靶点。使用单链 shRNA、病毒转录产物作为 RNA 诱饵的 HIV-TAR 元件和锤头状核酶的组合治疗已被证明对细胞中初级 HIV 感染具有较好的治疗效果。

2. 抗肿瘤　最新治疗肿瘤药物设计的前提是找出在癌细胞中影响其生长途径的基因,包括与无限复制的潜力、逃避凋亡、血管生成、组织浸润和转移相关的基因。作为一种高效基因敲除的重要手段,RNAi 技术已成为一种治疗癌症的新工具。当下在肿瘤治疗领域 RNAi 技术主要应用于以下方面:

（1）针对原癌基因和抑癌基因突变的 RNAi 药物研发:许多肿瘤是由于染色体上某个基因位点突变而发生,导致 mRNA 表达异常,而 RNAi 技术具有序列特异性的特点,可针对变异基因设计干扰片段,从而抑制异常的 mRNA 表达。Silenseed 公司所研发出的 siG12D-LODER 可释放出特异性的 siRNA 分子,能够在长达 4 个月的时间里在胰腺癌患者体内降低或沉默 KRAS G12D 突变体的表达。在该研究中,siG12D-LODE 表现出高度的安全性。疗效测试结果显示,在肿瘤响应率、肿瘤标志物减少程度、转移时间、无进展生存率及总体生存率等方面,该药物均取得了令人鼓舞的初步结果。

（2）针对与肿瘤转移相关基因的 RNAi 药物研发:肿瘤的转移是一个主动过程,肿瘤细胞通过运动穿破宿主结缔组织、血管、淋巴管壁,从而进入体液循环,再次穿破结缔组织、血管、淋巴管壁,在靶器官定位形成转移灶。Silence Therapeutics 公司研发的一种化学合成的 siRNA 沉默 PI3K 信号下游分子PKN3 基因。作为内皮调节性药物,ATU027 可以稳定血管完整性、对抗肿瘤区域的炎症反应,并减少转移性肿瘤细胞的扩散。

（3）RNAi 在肿瘤 MDR 中的应用:肿瘤化疗失败的主要原因是多药耐药（multidrug resistance,MDR）的产生。MDR 通常是被跨膜运输分子过度表达所介导的。目前,RNAi 技术已替代实验治疗策略来用以扭转在不同肿瘤中的多药耐药机制,但还没有药物进入临床试验阶段。

3. 治疗眼科疾病　眼部的特性十分有利于 siRNA 分子的给药,第一个进入临床研究的 RNAi 药物便是眼部疾病治疗领域。当下在眼科范围内 RNAi 技术主要应用于以下方面:

（1）针对青光眼的治疗:青光眼是一种引起视力损害的眼科疾病,由于进行性视神经损伤而导致失明。青光眼的主要危险因素是眼压升高、遗传和种族背景以及年龄。眼压升高是由于水性成分的产生及排除两者间的失衡所造成,减少水性成分的产生和控制眼压的药物对青光眼患者是很有价值的。SYL040012 是一种合成的 siRNA,可以通过 RNA 干扰方式敲低相应基因的 mRNA 表达以裸露的形式存在,靶向于 β_2 肾上腺素能受体的 mRNA。在临床前研究中,SYL040012 能特异性降低约 50% 的 β_2

肾上腺素能受体的 mRNA 表达。

(2)针对脉络膜血管新生的药物研发:VEGF 是一种分泌性蛋白质,它可以增加血管通透性,引发炎症,诱发新生毛细血管生成。因此,众多学者在开发眼底血管新生治疗药物时,都将 VEGF 及其受体 VEGFR 当作潜在的治疗靶标。研究显示,相应的 siRNA 可明显降低 VEGF 或 VEGFR 的表达水平,减轻 VEGF 对新生血管形成的诱导作用,抑制眼部新生血管形成。

(二) 与传统药物对比 RNAi 药物的特点

RNAi 作为治疗药物可以弥补传统治疗方案的诸多不足。相对于小分子和蛋白质疗法的主要优点如表 13-1 所示,RNAi 药物可以抑制的靶点更为广泛,包括一些目前认为不具有成药性的靶点,并且可以快速鉴定和优化先导化合物。

表 13-1 RNAi 药物与常规治疗方法对比

治疗方法	小分子药物	抗体/蛋白质	RNAi
与靶点相互作用	激动剂/抑制剂	激动剂/抑制剂	抑制剂
靶点位置	细胞外/细胞内	细胞外	细胞外/细胞内以及非药物靶点
选择性	视靶点而定	高	高
有效性	视靶点而定	高	高
合成	容易	困难	容易

当下针对小分子药物研发挑战主要是如何提高化合物的选择性和有效性,这对于很多小分子化合物的靶标来说,优化过程既耗时又难以完成,并且这种改造很可能不成功。而 RNAi 药物治疗具有高度选择性和明确且易识别的有效序列,并且已经被证明在所有分子类别中具有众多的分子靶标。而对于蛋白质和抗体药物来说,主要的技术挑战在生产过程,尤其是用于治疗的生物制剂,纯化还是其中最主要的问题。相反,siRNA 药物可以通过合成获得,从化学的角度生产和纯化相对较容易实现。

当然,RNAi 药物也存在一些难以克服的缺点,比如 RNAi 药物只能实现对特定分子靶点的拮抗作用,而小分子、蛋白药物和抗体还可以对相应的分子靶点进行激活。总体来说,RNAi 药物作为一种新型治疗方案具有很大的前景,这种新型药物也将填补现代医学中的重大空白。

(三) RNAi 技术的应用壁垒

基因治疗早期研究方向侧重于通过传递 DNA 来诱导目标细胞表达特定的基因,但 DNA 在小鼠全血(体外)中的半衰期仅为 10 分钟,静脉注射后在体内的半衰期甚至更短,同时还有快速的肝积聚。所以,核酸治疗的第一个主要障碍是血清核酸酶活性使得 DNA 在血清中快速的消除。第二个障碍就是免疫刺激,这种免疫反应可以通过核酸的化学修饰部分规避,如 mRNA 和 siRNA,但从生物来源纯化的 DNA(非全合成)并不适合这种修饰,并且在生物纯化过程中也易受到原材料中热原(内毒素)的影响。后期的研究也更加集中在 mRNA 和 siRNA 的修饰上。通过化学修饰,如增加 2' 甲氧基及锁核酸(locked nucleic acid,LNA)等技术,可以提高药物分子的稳定性,延长其半衰期。除了通过化学修饰增加稳定性外,胶囊技术的拓展也可以提高药物分子的输送效率。常用的输送系统包括脂质纳米粒、中性脂肪乳剂、靶向部分连接的树状大分子复合物等。对于药物输送系统,最大的挑战性在于潜在的免疫刺激作用及对病变区域靶向特异性的缺失。

大量修饰的核酸可以跨过前两个障碍,但是它们仍然受到第三种障碍的影响,即肾过滤(对于直径小于 6nm 颗粒的高效过滤)。对寡核苷酸药动学的研究表明,50% 以上的药物通过尿液排泄。为了提高核酸药物的生物利用度,已经进行了一些尝试,如加入右旋糖酐的硫酸盐等负电荷聚合物等,虽然可以改善药动学特点,但仍然不能实现核酸在靶部位累积。即使实现了核酸的靶向问题,由于核酸的大分子结构(平均分子量为 13kDa)、高负电荷的物理化学特点使其无法穿透细胞膜,被细胞内化后易被细胞内溶酶体降解的问题也依然存在。

核酸类药物体内应用需要解决的问题及途径有:①避免脱靶效应,可通过生物信息学有效设计siRNA序列;②避免血液及细胞内核苷酶的降解及免疫原性,可通过化学修饰siRNA来解决;③增加siRNA分子的靶细胞内递送,可通过研究新的给药系统如脂质纳米粒来解决;④增加RNAi细胞内涵体逃逸进入胞质,可通过阳离子型细胞穿透肽等修饰来解决。

三、上市的RNAi治疗药物举例——patisiran

(一) patisiran治疗疾病的背景

1. 家族性淀粉样物多发性神经病变　家族性淀粉样物多发性神经病变(hereditary amyloidosis transthyretin,hATTR),又称家族性淀粉样多神经病(familial amyloidotic polyneuropathy,FAP),是一种常染色体显性基因遗传的家族性遗传病,可导致破坏神经的致病蛋白累积,其中最常见的致病蛋白为甲状腺素运载蛋白(transthyretin,TTR)。TTR可在神经、消化道、心脏、眼睛等部位累积,从而引起外周神经退行性病变。外周神经功能紊乱是患者主要发病症状,症状表现一般由患者下肢的感觉神经疼痛和无法感知温度开始,随后运动神经损伤,从而导致感觉和运动支配功能丧失,损伤自主神经和末梢神经,自主神经系统功能紊乱,逐渐消瘦和虚弱,最后心脏和肾脏等多个器官衰竭,最终导致死亡。

2. TTR　TTR已经被证实是产生该淀粉样物质的主要蛋白之一,TTR淀粉样物质沉积是hATTR患者显著的病理特征。TTR最先被称作前清蛋白,因为血浆蛋白电泳结果显示该蛋白分子总跑在白蛋白之前,后来发现它具有转运T4的重要功能,1981年生物化学家国际联合会正式将其命名为转甲状腺素蛋白。hATTR患者体内沉积的淀粉样沉淀大部分是由于TTR基因点突变引起的不稳定蛋白所致。例如,1984年Saraiva等报道了一个葡萄牙南部hATTR家族,发现患者体内沉积的淀粉样物质主要由30位缬氨酸残基被蛋氨酸残基替换的TTR蛋白组成,该突变位点Val30Met为现在全世界出现频次最高的突变位点。还有其他诸多突变位点,突变位点不同引起的并发症也不尽相同,但多数TTR突变后都会引起多种临床疾病表征。

3. hATTR的治疗策略　该疾病目前治疗方法非常有限,主要的治疗策略有:①进行遗传咨询,提前对疾病进行预防;②由于多数TTR是由肝脏产生,所以早期患者可以通过器官移植进行治疗,虽然确实可以较好地控制病情的发展,但是成本高、器官源较少,且存在出现排异反应的风险;③通过阻止淀粉样蛋白沉积的进程进行治疗,已开发出如二氟尼柳等小分子TTR稳定剂,但是副作用较多。

科学家还在探索新的治疗方式,令人欣喜的是,Alnylam制药公司初次运用RNAi技术设计推出的用于治疗hATTR的药物patisiran,具有较好的疗效,已于2018年通过美国FDA批准上市。

(二) patisiran的研发历程

2018年8月11日,美国FDA宣布首款siRNA药物Onpattro(patisiran)上市,该药物曾获得美国FDA授予的突破性疗法认定、优先审评资格、快速通道资格和孤儿药资格。它的获批,不仅对患者和医生来说具有里程碑的意义,还将掀起一场制药行业的革命,是诺贝尔奖成果从概念走向实际治疗用途的一个光辉里程碑。

patisiran设计开发的基础是依靠RNAi技术通过减少TTR的变异来阻止或逆转疾病进展。patisiran是一种包封在脂质纳米粒中的siRNA,作用在人体内的肝脏。它可以特异性地与突变型和野生型TTR mRNA的3T非翻译区的保守序列结合,引起TTR mRNA降解,并随后降低血清中TTR水平和组织中TTR沉积。2018年8月,patisiran被美国FDA批准用于治疗成人hATTR,EMA批准用于治疗Ⅰ期或Ⅱ期成人hATTR。

1. 临床前研发　Alnylam是2002年成立的一家生物制药公司,掌握最先进的RNAi技术。该公司有两个主要目标:第一个目标是将RNAi治疗药物引入靶基因并使之沉默,以帮助治疗相关的致死疾病;第二个目标是利用该技术制造先进的治疗药物。TTR基因相关的基因治疗方法是自公司成立以来的重要研发项目。该公司开发的基因药物patisiran(ALN-TTR02)可以靶向hATTR患者的TTR基因,缓解患者体内的淀粉样变性。patisiran 作为 siRNA 可以敲除 TTR 基因,这些基因可以是野生型的,也可以是突变型的。patisiran 通过纳米脂质粒(lipid nanoparticle,LNP)静脉给药传输至患者体内,靶向在肝脏中表达的 TTR 基因。

在克服基因传递障碍中,Alnylam 公司提出 LNP 方案是在 LNP-siRNA 系统中掺入了一种经过优化的离子化阳离子脂质(DLin-MC3-DMA,MC3)。在 LNP-siRNA 系统中掺入 MC3 可带来高效的基因沉默效果。

采用离子化阳离子脂质的最初原因是为了实现在低 pH 条件下对带负电聚合物的有效包封,并且在 pH 7.4 时也显示出相对无电荷的表面。然而,经静脉给药的 LNP-siRNA 系统对肝细胞基因沉默研究发现,选用的离子化阳离子脂质至关重要。在进一步进行全面的脂质筛选过程中,一个重要的原则就是,可离子化阳离子脂质必须有合适的 pK_a,只有足够高的 pK_a 的 LNP 在内涵体酸性 pH 下,阳离子脂质才能与内源性阴离子脂质结合,形成促进膜溶解的非双层结构,从而促进 siRNA 细胞内的释放,但过高的 pK_a 使得 LNP 在生理 pH 下具有高的表面正电荷,可以吸附血清蛋白,并迅速从循环中清除。

在肝脏的研究发现,具有基因沉默活性的 siRNA 载体是离子型阳离子脂质 1,2- 二羟基 -3- 二甲基氨基丙烷(DLinDMA)制备的 LNP,随后发现 LNP 的功能活性与所用阳离子脂种类特别相关,这引起广泛合成多种脂类物质的研究和评价,发现 DLin-KC2-DMA(KC2)作为离子化的阳离子脂效果优于 DLinDMA,而 MC3-LNP 的 ED_{50} 进一步降低且毒性无增加,具备了临床应用的可能。

MC3 现在成为制备肝脏靶向 siRNA/LNP 系统用脂类材料的“金标准”。与 DLinDMA 相比,用 MC3 制备 siRNA/LNP 给药系统后肝脏组织细胞内的基因沉默活性显著提高三个数量级,而阳离子脂质结构的变化对活性的影响相对较小。进一步研究发现,含有离子型阳离子脂质的 LNP-siRNA 系统就像乳糜微粒脂蛋白一样,通过吸附内源性的载脂蛋白(ApoE),从而触发肝细胞表面的 ApoE 受体摄取,达到进入肝脏细胞内的目的。

Alnylam 公司的采用 MC3 构建两种 LNP-siRNA,分别为 ALN-TTR01 和 ALN-TTR02(patisiran),用以静默由 TTR 基因突变以治疗遗传性 TTR 介导的淀粉样变引起的致命疾病。Ⅰ期临床试验中,在 0.5mg siRNA/kg 时人体耐受极好,而Ⅱ期临床试验中 0.3mg siRNA/kg 就可以收到很好的基因沉默效果,在Ⅲ期临床试验中也取得了极佳的效果。

2. Ⅰ期临床试验　Ⅰ期临床试验通常是在少数志愿者参与的情况下检查某种药物配方的有效性和安全性。Ⅰ期临床试验分为两部分来试验 ALN-TTR01 和 patisiran 的安全性与有效性。

第一部分是试验 ALN-TTR01 的安全性和有效性。这项研究参与者是随机选取的来自不同国家的志愿者。单盲法使用安慰剂及不同剂量的药物,以确认最安全的药物剂量。ALN-TTR01 的研究计划由 4 个队列组成,每个队列又细分成 4 个人,其中 3 个人接受该药注射,另外 1 个人注射安慰剂。在安全审查委员会的监督下,确保 ALN-TTR01 的安全剂量不会对患者造成任何毒副作用。根据试验结果,所确定的药物安全剂量为 0.03mg/kg、0.1mg/kg、0.2mg/kg 和 0.4mg/kg。ALN-TTR01 在小鼠模型中被证明能抑制野生型 TTR,而在人类中也得到了相同结果。ALN-TTR01 抑制 TTR 基因的产生,从而降低 TTR 水平。接受高剂量 ALN-TTR01(1mg/kg)的志愿者甲状腺激素和维生素 A 水平比接受低剂量 ALN-TTR01(0.01~0.07mg/kg)的志愿者 TTR 水平下降更明显。

第二部分是试验 ALN-TTR02 即 patisiran 的安全性和有效性。将志愿者分成 8 组,其中 5 组进行不同递增剂量静脉注射,其他 3 组为对照组,注射等量的安慰剂。药物注射组从小剂量到大剂量依次注射,在小剂量组注射 7 小时证明此剂量为安全剂量后,其他志愿者依次接受更高的注射剂量。结果显示,patisiran 的安全剂量为 10mg/kg、50mg/kg、150mg/kg、300mg/kg 和 500mg/kg。常规检查如血压、心率和体温以及染色体畸变试验和 Ames 试验用于检测 patisiran 的安全性。血清 TTR、维生素 A 和视黄醇结合蛋白的浓度用于药效学评价,而血浆的浓度用于药动学评价。结果发现,patisiran 比 ALN-TTR01 更有效地降低 TTR 水平。因此,使用较高剂量的两组 patisiran 进行后续研究。

3. Ⅱ期临床试验　Ⅱ期临床试验的主要目的是评估和证明 patisiran 的 0.01mg/kg 和 0.30mg/kg 两

种剂量的耐受水平,每 3 周给药 1 次,或每 4 周给药 1 次。此外,还进行了一些其他检测,如通过光谱分析计算野生型和突变型体内 TTR 突变基因所产生异常蛋白的水平。由于血清中 TTR 表达的降低,视黄醇结合蛋白和维生素 A 水平也显著性下降。本研究也证明不同剂量 patisiran 是安全的,只有很少的不良反应,在后文中进行阐述。

4. Ⅱ期开放性延长期研究(open-label extension,OLE) 参与 ALN-TTR02 OLE 研究的 Ⅰ 期和 Ⅱ 期患者有 23 人。23 例患者中 16 例为男性,其余 7 例为女性。Ⅱ期 OLE 数据表明,多剂量 patisiran 在 168 天的治疗周期中就能降低约 80% 的 TTR。Ⅱ期 OLE 保证了 patisiran 的耐受性和不同剂量给药的长期安全性。在这项为期两年的研究中,这些患者每 3 周接受 1 次 0.3mg/kg patisiran 的剂量。Ⅱ期 OLE 得出结论,即使用 patisiran 治疗 6 个月后,外周神经系统的损伤与基线水平相比也没有变化,说明该剂量的 patisiran 确实能够有效治疗 hATTR 患者。

5. Ⅲ期临床试验 Ⅲ期临床试验是一项随机、双盲、安慰剂对照的全球研究,旨在进一步评估 patisiran 对遗传性 hATTR 患者治疗的有效性和安全性。这项试验中,接受 patisiran 治疗患者在治疗的第 18 个月时进行改进的神经病变评分(modified neuropathy impairment score,mNIS+7)。mNIS+7 是一种通过评估感觉运动能力、神经传导、反射和自主功能评价神经损伤程度的综合测量方法。研究的次要终点包括 Norfolk QOL-DN 生活质量评分、NIS-W 运动强度评分、R-ODS 残疾评分、10 米步行测试、mBMI 营养状况评分以及 COMPASS-31 自主状况评价。研究的探索性终点包括心功能改善程度、皮肤火箭检测淀粉样沉积以及神经纤维密度测量。在试验中,除了达到 mNIS+7 的主要终点外,接受治疗的患者也达到了预期的次要终点和探索性终点,显示该药物不仅减缓疾病恶化,还可能逆转疾病。

(三) patisiran 的副作用

虽然 patisiran 对 hATTR 患者具有较好的治疗作用,但是在 18 个月的 APOLLO 研究中,148 名 patisiran 治疗患者和 97 名安慰剂患者中有 97% 出现了不良反应,其中大多数不良反应的严重程度为轻度或中度。在临床试验期间发现了 patisiran 的两种中度不良反应。其中一种是引起蜂窝织炎,这是由于药物外渗引起的输液部位的炎症。大约 10.3% 的患者患有输液相关反应(infusion-related reaction,IRR),事实上,轻中度 IRR 是Ⅲ期临床试验主要不良反应,其发生率随时间而降低。总的来说,3 740 次输液中,<1% 由于 IRR 而中断治疗。另一种症状是长时间的呕吐和恶心。根据正在进行的Ⅲ期延长期研究(NCT02510261)的初步数据显示,patisiran 的长期治疗(长达 36 个月以上)的安全性与 APOLLO 的短期治疗(18 个月)相似。

四、RNAi 治疗药物的发展与前景

2006 年诺贝尔生理学或医学奖授予了 RNAi 药物的发现者安德鲁·费尔和克雷格·梅洛,凸显了 RNAi 药物发现的重要性。RNAi 药物不仅对基因调控的研究产生了深远的影响,还促进了基于 miRNA 的新型治疗药物的发展。2018 年 RNAi 药物 patisiran 已经成功通过 FDA 审核上市,同时基于 RNAi 药物的脉络膜新生血管和呼吸道合胞病毒等治疗已经完成临床试验。从基础发现到医学应用的迅速进展是史无前例的,表明 RNAi 具有巨大的治疗潜力。

但是,RNAi 药物治疗应用也遇到了一些问题和障碍,如 RNA 表达过程中可能存在致命毒性、RNAi 药物给药方式及靶向性、RNAi 药物针对慢性疾病治疗的安全性等,这些问题的解决已经引起科学家的重视。

1. RNA 表达过程中可能存在致命毒性 这些问题的解决方案已经开始研究,目前集中在对 siRNA 的简单骨架修饰和对 shRNA 的适当启动子选择。

2. RNAi 药物给药方式及靶向性 RNAi 技术发展最初认为全身递送是 siRNA 药物发展的主要障碍,但是针对反义寡聚体和质粒 DNA 开发的递送方法库已经建立,并显示出对基于 RNAi 药物的治疗具有实用性。最近递送方式的发展,通过使用配体促进了 RNAi 药物的细胞特异靶向性,如受体靶向受体或配体包被的纳米颗粒。癌症是基于 RNAi 药物的治疗的重要潜在目标,但癌症治疗中的主要挑战

是原始肿瘤的扩散和转移,用其他形式的化疗或者放疗,对转移的癌细胞往往难以有效,并极易复发。至于 siRNA 药物是否能够有效地传递到这些细胞,以及是否能够通过适当的靶点来破坏转移群体,目前尚无定论。神经退行性疾病,如亨廷顿病,因为没有有效治疗这些疾病的药物和方法,所以也是 RNAi 药物治疗研发的目标。对于这些疾病,主要的挑战是将 RNAi 药物输送到神经系统的特定细胞。尚未有证据表明 siRNA 药物输送载体能够穿过血脑屏障。迄今为止,脑内直接注射是实验动物模型中使用的方法,所以递送方式还需要进一步设计改变。

3. RNAi 药物针对慢性疾病治疗的安全性 如丙型肝炎病毒或 HIV 感染,将需要终身给予 RNAi 药物治疗。对于 RNAi 触发剂在正常细胞代谢中的长期或重复使用的潜在不利方面还不够了解。就 siRNA 药物的长期应用而言,毒性在几个月甚至几年内都不会发生是完全可能的。此外,还出现了由 siRNA 药物介导的 TGS 新领域。由于直接产生 PTGS 的 siRNAs/shRNA 与靶 mRNA 和基因都是互补的,因此通过长期使用介导 PTGS 的 siRNA/shRNA 有可能引起不希望的染色体改变。此类问题研究需要在相关的 RNAi 动物模型中进行长期研究。

还有其他潜在的问题有待解决,这些问题可能延迟甚至阻止 RNAi 药物治疗某些病症。未来研究者必须进行深入的研究以实现有效的靶向递送、更优的沉默效率以及更少的不良反应。鉴于当前 RNAi 技术具有治疗的巨大潜能,未来我们将看到这些问题的解决方案以及更多更优的 RNAi 药物上市并用于治疗相应的疾病。

第四节 基因组编辑与基因治疗

一、基因组编辑的定义及原理

基因组(genome)是指单倍体细胞中的全套染色体或者全部基因,包括编码序列和非编码序列在内的全部 DNA 分子。基因组编辑(genome editing,GE)技术是指在基因组的特定位点对 DNA 序列进行定点敲除、替换、修饰、插入等编辑的操作技术。该技术已经成为近年来治疗包括遗传性疾病、传染性病及肿瘤等多种疾病在内的新型策略。

早期的基因组编辑主要是利用细胞内同源重组(homologous recombination,HR)的基本原理对目标基因进行定点修饰、替换等操作。在基因组 DNA 复制过程中,外源基因序列通过自发同源重组方式整合到基因组中,这种方式除在酿酒酵母中效率比较高,在其他酵母细胞、植物细胞及哺乳动物中效率普遍较低。因此,其较低的效率和准确性限制了基因组编辑的发展和应用。近年来,随着基因工程的快速发展,人工核酸酶技术的出现,使得基因组编辑得以高效且精确地进行,进而使有效的基因治疗成为可能。

核酸酶(nuclease)是基因编辑的工具,其功能包含两部分:靶向特定基因序列及切割靶标部位的 DNA 双链。基本原理是通过基因工程构建的核酸酶识别并切割特定位点的 DNA,产生 DNA 双链断裂(double-strand break,DSB),进而诱发细胞内的 DNA 损伤修复,修复途径通常分为两种:同源重组修复(homology-directed repair,HDR)和非同源末端连接(non-homologous end joining,NHEJ)。同源重组修复依赖于外源的模板 DNA 碱基序列,该模板序列与 DSB 同源,利用重组原理完成靶基因的替换、敲除及修饰。因此,以同源重组修复为基础的基因编辑可用于修复致病突变或者敲除特定位点的基因序列。非同源末端连接修复不依赖外缘同源序列,而是利用 DNA 双链断裂两段的接口直接进行连接,这种修复方式往往会引入碱基的随机插入或者缺失,从而通过对基因读码框的改变破坏靶标基因,使 mRNA 降解或者产生非功能性蛋白产物,即完成基因的敲除从而实现基因的定点编辑。非同源末端连接与同源重组修复相比,效率更高,可用于种类更广泛的细胞及组织,且可实现致病基因的永久破坏(图 13-2)。

目前最常见的以核酸酶为工具的基因组编辑技术有三种:锌指核酸酶(zinc finger nuclease,ZFN)技术、类转录激活因子效应物核酸酶(transcription activator-like effector nuclease,TALEN)技术、成簇规律间隔短回文重复(clustered regularly interspaced short palindromic repeats/CRISPR-associated 9,CRISPR/Cas9)技术。这些技术的相继出现给基因治疗领域开辟了新途径,实现了持久抑制或者敲除基因而达到靶向治疗的目的。

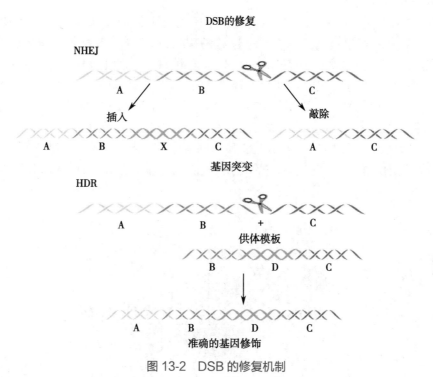

图 13-2　DSB 的修复机制

二、锌指核酸酶技术

1996 年,Kim 等人首次将锌指蛋白(ZEP)与限制性内切酶 *Fok* I 的切割结构域融合,构建出了一种能够特异性切割 DNA 的人工限制性核酸内切酶——锌指核酸酶,进而发展成为一种基因组编辑的工具,形成了锌指核酸酶(ZFN)技术。

(一)锌指蛋白

1985 年,Miller 等人在非洲爪蟾(*Xenopus*)卵母细胞的转录因子 TFIIIA 中发现了一系列具有指状结构的蛋白,后研究证明其广泛存在于酵母细胞、植物、动物等真核生物中,并将其命名为锌指蛋白(zinc finger protein,ZFP)。在 ZEP 中含有多个单锌指结构域,结构具有多样性,在保持两个半胱氨酸残基和两个组氨酸残基(Cys2-His2)基本骨架不变的情况下,改变锌指结构域的数目可以获得不同类型的ZEP,如 C2H2 型(Cys2-His2,TFIIIA 型锌指)、C4 型(Cys4-His4)和 C6 型(Cys6-His6)等。目前研究最多的是 C2H2 型 ZEP,如转录因子 TFIIIA 由 9 个单锌指结构域组成,每个锌指结构域共含有 30 个氨基酸残基,由 1 个 α 螺旋和 1 对反向平行的 β 折叠组成,均含有由 1 个锌离子(Zn^{2+})与由 2 个半胱氨酸残基和 2 个组氨酸残基形成的重复串列序列。锌离子与氨基酸残基形成共轭,并通过疏水相互作用形成稳定的四面体指状空间结构,其中 α 螺旋的 1,3,6 位的 3 个氨基酸残基可以与 DNA 的双螺旋大沟中的 3 个相邻碱基特异性识别并结合。若改变 α 螺旋的这几个位点的氨基酸残基种类,其在 DNA 中识别位点的碱基也会发生相应的变化。ZEP 是 DNA 结合蛋白中重要的一类,既能特异性地结合 DNA 的双螺旋结构,还能特异性地结合某些 RNA 序列,调控真核生物的转录前及转录水平,对基因转录起着重要的调控功能。

（二）核酸内切酶 *Fok* I

Fok I 是一种来源于海床黄杆菌（*Flavobacterium okeanokoites*）的 I 型限制性内切酶，分子量为 66kDa，由 96 个氨基酸残基组成。*Fok* I 能够识别并切割非回文序列 5′-GGATG-3′，切割位点在识别位点下游的 9bp 及互补链的 13bp 处，切割无特异性，并且当其结构二聚化后才能切割 DNA 并使其双链断裂。*Fok* I 通过连接区（几个氨基酸残基）与 ZEP 连接共同构成具有一定空间结构的锌指核酸酶。

（三）锌指核酸酶构建步骤

ZFN 是通过锌指蛋白（ZFP）与核酸内切酶 *Fok* I 两部分协同发挥作用。ZFP 识别并结合特定的 DNA 序列，每个 ZEP 可以识别并结合 3 个连续的碱基，通常 1 个锌指结构中不仅含有 1 个 ZEP，3~4 个 ZEP 识别 9~12 个碱基序列，更多的 ZEP 便能够识别更长的 DNA 序列。不同的 ZEP 识别不同的 DNA 片段，从而赋予了其靶向特异性。通常 ZFN 是以二聚体的形式发挥作用，当一对 ZFN 识别并结合一段 DNA 序列后，左右两侧的 ZFP 单体同时识别两侧的靶标序列，当识别位点相距 5~7 个碱基序列时，两侧的 ZFN 中的 *Fok* I 被激活，发生二聚化，产生酶切活性，切割 DNA 双链使其断裂，产生 DSB，细胞内的同源重组修复（HDR）和非同源末端连接（NHEJ）两种途径的修复机制随即被启动，DNA 进行损伤修复，可发生碱基的替换、敲除或增加，进而实现基因组的靶向和定点修饰（图 13-3）。

锌指核酸酶（ZFN）

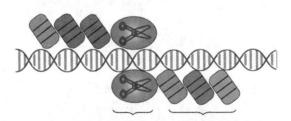

核酸内切酶*Fok* I　锌指蛋白（ZFP）

图 13-3　锌指核酸酶技术原理

锌指核酸内切酶的构建策略：①切割靶位点的确定；②根据靶位点构建高效且具识别特性的 ZFP；③将 ZFP 与 *Fok* I 结构域融合，形成具有特异性的 ZFN；④体外或者细菌、酵母等中检测 ZFN 的切割活性；⑤导入生物体内进行后续检测与研究。目前常用的构建 ZFN 的方法有模块组装法、OPEN 筛选法、Co DA 法等。

（四）锌指核酸酶在基因治疗中的应用

ZFN 在基因治疗中的应用开始较早，其介导的基因敲除能够直接准确地中断或沉默与疾病相关的靶标基因，从而对疾病进行有效的治疗。在 HIV、HBV、血友病、皮肤疾病、耐药性疾病等治疗领域，均有一定的进展。

艾滋病主要由 HIV-1 病毒感染引起，CCR5 是正常 T 细胞的受体蛋白，是促进 HIV-1 进入人体细胞的主要入点和通道。天然缺乏这种受体的人几乎不会感染 HIV-1 病毒。Perez 等人基于 CCR5 基因序列中第 32 位碱基（Δ32）的缺失可抵御 HIV-1 病毒的发现，人工构建了能够靶向 CCR5 的 Δ32 上游序列并使其突变的 ZFN，并将其导入 CD4⁺ T 细胞中，结果显示，在体外 50% 以上的细胞不能正常表达 CCR5，在体内经 ZFN 转入的小鼠对 HIV-1 病毒表现出明显的抗性，CD4⁺ T 细胞数量增加，自身免疫功能够正常进行。

Kandavelou 课题组通过 ZFN 对 CCR5 基因进行了定点突变。在体外实验中，突变处理后的 HEK293 细胞中的 CCR5 基因转录可被显著的沉默。2010 年，Holt 等人成功构建了能够敲除人源造血干细胞（HSC）CCR5 基因的 ZFN，将带有 ZFN 的 HSC 转入小鼠体内，小鼠的 HIV-1 病毒感染率显著下降，并在组织中有较长时间的保留。Li 等通过预先给予 HSC 蛋白激酶 C(PKC)激活剂刺激,提高了重组腺病毒载体介导的 ZFN 对 HSC 中 CCR5 基因的敲除水平,获得了更多的 CCR5 基因敲除且自身造血能力不受影响的 HSC。目前关于 ZFN 治疗艾滋病的 Ⅱ 期临床试验正在进行中。

Li 等利用 ZFN 技术将小鼠体内功能异常的 *hf9* 基因进行了敲除,并利用重组腺病毒载体将正常基因导入患有乙型血友病的小鼠内体,其血液凝固几乎恢复到了正常水平,此项研究为血友病的基因治疗提供了新的思路。遗传性疱状皮病是一种给患者带来痛苦甚至造成毁容的疾病。Höher 等人通过人工构建的 ZFN,成功对表皮干细胞(KSC)中的致病基因进行了敲除,对细胞未产生较大毒性,且 KSC 仍能维持自身正常的生理功能。抗生素耐药性作为一种公共卫生威胁,其发病率和死亡率较高。Dastjerdeh 等人设计构建了一种能够沉默氨苄西林抗性基因的 ZFN,使细菌内的 β - 内酰胺酶合成中断,失去活性,从而克服了细菌抵抗氨苄西林的抗性,这提示我们可以通过构建 ZFN 库来对抗不同的抗生素耐药基因,达到对细菌耐药性的治疗目的。

三、类转录激活因子效应物核酸酶技术

虽然 ZFN 是第一代人工构建并且成功应用的基因组编辑技术,但是 ZEP 对靶序列的识别特异性不强,并且在基因组中找到特定的靶点需要庞大的建库工作,限制了其进一步的开发和应用。为了更加简单、高效地对基因组进行定点编辑,基于类转录激活因子效应物核酸酶(TALEN)技术的第二代基因组编辑技术迅速发展。与 ZFN 结构类似,TALEN 是将能够特异性识别并结合特定基因序列的类转录激活因子效应物(transcription activator-like effector,TALE)蛋白与限制性内切酶 *Fok* Ⅰ 的切割结构域融合而形成的一种定点核酸编辑技术。

(一) TALE 蛋白

1989 年,研究者们从一种植物病原菌属的黄单胞杆菌(*Xanthomonas*)分离得到了一种转录激活子样效应因子,将其命名为 AvrBs3,这是 TALE 蛋白家族中第一个蛋白。之后陆续有十多种与 AvrBs3 结构和功能类似的蛋白质被发现,均归属于 TALE 蛋白家族。TALE 蛋白可以穿透细胞核膜进入宿主细胞核识别特定的基因序列而调控宿主细胞的内源基因的表达。TALE 蛋白结构由三部分组成:N 端转运信号区、C 端核定位信号区和转录激活结构域及中部 DNA 识别结合结构域。中部 DNA 识别结合结构域由多个串联重复单元组成,每个重复单元均由 33~35 个氨基酸残基串联组成,在重复单元的序列中,第 12 位和 13 位氨基酸残基不同,其他氨基酸残基均相同。这两个氨基酸残基位点是实现 TALE 蛋白特异性识别不同序列的关键位点,又被称为重复可变双残基(repeat variable di-residue,RVD)。RVD 可以特异性识别 A、G、C、T 碱基的一种或者组合。目前共发现 5 种 RVD:NI(天冬氨酸、异亮氨酸)、HD(组氨酸、天冬氨酸)、NN(天冬氨酸、天冬氨酸)、NG(天冬氨酸、甘氨酸)和 NK(天冬氨酸、赖氨酸)。其中,NI 对应识别 A 碱基,HD 识别 C 碱基,NN 识别 G 或者 A 碱基,NG 识别 T 碱基,NK 可以任意识别 ACTG 中一种。利用 RVD 与目的基因中不同碱基的对应结合关系,可以使其特异性识别靶标序列。

(二) TALEN 的构建步骤

2011 年,研究者们将 TALE 中 C 端的转录激活结构域用具有核酸切割作用的核酸内切酶 *Fok* Ⅰ 代替,即 TALE 的与核酸内切酶 *Fok* Ⅰ 重新组装获得了 TALEN。两个单体 TALEN 在 TALE 的 C 端核定位信号区的引导下穿过细胞膜和核孔进入细胞核内,中部的 DNA 识别结合结构域并结合基因组中特定 DNA 序列,*Fok* Ⅰ 二聚化,在两侧识别位点之间以二聚体的形式对双链 DNA 发挥剪切作用,双链 DNA 发生断裂,产生 DSB,启动同源重组修复(HDR)和非同源末端连接(NHEJ)两种修复途径,引起基因敲除、替换、整合等,进而实现基因组的定点编辑目的(图 13-4)。TALEN 与 ZFN 的相同点在于也需要 *Fok* Ⅰ 二聚化才能剪切 DNA,且均通过 HDR 和 NHEJ 两种途径进行基因修复,但是 TALEN 的优势有:对 DNA 位点识别的可控性更强,特异性更好,效率更高且规则更简单易行,因此应用潜力更大。

类转录激活因子效应物核酸酶（TALEN）

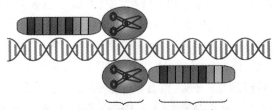

核酸内切酶*Fok* I   TALE蛋白

图 13-4　类转录激活因子效应物核酸酶技术原理

TALEN 的构建步骤包括：①根据靶标基因的基因序列选择供 TALE 识别并结合的位点；②人工构建 TALE 蛋白；③将 TALE 蛋白与 *Fok* I 结构域组装成 TALEN；④ TALEN 导入靶标部位；⑤基因组编辑结果的检测。

TALE 蛋白识别位点的选择是 TALEN 的构建策略的首要环节。其选择的原则有：① TALEN 靶位点 5′ 端的前一位碱基应为胸腺嘧啶（T）；②靶序列的第一位碱基不是胸腺嘧啶（T）；③靶序列的第二位碱基不是腺嘌呤（A）；④靶序列的最后一个碱基是胸腺嘧啶（T）；⑤在 TALEN 靶位点中 4 种碱基有合适的比例。有研究者提出 TALEN 选择靶点时可只遵循原则①。此外，各类数据库的出现使得靶点设计及预测工作更为简便高效。人工构建 TALE 蛋白是 TALEN 的技术关键。目前得到广泛应用的构建方法有 Gateway 组装法、Golden Gate 组装法、Platinum Gate 组装法、FLASH 组装法、单元组装法、固相合成高通量法等。

（三）TALEN 在基因治疗中的应用

由于 TALE 蛋白的发现和功能机制的阐明及 TALEN 构建方法的不断发展和成熟，TALEN 技术被应用于各类植物、动物及人的基因组的定点修饰。在植物基因编辑中，Li 等人利用 TALEN 技术使水稻的易感病基因的启动子进行了突变，水稻对白叶枯病的抗性得到了较高的提升；Haun 等人利用该技术对大豆的脂肪酸脱氢酶基因进行改造，赋予了大豆更为优良的特性；Ye 等人利用该技术对酿酒酵母中的乙醇脱氢酶基因和潮霉素抗性基因进行基因定点敲除改造，提高了酿酒酵母产乙醇的质量和效率。Yang 等人以斑马鱼为研究对象，通过 TALEN 技术对 *foxl2* 基因进行突变，该基因突变以后斑马鱼的不能正常繁殖，间接证明了 *foxl2* 基因对调节生殖器正常功能起着十分重要的作用；后 Joung 课题组利用单元组装法构建的 TALEN 对斑马鱼的 *dip2a* 和 *tnikb* 两个基因成功进行了定点突变并且可以稳定遗传。Jiao 等研究人员利用 TALEN 技术成功获得了黄体的基因稳定突变的果蝇体；Ying 等利用 TALEN 技术成功敲除了大鼠胚胎干细胞内的 *BMPR2* 基因；Taylor 等人利用 TALEN 技术对鸡的生殖细胞的 *DDX4* 基因进行了敲除，证实了其基因缺失可致雌性卵巢功能失调。

乙型肝炎病毒（hepatitis B virus，HBV）是能够引发乙型肝炎的病原体，HBV 能够引起机体的免疫系统功能紊乱并造成肝损伤，传染性强并且较难治愈，严重危害人类的生命健康。因此研究者们不断研究尝试利用基因编辑的手段对 HBV 基因进行阻断清除。2013 年，Bloom 等人利用 TALEN 技术对 HBV 基因组中 35% 以上序列进行了突变，使 HBV 基因在细胞水平和小鼠体内的复制得到了一定程度的抑制；Chen 课题组设计了一系列靶向 HBV 基因组不同保守区段的 TALEN，在转染至 Huh7 肝癌细胞后，HBV 的 DNA 复制能力大幅度减弱，病毒合成产物量下降，体内实验也证明 TALEN 能够赋予小鼠较强的抗 HBV 感染的能力。

前文中已经提到 ZFN 技术可以对 HIV-1 的 CCR-5 进行定点突变和敲除，TALEN 技术也被应用于 HIV-1 的治疗和研究。2011 年，Claudio 等人利用 TALEN 技术对 CCR-5 和白介素 2 受体 γ（IL2R γ）进行了定点突变，结果显示 45% 以上的细胞基因组被成功编辑，相比于 ZFN，TALEN 的特异性更好、脱靶率更低，并且毒性显著降低。趋化因子受体（CXCR4）是 HIV-1 在感染后期 CCR5 的辅助受体，晶状体上皮源性生长因子（LEDGF/p75）是 HIV-1 整合过程中不可缺少的辅助因子，Ronald 等人发现用

TALEN 技术对 CCR5、CXCR4 和 LEDGF/p75 进行基因组编辑的效率更高,免疫原性比较低。Shi 研究组设计了能够突变 CCR5 基因的 28 种不同结构的 TALEN 系统,并从中筛选出了一种 TALEN,命名为 CCR5-TALEN-515。它对 CCR5 基因的结合能力和特异性最强,并能够在体外敲除 CCR5 基因,使其功能丧失,相比于临床应上应用的 ZFN 毒性也更小。将 CCR5-TALEN-515 导入感染 HIV-1 个体的原代 CD4$^+$ T 细胞和 CD34$^+$ 造血干细胞(HSC)后,机体能够重新获得对 HIV-1 的免疫力。

四、成簇规律间隔短回文重复技术

ZFN 和 TALEN 技术实现基因组编辑的原理均是通过特定的 DNA 结合蛋白与核酸内切酶形成的复合体而发挥作用,但是这两种技术均存在操作复杂、效率较低和识别位点数量有限等缺点。成簇规律间隔短回文重复(CRISPR/Cas9)技术作为第三代基因组编辑工具,因为其独特的 RNA 向导功能,能够更高效且精确地实现对靶标基因的识别和切割,自 2011 年出现以来便在各个领域迅速得到广泛的开发和应用。

(一) CRISPR/Cas 的基本结构

1987 年,Ishino 等人在大肠埃希菌中发现了一段特殊的核苷酸序列,该序列由 29 个核苷酸残基重复序列组成,并且被 5 段 32 个核苷酸长度的非重复序列间隔而成。此后研究者们发现类似的成规律结构广泛存在于古细菌和细菌中,2002 年被正式命名为 CRISPR(clustered regularly interspaced short palindromic repeats),后发现 CRISPR 周围有许多相关的基因序列,与 CRISPR 共同命名为 CRISPR/Cas。依据 Cas 基因序列编码蛋白的不同将其分为三种,分别为Ⅰ型、Ⅱ型和Ⅲ型。CRISPR/Cas 结构均由靠近 3′ 端的 CRISPR 基因座、Cas 蛋白和 5′ 端的反式激活 tracrRNA 三部分组成。目前发现的 Cas 蛋白有 10 种以上,Ⅰ型共含 6 种 Cas 蛋白,其中主要是含 Cas3 蛋白;Ⅱ型主要含有 Cas9 蛋白,Ⅲ型主要含有 Cas10 蛋白。CRISPR/Cas 多存在于噬菌体的免疫系统,能够识别并切割外来入侵的噬菌体的遗传物质,起到自我保护的功能。2013 年,研究者们发现 Cas9 蛋白实质是一种核酸酶,由其参与组成的 CRISPR/Cas9 能够对 DNA 进行剪切。随后基于 CRISPR/Cas9 技术的基因编辑迅速引起广泛关注和研究(图 13-5)。

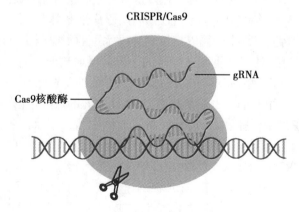

图 13-5 CRISPR/Cas9 技术原理

(二) CRISPR/Cas9 的构建步骤

CRISPR/Cas9 的基因座转录得到 Pre-crRNA,Pre-crRNA 在 tracrRNA 和 Cas9 核酸酶的参与下被加工成熟得到 crRNA。crRNA 与 Cas9 核酸酶、tracrRNA 三部分共同组成了 CRISPR/Cas9 基因编辑系统。crRNA 是由 20 个核苷酸残基组成的向导序列,能够识别特定的 DNA 序列,并通过碱基互补配对方式结合 DNA 的核苷酸序列。Cas9 核酸酶含有 RuvC 和 HNH 两个活性位点,依赖识别 3′ 端具有相邻原型间隔序列毗邻基序(protospacer adjacent motif,PAM)的靶 DNA 序列发挥 DNA 酶切活性。crRNA 与 tracrRNA 结合后能够引导复合体中的 Cas9 在靶标基因的特定位点对 DNA 进行切割,其中 Cas9 的

HNH 切割 crRNA 识别的 DNA 单链,RuvC 切割与其反向互补的 DNA 单链。后来研究者将 crRNA 与 tracrRNA 融合成一条 RNA 链,并将其命名为向导 RNA(gRNA)。CRISPR/Cas9 的作用过程简单概括为:CRISPR/Cas9 复合体系统中的 gRNA 根据碱基互补原则识别并结合靶标 DNA 中特定的序列位点,Cas9 核酸酶对 DNA 双链进行切割产生 DSB,启动 HDR 和 NHEJ 两种修复途径,实现对基因组的定点编辑和精确修饰。

CRISPR/Cas9 的构建步骤包括:①寻找目标 DNA 中能被 Cas9 核酸酶识别的 PAM 序列,设计 gRNA;② CRISPR/Cas9 系统的设计;③ CRISPR/Cas9 导入靶标部位;④基因组编辑结果检测。

(三) CRISPR/Cas9 在基因治疗中的应用

2013 年,Jiang 等人首次利用 CRISPR/Cas9 技术对肺炎链球菌和大肠埃希菌进行基因组编辑,这是首次报道 CRISPR/Cas9 在细菌中的应用,为后续研究新功能工程菌和抗菌药物提供了新的思路。在植物领域,Li 等人利用 CRISPR/Cas9 系统对拟南芥和本生烟的特定位点进行了突变,这是其在植物基因组编辑中的第一次应用。Tang 等人利用 CRISPR/Cas9 将水稻中的 *OsNramp5* 基因进行了定点突变,使其对重金属镉的积累的能力降低,提升了水稻的品质;Wang 等人通过 CRISPR/Cas9 将小麦中同源白粉病易感基因进行了敲除,使其对白粉病具备了抗性;Ji 等人将 CRISPR/Cas9 导入甜菜后,甜菜严重曲丁病毒(BSCTV)体内的积累显著降低。后续不同的研究者们先后证明了该系统对番茄、玉米、高粱等其他多种植物均具有高效的基因编辑能力,并且能够使得优良基因得以稳定遗传。

在动物领域,Yin 等人成功利用 CRISPR/Cas9 将斑马鱼的 *asclla* 基因进行了定点敲除,推动了对斑马鱼眼中对光感受器再生机制的研究;Zhou 等人利用 CRISPR/Cas9 技术对猪的受精卵进行 *vWF* 基因敲除,获得了等双位基因突变体,表现出强烈的凝血功能障碍症,后有研究者们通过 CRISPR/Cas9 获得了 *TYR* 基因敲除的猪个体,表现为白化病性状,为动物模型的建立提供了技术基础;Clop 等通过 CRISPR/Cas9 将 *SNP* 基因编辑引入绵羊的基因组后,绵羊肌肉生长抑制因子表达得到抑制,肌肉增长速度大幅增加,获得了优良绵羊品种。Wang 等人以山羊受精卵为改造对象,利用 CRISPR/Cas9 对 *MSTN* 和 *FGF5* 基因进行靶向修饰,成功得到了转基因山羊个体。

随着 CRISPR/Cas9 技术的不断改进和成熟,其在人类疾病(如单基因遗传病、病毒感染性疾病、癌症等)治疗领域研究取得了一系列的进展。乙型血友病又称血浆凝血活酶成分缺乏综合征,主要原因是染色体凝血因子Ⅸ缺乏所致的凝血功能障碍。研究们用腺病毒载体利用 CRISPR/Cas9 将凝血因子Ⅸ基因序列导入小鼠体肝脏细胞,使得小鼠得以持续表达高水平的凝血因子。Lu 等人利用 CRISPR/Cas9 同样修复了小鼠的Ⅸ基因缺陷,使得严重凝血障碍的小鼠其凝血功能得以一定程度恢复。以上研究均表明了 CRISPR/Cas9 策略治疗乙型血友病的可行性。镰刀型细胞贫血病是一种由血红蛋白缺陷引起的遗传性疾病,表现为成人的血红蛋白 β 亚基基因突变,而胎儿的血红蛋白 γ 亚基基因不会受到影响,Elizabeth 等人利用 CRISPR/Cas9 基因编辑技术提高了人体中胎儿型血红蛋白 γ 亚基基因表达水平,从而对镰状细胞贫血起到了治疗作用。*RPGR* 基因突变是引起 X 连锁视网膜色素变性(XLRP)的主要诱因,Bassuk 实验室使用 CRISPR/Cas9 成功修复了 XLRP 患者干细胞的 *RPGR* 突变基因。

由于 CRISPR/Cas9 较高的基因打靶率,研究者迅速将其应用于 HIV-1 的治疗领域。Ebina 等人利用 CRISPR/Cas9 对 HIV-1 基因组中长末端重复序列(LTR)启动子基因进行了定点突变,对 HIV-1 病毒进行了有效的清除。Hu 等人构建了针对 HIV-1 的 U3 区域的 CRISPR/Cas9,使得 T 细胞的 HIV-1 感染水平得到显著降低。Hou 等人利用 CRISPR/Cas9 系统对 CD4$^+$ T 细胞的 *CXCR4* 基因进行了突变,使其功能丧失而失活,赋予了 CD4$^+$ T 细胞对 HIV-1 的抗性。Belmonte 等人将 CRISPR/Cas9 导入人源造血干细胞以后,干细胞能够分化出具有 HIV-1 抗性的单核细胞和巨噬细胞。Lin 等人通过 CRISPR/Cas9 成功诱导人体多能干胞突变,使得 CCR5 基因沉默,HIV 病毒复制被显著抑制。

ZFN 和 TALEN 技术已经被证明可以用于 HBV 的基因组的突变和改造,且取得了一定的进展。自 CRISPR/Cas9 技术出现以来,研究者们纷纷尝试使用该技术对 HBV 病毒进行定点编辑和清除。Ramanan 等人以 HBV 感染的哺乳动物肝细胞为编辑对象,成功运用 CRISPR/Cas9 对其进行基因组编辑,HBV 的转录反应水平均显著下降;Hauber 等人通过导入 CRISPR/Cas9 系统至 HBV 感染小鼠体内,成功降低了 HBV 的蛋白表达量。

HPV 病毒感染是引起子宫颈癌的主要诱因,Zhen 等人以 HPV 的致癌基因 E6 和 E7 为靶点通过 CRISPR/Cas9 对其启动子区域基因进行突变,HPV 模型小鼠的宫颈癌细胞的生长被显著抑制。泌尿道上皮细胞癌相关因子 1(UCA1)是引起膀胱癌的重要诱因,研究者们利用 CRISPR/Cas9 靶向突变了 UCA1 的长链非编码 RNA,显著降低了膀胱癌的发病率。

五、总结

基因组编辑是基因治疗的重要手段,ZFN、TALEN 和 CRISPR/Cas9 作为三种重要的基因编辑技术,均可以通过靶向特定的基因组基因,高效特异地对基因组进行敲除、置换、敲入等操作,相比传统的基因治疗手段,有着无可比拟的优势,在各个领域均有成功的应用。但是,在实际的应用中也存在着一系列的如脱靶效应、免疫原性、毒性等问题。ZFN 的 ZEP 易与非靶标 DNA 发生非特异性结合;TALEN 中 TALE 蛋白序列过长,构建复杂,若改变其结构可能增加其脱靶概率;CRISPR/Cas9 靶向性和特异性最好,但是其对 gRNA 和 PAM 的依赖性强,gRNA 易与非靶位点序列错配。以上基因组编辑工具在体内导入时大多选择病毒载体,其效率虽然较高,但是存在靶向性差、随机插入及整合错位等缺点。因此,在今后的治疗中,需要更加深入研究基因编辑技术,改进操作方法,优选基因导入方式,相信将来通过技术的不断完善,基因组编辑将会在人类的生产、生活及疾病治疗等诸多领域造福人类。

(王凤山　生举正)

参 考 文 献

［1］DUNBAR C E, HIGH K A, JOUNG J K, et al. Gene therapy comes of age. Science, 2018, 359 (6372): eaan4672.

［2］AHSAN S M, THOMAS M, REDDY K K, et al. Chitosan as biomaterial in drug delivery and tissue engineering. Int J Biol Macromol, 2018, 110: 97-109.

［3］AMOR D. Gene therapy. Principles and potential applications. Aust Fam Physician, 2001, 30 (10): 953-958.

［4］BENJAMIN R, BERGES B K, SOLIS-LEAL A, et al. TALEN gene editing takes aim on HIV. Hum Genet, 2016, 135 (9): 1059-1070.

［5］BEVERLY L, DAVIDSON, PAUL B. Current prospects for RNA interference-based therapies. Nature Reviews Genetics, 2011, 12: 329-340.

［6］BLESSING D, DEGLON N. Adeno-associated virus and lentivirus vectors: a refined toolkit for the central nervous system. Curr Opin Virol, 2016, 21: 61-66.

［7］CARROLL D. Genome engineering with zinc-finger nucleases. Genetics, 2011, 188 (4): 773-782.

［8］CHAD V P, GEORGE A C, ROBERT L P. RNA interference in the clinic: challenges and future directions. Nat Rev Cancer, 2011, 11: 59-67.

［9］CHEN J, ZHANG W, LIN J, et al. An efficient antiviral strategy for targeting hepatitis B virus genome using transcription activator-like effector nucleases. Mol Ther, 2014, 22 (2): 303-311.

［10］COLLINS M, THRASHER A. Gene therapy: progress and predictions. Proc Royal Soc Lond B: Bio Sci, 2015, 282 (1821): 20143003.

［11］CONG L, RAN F A, COX D, et al. Multiplex genome engineering using CRISPR/Cas systems. Science, 2013, 339 (6121): 819-823.

［12］COTRIM A P, BAUM B J. Gene therapy: some history, applications, problems, and prospects. Toxicol Pathol, 2008, 36 (1): 97-103.

［13］COX D B, PLATT R J, ZHANG F. Therapeutic genome editing: prospects and challenges. Nat Med, 2015, 21 (2): 121-131.

[14] ADAMS D, GONZALEZ-DUARTE A, RIORDAN W D. Patisiran, an RNAi therapeutic, for hereditary transthyretin amyloidosis. N Engl J Med, 2018, 379 (1): 11-21.

[15] DAVID B, MUTHIAH M, VICTOR K, et al. RNAi therapeutics: a potential new class of pharmaceutical drugs. Nat Chem Biol, 2006, 2 (12): 711-719.

[16] KIM D H, ROSSI J J. Strategies for silencing human disease using RNA interference. Nature Reviews Genetics, 2007, 8, 173-184.

[17] GAJ T, SIRK S J, SHUI S L, et al. Genome-editing technologies: principles and applications. CSH Perspect Biol, 2016, 8 (12): a023754.

[18] GLORIOSO J C. Herpes simplex viral vectors: late bloomers with big potential. Hum. Gene Ther, 2014, 25 (2): 83-91.

[19] HOU P, CHEN S, WANG S, et al. Genome editing of CXCR4 by CRISPR/cas9 confers cells resistant to HIV-1 infection. Sci Rep, 2015, 5: 15577.

[20] HUSAIN S R, HAN J, AU P, et al. Gene therapy for cancer: regulatory considerations for approval. Cancer Gene Ther, 2015, 22, 554-563.

[21] LAI W F. Cyclodextrins in non-viral gene delivery. Biomaterials, 2014, 35 (1): 401-411.

[22] LI J, LIANG H, LIU J, et al. Poly (amidoamine) (PAMAM) dendrimer mediated delivery of drug and pDNA/siRNA for cancer therapy. Int J Pharmaceut, 2018, 546 (1-2): 215-225.

[23] LI L, KRYMSKAYA L, WANG J, et al. Genomic editing of the HIV-1 coreceptor CCR5 in adult hematopoietic stem and progenitor cells using zinc finger nucleases. Mol Ther, 2013, 21 (6): 1259-1269.

[24] LIN M T, PULKKINEN L, UITTO J, et al. The gene gun: current applications in cutaneous gene therapy. Int J Dermatol , 2000, 39 (3): 161-170.

[25] LUKASHEV A N, ZAMYATNIN A A. Viral Vectors for gene therapy: current state and clinical perspectives. Biochemistry (Mosc), 2016, 81 (7): 700-708.

[26] MA Y, ZHANG L, HUANG X. Genome modification by CRISPR/Cas9. FEBS J, 2014, 281 (23): 5186-5193.

[27] MALAK R. Update on the clinical utility of an RNA interference-based treatment: focus on Patisiranl. Pharmacogen Pers Med, 2017, 10: 267-278.

[28] MILLER J C, HOLMES M C, WANG J, et al. An improved zinc-finger nuclease architecture for highly specific genome editing. Nat Biotechnol, 2007, 25 (7): 778-785.

[29] MUSSOLINO C, MORBITZER R, LUTGE F, et al. A novel TALE nuclease scaffold enables high genome editing activity in combination with low toxicity. Nucleic Acids Res, 2011, 39 (21): 9283-9293.

[30] NALDINI L. Gene therapy returns to centre stage. Nature, 2015, 526: 351-360.

[31] RAZI S, BARADARAN B, LOTFIPOUR F, et al. Gene therapy, early promises, subsequent problems, and recent breakthroughs. Adv Pharm Bull, 2013, 3 (2): 249-255.

[32] SANTIAGO-ORTIZ J L, SCHAFFER D V. Adeno-associated virus (AAV) vectors in cancer gene therapy. J Controlled Release, 2016, 240: 287-301.

[33] SCOTT J M. Genetic diversity and disease: Opportunities and challenge. P Natl Acad Sci USA, 2001, 98 (26): 14756-14756.

[34] HOY S M. Patisiran: first global approval. Drugs, 2018, 78: 1625-1631.

[35] SHIM G, KIM D, PARK G T, et al. Therapeutic gene editing: delivery and regulatory perspectives. Acta Pharmacol Sin, 2017, 38 (6): 738-753.

[36] SIMOES S, FILIPE A, FANECA H, et al. Cationic liposomes for gene delivery. Expert Opin. Drug Del, 2005, 2 (2): 237-254.

[37] TRAXLER E A, YAO Y, WANG Y D, et al. A genome-editing strategy to treat beta-hemoglobinopathies that recapitulates a mutation associated with a benign genetic condition. Nat Med, 2016, 22 (9): 987-990.

[38] WAN C, LI F, Li H, et al. Gene therapy for ocular diseases meditated by ultrasound and microbubbles. Mol Med Rep, 2015, 12 (4): 4803-4814.

[39] WANG X, NIU D, HU C, et al. Polyethyleneimine-based nanocarriers for gene delivery. Curr Pharm Design, 2015, 21 (42): 6140-6156.

[40] WOLD W S, TOTH K. Adenovirus vectors for gene therapy, vaccination and cancer gene therapy. Curr Gene Ther, 2013, 13 (6): 421-433.

[41] YARMUSH M L, GOLBERG A, SERSA G, et al. Electroporation-based technologies for medicine: principles, applica-

tions, and challenges. Annu Rev Biomed Eng, 2014, 16: 295-320.

［42］邓洪新，田聆，魏于全．基因治疗的发展现状、问题和展望．生命科学，2005 (3): 196-199.

［43］方秀丹．人类基因编辑技术面临的伦理问题及对策研究．昆明理工大学，2018.

［44］高长安．基因治疗的责任伦理研究．锦州医科大学，2017.

［45］胡小丹，游敏，罗文新．基因编辑技术．中国生物化学与分子生物学报，2018, 34 (3): 267-277.

［46］李战伟，王令，任刚，等．锌指核酸酶技术在基因治疗中的应用研究进展．西北农林科技大学学报，2011, 39 (6): 55-60.

［47］李燕，阳俊，刘桂英，等．基因治疗药物输递系统的研究现状及发展趋势．生物化学与生物物理进展，2013, 40 (10): 998-1007.